高职高专系列教材

石油加工工艺学

（第二版）

王海彦　陈文艺　主编

U0263352

中国石化出版社

内 容 提 要

　　本书根据石油加工技术发展的现状与趋势,以培养应用型石油加工高级工程技术人才为目标,重点介绍了石油及其产品的性质,详细阐述了原油蒸馏、渣油热加工、催化裂化、催化加氢、催化重整、烷基化、异构化醚化以及润滑油生产等各种石油加工方法的基本原理、生产工艺过程、主要产品及典型设备和基本工艺计算方法,同时融入了部分科研与生产上的最新技术。

　　本书重点突出,内容新颖、翔实,实用性强,可作为高职高专"石油化工技术"专业和普通高等学校"化学工程与工艺"本科的专业教材,也可供炼油企业员工学习、培训之用。

图书在版编目(CIP)数据

石油加工工艺学 / 王海彦,陈文艺主编 . —2 版.
—北京:中国石化出版社,2014(2015.8 重印)
高职高专系列教材
ISBN 978 - 7 - 5114 - 2596 - 6

Ⅰ.①石…　Ⅱ.①王…　②陈…　Ⅲ.①石油炼制 - 生产工艺 -
高等职业教育 - 教材　Ⅳ.①TE624

中国版本图书馆 CIP 数据核字(2014)第 005214 号

中国石化出版社出版发行
地址:北京市东城区安定门外大街 58 号
邮编:100011　电话:(010)84271850
读者服务部电话:(010)84289974
http://www. sinopec-press. com
E-mail:press@ sinopec. com
北京柏力行彩印有限公司印刷
全国各地新华书店经销
*
787 × 1092 毫米 16 开本 32. 25 印张 769 千字
2015 年 8 月第 2 版第 2 次印刷
定价:68. 00 元

前　言

　　石化工业是国民经济的重要支柱产业之一，是提供交通运输燃料和石油化工原料的工业，在国民经济、国防和社会发展中具有极其重要的地位和作用。进入 21 世纪，我国石化工业发展迅速。目前，原油加工能力已居世界第二位，千万吨级以上的炼油厂达 17 座，中国石化和中国石油公司已跻身世界 10 强炼油公司之列。预计到 2020 年，我国原油加工能力将超过 6.5 亿吨。同时，我国石化工业也面临着石油资源短缺、原油劣质化趋势加剧、产品升级和节能减排压力增大等问题。因此，我国石化工业结构调整和技术进步的步伐将进一步加快，对石油加工专业人才的数量和质量也将有更高的要求。本书根据石油加工技术发展的情况，以培养应用型工程技术人才为目的，从石油及其产品的性质出发，阐述了石油的各种加工方法、基本原理、生产工艺过程及典型设备和基本工艺计算方法，对科学实验与生产经验进行了总结，融入了部分科研与生产上的最新技术，注重理论联系实际和学术性与实用性的恰当兼顾，力争做到重点突出，内容新颖翔实，反映石油加工行业国内外的新技术和新成果。

　　本书详细介绍了石油及石油产品的组成和性质以及各种性质之间的相互关系，重点介绍了原油蒸馏、延迟焦化、催化裂化、催化加氢、催化重整、烷基化、异构化、醚化等主要车用燃料和化工原料的生产过程，以及溶剂精制、溶剂脱蜡、润滑油加氢等润滑油生产过程的基本原理和工艺流程，同时也对石油蜡和沥青的生产工艺进行了简单的介绍。主要章节包括石油及产品组成和性质、石油产品分类与质量要求、原油分类与原油评价、原油预处理与原油蒸馏、渣油热加工、催化裂化、加氢裂化、加氢处理、催化重整、高辛烷值汽油组分生产、润滑油基础油生产以及石油蜡和沥青生产等十二章。

　　本书由辽宁石油化工大学王海彦和陈文艺主编。由于编者水平和能力有限，书中难免存在疏漏、不妥和错误之处，恳请读者不吝指正。

编　者

目　　录

绪　论

一、石油起源与世界石油工业诞生

　　石油又称原油，是从地下深处开采出来的黄色至棕黑色的可燃黏稠液体。它主要是由各种烷烃、环烷烃、芳香烃组成的混合物。通常认为它是古代海洋或湖泊中的生物经过漫长的演化形成的混合物，与煤一样属于化石燃料。

　　人类在数千年前就已经知道石油，早在3000多年前的我国古书《易经》中就记载了有关石油和天然气的情况，其中有"泽中有火"之说。最早提出"石油"一词的是公元977年中国北宋编著的《太平广记》。正式命名为"石油"是根据中国北宋杰出的科学家沈括（1031～1095）在所著《梦溪笔谈》中根据这种油"生于水际砂石，与泉水相杂，惘惘而出"而命名的。在"石油"一词出现之前，国外称石油为"魔鬼的汗珠"、"发光的水"等，中国称"石脂水"、"猛火油"、"石漆"等。

　　到后汉时期，我国已开始使用石油。据后汉班固所著《汉书·地理志》记载，在今陕西北部延安、延长一带发现有石油，当地人们把它用作燃料和润滑剂。宋朝时期，我国已开始对石油进行加工使用。我国最早的石油加工厂——"猛火油作"就是这一时期的产物，它已能炼制出称之为"猛火油"的石油产品。这期间我国已能用沥青作为控制火药燃烧速度的原料，并能用石油制作炭黑。明代我国已能从石油中提炼灯油，在四川等地还发现了凝析油并进行了有组织的开采和利用。

　　目前关于石油的成因有两种说法：一是无机论，认为石油是在基性岩浆中形成的；二是有机论，认为各种有机物如动物、植物，特别是低等的动植物像藻类、细菌、蚌壳、鱼类等，死后埋藏在不断下沉缺氧的海湾、潟湖、三角洲、湖泊等地，经过许多物理化学作用，最后逐渐形成为石油。

　　石油的颜色非常丰富，有红、金黄、墨绿、黑、褐红直至透明，其颜色是其本身所含胶质、沥青质的含量高低所造成，一般来讲，其含量越高颜色越深。通常石油的颜色越浅其油质越好。

　　石油主要由碳氢化合物混合而成，是具有特殊气味的、有色的可燃性油质液体。

　　石油的性质因产地不同而有较大差异，其密度为 $0.8～1.0g/cm^3$，黏度范围很宽，凝点差别很大（30～60℃），沸点范围为常温到500℃以上，可溶于多种有机溶剂，不溶于水，但可与水形成乳状液。组成石油的化学元素主要是碳（83%～87%）、氢（11%～14%），其余为硫（0.06%～0.8%）、氮（0.02%～1.7%）、氧（0.08%～1.82%）及微量金属元素（镍、钒、铁等）。其中，由碳和氢化合形成的烃类是构成石油的主要组成部分，约占95%～99%，而含硫、氧、氮的化合物对石油产品质量和加工过程都有一定程度的危害，需要在石油的加工中尽量除去。不同产地的石油中，各种烃类的结构和所占比例相差很大，但主要属于烷烃、环烷烃、芳香烃三类。通常以烷烃为主的石油称为石蜡基石油；以环烷烃、芳香烃为主的称环烷烃基石油；介于二者之间的称中间基石油。

　　我国原油主要特点是含蜡较多，凝点高，硫含量低，镍、氮含量中等，钒含量极少。除个别油田外，原油中汽油馏分较少，渣油占1/3左右。我国大庆原油的主要特点是含蜡量高，凝点高，硫含量低，属低硫石蜡基原油。

从寻找石油到利用石油，大致要经过四个主要环节，即寻找、开采、输送和加工，这四个环节一般又分别称为"石油勘探"、"油田开发"、"油气集输"和"石油炼制"。下面就这四个环节来追溯一下石油工业的发展历史。

"石油勘探"有许多方法，但地下是否有油，最终要靠钻井来证实。一个国家在钻井技术上的进步程度，往往反映了这个国家石油工业的发展状况。

"油田开发"指的是用钻井的办法证实了油气的分布范围，并且油井可以投入生产而形成一定生产规模。从这个意义上说，1821年四川富顺县自流井气田的开发是世界上最早的天然气田。

"油气集输"技术也随着油气的开发应运而生，公元1875年左右，自流井气田采用当地盛产的竹子为原料，去节打通，外用麻布缠绕涂以桐油，连接成我们现在称呼的"输气管道"，总长1～1.5km，在当时的自流井地区，绵延交织的管线翻越丘陵，穿过沟涧，形成输气网络，使天然气的应用从井的附近延伸到远距离的盐灶，推动了气田的开发，使当时的天然气达到年产7000多万立方米。

至于"石油炼制"，起始的年代还要更早一些，北魏时所著的《水经注》，成书年代大约是公元512～公元518年，书中介绍了从石油中提炼润滑油的情况。英国科学家约瑟在有关论文中指出："在公元10世纪，中国就已经有石油而且大量使用。由此可见，在这以前中国人就对石油进行蒸馏加工了"。说明早在公元6世纪我国就萌发了石油炼制工艺。

二、我国发现和使用石油的历史

我国是发现和使用石油最早的国家。据稽考，早在三千多年前就已开始。

最早发现石油的记录源于《易经》："泽中有火"，"上火下泽"。泽，指湖泊池沼，"泽中有火"，是石油蒸气在湖泊池沼水面上起火现象的描述。此书在西周时（公元前11世纪至公元前771年）已编成，距今已有3000多年的历史。

最早认识石油性能并记载石油产地的古籍，是1900年以前东汉文学家、历史学家班固（公元32～公元92年）所著的《汉书·地理志》。书中写道："高奴县有洧水可燃"。高奴县指现在的陕西延安一带，洧水是延河的一条支流。这里明确记载了石油的产地，并说明石油是水一般的液体，可以燃烧。

最早采集和利用石油的记载，是南朝（公元420～公元589年）范晔所著的《后汉书·郡国志》。延寿县（指当时的酒泉郡延寿县，即今甘肃省玉门一带）记载："县南有山，石出泉水，大如，燃之极明，不可食。县人谓之石漆"。"石漆"，当时即指石油。晋代（公元265～公元420年）张华所著的《博物志》和北魏地理学家郦道元所著的《水经注》也有类似的记载。《博物志》一书既提到了甘肃玉门一带有"石漆"，又指出这种石漆可以作为润滑油"膏车"（润滑车轴）。这些记载表明，我国古代人民不仅对石油的性状有了进一步的认识，而且开始进行采集和利用了。

我国古代人民，除了把石油用于机械润滑外，还用于照明和燃料。唐朝（公元618～公元907年）段成武所著的《酉阳杂俎》一书，称石油为"石脂水"。"高奴县石脂水，水腻，浮上如漆，采以膏车及燃灯极明。"可见，当时我国已应用石油作为照明灯油了。随着生产实践的发展，我国古代人民对石油的认识逐步加深，对石油的利用日益广泛。到了宋代，石油能被加工成固态制成品——石烛，且石烛点燃时间较长，一支石烛可顶蜡烛三支。宋朝著名的爱国诗人陆游（公元1125～公元1209年）在《老学庵笔记》中，就有用"石烛"照明的记叙。

石油还是我国古代最早使用的药物之一。明朝李时珍（1522～1596 年）的《本草纲目》曾经记载，石油可以"主治小儿惊风，可与他药混合作丸散，涂疮癣虫癞，治铁箭入肉"。

早在 1400 年以前，我国古代人民就已看到石油在军事方面的重要性，并开始把石油用于战争。《元和郡县志》中有这样一段史实：唐朝年间（公元 578 年），突厥统治者派兵包围攻打甘肃酒泉，当地军民把"火油"点燃，烧毁敌人的攻城工具，打退了敌人，保卫了酒泉城。石油用于战争，大大改变了战争进程。因此，到了五代（公元 907～公元 960 年），石油在军事上的应用渐广。后梁（公元 919 年）时，就有把"火油"装在铁罐里，发射出去烧毁敌船的战例。我国古代许多文献，如北宋曾公亮的《武经总要》，对如何以石油为原料制成颇具威力的进攻武器——"猛火油"，有具体的记载。北宋神宗年间，还在京城汴梁（今河南开封）设立了军器监，掌管军事装备的制造，其中包括专门加工"猛火油"的工场。据康誉之所著的《昨梦录》记载，北宋时期，西北边域"皆掘地做大池，纵横丈余，以蓄猛火油"，用来防御外族统治者的侵扰。

此外，我国古代在火药配方中，开始使用石油产品沥青，以控制火药的燃烧速度。这一技术，比外国早了近一千年。

最早给石油以科学命名的是我国宋代著名科学家沈括（1031～1095 年，浙江钱塘人）。他在百科全书《梦溪笔谈》中，把历史上沿用的石漆、石脂水、火油、猛火油等名称统一命名为石油，并对石油作了极为详细的论述。"延境内有石油……予疑其烟可用，试扫其煤以为墨，黑光如漆，松墨不及也。……此物后必大行于世，自予始为之。盖石油至多，生于地中无穷，不若松木有时而竭"。"石油"一词，首用于此，沿用至今。沈括曾于 1080～1082 年任延路经略使，对延安、延长县一带的石油资源亲自作了考察，还第一次用石油制成石油炭黑（黑色颜料），并建议用石油炭黑取代过去用松木、桐木炭黑制墨，以节省林业资源。他首创的用石油炭黑制作的墨，久负盛名，被誉为"延州石液"。九百年前，我国人民对石油就有了这样的评价，在世界上是罕见的，尤其是对未来石油潜力的预言。更是难能可贵的。

我国古代人民采集石油有十分悠久的历史，特别是通过钻凿油井和气井来开采石油和天然气的技术，在世界上也是最早的。晋代张华所著的《博物志》记载了四川地区，从两千多年以前的秦代就开始凿井取气煮盐的情况。"临邛火井一所，纵广五尺，深二三丈"，"先以家火投之"，再"取井火还煮井水"。据载此法效果大，省事简办，"一斛水得四、五斗盐"，比家火煮法，得盐"不过二、三斗"，显然火井煮盐，成本低，产量高，被认为是手工业的一项重大发展。当时凿井是靠人工挖掘，公元 1041 年以后，钻井用的工具有了很大改进，方法也有所更新。据《蜀中广记》记载，东汉时期，"蜀始开筒井，用环刃凿如碗大，深者数十丈"。据古籍记载，古代在陕西、甘肃、新疆、四川、台湾等省发现了石油矿。据《台湾府志》记载，清朝咸丰十年，台湾新竹县发现了石油，一个名叫邱苟的人，挖坑 3m，每天收集 6kg 左右石油，并用其点燃手提马灯。

我国明代以后，石油开采技术逐渐流传到国外。明朝科学家宋应星（生于 1587 年，江西奉新县人）所著的科学巨著《天工开物》，把长期流传下来的石油化学知识作了全面的总结，对石油的开采工艺作了系统的叙述。全书 18 卷，图文并茂，出版于明末崇祯十年，即 1637 年，是当时世界上仅有的一部化学工艺百科全书。该书 16 世纪传到日本，1771 年的日本翻刻本受到日科技界的注意。18 世纪传到欧洲，17 世纪上半叶起，陆续出现了欧洲文节译本，1869 年出现了比较详细的法文节译本。20 世纪后半叶以来，全部被译为日、英、俄文，成为世界科技史的名著之一。难怪有的国家石油技术资料也公认，我国早在公元 1100 年就钻成了 1000m 的深井。说明在那时，我国的石油钻井技术就达到了比较高的水平。

三、世界石油炼制技术的现状和未来发展趋势

1. 石油炼制的地位和作用

（1）石油在世界能源结构中的地位

自从 1859 年世界上第一口 Drake 油井钻探成功以来，石油便逐渐取代木柴和煤成为世界最为重要的能源和化工原料。到目前为止，石油仍然是世界经济发展和人类生活水平提高不可或缺的最为重要的能源之一。表 0-1 为 1950 年、1971 年和 2000 年世界一次能源的消费结构情况。可以看出，自石油取代煤成为主要的一次能源之后，其在世界一次能源消费结构中所占的比例始终保持在 40% 左右。据国际能源署（IEA）预测，未来 30 年，世界能源需求量将增加 2/3 以上，且化石燃料在能源结构中仍将占有不可替代的地位。

（2）世界炼油工业发展现状

从地下开采出来的原油必须经过各种物理及化学加工过程，才能将原油转变为石油产品并得到有效利用，这些转化过程的组合就构成石油炼制过程。经过 150 多年的发展，石油炼制工业已经成为世界石油经济不可分割的一部分，随着世界经济的不断发展，各国对石油产品的需求也在不断增加，促进了各种炼油新技术不断开发并被成功地运用于工业生产，不但增加了石油产品的数量，同时也提高了石油产品的质量。

2004 年分布在全球的炼油厂共有 717 个，其中，美国 133 个、中国 95 个、俄罗斯 42 个。世界炼油能力最大的国家是美国，其原油蒸馏能力约占世界的 1/5；其次为俄罗斯和日本，分别占 6.6% 和 5.8%；中国排名第四，占 5.5%。世界前十大炼油国家的原油蒸馏能力就达到了世界原油蒸馏能力的 54.2%。2003 年世界上最大的炼油厂是位于委内瑞拉的帕拉瓜纳炼制中心，其原油蒸馏能力为 47Mt/a。除此之外，世界排名前 16 位的大型炼油厂中有 6 座位于亚太地区，3 座位于美国，3 座位于中东地区，其他 3 座分别位于俄罗斯、荷兰和维尔京群岛。随着世界炼油厂的规模越来越大，炼油装置的规模也向大型化方向发展，其中单套常减压蒸馏的能力达到了 12.75Mt/a，单套催化裂化（FCC）能力达到了 6Mt/a，渣油催化裂化（RFCC）能力也达到了 4.25Mt/a。

2. 世界炼油技术的发展历程与现状

（1）世界炼油技术发展现状

1991 ~ 2003 年，世界原油蒸馏能力增加了 9.6%，在主要的二次加工过程中，加氢裂化和加氢精制的能力增加较快，分别增加了 5.3% 和 4.6%，而 FCC 和重整能力增加较慢。加氢能力的增加主要是因为世界各国对低硫和超低硫车用燃料需求的不断增加，这使炼油厂普遍采用各种加氢手段降低燃料中的硫含量，以生产清洁燃料。

1991 ~ 2003 年，全球二次加工能力中转化能力（FCC 和加氢裂化）增加较快，从 1991 年的 13.8 Mb/d 增大到 2003 年底的 18.9 Mb/d，约增加了 37%；燃料生产能力（催化重整和烷基化）的增长速度稍慢，从 1991 年的 11.2 Mb/d 增大到 2003 年底的 13.4Mb/d，约增加了 20%。在过去 10 年中，美国炼油厂的 FCC 和加氢裂化能力略有增长，而燃料生产（催化重整和烷基化）能力有一定程度的下降。在美国这 4 种主要二次加工过程的能力占原油蒸馏能力的比例达到了 70% 以上，这说明美国的炼油业已是比较成熟的工业。欧盟国家近 10 年来，FCC 和加氢裂化能力增加较明显，催化重整和烷基化能力略有下降；而在亚太地区，FCC 和加氢裂化的能力有极大的提高，催化重整和烷基化的能力在 1995 ~ 1998 年间增加较快。在欧盟地区，4 种主

要加工过程的总能力占原油蒸馏能力的 38% 左右，而亚太地区则更少，不到 30%。与美国相比，欧盟和亚太地区的二次加工能力明显不足。

（2）世界炼油技术的发展历程

1910 年以前，石油加工工艺仅是常压蒸馏，产品是煤油用于照明。随着汽车工业的发展，汽油逐渐成了主要的石油产品，这就促进了裂化工艺的发展。从热加工拓展到催化加工，进而发展到深度加工，形成了一个结构复杂、规模庞大的石油加工工艺技术体系。但是，全球石油石化工业的大规模形成和发展是在 20 世纪。

① 出现阶段（1861～1911 年）：1861 年，世界上第一座炼油厂在美国宾夕法尼亚州建成。当时用的是一个直径约 7ft（1ft = 0.3048m）的铸铁罐作为蒸馏釜，以燃烧木柴加热，从顶部蒸馏出的油汽经水冷凝获得石油产品，唯一的产品是煤油，采用间歇操作，通常 1 次操作可持续 3 天。

② 发生阶段（1911～1950 年）：随着汽车工业的快速发展，对汽油的需求迅速增加，因此注重提高汽油产量的裂化工艺得到重视并得以迅速发展。1914 年出现热裂化工艺，1930 年标准石油公司发明了延迟焦化工艺，1942 年 Exxon 公司建立了世界上第一套催化裂化（FCC）工艺装置，1948 年催化剂喷雾干燥技术的开发促进了流化床技术的发展。当时主要的炼油国家是美国和德国，炼油工艺主要采用连续管式蒸馏、热裂化、延迟焦化、FCC、临氢重整、铂重整等一次和二次加工手段，主要产品是汽油。

③ 发展阶段（1950～1990 年）：这阶段炼油技术有了很大发展，同时炼油技术也从主要的炼油国家如美国、欧洲、日本等发达国家和地区扩展到广大的发展中国家。特别是 20 世纪 60～70 年代，炼油技术实现了跨越式发展，出现了双金属和多金属重整催化剂和连续重整工艺、分子筛催化裂化催化剂和提升管催化裂化工艺，炼油工业的发展进入了崭新阶段。

④ 成熟阶段（1990 年至今）：此阶段炼油技术没有新的重大突破，炼油工业主要是炼油厂规模和炼油装置的大型化，并向提高原油的加工深度、增加加工各种原油的灵活性、改善石油产品收率和质量等方向发展。

（3）世界石油炼制技术的未来发展趋势

随着世界经济的快速发展和对运输用的燃料和化工原料需求的日益增加，以及石油的日益重质化和劣质化，同时环保法规对油品质量要求的日益严格。世界炼油技术进一步发展的重点主要集中在重质/劣质原油的加工、清洁燃料的生产及炼油－化工一体化等几个方面。

① 重质/劣质原油的加工。随着原油资源的日益枯竭，世界原油供应呈现出重质化、劣质化的发展趋势。与此同时，世界各国对轻质油品的需求日益增加，对燃料油特别是对中、高硫燃料油的需求量日益减少，见表 0-1。因此，选择合适的加工手段，提高重质原油的加工深度是炼油厂提高轻油收率、增加经济效益的关键。

表 0-1　各种油品的市场占有率　　　　　　　　　　　　　　　　%

年	汽　油	中间馏分	残渣燃料油	其　他
1990	29.9	32.1	18.0	20.0
1995	30.9	34.1	17.0	18.0
2000	31.2	36.3	12.8	19.7
2015	32.0	37.0	11.0	20.0

渣油深加工的手段有三种类型，即脱炭、加氢和汽化。脱炭工艺主要有焦化、减黏裂化、溶剂脱沥青、FCC 和渣油催化裂化（RFCC）等；加氢工艺包括加氢裂化和加氢处理；汽化工艺则是指直接将渣油氧化燃烧，用于发电、制氢等。从世界范围看，目前各种渣油加工过程中焦化工艺的加工量最大。表 0-2 是延迟焦化、加氢裂化和 RFCC 三种主要的渣油加工过程对原料的适用性、主要产品产率、投资成本及炼化一体化发展潜力的对比。

表 0-2　各种渣油加工工艺对比

工　艺	对原油质量的适应灵活性	主要产品率/%	成本/(美元/桶)	炼化结合的潜力
延迟焦化	宽 残炭 >3.8% ~45%	馏分油 30 ~65 焦炭 ~30	2000 ~4500	石脑油：产率 13% ~18%，加氢精制后可用于生产乙烯（BMCI = 10）
重油催化裂化	窄 低硫石蜡基油	轻油 82	3000 ~4000	乙烯和丙烯：乙烯产率约 1%，丙烯产率约 5%
加氢裂化	宽 高硫原油	轻油 96	3000 ~7000	馏分油：产率 30%，BMCI = 10，可用于生产乙烯 石脑油：可用于生产芳烃

在 20 世纪 60 ~70 年代，世界上大部分炼油厂选择脱炭工艺进行渣油改质，因其工艺成熟、成本低，因而延迟焦化和减黏裂化等脱碳工艺成为炼油厂应用最广泛的热加工过程。但随着世界车用燃油规范的进一步严格以及世界对重质燃料油需求的逐步下降，渣油加氢能力将大幅度增加。

加氢裂化由于其液收率高，特别是在加工高含硫原料和生产优质柴油方面具有独特的优势，因此是近年来增长较快的加工手段，但其投资和操作费用较高，且许多炼油厂其氢源问题有待解决。在炼油-化工一体化发展方面，加氢裂化石脑油可用作重整原料生产芳烃和高辛烷值汽油，其尾油是很好的裂解制乙烯的原料。

FCC（RFCC）对原料要求较高，不适宜加工含硫及高硫原料，但 FCC 作为生产汽油的主要装置，是炼油厂提高渣油转化率和轻油收率的重要手段。FCC 在化工方面的贡献主要是生产丙烯，我国 40% 以上的丙烯来自 FCC。典型的 FCC 装置丙烯产率约为 5%，新开发的多产丙烯技术，如中国石化石油化工科学研究院（RIPP）的深度催化裂解（Deep Catalytic Cracking，DCC）技术，丙烯产率可以达到 21%。预计未来 20 年，世界丙烯需求量将超过乙烯，届时 FCC 装置将发挥更重要的作用。

随着世界原油品质的进一步劣质化，各种渣油加氢工艺将会得到迅速发展。Chevron、UOP、Exxon 等公司都相继开发了各自的渣油加氢工艺技术，主要包括固定床加氢工艺、沸腾床加氢工艺、移动床加氢工艺和悬浮床加氢工艺等。我国正在开发的重油加工技术有重油悬浮床加氢裂化技术、延迟焦化新技术以及重油深度脱沥青组合技术等。

可见，在重质/劣质原油的加工方面，炼油技术的未来发展将以加氢工艺为主，RFCC 工艺也将得到适度发展，以提高轻油收率，最大量满足对运输燃料和化工原料的需求。同时，焦化工艺以其原料适用性强、技术成熟、投资较低等优点，仍具有一定的发展潜力。

② 清洁燃料的生产。近年来，一些发展中国家和地区也在不断地提高燃油规范，以控制汽油和柴油中的硫含量，降低苯和芳烃的含量，从而改善空气质量。清洁燃料的生产包括清洁汽油的生产和清洁柴油的生产。目前普遍认为，降低汽油和柴油中的硫含量是使空气质

量好转的重要手段。如规定Ⅳ类汽油硫含量小于 5 ~ 10μg/g，烯烃含量不大于 6% ~ 10%（体积）。Ⅳ类柴油硫含量为 5 ~ 10μg/g。

国际清洁交通委员会（International Counciland Clean Transportation，ICCT）按各国燃油标准中规定的硫含量以及实施年限的不同，将不同的国家划分为 4 个等级。其中，欧洲、日本和美国是领航者，其次是澳大利亚和中国香港，再次为巴西和印度，燃油标准中允许硫含量最高的国家是中国和墨西哥。

由于成品汽油中 FCC 汽油占相当大的比例（美国为 36% 左右，中国接近 80%，欧洲约占 35%），而汽油中 98% 的硫和 90% 以上的烯烃都来自 FCC 汽油。因此，清洁汽油生产的主要任务是 FCC 汽油的脱硫、降烯烃，同时保辛烷值。

在美国，成品柴油中较优质的直馏柴油和加氢裂化柴油的比例较高，而我国的成品柴油中直馏柴油约占 50%，催化柴油占 30%，其他组分包括加氢裂化柴油馏分（不到 10%）及少量的热加工柴油馏分。研究表明，柴油中的硫和芳烃大部分来自直馏柴油、催化柴油和热加工柴油馏分。清洁柴油生产的主要任务是脱硫、降芳烃和提高十六烷值。

降低汽油或柴油中硫的含量可以采取多种方法：一是使用脱硫催化剂或添加剂；二是将 FCC 进料进行加氢处理，即前处理；三是将 FCC 汽油或柴油进行加氢精制，即后处理。加氢精制又分为选择性加氢和非选择性加氢。四是采用其他脱硫技术，如吸附脱硫、氧化脱硫和生物脱硫等。

FCC 汽油加氢脱硫包括非选择性加氢脱硫和选择性加氢脱硫。非选择性加氢脱硫属于加氢异构脱硫技术，可以生产超低硫汽油，汽油辛烷值能保持不下降，但汽油收率有些损失。选择性加氢技术可以根据 FCC 汽油中硫和烯烃含量分布的特性，先将汽油切割成轻汽油馏分（LCN）、中汽油馏分（ICN）和重汽油馏分（HCN），然后再进行选择性脱硫，其效果比汽油全馏分加氢好，可以生产超低硫汽油，体积收率在 100% 以上，操作成本较低，但辛烷值有些损失。FCC 汽油加氢脱硫的未来发展方向仍然是新型催化剂和新工艺的开发，以降低操作苛刻度和氢耗，从而降低成本，并最大限度地保持辛烷值。

吸附脱硫技术是使 FCC 汽油通过装有专用吸附剂的流化床反应器，利用吸附作用脱除催化汽油中的硫，脱硫率可以达到 90%，操作成本较低，但辛烷值有一定损失。代表性工艺有 Phillips 石油公司的 S - Zorb 吸附脱硫技术以及 Black&Veatch Pritchard 公司和 Alco 工业化学品公司的 IRVAD 吸附脱硫技术。

柴油改质技术是指对催化柴油或焦化柴油等劣质柴油馏分进行加氢精制、吸附脱硫、生物脱硫和氧化脱硫等，脱除柴油中的硫和芳烃，提高十六烷值。加氢脱硫可以有效地脱除柴油中的硫和芳烃，但由于氢耗高，操作成本较高。应用吸附技术也可以使柴油中的硫含量降至 10μg/g 以下，十六烷值保持不变。而生物脱硫、氧化脱硫等柴油脱硫技术尚处于实验室或中试阶段。此外，增加加氢裂化能力替代 FCC，可以在加工重质原料的同时脱除产品中的硫，生产优质柴油，也是目前炼油厂提高成品柴油质量的重要手段，但因其操作压力和氢耗都较高，致使操作成本较高。

可见清洁汽油的生产主要是 FCC 汽油的加氢脱硫。清洁柴油的生产主要是柴油的加氢脱硫、脱芳烃、提高十六烷值。此外，吸附脱硫、生物脱硫等技术也具有一定的发展前景。

③ 炼油 - 化工一体化。进入 20 世纪后期以来，随着世界各国汽柴油标准的进一步提高，一些轻烃馏分，如烯烃、芳烃和某些轻石脑油用作车用燃料的价值降低，而用作化工原料的价值增高；同时，在进入 21 世纪以来，世界对石化原料和产品的需求增长迅速。因

此，开发优质化工原料生产技术、多产低碳烯烃和芳烃技术已成为炼油厂合理利用资源、提高经济效益的主要方向。

炼油-化工结合型炼油厂的主要目标是通过重质油的转化，一方面尽可能多地生产乙烯、丙烯和芳烃等化工原料，另一方面是向乙烯厂和芳烃厂提供优质原料。

炼油厂直接生产化工原料的代表性技术主要有 RIPP 开发的 DCC 多产丙烯技术、催化热裂解(Catalytic Pyrolysis Process，CPP)多产乙烯技术、UOP 公司开发的 PetroFCC 工艺，以及美孚公司开发的 Maxofin 工艺等。炼油厂向化工厂提供原料，最大量生产优质化工原料的技术主要有中压加氢裂化技术（RIPP Medium Pressure Hydrocracking，RMC）、生产优质柴油并为化工厂提供原料的中压加氢改质技术(Medium Pressur Hydro - upgrading，MHUG)、FCC 汽油加氢作为重整原料技术以及多产芳烃的催化重整技术等。

实现炼油-化工一体化有利于原料的优化配置和综合利用，炼油厂的石脑油和轻烃可直接供乙烯装置，乙烯装置的汽油加氢后直接用作汽油的调合组分，乙烯装置的剩余氢气可作为炼油厂的廉价氢源等。炼油-化工一体化可以使炼油厂约 25% 的油品变成价值较高的石油化工产品，投资回报率可提高 2% ~5%。德国 Godorf 炼油厂将石油炼制、蒸汽裂解和芳烃生产结合起来，实现了炼油-化工一体化发展。

第一章 石油及其产品的组成和性质

第一节 石油的性状与组成

一、石油的性状

石油亦称原油,通常为黑色、褐色或黄色的流动或半流动的黏稠液体,相对密度一般为 0.80～0.98 之间。表 1-1 列出了世界各地主要原油的一般性质。表 1-2 和表 1-3 分别列出了我国陆上和海上原油的一般性质。

表 1-1 世界各地主要原油的一般性质

原油名称	沙特(轻质)	沙特(中质)	沙特(轻重混合)	伊朗(轻质)	科威特	阿联酋(穆尔班)	伊拉克	印尼(米纳斯)
密度(20℃)/(g/cm³)	0.8578	0.8680	0.8716	0.8531	0.8650	0.8239	0.8559	0.8456
运动黏度(50℃)/(mm²/s)	5.88	9.04	9.17	4.91	7.31	2.55	6.50(37.8℃)	13.4
凝点/℃	-24	-7	-25	-11	-20	-7	-15(倾点)	34(倾点)
蜡含量/%	3.36	3.10	4.24	—	2.73	5.16	—	—
庚烷沥青质/%	1.48	1.84	3.15	0.64	1.97	0.36	1.10	0.28
残炭/%	4.45	5.67	5.82	4.28	5.69	1.96	4.2	2.8
硫含量/%	1.91	2.42	2.55	1.40	2.30	0.86	1.95	0.10
氮含量/%	0.09	0.12	0.09	0.12	0.14	—	0.10	0.10

表 1-2 我国陆上主要原油的一般性质

原油名称	大庆混合	胜利混合	辽河混合	鲁宁管输	胜利孤岛	辽河沈阳	中原混合	华北混合	新疆混合	新疆克拉玛依	大港混合
取样年份	1988	1990	1990	1990	1990	1990	1990	1990	1990	1982	1989
密度(20℃)/(g/cm³)	0.8591	0.8941	0.9290	0.9048	0.9281	0.8369	0.8567	0.8585	0.8839	0.8538	0.8942
运动黏度(50℃)/(mm²/s)	22.64	92.16	142.2	61.1	224.5	—	16.61	18.95	57.13	18.8	40.7
凝点/℃	30	27	10	25	1	46	33	34	2	12	32
蜡含量/%	26.2	14.3	7.0	15	6.9	33.3	17.4	—	—	7.2	16.7
庚烷沥青质/%	0	—	0.65	0	1.6	0.10	0.16	—	0.05	0	0.18
残炭/%	8.9	17.0	8.2	5.6	7.2	2.4	5.3	4.8	3.5	2.6	5.3
硫含量/%	0.08	0.73	0.37	0.79	1.61	0.08	0.57	0.23	0.12	0.05	0.12
氮含量/%	0.17	0.31	0.46	0.32	0.39	—	0.16	—	—	0.13	0.23
原油类型	低硫-石蜡基	含硫-中间基	低硫-环烷-中间基	含硫-中间基	含硫-环烷-中间基	低硫-石蜡基	含硫-石蜡基	低硫-石蜡基	低硫-中间基	低硫-中间基	低硫-中间基

表 1 - 3　我国海上主要原油的一般性质

原油名称	埕北	渤中 28 - 1	绥中 36 - 1	涠 11 - 4、北 2 井	惠州混合
取样年份	1990	1989	1987	1988	1991
密度(20℃)/(g/cm³)	0.9537	0.8301	0.9677	0.7719	0.7987
运动黏度(50℃)/(mm²/s)	819	4.74	781.8	1.72	2.36
凝点/℃	10	28	- 6	17	24
蜡含量/%	1.1	19.8	1.5	11.9	10.8
庚烷沥青质/%	—	0	0		0.07
残炭/%	8.0	0.73	9.6	0.3	0.56
硫含量/%	0.36	0.07	0.31	—	0.03
氮含量/%	0.52	0.07	0.37		0.019
原油类型	低硫 - 环烷基	低硫 - 石蜡基	低硫 - 环烷基	低硫 - 石蜡基	低硫 - 石蜡基

表 1 - 2 表明，大庆混合原油的主要特点是含蜡量高、凝点高、硫含量低，属于低硫 -石蜡基原油。胜利油田范围很大，地质条件复杂，由几十个中小油田组成，这些中小油田原油的性质差异较大。辽河油田也由多个中小油田组成，不同油田或地层生产的原油差别很大。我国海上原油主要产自渤海湾南部及辽东湾、南海西部的北部湾、东部的珠江口等，一般性质见表 1 - 3，由表 1 - 3 可看出，各地区原油性质差别很大，密度为 0.77g/cm³ 至0.9g/cm³ 以上，有石蜡基原油，也有环烷基原油，但都属低硫原油。

与国外原油相比，我国主要油区原油的凝点及蜡含量较高、沥青质含量较低，相对密度大多在 0.85 ~ 0.95 之间，属于偏重的原油。

二、石油的元素组成

尽管世界上各种原油的性质差异很大，但组成石油的化学元素主要是碳(83.0% ~87.0%)、氢(11.0% ~ 14.0%)，二者合计约占 96.0% ~ 99.0%，其余为硫(0.05% ~8.00%)、氮(0.02% ~2.00%)、氧(0.08% ~1.82%)及微量元素，其合计含量总共不超过1.0% ~4.0%，见表 1 - 4。石油中含有的微量金属元素最重要的是钒、镍、铁、铜、铅、钠、钾等，微量非金属元素主要有氯、硅、砷等。

表 1 - 4　原油的元素组成

原油名称	碳/%	氢/%	硫/%	氮/%	氧/%
大庆混合原油	85.74	13.31	0.11	0.15	—
大港混合原油	85.67	13.40	0.12	0.23	—
胜利原油	86.26	12.20	0.80	0.44	—
克拉玛依原油	86.10	13.30	0.04	0.25	0.28
孤岛原油	84.24	11.74	2.20	0.47	—
墨西哥原油	84.20	11.40	3.60	—	0.80
伊朗原油	85.40	12.80	1.06	—	0.74
印尼原油	85.50	12.40	0.35	0.13	0.68

三、石油的馏分组成

原油是一个由众多组分组成的复杂混合物，其沸点范围很宽，通常从常温一直到 500℃

以上。因此，对原油进行研究或加工利用，都需要将原油进行分馏，以获得相对窄的馏分。如初馏点 – 180℃馏分，180～350℃馏分等。

这些馏分我们常常以汽油、煤油、柴油和润滑油等名称冠名，但他们并不是石油产品，而仅仅是沸点范围跟相应的产品相同，要将其成为石油产品还需要进一步加工来满足油品的使用规格要求。

汽油馏分其沸点范围为初馏点 – 180℃（200℃）；煤油馏分其沸点范围为200～350℃；350～500℃通常称为高沸点馏分。表 1 – 5 为国内外部分原油的馏分组成。

表 1 – 5　国内外部分原油的馏分组成　　　　　　　　　　　　　　　　%

原油名称	初馏点～200℃	200～350℃	350～500℃	>500℃
大庆	11.5	19.7	26.0	42.8
胜利	7.6	17.5	27.5	47.4
孤岛	6.1	14.9	27.2	51.8
辽河	9.4	21.5	34.9	39.9
华北	6.1	19.9	34.9	39.1
中原	19.4	25.1	23.2	32.3
新疆	15.4	26.0	29.9	29.7
沙特（轻质）	23.3	26.3	25.1	25.3
沙特（混合）	20.7	24.5	23.2	31.6
英国（北海）	29.0	27.6	25.4	18.0
印尼（米纳斯）	11.9	30.2	24.8	33.1

从原油直接分馏得到的馏分称为直馏馏分，它是原油经过蒸馏（一次加工）得到的，基本上不含有不饱和烃。若是经过催化裂化（二次加工）得到的，其所得的馏分与相应的直馏馏分不同，其中含有不饱和烃。

第二节　石油馏分的烃类组成

石油中的烃类按其结构不同，大致可分为烷烃、环烷烃、芳香烃和不饱和烃等几类。不同烃类对各种石油产品性质的影响各不相同。

一、石油馏分的烃类组成

1. 烷烃

烷烃是石油中的重要组分，凡是分子结构中碳原子之间均以单键相互结合，其余碳价都被氢原子所饱和的烃叫做烷烃，它是一种饱和烃，其分子通式为 C_nH_{2n+2}。

烷烃是按分子中含碳原子的数目为序进行命名的，碳原子数为 1～10 的分别用甲、乙、丙、丁、戊、己、庚、辛、壬、癸表示；10 以上者则直按用中文数字表示。只含一个碳原子的称为甲烷；含有十六个碳原子的称为十六烷。这样，就组成了为数众多的烷烃同系物。

烷烃按其结构不同，可分为正构烷烃与异构烷烃两类，凡烷烃分子主碳链上没有支碳链的称为正构烷，而有支链结构的称为异构烷。

在常温下，甲烷至丁烷的正构烷呈气态；戊烷至十五烷的正构烷呈液态；十六烷以上的正构烷呈蜡状固态（是石蜡的主要成分）。

11

由于烷烃是一种饱和烃，故在常温下，其化学安定性较好，但不如芳香烃。在一定的高温条件下，烷烃容易分解并生成醇、醛、酮、醚、羧酸等一系列氧化产物。烷烃的密度最小，黏温性最好，是燃料与润滑油的良好组分。

正构烷与异构烷虽然分子式相同，但由于分子结构不同，性质也有所不同。相同碳原子数的异构烷烃比正构烷烃沸点要低，且随着异构化程度增加其沸点降低愈显著。另外，异构烷烃比正构烷烃黏度大，黏温性差。正构烷烃因其碳原子呈直链排列，易产生氧化反应，即发火性能好，它是压燃式内燃机燃料的良好组分。但正构烷烃的含量也不能过多，否则凝点高，低温流动性差。异构烷由于结构较紧凑，性质安定，虽然发火性能差，但燃烧时不易产生过氧化物，即不易引起混合气爆燃，它是点燃式内燃机的良好组分。

烷烃以气态、液态、固态三种状态存在于石油中。

$C_1 \sim C_4$ 的气态烷烃主要存在于石油气体中。从纯气田开采的天然气主要是甲烷，其含量大约为 93% ~ 99%，还含有少量的乙烷、丙烷以及氮气、硫化氢和二氧化碳等。从油气田得到的油田气除了含有气态烃类外，还含有少量低沸点的液体烃类。石油加工过程中产生的炼厂气因加工条件不同可以有很大的差别。这类气体的特点是除了含有气态烷烃外，还含有烯烃、氢气、硫化氢等。

$C_5 \sim C_{11}$ 的烷烃存在于汽油馏分中，$C_{11} \sim C_{20}$ 的烷烃存在于煤油、柴油馏分中，$C_{20} \sim C_{30}$ 的烷烃存在于润滑油馏分中。C_{16} 以上的正构烷烃一般多以溶解状态存在于石油中，当温度降低时，即以固态结晶析出，称为蜡。蜡又分为石蜡和地蜡。

石蜡主要分布在柴油和轻质润滑油馏分中，其相对分子质量为 300 ~ 500，分子中碳原子数为 19 ~ 35，熔点在 30 ~ 70℃。地蜡主要分布在重质润滑油馏分及渣油中，其相对分子质量为 500 ~ 700，分子中碳原子数为 35 ~ 55，熔点在 60 ~ 90℃。从结晶形态来看，石蜡是互相交织的片状或带状结晶，结晶容易；而地蜡则是细小针状结晶，结晶较困难。从化学性质看，石蜡与氯磺酸不起反应，在常温或 100℃ 条件下，石蜡与发烟硫酸不起作用；地蜡的化学性质比较活泼，与氯磺酸反应放出 HCl 气体，与发烟硫酸一起作用时，经加热反应剧烈，同时发生泡沫并生成焦炭。

石蜡与地蜡的化学结构不同导致了其性质之间的显著差别。根据研究结果来看，石蜡主要由正构烷烃组成。除正构烷烃外，石蜡中还含有少量异构烷烃、环烷烃以及少量的芳香烃；地蜡则以环状烃为主体，正、异构烷烃的含量都不高。

存在于石油及石油馏分中的蜡，严重影响油的低温流动性，对石油的输送和加工及产品质量都有影响。但从另一方面看，蜡又是很重要的石油产品，可以广泛应用于电气工业、化学工业、医药和日用品等工业。

2. 环烷烃

环烷烃是石油中第二种主要烃类，其化学结构与烷烃具有相同之处，它们分子中的碳原子之间均以一价相互结合，其余碳价均与氢原子结合。由于其碳原子相互连接成环状，故称为环烷烃。环烷烃分子中所有碳价都已饱和，因而它也是饱和烃。环烷烃的分子通式为 C_nH_{2n}。

石油中所含的环烷烃主要是具有五元环的环戊烷系和具有六元环的环己烷的同系物。此外在石油中还发现有各种五元环与六元环的稠环烃类，其中常常含有芳香环，称为混合环状烃。

环烷烃在石油馏分中含量不同，它们的相对含量随馏分沸点的升高而增多，只是在沸点较高的润滑油馏分中，由于芳香烃含量增加，环烷烃则逐渐减少。

石油低沸点馏分主要含单环环烷烃，随着馏分沸点的升高，还出现了双环和三环环烷烃等。研究表明：分子中含 $C_5 \sim C_8$ 的单环环烷径主要集中在初馏点 $\sim 125℃$ 的馏分中。石油高沸点馏分中的环烷烃包括从单环、双环到六环甚至高于六环的环烷烃，其结构以稠合型为主。

环烷烃具有良好的化学安定性，与烷烃近似但不如芳香烃。其密度较大，自燃点较高，辛烷值居中。它的燃烧性较好、凝点低、润滑性好，因此也是汽油、润滑油的良好组分。环烷烃有单环烷烃与多环烷烃之分。润滑油中含单环烷烃多则黏温性能好，含多环环烷烃多则黏温性能差。

3. 芳香烃

芳香烃是一种碳原子为环状连接结构，且单双键交替的不饱和烃，芳香烃在石油中的含量通常比烷烃和环烷烃的含量少。这类烃在不同石油中总含量的变化范围相当大，平均为 $10\% \sim 20\%$。芳香烃的分子通式有 C_nH_{2n-6}、C_nH_{2n-12}、C_nH_{2n-18} 等。它最初是由天然树脂、树胶或香精油中提炼出来的，具有芳香气味，所以把这类化合物叫做芳香烃。芳香烃都具有苯环结构，但芳香烃并不都有芳香味。

芳香烃的代表物是苯及其同系物以及双环和多环化合物的衍生物。在石油低沸点馏分中只含有单环芳香烃，且含量较少。随着馏分沸点的升高，芳香烃含量增多，且芳香烃环数、侧链数目及侧链长度均增加。在石油高沸点馏分中甚至有四环及多于四环的芳香烃。此外在石油中还有为数不等、多至 $5 \sim 6$ 个环的环烷烃 – 芳香烃混合烃，它们主要以稠合型的形式存在。

芳香烃具有良好的化学安定性，在相同碳数烃类中，其密度最大，自燃点最高，辛烷值也最高，故其为汽油的良好组分。但由于其发火性差，十六烷值低，所以它不是柴油的理想组分。在润滑油中，若含有多环芳香烃，则会使其黏温性显著变坏，故应尽量除去。

4. 不饱和烃

不饱和烃在原油中含量极少，主要是在二次加工过程中产生的。热裂化产品中含有较多的不饱和烃，主要是烯烃，也有少量二烯烃，但没有炔烃。

烯烃的分子结构与烷烃相似，一般呈直链或直链上带有支链的烃类，但烯烃的碳原子间有双价键。凡是分子结构中碳原子间含有双价键的烃称为烯烃，其分子通式为 C_nH_{2n}、C_nH_{2n-2} 等。分子间有两对碳原子间为双键结合的称为二烯烃。

烯烃的化学安定性差，易氧化生成胶质，但辛烷值较高，凝点较低。

二、石油馏分烃类组成表示法

为了进一步认识石油馏分中的烃类组成，满足生产和科研上对烃类组成的要求，可用以下三种方法表示石油馏分的烃类组成。

1. 单体烃组成表示法

前面谈到的元素组成过于简单，而烃类组成在有些场合又不适用，因此，又提出了单体烃组成表示方法，它是表明石油及其馏分中每一单体化合物含量高低的数据。但由于石油馏分的组成十分复杂，其单体化合物十分繁多，且随着馏分变重，化合物的种类和数目也就愈多，分离和鉴定出各种单体化合物也就愈困难。所以目前单体烃组成的表示法一般只用于说明汽油馏分。

2. 族组成表示法

单体烃组成由于过细过详，在实际应用中存在许多困难。而族组成表示法是以石油馏分中各族烃相对含量的组成数据来表示，这种方法简单而实用。至于分为哪些族则取决于分析方法以及分析上的要求。一般对汽油组分的分析就以烷烃、环烷烃、芳香烃这三族烃的含量表示。如果是裂化汽油再加上一项不饱和烃，煤油、柴油以上馏分族组成通常是以饱和烃（烷烃 + 环烷烃）、轻芳烃（单环芳烃）、中芳烃（双环芳烃）、重芳烃（多环芳烃）等项目来表示。

3. 结构族组成表示法

由于高沸点石油馏分以及渣油的组成和分子结构更加复杂，各种类型分子数目繁多，即往往在一个分子中同时含有芳香环、环烷环及相当长的烷基侧链，若按上述族组成表示法就很难准确说明它究竟属于哪一类烃。此时就用结构族组成来表示它们的化学组成。

这种方法是把整个石油馏分看成是由某种"平均分子"所组成。这一"平均分子"则是由某些结构单位(芳香环、环烷环及烷基侧链)所组成。馏分结构族组成情况，用"平均分子"上的环数(芳香环和环烷环)或碳原子在某一结构单位上的百分数来表示。常用符号如下：

R_A——分子中的芳香环数；

R_N——分子中的环烷环数；

R_T——分子中的总环数，$R_T = R_A + R_N$；

$C_A\%$——分子中芳香环上碳原子数占总碳原子数的百分数；

$C_N\%$——分子中环烷环上碳原子数占总碳原子数的百分数；

$C_R\%$——分子中总环上碳原子数占总碳原子数的百分数，$C_R\% = C_A\% + C_N\%$；

$C_P\%$——分子中烷基侧链上的碳原子数占总碳原子数的百分数。

为了说明这种方法，举例如下：某一复杂混合物统计意义的"平均分子"结构为：

$-C_{10}H_{21}$，该"平均分子"中有20个碳原子，其中6个碳原子在芳香环上，4个碳原子在环烷环上，10个碳原子在烷基侧链上，则：

$$C_A\% = \frac{6}{20} \times 100 = 30$$

$$C_N\% = \frac{4}{20} \times 100 = 20$$

$$C_R\% = 20 + 30 = 50$$

$$C_P\% = \frac{10}{20} \times 100 = 50$$

分子中的芳香环数 $R_A = 1$

分子中的环烷环数 $R_N = 1$

分子中的总环数 $R_T = 2$

采用上述六个结构参数，就可以大致描述该分子的结构了。

石油馏分的某些物理常数(相对密度、折射率等)是与其族组成有关。在各类烃中芳香烃的相对密度和折射率最大，烷烃的相对密度和折射率最小，环烷烃介于二者之间。因此提出一种利用物理常数来测定石油馏分结构族组成的方法，其中最常用的是 $n-d-M$ 法(n 是折射率，d 是相对密度，M 是平均相对分子质量）和 $n-d-v$ 法（v 是黏度）。表 $1-6$ 是 $n-d-M$ 法的计算公式，通过该公式可以计算出石油馏分的结构参数值。

表 1-6 $n-d-M$ 法计算公式

20℃时测定		70℃时测定	
$V=2.51(n-1.4750)-(d-0.8510)$ $W=(d-0.8510)-1.11(n-1.4750)$		$X=2.42(n-1.4600)-(d-0.8280)$ $Y=(d-0.8280)-1.11(n-1.4600)$	
$C_A\%$	若 V 为正值 $\%C_A=430V+3660/M$ 若 V 为负值 $\%C_A=670V+3660/M$	$C_A\%$	若 X 为正值 $C_A\%=410X+3660/M$ 若 X 为负值 $C_A\%=720+3660/M$
$C_R\%$	若 W 为正值 $\%C_R=8230W-3S+10000/M$ 若 W 为负值 $C_R\%=1440W-3S+10600/M$	$C_R\%$	若 Y 为正值 $\%C_R=775Y-3S+11500/M$ 若 Y 为负值 $\%C_R=1400Y-3S+12100/M$
	$C_N\%=C_R\%-C_A\%$ $C_P\%=100-C_R\%$		$C_N\%=C_R\%-C_A\%$ $C_P\%=100-C_R\%$
R_A	若 V 为正值 $R_A=0.44+0.055MV$ 若 V 为负值 $R_A=0.44+0.080MV$	R_A	若 X 为正值 $R_A=0.41+0.055MX$ 若 X 为负值 $R_A=0.41+0.080MX$
R_T	若 W 为正值 $R_T=1.33+0.146M(W-0.005S)$ 若 W 为负值 $R_T=1.33+0.180M(W-0.005S)$	R_T	若 Y 为正值 $R_T=1.55+0.146M(Y-0.005S)$ 若 Y 为负值 $R_T=1.55+0.180M(Y-0.005S)$
$R_N=R_T-R_A$		$R_N=R_T-R_A$	

注：

S——含硫量（质量分数），%；

$C_A\%$、$C_N\%$、$C_P\%$ 和 $C_R\%$——芳香环、环烷环、烷基侧链和总环上的碳原子的百分数；

R_A、R_N、R_T——芳香环、环烷环和总环的环数；

M——平均相对分子质量；

n——折射率；

d——相对密度。

经过反复实践，人们找到了石油馏分的结构族组成与 n、d、M 这三个物理常数之间的关系，根据这些关系作出各种列线图。因而实用上只要测得石油馏分的 n_D^{20}［温度为 20℃，钠的 D 线（波长 5890nm）的折射率］、d_4^{20}（20℃的油与4℃水密度之比）、M（平均相对分子质量），其结构族组成查图即得。

现以求 C_A 的列线图为例［图 $1-1(a)$］对其用法加以说明。图中有 5 条直线。根据馏分的 d_4^{20} 和 n_D^{20}，在左边两条线上找到相应的两点，将其连成直线并延长与第三条线 $100V$ 相交于一点 V。在最右边的线上找到代表馏分平均相对分子质量的 M 点，连接 V 与 M 的直线与 $C_A\%$ 的直线之交点即为该馏分的 $C_A\%$。

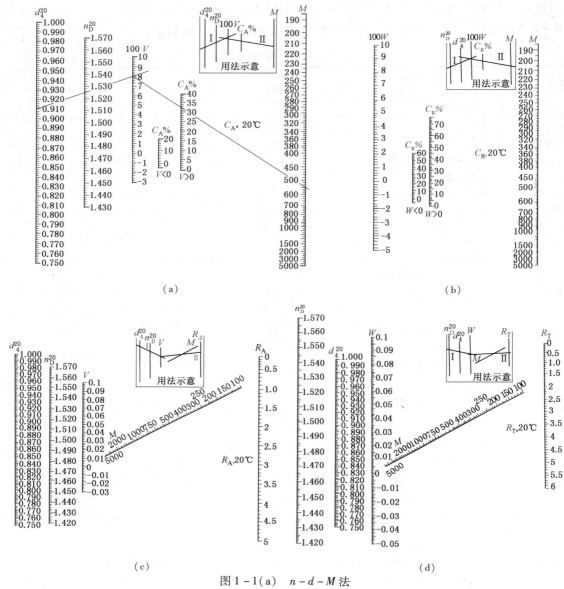

图 1-1(a)　$n-d-M$ 法

$n-d-M$ 法在实用上比较方便，此法的准确性也较高，可以适用于不同种类的石油。但是必须注意到此法的适用范围只限于具有下列条件的石油馏分：①$M>200$，不含不饱和烃；②$R_T \leqslant 4$，$R_A \leqslant 2$ 或者 $C_R \leqslant 75\%$；③$C_A/C_N \leqslant 1.5$；④含 S $\leqslant 2\%$，含 N $\leqslant 0.5\%$，含 O $\leqslant$ 0.5%。这些规定是由于作为原始数据来源的石油馏分的范围而定的。目前我国各油田的直馏馏分基本上均能适用。

当馏分的凝点高于 20℃ 时应采用另一组列线图，可参考有关工艺计算图表。

4. 汽油馏分的烃类组成

汽油是沸点低于 200℃ 的馏分，平均相对分子质量约为 80~140。天然石油直接蒸馏所得到的汽油称为直馏汽油。

（1）直馏汽油馏分的单体烃组成

表 1-7 所列为 4 种原油的直馏汽油中主要单体烃。

16

表 1 - 7　4 种原油直馏汽油中主要单体烃

烃　族	单体烃名称	大　庆 60~145℃	大　港 60~153℃	胜　利 初馏~130℃	任　丘 初馏~130℃
正构烷烃	正戊烷	0.09	0.39	2.89	5.58
	正己烷	6.33	2.04	6.37	8.91
	正庚烷	13.93	4.42	8.77	8.34
	正辛烷	15.39	8.69	5.40	5.66
	正壬烷	2.17	4.78	—	1.39
异构烷烃	2 - 甲基戊烷	1.32①	0.77	3.67	5.08
	3 - 甲基戊烷	0.76	0.67	2.68	3.13
	2 - 甲基己烷	1.40	1.09	2.73	2.57
	3 - 甲基己烷	1.83	1.25	3.06	2.60
	2 - 甲基庚烷	2.75	2.38	3.04	3.58
环 烷 烃	甲基环戊烷	2.72②	2.08	6.21②	4.26
	环己烷	4.75	2.57	4.35	2.60
	甲基环己烷	11.43③	9.18	9.12③	5.72
	1 - 顺 - 3 - 二甲基环己烷	} 3.66	} 4.62	} 2.88④	2.69
	1 - 反 - 4 - 二甲基环己烷				—
芳 香 烃	苯	0.16	0.80	0.80	0.46
	甲苯	1.05	4.17⑤	4.98	1.66
	对二甲苯	0.28	1.57	0.96	0.22
	间二甲苯	0.92⑥	5.21⑥	0.31	—
	邻二甲苯	0.47⑦	0.86⑦	0.38	—
单 体 烃 个 数		24	22	21	17
占汽油馏分/%		71.41	57.56	68.60	64.53

①包括 2,3 - 二甲基丁烷。　　　　　　　⑤包括 3,3 - 二甲基己烷。

②包括 2,2 - 二甲基戊烷。　　　　　　　⑥包括 3,3,4 - 三甲基己烷。

③包括 2,2,3,3 - 四甲基丁烷。　　　　　⑦包括 2,2,4,5 - 四甲基己烷。

④包括 1,1 - 二甲基环己烷。

　　虽然组成汽油馏分的单体烃数目繁多，但其含量却彼此相差悬殊，从表 1 - 7 中所列数据可以看出，仅这几种主要单体烃的含量就占该馏分总量的一半以上。如大庆 60~145℃ 直馏汽油馏分中，只有 24 种主要单体烃其含量就占该馏分总重量的 71.41%；任丘原油初馏点~130℃ 汽油馏分中，仅有 17 种主要单体烃其含量已占该馏分的 64.53%。通过大量研究发现，在绝大多数石油的汽油馏分中，都存在类似情况。这样一个重要事实在某种程度上将会大大方便我们的研究工作，在实用上也具有重要的意义。

　　从表 1 - 7 中数据还可以看出：直馏汽油中含量最多的是 C₅~C₁₀ 的正构烷烃及分支较少的异构烷烃；环烷烃中环己烷类含量高于环戊烷类；汽油馏分中芳香烃含量较少，芳香烃中甲苯和二甲苯的含量比苯多。

　　（2）直馏汽油馏分的族组成

　　我国几种原油汽油馏分的族组成见表 1 - 8。

表 1-8　我国几种原油汽油馏分的族组成　　　　　　　　　　　　　%

沸点范围/℃	大 庆			胜 利			大 港			孤 岛 *		
	烷 烃	环烷烃	芳香烃	烷 烃	环烷烃	芳香烃	烷 烃	环烷烃	芳香烃	烷 烃	环烷烃	芳香烃
0~95	56.8	41.1	2.1	52.9	44.6	2.5	51.5	42.3	6.2	47.5	51.4	1.1
95~122	56.2	39.0	4.3	45.9	49.8	4.3	42.2	47.6	10.2	36.3	59.6	4.1
122~150	60.5	32.6	6.9	44.8	43.6	11.6	44.8	36.7	18.5	27.2	64.1	8.7
150~200	65.0	25.3	9.7	52.0	35.5	12.5	44.9	34.6	20.5	13.3	72.4	14.3

* 孤岛原油第一个馏分的沸点范围为初馏点~95℃。

从表 1-8 中可以看出,在汽油馏分中,烷烃和环烷烃占馏分的绝大多数,而芳香烃含量一般不超过 20%。就其分布规律来看,随着沸点的升高,芳香烃含量逐渐增多。我国各原油的直馏汽油族组成与国外几种汽油族组成分析的比较见表 1-9。

表 1-9　各汽油馏分的烃族组成分析比较　　　　　　　　　　　　　%

原油名称及馏分沸点	烷 烃	环烷烃	芳香烃
大庆初馏~200℃	57	39	4
胜利 60~180℃	49	42	9
任丘初馏~145℃	56.1	41.6	2.3
大港初馏~145℃	41.1	46.9	12.0
克拉玛依初馏~200℃	58	33	9
玉门初馏~200℃	61.7	29.4	8.9
科威特 40~200℃	70	21	9
米纳斯 16~204℃	59	40	1
美国加州惠明顿 50~210℃	35	54	11
美国宾夕法尼亚 40~200℃	70	22	8
伊朗 45~200℃	70	21	9

从表 1-9 中可以看出,我国原油中汽油的组成不但烷烃含量高,而且环烷烃含量一般都在 40% 左右;国外相当一部分原油中的汽油仅含 20%~22% 的环烷烃。

上述均为直馏汽油馏分的烃族组成,对于二次加工所得汽油,其烃族组成与直馏汽油有很大差异。例如,催化裂化汽油含有大量的异构烷烃,正构烷烃含量比直馏汽油少得多,芳香烃的含量比直馏汽油有显著增加,此外还含有一定量的烯烃。

5. 煤油、柴油馏分的烃类组成

煤油一般为 200~300℃ 馏分,柴油一般为 200~350℃ 馏分。它们中的烃类相对分子质量约为 200~300 左右,烃类分子中的碳原子数比汽油高,可达 20 个左右。

在煤油、柴油馏分中,烃类的碳原子数增多,表现在烃类的分子结构更加复杂。除了烷烃只是链上的碳原子数增多外,随着沸点的增加,环烷烃和芳香烃的环数、侧链数也会增多或是侧链增长。中间馏分的族组成分析见表 1-10。

表 1-10   中间馏分油族组成分析（色谱法）

原　　油	沸点范围/℃	族组成/%				
		烷烃 + 环烷烃	轻芳烃	中芳烃	重芳烃	非　烃
孤　　岛	180~300	71.21	—	28.44	—	0.35
	300~350	57.69	11.28	14.48	13.21	3.25
胜　　利	328~373	71.66	10.89	7.34	8.49	1.61
大　　庆	210~220	93.5	5.4	1.1	—	—
	290~300	84.8	9.9	5.3	—	—
	340~350	87.6	6.0	6.2	—	—

从表 1-10 中可以看出大庆、胜利、孤岛原油的中间馏分油中，大庆油 350℃以前馏分重芳烃（三环以上）含量极少；而孤岛油 300~350℃ 馏分的重芳烃含量已相当可观（13.21%），孤岛油的特点为中芳烃、重芳烃和非烃含量均较高。

表 1-11 为我国大庆、大港原油的中间馏分结构族组成数据。由表 1-11 中可以看出，在中间馏分中，随着沸点的升高其芳香环的环数在逐渐增加，同时侧链上碳原子百分数（C_P%）也逐渐增加，这说明在中间馏分中，随着沸点升高，侧链上碳原子数的增加比环上碳原子数增加得还要多。

表 1-11   大庆、大港中间馏分的结构族组成

原　　油	馏分范围/℃	结构族组成					
		R_A	R_N	R_T	C_P%	C_A%	C_N%
大港原油	200~250	0.3	1.0	1.3	38.6	17.2	44.2
	250~300	0.4	1.1	1.5	50.0	17.9	32.1
	300~330	0.5	1.1	1.6	56.0	16.0	28.0
	330~360	0.16	1.0	1.6	57.6	16.8	25.6
大庆原油	200~250	0.15	0.43	0.58	68.5	6.0	25.5
	250~300	0.22	0.60	0.82	74.0	8.0	18.9
	300~350	0.28	0.58	0.86	74.5	9.0	16.5

6. 高沸点馏分油的烃类组成

石油中的高沸点馏分沸点约为 350~500℃，平均相对分子质量约 300 以上。表 1-12 为我国几种原油高沸点馏分族组成及结构族组成分析数据。在这些原油高沸点馏分的各族烃中，虽然经过脱蜡，其饱和烃含量仍很高，一般均占脱蜡油馏分的一半以上，其中大庆油高沸点馏分饱和烃的含量最高。

从表 1-11 中结构族组成可以看出，在这三种原油高沸点馏分中，随着馏分沸点升高，大多数 C_P% 降低（大庆 400~450℃ 馏分除外），而 R_T、R_A、R_N 都增高。这说明随着沸点升高，高沸点馏分中芳香环和环烷环的环数都在增加，而烷基侧链上碳原子所占比例则随着沸点升高而降低。

表1-12　高沸点馏分脱蜡油(-30℃脱蜡)的族组成及结构族组成

原油名称	沸点范围/℃	族组成(占脱蜡油)/%				结构族组成					
		饱和烃	轻芳烃	中芳烃	重芳烃及胶质	$C_P\%$	$C_N\%$	$C_A\%$	R_N	R_A	R_T
大庆原油	350~400	76.8	6.5	8.1	8.6	62.5	23.8	13.7	1.21	0.51	1.72
	400~450	75.6	6.4	9.8	8.3	63.0	23.8	13.2	1.78	0.67	2.45
	450~500	66.2	17.5	7.9	8.6	60.5	25.0	14.5	2.10	0.92	3.02
胜利原油	355~399	58.1	18.1	11.8	12.0	66	21.8	12.2	1.0	0.5	1.5
	399~450	59.4	18.1	11.0	11.4	64	25.0	11.0	1.7	0.5	2.2
	450~500	55.3	15.6	15.2	14.5	60	27.5	12.5	2.3	0.7	3.0
大港原油	350~400	63.1	12.6	8.3	16.0	62	23.4	14.6	1.09	0.48	1.57
	400~450	66.0	10.6	7.7	15.7	60	28	12.0	1.92	0.48	2.40
	450~500	60.5	12.9	8.0	18.6	57.9	27.7	14.4	2.08	0.67	2.75

第三节　石油中的非烃化合物

石油中的非烃化合物主要包括含硫、含氮、含氧化合物和胶状沥青状物质。尽管硫、氧、氮元素在天然石油中只占1%左右，但是硫、氧、氮化合物的含量却高达10%~20%，尤其在石油重质馏分和减压渣油中的含量更高。这些非烃化合物的存在对于石油的加工工艺和石油产品的使用性能都有很大的影响，所以在炼制过程中要尽可能将它们去除。

一、含硫化合物

石油中的硫含量随原油产地的不同差别很大，其含量从万分之几到百分之几。硫在石油馏分中的分布一般是随着石油馏分沸点的升高而增加，大部分硫集中在重馏分油和渣油中。

石油中的硫化物从整体来说是石油和石油产品中的有害物质，它们给石油加工过程和石油产品使用性能带来不少危害。主要危害有：

① 腐蚀设备。炼制含硫石油时，各种含硫化合物受热分解均能产生 H_2S，它在与水共存时，会对金属设备造成严重腐蚀。此外，如果石油中含有 $MgCl_2$、$CaCl_2$ 等盐类，它们水解生成 HCl 也是造成金属腐蚀的原因之一。如果既含硫又含盐，则对金属设备的腐蚀更为严重。

石油产品中含有硫化物，在储存和使用过程中同样会腐蚀金属。同时含硫燃料燃烧产生的 SO_2 及 SO_3 遇水后生成 H_2SO_3 和 H_2SO_4 也会强烈腐蚀发动机的机件。

② 使催化剂中毒。在炼油厂各种催化加工过程中，硫是某些催化剂的毒物，会造成催化剂中毒丧失活性，如铂重整所用的催化剂。

③ 影响产品质量。硫化物的存在严重影响油品的储存安定性，使储存和使用中的油品易氧化变质，生成黏稠状沉淀，进而影响发动机或机器的正常工作。

④ 污染环境。含硫石油在炼油厂加工过程中产生的 H_2S 及低分子硫醇等有恶臭的毒性气体，会有碍人体健康。含硫燃料油品燃烧后生成的 SO_2 和 SO_3 也会造成对环境的污染。

由于含硫化合物存在以上一些危害，故炼油厂常采用精制的办法将其除去。

硫在石油中的存在形态已经确定的有：单质硫、硫化氢、硫醇、硫醚、二硫化物、噻吩等类型的有机含硫化合物。这些硫化物按照性质可分为活性硫化物和非活性硫化物两大类。活性硫化物主要包括单质硫、硫化氢以及硫醇等，它们对金属设备具有较强的腐蚀作用；非活性硫化物主要包括硫醚、二硫化物和噻吩等，它们对金属设备无腐蚀作用，但非活性硫化物受热分解后会变成活性硫化物。

1. 硫醇（RSH）

硫醇主要存在于汽油馏分中，有时在煤油馏分中也能发现。它在石油中含量不多。所有硫醇都有极难闻的臭味，尤其是它的低级同系物。空气中硫醇浓度达 $2.2 \times 10^{-12} \, \text{g/m}^3$ 时，人的嗅觉就可以感觉到，因此可用来作为生活用气的泄漏指示剂。

当加热到 300℃ 时，硫醇会发生分解生成硫醚，如果温度更高会生成烯烃和硫化氢。如：

$$2C_4H_9SH \xrightarrow{300℃} C_4H_9SC_4H_9 + H_2S$$

$$C_4H_9SH \xrightarrow{500℃} C_4H_8 + H_2S$$

在缓和条件下硫醇会氧化生成二硫化物。

$$2C_3H_7SH \xrightarrow{[O]} C_3H_7SSC_3H_7 + H_2O$$

2. 硫醚（RSR）

硫醚属于中性硫化物，是石油中含量较多的硫化物之一。硫醚的含量是随着馏分沸点的升高而增加的，大部分集中在煤油、柴油馏分中。硫醚的热稳定性和化学稳定性较高，与金属不起作用。但在有硅酸铝存在的情况下，将硫醚加热到 300～450 ℃，它会发生分解生成硫化氢、硫醇以及相应的烃类。

3. 二硫化物（RSSR）

二硫化物在石油馏分中含量很少，且多集中于高沸点馏分中。二硫化物也属于中性硫化物，其化学性质与硫醚很相似，但热稳定性较差，在加热时很容易分解为硫醇、硫化氢和相应的烃类。

4. 噻吩及其同系物

噻吩及其同系物是原油中的一种主要含硫化合物，一般存在于中沸点和高沸点馏分中。它的化学性质不活泼，热稳定性较高。含有噻吩环的化合物能很好地溶解于浓硫酸中并起磺化作用，人们常利用这一性质从油中除去噻吩。当噻吩与浓硝酸作用时不被硝化而是被氧化生成水、二氧化碳和硫酸。

5. 单质硫和硫化氢

石油馏分中单质硫和硫化氢多是其他含硫化合物的分解产物（在 120℃ 左右的温度下，有些含硫化合物已开始分解），然而也曾从未蒸馏的石油中发现它们。单质硫和硫化氢又可以互相转变，硫化氢被空气氧化可生成单质硫，硫与石油烃类作用也可生成硫化氢及其他硫化物（一般在 200～250℃ 以上已能进行这种反应）。

二、含氧化合物

石油中的氧含量一般为千分之几，通常小于 1%，但个别地区石油中的氧含量可高达 2%～3%。石油中的氧 80% 左右存在于胶状沥青状物质中。在石油中，氧元素都是以有机含氧化合物的形式存在的，主要分为酸性含氧化合物和中性含氧化合物两大类。

石油中的酸性含氧化合物包括环烷酸、芳香酸、脂肪酸和酚类等，它们总称为石油酸；中性含氧化合物包括醇、酯、醛及苯并呋喃等，它们的含量非常少。石油中酸性含氧化合物的含量一般用酸值（酸度）来表示，酸性含氧化合物的含量越高，则其酸值就越大。原油的酸值一般不是随着其沸点的升高而逐渐增大，而是呈现出若干个峰值，原油不同其峰值也不同，但是大多数原油在300～450℃馏分左右存在一个酸值最高峰。

石油中的含氧化合物主要以酸性含氧化合物为主，其中主要是环烷酸，占石油酸性含氧化合物的90%左右，而脂肪酸、芳香酸和酚类的含量很少。环烷酸虽然对石油加工和产品应用不利，但它却是非常有用的化工产品。原油中环烷酸的含量因原油产地和类型的不同而有所差异，石蜡基原油中的环烷酸含量较低，而中间基和环烷基原油中的环烷酸含量较高。

环烷酸是一种难挥发的无色油状液体，相对密度介于0.93～1.02之间，有强烈的臭味，不溶于水而易溶于油品、苯、醇及乙醚等有机溶剂中。环烷酸在石油馏分中的分布很特殊，在中间馏分中（沸程为250～400℃）环烷酸含量最高，而在低沸点馏分及高沸点重馏分中含量都比较低。环烷酸呈弱酸性，当有水存在且升高温度时，它能直接与很多金属作用而腐蚀设备，生成的环烷酸盐留在油品中将促进油品的氧化。含环烷酸高的石油易于乳化，这对石油加工不利。在灯用煤油中含有环烷酸会使灯芯堵塞或结花，因此必须将其除去。

石油中含有少量的酚类，多是苯酚的简单同系物。酚具有强烈的气味，呈弱酸性，故石油馏分中的酚可以用碱洗法除去。酚能溶于水，因此炼油厂污水中常含有酚，会污染环境。

三、含氮化合物

石油中的氮含量不高，通常在0.05%～0.5%之间，仅有少部分原油的氮含量超过0.6%。石油中的氮含量也是随着馏分沸点的升高而迅速增加，大约有80%的氮集中在400℃以上的重油中。而煤油以前的馏分中，只有微量的氮化物存在。我国原油含氮量变化范围在0.1%～0.5%之间，属于含氮量偏高的原油。

石油中的氮化物可分为碱性和非碱性两类，所谓碱性氮化物是指能用高氯酸（$HClO_4$）在醋酸溶液中滴定的氮化物，非碱性氮化物则不能。

从石油中分离出来的碱性氮化物主要为喹啉（ 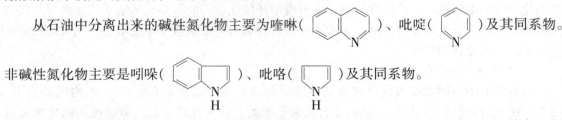 ）、吡啶（ ）及其同系物。

非碱性氮化物主要是吲哚（ ）、吡咯（ ）及其同系物。

在石油加工过程中碱性氮化物会导致催化剂中毒。当油品中氮化物多时，油品储存日期稍久，就会颜色变浑，气味变臭，这是因为氮化物不稳定，与空气接触氧化生胶。研究证明，使焦化汽油变色的主要成分就是含氮化合物。因此，石油及其产品中的氮化物应予以脱除。

四、胶状－沥青状物质

石油中最重的部分基本上是由大分子的非烃类化合物组成，这些大分子的非烃类化合物根据其外观可统称为胶状－沥青状物质，它们是一些平均相对分子质量很高，分子中杂原子不止一种的复杂化合物。

胶状沥青状物质在石油中的含量，多时可达30%～40%（重质含胶石油），少时也在5%～10%（轻质石油）。就其元素组成来说，除了碳、氢及氧以外，还有硫、氮及某些金属（如 Fe、Mg、V、Ni 等）。从结构上看，主要是稠环类结构，芳环、芳环－环烷环及芳环－环烷环－杂环结构。它们的挥发性不大，当石油蒸馏时它们主要集中于渣油中。

胶状沥青状物质是各种不同结构的高分子化合物的复杂混合物。由于分离方法和所采用的溶剂不同，所得的结果也不相同。

胶质的分子结构是很复杂的，颜色呈现褐色至暗褐色，是一种流动性很差的的黏稠液体，相对密度稍大于1，平均相对分子质量一般为1000～2000（蒸气压平衡法）。它具有很强的着色能力，只要在无色汽油中加入0.005%的胶质，就可将汽油染成草黄色。可见油品的颜色主要是由于胶质的存在而造成的。

胶质是一种不稳定的化合物，当受热或氧化时可以转变为沥青质。在常温下，它易被空气氧化而缩合成沥青质。即使在没有空气的情况下，若温度升高到260～300℃，胶质也能转变为沥青质。若用硫酸处理时，胶质很易磺化而溶于硫酸。

胶质是道路沥青、建筑沥青和防腐沥青等的重要组分之一。它的存在提高了石油沥青的延展性。但油品中含有胶质在其使用时会产生炭渣，造成机器零件的磨损和堵塞。因此，在石油产品的精制过程中要脱除胶质。

沥青质一般是指石油中不溶于非极性的小分子正构烷烃而溶于苯的一种物质，它是石油中相对分子质量最大、极性最强的非烃组分。从复杂的多组分系统（石油及渣油等）中分离沥青质，主要是根据沥青质对不同溶剂具有不同的溶解度。因此，溶剂的性质以及分离条件直接影响到沥青质的组成和性质，所以在提到沥青质时必须指明所用的溶剂，如正戊烷沥青质或正庚烷沥青质等。

在石油或渣油中用 C_5～C_7 正构烷烃沉淀分离出的沥青质是暗褐色或黑色的脆性无定形固体。其相对密度相对稍高于胶质，平均相对分子质量约为2000～6000（蒸气压平衡法），加热不熔融，但当温度升高到300℃以上时，它会分解为焦炭状物质和气态、液态物质。沥青质没有挥发性，石油中的沥青质全部集中在渣油中。

沥青质的宏观结构是胶状颗粒，称为胶粒。胶粒的最基本单元是稠环芳香"薄片"，由"薄片"结合成"微粒"，又由"微粒"结合成"胶粒"。沥青质分子结构示意图见图1－2，图1－3是我国孤岛减压渣油沥青质结构单元示意图。

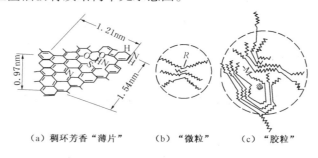

（a）稠环芳香"薄片"　　（b）"微粒"　　（c）"胶粒"

图1－2　沥青质分子结构示意图

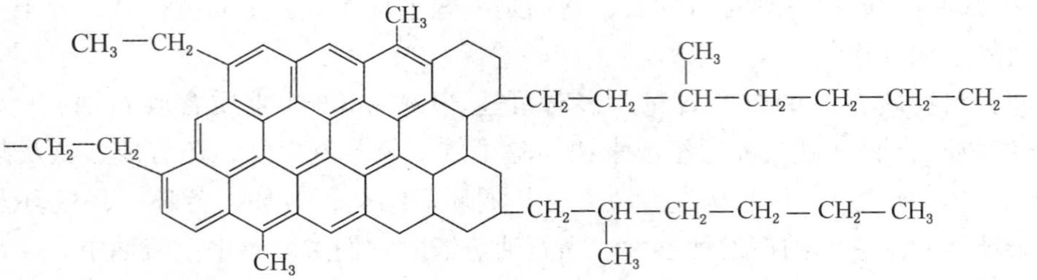

图 1 - 3 我国孤岛减压渣油沥青质结构单元(由氢核磁共振仪测定)

　　胶状－沥青状物质对石油加工和产品使用有一定的影响。灯用煤油含有胶质,容易堵塞灯芯,影响灯芯吸油量并使灯芯结焦,因此灯用煤油要精制到无色。润滑油中含有胶质会使其黏温性能变坏。在自动氧化过程中生成炭沉积,造成机件表面的磨损和细小输油管路的堵塞。作为裂化原料的石油馏分中含有胶质、沥青质,容易在裂化过程中生胶,因此必须对其含量加以控制。

　　五、渣油的组成

　　减压渣油是原油中沸点最高、平均相对分子质量最大、杂原子含量最多和结构最复杂的部分。我国大多数油田的原油中 >500℃渣油的产率一般都在 40% ~50% 。因此,充分利用及合理加工渣油是石油炼制工作者重要的课题之一。

　　1. 渣油的族组成

　　目前国内外在初步研究渣油的组成时,常采用将渣油分离成饱和分、芳香分、胶质和沥青质的四组分析法。表 1 - 13 为我国及国外部分渣油的四组分族组成。

　　由表 1 - 13 可以看出,饱和分和芳香分的总量,一般占渣油总量的 40% 以上。在我国渣油中正庚烷沥青质一般含量很低(孤岛渣油除外),大庆渣油几乎不含正庚烷沥青质,但胶质含量较高。

表 1 - 13　　>500℃渣油的族组成　　　　　　　　　　%

原油产地	饱 和 分	芳 香 分	胶 质	沥 青 质*
大庆	42.9	33.1	24.0	—
胜利	26.1	31.8	41.3	0.8
孤岛	16.1	36.4	40.5	7.0
米纳斯	57.5	38.8	11.0	1.4
科威特	16.9	52.8	24.0	6.3
委内瑞拉	7.8	34.0	41.8	16.4

*该沥青质是由正庚烷分离而得。

　　2. 渣油的结构族组成

　　由于渣油的平均相对分子质量较大,分子中环数较多而且杂原子含量也较高,因此 $n - d - M$ 法不适用于减压渣油组分。

　　近年来随着近代分析仪器的发展,借助于核磁共振波谱、红外光谱等一些近代分析手段对渣油组分进行结构族组成分析,同样也能获得类似于 $n - d - M$ 法中的结构参数。这些结构参数可以近似地反映各组分在化学结构上的差异,从而为渣油的深度加工和利用提供可靠

24

的基础数据。表1-14为我国大庆、胜利、孤岛渣油的芳香组分、胶质和沥青质的平均分子中的部分结构参数，从中可以比较出不同渣油各组分间的差别。

表1-14　渣油各组分部分结构参数(平均分子)

项　目	芳 香 组 分			胶　质			沥 青 质	
	大庆	胜利	孤岛	大庆	胜利	孤岛	胜利	孤岛
M_W	1080	850	760	1780	1730	1380	3410	5620
f_A	0.210	0.238	0.258	0.314	0.324	0.355	0.411	0.473
f_N	0.143	0.212	0.231	0.146	0.153	0.170	0.168	0.182
f_P	0.647	0.556	0.511	0.540	0.523	0.475	0.421	0.345
R_T	6.5	5.6	5.9	17.0	16.6	14.8	41.0	78.3
R_A	3.7	2.4	2.8	10.7	10.3	9.1	27.7	55.1
R_N	2.8	3.2	3.1	6.3	6.3	5.7	13.3	23.2
R_A/R_N	1.3	0.8	0.9	1.7	1.6	1.6	2.1	2.4

M_W——平均相对分子质量。

f_A——芳碳率(或称芳香度)，它表示芳香环碳原子占总碳原子的分率。

f_N——环烷碳率，它表示环烷环碳原子占总碳原子的分率。

f_P——烷基碳率，它表示烷基例侧链上碳原子占总碳原子的分率。

R_T、R_A、R_N——平均分子的总环数、芳环数和环烷环数。

从表1-14可以看出：大庆渣油各组分的芳碳率较低而孤岛渣油各组分的芳碳率较高，这表明大庆渣油中芳香环所占的百分数较小而孤岛油则较大；各组分的饱和部分($f_N + f_P$)所占比例均很高，即使在孤岛沥青质中饱和部分仍超过50%；从芳香组分到胶质乃至沥青质，平均分子中的总环数、芳环数和环烷环数均明显增加。

第四节　石油及其产品的物理性质

石油及其产品的物理性质是评定油品使用质量和控制生产过程的重要指标，同时也是设计和计算石油加工工艺装置和设备的重要依据。

石油及其产品的物理性质与其化学组成有着密切的关系，由于油品是各种烃类和非烃类的复杂混合物，因此，其性质在很大程度上取决于它所含烃类的物理性质和化学性质。换句话说，石油及其产品的理化性质是各种化合物性质的宏观综合表现。由于石油及其产品的组成不易测定，且多数性质不具有可加性，所以对油品的物理性质常常是采用一些条件性的试验方法来测定，也就是说是使用特定的仪器并按规定的实验条件测定。因此，离开了专门的仪器和规定的条件，所测油品的性质数据就没有意义。

一、蒸气压

在某一温度下，某种物质的液相与其上方的气相呈平衡状态时所产生的压力称为饱和蒸气压，简称蒸气压。蒸气压的高低表明了液体汽化或蒸发的能力，蒸气压愈高的液体愈容易汽化。

蒸气压是某些轻质油品的质量指标，也是石油加工工艺中经常要用到的数据。例如，计算平衡状态下烃类的气相和液相组成以及不同压力下烃类及其混合物的沸点换算，或计算烃类的液化条件等都要以烃类蒸气压数据为依据。

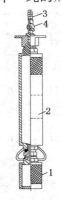

图 1-4 雷德蒸气
压测定器
1—燃料室；2—空气室；
3—接头；4—活栓

单一纯的烃类和其他纯液体一样，其蒸气压随液体的温度和摩尔汽化热的不同而不同。液体的温度愈高，摩尔汽化热愈小，则蒸气压愈高。而由于石油及其产品不是单一的纯烃类，它是各种烃类复杂混合物，因此蒸气压因温度不同而不同。某一定量的油品汽化时，系统中的蒸气和液体的数量比例也会影响蒸气压的大小。当平衡的气液相容积比增大时，由于液体中轻质组分大量蒸发而使液相组成逐渐变重，蒸气压也随之降低。

石油馏分的蒸气压一般可分为两种情况：一种是工艺计算中常用的，汽化率为零时的蒸气压，即泡点蒸气压或称之为真实蒸气压。另一种是汽油规格中所用的雷德蒸气压。

用雷德蒸气压测定器测定的蒸气压称为雷德蒸气压，其结构见图 1-4。规定在 38℃，汽油与汽油蒸气在测定器中体积比为 1:4 的条件下，测出的汽油蒸气最大压力即为雷德饱和蒸气压。雷德法是目前世界各国普遍用来测定液体燃料蒸气压的标准方法，但是测定误差较大。

烃类和石油产品蒸气压图亦称"考克斯图"，见图 1-5 所示。利用该图可以求得各种烃类在指定温度下的蒸气压，还可利用此图换算烃类和油品在不同压力下的沸点，或其他压力下的沸点。但应注意石油馏分为各种烃类的混合物，其沸点不仅与压力有关还和组成有关，该图系按烃制作，未考虑到这点，故对宽馏分使用此图误差较大，窄馏分近于直线，误差较小。从图 1-5 查出的纯烃蒸气压数据误差在 2% 以内。

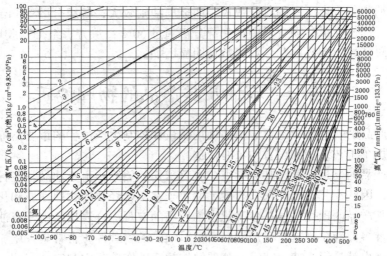

图 1-5 烃类和石油产品蒸气压图

烷烃：1—甲烷；3—乙烷；6—丙烷；9—异丁烷；12—丁烷；14—2，2-二甲基丙烷；15—2-甲基丁烷；17—戊烷；18—2，2-二甲基丁烷；19—己烷；20—异庚烷；21—庚烷；23—异辛烷；24—辛烷；25—壬烷；26—癸烷；27—十一烷；28—十二烷；29—十三烷；30—十四烷；31—十五烷；32—十六烷；33—十七烷；

烯烃：2—乙烯；5—丙烯；10—异丁烯、1-丁烯；13—2-顺丁烯；22—二异丁烯(C_8H_{16}）；炔烃：
4—乙炔；8—丙炔；二烯烃：7—丙二烯；11—1，3-丁二烯；16—2-甲基1，3-丁二烯；

石油产品：42—煤油；42—瓦斯油；44—轻残渣油；46—重残渣油

【例1-1】 当压力为6.67kPa时，某烷烃的沸点为110℃，求该烷烃在常压下的沸点。

解 在6.67kPa（50mmHg）处作一水平线，在横坐标110℃处作一垂直线，交点位于"27"（十一烷）线上，在此线上查出与纵坐标101kPa的交点，其横坐标温度为195℃，此即常压101kPa下十一烷的沸点。

二、馏分组成与平均沸点

1. 沸程与馏分组成

对于纯化合物，当其饱和蒸气压和外界压力相等时的温度称为沸点。外压一定时，沸点是一个恒定值，此时汽化在气液界面及液体内部同时进行。如在101kPa下水的沸点为100℃，乙醇的沸点为78.4℃，苯的沸点为80.1℃。

石油产品与纯化合物不同，它的蒸气压随汽化率不同而变化。所以在外压一定时，油品沸点随汽化率增加而不断增加。也就是说，随着逐步加热提高温度，液相中的较重组分逐渐被汽化，其沸点也会逐渐升高，因此表示油品的沸点应是一个温度范围，称为沸程。在某一温度范围内蒸馏出的馏出物称为馏分。但它仍然还是一个混合物，只不过包含的组分数目少一些。温度范围窄的称为窄馏分，温度范围宽的称为宽馏分。

石油馏分沸程宽窄一般取决于所采用的蒸馏设备，对于同一油样，蒸馏设备的分离精确度越高，其沸程越宽，反之越窄。因此，测定沸程时要说明所用的蒸馏设备和方法。在石油产品的质量控制或原油的初步评价时，常常以馏程来简便地表征石油馏分的蒸发和汽化性能，实验室常用恩氏蒸馏装置来测定油品的沸点范围。恩氏蒸馏装置如图1-6所示。

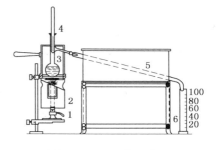

图1-6 恩氏蒸馏装置

1—喷灯；2—挡风板；3—蒸馏瓶；
4—温度计；5—冷凝器；6—接受器

恩氏蒸馏是一种简单的蒸馏装置，它基本不具备精馏作用，随着温度的逐渐升高，得到的是一种组成范围很宽的混合物。当油品进行加热蒸馏时，最先汽化蒸馏出来的是一些沸点低的烃分子。第一滴馏出液从冷凝管滴入量筒时的气相温度称为初馏点。继续加热，烃类分子按其沸点高低逐渐馏出，恩氏蒸馏装置上的温度计指示的温度也逐渐升高，直到沸点最高的烃分子最后汽化出来为止。蒸馏所能达到的最高气相温度称为终馏点或干点。蒸馏完毕后烧瓶中剩余的物质称为残留物（或残渣）。当馏出体积为10%、20%、30%、40%、50%、…、90%时的气相温度分别称为10%、20%、30%、40%、50%、…、90%点。蒸馏温度与馏出量（体积百分数）之间的关系称为馏分组成。在生产实际中常称初馏点、10%点、20%点、30%点、40%点、50%点、…、90%点、终馏点或干点，这一组数据为油品的馏程。馏程是石油产品蒸发性大小的主要指标。从中既可以看出油品的沸点范围宽窄，又可以判断油品组分的轻重。通过馏程数据可确定加工和调合方案、捡查工艺和操作条件，控制产品质量和使用性能。

根据馏程测定数据，以气相馏出温度为纵坐标，以馏出体积分数为横坐标绘图，就可得到油品的恩氏蒸馏曲线。即将恩氏蒸馏所得的初馏点及各个馏出点的温度为纵坐标，以对应的馏出体积百分数为横坐标，绘制成的曲线称为油品的恩氏蒸馏曲线。

馏分常冠以汽油、煤油、柴油、润滑油等石油产品的名称。但必须区别，馏分并不就是石油产品，石油产品要满足油品规格要求，因此还必须将馏分进一步加工或处理，才能得到产品。同一沸程的馏分也可以因目的不同加工成不同产品。各种油品的沸程大致如下：

　　汽油 40～200℃，灯用煤油 180～300℃，轻柴油 200～300℃，喷气燃料 130～240℃，润滑油 350～520℃，重质燃料油 >520℃。

　　2. 平均沸点

　　恩氏蒸馏馏程虽然在原油评价和油品规格上用处很大，但在工艺计算中却不能直接应用，因此引出了平均沸点的概念。严格说来平均沸点并无物理意义，但在工艺计算及求定其他物理常数时却很有用。平均沸点有多种表示法，其求法和用途也各不一样。

　　(1) 体积平均沸点

　　体积平均沸点是最容易求得的。因为油品恩氏蒸馏的馏出百分数是以体积为单位的，所以将恩氏蒸馏的馏出温度平均值称为油品的体积平均沸点。

$$t_{体} = \frac{t_{10} + t_{30} + t_{50} + t_{70} + t_{90}}{5}℃ \tag{1-1}$$

式中　$t_{体}$——体积平均沸点，℃；
　t_{10}、t_{30}…、t_{90}——恩氏蒸馏 10%、30%…、90% 的馏出温度，℃。

　　体积平均沸点是加权平均值。上式中每一个馏出温度均代表每馏出 20% 体积时馏出温度的平均值，即以 t_{10} 作为馏出 0～20% 这一段体积时馏出温度的平均值，t_{30} 作为馏出 20%～40% 这一段体积时馏出温度的平均值，其他依次类推。

　　体积平均沸点主要用于求取其他难以直接求得的平均沸点。

　　(2) 质量平均沸点

　　油品中各组分的质量分数和相应的馏出温度的乘积之和称为质量平均沸点。

$$t_{w} = \sum W_{i}t_{i} \tag{1-2}$$

式中　t_{w}——质量平均沸点，℃；
　W_{i}——各组分的质量分数；
　t_{i}——各组分的沸点，℃。

　　当采用图、表求取油品的真临界温度时用质量平均沸点。

　　(3) 实分子平均沸点

　　实分子平均沸点是油品中各组分的摩尔分数和相应的馏出温度乘积之和。

　　对于石油窄馏分，如果沸程只有几十度时，可简略地用恩氏蒸馏 50% 点温度代替实分子平均沸点。

$$t_{分} = \sum N_{i}t_{i} \tag{1-3}$$

式中　$t_{分}$——实分子平均沸点，℃；
　N_{i}——各组分的摩尔分数；
　t_{i}——各组分的沸点，℃。

　　当用图、表求烃类混合物或油品的假临界温度和偏心因数时，需用实分子平均沸点。实分子平均沸点可简称为分子平均沸点。

（4）立方平均沸点

立方平均沸点是油品中各组分的体积分数和相应馏出温度的立方根乘积之和的立方。

$$t_{立} = \left(\sum V_i t_i^{\frac{1}{3}} \right)^3 \qquad (1-4)$$

式中　$t_{立}$——立方平均沸点，℃；

　　　V_i——各组分的体积分数；

　　　t_i——各组分的沸点，℃。

用图、表求取油品的特性因数和运动黏度时用立方平均沸点。

（5）中平均沸点

中平均沸点是实分子平均沸点与立方平均沸点的算术平均值。

$$t_{中} = \frac{t_{分} + t_{立}}{2} \qquad (1-5)$$

式中　$t_{中}$——中平均沸点，℃。

中平均沸点用于求油品氢含量、特性因数、假临界压力、燃烧热和平均相对分子质量等。

上述五种平均沸点，除了体积平均沸点可根据油品恩氏蒸馏数据直接计算外，其他几种都难以直接计算。因此，通常总是先利用恩氏蒸馏数据求得体积平均沸点，然后再从体积平均沸点利用图、表求出其他各种平均沸点。

图 1-7 为平均沸点校正图，可用于由体积平均沸点换算为其他平均沸点。在一般情况下该图只适用于恩氏蒸馏 10%～90% 斜率小于 5 的情况。

平均沸点虽然在一定程度上反映了馏分的轻重，但却不能看出油品沸程的宽窄。例如，一个沸程为 100～400℃ 的馏分和另一个沸程为 200～300℃ 的馏分，它们的平均沸点都可以在 250℃ 左右。

【例 1-2】　已知某油品的恩氏蒸馏数据如下：

馏出/%（体）	10	30	50	70	90
馏出温度/℃	54	84	108	135	182

求此油品的各种平均沸点。

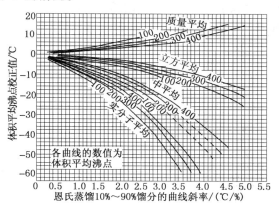

图 1-7　平均沸点温度校正图

解　此油品的体积平均沸点为：

$$t_{体} = \frac{54 + 84 + 108 + 135 + 182}{5} = 112.6℃$$

恩氏蒸馏 10%～90% 曲线斜率为：

$$\frac{t_{90} - t_{10}}{90 - 10} = \frac{182 - 51}{80} = 1.6℃/\%$$

它表示从馏出 10% 到 90% 之间，每馏出 1%，沸点平均升高 1.6℃。馏分愈宽则斜率数值愈大。

根据 $t_体$ 及斜率这两个数值由图 1－7 查得质量平均沸点校正值为 +4.5℃，

则 $t_重$ = 112.6 + 4.5 = 117.1℃

依次查得实分子平均沸点的校正值为 -18℃，

则 $t_分$ = 112.6 - 18 = 94.6℃

立方平均沸点校正值为 -4.1℃，

则 $t_立$ = 112.6 - 4.1 = 108.5℃

中平均沸点的校正值为 -11℃，

则 $t_中$ = 112.6 - 11 = 101.6℃

或 $t_中 = \dfrac{t_分 + t_中}{2} = \dfrac{94.6 + 108.5}{2} = 101.6℃$

3. 不同压力下的沸点换算

液体的蒸气压与外压相等时开始沸腾，所以液体的沸点会随外压而发生变化。当外界压力升高时，沸点随之增加，当外压降低时，沸点则相应降低。科研和生产中经常要作不同压力下的沸点换算。例如，在原油评价中或产品恩氏蒸馏时，为了避免重组分在加热时分解，应控制液相温度不超过350℃，所以柴油以及更重的馏分必须在减压下蒸馏，然后再把减压下的沸点温度(指气相温度)换算成常压下的沸点温度。进行不同温度下的沸点换算，常用的最简单方法是采用图 1－8。但该图误差较大，也不能针对油品组成进行校正。比较精确的方法是用图 1－9 及图 1－10 来进行沸点换算。这两张图用于纯烃及石油窄馏分(实沸点蒸馏的沸程小于28℃)时，平均误差为4%。

图 1－8 可用于不同压力下的沸点换算。该图的右侧是不同的压力，左侧是不同压力下的沸点，左右两点用直线连接起来，直线和图的中间坐标交点就是油品常压下的沸点。

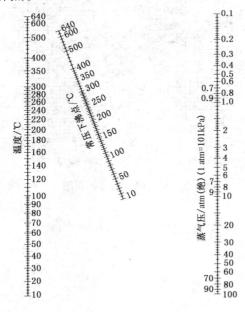

图 1－8　烃类蒸气压与常压下沸点关系图
（10～10000kPa）

图 1－9 及图 1－10 有以下两种用途：

（1）减压与常压沸点换算

减压下沸点换算成常压沸点，可以直接求得，但需用图 1－9 左上角小图根据油品组成进行校正。自图 1－9 或图 1－10 查得是 K = 12(K 为特性因数)时的常压沸点 t_b'，再按 $t_b = t_b' + \Delta t$ 校正，求得在实际 K 值时的常压下沸点 t_b，可以看出减压下沸点相同的馏分，K 值愈小，常压沸点愈高(Δt 为正值)，K 值愈大则常压沸点愈低(Δt 为负值)。

（2）已知常压沸点求蒸气压

常压沸点 t_b 和特性因数 K 已知，求纯烃或石油窄馏分在 t℃时的蒸气压 P，需用试差法。这是因为查图 1－9 需已知常压沸点 t_b'(K = 12)，而要求 t_b' 则应该用特性因数对已知 t_b 作校正，但校正时又需已知 P，现 t_b' 和 P 均为未知数，所以只能用试差法。

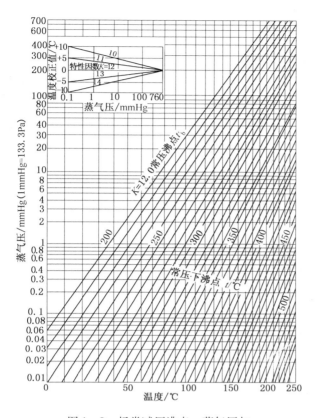

图 1-9 烃类减压沸点、蒸气压与
常压下沸点换算图 (0~250℃)

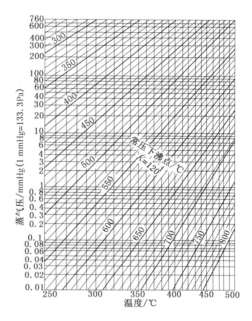

图 1-10 烃类减压下沸点、蒸气压与
常压下沸点换算图 (250~500℃)

注：$t_b = t_b' + \Delta t$；t_b'—$K = 12$ 时常压沸点；t_b—$K \neq 12$ 时常压沸点

【例 1-3】 已知四氢萘的常压沸点 t_b 为 207.6℃，特性因数 K 是 9.78。计算四氢萘在 70℃时的蒸气压。

解 ① 设 $t_b' = t_b = 207.6℃$ 由图 1-9 查得 70℃时蒸气压为 667Pa(5mmHg)，再由左上角小图，根据 667Pa(5mmHg) 和 $K = 9.78$ 查得沸点校正值为 6.4℃，故校正至 $K = 12$ 的常压沸点应为：

$$t_b' = t_b - \Delta t = 207.6 - 6.4 = 201.2℃$$

② 用 $t_b' = 201.2℃$ 从图 1-9 查得 70℃蒸气压为 867Pa(6.5mmHg)，再由左上角小图根据 867Pa(6.5mmHg) 和 $K = 9.78$ 查得 $\Delta t = 5.8℃$，则 $t_b' = 207.6 - 5.8 = 201.8℃$。

③ 用 $t_b' = 201.8℃$ 从图 1-9 查得 70℃蒸气压为 840Pa(6.3mmHg)，再由左上角小图根据 840Pa(6.3mmHg) 和 $K = 9.78$ 查得 $\Delta t = 5.9℃$，则 $t_b' = 207.6 - 5.9 = 201.7℃$。此值与 201.8℃只差 0.1℃，故认为所求蒸气压为 840Pa(6.3mmHg) 正确。

三、密度和相对密度

原油及其油品的密度和相对密度在生产和储运中有着重要意义。相对密度不单是石油和油品的重要特性之一，也是用来关联油品其他物理和化学性质的一个重要常数，如特性因数、柴油指数等都与之密切相关。此外，密度在石油产品计量、炼油厂工艺设计、计算等处经常会用到。在某些产品规格中为了严格控制原料来源及馏分性质，有时对密度也要有一定的要求。由于相对密度与原油或产品的物理性质、化学性质有关，所以可以根据相对密度大致估计出原油的类型。

1. 油品的密度和相对密度

密度是单位体积物质的质量，其单位是 g/cm^3 或 kg/m^3。由于油品的体积会随着温度而发生变化，因此在不同温度下，同一油品的密度也是不相同的，所以应标明温度。油品在 $t℃$ 时的密度用 ρ_t 来表示。我国规定油品 20℃ 时密度作为石油产品的标准密度，表示为 ρ_{20}。

物质的相对密度是其密度与规定温度下水的密度的比值，是无因次的。因为水在 4℃ 时的密度等于 $1.000\ g/cm^3$，所以通常以 4℃ 水为基准，将温度为 $t℃$ 时的油品密度对 4℃ 时水的密度之比称为相对密度，常用 d_4^t 来表示，它在数值上等于油品在 $t℃$ 时的密度，因此可以说液体油品的相对密度与密度在数值上相等。

我国常用的相对密度是 d_4^{20}，国外常用 $d_{60℉}^{60℉}$，若换算为摄氏温度，则用 $d_{15.6}^{15.6}$ 表示。

在欧美各国液体相对密度常以比重指数表示，称为 API 度，它与 $d_{15.6}^{15.6}$ 的关系如下：

$$比重指数(API度) = \frac{141.5}{d_{15.6}^{15.6}} - 131.5 \qquad (1-6)$$

随着相对密度增大，API 度的数值下降。

此外还可用表 1-15 进行 d_4^{20} 与 $d_{15.6}^{15.6}$ 的换算。

表 1-15　$d_{15.6}^{15.6}$ 与 d_4^{20} 换算关系

$d_{15.6}^{15.6}$ 或 d_4^{20}	Δd	$d_{15.6}^{15.6}$ 或 d_4^{20}	Δd
0.7000 ~ 0.7100	0.0051	0.8400 ~ 0.8500	0.0043
0.7100 ~ 0.7300	0.0050	0.8500 ~ 0.8700	0.0042
0.7300 ~ 0.7500	0.0049	0.8700 ~ 0.8900	0.0041
0.7500 ~ 0.7700	0.0048	0.8900 ~ 0.9100	0.0040
0.7700 ~ 0.7800	0.0047	0.9100 ~ 0.9200	0.0039
0.7800 ~ 0.8000	0.0046	0.9200 ~ 0.9400	0.0038
0.8000 ~ 0.8200	0.0045	0.9400 ~ 0.9500	0.0037
0.8200 ~ 0.8400	0.0044		

$$d_{15.6}^{15.6} = d_4^{20} + \Delta d \qquad (1-7A)$$
$$d_4^{20} = d_{15.6}^{15.6} - \Delta d \qquad (1-7B)$$

表 1-16 列出了原油及石油产品相对密度的大致范围。

表 1-16　原油及石油产品的相对密度

油　品	相对密度 $d_{15.6}^{15.6}$	比重指数(API度)
原　油	0.65 ~ 1.06	86 ~ 2
汽　油	0.70 ~ 0.77	70 ~ 50
煤　油	0.75 ~ 0.83	50 ~ 39
柴　油	0.82 ~ 0.87	41 ~ 31
润滑油	>0.85	<35

2. 液体油品相对密度与温度的关系

温度升高，油品受热膨胀体积会增大，其密度和相对密度都会减小，反之则增大。不同温度下油品的相对密度可按下式换算。

$$d_4^t = d_4^{20} - \gamma(t - 20) \qquad (1-8)$$

式中　d_4^t——油品在 t℃时的相对密度；

　　　d_4^{20}——油品在 20℃时的相对密度；

　　　γ——油品相对密度的平均温度校正系数，即温度改变 1℃时油品相对密度的变化值；

　　　t——油品的温度，℃。

当温度变化不大时，γ 值只随油品相对密度的不同而有所变化，γ 的数值可查表 1-17。

表 1-17　温度校正值（γ）

相对密度 d_4^{20}、d_4^t	1℃的温度校正值 γ	相对密度 d_4^{20}、d_4^t	1℃的温度校正值 γ
0.700 ~ 0.710	0.000897	0.850 ~ 0.860	0.000699
0.710 ~ 0.720	0.000884	0.860 ~ 0.870	0.000686
0.720 ~ 0.730	0.000870	0.870 ~ 0.880	0.000673
0.730 ~ 0.740	0.000857	0.880 ~ 0.890	0.000660
0.740 ~ 0.750	0.000844	0.890 ~ 0.900	0.000647
0.750 ~ 0.760	0.000831	0.900 ~ 0.910	0.000633
0.760 ~ 0.770	0.000813	0.910 ~ 0.920	0.000620
0.770 ~ 0.780	0.000805	0.920 ~ 0.930	0.000607
0.780 ~ 0.790	0.000792	0.930 ~ 0.940	0.000594
0.790 ~ 0.800	0.000778	0.940 ~ 0.950	0.000581
0.800 ~ 0.810	0.000765	0.950 ~ 0.960	0.000568
0.810 ~ 0.820	0.000752	0.960 ~ 0.970	0.000555
0.820 ~ 0.830	0.000738	0.970 ~ 0.980	0.000542
0.830 ~ 0.840	0.000725	0.980 ~ 0.990	0.000529
0.840 ~ 0.850	0.000712	0.990 ~ 1.000	0.000518

温度从 0 ~ 50℃范围内，上述公式可得到满意的结果。在温度变化范围较大时，如果对相对密度数值上的准确性只要求满足一般工程上的计算时，也可以由图 1-11 查得所需结果。

【例 1-4】　某油品在 28℃下测得其相对密度为 0.8591，试求该油品在 20℃和 300℃时的相对密度。

解　先从表 1-17 查得相对密度为 0.8591 时温度校正值为 0.000699，代入式(1-8)得：

$$d_4^{20} = d_4^{28} + \gamma(28 - 20) = 0.8591 + 0.000699 \times (28 - 20)$$
$$= 0.8647$$

然后由式(1-7A)求出 $d_{15.6}^{15.6}$，再查图 1-11 求得 300℃时该油品相对密度为 0.665，或直接按 d_4^{20} 数据粗略地查图 1-11 亦可。

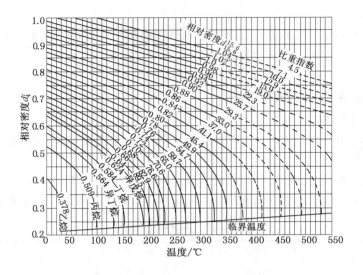

图 1-11 石油相对密度图

3. 油品相对密度与馏分组成和化学组成的关系

油品相对密度取决于组成它的烃类分子大小及化学结构。同一原油的各馏分，随着沸点上升，其相对分子质量增大，相对密度也随之增大。不同沸点范围的石油馏分相对密度各不相同，平均沸点越高，相对密度越大；相同沸点范围的石油馏分相对密度也会因化学组成不同而不相同，一般来说含烷烃高的油品相对密度小，含芳香烃多的油品相对密度大。

若原油性质不同，则相同沸程的两个窄馏分的相对密度会有较大的差别，这主要是由于它们的化学组成不同所至。从表 1-18 可以看出相对密度随沸点升高而增大，同时可以看出大庆原油与羊三木原油由于化学组成不同，故相同沸程的窄馏分相对密度也不同，前者是典型的石蜡基原油，而后者是环烷基原油。

表 1-18 两种原油部分馏分的相对密度

馏分沸点范围/℃	相对密度 d_4^{20}	
	大庆原油	羊三木原油
200~250	0.8039	0.8630
250~300	0.8167	0.8900
300~350	0.8283	0.9100
350~400	0.8368	0.9320
400~450	0.8574	0.9433
450~500	0.8723	0.9483

碳原子数相同而分子结构不同的烃类具有不同的相对密度。表 1-19 列出了几种烃类的相对密度，从表 1-19 中可以看出相同碳原子数的烃分子，以芳香烃的相对密度为最大，环烷烃次之，烷烃最小。

表 1 – 19　几种烃类的相对密度

六　碳		七　碳	
名　　称	相对密度(20℃)	名　　称	相对密度(20℃)
苯	0.8789	甲苯	0.8670
环己烷	0.7785	甲基环己烷	0.7694
正己烷	0.6594	3 – 甲基己烷	0.6871
2 – 甲基戊烷	0.6531	正庚烷	0.6837

胶质的相对密度在 1.01 ~ 1.07 之间。石油中的胶质含量愈高，则石油的相对密度愈大。

4. 混合物的相对密度和密度

当两种或更多的油品混合时，混合油品的相对密度可近似地按可加性进行计算。

$$d_{混} = V_1 d_1 + V_2 d_2 + \cdots + V_i d_i = \sum V_i d_i \qquad (1-9A)$$

$$d_{混} = \frac{1}{\dfrac{W_1}{d_1} + \dfrac{W_2}{d_2} + \cdots + \dfrac{W_i}{d_i}} = \frac{1}{\sum \dfrac{W_i}{d_i}} \qquad (1-9B)$$

式中　V_1、V_2、$\cdots$、V_i——混合物中各组分的体积分率；

W_1、W_2、$\cdots$、W_i——混合物中各级分的质量分率；

d_1、d_2、$\cdots$、d_i——混合物中各组分的相对密度。

严格地说这种方法不是在任何情况下都准确，因为性质相差很大的烃类混合时体积可能增大；密度相差很大的石油馏分混合时体积可能减小，但在一般情况下混合时的体积变化不大，利用式(1-9)进行工程上的计算是允许的。但是要注意在计算时，混合物中各组分的相对密度必须取同一温度条件下的值。

对于高黏度油品其相对密度难以直接测定。利用上述油品密度的可加性，用等体积已知相对密度的煤油与之混合，然后测定混合物的相对密度，便可利用式(1-9)算出高黏度油品的相对密度。

【例 1 – 5】 试求某一石油残油的相对密度，已知数据见下表。

馏分名称	混合油	轻柴油	重柴油	裂化原料油	残　油
组成/%(体)	100	30	10	30	30
相对密度 d_4^{20}	0.9033	0.8000	0.8840	0.9130	

解　根据式(1-9A)，将已知数据代入，则：

$$d_{残} = \frac{0.9033 - (0.3 \times 0.8600 + 0.1 \times 0.8840 + 0.3 \times 0.9130)}{0.3}$$

$$= 0.9433$$

在炼油生产过程中，油品有时处于气、液混相状态。例如，在常压炉的辐射炉管和转油线，加氢精制反应器等处。如果已知气相和液相的质量流率及密度或已知油品汽化率和气液相密度，则可按式(1-10)计算混合相的密度。

$$\rho_{混} = \frac{G_{混}}{V_{气} + V_{液}} = \frac{G_{混}}{\dfrac{G_{气}}{\rho_{气}} + \dfrac{G_{液}}{\rho_{液}}} \qquad (1-10)$$

式中 $\rho_{混}$——气液混合物的密度，kg/m^3；

$\rho_{气}$、$\rho_{液}$——气相和液相的密度，kg/m^3；

$G_{混}$——气液混合物的质量流率，kg/h；

$G_{气}$、$G_{液}$——气相和液相质量流率，kg/h；

$V_{气}$、$V_{液}$——气相和液相体积流率，m^3/h。

四、特性因数

特性因数是表示烃类和石油馏分化学性质的一个重要参数。特性因数 K 值又称 Watsson K 值或 UOP(Universal Oil Products Co.) K 值，它是油品的平均沸点和相对密度的函数。

特性因数的数学表达式为：

$$K = \frac{(T\,°R)^{1/3}}{d_{15.6}^{15.6}} = 1.216\,\frac{(T°K)^{1/3}}{d_{15.6}^{15.6}} \qquad (1-11)$$

式中 K——特性因数；

T——烃类的沸点，$K = ℃ + 273$，$°R = °F + 460$；

$d_{15.6}^{15.6}$——烃类的相对密度。

表 1-20 列出了几种烃类的特性因数，由表中数据可以看出：烷烃的 K 值最大，芳香烃的 K 值最小，环烷烃的 K 值介于二者之间。

上述公式及结论对纯烃类也适用。经过研究发现，富含烷烃的石油馏分 K 值为 12.5 ~ 13.0，富含环烷烃和芳香烃的馏分 K 值为 10 ~ 11。这说明特性因数 K 也可以用来大致表征石油馏分的化学组成特性。因而式(1-11)完全可以适用于石油溜分。对于石油馏分式(1-11)中的 T，最早用的是分子平均沸点，后改用立方平均沸点，近年来又多使用中平均沸点。

表 1-20　烃类的特性因数 K 和相关指数($BMCI$)

名　　称	特性因数 K	相关指数($BMCI$)	名　　称	特性因数 K	相关指数($BMCI$)
正己烷	12.81	0.01	乙基环己烷	11.36	38.58
正庚烷	12.71	0.10	丙基环己烷	11.52	34.21
正辛烷	12.67	-0.03	苯	9.72	99.84
正壬烷	12.66	-0.21	甲苯	10.14	82.91
正癸烷	12.67	-0.27	乙苯	10.36	74.99
环己烷	10.98	51.75	丙苯	10.62	66.15
甲基环己烷	11.32	39.87			

我国原油大多具有较高的 K 值，例如，大庆原油 $K = 12.5$，胜利原油 $K = 12.1$，大港原油 $K = 11.8$。

特性因数对于了解石油及其馏分的化学性质、分类、确定原油加工方案等都是很有用的，同时也可以利用特性因数及相对密度或平均沸点来求定油品其他理化常数如相对分子质量、热焓等。

用特性因数关联石油馏分的物理性质和热性质一般可得到满意的结果，但对大量含有烯烃、二烯烃或芳香烃的馏分，例如，催化裂化循环油、催化重整生成油等，特性因数则不能准确地表征其特性。

工艺计算中为了运算方便，特性因数 K 不用式(1-11)计算，而是根据式(1-11)制成图，如图 1-12 的列线图。只要已知图中任意两个数据，将该二点连成一线，与特性因数列线的交点即为所求特性因数 K，但其中碳氢比这一条线的准确性较差。

对于高相对分子质量的石油馏分，难以获取可靠的平均沸点数据，因此，可以由易于获得的黏度值去查特性因数数据。

混合物的特性因数可认为具有可加性，等于各组分的质量分数与其特性因数乘积之和。

$$K_{混} = \sum W_i K_i \tag{1-12}$$

式中 $K_{混}$——混合物的特性因数；

  W_i——混合物中各组分的质量分数；

  K_i——混合物中各组分的特性因数。

除特性因数 K 外，相关指数 $BMCI$（美国矿务局相关指数，U. S. Bureau of Mines Correlation Index 的略写）也是一个与相对密度和沸点相关联的指标，其定义式如下：$BMCI = [48640/(t_V + 273)] + 473.7 \times d_{15.6}^{15.6} - 456.8$

对于烃类混合物，式中的 t_V 是体积平均沸点，℃；对于纯烃，t_V 为其沸点℃。

从表 1-20 也可以看出，正构烷烃的相关指数最小，基本为 0；芳香烃的相关指数最大，其中苯约为 100；环烷烃的相关指数介于二者之间，其中环己烷约为 52 左右。这表明，油品的相关指数越大，其芳香性越强，相关指数越小，其石蜡性越强。其关系正好与特因数 K 值相反，相关指数这个指标广泛用于表征乙烯裂解原料的化学组成。

五、平均相对分子质量

在进行石油加工工艺装置和设备设计计算或进行关联石油物性及研究石油的化学组成时，都离不开相对分子质量这个数据。由于石油和石油产品是各种烃类的复杂混合物，所以，石油及其产品的相对分子质量为其各组分相对分子质量的平均值，因而常称为平均相对分子质量。

石油馏分的平均相对分子质量在工艺计算中是必不可少的。如已知石油馏分在气相时的质量流率，要求体积流率时，根据理想气体方程，必须先求出平均相对分子质量才能算出体积流率。在常减压蒸馏塔内常用水蒸气汽提，为求出油气分压也必须先求得平均相对分子质量。此外在热平衡计算中为求得汽化潜热，也需要平均相对分子质量数据等。

石油馏分的平均相对分子质量随沸点升高而增大，其规律从表 1-21 列出的数据可以看出。

表 1-21 某原油不同馏分的平均相对分子质量

馏分沸点范围/℃	相对密度 d_4^{20}	平均相对分子质量 M	馏分沸点范围/℃	相对密度 d_4^{20}	平均相对分子质量 M
60 ~ 80	0.680	90	140 ~ 160	0.795	120
80 ~ 100	0.710	100	160 ~ 180	0.810	132
100 ~ 120	0.750	110	180 ~ 200	0.820	140
120 ~ 140	0.770	115	200 ~ 220	0.835	150

石油产品的平均相对分子质量大致如下：汽油 100 ~ 120，煤油 180 ~ 200，轻柴油 210 ~ 240，低黏度润滑油 300 ~ 360，高黏度润滑油 370 ~ 500。

同一沸点范围的石油馏分，如果来自不同原油，其平均相对分子质量也不相同。这是由于这些馏分的烃类组成、化学组成和结构不相同的缘故。因此，计算平均相对分子质量不但要考虑平均沸点这个因素，同时也要考虑其化学组成。根据实验结果，总结出下列经验公式。

$$M = a + bt_\text{分} + ct_\text{分}^2 \qquad (1-13)$$

式中 M——平均相对分子质量；

       $t_\text{分}$——实分子平均沸点，℃；

a、b、c——常数，见表 1-22。

表 1-22   常数 a、b、c 与特性因数的关系

常　数 \ 特性因数	10.0	10.5	11.0	11.5	12.0
a	56	57	59	63	69
b	0.23	0.24	0.24	0.225	0.18
c	0.0008	0.0009	0.0010	0.00115	0.0014

石油馏分的组成很复杂，一般不易得到其组成数据，在工艺计算中为了方便起见，常用图表来求平均相对分子质量，主要有如下几种：

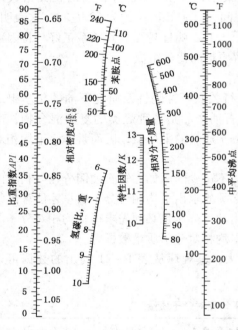

图 1-12   石油馏分相对分子质量和特性因数图

① 由图 1-12，已知石油馏分的比重指数和中平均沸点求平均相对分子质量。

② 由图 1-12，已知石油馏分的比重指数和苯胺点求平均相对分子质量。

③ 由图 1-12，已知石油馏分的比重指数和特性因数求平均相对分子质量。

④ 对于平均相对分子质量较大的润滑油馏分或重质石油馏分（$M = 240 \sim 680$），可根据该馏分的黏度查图 1-13，或根据该馏分的黏度和相对密度查图 1-14 来确定其平均相对分子质量。

也可以利用密度与平均相对分子质量的关系来计算。

$$M = \frac{44.29\rho}{1.03 - \rho} \qquad (1-14)$$

式中 M——平均相对分子质量；

       ρ——石油馏分 15℃ 时的密度，g/cm³。

式（1-14）适用于 15℃ 时的密度为 0.67 ~ 0.93 g/cm³ 的范围。

对于混合物的平均相对分子质量，如果已知其组成，可采用式（1-15）计算。

$$M_\text{混} = \frac{\sum W_i}{\sum \dfrac{W_i}{M_i}} \qquad (1-15)$$

式中 $M_\text{混}$——混合物的平均相对分子质量；

       M_i——混合物中各组分的平均相对分子质量；

       W_i——混合物中各组分的质量分数。

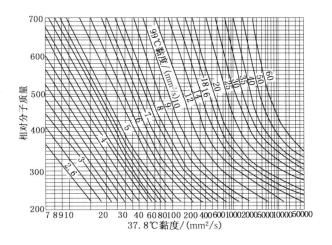

图 1 – 13　重质石油馏分相对分子质量图

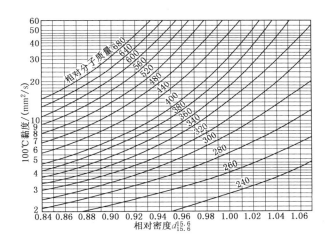

图 1 – 14　润滑油相对分子质量图

六、黏度和黏温性质

黏度是评定油品流动性的指标，是油品特别是润滑油质量标准中的重要项目之一。在油品流动及输送过程中，黏度对流量、压降等参数起重要作用，因此又是工艺计算过程中不可缺少的物理常数。任何真实流体，当其内部分子作相对运动时都会因流体分子间的摩擦而产生内部阻力。黏稠液体比稀薄液体流动困难，这是因为黏稠液体在流动时产生的分子内摩擦阻力较大的缘故。黏度值就是用来表示流体流动时分子间摩擦阻力大小的指标，馏分越重，黏度越大。

1. 黏度的表示方法及换算

油品的黏度常用动力黏度、运动黏度和恩氏黏度等来表示。

（1）动力黏度（η）

两液体层相距 1cm，其面积各为 1cm^2，相对移动速度为 1cm/s 时所产生的阻力叫动力黏度。动力黏度又称绝对黏度，通常用 η 表示。动力黏度的单位为 Pa·s。

有些图表或手册中常用 P（泊）来表示动力黏度，1P = 0.1 Pa·s。

（2）运动黏度

在石油产品的质量标准中，常用的黏度是运动黏度，它是液体的动力黏度（绝对黏度）与同温度、同压力下液体密度的比值。

$$\nu_t = \frac{\eta_t}{\rho_t} \tag{1-16}$$

式中　ν_t——运动黏度，cm^2/s；

　　　η_t——动力黏度，$g/cm \cdot s$；

　　　ρ_t——$t°C$ 时液体的密度，g/cm^3。

在炼油工艺计算中广泛采用运动黏度（ν）。运动黏度的单位是 m^2/s。油品质量指标中运动黏度的单位常用 cSt（厘斯），$1cSt = 1mm^2/s$。

（3）条件黏度

除了上述两种黏度外，在石油商品规格中还有各种条件黏度，如恩氏黏度、赛氏黏度、雷氏黏度等。它们都是用特定仪器在规定条件下测定的。

恩氏黏度是将 200mL 的油品置于恩氏黏度计中，使其在 $t°C$ 时通过底部特定尺寸的细孔，所需流出时间与同体积蒸馏水在 20°C 时通过同一细孔所需时间的比，此即该油品在 $t°C$ 时的恩氏黏度。

赛氏和雷氏黏度是在赛氏和雷氏黏度计中测定油品在 $t°C$ 时的黏度，也是计量一定体积的油品在 $t°C$ 时通过规定尺寸的管子所需要的时间，直接用秒数作为黏度的数值而不是比值。在欧美各国常用这类条件黏度。

各种黏度计所测定的黏度，其表示方法和单位往往各不相同。它们之间的换算可利用图 1-15 及图 1-16 来进行。

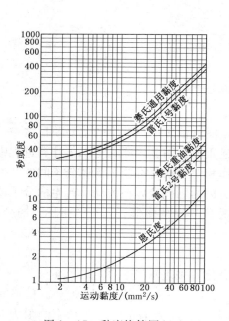

图 1-15　黏度换算图（一）　　　　　图 1-16　黏度换算图（二）

【例 1-6】　某油品在 99°C 时，其赛氏黏度为 108s，求在该温度下的运动黏度和恩氏黏度。

40

解 在图1-15中，自纵坐标查得108s，从此点作水平线交于赛氏通用黏度曲线上一点，过这点向横坐标作垂直线，可读得与横坐标交点为运动黏度 $\nu_{99} = 22\,mm^2/s$ 垂直线与恩氏度曲线交于另一点，过该点作水平线与纵坐标相交，可读得与纵坐标的交点为恩氏黏度 $E_{99} = 3.3$。

欲将恩氏黏度换算为运动黏度也可用下式进行。

$$\nu_t = 0.0731E_t - \frac{0.0631}{E_t} \tag{1-17}$$

式中 ν_t——油品在温度为 t 度时的运动黏度，mm^2/s；

E_t——油品在同温度下的恩氏黏度。

对于黏度更高的油品，其换算应采用下面公式。

$$\nu_t = 7.40E_t \tag{1-18}$$

式中符号的意义同式(1-17)。

2. 油品黏度与组成的关系及黏度的求定

（1）油品黏度与馏分组成和化学组成的关系

黏度反映了液体内部分子的摩擦，因此它必然与分子的大小和结构有密切关系。

由图1-17及图1-18可以看出，当比重指数减小（相对密度增大），平均沸点升高时，也就是说油品中烃类分子增大时则黏度迅速上升。

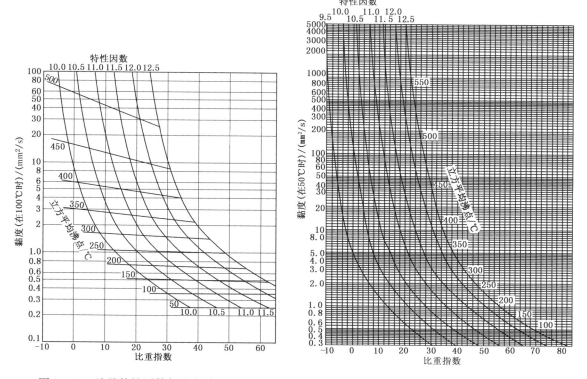

图1-17　油品特性因数与黏度关系（一）　　　　图1-18　油品特性因数与黏度关系（二）

此外由图中也可以看出，当油品的平均沸点相同时，不同性质的原油，其特性因数也不同，所以黏度也不同。随着特性因数 K 值的减小，黏度增大。由此也可证明：相同沸点范围的馏分，含环状烃(K 值小)多的会比含烷烃(K 值大)多的油品具有更高的黏度。

图 1－17 及图 1－18 也可用作求定油品的黏度，只要知道油品的相对密度、平均沸点和特性因数中的任意两个即可。

（2）油品常压黏度的测定

除了图 1－17 及图 1－18 外，若求油品在常压下的 37.8℃ 及 99℃ 的黏度，还可通过图 1－19 根据油品特性因数及相对密度来求定。

应该指出用上述方法所查得的油品黏度与实测结果比较，平均误差达 20%。因此，进行黏度的精确计算时，应采用实测的数据。

（3）油品在高压下的黏度

除水以外，任何液体的黏度均随压力的增高而增大。试验表明在 4MPa 以下，压力对油品黏度的影响不大，高于这个压力值，油品黏度随压力升高而增大。在 7MPa 时油品黏度比常压黏度提高 20% ~25%；20MPa 时比常压黏度提高 50% ~60%；60MPa 时则比常压黏度提高 250% ~350%。可见油品黏度在高压下显著增大。因此，在工艺计算中凡压力在 4MPa 以上的设备(如叠合装置、加氢装置等)，均应对油品的常压黏度作压力校正。

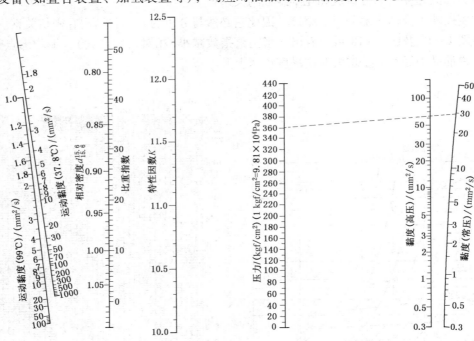

图 1－19　石油馏分常压液体黏度图　　　　图 1－20　石油馏分在高压下黏度图

油品在高压与常压下的黏度换算，如果是一般估计则可用图 1－20，如果需要更准确些可用图 1－21，已知压力和常压下的黏度就可查出该压力下的黏度。但要注意图 1－21 是根据纯烃和特性因数为 10.9 ~12.5 的石油馏分在 0 ~100℃ 温度范围内的实验数据作出的；特性因数小于 10.9 是按纯烃作的。该图用于温度大于 100℃ 时，所得值偏高。

如果需用公式计算也可采用式(1－19)进行计算。该式不能用于系统压力大于 69MPa 的条件。在 34MPa 时平均误差约为 5%；达到 69MPa 时平均误差约为 8%；对气液混合溶液，平均误差与前者大致相同。

$$\lg \frac{\mu}{\mu_0} = 0.0147P(0.0239 + 0.01638)\mu_0^{0.278} \qquad (1-19)$$

式中　μ——温度 t 及压力 P 下的黏度，mPa·s；

　　　μ_0——温度 t 及常压下的黏度，mPa·s；

　　　P——系统压力，10^5Pa。

油品黏度因压力增高而发生的变化与分子结构有关。分子构造愈复杂，环上的碳原子数愈多，则黏度因压力增高而变化的愈快。沥青质和环烷－芳香族油品黏度因压力增高而变化比石蜡基油品要快。在极高的压力下（500～1000MPa），润滑油因黏度增大而失去流动性变为塑性物质。

【例1－7】 已知某油品常压黏度为40 mPa·s，特性因数 $K = 12.0$，求该油品在 9.81MPa 压力下的黏度。

解　由图 1－21 中先找到压力为 9.81MPa 的坐标点。过该点作纵坐标的平行线，交常压下黏度（μ_0）为 40mPa·s 的曲线于一点，过该点作横坐标的平行线交特性因数 K 与压力的分界线于另一点。由此点开始依最近的特性因数曲线趋势作出平行曲线，过此曲线和特性因数 $K = 12.0$ 的直线的交点，再作横坐标的平行线交于纵坐标，此交点读数为 9.7。此即高压黏度与常压黏度的比值，也就是 $\mu/\mu_0 = 9.7$。所以，高压黏度 $\mu = 9.7 \times \mu_0 = 9.7 \times 10^{-3} =$

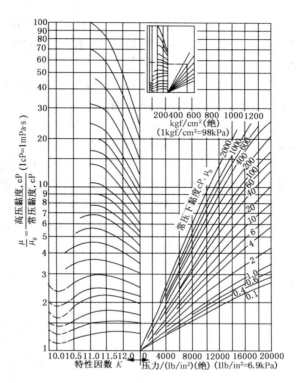

图1－21　高分子量烃类及石油馏分的高压黏度图

388mPa·s。因此该油品在 9.81MPa 压力下的黏度为 0.388Pa·s。

上面的黏度换算只限于压力不同而温度相同的情况。如果温度也不同，则应首先进行温度换算，然后再进行压力换算。

3. 黏度与温度的关系

温度对液体的黏度有极其重要的影响。温度升高时液体分子的运动速度增大，分子间互相滑动比较容易。同时由于分子间距离增大，分子间引力相对减弱，所以液体的黏度总是随温度的升高而降低。同样油品的黏度也是随着温度的升高而降低，温度的降低而升高，所以使用黏度数值时应标明温度。黏度随温度变化在实用上有着重要的意义。

油品黏度与温度的关系一般用经验式来确定：

$$(\nu_t + a)^{Tm} = K \qquad (1-20A)$$

式中　ν_t——油品的运动黏度，mm^2/s；

　　　a——与油品有关的经验常数；

　　　T——油品的绝对温度，K；

　　　m——随油品性质而定的经验常数；

K——随油品性质而定的经验常数。

将式(1-20A)取两次对数后得到：

$$\lg\lg(\nu_t + a) + m\lg T = \lg\lg K \qquad (1-20B)$$

令 $\lg\lg K = A$，$m = B$ 则上式变为：

$$\lg\lg(\nu_t + a) = A - B\lg T \qquad (1-20C)$$

式(1-20A)~式(1-20C)中与油品有关的经验常数 a，发明者建议用 0.95，国外不少资料上取 0.8，曾对我国 115 个石油产品的油样进行黏度与温度关系的测定，常数 a 取 0.6 较合适。

根据式(1-20C)，以 $\lg T$ 为横坐标，$\lg\lg(\nu_t + 0.6)$ 为纵坐标，可以制成图 1-22、图 1-23，图上还绘有部分国产油品的黏温线，供应用时参考。已知某一石油馏分两个温度下的黏度则可在图上标出两个点来，连接两点做一直线，此直线既为该石油馏分的黏度与温度关系曲线，可由此直线求得其他温度下的黏度。

式(1-20)及图 1-22、图 1-23 的应用是方便的，但也有缺点。首先是取了两次对数使黏度和温度的关系变得缓和，许多黏温性质相差很大的油品在图上看来直线斜率相差很小。此外，在 20~100℃ 范围内较准确，低于 20~40℃ 时，发现某些矿物油的黏度不在直线上。还应该指出，利用以上二图用内插法或外延法查取黏度是可行的，但当黏温性需外延时，已知的两个黏度点应尽可能相距远些；另外，从式(1-20)可以看出，若 a 取 0.6，则 $\nu_t \leq 0.4 \text{ mm}^2/\text{s}$ 时，方程式完全失去意义，因此，图 1-22 不能用于黏度很低的油品。油品黏度随温度变化的性能称为黏温特性。

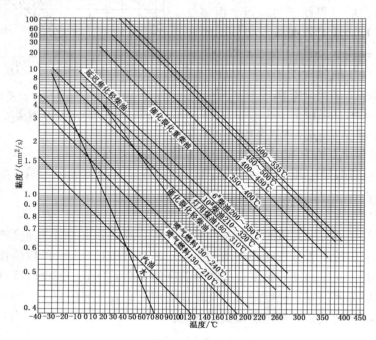

图 1-22　油品黏度、温度关系图(低黏度)(图中油品均为大庆原油馏分)

对于润滑油，其黏度随温度变化的情况是衡量其性质的重要指标。对润滑油来说，希望在温度升高时黏度不要下降太大；而在温度降低时黏度也不过分增高，以保持其润滑性能及冬夏季的通用性，就是说黏度随温度变化的幅度不要过大。

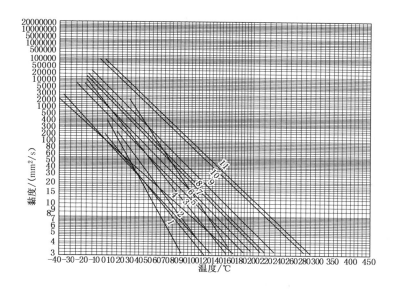

图 1-23　油品黏度、温度关系图（高黏度）

1—江汉原油；2—大港原油；3—胜利原油；4—大庆原油；5—大庆原油 >283℃重油；

6—大庆原油 >327℃重油；7—大庆原油 >335℃重油；8—大庆原油 >450℃残油；

9—大庆原油 >535℃脱沥青残油；10—大庆原油 >500℃残油；11—大庆原油 >525℃残油

油品黏温性质的表示方法有许多种，目前最常用的有两种，即黏度比和黏度指数。

（1）黏度比

黏度比即采用两个不同温度下的黏度之比来表示油品的黏温性质。常用的黏度比是 50℃与 100℃时运动黏度的比值，但它只能表示 50~100℃间的黏温关系，反映不出低温下的情况，因而也有用 -20℃与 50℃运动黏度之比来表示的。

黏度比越小，说明油品的黏度随温度变化越小，黏温性质越好。这种表示法比较直观，可以直接得出黏度变化的数值。油品黏度大，其黏度随温度的变化就大，因此，黏度比只适用于黏度比较相近的油品的黏温性质，如果两种油品的黏度相差很大，用黏度比就不能判断其黏温性质的优劣。

（2）黏度指数（VI）

黏度指数是衡量润滑油黏度受温度影响变化程度的一个相对比较指标，是目前世界上通用的表征黏温性质的指标，被认为是表示油品黏温性质比较好的方法。此方法是选定两种原油的馏分作为标准，把一种黏温性质较好的油切割成黏度不同的窄馏分，把这一组标准油称为 H 组，黏度指数定为 100；把另一组黏温性质较差的油切割成另一组标准油称为 L 组，黏度指数定为 0，然后测定每一窄馏分在 100℃及 40℃的黏度，在二组中分别选出 100℃黏度相同的两个窄馏分组成一对列成表格（这类数据可参见各类石油炼制及石油化工计算图表集），为了说明使用方法选部分数据列于表 1-23。也可以用下面公式计算：

当黏度指数（VI）为 0~100 时：

$$VI = \frac{L-U}{L-H} \times 100 \tag{1-21}$$

当黏度指数（VI）等于或大于 100 时：

$$VI = \frac{(反对数\,N) - 1}{0.0075} + 100 \quad (反对数\,N = 10^{N}) \qquad (1-22)$$

$$N = \frac{\lg H - \lg U}{\lg Y}$$

式中　U——试样在40℃条件下的运动黏度，mm^2/s；

　　　Y——试样在100℃条件下的运动黏度，mm^2/s；

　　　H——与试样100℃时运动黏度相同、黏度指数为100的H标准油在40℃时的运动黏度，mm^2/s；

　　　L——与试样100℃时运动黏度相同、黏度指数为0的L标准油在40℃时的运动黏度，mm^2/s。

表1-23　计算黏度指数用的L、D和H的运动黏度值举例

运动黏度(100℃)/(mm^2/s)	运动黏度(40℃)/(mm^2/s)		
	L	$D = L - H$	H
5.20	43.76	13.32	30.43
5.40	47.31	14.92	33.37
5.60	50.87	16.55	34.32
5.80	54.42	18.16	36.26
6.00	57.97	19.78	38.19

表中L表示坏油(黏温性质较差的油)在40℃的黏度，H表示好油在40℃的黏度。从表1-23中可以看出H组和L组窄馏分的黏温性质相差较大。100℃时黏度相同的一组在40℃时黏度就相差很大，L组大于H组。

若欲确定一未知油品的黏度指数时，先测定其在40℃和100℃时的黏度，然后在表1-23中选出100℃时与试油黏度相同的标准组计算黏度指数。

【例1-8】　某油品在100℃时的黏度为6 mm^2/s，40℃时的黏度为42 mm^2/s，计算其黏度指数。

解　从表1-23中查得100℃黏度为6 mm^2/s的标准组$L = 57.97$ mm^2/s，$H = 38.19$ mm^2/s。

将数据代入式(1-21)则：

$$试油黏度指数 = \frac{57.97 - 42}{57.97 - 38.19} \times 100 = 80.7$$

【例1-9】　某油品在40℃黏度为24.71 mm^2/s，100℃黏度为5.2 mm^2/s，试计算该油品的黏度指数。

解　从表1-23查得100℃黏度为5.2 mm^2/s的标准组中$H = 30.43$ mm^2/s。

将数据代入式(1-22)先求出N。

$$N = \frac{\lg 30.43 - \lg 24.71}{\lg 5.2} = 0.1263$$

其反对数为1.338

$$黏度指数 = \frac{1.338 - 1}{0.0075} + 100 = 145.1$$

所以，该油的黏度指数为145.1。

更简便的方法是测定油品50℃和100℃运动黏度，由图1－24直接查得黏度指数。

【例1－10】 某油品在50℃时运动黏度为400mm²/s，100℃运动黏度为30mm²/s，求该油品的黏度指数。

解 在图1－24上分别于纵坐标和横坐标上找出50℃和100℃运动黏度的坐标点400及30，用直尺通过这两点分别作坐标轴的垂直线，两线交点即为该油品的黏度指数为20。

一般将黏度指数在85以上者称为高黏度指数油，小于45者称为低黏度指数油，介于二者之间的则称为中黏度指数油。黏度指数愈大，油品黏度随温度变化愈小。油品的黏温性质愈好。

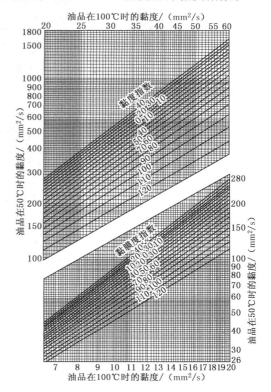

图1－24　油品黏度指数计算图

4. 油品的混合黏度

在炼油厂中润滑油等产品常常需要两种或两种以上馏分进行调合后出厂，因此，需要确定油品混合物的黏度。

实践证明油品混合物的黏度没有可加性，相混合的两个油品的组成和性质相差愈远，黏度相差愈大，则混合后的黏度离可加性也愈远，通常比用加和法计算出的黏度要小。工业上计算混合物黏度的方法很多，有很多经验公式和图表。如果已知需调合的两种石油馏分在两个温度下各自的黏度，可用油品黏度、温度关系图(图1－22和图1－23)求出调合油品在不同温度下的黏度，平均误差为3%。如果已知两种油品同一温度下的黏度，可用图1－25油品混合黏度图求得该温度下油品的调合黏度。此图可适用于两种情况：

① 已知两种油品的黏度及调合以后混合油的黏度，求调合比(体积比)。

② 已知两种油品的黏度及调合比，求混合油黏度。

【例1－11】 有两种润滑油，黏度分别为$E_{20}=35$及$E_{20}=6.5$，想得到$E_{20}=20$的混合油，试求二者的混合比例。

解 在图1－25上，以直线连接100%A纵坐标轴上为35，100%B纵坐标轴上为6.5的两点，从$E=20$点作一平行于横坐标的直线，与上一直线相交。过此交点作一垂直于横坐标的直线，直线与横坐标轴的交点即为两种油品的混合比例值。可读出组分A的体积百分数70%(上行)，组分B的体积百分数30%(下行)。所以，要想得到$E_{20}=20$的混合油，只要将70%(体)的$E_{20}=35$的油与30%(体)$E_{20}=6.5$的油混合即可。

【例1－12】 已知油品A的黏度$E_{100}=2$，油品B的黏度$E_{100}=20$，按26%(体)A和74%(体)B的比例调合，求混合后黏度。

解 在图1－25上，分别在两纵坐标轴上找出A油和B油的黏度值的位置，然后以直线连接两点，再从A油为26%处作垂线与上述直线相交，自交点作水平线与纵轴的交点$E_{100}=9$即为混合油品的黏度。

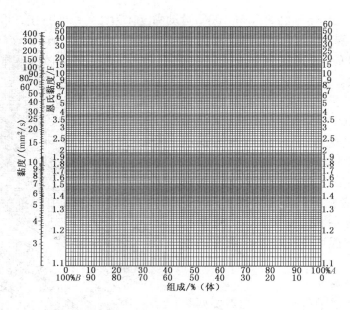

图 1 - 25　油品混合黏度图

【例1-13】　已知两种油品的黏度值分别为：A 馏分 $\nu_{40}=21.45\ \text{mm}^2/\text{s}$，$\nu_{100}=3.58\ \text{mm}^2/\text{s}$；$B$ 馏分 $\nu_{40}=516.9\ \text{mm}^2/\text{s}$，$\nu_{100}=16.50\ \text{mm}^2/\text{s}$。试求25%（体）$A$ 馏分与75%（体）B 馏分调合后的黏度。

解　在图 1 - 23 上分别作出上述两种油料的黏温线。选用 5 mm^2/s 和 50 mm^2/s 作两条等黏度线，分别交于上述两条黏温线上。在两条等黏度线上各找出一点，使该点到 A 馏分黏温线交点的距离与该点到 B 馏分黏温线的交点距离之比为 75∶25。将两点连成一直线即为调合油品的黏温线，从而求得调合油黏度 $\nu_{40}=183.6\ \text{mm}^2/\text{s}$，$\nu_{100}=10.31\ \text{mm}^2/\text{s}$。

七、临界性质

为了制取更多的高质量的燃料油和润滑油等石油产品，常常需要将石油馏分在高温、高压下进行加工。但是在高压状态下，实际气体已不符合理想气体分压定律（道尔顿定律），实际溶液也不符合理想溶液蒸气压定律（拉乌尔定律），因此，在高压条件下，应用理想气体和理想溶液定律时需要校正，这就要借助于临界性质。

当温度低于某个特定温度，以及压力很高时，任何气体均可变成液体。高于此温度时，不论加多大压力也不能使它变成液体，这个温度就称为临界温度，用 T_c 表示。在临界温度时相应的压力称为临界压力，用 P_c 表示。当温度低于临界温度时升高压力可以将气体变为液体，但是，当温度高于临界温度时，无论加多大压力也不能使气体变为液体。因此，临界温度是纯物质或烃类能处于液体状态的最高温度。在临界点时，气液相界面消失，气相和液相呈浑浊状无法区分。在该点上，气液相转化时，体积不变，也没有热效应，不需要汽化热。

纯物质和烃类的临界常数可从有关图表集或手册中查到。

对烃类混合物和石油馏分而言，其临界点的情况要复杂得多。要分析这个问题，需先从二元系统在不同温度和压力下的相变化入手。图 1 - 26 是含正戊烷47.6%和正己烷52.4%的二组分混合物的 $P-T$ 图。

图 1 - 26 中在 BT_AC 线上是液体刚刚开始沸腾的温度，称为泡点线；在 GT_BC 线上是气

体刚刚开始冷凝的温度，称为露点线。两曲线之内是两相区。此混合物在某一压力 P_A 下加热，升温至 T_A（在泡点线上）时开始沸腾，但一经汽化液相中正戊烷组分的质量就减少了，为保持饱和蒸气压仍为 P_A，必须相应地提高液相温度，于是边沸腾边升温，直至达到露点线上的 T_B，混合物才刚好全部汽化。$T_A - T_B$ 是该混合物在压力 P_A 下的沸点范围。泡点线与露点线的交点 C 称为临界点，在 C 点气液两相性质无从区分。但它与纯烃不同，C 点即非气液相所能共存的最高温度，又非气液相所能共存的最高压力点（即 T_1 和 P_1 点）。但是对于纯化合物，这三个点是重合的，如 AC 线上的 C 点。

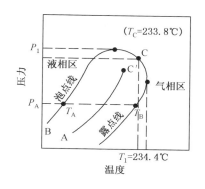

图 1 – 26　正戊烷 – 正己烷
的 $P – T$ 图

这就是说混合物在高于其临界点的温度下仍可能有液体存在，一直到 T_1 点为止。故 T_1 点的温度称为临界冷凝温度。同样在高于临界点的压力下仍可能有气体存在，一直到 P_1 点为止。故 P_1 点的压力称为临界冷凝压力。

当二组分混合物的组成发生变化，则临界点 C' 也随混合物组成变化而改变。

以上所说明的混合物的临界点 C' 是根据实验测定的，通常称为真临界温度 T_c 和真临界压力 P_c。

在图 1 – 26 中，如果用一种挥发度与二元混合物相当的纯烃作蒸气压曲线 AC，C 点即称为该二元混合物的假临界点（或称虚拟临界点），用 T_c' 与 P_c' 表示假临界点的温度和压力。假临界点是混合物中各组分的临界常数的分子平均值，可按式（1 – 23）、式（1 – 24）计算得到：

$$T_c' = \sum X_i T_{ci} \tag{1 – 23}$$
$$P_c' = \sum X_i P_{ci} \tag{1 – 24}$$

式中　T_{ci}、P_{ci}——混合物中 i 组分的临界温度和临界压力；

　　　X_i——混合物中 i 组分的摩尔分数。

石油馏分尽管比上述二元混合物要复杂得多，但基本情况大致是相似的。石油馏分也有真临界温度、真临界压力、假临界温度和假临界压力。石油馏分的假临界常数是一个假设值，是为了查阅油品的一些物理常数的校正值而引入的一种特性值，不能用实验方法测得。

石油馏分的真临界常数和假临界常数两者数值不同，在工艺计算中用途也不同。在计算石油馏分的汽化率时常用真临界常数。假临界常数则用于求定其他一些理化性质。

表 1 – 24 所列是几种油品临界常数。可见，油品愈重，其临界温度越高而临界压力越低。

表 1 – 24　油品的临界常数

油品	相对密度 $d_{15.6}^{15.6}$	沸点范围/℃	临界温度/℃	临界压力/MPa
汽油	0.759	54 ~ 220	316	3.47
煤油	0.823	224 ~ 315	432	2.11
粗柴油	0.835 ~ 0.887	—	453 ~ 478	- 1.03
润滑油	0.834	—	455	—

石油馏分的临界常数可以用各种公式或图表确定。

石油馏分的真、假临界温度（T_c、T_c'），可以从图 1 – 27 和图 1 – 28 中根据平均沸点和相对密度求定。假临界压力（P_c'）可从图 1 – 29 根据相对密度和中平均沸点求定。真临界压力（P_c）可从图 1－30 根据真临界温度与假临界温度的比值以及假临界压力来求定。

【例 1－14】 某石油馏分的相对密度 $d_{15.6}^{15.6} = 0.7437$，质量平均沸点为 117℃，实分子平均沸点为 95℃，中平均沸点为 102℃，求该石油馏分的真、假临界温度和真假临界压力。

解 由图 1－27，将 $d_{15.6}^{15.6} = 0.7437$ 及 $t_{重} = 117℃$ 的两点连成直线，交临界温度线为一点，由该点读得真临界温度 $T_c = 567K$。

同图，根据分子平均沸点及 $d_{15.6}^{15.6}$，可查得假临界温度 $T_c' = 546K$。

从图 1－29，根据 $d_{15.6}^{15.6} = 0.7437$，$t_{中} = 102℃$，查得假临界压力 $P_c' = 3.25MPa$。

从图 1－30，根据 $P_c' = 3.25MPa$，$T_c/T_c' = 1.038$，查得 $P_c = 4.46MPa$。

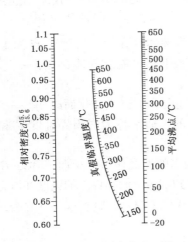

图 1－27　烃类混合物和石油
馏分的真、假临界温度图（一）

注：求真临界温度时用质量平均沸点；求假临界温度时
　　用分子平均沸点。相对密度小于 0.6 时用图（二）。

图 1－28　烃类混合物和石油
馏分的真、假临界温度图（二）

注：求真临界温度时用质量平均沸点；
　　求假临界温度时用分子平均沸点。

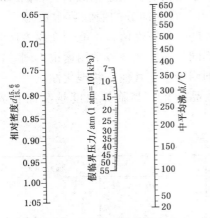

图 1－29　烃类混合物和石油馏分的假临界压力图

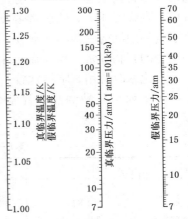

图 1－30　烃类混合物和石油馏分的真临界压力图

八、压缩因数

每种物质的临界常数随物质本身性质不同而异。但对许多物质的研究发现：在临界状态时，各种物质的 P、V、T 的关系相近似，若两种物质的状态和它们的临界状态相比也相近似时，则认为这两种物质的状态也相近似。对比状态定律："各种不同的物质，如果具有相同的对比温度和对比压力时，那么它们的对比体积也接近相同"，即压缩因数 Z 值也接近相同，我们称这些物质处于对比状态。

对比状态是用来表示物质的状态与临界状态的接近程度，也叫对应状态。各种物质的对比温度 T_r、对比压力 P_r、对比体积 V_r 是各自的温度、压力、体积与临界参数 T_c、P_c、V_c 的比值。

石油蒸气在高压下，其温度 T、压力 P 和体积 V 的关系已不符合理想气体状态方程式。若用理想气体状态方程式的形式来表示实际气体状态方程式，则要进行校正。

$$PV = ZnRT \qquad (1-25)$$

式（1-25）中的 Z 为压缩因数，它是与温度、压力、气体性质有关的系数，对理想气体 $Z=1$。

在对比状态下，各种物质有相似的特性，因此可以用对比状态来求压缩因数（也称压缩系数）。这时的压缩因数就不受物质性质的影响，简化了求压缩因数的过程。

对比状态与压缩因数的关系如图 1-31 所示。该图只有在 $T_r' > 2.5$ 才适用，对于氢、氦、氖，此时 $T_r = \dfrac{T}{T_c + 8}$；$P_r = \dfrac{P}{P_c + 8}$。

对于纯物质 T_r 和 P_r 的计算是采用从手册中查到的 T_c 和 P_c 值；对于气体混合物则应以 T_c' 和 P_c' 代替 T_c 和 P_c 来计算 T_r 和 P_r；对于石油馏分的蒸气在计算 T_r 和 P_r 时所用到的 T_c' 和 P_c' 系由图 1-27、图 1-28 和图 1-29 中查出。

由图 1-31 可以看出，当 $T_r < 2$ 和 $P_r < 8$

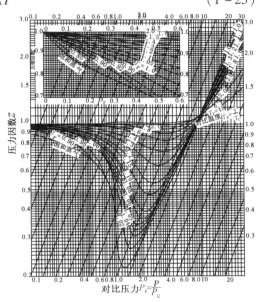

图 1-31　气体通用压缩因数图

时，压缩因数都小于 1，在此范围内实际气体比理想气体容易压缩；当 $P_r > 8$ 时压缩因数都大于 1，实际气体比理想气体更难压缩；当温度和压力接近临界点，即 P_r 和 T_r 接近 1 时，实际气体背离理想气体方程式最远，Z 值约为 0.25 左右，气体体积仅为理想气体的 1/4。当 $T_r < 1$ 而压力又超过该温度下的饱和蒸气压时，图中曲线在此中断，因为此时气体开始液化，不再服从 $PV = ZnRT$ 这一真实气体方程式。所以，在这种情况下要求定液体的密度或比容需改用另外的压缩因数图。

混合物的压缩因数按式（1-26）计算：

$$Z_{混} = \sum n_i Z_i \qquad (1-26)$$

【例 1-15】 将 1kmol 氮气与 3kmol 氢气相混合，求该混合气在压力为 20MPa、温度为 200℃时每 kmol 的体积。

解 （1）由手册查得：
氮气：$T_c = 126.2K$，$P_c = 3.35MPa$
氢气：$T_c = 33.19K$，$P_c = 1.30MPa$
（2）将数据分别代入式（1-23）、式（1-24）计算 T_c' 和 P_c'

$$T_c' = \frac{1}{4} \times 126.2 + \frac{3}{4} \times (33.19 + 8) = 62.5K$$

$$P_c' = \frac{1}{4} \times 33.5 \times 10^5 + \frac{3}{4} \times (12.95 + 8) \times 10^5 = 2.4MPa$$

$$T_r = \frac{273 + 200}{62.5} = 7.58$$

$$P_r = \frac{200}{24} = 8.33$$

（3）根据 T_r、P_r 查图 1-31 得 $Z = 1.05$

$$V = \frac{ZRT}{P} = \frac{1.05 \times 0.08205 \times (273 + 200)}{200} = 0.204 \text{m}^3/\text{kmol}$$

【例 1-15】 还可以这样解：

（1）查得 H_2、N_2 的 T_c、P_c

（2）N_2 $\quad T_r = \frac{273 + 200}{126.2} = 3.75$

$$P_r = \frac{200 \times \frac{1}{4}}{33.4} = 1.49$$

根据 T_r、P_r 查图 1-31 得 $Z_{N_2} = 1.01$

（3）H_2 $\quad T_r = \frac{273 + 200}{33.19} = 14.49$

$$P_r = \frac{(200 \times \frac{3}{4} + 8) \times 10^5}{12.95 \times 10^5} = 12.20$$

根据 T_r、P_r 查图 1-31 得 $Z_{H_2} = 1.08$

（4）根据式（1-26）求得 $Z_混$

$$Z_混 = 1.01 \times \frac{1}{4} + 1.08 \times \frac{3}{4} = 1.06$$

$$V = \frac{ZRT}{P} = \frac{1.06 \times 0.08205 \times (273 + 200)}{200} = 0.205 \text{m}^3/\text{kmol}$$

九、偏心因数

液体有简单流体与非简单流体之分。简单流体是指在升高压力条件下，物质分子间引力恰好在分子中心的这类流体，它们一般是球形对称分子，例如，氢、氩等。它们的特点是压缩因数只是对比温度 T_r 与对比压力 P_r 的函数。非简单流体是指在升高压力的条件下，物质分子间的引力不在分子中心的这类流体，如乙烷、丙烷等各种烃类分子和 H_2S、CO_2 等。它们的分子具有极性或微极性。它们的特点是压缩因数不但是对比温度 T_r 和对比压力 P_r 的函数，而且还是偏心因数 θ 的函数。非简单流体的压缩因数 Z 用式（1-27）表示：

$$Z = Z^0 + \theta Z' \qquad\qquad (1-27)$$

式中 $\quad Z^0$——简单流体的压缩因数，即 $\theta = 0$；

$\quad\quad Z'$——非简单流体的压缩因数，即 $\theta \neq 0$；

$\quad\quad \theta$——偏心因数，因物质及组成不同而变。

偏心因数 θ 是反映非简单流体分子几何形状和极性的一个特征参数。它随分子结构的复杂程度和极性的增加而增大。愈接近简单流体的物质，其 θ 值愈小，如甲烷的 θ 值为 0.0104，可以看作简单流体。

纯烃的偏心因数 θ 值，可从有关图表中查出。已知组分混合物的偏心因数通常可按可加性法则计算。

$$\theta_{混} = \sum X_i \theta_i \tag{1-28}$$

式中　X_i——混合物中 i 组分的摩尔分数；

　　　θ_i——混合物中 i 组分的偏心因数。

石油馏分的偏心因数 θ，则用图 1-32 根据假临界温度 T_c'、假临界压力 P_c' 和常压下实分子平均沸点求定。

偏心因数除了用于计算非简单流体的压缩因数外，还可用于计算纯烃或石油馏分的蒸气压以及压力下气体焓的校正。

【例 1-16】 已知某非简单流体 $P_r = 2.0$，$T_r = 1.50$，$P_c' = 2.8\mathrm{MPa}$，$T_c' = 300℃$，分子平均沸点为 93.3℃，求其压缩因数 Z。

解 由图 1-32，过 $T_c' = 300℃$ 的坐标点作横坐标轴的平行线交 $t_分 = 93.3℃$ 线于一点，过这点作纵坐标轴平行线交 $P_c' = 2.81\mathrm{MPa}$ 线于另一点，过交点作横坐标轴平行线交偏心因数轴于一点，该点读数即为 $\theta = 0.12$。

由图 1-33，根据 $P_r = 2.0$，$T_r = 1.50$ 可得 $Z^0 = 0.83$。

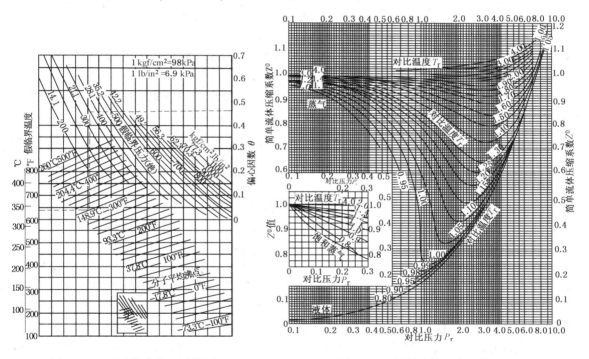

图 1-32　石油馏分偏心因数图　　　　图 1-33　简单流体压缩系数图

由图 1-34，根据 $T_r = 1.50$，$P_r = 2.0$ 可得 $Z' = 0.17$。

将 θ、Z°、Z' 代入式(1-27)则：

$$Z = 0.83 + 0.12 \times 0.17 = 0.8504$$

十、热性质

炼油工艺的设计计算离不开各种油品的热性质。最常用的热性质有质量热容、汽化热、焓等。虽然油品的各种热性质可用实验方法确定，但都比较复杂。在工艺计算中，一般都是通过一些经验公式或图表来确定。

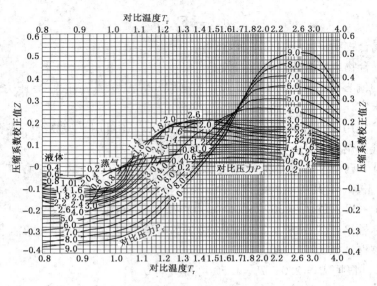

图 1-34 非简单流体通用压缩系数校正图

1. 质量热容

单位质量物质温度升高 1℃所吸收的热量，称为该物质的质量热容(也称比热容)。其单位是 kJ/(kg·℃)。

在工艺计算中，通常采用平均质量热容。它是单位质量油品温度由 t_1 升高到 t_2 时，所需要吸收的热量 Q，则油品的平均质量热容为：

$$C_{平} = \frac{Q}{t_2 - t_1} \qquad J/(kg·K) \qquad (1-29)$$

油品的质量热容随温度升高而增大，如在极小的温度范围内(dt)加热，可以得到油品在该温度下的真质量热容：

$$C_{真} = \frac{dQ}{dt} \qquad (1-30)$$

温度范围越小，平均质量热容越接近于真质量热容。

气体和石油蒸气的质量热容随着压力及体积的变化而变化，所以，有恒压质量热容与恒容质量热容之分。恒压质量热容 C_p 比恒容质量热容 C_v 大，差值相当于气体膨胀时所做的功。

对理想气体： $\qquad C_p - C_v = R \qquad (1-31)$

式中 R——气体常数，8.314kJ/(kmol·K)

烃类的相对分子质量热容随温度和平均相对分子质量的增加而增加。碳原子数相同的烃类中，烷烃质量热容最大，环烷烃次之，芳烃的最小。

石油馏分的质量热容可用查图法或计算法求取。

液相石油馏分的质量定压热容，可根据其温度、相对密度和特性因数由图 1-35 查得。该图根据 $K = 11.8$ 的油品绘制，当 K 值为其他数值时，由图上查得的数值须乘以校正值，校正值可由右下方小图查得。液相油品的质量热容随温度升高而增大，但受压力影响很小，故可忽略压力的影响。

【例 1-17】 已知某油品 $K = 12.0$，$d_{15.6}^{15.6} = 0.821$ 时，求该油品在 200℃时的质量热容。

解 由图 1-35 查得 $K = 11.8$，$d_{15.6}^{15.6} = 0.821$ 时，$C_{200} = 2.72$kJ/(kg·K)。然后由右下方小图查得 K 的校正系数为 1.011。则 $K = 12$ 时 $C_{200} = 2.72 \times 10^3 \times 1.011 = 2.75$kJ/(kg·K)。

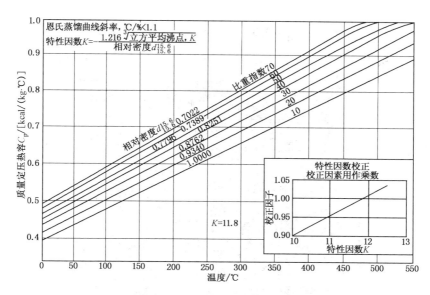

图 1 – 35　石油馏分液相质量热容图

1kcal/(kg·℃) = 4.1868kJ/(kg·℃)

气相石油馏分的质量定压热容，可根据其温度、相对密度和特性因数由图 1 – 36 求定。但该图仅适用于压力小于 0.35MPa 且含烯烃和芳香烃不多的石油馏分蒸气。当压力高于 0.35MPa 时，应作压力校正。根据对比温度、对比压力求校正值，如图 1 – 37 所示。常压下的质量热容 C_p 加上校正值 $(C_p - C_p^*)$ 即为压力下的 C_p 值。需要指出的是，图 1 – 36 和图 1 – 38 单位不一样，使用时要注意换算。

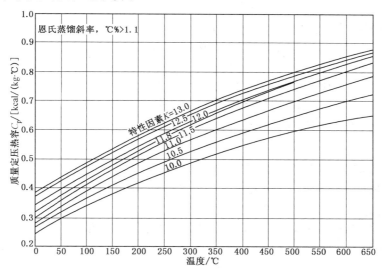

图 1 – 36　石油馏分气相常压质量热容图

1kcal/(kg·℃) = 4.1868kJ/(kg·℃)

【例 1 – 18】　已知某石油蒸气的特性因数 $K = 11.45$，假临界温度为 348.9℃，假临界压力为 2.79MPa，计算其 473℃、1.39MPa 时的质量定压热容（相对分子质量 $M = 132$）。

解　由图 1 – 36 根据 $t = 473.9℃$，$K = 11.45$，可得常压下 $C_p = 3.0$ l kJ/(kg·K)。

再计算 P_r、T_r：

$$P_r = \frac{1.39}{2.79} = 0.50, \quad T_r = \frac{473.9 + 273}{348.9 + 273} = 1.2$$

由图 $1-37$，根据 $P_r = 0.50$、$T_r = 1.2$，可查得 $C_p - C_p^* = 9.84\,\mathrm{kJ/(kmol \cdot K)}$。

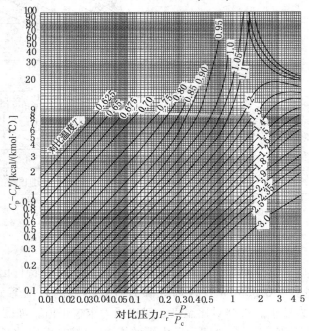

图 $1-37$　气体真实热容校正图

$1\mathrm{kcal/kmol \cdot {}^\circ\!C} = 4.1868\,\mathrm{kJ/(kmol \cdot K)}$

根据 $M = 132$，对 $C_p - C_p^*$ 进行单位换算：

$$C_p - C_p^* = \frac{9.84 \times 10^3}{132} = 0.075\,\mathrm{kJ/(kg \cdot K)}$$

根据常压下的质量热容及校正值即可求得压力下质量定压热容。

$$C_p = 3.01 + 0.075 = 3.085\ \mathrm{kJ/(kg \cdot K)}$$

气体混合物的质量热容可由加和法求得。

$$C_{混} = \sum C_i W_i \tag{1-32}$$

式中　$C_{混}$——混合物的质量热容，$\mathrm{kJ/(kg \cdot K)}$；

　　　C_i——混合物中各组分的质量热容，$\mathrm{kJ/(kg \cdot K)}$；

　　　W_i——混合物中各组分的质量分数。

计算高压下气体混合物的质量热容时，先求出其常压下的混合质量热容，然后用假临界参数由图 $1-37$ 校正。如果已有高压下各组分的热容数据，则可用式($1-32$)直接计算，但应注意此时 C_i 应为各组分分压及系统温度下的热容，而不是在系统总压下的热容。液体混合物热容同样可用式($1-32$)计算。

由于各种条件下的各种热容是较难求的，而焓的数值又比较可靠，因此，在计算中只要有可能都应该用热焓代替热容来进行。除非焓的变化很小，以致读图误差占焓的总变化量相当大的一部分时，或者是热容计算不能避免时，才用热容进行计算。

2. 汽化热

单位质量物质在一定温度下由液态转化为气态所需的热量称为汽化热（也称汽化潜热）

用 Δh 表示,单位为 kJ/kg。所谓汽化热是指物质在汽化或冷凝时所吸收或放出的热量,此时并无温度的变化。如果没有特别注明,通常指常压沸点下的汽化热。当温度和压力升高时,汽化热逐渐减小,到临界点时汽化热等于零。

纯烃的汽化热可从有关图表查到。石油馏分可通过计算在该条件下的气相和液相的焓值的差,此差值即为其汽化热。

各种油品在常压下的汽化热见表 1 – 25。油品越重,汽化热越低。油品汽化热随相对分子质量的增加而减小。

表 1 – 25　各种油品在常压下的汽化热

油 品 名 称	汽化热/(kJ/kg)	油 品 名 称	汽化热/(kJ/kg)
汽油	293 ~ 314	柴油	230 ~ 251
煤油	251 ~ 272	润滑油	188 ~ 230

油品烃类组成对汽化热也有影响,见表 1 – 26。可以看出,烷烃汽化热最小,环烷烃较大,芳香烃最大。这就是说当相对分子质量与平均沸点相同时,含烷烃多的油品的汽化热比含芳香烃多的要低。

表 1 – 26　烃类的汽化热

烃　类	沸点/℃	蒸发潜热/(kJ/kg)	烃　类	沸点/℃	蒸发潜热/(kJ/kg)
丙烷	– 44	409.9	环己烷	69	365.5
戊烷	36	352.9	甲基环己烷	98	316.9
己烷	68	332.4	苯	80.1	397.3
庚烷	98	309.8	甲苯	110.5	360.1

石油馏分常压汽化热可用图 1 – 38,根据中平均沸点、相对密度和相对分子质量这三个数据中的两个,直接查出常压沸点时的汽化热。在其他温度条件下的汽化热,可用图 1 – 39 查得校正因数 p,再按式(1 – 33)进行校正:

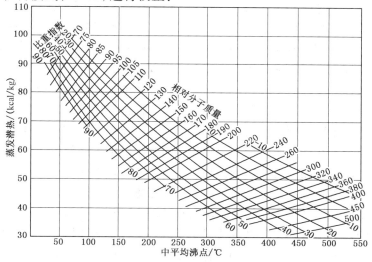

图 1 – 38　石油馏分常压汽化热图

1kcal = 4.1868kJ

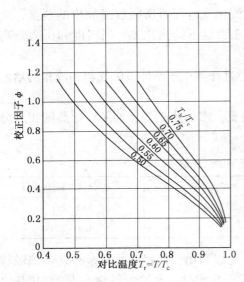

$$\Delta h_{\mathrm{T}} = \Delta h_{\mathrm{b}} \, p \, \frac{T}{T_{\mathrm{b}}} \qquad (1-33)$$

式中　Δh_{T}——在温度 $T(\mathrm{K})$ 时的汽化热，J/kg；

　　　Δh_{b}——在常压沸点 $T_{\mathrm{b}}(\mathrm{K})$ 时的汽化热，J/kg；

　　　p——由图 1–39 查得的校正因数。

【例 1–19】　某油品比重指数为 60，中平均沸点 98.1℃，假临界温度 272.2℃，求其在 206℃ 时的汽化热。

解　根据比重指数及中平均沸点，由图 1–38 查得该油品常压汽化热 $\Delta h_{\mathrm{b}} = 322\mathrm{kJ/kg}$。

计算 T_{r} 及 $T_{\mathrm{b}}/T_{\mathrm{c}}$：

$$T_{\mathrm{r}} = \frac{T}{T_{\mathrm{c}}} = \frac{206 + 273}{272.2 + 273} = 0.879$$

$$\frac{T_{\mathrm{b}}}{T_{\mathrm{c}}} = \frac{98.1 + 273}{272.2 + 273} = 0.681$$

图 1–39　石油馏分汽化热校正图

根据 T_{r} 及 $T_{\mathrm{b}}/T_{\mathrm{c}}$ 查图 1–39 得 $p = 0.51$。

$$\Delta h_{\mathrm{T}} = 322 \times 0.51 \times \frac{206 + 273}{98.1 + 273} = 212\mathrm{kJ/kg}$$

3. 焓

在炼油工艺设计中广泛地应用焓来进行热的计算，因为它比质量热容、汽化热应用起来更为简便。

焓又称热焓，是体系的热力学状态函数之一，通常用符号 H 表示。它是使 1kg 油品从某一基准温度加热到 t℃（包括相变化在内）所需要的热量。单位是 kJ/kg。

基准状态是任意选定的，基准状态的压力通常都选用常压，即 101kPa；基准状态的温度则各不相同，对烃类来说，多采用 –129℃，油品热焓的基准温度一般为 –17.8℃，而有些常用气体焓的基准温度为 0℃。任何一种物质的焓值在基准温度时都人为地定为零，而实际上各种物质（例如，烃类）在同一基准温度的绝对焓值并不是相等的，因此，从焓图查得的焓值不能用来计算化学反应中的热效应。对于物理变化过程，只要基准温度相同，就可以通过焓值的加减来计算过程的热效应，在计算中，任意的基准条件均被相互抵消。

油品的焓值是油品性质、温度和压力的函数。不同性质的油品从基准温度恒压升温至某个温度时所需的热量不同，因此其焓值也不同。在同一温度下，相对密度小及特性因数大的油品具有较高的焓值。在同一温度下，汽油的焓值高于润滑油的焓值，烷烃的焓值高于芳香烃的焓值。压力对液相油品的焓值影响很小，可以忽略，但是压力对气相油品的焓值却有较大的影响，因此对于气相油品，在压力较高时必须考虑压力对焓值的影响。

在工艺计算中，纯烃及常用气体的焓可由有关图表查得。按可加性法则，石油馏分的焓可根据组成通过纯烃的焓求定，但多数情况下是利用石油馏分焓图（图 1–40）。此图的基准温度是 –17.8℃，用 $K = 11.8$ 的石油馏分的实验数据制成。当石油馏分的特性因数 K 不等于 11.8 时，则要进行校正。图中有两组主要曲线，上方是气相油品的焓值，下方是液相油品的焓值，同一种油品在相同温度时，查得的两组曲线上的焓值之差即为该油品在同一温度下的汽化热。两组曲线是根据常压下的实验数据制得，当压力高于常压时查得的焓值要进行校正。对 K 值和压力的校正，气相油品使用左上方的两张小图，液相油品 K 值校正使用右边小图。

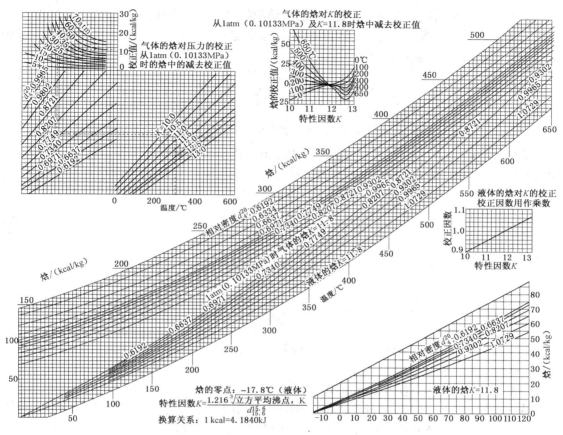

图 1-40　石油馏分焓图

当压力高于 7MPa 时图 1-40 已不适用，此时需要根据假临界温度、假临界压力、偏心因数和平均相对分子质量在其他图表中求定压力下焓的校正值。

当油品处于气液混相状态时，应分别求定气液相的性质，在已知汽化率的情况下按可加性求定其焓的变化。

【例 1-20】　某石油馏分相对密度 $d_4^{20} = 0.7796$，特性因数 $K = 11.0$。自常压 100℃液体状态下加热至 316℃、2.72MPa，此时油品已完全汽化。试求加热 1kg 该石油馏分所需的热量。

解　由图 1-40 在液体焓曲线部分查得油品的 $K = 11.8$，$d_4^{20} = 0.7796$，100℃时的焓值为 243kJ/kg。再由右边特性因数校正小图查得 $K = 11.0$ 时校正值为 0.96，即校正后的焓为 $243 \times 0.96 = 233$kJ/kg。

同样在气体焓曲线部分查得 $K = 11.8$，$d_4^{20} = 0.7796$，$t = 316$℃，常压下油品的气相焓为 1051kJ/kg。再进行压力及 K 值的校正。压力为 2.72MPa 时的校正值为 50kJ/kg。$K = 11.0$ 时校正值为 25kJ/kg。

所以 $K = 11.0$，$d_4^{20} = 0.7796$，$t = 316$℃，$P = 2.72$MPa 时，油品的气相热焓为：
$$1051 - 50 - 25 = 976\text{kJ/kg}$$

因此，加热 1kg 该石油馏分所需热量为：

$$976 - 233 = 743 \text{kJ}$$

4. 油气在绝热膨胀时的温度变化

真实气体在绝热条件下由高压变为低压，体积膨胀又不做功时，通常称为节流膨胀。

气体节流膨胀时熵值不变，其压力降（ΔP）与温度变化（Δt）间的关系，称为焦耳 – 汤姆逊效应，用式（1 – 34）表示：

$$\frac{\Delta t}{\Delta P} = \alpha_i \qquad (1-34)$$

式中　α_i——焦耳 – 汤姆逊系数。

α_i 符号中 i 表示绝热过程。α_i 为正值表示随压力降低温度亦降低；α_i 为负值表示随压力降低温度升高。常温下一般气体的 α_i 均为正值。而氢气和氦气则例外，氢在 $-78℃$ 以上时为负值。

α_i 可由式（1 – 35）求出。

$$\alpha_i = \frac{24.2}{MC_p}\left(\frac{a}{11.21} - b\right) \qquad (1-35)$$

式中　$a = \dfrac{27}{64}R^2\dfrac{T_c^2}{P_c}$；

$b = \dfrac{1}{8}R\dfrac{T_c}{P_c}$；

MC_p——摩尔热容；

R——气体常数，0.08205L·atm/(mol·K)；

T_c——临界温度，K；

P_c——临界压力，atm(1atm = 101325Pa)。

式（1 – 35）中 α_i 表示压力降低 1 atm(101kPa)时温度降低的数值。若节流膨胀前的温度为 t_p，压力为 P，节流膨胀后压力为 1 atm(101kPa)，温度为 $t_{终}$，则：

$$t_{终} = t_p - \alpha_i(P-1) \qquad (1-36)$$

并可由 $t_{终}$ 求定熵值。

【例 1 – 21】　某油品相对密度 $d_{15.6}^{15.6} = 0.75$，相对分子质量 $M = 110$，$T_c = 559\text{K}$，$P_c = 2.8\text{MPa}$。计算该油汽在 420℃时，由 2.0MPa 节流膨胀到常压 0.1MPa(101kPa)时蒸气温度的变化。

解　由式（1 – 35）求得：

$$a = \frac{27}{64} \times 0.08205^2 \times \frac{559^2}{28} = 31.6$$

$$b = \frac{1}{8} \times 0.08205 \times \frac{559}{28} = 0.204$$

由图 1 – 37 查得 $K = 11.83$，由图 1 – 39 查得 $C_p = 3 \text{ kJ/(kg·K)}$。

$$MC_p = 110 \times 0.715 = 332 \text{ kJ/(kg·mol·K)}$$

$$\alpha_i = \frac{24.2}{79.2}\left(\frac{31.6}{11.21} - 0.204\right) = 0.8 \text{ ℃/atm}$$

$$t_{终} = 420 - 0.8(20-1) = 404.8℃$$

可知该油品在 420 ℃时由 2.0MPa 降至常压(101kPa)的温度变化为：

$$\Delta t = 420 - 404.8 = 15.2 ℃$$

利用图 1 − 40 中气体焓对压力的校正图，可以简便地求定石油馏分蒸气在绝热等焓膨胀时的温降，而不必有上述复杂计算。

上述例题的另一解法如下：

解　将 $d_{15.6}^{15.6} = 0.75$ 换算为 $d_4^{20} = 0.7451$

根据图 1 − 40 查得 $K = 11.83$。

由图 1 − 40 查得 2.0MPa（20atm）、420 ℃ 时，该油品气相焓值为 $321 - 6 = 315$ kcal/kg = 1.3MJ/kg。

因为气体节流膨胀时焓值不变，所以根据气相焓 1.3MJ/kg，$d_4^{20} = 0.7451$。再查图 1 − 40 得 $P = 1$atm 时，油气的温度为 405℃。可见通过节流膨胀其温度变化为：

$$\Delta t = 420 - 405 = 15℃$$

【例 1 − 22】　综合练习题。

某常压塔顶汽油 $d_4^{20} = 0.7207$，恩氏蒸馏数据如下：$t_{初} = 49℃$，$t_{10} = 78℃$，$t_{30} = 92℃$，$t_{50} = 102℃$，$t_{70} = 112℃$，$t_{90} = 126℃$，$t_{终} = 143℃$。若将 1000kg 该液体油品自 0.1MPa、20℃，加热到 2.0MPa、500℃ 完全汽化需要多少热量？气体体积为多少 m^3？

解
$$t_{体} = \frac{78 + 92 + 102 + 112 + 126}{5} = 102 ℃$$

$$10\% \sim 90\% \text{斜率} = \frac{126 - 78}{90 - 10} = 0.6 ℃/\%$$

由图 1 − 7 查得
$$t_{分} = 102 - 6 = 96 ℃$$
$$t_{中} = 102 - 3.7 = 98.3 ℃$$
$$t_{立} = 102 - 1.8 = 100.2 ℃$$
$$t_{重} = 102 + 1.5 = 103.5 ℃$$

将 d_4^{20} 换算为 $d_{15.6}^{15.6} = 0.7257$，$API = 63.5$

由图 1 − 12 查得 $M = 100$，$K = 12.05$

由图 1 − 40 查得 20℃ 液相焓为：$17 × 1.01 = 17.17$ kcal/kg（71.9 kJ/kg）

由图 1 − 40 查得 2.0MPa、500℃　$K = 12.05$ 时气相热焓为：

$$388 - (-4) - 7 = 385 \text{ kcal/kg（1612.0 kJ/kg）}$$

因此，加热该油所需热量 $\theta = 1000 × (1612.0 - 71.9) = 1.54$ GJ

由图 1 − 27 查得　$t_c = 277℃$，$t_c' = 273℃$

由图 1 − 29 查得　$P_c' = 3.0$MPa

由图 1 − 30 查得　$P_c = 3.1$MPa

由图 1 − 32 查得　$\theta = 0.35$

由图 1 − 33 查得　$Z^0 = 0.92$

由图 1 − 34 查得　$Z' = 0.055$

则　　　　　$Z = Z^0 + \theta Z' = 0.92 + 0.35 × 0.055 = 0.94$

故加热后油气体积为：

$$V = \frac{ZnRT}{P} = \frac{0.94 × \frac{1000}{100} × 0.08205 × (500 + 273)}{20} = 29.8 \text{ m}^3$$

十一、其他理化性质

1. 低温流动性

各种石油产品都有可能在低温下使用，如我国北方的冬季气温可达零下 30～40℃左右，室外的机器或部件如发动机在启动前使用温度和气温基本相同，对发动机燃料和各种润滑油就要求具有相应的低温流动性能，同时油品的低温流动性对其输送也有重要意义。

油品在低温下失去流动性的原因有两个方面，一是对于含蜡量极少的油品，当温度降低时黏度迅速增加，最后因黏度过高而失去了流动性，变成为无定形的玻璃状物质，这种情况称为黏混凝固；另一种是对于含蜡较多的油品，当温度降低时油中所含的蜡就会逐渐结晶出来，当析出的蜡逐渐增多形成一个网状的骨架后，将尚处于液体状态的油品包在其中，使整个油品失去了流动性，这种情况称为构造凝固。相应的失去流动性的温度称为凝点（或凝固点）。从上述分析可以看出，所谓凝固即油品失去流动性的状态，实际上并未凝成坚硬的固体，所以凝固一词并不确切。

对于油品来说，并不是在失去流动性的温度下才不能使用，而是在比凝点更高的温度下就有结晶析出，就会妨碍发动机的正常工作。因此，对不同油品规定了浊点、结晶点、冰点、凝点、倾点和冷滤点等一系列评定其低温性能的指标。这些指标都是在特定仪器中按规定的标准方法测定的。

浊点和结晶点：试油在规定条件下冷却，开始呈现浑浊时的最高温度称为浊点。这是由于油品中出现了许多肉眼看不到的微小晶粒，使其不再呈现透明状态所致，在油品到达浊点后，若将其继续冷却，则可出现肉眼观察到的结晶，此时的最高温度为结晶点。

冰点是油料在测定条件下，冷却至出现结晶后，再使其升温至所形成的结晶消失时的最低温度。结晶点和冰点之差不超过 3℃。

浊点是灯用煤油的质量指标之一，浊点高的灯油在冬季使用时会出现堵塞灯芯现象。结晶点和冰点主要是用来评定喷气燃料，我国习惯用结晶点，而欧美等国则采用冰点作为质量指标。喷气燃料在低温下使用时，若出现结晶就会堵塞输油管路和滤清器，使供油不足甚至中断，这对高空飞行来说是非常危险的。

凝点和倾点：油品的凝固过程是一个渐变的过程，所以与测定条件有关。常以油品在试验规定条件下冷却到液面不移动时的最高温度称为凝点。倾点则是油品在试验规定的条件下冷却时，能够继续流动的最低温度，又称流动极限。

凝点和倾点都是评定原油、柴油、润滑油、重油等油品低温性能的指标。我国习惯于使用凝点，欧美各国则使用倾点。

前面介绍的浊点、倾点、凝点均可作为评定柴油低温流动性能的指标，但实践证明，柴油在浊点时仍能保持流动，若用浊点作为柴油最低使用温度的指标则过于苛刻，不利于节约能源。倾点是柴油的流动极限，凝点时已失去流动性能，因此，若以倾点或凝点作为柴油的最低使用温度的指标又嫌偏低，不够安全。经过大量行车试验和冷起动试验表明，柴油的最低使用温度是在浊点和倾点之间的某一温度——冷滤点。

冷滤点是指在规定条件下，试油开始不能通过滤清器 20(mL)时的最高温度。冷滤点测定的方法原理是模拟柴油在低温下通过滤清器的工作状况而设计的。

2. 燃烧性能

石油产品绝大多数都用作燃料。油品是极易着火的物质。因此，研究油品与着火、爆炸有关的几种性质如闪点、燃点和自燃点等，对于石油及其产品的储存、运输、应用和炼制的安全有极其重要的意义。石油产品燃烧放出的热量，更是获得能量的重要来源。

（1）闪点

闪点（或称闪火点）是指可燃性液体（如烃类及石油产品）的蒸气同空气的混合物在有火焰接近时，能发生闪火（一闪即灭）的最低温度。

在闪点温度下，只能使油蒸气与空气组成的混合物燃烧，而不能使液体油品燃烧。这是因为在闪点温度下液体油品蒸发较慢，油气混合物很快烧完后，来不及再立即蒸发出足够的油气使之继续燃烧，所以在此温度下，点火只能一闪即灭。

油气和空气的混合气并不是在任何浓度下都能闪火爆炸。闪火的必要条件是：混合气中烃或油气的浓度要有一定范围。低于这一范围，油气不足；高于这一范围，则空气不足，均不能闪火爆炸。因此，这一浓度范围就称为爆炸界限，其下限浓度称为爆炸下限，上限浓度称为爆炸上限。

表 1-27 中列出了各种可燃气体及油品与空气混合时的爆炸界限及闪点、燃点、自燃点，这些数据是实验测定的。

表 1-27　各种可燃性气体及油品与空气混合时的爆炸界限、闪点、燃点和自燃点

名　　称	爆炸界限/%（体）		闪点/℃	燃点/℃	自燃点/℃
	下限	上限			
甲烷	5.0	15.0	< -66.7	650 ~ 750	645
乙烷	3.22	12.45	< -66.7	472 ~ 630	530
丙烷	2.37	9.50	< -66.7	481 ~ 580	510
丁烷	1.86	8.41	< -60（闭）	441 ~ 550	490
戊烷	1.40	7.80	< -40（闭）	275 ~ 550	292
己烷	1.25	6.90	-22（闭）	—	247
乙烯	3.05	28.6	< -66.7	490 ~ 550	540
乙炔	2.5	80.0	< 0	305 ~ 440	335
苯	1.41	6.75	—	—	580
甲苯	1.27	6.75	—	—	550
石油气（干气）	-3	-13	—	—	650 ~ 750
汽油	1	6	< 28	—	510 ~ 530
灯用煤油	1.4	7.5	28 ~ 45	—	380 ~ 425
轻柴油	—	—	45 ~ 120	—	—
重柴油	—	—	> 120	—	300 ~ 330
润滑油	—	—	> 120	—	300 ~ 380
减压渣油	—	—	> 120	—	230 ~ 240

将油品加热时，温度逐渐升高，液面上的蒸气压也升高，在空气混合气中，油蒸气的浓度逐渐增加到一定程度就达到爆炸下限，然后再增至爆炸上限。油品的闪点通常都是指达到爆炸下限的温度。而汽油则不同，在室温下汽油的蒸气压较高。在混合气中其蒸气浓度已大大超过爆炸上限，只有冷却降低汽油的蒸气压，才能达到发生闪火时的蒸气浓度，故测得汽油的闪点是它的爆炸上限时的温度。

油品的闪点与馏分组成、烃类组成及压力有关。油品的沸点越高，其闪点也越高，但只要有极少量轻质油品混入到高沸点油品中，就可以使其闪点显著降低。烯烃的闪点比烷烃、环烷烃和芳香烃的都低。闪点随大气压力的下降而降低。实验表明，当大气压力降低133.33Pa时，闪点约降低0.033~0.036℃。

测定油品闪点的方法有两种：一种为闭杯闪点，油品蒸发是在密闭的容器中进行的，对于轻质石油产品和重质石油产品都能测定；另一种为开杯闪点，测定时油蒸气可以自由地扩散到空气中，一般用于测定重质油料如润滑油和残油等的闪点。同一油品的开杯闪点值比闭杯闪点值高，且油品闪点越高，两者的差别越大。

（2）燃点和自燃点

在油品达到闪点温度以后，如果继续提高温度，则会使闪火不立即熄灭，生成的火焰越来越大，熄灭前所经历的时间也越来越长，当到达某一油温时，引火后所生成的火焰不再熄灭（不少于5s）这时油品就燃烧了。发生这种现象的最低温度称为燃点。

汽化器式发动机燃料、喷气燃料以及锅炉燃料等的燃烧性能都与燃点是有关系的。测定闪点和燃点的时候需要从外部引火。如果将油品预先加热到很高温度，然后使之与空气接触，则无需引火，油品即可因剧烈的氧化而产生火焰自行燃烧，这就是油品的自燃。能发生自燃的最低温度，称为自燃点。

油品的沸点越低，则越不易自燃，故自燃点也就愈高。这一规律似乎与通常的概念——油愈轻愈容易着火相矛盾。事实上这里所谓的着火，应该是指被外部火焰所引着，相当于闪点和燃点。油越轻，其闪点和燃点越低，但自燃点却越高。

自燃点与化学组成有关。烷烃比芳香烃容易氧化，所以烷烃的自燃点比较低。在同族烃中，随相对分子质量的升高，自燃点降低。

当炼油装置高温管线接头、法兰或炉管等地方漏出热油时，一遇空气往往会燃烧起来而发生火灾，这种现象与油品自燃点有密切关系。我国原油大多数为石蜡基原油，自燃点较低，应特别注意安全。

（3）热值

油品完全燃烧时放出的热量称为热值（或发热量），单位为kJ/kg。它是加热炉工艺设计中的重要数值，也是某些燃料规格中的指标。

石油和油品主要是由碳和氢组成的。完全燃烧后的主要生成物为二氧化碳和水。依照燃烧后水存在的状态不同，发热值可分为高热值和低热值。

高热值又称为理论热值。它规定燃料燃烧的起始温度和燃烧产物的最终温度均为15℃，并且燃烧生成的水蒸气完全被冷凝成水，所放出的热量。

低热值又称为净热值。它与高热值的区别在于燃烧生成的水是以蒸汽状态存在。因此，如果燃料中不含水分，高、低热值之差即为15℃和其饱和蒸气压下水的汽化热。

在实际燃烧中，烟囱排出烟气的温度要比水蒸气冷凝温度高得多，水分并没有冷凝，而是以水蒸气状态排出。所以在通常计算中，均采用低热值。

组成石油产品的各种烃类的低热值约在39775~43961 kJ/kg 之间。当碳原子数相同时，各种烃类的热值依烷烃、环烷烃、芳香烃的顺序递减。从表1-28可以看出，从己烷到苯，它们的热值相差超过4187kJ/kg。

表 1 – 28　热值与烃类组成的关系

烃　　类	分　子　式	组成/%		热值/（kJ/kg）	
		C	H	高	低
己烷	C_6H_{14}	83.74	16.26	48399	44790
环己烷	C_6H_{12}	85.72	14.28	46683	43455
苯	C_6H_6	92.31	7.69	41868	40164

油品的热值可用实验方法测定，也可以用经验公式及图表来求。

如航空汽油和喷气燃料的净热值，可用苯胺点和相对密度根据经验公式计算：

$$Q_P = a + b(A \times G) \tag{1 – 37}$$

式中　Q_P——无硫油样的净热值，MJ/kg；

　　　A——苯胺点，℉（$1 \text{ ℉} = \dfrac{9}{5}t + 32$）；

　　　G——相对密度，API 度；

　　　a、b——常数，不同规格的航空燃料其常数见 GB 2429—81。

各种石油产品的热值见表 1 – 29。

表 1 – 29　石油产品的热值

名　　　称	热值/（kJ/kg）	名　　　称	热值/（kJ/kg）
汽油	47018	机械油	45611
煤油	46302	重油	45397
锭子油	45632		

3. 溶解性质

（1）苯胺点

苯胺点是石油馏分的特性数据之一，它也能反映油品的组成和特性。

烃类在溶剂中的溶解度决定于烃类和溶剂的分子结构，两者的分子结构越相似，溶解度也越大，升高温度能增大烃类在溶剂中的溶解度。在较低温度下将烃类与溶剂混合，由于两者不完全互溶而分成两相，加热此混合物，因为溶解度随温度升高而增大，当加热至某温度时，两者就达到完全互溶，界面消失，此时的温度即为该混合物的临界溶解温度。因此，临界溶解温度低也就反映了烃类和溶剂的互溶能力大，同时也说明了两者的分子结构相似程度高。溶剂比不同时，临界溶解温度也不同。

苯胺点就是以苯胺为溶剂，当它与油品按照体积比 1∶1 混合时的临界溶解温度。

在相对分子质量相近的各类烃中，芳香烃的苯胺点最低，且多环芳烃比单环芳烃更低。对同族烃类而言，苯胺点虽随着相对分子质量增大而升高，但是上升的幅度却很小，因此，油品或烃类的苯胺点可以反映它们的组成特性。根据油品的苯胺点可以求得柴油指数、特性因数、相对分子质量等。

（2）水在油品中的溶解度

水在油品中的溶解度很小，但对油品的使用性能却会产生很坏的影响，其原因主要是水在油品中的溶解度随温度而变化，当温度降低时溶解度变小，溶解的水就析出成为游离水。从炼油厂装置中送出的汽、煤、柴油成品的温度往往在 40℃ 左右，储运过程中温度降低时就有游离水析出，这些水大部分沉积在罐底，一部分仍保留在油品中。微量的游离水存在于油品中使油品储存安定性变坏，引起设备腐蚀，同时使油品的低温性能（如喷气燃料的结晶点）变差。因此，在生产过程中，应密切注意水在油品中的溶解度随温度变化的问题。

油品的化学组成对水的溶解度是有影响的，一般说来，水在芳香烃和烯烃中的溶解度比在烷烃和环烷烃中的溶解度大；当碳原子数相同时，水在环烷烃中的溶解度又稍低于烷烃。因此，富含环烷烃的喷气燃料馏分，当除去大部分芳香烃后，则对水的溶解度降得很低，低温性能良好。在同一类烃中，随着相对分子质量的增大和黏度增加，水在其中的溶解度减小。

4. 光学性质

石油及油品的光学性质对研究石油的化学组成具有重要的意义。利用光学性质可以单独进行单体烃类或石油窄馏分化学组成的定量测定，或与其他的方法联合起来研究石油宽馏分的化学组成。石油和油品的光学性质中以折射率指标最为重要。

折射率是光在真空中的速度（2.9986×10^8 m/s）和光在介质中的速度之比，其数值均大于 1.0，以 n 表示。

折射率与光的波长、温度有关。光的波长越短，物质越致密，光线透过的速度就越慢，折射率就越大。温度升高，折射率变小。为了得到可以比较的数据，通常以 20℃ 时，钠的黄色光[波长 5892.6Å（$1Å = 10^{-10}$ m = 0.1nm）]来测定折射率，以 n_D^{20} 表示。对于含蜡润滑油，一般测定 70℃ 时的折射率，用 n_D^{70} 表示。有机化合物在 20℃ 时的折射率一般为 1.3 ~ 1.7。

不同温度下的折射率按下式换算：

$$n_D^t = n_D^{t_0} - \gamma(t - t_0) \tag{1-38}$$

式中　$n_D^{t_0}$ ——规定温度下的（例如，20℃）折射率；

　　　n_D^t ——测定温度下的折射率；

　　　γ ——折射率的温度系数，其值大体在 0.0004 ~ 0.0006 之间。对于一般油品取 0.0004。

表 1-30 列出了烃类的折射率，可看出，对于相同碳数的不同烃类，其中芳香烃的折射率最高，环烷烃和烯烃居中，烷烃的折射率最低。在同族烃中，相对分子质量变化时，折射率也随之在一定范围内增减，但远不如分子结构改变时的变化显著。

表 1-30　烃类的折射率（n_D^{20}）

烃　类	正己烷	正庚烷	正辛烷	正壬烷	正癸烷	环己烷	甲基环己烷(—CH₃)	乙基环己烷(—C₂H₅)
n_D^{20}	1.3749	1.3876	1.3974	1.4054	1.4119	1.4262	1.4231	1.4330

烃　类	丙基环己烷(—C₃H₇)	丁基环己烷(—C₄H₉)	苯	甲苯(—CH₃)	乙苯(—C₂H₅)	丙苯(—C₃H₇)	丁苯(—C₄H₉)	
n_D^{20}	1.4371	1.4408	1.5011	1.4969	1.4959	1.4920	1.4898	

表 1-31 列出了石油馏分的折射率。可看出，对于沸程相同的馏分，石蜡基的大庆原油的折射率最小，环烷基的羊三木原油的折射率最大，中间基的胜利原油折射率居中，这充分

反映了它们化学组成上的差别；另一方面还可看出，对于同一种原油，其馏分的折射率随沸程的升高而增大，这主要是因为较重馏分中芳香烃的含量较多所造成。

表1-31 石油馏分的折射率(n_D^{20})

馏分(沸程)/℃	大庆原油	胜利原油	孤岛原油	羊三木原油
200~250	1.4484	1.4580	1.4774	1.4714
250~300	1.4561	1.4630	1.4888	1.4897
300~350	1.4627	1.4670	1.5009	1.5053
350~400	1.4493[①]	1.4583[①]	1.5102	1.5190
400~450	1.4598[①]	1.4770[①]	1.5024[①]	1.5230
450~500	1.4690[①]	1.4840[①]	1.5609[①]	1.5260
原油基属	石蜡基	中间基	环烷-中间基	环烷基

①为70℃时的折射率。

油品的折射率常用以测定油品的族组成，也可以用来测定柴油、润滑油的结构族组成，例如，$n-d-M$法和$n-d-\nu$法。此外炼油厂的中间控制分析也采用折射率来求定残炭值。

第二章　石油产品分类和石油燃料的使用要求

第一节　石油产品分类

由石油生产的产品种类繁多，广泛应用于国民经济各部门，各部门对石油产品提出了多方面的要求。国家对各种石油产品都分别制定了规格标准，在生产中必须保征油品的质量完全满足规格要求。这样在原油的组成、性质与产品的使用要求之间就形成了矛盾。为满足国家各方面的需求，以最经济、最合理的方法解决这个矛盾，生产出品种更多，质量更好的石油产品，我们石油炼制工作者应掌握不同石油产品的要求，了解各种油品性质和化学组成的关系，才能由不同的原油炼制出合格的产品，从而解决原油的组成、性质和石油产品的使用要求之间的矛盾。

如何对原油进行全面的评价，了解原油的组成、性质和特点，找到合适的加工条件进行加工，生产合格产品是石油炼制工艺的基本内容，本章仅就石油燃料的基本要求加以叙述。

石油产品种类繁多，大约有数百种。我国现将石油产品分为燃料、润滑剂、石油沥青、石油蜡、石油焦、溶剂和化工原料六大类。

一、燃料

燃料包括汽油、航空煤油(喷气燃料)、灯用煤油、柴油和燃料油等，主要作为发动机燃料、锅炉燃料和照明等用。

我国的石油产品中燃料约占80%，其中约60%为各种发动机燃料。发动机燃料包括：

① 点燃式发动机燃料(汽油)用于各种汽车、螺旋桨飞机及小型移动机械(摩托车、农用喷药机、插秧机等)。

② 喷气发动机燃料(喷气燃料)用于各种喷气式飞机等。

③ 压燃式发动机燃料(柴油)用于各种大马力载重汽车、坦克、拖拉机以及内燃机车和船舶等。

二、润滑剂

润滑剂包括润滑油和润滑脂，主要用于减少机械的摩擦、延长使用寿命及减少动力消耗。润滑油是由石油中高沸点馏分经过加工精制而成，润滑脂则是由油和稠化剂所组成。

润滑剂的产量不多，约占石油产品总量的2%左右。但其品种繁多，用途极广。

三、石油沥青

石油沥青是生产润滑油时的副产品，产量约为所加工原油的百分之几，数量虽不多，但在国民经济中有重要的用途，主要用于道路、建筑及防水等方面。

四、石油蜡

石油蜡属于石油中的固态烃类，是轻工、化工和食品等工业部门的重要原料，其产量约占石油产品总量的1%。

五、石油焦

石油焦是生产燃料时的副产的一种固体产品，可用以制作炼铝及炼钢用的电极等，其产量约为石油产品总量的2%。

六、溶剂和化工原料

石油炼制过程中得到的石油气、芳香烃以及其他副产品是石油化学工业特别是基本有机合成工业的基础原料和中间体，有的还可直接利用。其中约有10%的石油产品用于石油化工原料和溶剂，其中包括制取乙烯的原料，以及石油芳烃和各种溶剂油。

第二节　石油燃料的质量要求

随着工农业生产、交通运输以及国防建设的迅速发展，不仅对燃料油(特别是发动机燃料)的数量要求日益增加，而对质量要求更加严格，提高燃料油的质量，可以提高发动机的效率，延长设备的使用年限，减少燃料消耗和废气对环境的污染。

国家对石油燃料规定了统一的规格标准，作为控制产品质量的依据。

一、汽油

使用汽油作为燃料的发动机称为汽油机，由于燃料是由电火花点燃的，故也称为点燃式发动机。使用这种发动机的包括各种轿车、摩托车、汽车和快艇等。点燃式发动机具有单位功率所需金属重量小，发动机比较轻巧，转速高等优点。

1. 点燃式发动机工作过程

按照燃料供给方式，汽油机分为化油器及喷气式两类。点燃式发动机的一般原理构造如图2-1所示，其工作过程分为四个步骤。汽油机一般是以四冲程循环工作，依次完成进气、压缩、燃烧膨胀作功和排气四个过程。

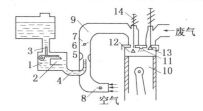

图2-1　点燃式发动机原理构造图
1—浮子室；2—浮子；3—针阀；4—导管；5—喷嘴；
6—喉管；7、8—节气阀；9—混合室；10—活塞；
11—火花塞；12—进气阀；13—排气阀；14—弹簧

(1) 进气过程(空气和油气)

进气过程开始时，进气阀打开，活塞从汽缸顶部往下运动。此时由于汽缸内活塞上方的空间容积逐渐增大，汽缸内压力逐渐降至 70～90kPa，于是空气通过喉管进入混合室，同时汽油经过导管、喷嘴在喉管处与空气混合进入混合室。在混合室中汽油开始汽化，汽化程度不断增加，混合物进入汽缸后受到汽缸壁余热加热而继续汽化。进气终了时，进气阀关闭，混合气温度达到 80～130℃。

(2) 压缩过程

当进气过程终止时，活塞处于下止点，此时活塞在飞轮惯性力的作用下转而上行，开始压缩过程。汽缸中的可燃性混合气体逐渐被压缩，压力和温度随之升高。当活塞运动到上止点，压缩过程终了时，可燃混合气的压力和温度分别上升到 0.7～1.5MPa 和300～450℃。

(3) 做功过程(点火燃烧)

在压缩过程终了时，进气阀和排气阀仍然关闭。这时火花塞发出电火花点燃混合气，燃烧的火焰即以 20～30m/s 的速度迅速向四周传播燃烧。最高燃烧温度达 2000～2500℃，最高压力为3.0~4.0MPa。高温、高压燃气迅速膨胀推动活塞向下运动，活塞通过连杆使曲轴旋转对外做功，燃料燃烧时放出的热能转变为机械能。当活塞到达下止点时，做功过程结束，此时燃气温度降至900~1200℃，压力降至0.4~0.5 MPa。

（4）排气过程

当做功过程结束，此时排气阀打开，活塞转而由下止点向上运动，开始排气过程。活塞被曲轴带动上行，将燃烧后的废气排出汽缸。

活塞经历上述四个过程之后，汽油机就完成了一个工作循环。当活塞继续转向下运动时，排气阀关闭，进气阀打开，发动机又进入了下一个工作循环，如此周而复始，循环不止。一般汽油机都是由四个或六个汽缸按一定顺序组合进行连续工作。

压缩终了的压力对发动机的经济性影响很大，它取决于压缩比，压缩终了的压力随压缩比的增加而增高。当活塞下行到下止点时，汽缸内吸入的可燃性混合气体的体积为V_1，活塞上行到上止点时，被压缩后的可燃性混合气体的体积为V_2（参见图2-2），可燃性混合气体压缩前后的体积比，也就是汽缸总容积V_1与燃烧室容积V_2的比值称为压缩比。压缩比越大，在燃烧前汽缸中混合气被压缩的越厉害，发动机就能更有效地利用汽油燃烧的热能，使动机发出的功率增大，燃料消耗量减少。

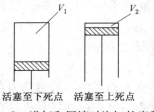

图2-2　进气和压缩时汽缸的容积

提高压缩比后，发动机工作得更加经济。发动机的压缩比对功率和燃料消耗量的影响见表2-1。

表2-1　发动机压缩比对功率和燃料消耗的影响

压　缩　比	对功率的影响/%	对燃料消耗的影响/%
6	100	100
7	108	93
8	113	88
9	117	85

由表2-1中数据可以看出，增大压缩比可以提高发动机的工作效率，节省燃料。但是，随着压缩比的提高，混合气被压缩的程度增大，使压力增大，温度迅速上升，促进大量过氧化物产生，影响发动机正常工作，因此，发动机的压缩比越高对燃料质量的要求也越高。

压缩比是发动机的一个非常重要的结构参数。从动力性和经济性方面来说，压缩比应该越大越好。压缩比高，动力性好、热效率高，车辆加速性、最高车速等会相应提高。但是受汽缸材料性能以及汽油燃烧爆震的制约，汽油发动机的压缩比又不能太大。

通常，压缩比在7.5~8.0应选用90号车用汽油；压缩比在8.0~8.5应选用90~93号车用汽油；压缩比在8.5~9.5应选用93~95号车用汽油；压缩比在9.5~10应选用95~97号车用汽油。一般可以在汽车说明书中查到压缩比。除说明书以外，汽车生产厂也会在油箱盖内侧标注推荐使用的燃油标号。车主应严格按汽车发动机不同的压缩比，选用相应标号的车用汽油，才能使发动机发挥出最佳的效能。部分汽油轿车使用汽油牌号情况见表2-2。

表 2-2　部分汽车压缩比与对汽油要求

车　　型	压　缩　比	使用汽油牌号
一汽 – 大众捷达普/CT/CT/AT	8.5 ～ 9.0	93
吉利美日 1.3/优利欧 1.3	9.3	93
神龙富康 1.4/1.6	9.3/9.6	93
上海大众桑塔纳普通/2000	9.0/9.5	不低于 93
一汽夏利 7101/7131/2000	9.3 ～ 9.5	不低于 93
一汽红旗世纪星 2.0/2.4	9.5	不低于 93
上海奇瑞 1.6	9.5	不低于 93
现代索纳塔 2.0/2.7	10.1/10.0	不低于 97
一汽 – 大众高尔夫 1.6/2.0	10.5	不低于 97
东风毕加索 1.6/2.0	10.5	不低于 97
一汽马自达 2.3	10.6	不低于 97
宝马 3、5、7 系列	10.8/10.8/10.5	不低于 97
一汽 – 大众宝来 1.6/1.8/1.8T	9.3 ～ 10.3	93 ～ 98
上海大众帕萨特 1.8/1.8T	10.3/9.3	93 ～ 98

　　汽油机对燃料的使用要求包括：一是具有良好的蒸发性能，可迅速形成可燃混合气；二是具有良好的燃烧性能，要求燃烧平稳，不产生爆震现象；三是储存安定性好，不易生成胶质；四是对发动机没有腐蚀作用；五是排除的污染物少。

　　2. 车用汽油的使用要求

　　车用汽油质量的好坏可以由抗爆性、汽化性、安定性、腐蚀性等指标来判断。

　　（1）抗爆性

　　抗爆性是汽化器式发动机燃料的主要性能指标之一。汽油就是由抗爆性来划分的。

　　吸入汽缸的燃料与空气的混合气在汽缸中被压缩，当活塞行至上止点附近时，混合气因压缩而使温度升高，遇电火花即可点燃。在正常情况下，燃烧平稳，火焰以 20 ～ 70m/s 的速度向外扩展。汽缸内温度、压力的变化很均匀，活塞被均匀地推动，发动机的功率达到应有的高度。在这种情况下，发动机处于良好的工作状态。但在某些情况下，当混合气被点燃后，火焰尚未到达的部分因受高温的影响，过氧化物的浓度已经很高，不等火焰传到就自行猛烈分解产生爆炸燃烧，使火焰传播速度急剧上升达 1500 ～ 2500m/s，比正常情况下大几十倍。这样高速的爆炸燃烧产生冲击波，猛烈撞击活塞头和汽缸壁，发出金属敲击声。由于火焰的瞬间掠过，使得某些部位的燃料来不及完全燃烧而被排出，形成黑烟，这就是爆震现象。

　　产生爆震燃烧，对发动机工作极为不利，不仅使功率降低，汽油消耗量增加，而特别严重的是使发动机零件受到损坏，缩短发动机的工作寿命。如不及时处理很容易造成活塞顶与汽缸盖撞裂，汽缸剧烈磨损和气门变形，甚至连杆折断，迫使发动机停止工作。

　　爆震是汽油机的一种不正常燃烧，是由于油气混合气燃烧不正常造成的。烃类和空气的混合气在吸入和压缩过程中就进行燃料燃烧的准备，进行氧化反应。这些反应在不太高的温度（150 ～ 250℃）即开始发生。由于氧化，生成了有机过氧化物。在压缩过程中由于温度和压力的升高，生成更多的过氧化物。有机过氧化物与燃料中其他分子进行反应，生成新的能够再次与邻近分子起作用的高活性化合物。当混合气点燃后，火焰没有传播到的那部分混合气进一步在已燃烧部分所产生的高温、高压影响下，迅速生成大量的过氧化物。若火焰未传播到的那部分混合气中过氧化物的浓度达到一定程度时，则在未燃气体中出现自燃，因而形成很多燃烧中心，使之产生爆震燃烧。如果未燃混合气中过氧化物浓度小于一定值时（临界浓度），燃烧将以一般速度进行，不致发生爆震。

因此，可以看出点燃式发动机产生爆震的原因有两个方面，一是燃料本身的质量，如果燃料很容易氧化，氧化后的过氧化物又不易分解，自燃温度较低，那么爆震现象就容易发生；二是与发动机的工作条件有关，如果发动机的压缩比大，汽缸壁温度过高，则会促使爆震现象发生。

汽油的抗爆性是指汽油在发动机汽缸内燃烧时抵抗爆震的能力，用辛烷值（简称 RON）评定。它是在标准的试验用可变压缩比的单缸发动机中，将待测汽油试样与标准燃料试样进行对比试样而测得。所用标准燃料由抗爆性很高的异辛烷（2，2，4 - 三甲基戊烷）和抗爆性很低的正庚烷按不同体积百分比混合而成。标准燃料由异辛烷（人为规定其辛烷值为 100）和正庚烷（人为规定其辛烷值为 0）按照不同的体积百分数混合而成，二者混合物中异辛烷所占的体积分数就为其辛烷值。在同样发动机工作条件下，若待测燃料与某一标准燃料的爆震情况相同，则标准燃料中异辛烷的体积百分含量即为所测燃料的辛烷值。如某待测汽油与标准燃料（其中含有 93.0% 体积分数异辛烷和 7% 体积分数的正庚烷）的抗爆性相同，则此汽油的辛烷值即为 93。汽油的辛烷值越高，表示其抗爆性能越好。

评定辛烷值的方法有马达法（MON）和研究法（RON）两种。评定用的发动机转速分别为 900r/min 和 600r/min。马达法辛烷值表示车用汽油在发动机重负荷条件下高速运转时的抗爆性；研究法辛烷值表示车用汽油在发动机常有加速条件下低速运转时的抗爆性。目前研究法测定车用汽油的辛烷值已被定为国际标准方法，我国的车用汽油的牌号就是采用研究法辛烷值。

前面已提过，爆震不但与发动机的构造和操作情况有关，更主要的是与燃料本身的性质有着密切的关系。汽油的抗爆性不仅与汽油中烃类分子大小有关，而且与所含烃类的化学组成有着密切的关系。对于同一族烃类，相对分子质量愈小或者说沸点愈低，则爆震现象愈不易发生，即烃类的抗爆性随相对分子质量的增大而降低，因此，从同一原油所制取的汽油，馏分较轻的比馏分较重的抗爆性好。

烃类的抗爆性随分子结构不同而变化，其变化范围很大。表 2 - 3 列出了不同烃类的研究法辛烷值。从表 2 - 3 中数据可以看出：分子大小相近时，正构烷烃辛烷值最低；异构烷烃的辛烷值比正构烷烃高很多；在异构烷烃中碳键分支越多，排列越紧凑，辛烷值越高；芳香烃辛烷值最高，多数都在 100 以上；环烷烃的辛烷值比正构烷烃高，比芳香烃和异构烷烃低，且五元环烷烃的辛烷值比六元环烷烃高；正构烯烃的辛烷值比碳原子数相同的正构烷烃高，但比异构烷烃低；异构烯烃的辛烷值也比碳原子数相同的异构烷烃高，且双链的位置越是向分子中心移，则辛烷值越高。

表 2 - 3　各族烃类的辛烷值

烃 类 名 称	化 合 物 名 称	研究法辛烷值（RON）
	正戊烷	62
正构烷烃	正己烷	25
	正庚烷	0

烃 类 名 称	化 合 物 名 称	研究法辛烷值（RON）
异构烷烃	2 - 甲基丁烷	92
	2，2 - 二甲基丙烷	85
	2 - 甲基戊烷	73
	2，2 - 二甲基丁烷	92
	2 - 甲基己烷	42
	2，2 - 二甲基戊烷	93
异构烷烃	2，2，3 - 三甲基丁烷	>100
	2 - 甲基庚烷	22
	2，2 - 二甲基己烷	72
	2，2，3 - 三甲基戊烷	100
	2，2，4 - 三甲基戊烷	100
烯 烃	1 - 己烯	76
	2 - 己烯	93
	4 - 甲基 - 2 - 戊烯	99
	1 - 辛烯	29
	2 - 辛烯	56
	3 - 辛烯	72
	2，2，4 - 三甲基 - 1 - 戊烯	>100
环 烷 烃	甲基环戊烷	91
	乙基环戊烷	67
	环己烷	83
	甲基环己烷	75
	乙基环己烷	46
芳 香 烃	苯	>100
	甲苯	>100
	二甲苯	>100
	乙基苯	>100
	1，3，5 - 三甲基苯	>100

我国不少产地的原油烷烃含量都比较高，直馏汽油辛烷值较低，如大庆原油初馏点 ~ 200℃馏分的马达法辛烷值仅为 37。如何从含烷烃较多的原油制取抗爆性能较好的汽油，就成为一个比较突出的问题。

在生产过程中，采用了多种方法来使燃料的抗爆性满足使用要求。添加抗爆剂是最常用的方法之一。抗爆剂在汽油中加入极少量后即能显著提高其抗爆性。过去曾经大量使用的四乙基铅抗爆剂，由于污染环境，危害人体健康，已经被停止使用。

用甲基叔丁基醚（MTBE）作为汽油的掺合组分可以提高汽油的辛烷值。它的研究法辛院值为 110，马达法 101，本身无毒，掺入汽油后并不改变汽油的基本性质，且能减少燃烧废气中一氧化碳和氧化氮的含量。但目前在西方一些国家也开始限制其使用。

采用催化裂化、宽馏分重整、烷基化等加工过程，生产的汽油中高辛烷值组分含量多，也是提高汽油辛烷值的有效措施。

（2）蒸发性

汽油进入发动机汽缸之前，先在汽化器中汽化并同空气形成可燃性气体混合物。现代汽油发动机的转速很高，车用汽油在发动机内蒸发和形成混合气的时间十分短促，例如，在进气管中停留时间只有 0.005～0.05s；在汽缸内的蒸发时间也只有 0.02～0.03s。要在这样短的时间内形成均匀的可燃混合气。除了汽油发动机的技术状况、环境温度和压力等使用条件以及驾驶操作人员的技术水平外，更主要地是由车用汽油本身的蒸发性所决定。

汽油中轻馏分含量愈多，它的蒸发性能就愈好，同空气混合就愈均匀，因而进入汽缸内燃烧愈平稳，发动机工作也愈正常。若汽油的蒸发性能不好，在可燃性混合气体中悬浮有未蒸发的油滴，便破坏了混合气体的均匀性，使发动机工作变得不均衡、不稳定；同时还会增加汽油消耗量，一些汽油未经燃烧或燃烧不完全就随废气排出使排气冒黑烟，另一些汽油则窜入润滑油中，稀释了润滑油。但是如果汽油的蒸发性能过高，汽油在进入汽化器之前，就会在输油管中汽化而形成气阻，中断供油，迫使发动机停止工作，在储存和运输过程中蒸发损失也会增大。

评定汽油蒸发性能的指标有馏程和饱和蒸气压。

① 馏程。馏程是判断汽油蒸发性的重要指标，它能反映出该汽油的沸点范围和蒸发性能。一般要求测出汽油的 10%、50%、90% 馏出温度和终馏点（干点），它们反映了不同工作条件下汽油的蒸发性能。

汽油 10% 的馏出温度可以表示汽油中含低沸点馏分的多少，它表明汽油在发动机中低温时启动性能的好坏。汽油的 10% 馏出温度越低，表明汽油中所含的低沸点馏分越多，蒸发性能越好，在低温下越容易启动。但是，如果汽油的 10% 馏出温度过低，则会造成汽油在输油管路中迅速蒸发，产生气阻现象而中断燃料供应。表 2－4 列出了汽油的 10% 馏出温度与保证汽车发动机易于启动的最低温度间的关系，可见 10% 馏出温度愈低，愈能保证发动机在低温下的启动。

表 2－4　汽油的 10% 馏出温度与发动机最低启动温度的关系

10% 馏出温度/℃	54	60	66	71	77	82
最低启动温度/℃ （大气温度）	−21	−17	−13	−9	−6	−2

表 2－5 是汽油 10% 馏出温度与开始产生气阻温度的关系，从中可以看出，汽油的 10% 馏出温度愈低，发动机产生气阻的倾向愈大。说明汽油中轻组分过多时，容易使发动机产生气阻现象，特别是当发动机在炎热夏季或低气压下工作时更要注意。

表 2－5　汽油 10% 馏出温度与开始产生气阻温度的关系

10% 馏出温度/℃	40	50	60	70	80
开始产生气阻的温度/℃	−13	7	27	47	67

综上所述，汽油 10% 馏出温度不宜过高，否则低温下不易启动，但该温度也不宜过低，否则有产生气阻的危险。要提高 10% 馏出温度，汽油产量必然减少，成本也相应增加，而且还会降低车用汽油的抗爆性和启动性，因此，汽油的规格应在国家生产能力保证供应的条

件下合理规定。目前汽油规格标准中只规定了 10% 馏出温度的上限，其下限实际上由另一个汽化性指标——蒸气压来控制。

汽油 50% 馏出温度表示燃料的平均蒸发性能，它与汽油发动机启动后升温时间的长短以及加速时是否及时有密切的关系。

为了延长发动机的使用寿命和避免熄火，冷发动机在启动以后到车辆起步，需要使发动机的温度上升到 50℃ 左右，才能带负荷运转。如果汽油的平均蒸发性能好，则在启动时参加燃烧的汽油数量较多，发出的热量较多，因而能缩短发动机启动后的升温时间并相应地减少耗油量。

汽油 50% 馏出温度还直接影响汽油发动机的加速性能和工作稳定性。50% 馏出温度低则发动机加速灵敏，运转平和稳定。这一馏出温度过高，当发动机由低速骤然变为高速时，加大油门，进油量增多，如果汽油来不及完全汽化，就会造成燃烧不完全，甚至难以燃烧，发动机就不能发出需要的功率。汽车爬坡太慢或中途停顿，如果机件正常，可能是汽油不能保证发动机加速性能的缘故。

汽油 90% 馏出温度和终馏点都是用来表示汽油中重质馏分的多少。90% 馏出温度表明燃料中重质馏分的含量，终馏点则说明汽油中含有最重馏分的沸点高低。它们与汽油是否完全燃烧以及发动机的耗油率和磨损率均有密切关系。这个终馏点温度过高，说明汽油中重质成分过多，不能完全蒸发而燃烧，还会因燃烧不完全在燃烧室内生成积炭，这时除了会造成汽油消耗量增加，以及由于未蒸发的汽油稀释润滑油而缩短润滑油的使用周期并增加机件磨损外，还会降低发动机的功率和经济性。表 2-6 数据说明馏分组成对发动机功率和经济性的影响。由表中数据可见，当初馏点在 76℃ 以上，终馏点在 200℃ 以上时，发动机功率显著下降，而且产生爆震。在产品标准中规定汽油各馏出温度应不高于某一定数值，是从生产实践中总结得来的。

如以终馏点为 200℃ 汽油作为参考标准，使用终馏点不同的汽油时，汽油消耗量和活塞磨损的比较列于表 2-7。试验表明，使用终馏点为 225℃ 的汽油，发动机的磨损比使用终馏点为 200℃ 的汽油大 1 倍，汽油消耗量也增大 7%。

表 2-6　汽油馏分组成对发动机功率和经济性的影响

馏分组成/℃					转速为 2200r/min 的功率/kW			转速为 2200r/min 的汽油耗量/[g/(kW·h)]		
初馏点	10%	50%	90%	终馏点	$\alpha=0.8$	$\alpha=0.9$	$\alpha=1.0$	$\alpha=0.8$	$\alpha=0.9$	$\alpha=1.0$
60	87	107	139	170	33	32.8	31.9	427	381	353
68	94	108	164	200	32.4	32.2	31.1	435	385	359
76	103	133	174	200	32.1	31.9	30.6	438	392	364
99	132	154	183	220	31.6	31.5	27.8(爆震)	443	394	(爆震)

注：α 为过剩空气系数。

表 2-7　汽油终馏点与发动机活塞磨损和汽油消耗量的关系

汽油终馏点/℃	发动机活塞磨损率/%	汽油相对消耗量/%
175	97	98
200	100	100
225	200	107
250	500	140

如果车用汽油中混入了灯用煤油、柴油或润滑油等重质馏分，即使混入的量很少，也会使车用汽油的终馏点大幅度升高。因此，车用汽油混入重质馏分后，不能不经处理就直接使用，否则会使发动机受到严重磨损。

② 饱和蒸气压。汽油的饱和蒸气压说明汽油的蒸发性能和在进油系统中形成气阻的可能性。汽油的蒸气压过大，说明汽油中轻组分含量过多，使用在南方、夏季或高原地带的汽车上，由于气温高或气压低，都会形成气阻，堵塞输油管，中断供油，迫使发动机停止工作。我国车用汽油质量标准规定，从9月1日至2月29日，汽油的饱和蒸气压不高于88kPa；从3月1日至8月30日，汽油的饱和蒸气压不高于74kPa。

（3）安定性

汽油在常温和液相条件下，抵抗氧化的能力称为汽油的氧化安定性，简称安定性。抗氧化安定性表明汽油在储存中抵抗氧化的能力，是汽油的一个重要的使用性能。安定性好的汽油储存几年都不会变质，安定性差的汽油储存很短的时间就会变质。汽油中的不饱和烃，特别是二烯烃是汽油变质的主要组分，它们与空气接触后发生氧化作用。迅速生成胶质。这种含胶质的汽油在使用时将产生一系列的不良后果，不蒸发的胶状物质将会沉淀于油箱、汽油导管和汽油滤清器上，堵死汽油导管和汽化器喷嘴，并且在进气阀门杆上积聚成黏稠的黄黑色的胶状物质，将进气门堵塞，中断供油，迫使发动机停止工作。胶质在高温下变成积炭聚在汽缸盖、活塞顶上，缩小了燃烧室的容积，相对地提高了压缩比，并且积炭使散热不良而升高汽缸温度，因而增加爆震燃烧的倾向。

汽油的氧化安定性用实际胶质和诱导期来评定。

① 实际胶质。实际胶质是汽油使用性能的质量指标。它用100mL汽油在试验条件下所含胶质的毫克数，即mg/100mL表示。测定时将过滤后的试油放入油浴中加热，同时用流速稳定的热空气吹扫油面直至蒸发完毕。杯中不能蒸发的残留物，即为实际胶质。由此可见，实际胶质只是燃料在试验条件下加速蒸发时所产生的胶质，它包括燃料中实际含有的胶质和试验过程中产生的胶质。实际胶质一般用来说明燃料在使用过程中在进气管道及进气阀上能生成沉积物的倾向。实际胶质小的燃料在进气系统中很少产生沉淀，能保证发动机顺利工作。实际胶质愈大，发动机能正常行驶的里程就愈短。

安定性不好的汽油在常温下储存时，能生成三种不同类型的胶质，第一种是不溶性胶质，也称为沉渣，它在汽油中形成沉淀，可以经过滤加以分离；第二种是可溶性胶质，这种类型的胶质以溶解状态存在于汽油中，只有将汽油蒸发，使它作为不挥发物质残留下来才能获得，用实际胶质法测定的就是这类物质；第三种是黏附胶质，其特点是能黏附在容器壁上，并且不溶于有机溶剂中。

直馏汽油中的胶质属于可溶性胶质，因而用实际胶质评定直馏汽油的安定性是比较确切的。用热裂化或催化裂化汽油调合的车用汽油，其生成的胶质约有10%～50%是不溶性胶质和黏附胶质，因而用实际胶质评定裂化汽油的安定性不能确切反映其使用性能。如果采用总胶质作为评定指标，一定更为合理。

② 诱导期。诱导期是指在规定的温度和压力下，从试油和氧接触的时间算起，到试油开始大量吸入氧为止的这一段时间，以分为单位。诱导期用以表示汽油在储存期间产生氧化和形成胶质的倾向。诱导期愈长，一般表示汽油的抗氧化安定性愈好，愈适于长期储存。

不同加工方法所得汽油的诱导期不同。直馏和加氢汽油的诱导期很长。其他二次加工汽油，特别是热加工汽油（焦化汽油、热裂化汽油）的诱导期很短。国产某些汽油在储存试验中诱导期的变化见图 2-3 所示。

过去认为，诱导期能够表明车用汽油在储存期间生成胶质的倾向，因而可以用其判断汽油储存时间的长短。但进一步的研究表明，由于汽油的化学组成不同，其氧化反应特性有显著差别。对于一些形成胶质过程是以吸氧的氧化反应占优势的汽油，诱导期可以代表油品储存安定性的相对数值；但对于形成胶质的过程是以聚合和缩合反应占优势的汽油吸氧只占次要地位，那么诱导期就不能代表油储存安定性的相对数值。在这类汽油的氧弹试验中，时间-压力曲线上没有明显的转折点，所以诱导期虽长，但安定性并不好。例如，某含芳香烃较多的催化裂化汽油，虽然其

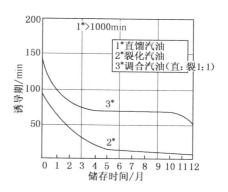

图 2-3 汽油储存试验中的诱导期

诱导期长达 720min 时，但实际在 360min 时，油品中实际胶质含量已达 93mg/100mL，说明其储存安定性事实上是很差的。

为了弥补诱导期评定车用汽油储存安定性的不足，一些国家已经采用 16h 烘箱试验法来评定车用汽油的储存安定性，根据烘箱试验法测得的总胶质数值，可以满意地预测车用汽油在常温下储存 5 年的结果。

（4）腐蚀性

汽油的腐蚀性说明汽油对金属腐蚀的能力。汽油在储存、运输和使用过程中都会同金属接触，为了保证发动机正常工作，机件和容器不受腐蚀，延长工作寿命，就要求汽油对金属没有腐蚀性，这也是汽油的重要质量指标之一。

汽油是各种烃类组成的，实际上任何烃类对金属都没有腐蚀作用，但是，汽油中除烃类以外的各种杂质，其中包括硫及硫化物、水溶性酸碱、有机酸性物质等，都对金属有腐蚀作用。

评定汽油腐蚀性能的指标有：硫含量、水溶性酸碱、铜片腐蚀、酸度等。

硫和硫化物不仅恶化汽油的抗爆性，降低汽油的辛烷值和感铅性，而且能腐蚀金属，所以汽油中的硫化物非常有害，应严格控制含硫量。硫含量是指燃料中单质硫和所有硫化物中硫的总量，以 % 表示。

① 水溶性酸或碱。水溶性酸是指能溶于水的酸，这种酸包括低分子有机酸和无机酸。水溶性碱指能溶于水的碱。汽油中的水溶性酸碱都是指在工厂硫酸精制和减中和后，因水洗过程操作不良而留在汽油里，或由于成品油储存时间较长或保管不善使烃类被氧化生成的低分子有机酸。如果在精制过程中加以注意，一般不会有水溶性酸碱。汽油里的水溶性酸和碱除对金属有强烈的腐蚀作用外，还能促进汽油中的各种烃氧化、分解和胶化，所以不允许有水溶性酸碱存在。

② 有机酸。汽油中的有机酸主要是原油中原来就含有的环烷酸，在存储过程中也可能由于氧化而产生少量的有机酸。环烷酸溶于汽油，对金属有腐蚀作用，能与金属作用生成环烷酸的金属盐。汽油中的有机酸和无机酸含量，都可以用测定汽油的酸度来判断。所谓酸度，就是指中和 100mL 汽油中的酸性物质所需 KOHmg 数，用 mg/100mL 表示。如酸度大到影响使用的程度，可用同牌号、酸度小于规格标准的优质汽油来调合，调合的方法和计算公式与调合汽油馏程相同。

腐蚀试验时，用一定尺寸的专用铜片投入试油中，在50℃水浴中加热3h不变色，就认为试油腐蚀合格。若铜片有斑点或变色，则试油腐蚀不合格。腐蚀试验的目的是判断汽油中有无活性含硫化合物（包括单质硫、硫化氢和硫醇）。

（5）清洁性

在车用汽油的规格标准中用不含机械杂质和水分两项来保证车用汽油的清洁性。

由炼油厂炼制的成品车用汽油本身是不含机械杂质和水分的，但在运输、储存和使用过程中，车用汽油不可避免地会受到外界污染，例如，输油管、泵和储油容器不干净，油罐底部垫水，加油工具不清洁，桶口封盖不严密，新的或经过大修理的发动机供给系统中有残存物以及汽车油箱呼吸器吸入灰尘等。

国内外大量使用经验证明汽油发动机发生故障50%以上是因为车用汽油的清洁性不好所造成的。因此，车用汽油的清洁性是一项很重要的使用性能，绝对不可忽视。

机械杂质的存在使发动机零件磨损增加，导致发动机功率下降，耗油率上升。水分的存在会加速汽油的氧化，降低其安定性，此外水分本身对金属就有锈蚀作用，并且在低温下易于结冰堵塞油路。

由于机械杂质和水分的危害性很大，所以国家标准中规定汽油中不允许含有水分和机械杂质。规格中要求燃料不含水分，通常是指游离水和悬浮水，因为炼制中的溶解水是很难去掉的。

3. 汽油产品的规格和牌号

我国车用汽油牌号是按照研究法辛烷值（RON）分为90号、93号和97号三个牌号。我国的车用汽油质量标准见表2-8。

表2-8　车用汽油的质量标准（国家标准 GB 17930—1999）

项　　目		质 量 指 标			试 验 方 法
		90 号	93 号	95 号	
抗爆性					
研究法辛烷值（RON）	不小于	90	93	95	GB/T 5487
抗爆指数（MON + RON）/2	不小于	85	88	90	GB/T 503
铅含量/（g/L）	不大于	0.005			GB/T 8020
馏程					
10%馏出温度/℃	不高于	70	70	70	
50%馏出温度/℃	不高于	120	120	120	
90%馏出温度/℃	不高于	190	190	190	GB/T 6536
终馏点/℃	不高于	205	205	205	
残留量/%	不大于	2	2	2	
蒸气压/kPa					
从9月16日至3月15日	不大于	88	88	88	GB/T 8017
从3月16日至9月15日	不大于	74	74	74	
实际胶质/（mg/100mL）	不大于	5	5	5	GB/T 8019
诱导期/min	不小于	480	480	480	GB/T 8018

项 目		质量指标			试 验 方 法
		90 号	93 号	95 号	
硫含量/%	不大于	0.1	0.1	0.1	GB/T 380
硫醇(满足下列要求之一)					
博士试验		通过	通过	通过	SH/T 0174
硫醇硫含量/%	不大于	0.001	0.001	0.001	GB/T 1792
铜片腐蚀(50℃，3h)/级	不大于	1	1	1	GB/T 5096
水溶性酸或碱		无	无	无	GB/T 259
机械杂质及水分		无	无	无	目测
苯含量/%	不大于	2.5	2.5	2.5	ASTM D3606-1999
芳烃含量/%	不大于	40	40	40	GB/T 11132
烯烃含量/%	不大于	35	35	35	GB/T 11132

4. 车用汽油替代燃料

在各种可替代汽油的物质中，甲醇和乙醇是最理想的原料，目前在世界上得到广泛使用的是车用乙醇汽油。

乙醇俗称酒精。但燃料乙醇与一般的商品酒精不同，它是以玉米、小麦、薯类、高粱、甘蔗、甜菜等为原料，经过发酵、蒸馏制得乙醇，脱水后再添加变性剂，成为变性的燃料乙醇。车用乙醇汽油是把变性的燃料乙醇和汽油组分按一定比例混配形成的一种新型汽车燃料。

按照我国 2001 年发布的标准，车用乙醇汽油是用 90% 的汽油组分与 10% 的燃料乙醇调合而成。按研究法辛烷值的大小，车用乙醇汽油可分为 90 号、93 号和 97 号三个牌号。实验表明，在汽油中加入 10% 的燃料乙醇，可使汽车尾气中的一氧化碳减少 30% 以上，碳氢化合物减少 15% 左右，而且它不影响汽车的行驶性能。

在乙醇汽油的推广使用中，力度最大最成功的是巴西，其次是美国，我国也于 21 世纪初开始了对开发使用乙醇汽油的摸索，并在 2005 年底，成为世界第三大的乙醇汽油生产国。

我国从 2000 年 4 月开始，筹划用乙醇汽油替代普通汽油的推广使用工作。至 2006 年，我国车用乙醇汽油推广使用工作已经覆盖北方 9 省，燃料乙醇生产能力已经达到 102×10^4 t，已实现年调配 1020×10^4 t 乙醇汽油的能力，占全国汽油消费量的两成多。在我国推广使用车用乙醇汽油主要有三个重要意义。一是可缓解石油紧缺矛盾。我国在 1993 年后就成为石油净进口国，受资源的影响，原油供求矛盾日益突出，这将成为制约我国经济发展的长期压力。九届人大四次会议通过的《国民经济和社会发展第十个五年计划纲要》提出，要开发燃料酒精等石油替代品，采取措施节约石油资源。燃料乙醇属可再生资源，用它取代部分汽油，意义重大。二是可有效解决玉米等粮食的转化，促进农业生产的良性循环。我国是一个农产品生产和消费大国，党中央、国务院始终高度重视农业问题。近年来，我国农业生产连年丰收，粮食综合生产能力已接近 5×10^8 t，实现了农产品供给由长期短缺到总量基本平衡，丰年有余的历史性转变，然而粮食深加工转化问题未能得以很好解决。粮食虽然增产，但并未形成"增产－消费－刺激再生产"的良性循环。针对目前粮食供给相对过剩、粮价下跌、农民收入增长缓慢问题,《国民经济和社会发展第十个五年计划纲要》提出,要通过加工转化、扩大出口等多种方式,解决粮食等农产品阶段性供过于求问题。发展车用乙醇汽油,可有效解决玉米等粮食作物的转化;形成一个长期、稳定、可控的粮食消费市场,使国家又拥有了一个可靠的粮食调控手段,有助于增加和稳定农民收入,实现农业生产的良性循环,为农业的产业化探索一条新途径。目前,我国汽油年消耗量约 3600×10^4 t,按理论推算,即使全部使用乙醇汽油,生产乙醇所需玉米,仅占我国玉米产量的 8% 左右。因此,不会对粮食供应产生冲击。三是有利于环境的改善。用乙醇替代等量汽油,可提高汽油的辛烷值,清洁汽车引擎,减少机油替换,降低汽车尾气有害物质的排放。作为增氧剂,燃料乙醇还可替代 MTBE(甲基叔丁基醚)、ETBE(乙基叔丁基醚),避免对地下水造成污染。

目前国外使用车用乙醇汽油的国家主要是美国和巴西,欧共体自 90 年代初也开始生产使用车用乙醇汽油。

20 世纪 70 年代末,在石油危机的背景下,美国为减少对进口原油的依赖,联邦政府制定了"乙醇发展计划",开始大力推广车用乙醇汽油。作为重要能源战略,美国还制定了相关的法律和扶持政策,对车用乙醇汽油的生产和使用给予财政补贴。美国主要以玉米为原料生产燃料乙醇,所耗玉米占全美玉米总产量的 7% ~ 8%。1990 年,全美燃料乙醇销售量为 265×10^4 t,到 2000 年,已达 559×10^4 t,年均增长率为 20%。巴西政府于 1975 年推行车用乙醇汽油计划,并在税收、补贴和优惠贷款等方面,对燃料乙醇产业发展配套实施了完整的支持政策。与美国不同的是,巴西是以甘蔗、糖蜜、砂糖为主要原料生产燃料乙醇。2000 年该国燃料乙醇总产量达 793×10^4 t,约占该国汽油消耗总量的 1/3。目前巴西是世界上最大的燃料乙醇生产和消费国,也是惟一不使用纯汽油作为汽车燃料的国家。欧共体积极发展车用乙醇汽油最直接的原因是解决农产品过剩问题。目前,在税收优惠政策的支持下,车用乙醇汽油在欧共体的使用呈上升趋势。

甲醇别名木醇或木酒精,为无色透明的液体,高挥发性,易燃。甲醇可以从天然气、石油、煤、木材及其他生物体来制取。当前最重要的原料是天然气,约占世界总生产能力的 80%。甲醇汽油是指把甲醇部分添加在汽油里,用甲醇燃料助溶剂复配的 M 系列混合燃料。其中,M15(在汽油里添加 15% 甲醇)清洁甲醇汽油为车用燃料,分别应用于各种汽油发动机,可以在不改变现行发动机结构的条件下,替代成品汽油使用,并可与成品油混用。甲醇混合燃料的热效率、动力性、启动性、经济性良好,具有降低排放、节省石油、安全方便等特点。

世界各国根据不同国情,研发了 M3、M5、M15、M20、M50、N85、M100 等不同掺合比的甲醇汽油。目前,商用甲醇主要为 M85(85% 甲醇 + 15% 汽油)和 M100,M100 性能优于 M85,具有更大的环境优越性。

甲醇汽油开发及应用在国外开始于 20 世纪 70 年代的第二次石油危机,从替代能源的角度考虑,德国、美国、日本等国先后投入了人力、物力进行甲醇燃料及甲醇汽车配套技术的研究开发。在 70 ~ 80 年代期间,美国加州、德国等地均组织了甲醇汽车示范车队(包括德国大众汽车公司在中国建立的 M100 甲醇汽车示范车队)。

美国对甲醇燃料和甲醇汽车都进行开发和应用,重点开发燃烧 M85、M100 专用甲醇燃料汽车。美国开发了 M100 汽车,但是由于甲醇加油站限制,行驶里程受限制,用户不便,故美国福特公司开发了可使用汽油或醇与汽油以任意比例混合的燃料的灵活燃料汽车

（FFV），这种车由燃料传感器识别成分，通过电脑提供发动机最佳运行参数。这样就不会受到加油站限制。目前FFV汽车在美国已经能大规模商业生产，这些由Ford汽车公司特制的使用高比例甲醇的灵活燃料汽车主要集中在加州地区。统计数据表明，1998年后美国甲醇燃料汽车和甲醇燃料都在减少，目前，美国加州甲醇汽油加油站也仅剩下1座，其中原因是多方面的，主要原因是甲醇腐蚀性比较大，目前的技术还不能很好解决甲醇汽油金属腐蚀性问题，汽车的耐久性（16×10^4 km）得不到保障。此外，由于甲醇有毒，使用不慎容易对人体造成伤害或致人死亡。

我国对甲醇燃料应用研究起步于20世纪70年代初期，"六五"期间，国家科委与交通部、山西省共同组织，在山西省进行了M15～M25甲醇燃料的研究实验，共有480辆货车参与了试验及示范工作。在此期间建设了5个甲醇燃料加注站，并加入适量杂醇等助剂，在解决甲醇燃料的使用与汽油的相溶性方面积累了许多经验。"七五"期间，由国家科委组织，中国科学院牵头并由大专院校、汽车、环境、卫生等6部门参加组成了攻关组，重点对492发动机进行了扭距、热效率和尾气排放等技术进行了较为系统的研究，并且有3辆车参与了路试，各项试验指标均取得了较满意的效果。进入"八五"，由国家科委组织有关大专院校、石油、化工、煤炭、汽车、环境、卫生等8个单位，与德国大众汽车公司合作，共同进行高比例甲醇发动机和汽车的试验研究，先后共有14辆桑塔纳轿车参与了路试，其中，有8辆车在北京累计行驶约150×10^4 km，并建成甲醇燃料加注站1个，目前仍有3辆甲醇汽车在运行，单车行驶最长里程超过了22×10^4 km，运行车辆性能良好。在此期间，还对德国大众公司的灵活燃料发动机进行了全面试验。对于低比例甲醇燃料的开发应用开展得也比较早，四川省从1980年起开始在汽油中加注低比例甲醇燃料，目前有客车、卡车和小轿车近千辆在使用，实际运营情况良好，未发现重大技术问题。到目前为止，山西是我国甲醇燃料的示范性试验较为系统并且已成为推广应用最快、规模最大的地区之一，并且对甲醇燃料的存储、输配、防腐、安全以及甲醇汽车的运营调度、维护保养、试验检测和故障排除等方面，均总结出了较为系统的技术规程和管理办法，为更大范围的甲醇汽车产业化示范提供了宝贵的技术和管理方面的经验。山西省自行研制成功的"华顿甲醇汽油"，在太原经23辆汽车试验运行5个月效果良好。并组织了卡迪拉克、凌志400、雅阁本田、富康、捷达、桑塔纳、金杯、解放140、微型车等十几种车型共23辆汽车参加试用，3个月销售使用20t，无一例不良反应。经过多年的研究开发，我国在甲醇燃料的开发及应用方面已具有了一定基础，在汽油中掺入5%、15%、25%和85%的甲醇及用纯甲醇（100%）作为汽车燃料的试验研究方面已进行大量实质性工作，特别是低比例掺烧甲醇，汽车无需做任何改动，可直接掺入汽油中使用。

目前我国只有山西省全面推广了甲醇汽油，甲醇汽油生产能力约300×10^4 t，居全国第一。

5. 新配方汽油

前面说过，汽油在汽车发动机的汽缸内燃烧时由于汽缸内氧气不足，燃烧不完全，机器强烈震动，从而使输出功率下降，机件受损，这就是汽油的抗爆性。使用高辛烷值汽油就成为保护汽车发动机、提高汽车驾驶性能的重要手段。

为了解决随着汽车拥有量的不断扩大而引起的日益严重的环境污染问题，世界各国对汽油的含铅量，汽车排放的 SO_x、NO_x、CO，挥发性有机化合物（Volatile organic compounds，简称VOC）以及微粒等污染物提出了更为严格的限制。这样对汽油的要求就更为苛刻。要求显著降低汽油中苯、芳烃、硫、烯烃（尤其是戊烯）等的含量及汽油的蒸气压，而其抗爆指数仍需保持在 87 以上。过去普遍加入四乙基铅，结果生成的是含铅汽油，由于铅对人体的危害，四乙基铅从 1997 年在世界上被禁止使用。目前所采取的主要措施是在汽油配方中加入一定量的醚类化合物，如甲基叔丁基醚（Methyl tertiary butyl ether，简称 MTBE）。乙基叔丁基醚（Ethyl tertiary butyl ether，简称 ETBE）和甲基叔戊基醚（Tertiary amyl methyl ether，简称 TAME），这三种醚的辛烷值都很高，其中最常用的是 MTBE，它们都能与烃类完全互溶，具有良好的化学稳定性，蒸气压也不高，加入汽油有助于降低汽油机排放废气中的污染物含量。因此，醚类便成为新配方汽油的关键组分，为此要求汽油中的含氧量不小于 2% 或 2.7%。

随着时代的发展，环保问题越来越为人们所重视。为减少汽车尾气对大气的污染，世界各国不断制定越来越严格的汽油标准。过去十年来，甲基叔丁基醚（MTBE）一直作为美国新配方汽油（RFG）及许多国家和地区（包括台湾）汽油的主要添加剂，用以提高汽油辛烷值及降低汽车排放污染。然而近年来，美国境内数州（尤其是加州）发生油槽渗漏、MTBE 污染地下水事件，引起各方关切及恐慌。近年来科学研究发现了 MTBE 的缺点：它不易分解，对地下水有一定污染；它有少量气味，使驾驶者不舒服，可引起恶心、眼睛疼、出现疱疹等反应。美国最近已通过一项"清洁燃料法案"，将从 2004 年起 4 年内禁用 MTBE。

甲基叔丁基醚 MTBE 分子式为：$CH_3OC(CH_3)_3$，相对密度为 0.741，沸点为 55.3℃，研究法辛烷值为 118，是一种无色透明、黏度低的可挥发性液体，具有特殊气味，含氧量为 18.2%。它是一种高辛烷值汽油添加剂，化学含氧量较甲醇低得多，利于暖车和节约燃料，蒸发潜热低，对冷启动有利，常用于无铅汽油的调合。也可以重新裂解为异丁烯，作为橡胶及其他化工产品的原料。

乙基叔丁基醚 ETBE（Ethyl tertiary butyl ether）是一种性能优良的高辛烷值汽油调合组分。ETBE 与乙醇及 MTBE 都是高辛烷汽油改良剂，也叫"生物汽油添加剂"。汽油中 ETBE 的最大添加量为 17%（体）。ETBE 不但能提高汽油辛烷值，而且还可以作为共溶剂使用。ETBE 的沸点较高，与烃类物质相混不生成共沸化合物。这样既可以减少发动机内的气阻，又可降低蒸发损耗。ETBE 同时还能被好氧性微生物分解。因此，ETBE 不仅能使汽油的辛烷值得以提高，而且可使汽油的经济性及安全性都得到改善，所以说它是具有很大的市场潜力的一种优良添加剂。

甲基叔戊基醚 TAME（Tertiary amyl methyl ether），分子式为 $CH_3OC_5H_{11}$，密度 0.77g/L，沸点 86℃，蒸气压为 10.3kPa，研究法辛烷值为 104.5。它可减小由汽车尾气中的一氧化碳以及烃类引发的臭氧和光化学烟雾等对空气的污染。

二、柴油

柴油主要用于农用机械、重型车辆、坦克、铁路机车、船舶舰艇、工程和矿山机械等。柴油是压燃式发动机的燃料。根据柴油机转速的不同，应使用不同类型的柴油。即分为轻柴油和重柴油两种。轻柴油是 1000r/min 以上的高速柴油机的燃料，重柴油是 500~1000r/min 的中速柴油机和 500r/min 以下的低速柴油机的燃料。

压燃式发动机是以柴油为原料，所以也称为柴油机。柴油发动机和汽油发动机都是内燃机，但前者属于压燃式后者属于点燃式，它们虽有相同之处，但在工作过程上却有本质的区别，因而对其所用燃料柴油与汽油的质量要求也不尽相同。

1. 压燃式发动机的工作过程

柴油机的工作循环跟汽油机基本一样，包括进气、压缩、膨胀作功和排气四个过程。图2-4为柴油机的原理构造图。从图中可以看到，有一套复杂和精细的燃料系统来保证燃料供应，以便定时向汽缸提供一定数量的柴油。柴油经喷嘴雾化并使它与空气均匀混合。

现以四冲程柴油机为例说明其工作过程。

进气：当活塞从汽缸顶往下运动时，进气阀打开，空气经空气滤清器被吸入汽缸，活塞运行到下止点时，进气阀关闭。近代有些柴油机装有空气增压鼓风机，以增加空气的进入量和压力，提高柴油机的经济性。

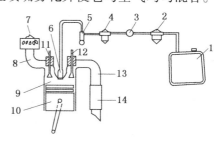

图2-4　柴油机的原理构造图

1—油箱；2—粗滤清器；3—输油泵；4—细滤清器；
5—高压油泵；6—喷油嘴；7—空气滤清器；
8—进气管；9—汽缸；10—活塞；11—进气阀；
12—排气阀；13—排气管；14—消声器

压缩：当活塞自下止点往上运动时，空气受到压缩（压缩比可达16～20）。压缩是在近于绝热的情况下进行的，因此空气温度和压力急剧上升，到压缩终了，温度可达500～700℃，压力可达3～5MPa，此温度超过柴油的自燃点。

喷入柴油、自燃（做功）：当活塞快到上止点时，柴油由雾化喷嘴喷入汽缸。由于汽缸内空气温度已超过柴油的自燃点，因此喷入的柴油迅速着火燃烧，燃烧温度高达1500～2000℃，压力可达5～12MPa。燃烧产生的大量高温气体迅速膨胀，推动活塞向下运动作功。

排气：当活塞经过下止点靠惯性往上运动时，排气阀打开，燃烧产生的废气被排出。然后再开始一个新的循环。

从以上的工作过程可以看出，柴油机和汽油机的两点本质区别是：第一，在柴油机中被压缩的只是空气，而不是空气和汽油的混合物，因此发动机压缩比的设计不受燃料性质的影响，可以设计得高一些，一般柴油机的压缩比可达13～24。第二，在汽油机中汽油是靠电火花点火而燃烧的；而在柴油机中燃料则是由于喷散在高温高压的热空气中自燃的。因此，汽油机称为点燃式发动机，柴油机则叫作压燃式发动机。

柴油发动机和汽油发动机相比，单位功率的金属耗量大，但其热效率高，耗油少，当二者功率相同时，柴油机可节约燃料20%～30%。而且柴油机使用的是来源多而成本低的较重馏分——柴油作为燃料，所以大功率的运输工具和一些固定式动力机械等都普遍采用柴油机。

柴油机对燃料的使用要求包括：一是具有良好的雾化性能、蒸发性能和燃烧性能；二是具有良好的燃料供给性能；三是要求燃料对机件没有腐蚀和磨损作用；四是具有良好的储存安定性和热安定性。

2. 柴油的使用要求

（1）抗爆性

柴油燃烧性能好是指喷入燃烧室内的柴油，能迅速与高温空气形成均匀的可燃混合气，然后在较短的时间内发火自燃，并正常地完全燃烧对外作功。

在柴油机中空气被压缩到3.5～4.5MPa，温度达500～700℃，此时活塞快接近上止点，柴油以雾状喷入，喷入后立即蒸发并氧化，当氧化过程逐渐加剧以至猛烈进行时，燃料就会着火燃烧。从柴油喷入汽缸到自燃开始要经过一段时间，这段时间就称为滞燃期（迟燃期）。

各种燃料的滞燃期不同由百分之几秒到千分之几秒。一般来说，柴油的自燃点越低，燃烧滞燃期越短，发动机的工作就越平稳。燃料的自燃点高，燃烧的滞燃期长，发动机就会发生爆震。

当使用燃烧性能不好的柴油时，它也会发生爆震现象，从表面看与汽油机相似，但发生的原因不同。汽油机的爆震是由于汽缸内未燃烧的混合气中烃类太易氧化，过氧化物积聚过多，以至在火焰前峰到达之前发生自燃而引起的。柴油机的爆震恰恰相反，是由于最初喷入汽缸的燃料太不易氧化，过氧化物生成量不足，迟迟不能自燃，以至喷入的燃料积聚过多，自燃一开始，这些燃料同时自燃造成压力增长过快，大大超过正常燃烧的压力，引起爆震，冲击活塞头，发出金属敲击声，使得发动机功率下降，零件损坏。因此，柴油机要求燃料易于自燃，即自燃点低的燃料，而汽油机则要求燃料不易氧化，即自燃点高的燃料。

柴油的抗爆性用十六烷值来表示。它以易氧化的正十六烷和难氧化的 α - 甲基萘为原料，按照不同的体积比混合配成标准燃料，在标准的试验用单缸发动机中测定。人为规定正十六烷的十六烷值为 100，α - 甲基萘的十六烷值为 0。将欲测定十六烷值的试油与一定配比的标准燃料在同一发动机（十六烷值测定机）、同一条件下进行比较试验，若待测试样与某一标准燃料的爆震情况相同，则标准燃料中正十六烷的体积百分含量即为所测试油的十六烷值。例如，若某试油与含有 45%（体）的正十六烷标准燃料的爆震情况相同，则此试油的十六烷值即为 45。

最近国际上改用六甲基壬烷代替 α - 甲基萘，规定其十六烷值为 15，如采用六甲基壬烷时，标准燃料十六烷值应按下式计算。

$$十六烷值 = 正十六烷体积分数 + 0.15 \times 六甲基壬烷体积分数 \qquad (2-1)$$

我国石油产品标准中规定轻柴油的十六烷值一般不低于 45，对于由中间基原油生产或混有催化裂化组分的轻柴油，则其十六烷值允许不低于 40。

在没有条件直接测定燃料十六烷值的情况下，可从下列经验公式从柴油理化性质来计算。

由大庆、大港、胜利原油加工所得到的直馏和催化裂化柴油，在十六烷值低于 70 时可用下式计算它的十六烷值：

$$十六烷值 = 29.26 - 0.1779X + 0.005908X^2 \qquad (2-2)$$

式中　X——试样的苯胺点和密度（ρ_{20}）之比。

柴油的抗爆性也可用柴油指数来表示，它与十六烷值有如下的关系：

$$十六烷值 = \frac{2}{3} \times 柴油指数 + 14 \qquad (2-3)$$

柴油指数可由燃料的苯胺点及相对密度求得：

$$柴油指数 = \frac{(1.8t_A + 32) \times (141.5 - 131.5d)}{100d} \qquad (2-4)$$

式中　t_A——柴油的苯胺点，℃；
　　　d——柴油 15.6℃时的相对密度。

除柴油指数外，还可用十六烷值指数表示柴油的抗爆性，它是根据燃料和由图表或经验公式计算而得。

$$十六烷指数 = 162.41 \times (\lg t_{50} / \rho_{20}) - 418.51 \qquad (2-5)$$

式中　t_{50}——柴油50%的馏出温度（恩氏蒸馏）；

　　　ρ_{20}——柴油在20℃时的密度，g/cm^3。

同一柴油的十六烷指数一般与十六烷值比较接近。

我国石油商业部门根据我国柴油性质的大量实测数据回归出如下计算公式。

$$十六烷值 = 442.8 - 462.9\ d_4^{20} \tag{2-6}$$

式（2-6）的平均偏差为±3.5。

柴油的十六烷值与其化学组成和馏分组成有密切的关系，根据实验可总结出如下一些规律：碳数相同的不同烃类中，正构烷烃的十六烷值最高，且随着碳链的增长而增加；异构烷烃的十六烷值比正构烷烃低，链分支越多，十六烷值越低；烯烃的十六烷值略低于相应的烷烃，支链的影响与烷烃类似；环烷烃的十六烷值低于烷烃和烯烃；芳香烃尤其是稠环芳香烃，十六院值在各族烃中最低；环烷烃和芳香烃的十六烷值随侧链长度的增加而增大，随侧链分支的增多和环数的增加而减少。结构相似的烃类，相对分子质量越大，即分子中碳原子数越多，十六烷值也越高。

由上述规律可以认识到：直馏柴油的十六烷值较高，催化裂化柴油因含较多的芳香烃，所以十六烷值较低；催化裂化柴油及焦化柴油经加氢精制后芳香烃转变为其他烃类，所以十六烷值有所提高；石蜡基原油（如大庆原油）生产的柴油十六烷值比环烷基原油（如孤岛原油）生产的柴油高。各种原油所产柴油十六烷值见表2-9。

表2-9　各类原油中柴油馏分的十六烷值

原油名称	馏分范围/℃	十六烷值	原油类型
大庆	200～350	68	石蜡基
华北	180～350	67	石蜡基
胜利	180～350	58	中间基
孤岛	180～350	42	环烷-中间基
羊三木	200～350	37	环烷基

柴油十六烷值影响发动机的整个燃烧过程。十六烷值高的柴油燃烧均匀，热转化为功的效率高，节省燃料；低十六炼值的柴油燃烧过程所发出的热量不均匀，增加了燃料消耗。不同转速的柴油机对柴油十六烷值的要求不同。研究表明，转速大于1000r/min以上的高速柴油机使用十六烷值为40～50的轻柴油为宜；转速低于1000r/min的中低速柴油机可以使用十六烷值为35～45的重柴油。柴油十六烷值过高并不好，因为一方面减少了燃料来源，另一方面当十六烷值高于65后将使排气冒黑烟，燃料消耗量反而增加，这种现象的产生是由于燃料的着火滞燃期太短，在尚与空气形成均匀混合气时就开始自燃，以致空气供应不充足，燃烧不完全，部分烃类热分解而形成炭烟，可见使用十六烷值适当的柴油才经济合理。

柴油十六烷值低时可加入十六烷值添加剂以提高其抗震性能，通常使用的添加剂是硝酸烷基酯。

（2）蒸发性

柴油在柴油机汽缸中发火和燃烧都是在气态下进行的，因此，要想使柴油正常燃烧对外作功，首先必须是柴油喷入发动机燃烧室后，在高温、高压空气中先迅速蒸发汽化，形成均匀的可燃混合气体。所以柴油与空气形成混合气的速度除取决于燃烧室内的温度和压力条件外，还与燃料的雾化程度和蒸发速度密切相关。

在相同的燃烧室工作条件下，混合气形成的速度就决定于燃料本身的蒸发性。馏程是表示柴油蒸发性的指标。柴油馏程要求主要指标是50%和90%馏出温度。

对柴油馏程的要求虽然不如汽油那样严格，但它也是一个重要的使用指标。柴油机的转速越高，对燃料蒸发性要求越严。

50%馏出温度越低，说明柴油中轻馏分越多，柴油机越容易启动。我国规定轻柴油的50%馏出温度不高于300℃。

90%馏出温度及95%馏出温度越低，说明柴油中的重馏分越少，我国国家标准规定轻柴油的90%馏出温度不高于355℃，95%馏出温度不高于365℃。

为了控制柴油的蒸发性不至于过高，也为了柴油的储存和运输安全，我国规定-35号和-50号轻柴油的闪点不低于45℃，-20号轻柴油的闪点不低于60℃，其他牌号柴油闪点均要求不低于65℃。

一般来说，馏分组成较轻的柴油蒸发速度快，这对于高速柴油机是有利的。馏分组成较重的燃料因其蒸发速度慢，在喷入燃烧室后不能迅速汽化形成可燃混合气，因而燃烧将在膨胀过程中继续进行，而且未蒸发的油滴还会裂解产生一部分气体烃和难于燃烧的炭粒，造成积炭量和燃料消耗量增加，经济性降低。例如，同一柴油机使用沸程为315~370℃的柴油时，耗油量比使用200~260℃的柴油高9%。因此，从改善柴油机起动性能角度考虑，使用馏分组成较轻的柴油比较适合。但是馏分组成太轻也不好，因为馏分过轻，自燃点高，滞燃期长且蒸发迅速，在开始自燃时几乎所有喷入汽缸内的燃料会同时燃烧起来，结果造成汽缸内压力猛烈上升而导致爆震发生。此外，柴油的馏分过轻，黏度过小，不能保证良好的润滑而加重汽缸磨损。

表2-10和表2-11分别列出了柴油的蒸发性与耗油量的关系及对发动机起动性的影响。

表2-10　柴油中<300℃馏分含量与耗油量的关系

<300℃馏分含量/%	39	34	20
相对耗油量/%	100	114	131

表2-11　柴油50%馏出温度与启动性的关系

50%馏出温度/℃	200	225	250	275	285
发动机启动时间/s	8	10	27	60	90

重柴油的馏分组成不作严格限制，只限制残炭的含量。

（3）黏度

黏度是柴油机燃料的一个重要指标，它对柴油机供油量大小以及雾化的好坏和泵的润滑等都有密切的关系。柴油的黏度大，柴油分子间互相作用力便增大，雾化形成的平均油滴直径大，喷射的射程远；反之，柴油的黏度小，油滴的平均直径小，射程也近。柴油的雾化程度对蒸发速度影响很大，雾化后液滴的平均直径越小，蒸发速度就越快，就越有利于均匀混合气的形成。喷射的射程也有影响，射程太远时，油滴将落在燃烧室壁和活塞头上因燃烧不完全而形成积炭；射程太近时，则喷入的燃料集中在喷油嘴附近，与空气混合不均匀，使靠近喷油嘴附近的空气不足导致燃烧不完全，使发动机功率下降。最好的情况是喷出的油滴能分布到燃烧室全部容积中以保证燃烧完全。柴油同时又是输油泵和高压油泵的润滑剂，柴油黏度如果过大或过小，都会影响泵的可靠润滑，使磨损加剧；黏度过大还可能使输油泵的效率降低而减少发动机的供油量。因此，对柴油的黏度范围有明确的规定。

（4）低温流动性

柴油在低温下的流动性能，关系到在低温下柴油机供油系统能否正常供油，以及柴油在低温下的储存、运输等问题。我国评定柴油低温流动性的指标为凝点（或倾点）和冷滤点。

柴油的凝点不能代表它的最低使用温度，因为在凝点前 5～10℃ 的浊点时就开始有蜡结晶析出，它们将堵塞柴油过滤器的小孔，减低供油量，降低发动机的功率，严重时会中断供油，使发动机停止工作。但研究人员认为，浊点是柴油在低温下开始析出蜡晶体而使柴油呈雾状或浑浊状态时的最高温度。柴油在浊点时由于析出的石蜡晶体较少不足以堵塞过滤器的滤网，柴油机还能正常工作。所以，用浊点作为柴油的最低极限使用温度过于严格，对节约能源不利。在倾点时柴油尚能流动，但柴油在倾点时其结构黏度骤增使柴油在燃油系统中不能顺利通过过滤器，造成柴油机燃油供应不足而熄灭。显然用倾点作为柴油的最低极限使用温度也不合理，往往在气温接近倾点时柴油机就不能正常工作。经过大量的行车和冷起动试验表明，柴油的最低极限使用温度是在浊点与倾点之间的冷滤点。因此，用冷滤点作为柴油的最低使用温度是合适的。它比用浊点、倾点、凝点作为柴油低温性能指标更合理，与柴油实际使用情况较吻合，且不管柴油是否加有流动改进剂，冷滤点方法均适用。

柴油的凝点与其烃类组成密切相关。在烃类中，烷烃特别是正构烷烃的凝点最高，环状烃的凝点比相同碳数的正构烷烃低。因此，石蜡基原油的直馏柴油凝点要比环烷基原油的直馏柴油凝点高。例如，大庆原油（石蜡基）的轻柴油馏分（180～300℃）凝点为 −21.5℃，而孤岛原油（环烷基）的轻柴油馏分（180～300℃）凝点为 −48℃。

高凝点的柴油可加入降凝剂，使其凝点降下来，常用的降凝剂有聚乙烯 − 醋酸乙烯酯。

各种不同牌号的商品柴油是以凝点作为划分标准的，如 −10 号轻柴油的凝点要求低于 −10℃ 等。柴油的规格标准见表 2 − 12。

0 号轻柴油适用于全国地区 4～9 月使用，长江以南地区冬季也可使用。−10 号轻柴油适用于长城以南地区冬季和长江以南地区严冬使用。−20 号轻柴油适用于长城以北地区冬季和长城以南、黄河以北地区严冬使用。−35 号和 −50 号轻柴油适用于东北和西北地区严冬使用。

10 号重柴油用于 500～1000r/min 的中速柴油机，20 号重柴油用于 300～700r/min 的中速柴油机，30 号重柴油用于 300r/min 以下的低速柴油机。

（5）腐蚀性

柴油机同汽油机一样，同样对燃料的水溶性酸或碱、酸度、硫含量、水分、腐蚀等指标作出规定，以免对发动机零件和储运设施产生腐蚀。

（6）安定性

柴油的储存安定性是指柴油在储存、运输和使用过程中保持其外观、组成和使用性能不

87

变的能力，也就是说，安定性好的柴油在储存过程中颜色和实际胶质变化不大，基本上不生成不可溶的胶质和沉渣。国产柴油用实际胶质作为储存安定性的指标。

柴油的热安定性或称热氧化安定性，是反映在发动机的高温条件和溶解氧的作用下柴油发生变质的倾向。含有不安定的烃类或非烃类的柴油，当发动机运转时会在燃料系统的关键部位和喷油嘴等处生成不溶性凝聚物、漆膜状沉淀物以及积炭等，因而破坏燃料供应，加剧设备磨损。

柴油安定性取决于其化学组成。二烯烃、多环芳烃和含硫含氮化合物都是不安定组分，它们会使发动机中沉积物的数量显著增加。

柴油经精制过程，除去不安定组分或其他杂质后会提高其安定性。此外，在柴油中加入抗氧剂、金属钝化剂、清净分散剂等添加剂也可改善柴油的安定性。

此外，柴油中的重质胶状残渣能促使在燃烧室中形成较坚硬的沉积物和积炭，因而增大磨损，残炭值或10%蒸余物残炭值是这类物质含量的间接指标。高速柴油机必须使用低残炭值的柴油。

我国一些重要牌号轻柴油的质量标准见表2-12，重柴油的质量标准见表2-13。

表2-12 轻柴油的质量标准(GB 252—2000)

项 目		质 量 指 标			典 型 数 据		
		-10号	-5号	0号	-10号	-5号	0号
色度/号	不深于		3.5		1.0	1.5	1.5
氧化安定性总不溶物/(mg/100mL)	不大于		2.5		0.89	1.0	0.77
硫含量/%	不大于		0.2		0.126	0.13	0.118
酸度/(mgKOH/100mL)	不大于		7		1.285	0.94	0.818
10%蒸余物残炭/%	不大于		0.3		0.008	0.013	0.009
灰分/%	不大于		0.01		0.0018	0.002	0.002
铜片腐蚀(50℃,3h)级	不大于		1		1	1	1
机械杂质			无		无	无	无
水分/%(体)	不大于		痕迹			痕迹	
运动黏度(20℃)/(mm²/s)			3.0~8.0		3.42	4.69	4.423
凝点/℃	不高于	-10	-5	0	-12	-4	-3
冷滤点/℃	不高于	-5	1	4	-5	2	3
闪点(闭口)/℃	不低于		55		63	65	66
十六烷值	不小于		45		48	47	46
馏程							
50%馏出温度	不高于		300		252	272	275
90%馏出温度	不高于		355		232	346	348
95%馏出温度	不高于		365		344	362	363
密度(20℃)/(g/cm³)			实测		0.833	0.847	0.854

表 2 – 13　重柴油的质量标准 (GB 252—2000)

项　　目		质 量 指 标		
		10	30	30
运动黏度(50℃)/(mm²/s)	不大于	13.5	20.5	36.2
残炭/%	不大于	0.5	0.5	0.5
灰分/%	不大于	0.04	0.06	0.08
硫含量/%	不大于	0.5	0.5	1.5
机械杂质/%	不大于	0.1	0.1	0.5
水分/%	不大于	0.5	1.0	1.5
闪点(闭口)/℃	不低于	65	65	65
凝点/℃	不高于	10	20	30
水溶性酸或碱		无	无	无

三、喷气燃料

喷气燃料也叫航空煤油,用于喷气式发动机。

近年来,喷气式发动机在航空上得到越来越广泛的应用。目前,不仅是军用而且民用的许多大型客机,也都采用了喷气式发动机。这是因为喷气式发动机可以在20000m以上高空高速飞行,而且当飞行速度达到1000km/h时,喷气式发动机的重量只有点燃式发动机的1/10;当飞行速度增大到2000km/h时,喷气式发动机的重量只有点燃式发动机的1/50。此外,喷气式发动机还有一个突出的优点:即飞行速度越高,燃料转化为功的效率越高,燃料消耗也越少。

涡轮喷气发动机主要是由离心式压缩器、燃烧室、燃气涡轮和尾喷管等部分构成。现以涡轮喷气式发动机为例介绍喷气发动机工作过程。其工作原理如图2–5所示。

在涡轮喷气发动机中,空气经进气道进入离心式压缩机。压缩机把空气压缩,使其压力提高到0.3~0.5MPa,温度升到150~200℃,然后以40~60m/s的速度进入燃烧室。在燃烧室中,经过压缩的空气与燃料混合成可燃混合气,并在燃烧室内连续不断地燃烧。燃烧室中心的燃气温度可达1900~2200℃。为防止因高温使涡轮中的叶片受损,需通入部分冷空气,使燃气温度至750~800℃左右进入涡轮,推动涡轮高速旋转并带动离心式压缩器旋转,旋转的速度为8000~16000r/min。最后进入尾喷管,尾气在500~600℃下以高速喷出,由此产生反作用推动力推动飞机前进。

可见,喷气发动机与活塞式发动机(汽油机和柴油机)有很大的区别,这种区别概括如下:

① 在喷气发动机中,燃料与空气同时连续进入燃烧室。在一次点燃后,燃料连续喷入燃烧室,整个雾化、蒸发形成混合气的过程是连续的,燃烧过程也是连续进行。而活塞式发动机燃料供给和燃烧则是周期性的。

② 在喷气发动机中,燃料的燃烧是在35~40m/s的高速气流中进行,

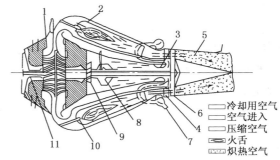

图 2 – 5　涡轮喷气发动机工作原理

1—双面供气离心式压缩机;2—燃料室;3—后轴承;
4—涡轮整流窗;5—尾喷管;6—燃气涡轮;7—冷却空气出口;
8—中轴承;9—冷却涡轮和后轴承的冷却叶轮;
10—喷嘴;11—前轴承

要求燃料的燃烧速度必须大于40m/s，否则会造成火焰中断。而活塞式发动机燃料的燃烧是在密闭的空间内进行。

国产3号喷气燃料的规格见表2-14。

表2-14　3号喷气燃料的质量标准(GB 6537—86)

项　　　目		质量指标	项　　　目		质量指标
20℃密度/(kg/m³)		755~830	净热值/(J/g)	不小于	42800
馏程/℃			燃烧性能(需满足下列要求之一)		
10%馏出温度	不高于	204	烟点/mm	不小于	25
50%馏出温度	不高于	232	萘系烃含量(烟点不小于20mm时)/%		3
98%馏出温度	不高于	280	(体)不大于		
残留量及损失量/%	不大于	2.0	辉光值	不小于	45
闪点(闭口)/℃	不低于	38	实际胶质/(mg/100mL)	不大于	5
运动黏度/(mm²/s)			铜离子含量/(μg/kg)	不大于	150*
20℃	不小于	1.25	水反应		
-20℃	不大于	8.0	体积变化/mL	不大于	1
结晶点/℃	不高于	-47	界面变化/级	不大于	16
芳烃含量/%(体)	不大于	20	动态热安定性		
烯烃含量/%(体)	不大于	5	过滤器压力降/kPa	不大于	10.1
酸度/(mgKOH/100mL)	不大于	1.0	预热管评级/级	小于	3
硫含量/%	不大于	0.20	热氧化安定性		
硫醇性硫含量/%	不大于	0.001	过滤器压力降/kPa	不大于	3.3
或硫醇性硫定性试验法(博士试验法)		通过	预热管评级/级	小于	3
铜片腐蚀(100℃，2h)/级	不大于	1	电导率(20℃)/(10⁻¹²Ω/m)		50~350**
银片腐蚀(50℃，4h)/级	不大于	1	外观		清澈透明，无不溶解物及悬浮物

* 未经铜精制工艺的产品对此项指标不作要求。

** 出厂指标(150~350)×10^{-12}Ω/m，如未加抗静电添加剂时，对此项指标不作要求。

由于喷气发动机工作环境的特殊性，因此它对燃料的质量要求特别严格，这些要求包括：①具有良好的燃烧性能；②具有适宜的蒸发性；③具有较高的热值和密度；④具有良好的安定性；⑤具有良好的低温性；⑥对机件没有腐蚀作用；⑦有良好的洁净性；⑧具有较小的起电性和适当的润滑性能。

对表2-14所示喷气燃料的规格标准中的各项要求，可归纳为燃烧性能、低温性能、安定性、腐蚀性等。

1. 燃烧性能

(1) 热值和密度

喷气燃料的燃烧性能良好是指它的热值要高，燃烧要稳定。在使用过程中，不会因为工作条件变化而熄灭，一旦出现高空熄火能容易再启动，燃烧要完全，产生的积炭要少。

喷气燃料的热值是一个重要的使用指标。因为喷气式飞机的飞行高度较高，续行里程较远，飞行速度大，发动机功率高，需要足够的热能转化成动能来带动机械工作。如使用的燃料热值低，必须增大燃料单位消耗量，以致限制了飞机的飞行高度和续行里程。

对于喷气燃料，不仅要求有较高的质量热值（kJ/kg），而且也要求较高的体积热值（kJ/dm³），数值越大表示能量特性越好。质量热值越高，发动机的推力越大，耗油率越低，对于续航时间不长的歼击机，为了尽可能减少飞机载荷，应使用质量热值高的燃料。对于远程飞机的燃料，要想保证飞机续航里程远就必须增大飞机的油箱容积，但这样就增加了飞行阻力，由此会大大降低飞机的飞行高度和飞行速度。因而在设计飞机时，要尽可能缩小油箱体积以减小飞行阻力。为了使航程尽可能长，除质量热值应保持在一定的水平外，还要求尽可能高的体积热值，或者说需要用较大密度的喷气燃料，所以喷气燃料另一个重要指标是密度。很显然，燃料的密度越大，在一定容量的油箱中就可装更多的燃料，储备更多的热量。例如，一个 $30m^3$ 的油箱，当装有密度为 $850kg/m^3$ 的燃料，它可以装 25500kg，而装入密度为 $755kg/m^3$ 的燃料时，只能装 22650kg，两者相差为 2850kg。可见如果用前一种燃料飞行距离为 100%，那么用后一种燃料只有 89%，也就是说，飞行距离减少了 11%。

喷气燃料的密度和热值与油品的化学组成和馏分组成密切相关。由于氢的质量热值比碳大得多，因此，氢碳比越高的燃料其质量热值也越大。对于不同族烃类，以烷烃的氢碳比最高，其质量热值最大，环烷烃次之，芳香烃最低。而密度正好相反，即芳香烃最大，环烷烃其次，烷烃最小。也就是说芳香烃的体积热值最高，环烷烃次之，烷烃最小。见表 2 - 15。

表 2 - 15　不同 C_{10} 烃类的密度、质量热值和体积热值

烃　　类	密度(20℃)/(g/cm³)	质量热值/(kJ/kg)	体积热值/(kJ/dm³)
正癸烷	0.7299	44254	32300
丁基环己烷	0.7992	43438	34716
丁基苯	0.8646	41504	35884

可见，质量热值与密度及体积热值之间是相互矛盾的，为了使喷气燃料兼有较高的质量热值和体积热值，环烷烃是比较合适的组分，因此，喷气燃料的较理想组分是环烷烃。而芳香烃不仅质量热值低、燃烧完全程度差、易生成积炭且吸水性强，属于非理想组分，要加以限制。

表 2 - 16 列出了飞行航程与燃料热值及密度的关系。

表 2 - 16　飞行航程与燃料热值及密度的关系

名　　称	低热值/(kJ/kg)	密度/(kg/m³)	油箱储备热量/MJ	耗油率/(kg/kg·h)	航程/km
癸烷	44267	729	40.6	1.39	14500
十氢化萘	42810	890	48.1	1.44	15900
喷气燃料	42915	820	44.0	1.44	15000
宽馏分燃料	43333	765	41.2	—	14500

从表 2 - 16 中所列数据可以看出，从密度为 $820kg/m^3$ 的喷气燃料改换为密度较小的（$765kg/m^3$）宽馏分燃料时，虽然质量热值增加 1%，但航程却缩短 3.3%。从表 2 - 16 中数据还可以看出燃料的质量热值越大，耗油率越低；密度越大，飞机储备的热量越多，航程也越远。因而对喷气燃料的热值和密度都有规定。我国喷气燃料的质量标准中规定其净热值不小于 42.8MJ/kg 或 42.9MJ/kg，20℃密度不小于 0.750g/cm³ 或 0.775g/cm³。

（2）燃烧完全度

喷气燃料燃烧时，首要的是易于起动和燃烧稳定，其次是要求燃烧完全。燃料燃烧的好

坏以燃烧效率 η 又称燃烧完全度表示。所谓的燃烧完全度是指单位质量燃料燃烧时，实际放出的热量占燃料净热值的百分率，它直接影响到飞机的动力性能、航程远近和经济性能。如以 θ_s 表示单位质量燃料燃烧时实际放出的热量（kJ），θ_j 表示燃料的净热值，则：

$$燃烧完全度 \; \varphi = \frac{\theta_s}{\theta_j} \times 100\% \qquad (2-7)$$

显然，燃料燃烧完全度低，说明有部分燃料燃烧的热能没能释放出来，单位时间产生 9.8N 推力所消耗的燃料量便增加，同时飞行航程相应缩短，这从表 2-17 可以看出。

表 2-17　燃烧完全度对飞行航程的影响

燃烧完全度/%	燃料消耗率/[kg/(9.8N·h)]	飞行航程下降/%
100	1.00	—
95	1.05	5
90	1.11	11
85	1.18	18
80	1.20	20
75	1.33	33

影响燃料燃烧完全度的主要是黏度、蒸发性和化学组成。

① 黏度。燃料的黏度与其雾化质量有直接的关系，而且对供油量及燃料泵的润滑都有直接影响。使用黏度过大的燃料，喷射射程远，液滴大，雾化不良，燃料燃烧不均匀、不完全，发动机的功率降低。燃烧不完全的气体进入燃气涡轮后继续燃烧，容易使涡轮叶片过热或烧坏。此外，黏度过大时在低温下不易流动，供油量小。燃料黏度过小，喷射射程近，火焰燃烧区域宽而短，容易引起局部过热。同时黏度过小使燃料泵磨损加大。因此对喷气燃料既规定 20℃时的黏度不能小于某一定值（如 1 号和 2 号喷气燃料为 $1.25\,\mathrm{mm^2/s}$），又规定了低温（20℃ 或 -40℃）时的黏度不能大于某一定值（1 号和 2 号喷气燃料 -40℃ 黏度为 $8.0\,\mathrm{mm^2/s}$）。

② 蒸发性。燃料的蒸发性对燃烧完全度影响也很大。蒸发性好的燃料能形成均匀的混合气，有利于连续而稳定的燃烧，同时燃烧也完全。若蒸发性差则不利于混合气的形成。馏分组成过重，则可能喷入燃烧室后不能立即蒸发燃烧，待积留相当多的燃料后，突然燃烧造成发动机受震击而损坏，而且未蒸发燃烧的燃料受热分解使积炭增加。此外，馏分过重时雾化不良，在燃烧室中雾状燃料细滴不能迅速蒸发完全燃烧，而使火焰拉长通过涡轮叶片，叶片由于过热而弯曲。在设计时为了避免火焰直接扑到烟气轮机的叶片上，势必把燃烧室拉长，这样就会增加发动机的尺寸和重量。因此应该控制燃料的 90% 或 98% 馏出温度。

但蒸发性太高时将对发动机的工作产生三方面的影响：其一是在空中燃料系统产生气阻现象，使供油时断时续甚至完全中断；其二是蒸发性过高将导致燃料在高空中大量蒸发损失；其三是蒸发性高的燃料在输送时将混有部分蒸气，因而需用较大的泵，否则将影响泵送量。国产 1 号、2 号、3 号喷气燃料属于煤油型，蒸发性由闪点温度控制。闪点与燃料的蒸气压有关，蒸气压越高则闪点越低，有了闪点的要求就不必规定蒸气压指标。4 号喷气燃料属于宽馏分型，除馏分组成外，主要由蒸气压加以限制。

③ 化学组成。各种烃类燃烧完全度从低到高次序是：双环芳香烃＜单环芳香烃＜带侧

链的单环芳香烃＜双环环烷烃＜单环环烷烃＜异构烷烃＜正构烷烃。燃料中芳烃含量越高，其燃烧完全度越差，因此，这也是限定喷气燃料中的芳烃含量不大于 20% 的重要原因之一。同时当馏分组成变重时，燃烧完全度会降低。

（3）生成积炭的倾向

喷气燃料在燃烧过程中生成的积炭会对发动机正常操作造成一系列的不良影响。如果燃烧室火焰筒壁上形成积炭则会恶化热传导，造成局部过热，使筒壁变形甚至破裂。如果喷油嘴上生成积炭，则会使燃料雾化变坏，加速火焰筒壁生成积炭。若点火器电极形成积炭则会出现积炭连桥，以致造成燃烧室点不着火的故障。积炭如果脱落下来随燃气进入燃气涡轮，则会造成堵塞、打坏叶片的事故。

影响喷气燃料生成积炭的主要因素是蒸发性和烃类结构。

燃料的蒸发性差，在燃烧过程中处于液态的时间较长，其高温下裂化的倾向便增大，因而容易生成积炭。根据试验，组成相近的燃料生成积炭的倾向随燃料沸点的上升而增大。因此对喷气燃料的馏程有一定要求，不能过重。

积炭的形成与燃料的烃类组成有密切关系。在各族烃中最易生成积炭的是芳香烃。燃料中的芳香烃含量越多，在燃烧室中生成积炭的数量也越大。各种燃料和烃类在实验室试验燃烧装置（空气燃料比为 60∶1，试验时间 15min）中所测得的积炭沉积量列于表 2 - 18。

从表 2 - 18 中可以看出，最容易生成积炭的烃类是芳香烃，尤其是双环芳香烃。因此，在喷气燃料的质量标准中除限定芳香烃的含量外，还明确规定萘系烃类的体积分数不高于 3.0%。

表 2 - 18   各种烃类在燃烧室中生成积炭的比较

烃 类 名 称	积炭/g	烃 类 名 称	积炭/g
正庚烷	很少	苯	1.64
异辛烷	很少	甲基萘	2.79
环己烷	0.45		

不同烃类在喷气发动机燃烧室中生成积炭的倾向按下列顺序递减：双环芳香烃＞单环芳香烃＞带侧链芳香烃＞环烷烃＞烯烃＞烷烃。

在喷气燃料质量标准中，烟点、辉光值和萘系烃含量是表征积炭倾向的指标。

烟点也称无烟火焰高度，是指油料在一标准灯具内，于规定条件下作点灯试验所测得不冒烟时火焰的最大高度，以 mm 为单位表示。烟点的数值越大说明燃料的生炭倾向越小。喷气燃料的无烟火焰高度也是控制燃料中的化学组成，保证燃料正常燃烧的主要质量指标。燃料中含芳香烃越多，无烟火焰高度越小，它们的关系见表 2 - 19。

表 2 - 19   芳烃含量与无烟火焰高度的关系

芳香烃含量/%	10	18	22	28
无烟火焰高度/mm	23	19	14	12

表 2 - 20   燃料无烟火焰高度与喷气发动机燃烧室生成积炭的关系

无烟火焰高度/mm	12	18	21	23	26	30	43
积炭量/g	7.5	4.8	3.2	1.8	1.6	0.5	0.4

从表 2 - 20 还可以看出，喷气燃料的无烟火焰高度与它在发动机中燃烧时生成的积炭量有着密切关系。燃料的无烟火焰高度越小，生成的积炭量越多，当无烟火焰高度超过 25 ~ 30mm 以后，其积炭生成量则降到很小值。

我国规定喷气燃料的烟点不小于 25mm。

烟点一般只能反映软积炭生成的倾向。燃烧室壁上的硬积炭的生成与火焰的辐射强度有密切关系，而火焰辐射强度随火焰中炭微粒的增多而增强。燃料燃烧时火焰的辐射强度用辉光值表示，它是在固定火焰辐射强度下火焰温升的数值。辉光值越高，表示燃料燃烧时火焰的辐射强度越低。

喷气燃料的辉光值就是在规定的条件下，人为规定一种标准燃料异辛烷的辉光值为 100，另一种标准燃料四氢萘的辉光值为 0，然后将试样的辉光值与异辛烷和四氢萘进行比较所得的相对值。

采用测定烟点的灯改装的烟灯，首先装四氢萘点燃测其烟点，同时在火焰温升系统记录下火焰温升值 $T_{四氢萘}$ 和火焰辐射强度 S，然后再用异辛烷和试油进行试验，在同样的火焰辐射强度下取得它们的火焰温升值 $T_{异辛烷}$ 和 $T_{试油}$。按式（2 - 8）可计算出燃料试样的辉光值（LN）。

$$LN = \frac{T_{试油} - T_{四氢萘}}{T_{异辛烷} - T_{四氢萘}} \times 100 \qquad (2-8)$$

燃料的辉光值越高表示燃料的燃烧性能越好，燃烧越完全，燃烧时生成积炭的倾向越小。辉光值的大小决定于燃料的化学组成，大致按下列顺序递减：正构烷烃 > 异构烷烃 > 环烷烃 > 烯烃 > 芳香烃。

我国规定喷气燃料的辉光值不小于 45。

2. 低温性能

喷气燃料的低温性能，是指在低温下燃料在发动机燃料系统中能顺利地泵送和通过滤网，从而保证发动机正常供油的性能。作为喷气燃料，就必须要求它能在高空的低温条件下顺利的工作。

如果燃料的低温性能不好，在低温下使用时因失去流动性，出现烃类结晶以及燃料中的水分结成细小冰粒，都会妨碍燃料在导管和滤网中顺利通过，使供油量减少甚至中断。喷气燃料需要有很好的低温性能，就是要有低的结晶点及低温时良好的输送能力。

喷气燃料的结晶点与其烃类组成和馏分组成有关。各种烃的结构不同，它们的结晶点也互不相同。相同碳数正构烷烃和芳香烃的结晶点较高，环烷烃和烯烃的结晶点较低。在同一族烃中，结晶点随相对分子质量的增大，沸点的升高而升高。因此，若喷气燃料中含有较多的大分子正构烷烃与芳香烃时，燃料的低温性能就变差。

表 2 - 21 列出了大庆原油的喷气燃料不同馏分范围与结晶点的关系。从表 2 - 21 中可以看出，当燃料的尾部馏分变重，燃料的密度变大时，其结晶点也相应地提高。因此，为保证结晶点合格，尾部馏分不能太重。

表 2 - 21　大庆喷气燃料的馏分范围与低温性能的关系

馏分范围/℃	130 ~ 210	130 ~ 220	130 ~ 230	130 ~ 240	130 ~ 250
相对密度	0.7679	0.7709	0.7743	0.7763	0.7788
结晶点/℃	−65	−59.5	−56	−52	−47

除了燃料的组成外，水分也是影响喷气燃料低温性能的重要因素。喷气燃料是不允许含有水分的，但是在储存和使用过程中，由于燃料本身的溶水性，雨露冰霜的侵入以及容器中水蒸气凝结等原因，往往会含有一些水分。这些水分通常以游离状态、悬浮状态或溶解状态存在。在低温情况下，这些微量水从燃料中呈细小冰晶析出，引起过滤器或燃料系统其他部位堵塞，影响燃料的正常供应，严重时可造成飞行事故。

燃料中含有水分在低温下会形成冰晶，可造成过滤器堵塞、供油不畅等问题。水分在燃料中不仅可能以游离水形式存在，也可能以溶解状态存在。各种烃类对水的溶解度各不相同，在相同温度下，芳香烃特别是苯对水的溶解度最大，不饱和烃次之，环烷烃较小，烷烃最小。因而从降低燃料对水溶解度的角度考虑，也必须要限制芳香烃的含量。同一类烃中，随着相对分子质量和黏度的增大，水在烃中的溶解度减小。表 2-22 为水在各种烃类中的溶解度。

表 2-22　水在各种烃类中的溶解度

烃　类	温度/℃	溶解度/%	烃　类	温度/℃	溶解度/%
正戊烷	25	0.011	甲苯	22	0.052
正庚烷	25	0.015	二甲苯	22	0.038
苯	22	0.066			

为了防止喷气燃料中出现结晶，可以采取加热过滤器或预热燃料的方法，也可以在燃料中加入 0.5% ~ 1.0% 的异丙醇或乙二醇单甲醚、乙二醇单乙醚等防冰剂，以防止冰粒的析出，但一般情况下不加防冰剂。

3. 安定性

喷气燃料安定性包括储存安定性和热安定性。如航空军用燃料在平时消耗不多，但在战时消耗量猛增，因此需要有一定的储备。这种燃料的储备期限往往长达数年之久，因此要求它们有很好的储存安定性。

各种喷气燃料在长期储存过程中都会有不同程度的变色，这是由于燃料氧化生成胶质的结果，只要各项指标符合规格，一般不影响使用。研究结果证明，胶质的存在是引起喷气燃料变色的根本原因，某些添加剂和金属对喷气燃料的变色有明显的促进作用。喷气燃料变色虽然在各种理化指标上反映不出任何变化(因变色净增的微量胶质溶解在油中用普通分析方法不易测出)，也不影响使用，但通过对比试验证明，变色燃料的氧化安定性有所下降。因此在实际工作中应尽量防止燃料的变色。

对喷气燃料的安定性还有一个热安定性的要求。热安定性又称热氧化安定性，是指燃料在发动机燃油系统中受到温度和油品中溶解氧的作用时抗沉渣生成的能力。

随着现代航空喷气发动机的迅速发展，飞机的马赫数(音速的倍数，通常用 M 表示，音速约为 1180km/h)不断提高，燃料温度也随之升高。飞机在飞行的过程中、飞机表面与空气强烈的摩擦，动能转化为热能，飞机的表面温度升高。例如，在 11km 的高空，周围温度为 -56℃，马赫数为 1 时，飞机的表面温度为 -18℃；马赫数为 2 时表面温度升至 98℃；当马赫数为 3 时温度达到 291℃。飞机表面温度升高，油箱中燃料温度也随之升高。当燃料温度升高，而燃料热安定性较差时，会发生分解、氧化、生成胶质及沉渣，从而堵塞滤清器、喷油嘴等，使喷雾恶化、燃烧不良、功率下降以至机件被损坏。

评定喷气燃料的热安定性有两种方法：动态热安定性和静态热安定性。

动态法是在一个模拟的喷气发动机燃料系统中，试油被加热后，因温度升高而产生的沉淀物堵塞燃料过滤器的程度以及燃料在高温下使金属表面产生腐蚀和积垢的程度。它用试验5h后过滤器压力降和预热器内管表面上沉积物的外观来表示试油的动态热安定性。压力降越小，内管表面越清洁，试油的动态热安定性越好。

静态法的测定是将黄铜片放入试油中作为液相氧化的催化剂，将试油加热到150℃并保持4h，分别测出沉渣量和实际胶质含量作为评定指标。

喷气燃料的热安定性主要取决于其化学组成。研究表明，烃类中最易生成沉渣的是萘类及四氢萘类，其中环上带烷基侧链的比不带侧链的更不安定，生成更多的沉渣。异构烷烃及环烷烃的热安定性最好，烷基苯比相应的环烷烃热安定性差。

燃料中的非烃类在喷气燃料热氧化沉渣形成过程中最先氧化，并对不安定烃类的氧化起引发剂的作用。因此为了获得热安定性良好的燃料，其组成中非烃含量应为最小。

喷气燃料经长期储存后，热安定性也会下降，表现为热氧化开始生成沉渣的温度变低。

4. 润滑性

在喷气发动机中，燃料油泵及喷油嘴的润滑是依靠燃料自身来达到的。若燃料的润滑性能不好，燃油泵的磨损便会增大，不仅会降低油泵的使用寿命，而且会影响油泵的正常工作，引起发动机转速降低甚至停车等故障。

喷气燃料的润滑性能是由其化学组成决定的。根据实验，组成喷气燃料的物质润滑性能依下列次序降低：带极性的非烃化合物、多环芳香烃、单环芳香烃、环烷烃、烷烃。所谓带极性的某些非烃化合物是指环烷酸、酚类化合物以及某些含硫和氮的极性化合物。这些物质具有较强的极性，易被金属吸附在表面，形成牢固的油膜，有效地降低金属间的摩擦。

燃料中如含有水分也会降低燃料的润滑性能。燃料中溶解的氧（空气）在有水分存在的情况下会引起油泵的腐蚀磨损。

5. 腐蚀性

喷气燃料的腐蚀主要是指喷气燃料对储运设备的腐蚀，以及喷气燃料在燃烧过程中，燃烧产物对发动机的火焰筒、涡轮和喷管等部件产生的腐蚀。

燃气的高温气相腐蚀或称为烧蚀，表现为腐蚀表面被烧成麻坑或者表层起泡并呈鳞片状剥落。发动机中许多零件是由耐热合金制成的，其中的镍含量很高。在1000℃以上的高温条件下，燃料中含有的硫化合物会与金属镍作用生成镍 – 硫化镍低熔点合金（熔点只有650℃），造成机件损坏。喷气燃料在中温和常温下的液相腐蚀原因、危害及控制指标与汽油类似，不同之处是喷气发动机的高压燃油泵的结构特殊。为了提高柱塞泵的耐磨性，采用了镀银机件，而银对于硫化物的腐蚀极为敏感。因此，喷气燃料除了规定通常控制腐蚀的指标外，还增加了一项银片腐蚀的指标。为了提高喷气燃料的抗烧蚀能力，通常在燃料中加入抗烧蚀添加剂。

四、灯用煤油

煤油是炼油工业早期的一种产品，多用作照明和煤油炉燃料，如铁路信号灯、灯塔、交通指示灯和各种类型的煤油炉等；也可作溶剂，如油漆溶剂、沥青稀释剂、杀虫剂和农药的溶剂等；有些国家则把煤油用作取暖燃料。

国产灯用煤油规格指标见表 2 – 23。

表 2 – 23　灯用煤油规格标准（GB 253—81）

项　目		质量批标	
		1 号	2 号
密度(20℃)/(kg/m³)	不大于	840	840
燃烧性(点灯试验)		合格	合格
无烟火焰高度/mm	不小于	30	20
闪点(闭口)/℃	不低于	40	40
浊点/℃	不高于	−15	−12
馏程/℃			
10% 馏出温度	不高于	205	225
干点	不高于	300	310
水溶性酸或碱		无	无
硫含量/%	不大于	0.04	0.1
机械杂质及水分		无	无
硫醇硫含量(需满足下列条件之一)			
硫醇硫含量/%	不大于	0.001	—
亚铅酸钠试验(博士试验)		通过	—
铜片腐蚀(100℃，2h)/级	不大于	1	1
色度(重铬酸钾溶液)/号	不大于	1	2

　　使用灯用煤油时，一般有两个要求：一是灯用煤油在点燃时要有足够的亮度，亮度降低的速度不应过快；二是灯用煤油没有臭味和油烟，灯芯上积炭要少，单位烛光的耗油量较少。

　　评定灯用煤油的主要质量指标有：燃烧性(点灯试验)、无烟火焰高度、馏程等。

　　点灯试验及无烟火焰高度是判断燃料的燃烧性能，生成积炭倾向及燃烧完全程度的指标。灯用煤油的化学组成对点灯试验和无烟火焰高度有很大的影响。在各种烃类中，烷烃和环烷烃因分子中含氢量较多，燃烧比较完全，不冒黑烟但亮度下降快。而芳香烃虽然其分子中含氢量低，烟点低，但在燃烧一段时间后其亮度下降较慢，因此煤油中应允许一定量的芳香烃存在，一般为 10% ~ 15%。芳香烃过多，在燃烧时易生成积炭影响亮度并堵塞灯芯毛细管。煤油中若含有烯烃，特别是二烯烃，储存时易生成胶质，燃烧时同样能堵塞灯芯毛细管，影响吸油并使得灯芯结焦，因此灯用煤油大都是经过精制后的直馏产品。

　　灯用煤油馏分过轻时燃烧亮度小，单位时间内的耗油量增加，储存时风险大。灯用煤油的馏分过重时其黏度相应增大，易堵塞灯芯，灯芯吸油慢，亮度小。馏分适当，燃烧时灯芯吸油畅通、对火焰供油充足，亮度小，同时耗油量少。

　　灯用煤油的色度在一定程度上反映出其中胶状物质的含量，颜色越深，胶质含量越多，对吸油性影响越大。试油色度越小，质量越好。

五、燃料油

　　燃料油为家用和工业燃烧器上所用的液体燃料，它广泛用于船舶锅炉燃料、加热炉燃料、冶金炉和其他工业炉燃料。我国燃料油消费主要集中在发电、交通运输、冶金、化工、轻工等行业。

　　一般是以直馏渣油或裂化渣油和二次加工轻柴油调合而成。

　　根据 2002 年国家统计局统计，我国燃料油消费主要集中在发电、交通运输、冶金、化工、轻工等行业。其中电力行业的用量最大，占消费总量的 32%；其次是石化行业，主要用于化肥原料和石化企业的燃料，占消费总量的 25%；再次是交通运输行业，主要是船舶燃料，占消费总量的 22%；近年来需求增加最多的是建材和轻工行业（包括平板玻璃、玻璃器皿、建筑及生活陶瓷等制造企业占消费总量的 14），其他部门的燃料油消费占全部消费量的比例变化不大。

燃料油主要由石油的裂化残渣油和直馏残渣油制成的，其特点是黏度大，含非烃化合物、胶质、沥青质多。

燃料油的性能：

（1）黏度

黏度是燃料油最重要的性能指标，是划分燃料油等级的主要依据。它是对流动性阻抗能力的度量，它的大小表示燃料油的易流性、易泵送性和易雾化性能的好坏。目前国内较常用的是 40℃运动黏度（馏分型燃料油）和 100℃运动黏度（残渣型燃料油）。我国过去的燃料油行业标准用恩氏黏度（80℃、100℃）作为质量控制指标，用 80℃运动黏度来划分牌号。

（2）含硫量

燃料油中的硫含量过高会引起金属设备腐蚀的和环境污染。根据含硫量的高低，燃料油可以划分为高硫、中硫、低硫燃料油。在石油的组分中除碳、氢外，硫是第三个主要组分，虽然在含量上远低于前两者，但是其含量仍然是很重要的一个指标。按含硫量的多少，燃料油一般又有低硫（LSFO）与高硫（HSFO）之分，前者含硫在 1% 以下，后者通常高达 3.5% 甚至 4.5% 或以上。另外还有低蜡油（Low Sulfur Waxy Residual 缩写 LSWR），含蜡量高有高倾点（如 40 ~ 50℃）。在上海期货交易所交易的是高硫燃料油。

（3）密度

密度为油品的质量与其体积的比值。常用单位：g/cm^3、kg/m^3 或 t/m^3 等。由于体积随温度的变化而变化，故密度不能脱离温度而独立存在。为便于比较，西方规定以 15℃下之密度作为石油的标准密度。

（4）闪点

闪点是油品安全性的指标。油品在特定的标准条件下加热至某一温度，令由其表面逸出的蒸气刚够与周围的空气形成一可燃性混合物，当以一标准测试火源与该混合物接触时即会引致瞬时的闪火，此时油品的温度即定义为其闪点。其特点是火焰一闪即灭，达到闪点温度的油品尚未能提供足够的可燃蒸气以维持持续的燃烧，仅当其再行受热而达到另一更高的温度时，一旦与火源相遇方构成持续燃烧，此时的温度称燃点或着火点。虽然如此，但闪点已足以表征一油品着火燃烧的危险程度，习惯上也正是根据闪点对危险品进行分级。显然闪点愈低愈危险，愈高愈安全。

（5）水分

水分的存在会影响燃料油的凝点，随着含水量的增加，燃料油的凝点逐渐上升。此外，水分还会影响燃料的燃烧性能，可能会造成炉膛熄火、停炉等事故。

（6）灰分

灰分是燃烧后剩余不能燃烧的部分，特别是催化裂化循环油和油浆渗入燃料油后，硅铝催化剂粉末会使泵、阀磨损加速。另外，灰分还会覆盖在锅炉受热面上，使传热性变坏。

（7）机械杂质

机械杂质会堵塞过滤网，造成抽油泵磨损和喷油嘴堵塞，影响正常燃烧。

六、润滑油

润滑油是一种广泛应用于汽车、机械、冶金等行业的石化产品,主要起润滑、冷却、防锈、清洁、密封和缓冲等作用。

润滑油基础油主要分矿物基础油及合成基础油两大类。矿物基础油应用广泛,用量很大(约95%以上),但有些应用场合则必须使用合成基础油调配的产品,因而使合成基础油得到迅速发展。矿物基础油由原油提炼而成。润滑油基础油主要生产过程有:常减压蒸馏、溶剂脱沥青、溶剂精制、溶剂脱蜡、白土或加氢补充精制。矿物基础油的化学成分包括高沸点、高相对分子质量烃类和非烃类混合物。其组成一般为烷烃(直链、支链、多支链)、环烷烃(单环、双环、多环)、芳烃(单环芳烃、多环芳烃)、环烷基芳烃以及含氧、含氮、含硫有机化合物和胶质、沥青质等非烃类化合物。矿物型润滑油的生产,最重要的是选用最佳的原油。

1. 润滑油组成

一般来说,润滑油由基础油和添加剂两部分构成,其中润滑油基础油是润滑油的主要成分,通常在成品润滑油中的含量为70%~99%,因此基础油的质量直接影响着润滑油的质量。而润滑油基础油质量的好坏,则与原油的性质、生产工艺等密切相关,因此非常有必要对润滑油基础油的生产状况进行研究。

(1)基础油

最初我国润滑油基础油分类标准是1983年开始执行的,其分类是根据原油的类属及其性质划分的。目前我国润滑油基础油则是按适用范围将基础油分为通用基础油和专用基础油。

基础油的牌号是用黏度等级来表示的,基础油的黏度等级国外通常用赛氏通用黏度(秒)划分。我国润滑油基础油的黏度等级按赛氏通用黏度划分,其数值为某黏度等级基础油的运动黏度所对应的赛氏通用黏度整数近似值。低黏度组分称为中性油,黏度等级以40℃赛氏通用黏度(秒)表示,高黏度组分称为光亮油,黏度等级以100℃赛氏通用黏度(秒)表示。

中国石化从90年代起按照国际上通用的中性油分类方法,并根据国内原油性质和黏度指数,把中性油分为UHVI(超高黏度指数,黏度指数>140)、VHVI(很高黏度指数,黏度指数>120)、HVI(高黏度指数,黏度指数>80)、MVI(中黏度指数,黏度指数40~80)和LVI(低黏度指数,黏度指数<40)四大类。另外,根据大跨度多级内燃机油、液力传动油、高性能极压工业齿轮油等高档油品对中性油的性质要求,又制定了HVIS和MVIS两类深度精制的中性油标准,以及HVIW和MVIW两类深度脱蜡的中性油标准。这些中性油的氧化安定性、抗乳化性、蒸发损失和倾点等指标均较前面几种中性油规定了更高的要求。

(2)添加剂

润滑油添加剂是指加入润滑油基础油中的一种或几种化合物,可改善其物理化学性质,对润滑油赋予新的特殊性能,或加强其原来具有的某种性能,以满足更高的要求。

添加剂按功能分主要有清净分散剂、抗氧抗腐剂、极压抗磨剂、摩擦改善剂(又名油性剂)、抗氧防胶剂、增黏剂、防锈剂、降凝剂、抗泡剂、破乳剂等类型。市场中所销售的添加剂一般都是上述各单一添加剂的复合品,所不同的是单一添加剂的成分不同以及复合添加剂内部几种单一添加剂的比例不同而已。以复合剂为原料调合润滑油的生产工艺简单,操作方便,生产周期短,经济性好。润滑油添加剂具体分类:

① 清净分散剂：吸附氧化产物，将其分散在油中。通过清净分散剂的增溶、分散、酸中和及洗涤作用，使沉积在机械表面上的油泥和积炭洗涤下来，并使它们分散在油中通过过滤器除去。

② 抗氧抗腐剂：提高油品氧化安全性——防止金属氧化、催化陈旧延缓油品氧化速度，隔绝酸性物与金属接触生成保护膜，具有抗磨性。主要产品有：硫磷丁辛伯烷基锌盐、硫磷双辛伯烷基锌盐、碱式硫磷双辛伯烷基锌盐、硫磷丙辛仲伯烷基锌盐、硫磷伯仲烷基锌盐。

③ 极压抗磨剂：在摩擦面的高温部分能与金属反应生成融点低的物质，节省油耗和振动噪音。极压剂大部分都是硫化物、氯化物、磷化物，在高温下能与金属反应生成润滑性的物质，在苛刻条件下提供润滑。

④ 摩擦改进剂：都是带有极性分子的活性物质，能在金属表面形成牢固的吸附膜，在边界润滑的条件下，可以防止金属摩擦面的直接接触。

⑤ 抗氧防胶剂：用作汽油、润滑油、石蜡等产品，抗氧、防胶剂，橡胶塑料的防老剂。

⑥ 增黏剂：又称增稠剂，主要是聚侯型有机高分子化合物，增黏剂不仅可以增加油品的黏度，并可改善油品的黏温性能。

⑦ 防锈剂：是一些极性化合物，对金属有很强的吸附力，能在金属和油的界面上形成紧密的吸附膜以隔绝水分、潮气和酸性物质的侵蚀；防锈剂还能阻止氧化、防止酸性氧化物的生成，从而起到防锈的作用。

⑧ 降凝剂：降低油品的凝点，改善油品低温流动性。

⑨ 抗泡剂：使气泡能迅速地溢出油面，失去稳定性并易于破裂，从而缩短了气泡存在的时间。

⑩ 破乳剂：对油品有很高的降解性能及水萃取性。

2. 润滑油的基本性能

润滑油的基本性能包括一般理化性能、特殊理化性能和模拟台架试验。

（1）一般理化性能

润滑油的一般理化性能要求，主要有外观(色度)、密度、黏度、黏度指数、闪点、凝点和倾点、酸值、碱值和中和值、水分、机械杂质、灰分和硫酸灰分、残炭等11项指标。

① 外观(色度)。油品的颜色往往可以反映其精制程度和稳定性。对于基础油来说，一般精制程度越高，其烃的氧化物和硫化物脱除的越干净，颜色也就越浅。但是，即使精制的条件相同，不同油源和基属的原油所生产的基础油，其颜色和透明度也可能是不相同的。

对于新的成品润滑油，由于添加剂的使用，颜色作为判断基础油精制程度高低的指标已失去了它原来的意义。

② 密度。密度是润滑油最简单、最常用的物理性能指标。润滑油的密度随其组成中含碳、氧、硫的数量的增加而增大，因而在同样黏度或同样相对分子质量的情况下，含芳烃多的，含胶质和沥青质多的润滑油密度最大，含环烷烃多的居中，含烷烃多的最小。

③ 黏度。黏度反映油品的内摩擦力，是表示油品油性和流动性的一项指标。在未加任何功能添加剂的前提下，黏度越大，油膜强度越高，流动性越差。

④ 黏度指数。黏度指数表示油品黏度随温度变化的程度。黏度指数越高，表示油品黏度受温度的影响越小，其黏温性能越好，反之越差。

⑤ 闪点。闪点是表示油品蒸发性的一项指标，同时，闪点又是表示石油产品着火危险性的指标。因此，用户在选用润滑油时应根据使用温度和润滑油的工作条件进行选择。一般

认为，闪点比使用温度高 20～30℃，即可安全使用。

⑥ 凝点和倾点。润滑油的凝点是表示润滑油低温流动性的一个重要质量指标。对于生产、运输和使用都有重要意义。凝点高的润滑油不能在低温下使用。相反，在气温较高的地区则没有必要使用凝点低的润滑油。因为润滑油的凝点越低，其生产成本越高，造成不必要的浪费。一般说来，润滑油的凝点应比使用环境的最低温度低 5～7℃。但是特别还要提及的是在选用低温的润滑油时，应结合油品的凝点、低温黏度及黏温特性全面考虑。因为低凝点的油品，其低温黏度和黏温特性亦有可能不符合要求。

凝点和倾点都是油品低温流动性的指标，两者无原则的差别，只是测定方法稍有不同。同一油品的凝点和倾点并不完全相等，一般倾点都高于凝点 2～3℃，但也有例外。

⑦ 酸值、碱值和中和值。酸值是表示润滑油中含有酸性物质的指标，单位是 mgKOH/g。酸值分强酸值和弱酸值两种，两者合并即为总酸值(简称 TAN)。我们通常所说的"酸值"，实际上是指"总酸值(TAN)"。

碱值是表示润滑油中碱性物质含量的指标，单位是 mgKOH/g。

碱值亦分强碱值和弱碱值两种，两者合并即为总碱值(简称 TBN)。我们通常所说的"碱值"实际上是指"总碱值(TBN)"。

中和值实际上包括了总酸值和总碱值。但是，除了另有注明，一般所说的"中和值"，实际上仅是指"总酸值"，其单位也是 mgKOH/g。

⑧ 水分。水分是指润滑油中含水量的百分数，通常是质量百分数。润滑油中水分的存在，会破坏润滑油形成的油膜，使润滑效果变差，加速有机酸对金属的腐蚀作用，锈蚀设备，使油品容易产生沉渣。总之，润滑油中水分越少越好。

⑨ 机械杂质。机械杂质是指存在于润滑油中不溶于汽油、乙醇和苯等溶剂的沉淀物或胶状悬浮物。这些杂质大部分是砂石和铁屑之类，以及由添加剂带来的一些难溶于溶剂的有机金属盐。通常，润滑油基础油的机械杂质都控制在 0.005% 以下(机械杂质在 0.005% 以下被认为是无)。

⑩ 灰分和硫酸灰分。灰分是指在规定条件下，灼烧后剩下的不燃烧物质。灰分的组成一般认为是一些金属元素及其盐类。灰分对不同的油品具有不同的概念，对基础油或不加添加剂的油品来说，灰分可用于判断油品的精制深度。对于加有金属盐类添加剂的油品(新油)，灰分就成为定量控制添加剂加入量的手段。国外采用硫酸灰分代替灰分。其方法是：在油样燃烧后、灼烧灰化之前加入少量浓硫酸，使添加剂的金属元素转化为硫酸盐。

⑪ 残炭。油品在规定的实验条件下，受热蒸发和燃烧后形成的焦黑色残留物称为残炭。残炭是润滑油基础油的重要质量指标，是为判断润滑油的性质和精制深度而规定的项目。润滑油基础油中，残炭的多少，不仅与其化学组成有关，而且也与油品的精制深度有关，润滑油中形成残炭的主要物质是：油中的胶质、沥青质及多环芳烃。这些物质在空气不足的条件下，受强热分解、缩合而形成残炭。油品的精制深度越深，其残炭值越小。一般讲，空白基础油的残炭值越小越好。

现在，许多油品都含有金属、硫、磷、氮元素的添加剂，它们的残炭值很高，因此含添加剂油的残炭已失去残炭测定的本来意义。机械杂质、水分、灰分和残炭都是反映油品纯洁性的质量指标，反映了润滑基础油精制的程度。润滑油的生产主要以来自原油蒸馏装置的润滑油馏分和渣油馏分为原料。在这些馏分中，既含有理想组分，也含有各种杂质和非理想组分。通过溶剂脱沥青、溶剂脱蜡、溶剂精制、加氢精制或酸碱精制、白土精制(见石油产品精制）等工艺，除去或降低形成游离碳的物质、低黏度指数的物质、氧化安定性差的物质、石蜡以及影响成品油颜色的化学物质等非理想组分，得到合格的润滑油基础油，经过调合并加入适当添加剂后即成为润滑油产品。

（2）特殊理化性能

除了上述一般理化性能之外，每一种润滑油品还应具有表征其使用特性的特殊理化性质。越是质量要求高，或是专用性强的油品，其特殊理化性能就越突出。反映这些特殊理化性能的试验方法简要介绍如下：

① 氧化安定性。氧化安定性说明润滑油的抗老化性能，一些使用寿命较长的工业润滑油都有此项指标要求，因而成为这些种类油品要求的一个特殊性能。测定油品氧化安定性的方法很多，基本上都是一定量的油品在有空气（或氧气）及金属催化剂的存在下，在一定温度下氧化一定时间，然后测定油品的酸值、黏度变化及沉淀物的生成情况。一切润滑油都依其化学组成和所处外界条件的不同，而具有不同的自动氧化倾向。随使用过程而发生氧化作用，因而逐渐生成一些醛、酮、酸类和胶质、沥青质等物质，氧化安定性则是抑制上述不利于油品使用的物质生成的性能。

② 热安定性。热安定性表示油品的耐高温能力，也就是润滑油对热分解的抵抗能力，即热分解温度。一些高质量的抗磨液压油、压缩机油等都提出了热安定性的要求。油品的热安定性主要取决于基础油的组成，很多分解温度较低的添加剂往往对油品安定性有不利影响；抗氧剂也不能明显地改善油品的热安定性。

③ 油性和极压性。油性是润滑油中的极性物在摩擦部位金属表面上形成坚固的理化吸附膜，从而起到耐高负荷和抗摩擦磨损的作用，而极压性则是润滑油的极性物在摩擦部位金属表面上，受高温、高负荷发生摩擦化学作用分解，并和表面金属发生摩擦化学反应，形成低熔点的软质（或称具可塑性的）极压膜，从而起到耐冲击、耐高负荷高温的润滑作用。

④ 腐蚀和锈蚀。由于油品的氧化或添加剂的作用，常常会造成钢和其他有色金属的腐蚀。腐蚀试验一般是将紫铜条放入油中，在100℃下放置3h，然后观察铜的变化；而锈蚀试验则是在水和水汽作用下，钢表面会产生锈蚀，测定防锈性是将30mL蒸馏水或人工海水加入到300mL试油中，再将钢棒放置其内，在54℃下搅拌24h，然后观察钢棒有无锈蚀。油品应该具有抗金属腐蚀和防锈蚀作用，在工业润滑油标准中，这两个项目通常都是必测项目。

⑤ 抗泡性。润滑油在运转过程中，由于有空气存在，常会产生泡沫，尤其是当油品中含有具有表面活性的添加剂时，则更容易产生泡沫，而且泡沫还不易消失。润滑油使用中产生泡沫会使油膜破坏，使摩擦面发生烧结或增加磨损，并促进润滑油氧化变质，还会使润滑系统气阻，影响润滑油循环。因此抗泡性是润滑油等的重要质量指标。

⑥ 水解安定性。水解安定性表征油品在水和金属（主要是铜）作用下的稳定性，当油品酸值较高，或含有遇水易分解成酸性物质的添加剂时，常会使此项指标不合格。它的测定方法是将试油加入一定量的水之后，在铜片和一定温度下混合搅动一定时间，然后测水层酸值和铜片的失重。

⑦ 抗乳化性。工业润滑油在使用中常常不可避免地要混入一些冷却水，如果润滑油的抗乳化性不好，它将与混入的水形成乳化液，使水不易从循环油箱的底部放出，从而可能造成润滑不良。因此抗乳化性是工业润滑油的一项很重要的理化性能。一般油品是将40mL试油与40mL蒸馏水在一定温度下剧烈搅拌一定时间，然后观察油层-水层-乳化层分离成

40mL、37mL、3mL 的时间；工业齿轮油是将试油与水混合，在一定温度和 6000r/min 下搅拌 5min，放置 5h，再测油、水、乳化层的毫升数。

⑧ 空气释放值。液压油标准中有此要求，因为在液压系统中，如果溶于油品中的空气不能及时释放出来，那么它将影响液压传递的精确性和灵敏性，严重时就不能满足液压系统的使用要求。测定此性能的方法与抗泡性类似，不过它是测定溶于油品内部的空气（雾沫）释放出来的时间。

⑨ 橡胶密封性。在液压系统中以橡胶做密封件者居多，在机械中的油品不可避免地要与一些密封件接触，橡胶密封性不好的油品可使橡胶溶胀、收缩、硬化、龟裂，影响其密封性，因此要求油品与橡胶有较好的适应性。液压油标准中要求橡胶密封性指数，它是以一定尺寸的橡胶圈浸油一定时间后的变化来衡量。

⑩ 剪切安定性。加入增黏剂的油品在使用过程中，由于机械剪切的作用，油品中的高分子聚合物被剪断，使油品黏度下降，影响正常润滑。因此剪切安定性是这类油品必测的特殊理化性能。测定剪切安定性的方法很多，有超声波剪切法、喷嘴剪切法、威克斯泵剪切法、FZG 齿轮机剪切法，这些方法最终都是测定油品的黏度下降率。

⑪ 溶解能力。溶解能力通常用苯胺点来表示。不同级别的油对复合添加剂的溶解极限苯胺点是不同的，低灰分油的极限值比过碱性油要大，单级油的极限值比多级油要大。

⑫ 挥发性。基础油的挥发性与油耗、黏度稳定性、氧化安定性有关。这些性质对多级油和节能油尤其重要。

⑬ 防锈性能。

这是专指防锈油脂所应具有的特殊理化性能，它的试验方法包括潮湿试验、盐雾试验、叠片试验、水置换性试验，此外还有百叶箱试验、长期储存试验等。

⑭ 电气性能。

电气性能是绝缘油的特有性能，主要有介质损失角、介电常数、击穿电压、脉冲电压等。基础油的精制深度、杂质、水分等均对油品的电气性能有较大的影响。

（3）其他特殊理化性能

每种油品除一般性能外，都应有自己独特的特殊性能。例如，淬火油要测定冷却速度；乳化油要测定乳化稳定性；液压导轨油要测防爬系数；喷雾润滑油要测油雾弥漫性；冷冻机油要测凝絮点；低温齿轮油要测成沟点等。这些特性都需要基础油特殊的化学组成，或者加入某些特殊的添加剂来加以保证。

3. 润滑油分类

润滑油的品种甚多，用途各异，因此按使用特性可将润滑油分为内燃机润滑油、齿轮油、液压油和工业设备用润滑油四大类。

内燃机润滑油（简称内燃机油）包括用于汽油机油和柴油机油，是产量最大的一类润滑油。在我国润滑油产品构成中，内燃机油约占一半。

齿轮油包括车用齿轮油和工业齿轮油。在我国润滑油产品构成中，齿轮油约占 3%。

液压油用于工程机械、矿山机械、农业机械、交通机械、建筑机械等液压系统。在我国润滑油产品构成中液压油约占 3%。

工业设备用润滑油（简称工业润滑油）包括全损耗系统用油（机械油）、汽轮机油、压缩机油、冷冻机油、真空泵油、电气绝缘油、工艺用油（金属加工油、金属热处理油、铸造用油、压延油、白色油、防锈油等）。在我国润滑油产品构成中，工业润滑油约占 44%，其产量仅次于内燃机油。

这里主要介绍内燃机油、齿轮油和液压油的性能与分类。

（1）内燃机油

内燃机油的品种较多，如汽油机油、二冲程汽油机油、柴油机油、船用柴油机油以及铁道柴油机油等。由于内燃机是当代的主要动力机械，所以，努力提高内燃机油的质量，正确合理地使用内燃机油，对于节约石油资源，提高内燃机的技术水平和使用寿命，都具有重要意义。

① 内燃机中润滑油的工作环境。现代内燃机都有一套润滑系统，它是由油箱、油泵、粗滤器、精滤器及油管等组成。

汽油机的润滑系统如图 2-6 所示。

汽油机润滑油装在发动机下面的油箱中，曲轴和其他运动机件靠齿轮泵供油，油泵 6 把润滑油从油箱中抽出，通过油管送到粗滤器 1，润滑油通过总管 3，打到曲轴的润滑孔道内，然后进入曲轴和轴承之间的缝隙，减少曲轴与轴承之间的摩擦，通常打入的润滑油量较大，目的是将摩擦热带走。

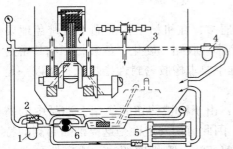

图 2-6　汽油机润滑系统示意图
1—粗滤器；2—单向阀；3—总管；
4—精滤器；5—润滑油散热器；6—齿轮泵

活塞环与汽缸壁之间的润滑主要靠飞溅润滑。润滑油除起润滑作用外，也对汽缸壁和活塞环间起密封作用。由于活塞的往复运动，总有一部分润滑油进入汽缸被烧掉。同时，工作较长的润滑油会变质，因此，常要将润滑油过滤除去杂质，并要补充新的润滑油。润滑油常在散热器中冷却，将摩擦热传出去，保持润滑油一定的油温。

内燃机中润滑油工作环境的主要特点是：

a. 使用温度高。内燃机除了产生摩擦以外，还受到燃料燃烧产生热量的影响，当内燃机工作一段时间后，各摩擦表面的温度都比较高，部位不同，温度不同。活塞头环部为 200~300℃，曲轴轴承 85~100℃，活塞裙部 110~125℃，曲轴箱油温 40~90℃。发动机停止工作一段时间后，曲轴箱油温接近环境温度，发动机重新启动时，各处动温度接近环境温度。当冷启动时，各摩擦表面极易发生干摩擦或半液体摩擦。

b. 摩擦部件间负荷大。现代内燃机功率大，比重量轻，因而运动部件的摩擦表面负荷较大，有些部位处于极压润滑状态，导致摩擦表面发生黏结和烧结等故障。

c. 环境复杂。润滑油在循环使用过程中，不断与多种金属（如铁、巴比合金、铜铅合金等）接触，这些金属能对润滑油的氧化起催化作用，特别是飞溅润滑时，润滑油呈雾状与空气接触面较大。而且温度也较高，润滑油氧化较剧烈，在各种条件的综合作用下，将会生成漆膜、积炭及油泥等沉积物和酸性物质，导致机件腐蚀、活塞环黏结、摩擦副磨损加剧、燃料消耗增加，发动机寿命缩短等不良后果。

② 内燃机油的性能要求。内燃机的种类、机型和使用条件不同，对内燃机油的质量要求也不同，但是，无论哪种内燃机油，对它的黏度、黏温性能、低温流动性能、润滑性能以及抗氧化、抗腐蚀、清净分散等一系列的性能都应有一定要求。

a. 黏度。发动机的工作压力很高，主轴承、连杆瓦等部位要承受很高的负荷，如果润滑油不能在运动部位形成一定厚度的油膜，发动机磨损就会增大。黏度过低，还会使摩擦阻力增大，造成油耗增加，冷启动困难。因此，发动机应选用合适黏度的润滑油，在保证润滑的前提下，黏度尽可能小。

b. 黏温特性。黏温特性是指润滑油黏度随温度升高而减小，随温度降低而增大的性质。黏度随温度变化越小，黏温性越好，对使用越有利。黏度变小，不能保证润滑，发动机不工作而温度降低时，黏度变得很大，使发动机因为摩擦力增大而出现低温启动困难。

c. 凝点。如果润滑油的凝点高，冬季气温低时润滑油流动困难，甚至会凝固，轻则造成发动机暖机时间长，重则导致发动机无法启动。一般润滑油凝点应比最低气温低 5 ~ 10℃，才能保证设备正常冷启动。

d. 抗氧化安定性。抗氧化安定性是指润滑油抵抗氧化的能力。发动机工作时温度比较高，以汽油机为例，活塞头环处温度约为205℃，活塞裙部约为110℃，主轴承约为85℃，润滑油在这样的温度下很容易氧化。此外，润滑油还会受到汽缸窜气的影响，即燃烧产生的气体容易窜入油底壳，并进入润滑油中加速润滑油氧化。

e. 清净分散性。清净分散性是指内燃机油能够防止形成积炭、漆膜和油泥的能力。积炭是由于燃料燃烧不完全，或者润滑油窜入燃烧室后裂解而形成的炭状物质。燃烧室中的积炭会导致火花塞连桥，发动机敲缸等问题。积炭落入油底壳会加速润滑油变质，或者堵塞油滤。漆膜是由于润滑油氧化而在活塞环、活塞裙等部位形成的漆状薄膜。漆膜常温下很坚固，但在高温下会变得很黏，能够粘在活塞环，使活塞环密封性下降，还会使活塞散热困难，导致活塞过热膨胀而产生拉缸。油泥是润滑油氧化的产物、积炭、固体杂质等混合形成的黑色泥状物质，存在于油底壳底部。油泥会堵塞油滤，使运动部位得不到润滑，从而导致烧瓦、拉缸等问题。清净分散性是内燃机油的特殊性质，只有清净性好的润滑油才能有效防止积炭、漆膜和油泥的生成，保证发动机正常工作。

f. 油性和极压性。由于发动机运动部位压力和温度比较高，润滑油很容易被挤出去，不易形成油膜。为了保证运动部位不被磨损，除了要求润滑油要有足够的黏度外，还要求润滑油能在运动部位的表面形成一层吸附膜，或反应膜，保护零件不受磨损。这种性能称为油性的积压性。内燃机油的油性积压性差，会使发动机磨损加剧，寿命缩短，严重时会造成烧瓦或拉缸。

在内燃机油的各种性能中，抗氧化安定性和清净分散性尤为重要，这也是不同质量内燃机油的主要差别所在。此外，由于柴油机的工作压力和温度都比汽油机高，所以对柴油机油的各种性能要求比汽油机油要高一些。

③ 内燃机油的分类和规格。目前，国际上通用的内燃机油的分类是美国 SAE（美国汽车工程师学会）和 API（美国石油学会）制订的两种分类法。前者是按照黏度的大小，将内燃机油划分为若干级别，后者是按照使用条件，将内燃机油划分为若干质量等级。

a. 内燃机油黏度等级的分类。我国等效采用 SAE—J300 标准，制定了内燃机油黏度分类国家标准（GB/T 14906—1994），见表 2 - 24。

表 2 - 24 内燃机黏度分类标准（GB/T 14906—1994）

黏度级别	在低温下最大动力黏度值		最大边界泵送	100℃时黏度/（mm²/s）	
	温度/℃	黏度/mPa·s	温度/℃	最小	最大
0W	-30	3250	-35	3.8	—
5W	-25	3500	-30	3.8	—
10W	-20	3500	-25	4.3	—
15W	-15	3500	-20	5.6	—

黏度级别	在低温下最大动力黏度值		最大边界泵送温度/℃	100℃时黏度/（mm²/s）	
	温度/℃	黏度/mPa·s		最小	最大
20W	−10	4500	−15	5.6	—
25W	−5	6000	−10	9.3	—
20	—	—	—	5.6	9.3
30	—	—	—	9.3	12.5
40	—	—	—	12.5	16.3
50	—	—	—	16.3	21.9

从表 2-24 中可知，表中有两组黏度级别，一组后附字 W，字母 W 为 Winter（冬季）之略，即冬季用内燃机油，另一组未附 W，为夏用内燃机油。前者规定的流变性质有最大低温黏度、最大边界泵送温度和100℃时最小运动黏度，后者只规定100℃时的运动黏度范围。

近年来，内燃机中越来越多地使用冬夏两用的多级油。多级油是指 100℃黏度在某一夏用内燃机油的黏度等级范围内，同时其低温黏度和边界泵送温度又能满足某一冬用黏度等级的润滑油，可以表示为 5W/30、10W/30 和 20W/40 等，见表 2-25。

表 2-25 冬夏两用内燃机油黏度分类

黏度级别	在低温下最大动力黏度值		最大边界泵送温度/℃	100℃时最小黏度/（mm²/s）
	温度/℃	黏度/mPa·s		
5W-10	−25	3500	−30	4.1
5W-20	−25	3500	−30	5.6
5W-30	−25	3500	−30	9.3
5W-40	−25	3500	−30	12.6
5W-50	−25	3500	−30	16.3
10W-20	−20	3500	−25	5.6
10W-30	−20	3500	−25	9.3
10W-40	−20	3500	−25	12.5
10W-50	−20	3500	−25	16.3
15W-20	−15	3500	−20	5.6
15W-30	−15	3500	−20	9.3
15W-40	−15	3500	−20	12.5
15W-50	−15	3500	−20	16.3
20W-30	−10	4500	−15	9.3
20W-40	−10	4500	−15	12.5
20W-50	−10	4500	−15	16.3
25W-30	−5	6000	−10	9.3
25W-40	−5	6000	−10	12.5
25W-50	−5	6000	−10	16.3

从表 2-25 可知，冬夏两用的内燃机油同时要符合冬夏的黏度分类法的要求，例如，10W/30 油其低温时的最大动力黏度和最大边界泵送温度相当于冬用 10W，但其 100℃时的最小运动黏度却相当于夏用 30。10W/50 可在 −30~40℃气温条件下使用，因此，可以把冬夏两用油称为多级油或全天候的润滑油（冬夏两用油多半是稠化机油）。

b. 内燃机油质量等级的分类。美国石油学会（API）、美国汽车工程师学会（SAE）、美国材料试验学会（ASTM）在原有 API 分类法的基础上，于 1971 年共同提出了内燃机油质量等级的新分类法，并规定了各种试验方法。按照这一新分类法，内燃机油分为汽油机油系列

（即 S 系列）和柴油机油系列（即 C 系列）两大类。我国参照 SAEJ183 分类方法制定了分类标准。

在 S 系列中，质量等级分为 SC、SD、SE、SF、SG、SH、SJ、SL 和 SM 等 10 个（我国国家标准中已淘汰 SA 和 SB，暂时还没有 SG、SH、SJ、SL 和 SM），SA 级油质量要求最低，SJ 级油质量要求最高；在 C 系列中，质量等级分为 CC、CD、CD-Ⅱ、CE、CF-4、CG-4、CH-4、CI-4 和 CJ-4 等 10 个（我国国家标准中已淘汰 CA 和 CB，暂时还没有 CF-4、CG-4、CH-4、CI-4 和 CJ-4），CC 级油质量要求最低，CJ 级油质量要求最高。

既可作为汽油机油也可作为柴油机油的通用内燃机油的质量分级，采用其所满足的汽油机油和柴油机油的等级表示，如 SC/CC、SD/CC、SE/CD 等。通用内燃机油的性能全面、适应面宽、可简化油品管理、方便使用。目前随着我国汽车工业的发展，对 SG/CF、SG/CE、SG/CD、SJ/CF 以及 SG/CF-4 等通用内燃机油的需求有增加的趋势。

c. 内燃机油的品种。我国国家标准规定的汽油机油、汽油机/柴油机通用油和柴油机油的品种见表 2-26 和表 2-27。

表 2-26　汽油机油、汽油机/柴油机通用油的品种（GB 11121—1995）

品种代号	黏　度　等　级
SC	5W/20、10W/30、15W/40、30、40
SD(SD/CC)	5W/30、10W/30、15W/40、20/20W、30、40
SE/(SE/CC)	5W/30、10W/30、15W/40、20/20W、30、40
SF(SF/CD)	5W/30、10W/30、15W/40、30、40

表 2-27　柴油机通用油的品种（GB 11121—1995）

品种代号	黏　度　等　级
SC	5W/20、10W/30、15W/40、30、40
SE(SE/CC)	5W/30、10W/30、15W/40、20/20W、30、40
SF/(SF/CD)	5W/30、10W/30、15W/40、30、40

④ 稠化机油、通用油和长寿油。稠化机油是用增黏剂与低黏度、低凝点的轻质润滑油（如变压器油、机械油、汽轮机油等）以及其他润滑油添加剂配制而成的。常用的增黏剂有：聚异丁烯、聚甲基丙烯酸酯、乙烯丙烯共聚物。

具体调配方案可根据使用要求而定，可以配制成稠化汽油机油、稠化柴油机油，也可以配制成既能用在汽油机上、又能用在柴油机上的通用油。如果稠化机油的基础油质量好、配方适当也可以制成长寿油。

稠化机油的使用特点：

a. 低温启动性能好。发动机启动时的阻力矩与启动转速和润滑油黏度的二分之一次方成正比。

内燃机油的黏度越大，发动机启动时的阻力矩也越大。发动机油的黏度大到一定程度后，启动阻力矩大到使发动机启动不起来，因此，存在着一个启动临界黏度。一般发动机油（非稠化机油）在寒区或严寒区的冬季，由于环境气温很低，发动机油的黏度超过启动临界黏度，因而，使发动机无法启动。而稠化机油，虽然当温度降低时，黏度也增大，但由于其中含有增黏剂，使黏温性能得到改善，故黏度增大的少，仍在启动临界黏度以下，可使发动机在寒区或严寒区的冬季气候条件下顺利启动。

b. 漆膜及积炭生成少。由于配制稠化机油的基础油是轻质润滑油，所以其相对分子质量比同黏度等级的非稠化机油的相对分子质量要小，相对分子质量小的烃类比相对分子质量大的烃类难氧化，因此，在使用条件下，稠化机油生成漆膜和积炭的倾向要比非稠化机油小。换句话说，稠化机油在发动机中使用时的换油期可以延长。当然黏度添加剂是聚合物，它们一般是生成漆膜和积炭的因素之一，这一点不可忽视。

通常把发动机油的消耗理解为在一定运行时间内加注于发动机的润滑油总量，其中一部分窜到汽缸中烧掉，另一部分因变质而排放出来。若使用质量好的润滑油，由于生成漆膜和积炭少，变质慢，排放废油的时间间隔延长，因而加注润滑油的次数减少，这意味着所用内燃机油的寿命长。

发动机使用长寿命润滑油后，可延长换油周期。在 20 世纪 70 年代，美国汽车发动机的换油周期大约是 12000 ~ 16000km，自从使用 SF 级油后，可延长到 24000km。我国加剂后的普通内燃机油的换油期为 6000 ~ 8000km，稠化机油换油期约 10000km。

c. 通用性好。由于稠化机油本身黏温特性比一般非稠化机油好，它能较好地满足低温启动和高温正常润滑两方面的要求，因此，稠化机油在我国可以南北通用、冬夏通用，不必因地区和季节的差异而更换不同的润滑油。

通用性不仅表现在相同机种上，而且表现在不同机种上。如汽油、柴油机通用的 QE/CC 油既可用在汽油发动机上，又可用在柴油发动机上。

稠化机油的这种通用性可以简化油的品种，给生产、储运、销售、使用、管理都带来很大的方便。

d. 经济性好。内燃机使用了稠化机油后，首先改善了冷启动，避免因启动困难而使发动机长时间或间断空转，随着冷启动的改善，发动机的摩擦磨损和燃料消耗将有所降低。其次，稠化机油在高温下黏度下降较小，因而能很好地对活塞和汽缸进行润滑和密封，减轻机件摩擦磨损。同时，防止燃料油窜至曲轴箱，也防止润滑油窜至燃烧室。其结果，降低了燃料油和润滑油的消耗，延长了发动机的寿命。

（2）齿轮油

① 齿轮润滑的特点及齿轮油的性能要求。齿轮传动是机械中最主要的一种传动方式，广泛用于动力传递和转向装置。齿轮油分为两大类：一类是车辆齿轮油；另一类是工业齿轮油。前者用于汽车、拖拉机，后者用于各种机械的齿轮传动装置。齿轮的润滑与一般的零件润滑（例如轴承的润滑）相比，有不同的特点：齿轮的曲率半径小，油楔条件差；齿轮的接触压力高，汽车传动齿轮 490 ~ 1471MPa、双曲线齿轮 2940MPa、船用减速齿轮 352 ~ 490MPa、压延机齿轮 343 ~ 588MPa；齿面存在着滑动，而且滑动的方向与大小急剧变化；齿轮的加工精度差，特别是表面光洁度比一般零件差。因此要求齿轮油具有以下性能：

a. 优良的极压抗磨性能。极压抗磨性能是齿轮油的最重要性能，在高速、低速重载荷和冲击负荷下，要靠齿轮油来形成润滑膜，防止齿轮金属工作面直接接触。如果齿轮油的极压抗磨性差，轻则会造成齿面磨损，重则会使齿面擦伤、剥落，甚至发生胶合，严重影响齿轮传动机构的正常工作。

b. 良好的热、氧化稳定性。齿轮油在工作中受摩擦工作面产生的热而升高温度，同时还接触空气、水和具有催化作用的金属，因此很容易氧化。齿轮油氧化变质后会失去原有的性质，不但不能保证齿轮传动机构的正常工作，而且氧化产生的酸还会腐蚀金属，氧化产生的油泥、漆膜会沉积在齿轮表面，严重影响齿轮的正常润滑。因此，齿轮油的氧化性能决定油品的使用寿命。

108

c. 合适的黏度和良好的低温启动性能。黏度是润滑油的最基本性质，工业齿轮油的牌号就是根据 40℃ 运动黏度划分的。在流体动力润滑状态下，齿轮油的黏度决定润滑膜形成的厚度，黏度越高，形成的润滑膜越厚。因此，在齿面受重负荷和高冲击负荷时应采用较高黏度的齿轮油。工业齿轮油应具有较高的黏度指数和好的低温流动性。黏度指数越高，黏度随温度的变化越小，可保证在较高齿面工作温度时形成足够的润滑油膜。齿轮油的低温流动性越好，齿轮在低温启动时才能将足够量的油带至齿轮表面，形成润滑膜，防止齿面损伤。

d. 良好的对金属防护能力。齿轮油中含有活性添加剂组分，在边界润滑状态时，这些活性组分要与齿面金属反应生成化学反应膜，保证齿轮工作面的润滑。另一方面，齿轮传动机构中还有许多铜或铜合金部件，油中的活性组分不应腐蚀这些铜部件。齿轮油在使用中发生氧化会产生腐蚀性酸，要防止它们对金属的腐蚀。齿轮油在许多应用场合还会遇水，也应防止产生锈蚀。

e. 良好的抗乳化性和抗泡性。齿轮油在工作中不可避免要与水和空气接触，齿轮油具有良好的抗乳化性和抗泡性，可及时将油中的水和空气分离，防止将水泡和空气泡带到齿轮工作面，便于形成完整的润滑油膜。否则水泡和空气泡在齿轮工作面发生破裂时，会造成工作面间金属直接接触，造成齿面擦伤和磨损。

② 齿轮油的分类：

a. 车辆齿轮油的分类：

（a）工业齿轮油的黏度分类。车辆齿轮油按照黏度分为 75W、80W、85W、90、140、250 等 6 个黏度等级。见表 2 - 28。

表 2 - 28　车辆齿轮油的黏度分类（GB 7631.7—89）

类　　别	达到 150Pa·s 的最高温度/℃	100℃ 运动黏度/（mm²/s）	
		最低	最高
75W	- 40	4.1	—
80W	- 26	7.0	—
85W	- 12	11.0	—
90	—	13.5	24.0
140	—	24.0	41.0
250	—	41.0	—

70W、75W、80W 是冬用车用齿轮油，90、140、250 是夏用车用齿轮油。W 级别是用布氏黏度计测出的低温黏度来规定的。之所以选择 150mPa·s 作为低温黏度的界限，是当黏度超过这一黏度数值时，对小齿轮轴承供油困难，进而发生烧结和损伤。

近年来，标号为 80W/90、85W/90、85W/140 等冬夏通用多级齿轮油应用日益增多，它们同时具有良好的低温启动性和高温润滑性。

（b）车辆齿轮油的质量分类。车辆齿轮油按照其使用条件的苛刻程度分为普通车辆齿轮油（代号 CLC）、中负荷车辆齿轮油（代号 CLD）和重负荷车辆齿轮油（代号 CLE），它们的质量等级分别相当于 API 的 GL - 3、GL - 4 和 GL - 5，见表 2 - 29。

表 2 - 29　我国车辆齿轮油的分类与 API 性能分类的对应关系

我国车辆齿轮油类别	API 性能分类号	我国车辆齿轮油类别	API 性能分类号
CLC 普通车辆齿轮油	GL - 3	CLE 重负荷车辆齿轮油	GL - 5
CLD 中负荷车辆齿轮油	GL - 4		

b. 工业齿轮油的分类：

（a）工业齿轮油的黏度分类。工业齿轮油是以 40℃ 时的运动黏度分类，并作为产品牌号。例如，N320 工业齿轮油，它的 40℃ 运动黏度在（320±10%）mm^2/s 范围内。中国、美国齿轮制造协会（AGMA）和国际标准化组织（ISO）工业齿轮油黏度等级与相应的对应关系见表 2-30。

表 2-30　工业齿轮油的黏度分类

GB/T 3141 黏度级别	40℃ 运动黏度/ （mm^2/s）	556℃ 赛氏黏度/s	AGMA 黏度级别	ISO 黏度级别
68	61.2~74.8	284~375	2EP	VG68
100	90~110	417~510	3EP	VG100
150	135~165	626~760	4EP	VG150
220	198~242	918~1122	5EP	VG220
320	288~352	1335~1632	6EP	VG320
460	414~506	1919~2346	7EP	VG460
680	612~748	2837~3467	8EP	VG680
1000	900~1100	4171~5098	9EP	VG1000

（b）工业齿轮油的质量分类。工业齿轮油的用途广，用量大。1990 年国际标准化组织发布了 ISO 6743/6 工业齿轮油的分类标准。中国于 1995 年发布了 GB/T 7631.7L 国家标准，等效采用 ISO 6743/6 分类标准。根据该标准，按照使用场合不同，将工业齿轮油分为工业闭式齿轮油和工业开式齿轮油。按照 40℃ 运动黏度的中心值分为 68、100、150、220、320、460 和 680 等 7 个标号，加有抗磨、抗氧化、抗腐蚀和抗泡沫等添加剂。工业闭式齿轮油分为 CKB、CKC、CKD、CKE、CKS、CKT6 个等级，见表 2-31。

表 2-31　工业齿轮油的分类（GB/T 7631.7—1995）

分类名称	组成特性及使用说明	相对应国外标准
（普通工业齿轮油）抗氧防锈工业齿轮油 L - CKB	由精制矿物油加入抗氧、防锈添加剂调配而成，具有较好的抗氧、防锈性能，适用于正齿轮、斜齿轮、伞齿轮等一般轻负荷齿轮润滑	AGMA250.04R & O 型
中负荷工业齿轮油 L - CKC	由精制矿物油加入抗氧、防锈、极压剂调配而成，比普通工业齿轮油有更好的抗磨性能，适用于有振动负荷的正齿轮、斜齿轮、伞齿轮、圆齿轮等润滑	AGMA250.03EP
重负荷工业齿轮油 L - CKD	由精制矿物油加入极压抗磨、抗氧、防锈剂调配而成，比中负荷工业齿轮油具有更好的极压抗磨性，抗氧防锈性，适用于恒定较高温度、重负荷条件下正齿轮、斜齿轮、螺旋齿轮等齿轮的润滑	AGMA250.04USS224
蜗轮蜗杆油 L - CKE 或 L - CKE/P	由精制矿物油或合成油加入油性剂等添加剂调配而成，具有良好的润滑特性和抗氧、防锈性能，适用于蜗轮蜗杆齿轮的润滑	AGMA250.04COMP, MIL - L 15019(1982)6135 或 MIL - L 18486B(OS)(1982)
合成烃工业齿轮油 L - CKS	以合成油或部分合成油加入与 L - CKC 相似添加剂调配而成；性能除具有与 L - CKC 相似之外，适用于高、低温环境下中负荷齿轮的润滑	

分类名称	组成特性及使用说明	相对应国外标准
合成烃极压工业齿轮油 L-CKT	由合成油或部分合成油加入各种相配伍的添加剂调配而成；适用于低温、高温或温度变化大环境下中重负荷齿轮的润滑	

工业开式齿轮油分为 CKH、CKJ、CKM3 个等级。CKH 普通开式齿轮油是普通的具有抗腐蚀性的沥青型产品，用于中等温度和轻负荷下运行的圆柱型或斜齿轮。如果是溶剂稀释型产品，则代号为 CKH-DIL；CKJ 中负荷开式齿轮油使用范围与 CKH 相同，但提高了极压、抗磨性；CKM 重负荷开式齿轮油是改善了抗擦伤和抗腐蚀性的黏性产品，通常用于特别重负荷下运行的齿轮。

工业齿轮油的黏度、黏度指数、闪点、倾点、液相锈蚀、铜片腐蚀和泡沫性等理化性能评定方法与其他润滑油的评定方法相同，而极压性、抗磨性、氧化安定性和抗乳化性则采用专用的评定方法。

（3）液压油

① 液压油的性能要求。液压油是液压系统传递动力的介质，其在液压系统中的主要作用是将液压系统中某一点所承受的压力传递到其他部位。同时液压油还具有润滑、防锈、防腐保护和冷却作用。随着液压技术的不断发展，对液压油的质量要求也越来越高。

a. 黏度和黏温性质。液压油泵对黏度的变化最为敏感，泵的允许黏度是确定油品黏度的依据。此外对于运行温度范围变化比较大的机械，要求液压油具有较高的黏度指数，一般在 90 以上。

b. 氧化安定性和热氧化安定性。目前液压系统中的油箱温度为 120℃左右，液压油在使用过程中由于氧化会产生酸性物质和油泥。因此要求液压油具有良好的氧化安定性和热氧化安定性。

c. 防锈性和防腐蚀性。液压系统生锈和腐蚀会加速液压油的氧化和造成意外磨损事故，因此液压油应具有良好的防锈和防腐性。

d. 抗磨性。液压系统向着高压和高速方向发展，因此液压油应具有良好的抗磨性，需要加入抗磨剂。

e. 抗乳化性和水解安定性。抗乳化性是指油水乳化液分离成油层和水层的能力。水解安定性是油水混合时，油抗水反应的能力。混进水的液压油在液压系统运转中已被乳化或由于水解不安定而引起腐蚀等现象。因此液压油应具有良好的抗乳化性和水解安定性。

f. 消泡性和空气释放性。消泡性是指油不生成气泡的倾向和生成气泡的稳定性，空气释放性油释放分散在其中的空气泡的能力。液压油夹杂气泡会造成驱动系统压力不足和压力传动反应迟缓，严重时会产生异常的噪音、气穴和震动等。因此要求液压油应具有良好的消泡性和空气释放性。

g. 密封材料适应性。液压油应对液压系统所采用的橡胶等密封材料具有良好的适应性，以免产生溶胀或收缩，造成空气混入或漏油事故。

h. 过滤特性。过滤特性指液压油不堵塞过滤器，能过滤通过的能力。精度高、间隙小、控制元件复杂的液压系统，对过滤性提出了较苛刻的要求。

② 液压油的分类。根据我国液压系统用油的分类标准 GB/T 7631.2—2003《润滑剂、工业用油和相关产品（L类）的分类第二部分：H组（液压系统）》的分类，液压系统用油包括流

体静压系统用油和流体动力系统用油两大类产品。流体静压系统用油又分为四个小类，即矿物油型和合成烃型液压油、用于要求使用环境可接受液压液的场合的环保型液压液、用于液压导轨系统的液压导轨油和用于使用难燃液压液场合的难燃液压液。流体动力系统用油则分为自动传动系统用油及偶合器和变矩器用油。

ISO 11158—1997 标准矿物油型和合成烃型液压油包括 HH、HL、HM、HR、HV、HG、HS 七大类液压油产品。1994 年我国针对矿物油型及合成烃型液压油（非难燃型）制定的国家标准 GB11118.1 包括 HL、HM、HV、HG、HS 五大类液压油产品。

a. 液压油 HH。液压油 HH 属于不含任何添加剂的精制矿物油，我国未生产此油。

b. 液压油 HL。液压油 HL 属于加入抗氧和防锈剂的精制矿物油，适用于中低压液压系统，如一般机床的液压箱、主轴箱和齿轮箱。

c. 抗磨液压油 HM。抗磨液压油 HM 是具有抗氧、防锈和抗磨性的液压油，是在 HL 基础上改善了抗磨性的液压油。与抗氧防锈型液压油 HL 比较，抗磨液压油 HM 增加了抗磨性的要求。抗磨液压油 HM 适合于中高压液压系统，可延长高压液压泵的寿命，属于用量较多的抗磨液压油。

d. 液压油 HR。液压油 HR 是具有高黏度指数的抗氧防锈型液压油，适用于环境温度变化大的中低压液压系统，我国未生产此油。

e. 液压油 HG。液压油 HG 是加有抗黏滑的抗磨液压油，在低速下有良好的抗黏滑性能，适用于液压和导轨合用的机床。

f. 液压油 HV 和 HS。液压油 HV 和 HS 属于黏度指数大于 130 的低倾点抗磨液压油。HV 油主要以矿物油作基础油，HS 以低温性能更优良的合成烃作基础油。HV 油可用于寒区，HS 用于气温更低的严寒区。

GB 11118.1—1994 与 ISO 11158—1997 标准的产品分类及黏度牌号见表 2－32。

表 2－32　GB11118—1994 与 ISO11158—1997 标准的产品分类及黏度牌号情况

产　品	GB 11118.1—1994		ISO 11158—1997
	优等品	一等品	
HH			10、15、22、32、46、68、100、150
HL		15、22、32、46、68、100	10、15、22、32、46、68、100、150
HM	15、22、32、46、68	15、22、32、46、68、100、150	10、15、22、32、46、68、100、150
HR			10、15、22、32、46、68、100、150
HV	10、15、22、32、46、68、100	10、15、22、32、46、68、100、150	10、15、22、32、46、68、100、150
HG		32、38	32、68
HS	10、15、22、32、46	10、15、22、32、46	

七、石油蜡

蜡是重要的工业原料，广泛应用于食品医药、日用化学、皮革、纺织等工业和农业方面。由于工业技术的发展，蜡在机械、电子和国防工业中的需求也日益增加。在工业上和商业上，蜡被认为是一种带有不同程度的光泽、光滑性和可塑性的易熔油性固体。通常我们所见的蜡产品基本上都来自石油蜡。

石油中有一些高熔点、在常温下为固态的烃类，例如，C_{16}以上的正构烷烃以及某些相对分子质量较大的异构烷烃、环烷烃及芳香烃。这些在常温下为固态的烃类在石油中通常是处于溶解状态，但如果温度降低到一定程度，就会有一部分结晶析出，这种从石油中分离出来的固态烃类在工业上称之为"蜡"。

1. 石油蜡的分类

石油蜡按其结晶形状及来源的不同，可分为两种。一种是从柴油及减压馏分中分离出来的结晶较大并呈板状结晶的蜡，称为石蜡；另一种是从减压渣油中分离出来的呈细微结晶形的蜡，称为微晶蜡(旧称地蜡)。

(1) 石蜡

石蜡又称晶形蜡，是从原油蒸馏所得的润滑油馏分经溶剂精制、溶剂脱蜡或经蜡冷冻结晶、压榨脱蜡制得蜡膏，再经溶剂脱油或发汗脱油，并补充精制制得的片状或针状结晶。主要成分为正构烷烃，也有少量带个别支链的烷烃和带长侧链的环烷烃。烃类分子的碳原子数约为18~30(平均相对分子质量250~450)。根据加工精制程度的不同，可分成全精炼石蜡、半精炼石蜡和粗石蜡三种。其中全精炼石蜡和半精炼石蜡用途很广，主要用作食品及其他商品的组分及包装材料，烘烤容器的涂敷料、化妆品原料，用于水果保鲜、提高橡胶抗老化性和增加柔韧性、电器元件绝缘、精密铸造、铁笔蜡纸、蜡笔、蜡烛、复写纸等。粗石蜡由于含油量较多，主要用于制造火柴、纤维板、篷帆布等。含油量4%~6%的石蜡，又称皂用蜡，用于氧化生产合成脂肪酸。石蜡的另一用途是经裂化生成 α-烯烃。

(2) 微晶蜡

微晶蜡(地蜡)是从原油蒸馏所得的浅渣润滑油料经溶剂脱蜡、蜡溶剂脱油和精制而得的微细晶体，也可由天然矿地蜡以及沉积在含蜡石油油井管壁、原油储罐和输油管线中的固体物质制得。地蜡的成分比石蜡复杂，视原油的不同，除正构烷烃外，还含有不同数量的多支链异构烷烃及环状化合物。烃类分子的碳原子数约为40~55(平均相对分子质量大于450)。具有良好的触变性，不易脆裂，防湿、密封、黏附性和电绝缘性好。常用于电讯元件绝缘、铸造模型(蜡模)、产品密封、地板蜡等。滴点为62℃的地蜡，掺入甘油等辅料，用于制造润面油、发蜡、冷香脂等。地蜡经适度氧化后可用作巴西棕榈蜡的代用品的组分。

2. 石蜡的性能指标

评定石蜡物理性质的主要指标是熔点、油含量、颜色、针入度。评定石蜡化学性质的指标是反应性能，一般要求反应中性或无水溶性酸碱，其次是要求无臭味和味道，不含水和机械杂质。

(1) 熔点

石蜡的熔点一般在50~60℃左右，通常石蜡按熔点来分等级。熔点对石蜡的许多用途都有直接的或间接的影响，所以熔点是决定石蜡基本性质和类型的重要指标，熔点在60℃以下的蜡称为低熔点石蜡；60℃以上的称为高熔点石蜡。石蜡的牌号一般是根据其熔点命名的，如52号蜡是指其熔点不低于52℃。

(2) 油含量

油含量是控制蜡精制深度的指标，精蜡的含量小于0.5%，粗蜡油含量则波动在2%~

6%的范围，油含量高的石蜡塑性好，但对密封的强度、抗胀强度、臭味、味道、颜色，尤其是颜色稳定性都有不利的影响。过量的油渗到蜡表面能使其形成油腻，黯淡失去光泽。很明显，这样的蜡不能用来制造蜡纸，尤其是包装食品的蜡纸，但个别使用部门使用的蜡含油量不能太低，如帆布和木纱团。冬用蜡，由于含油量低，蜡质硬而脆，容易造成折裂，漏水和棉绒起火，捏落蜡花等现象。

（3）色度

颜色是控制石蜡精制深度的另一个指标。这一点对于制造食品包装蜡纸和医药用的蜡棉很重要，但对其他作为防腐等用途的蜡料来说，颜色指标就不那么重要了。

（4）针入度

针入度是测定石蜡硬度的指标，它直接关系到石蜡的抗变形性能，另外还与石蜡的黏结性及光泽有关。馏分窄的蜡比相同相对分子质量馏分宽的蜡有较好的光泽和较高的黏结性，一般粗蜡对针入度没要求。

（5）水溶性酸碱

石蜡中含有水溶性酸碱，会给丝绸、橡胶、出口包装纸、医药卫生等行业的产品质量带来不良影响，在潮湿空气中，会造成发霉变质。

（6）机械杂质

机械杂质是指在生产过程中残留在蜡中的白土颗粒、设备中的铁锈以及其他外来的杂质。机械杂质的存在影响蜡的绝缘性能，并会在蜡制品表面出现孔眼，影响产品使用寿命，因此机械杂质在正常情况下均能保证在 0.05% 以下。

（7）臭味

优质石蜡没有臭味，某些石蜡有臭味是由于其中所含的油里有带臭味的物质所致，这类物质主要是残留的芳烃、硫、氧、氮的化合物等。用于食品工业、医药工业和日用化妆品等的石蜡绝对不能有臭味。

（8）光安定性

光安定性是石蜡精制深度的重要标志。它是指石蜡在光的作用下，逐渐变色的性质。由于石蜡中含有在精制过程中未能完成脱除的微量的硫、氮、氧化合物和不稳定的芳烃和烯烃组分，因此当石蜡置于日光或散光下时，颜色会逐渐变暗或变黄。石蜡对光的安定性，决定于杂质的性质和含量。表 2-33 为全精炼石蜡国家标准。表 2-34 为微晶蜡行业规格标准。

表 2-33　全精炼石蜡国家标准

项　目		优级品质量指标									试验方法
		52#	54#	56#	58#	60#	62#	64#	66#	68#	70#	
熔点/℃	不低于	72	77	82	67	72	77	82	67	72	77	GB/T 8206
	低于	77	82	87	72	77	82	87	72	77	82	
含油量/%	不大于					0.5						GB/T 35554
颜色/号	不低于		+28					+25				GB/T 3555
光安定性/号			4					5				SH/T 0404
针入度(20℃)/(1/10mm)	不大于		18					16				GB/T 4985
运动黏度(100℃)/(mm²/s)						报告						GB/T 265
嗅味/号	不大于					2						SH/T 0414

项　目		质　量　指　标											试　验　方　法
等　级		合格品			一级品				食品级				
牌　号		75#	80#	85#	70#	75#	80#	85#	70#	75#	80#	85#	
滴熔点/℃	不低于	72	77	82	67	72	77	82	67	72	77	82	GB/T 8206
	低于	77	82	87	72	77	82	87	72	77	82	87	
针入度/(1/10mm)													
(20℃,100g)	不大于	30	30	18	30	30	20	18	30	30	16	14	GB/T 4985
(35℃,100g)	不大于	报告			报告				报告				
含油量/%	不大于	5			3				1				GB/T 0638
颜色号	不大于	4.5			2.5				1.0				GB/T 6540
运动黏度(100℃)/(mm²/s)		10~20			≮6	10~20			≮6	10~20			GB/T 265
水溶性酸碱		无			无				无				GB/T0407
稠环芳烃,紫外线吸光度/cm													GB/T7369
280~289 不大于											0.15		
290~299 不大于											0.12		
300~359 不大于											0.08		
360~400 不大于											0.02		

八、石油沥青

石油沥青是原油加工过程的一种产品，根据提炼程度不同，在常温下是黑色或黑褐色的黏稠的液体、半固体或固体。主要含有可溶于三氯乙烯的烃类及非烃类衍生物，其性质和组成随原油来源和生产方法的不同而变化。

沥青是由沥青质、胶质、饱和烃、芳烃四部分组成。沥青的物理性质与沥青中饱和烃（蜡）含量有密切关系。一般在沥青的组成中应尽量少含或不含蜡，因为蜡在沥青中会使针入度增加，软化点和延度下降、黏附性变坏，在低温下容易开裂。环烷基原油的减压渣油含蜡少，沥青质和胶质含量高，含硫量高，是制取沥青的理想原料。中间基原油的减压渣油往往含有一定数量的蜡，制成的沥青质量较差。由石蜡基原油的减压渣油制取的沥青质量更差。

石油沥青主要用途是作为基础建设材料、原料和燃料，应用范围如交通运输（道路、铁路、航空等）、建筑业、农业、水利工程、工业（采掘业、制造业）、民用等各部门。

石油基彩色沥青是近年开发应用的新产品，它具有色彩鲜艳细腻、黏附性能优异、回弹性能优异和回弹性能好等特点，可满足不同气候条件下对彩色沥青铺面的技术要求。因其丰富的色彩选择、优良的理化及路用性能，可广泛应用于公园、广场、操场和景观区等场所，用于美化环境，尽显自然情趣；亦可用于十字路口、人行横道及事故多发地段，方便运行管理，维护交通安全，具有美观和实用的双重功效。

1. 沥青的分类

对石油沥青可以按以下体系加以分类：

按生产方法分：直馏沥青、溶剂脱油沥青、氧化沥青、调合沥青、乳化沥青、改性沥青等；

按外观形态分：液体沥青、固体沥青、稀释液、乳化液、改性体等；

按用途分：道路沥青、建筑沥青、防水防潮沥青、以用途或功能命名的各种专用沥青等。

2. 沥青的性能

石油沥青应具有一定的硬度和韧性。在生产中主要用软化点、延伸度、针入度等作为控制其质量的指标。

（1）针入度

针入度表示沥青的稠度，针入度越大表示沥青的稠度越低。针入度的测定是将沥青的样品置于针入度测定仪的恒温水浴中，在规定的温度下用特制的针加100g负荷，计量在一定时间内插入沥青的深度，用1/10mm为单位表示。"针入度比"表明沥青的热稳定性，即沥青样品经加热蒸发以后测定的针入度与原始样品针入度的比值，用百分率表示，百分率越大，沥青的热稳定性越好。商品沥青的针入度规格是根据使用性能的要求规定的。例如，道路沥青为了适应施工时能与砾石、砂子紧密黏结，需要用高针入度的沥青。专用沥青通常用来敷在输油管表面埋在地下作为防腐层，需要低针入度沥青。

（2）延伸度

延伸度表示沥青的塑性。延度的测定是把沥青样品在一特制的蜂腰形小盒中制成模，放在延度测定仪的恒温水浴中，并在规定的温度下施以一定速度的拉力，使蜂腰拉成细丝，测定刚刚断裂时所能拉伸的长度，用cm表示。道路沥青对延度的要求最高，特别是在低温下受外力作用时，路面不应出现裂缝。因此，道路沥青除了测定25℃的延度外，往往还需要测定0℃和−5℃的延度。

（3）软化点

软化点表示沥青的耐热性能，软化点越高，耐热性能越好。软化点的测定是把沥青样品置于软化点测定仪的圆环中，其上放一特制钢球，在甘油浴中逐渐升温，直至沥青软化，上面的钢球将沥青压穿落下时的温度称为软化点。对于建筑沥青、防腐沥青等要求具有较高的软化点。

某些要求具有特殊性能的沥青产品，需要添加其他组分。例如，电缆沥青中可加入1%～3%的合成橡胶，以改进其冷冻弯曲性能和黏附性能。总之，沥青的物理性质与它的化学组成和胶体结构有关系。

目前我国道路沥青标准以针入度作为分级指标，该种分级方法目前为多数国家所采用。其他的一些分级方法（如黏度分级、按沥青老化后的性质分级）代表了沥青性能研究的最新成就，受到各国沥青科研人员的瞩目。

表2−35是我国普通道路沥青的标准，表2−36是我国高等级道路沥青国家标准。

表2−35　普通道路沥青标准（SH 0522—92）

项　目		质　量　指　标							试验方法
		200号	180号	140号	100号甲	100号乙	60号甲	60号乙	
针入度（25℃，100g）/（1/10mm）		201～300	161～200	121～160	91～120	81～120	51～80	41～80	GB/T 4509
延度（25℃）/cm	≮		100	100	90	60	70	40	GB/T 4508
软化点（环球法）/℃	≮	30	35	35	42～50	42	45～50	45	GB/T 4057
溶解度（三氯乙烯，三氯甲烷或苯）/%	≮	99.0	99.0	99.0	99.0	99.0	99.0	99	GB/T 11148
蒸发后针入度比/%	≮	50	60	60	65	65	70	70	
闪点（开口）/℃	≮	180	200	230	230	230	230	230	GB/T 267
蒸发损失（163℃，5h）/%	≯								GB/T 11964

对于生产企业和用户来说，上述标准中的每一项指标都要求必须满足。但对沥青生产企业来说，除针入度、软化点和延伸度之外，其他各项指标对于以商品原油的减压渣油为基料生产的道路沥青都很容易达到。如闪点是为了使用时安全，防止混入轻组分；溶解度指标考

察的是道路沥青在生产过程中是否剧热或过氧化，防止混入机械杂质；沥青的薄膜烘箱试验、针入度比和蒸发损失是评价沥青热稳定性的指标。所以，对于道路沥青质量标准来说，其针入度、软化点和延度是生产企业和用户衡量道路沥青质量优劣的最重要的标准。

表 2−36　高等级道路沥青标准（GB/T 15180—94）

项　目		质　量　指　标					试验方法
		AH−130	AH−110	AH−90	AH−70	AH−50	
针入度（25℃）/（1/10mm）		121~140	101~120	81~100	61~80	40~60	GB/T 4509
延度（15℃）/cm	≮	100	100	100	100	100	GB/T 4508
软化点（环球法）/℃		38~48	40~50	42~52	44~54	46~56	GB/T 4507
溶解度（三氯乙烯）/%	≮	99	99	99	99	99	GB/T 11148
薄膜烘箱							
质量变化/%	≮	1.3	1.2	1.0	0.8	0.6	GB/T 5304
针入度比/%	≮	45	48	50	55	58	GB/T 4509
延度（25℃）/cm	＞	75	75	75	50	40	GB/T 4508
（15℃）/cm		报告	报告	报告	报告	报告	GB/T 4508
闪点（开口）/℃		230	230	230	230	230	GB/T 267
密度（25℃）/（g/cm）		报告	报告	报告	报告	报告	GB/T 8928

九、石油焦

石油焦是原油经蒸馏后所得的重质油、渣油等经焦化生产过程转化而成的固体产品，如渣油经延迟焦化加工制得的一种焦炭。本质是一种部分石墨化的炭素形态。色黑多孔，呈堆积颗粒状，不能熔融。其元素组成主要为碳，间或含有少量的氢、氮、硫、氧和某些金属元素，有时还带有水分。石油焦可广泛用于冶金、化工等工业作为电极或生产化工产品的原料。

石油焦从外观上看为形状不规则，大小不一的黑色块状（或颗粒），有金属光泽，焦炭的颗粒具多孔隙结构。

石油焦具有其特有的物理、化学性质及机械性质，本身是发热部分的不挥发性炭，挥发物和矿物杂质（硫、金属化合物、水、灰等）这些指标决定焦炭的化学性质。

1. 石油焦分类

通常石油焦可按下列四种方法进行分类：

（1）加工方法

按焦化方法，石油焦可分为四类：平炉焦化法、流化焦化法、釜式焦化法、延迟焦化法。上述四种焦化方法所得的石油焦分别称为平炉焦、流化焦、釜式焦和延迟焦，其中延迟焦占主导地位。此外，也有按石油焦的焦化温度来进行分类，可分为生石油焦和煅烧石油焦，它们的焦化温度分别为500℃和1100~1380℃。

（2）硫含量

焦炭的硫含量主要取决于原料油的含硫量。随着硫含量的增加，焦炭质量下降，其用途亦随之而改变。按石油焦中的硫含量高低，可分为高硫焦（硫的质量含量为2.0%~3.0%）、中硫焦（硫含量为1.0%~1.5%）和低硫焦（硫含量低于0.5%~0.8%）。

（3）灰分含量

按石油焦中的灰分含量，石油焦可分为高灰分石油焦（灰分的质量含量为0.8%~1.2%）、中灰分石油焦（0.5%）和低灰分石油焦（0.3%~0.5%）三种。

（4）显微结构形态

按石油焦的显微结构形态不同，石油焦可分为镶嵌型、区域型和纤维型三种，见表2-37。

表2-37　按石油焦的结构形态分类

名　　称		等色区的尺寸/μm	名　　称		等色区的尺寸/μm
镶嵌型	细镶嵌	等色区 < 10	纤维型	短纤维	条带状等色区长 < 100
	粗镶嵌	等色区 10 ~ 30		中纤维	条带状等色区长 100 ~ 500
区域型	小域	等色区 30 ~ 50		长纤维	长直条带状等色区长 > 500
	大域	等色区 > 50			

（5）外观结构形态能

按石油焦的外观结构形态及性能，石油焦可分为针状焦、弹丸焦或球状焦、海绵焦、粉焦四种。

① 针状焦：具有明显的针状结构和纤维纹理，主要作用炼钢中的高功率和超高功率石墨电极。

② 海绵焦：含硫高，含水率高，表面粗糙，价格高。

③ 弹丸焦或球状焦：形状呈圆球形，直径 0.6 ~ 30mm，因表面光滑所以含水率较低，一般是由高硫高沥青质渣油生产，只能用于发电、水泥等工业燃料。

④ 粉焦：经流态化焦化工艺生产，其颗粒（直径 0.1 ~ 0.4mm）挥发分高，热膨胀系数高，不能直接用于电极制备和炭素行业。

2. 质量标准

石油焦的质量很大程度上取决于原料的性质及其加工条件。主要的质量指标有：

（1）纯度

指石油焦中硫及灰分等的含量。高硫焦炭会导致制品在石墨化时发生气胀，造成炭素制品裂缝。高灰分会阻碍结构的结晶，影响炭素制品的使用性能。

（2）结晶度

指焦炭的结构和中间相小球体的大小。小的小球体形成的焦炭，结构多孔如海绵状，大的小球体形成的焦炭，结构致密如纤维状或针状，其质量较海绵焦优异。在质量指标中，真密度粗略地代表了这种性能，真密度高表示结晶度好。

（3）颗粒度

反应焦炭中所含粉末焦和块状颗粒焦（可用焦）的相对含量。粉末焦大多数是在除焦和储运过程中受挤压摩擦等机械作用破碎而成，用粉焦量表示其机械强度。生焦经煅烧成熟焦后可以防止破碎。颗粒焦多、粉末焦少的焦炭，使用价值较高。

表2-38是我国延迟石油焦（生石油焦）质量标准，由中国石油化工总公司制定。

表2-38　延迟石油焦质量标准（SH 0527—92）

项　　目		质　　量　　指　　标						试验方法
		1 号		2 号		3 号		
		A	B	A	B	A	B	
硫分/%	不大于	0.5	0.8	1.0	1.5	2.0	3.0	SY 2871
挥发分/%	不大于	10	12	15	16	18		SY 2871

项　目	质　量　指　标						试验方法
	1 号		2 号		3 号		
	A	B	A	B	A	B	
灰分/% 不大于	0.3		0.5		0.8	12	SY 2871
水分/% 不大于	3						SY 2871
真密度/(g/cm³) 不小于 1300℃，5h 下煅烧	实测		—				SY 2871
粉焦量/% 不大于 块粒 8mm 以下	实测		—				

表 2−38 中的 1 号延迟石油焦适宜制作普通功率石墨电极和铝用阳极，2 号用于制作铝用阳极。3 号用于制作化学工业中碳化物或作燃料。煅烧石油焦质量指标由炭素厂按国家有关质量标准进行测定，见表 2−39。

表 2−39　煅烧石油焦的理化性能

煅烧石油焦理化性能	国家标准号	煅烧石油焦理化性能	国家标准号
水　分	GB 2001—1980	固定碳	GB 2004—1980
灰　分	GB 2002—1980	硫　分	GB 1430—1978
挥发分	GB 2003—1980	真密度	GB 3071—1982

第三章　原油分类与原油评价

石油炼制工业的基础研究工作之一是在实验室条件下，对原油进行一系列的分析、蒸馏等试验，以了解原油的性质、组成及类别，并估计直馏产品的产率及品质，为选择合理的石油炼制过程提供基础数据，这是进行炼油厂设计和生成的首要任务。

目前，我国原油按其来源可分陆上原油、海上原油和进口原油。陆上原油主要包括：大庆、胜利、辽河、新疆、中原、华北以及吉林、大港、南阳、长庆、青海、江苏、江汉、玉门、延长、四川、冀东、二连等原油。海上原油有南海北部湾、珠江口、渤海等原油。

大庆原油不仅产量大，而且代表了我国一般原油的特点，其主要特点是含蜡量高、凝点高、硫含量低，属低硫石蜡基原油。我国主要原油的特点是含蜡较多、凝点高、硫含量低，镍、氮含量中等，钒含量极少。除个别油田外，原油中汽油馏分较少，渣油占 1/3。在其他油区、油田或个别油井中，还有其性质与大庆油相差很大的原油，例如，有些含硫量高（个别的可达 11.8%）或含蜡量多（>40%），或含环烷酸多等。从产品特点看，有些原油所产汽油馏分的辛烷值比大庆油高 11~18 个单位，从某些低凝原油中可得到凝点很低（< -60℃）的高寒地区用柴油。在我国有些产油区内，各处原油性质变化不大，但有些油区内，各油田甚至各单井之间都有很大差异，例如，其中原油的相对密度（d_4^{20}）从 0.85~0.95，含硫从 0.24%~2.1%。如果无视这些差别，将它们混合输送、混合加工，势必增加生产过程的难度和成本，降低产品质量和产率。世界各国、各地区所产原油的情况也是如此，一些原油的性质很相近，它们的加工方案和加工时所遇到的问题也很相似，而有一些原油则差异很大，各有其特殊性。例如，中东地区原油含硫较多，加工时就要考虑脱硫和设备腐蚀问题。我国大庆原油含蜡多、凝点高，则要重视脱蜡工艺和蜡的利用。组成不同类的石油，加工方法有差别，产品的性能也不同，应当物尽其用。由此可见，为了合理地利用和加工原油，就必须首先对原油进行分类和评价。主要的国内原油的一般性质见表 3-1。

表 3-1　我国主要原油的一般性质

原油名称	大庆混合 (1988)	胜利混合 (1990)	辽河混合 (1990)	胜利孤岛 (1990)	大港混合 (1989)	中原混合 (1990)	华北混合 (1990)	吉林混合 (1987)	新疆混合 (1990)
密度(20℃)/(g/cm³)	0.8591	0.8941	0.9290	0.9281	0.8942	0.8567	0.8585	0.8572	0.8839
运动黏度(50℃)/(mm²/s)	22.64	92.16	142.2	224.5	40.7	16.61	18.98	18.33	57.13
凝点/℃	30	27	10	1	32	33	34	18	-2
蜡含量/%	—	14.3	7.0	6.9	16.7	17.4	—	24.8	—
沥青质/%	0	—	0.65	1.6	0.18	0.16	—	0	0.05
胶质/%	—	17.0	17.0	24.5	10.43	9.8	—	8.7	10.1
残炭/%	3.1	5.8	8.2	7.2	5.3	5.3	4.8	3.0	3.5
碳/%				85.38					
氢/%				11.87					

原油名称	大庆混合 (1988)	胜利混合 (1990)	辽河混合 (1990)	胜利孤岛 (1990)	大港混合 (1989)	中原混合 (1990)	华北混合 (1990)	吉林混合 (1987)	新疆混合 (1990)
硫/%	0.08	0.73	0.37	1.61	0.12	0.57	0.23	0.09	0.12
氮/%	0.17	0.31	0.46	0.39	0.23	0.16	—	0.14	—
镍/(μg/g)	4.3	20	38	21	15.7	3.8	11.5	2.5	9.6
钒/(μg/g)	<0.01	2.0	0.84	—	0	2.3	<1	0.03	0.7
馏程/%(体积)									
200℃	11.0	7.5	3.5	3.0	9	15.4	14	11.7	7.5
300℃	25.0	22.5	14.5	14.5	21	34.0	32	24.2	22.5
原油类别	低硫－石蜡基	含硫－中间基	低硫－环烷－中间基	含硫－环烷－中间基	低硫－中间基	含硫－石蜡基	低硫－石蜡基	低硫－石蜡基	低硫－中间基

第一节　原油的分类

原油的性质因产地而异，早期人们根据石油蒸馏残渣的性状，把石油分为石蜡基、沥青基(又称环烷基)、混合基(又称中间基)三类。以后，随着对石油性质及组成的进一步认识，提出了许多以性质、组成或产品质量为基础的分类法，如以特性因数为指标的分类。但由于石油组成复杂，同一类别的石油在性质上仍可能有很大差别。因此，迄今尚未有统一的标准分类法。

原油的组成极其复杂，对原油确切分类是很困难的，从不同的角度或观点有不同的分类法。

一般来说，原油可按工业、地质、物理和化学的观点来区分，一般倾向于石油的化学分类。在原油的化学分类中，最常用的有特性因数分类及关键馏分特性分类。工业分类又称为商品分类，可以作为化学分类的补充。分类的根据各不相同，其中包括按相对密度分类、按含硫量分类、按含氮量分类、按含蜡量分类和按含胶质量分类等。

一、工业分类

工业分类又称为商品分类，在工业上最简单的是按原油的相对密度来分类。另外，由于原油中的硫、蜡以及胶质和沥青质含量对其加工过程和油品质量也有很大影响，因此，工业上还常按原油含硫、含蜡和含胶量来分类，但这样一些分类标准在各国并不相同，也不大明确。

1. 按原油的相对密度分类

轻质原油——相对密度(d_4^{20}) < 0.878；

中质原油——相对密度(d_4^{20}) = 0.878～0.884；

重质原油——相对密度(d_4^{20}) > 0.884。

轻质原油中，一般含汽油、煤油、柴油等轻质馏分较高，含硫、含胶质较少，如我国青海和克拉玛依原油。另一类轻质原油轻馏分含量并不高，但由于烷烃含量高，因而相对密度较小，如大庆原油。轻质原油大体上是地质年代古老的原油，与其生成物质的组成差别较大，硫、氮、氧的含量低。

重质原油中，一般含轻馏分和蜡都较少，而含硫、氮、氧及胶质较多，如孤岛原油，重质原油大体上是地质年代较短的原油，与其生成物质的组成相近。

2. 按原油的含硫量分类

低硫原油——原油中硫含量低于 0.5%；

含硫原油——原油中硫含量为 0.5% ~2.0%；

高硫原油——原油中硫含量高于 2.0%。

大庆原油为低硫原油，胜利混合原油为含硫原油。目前在世界原油总产量中，含硫和高硫原油约占 75%。

二、化学分类

原油的化学分类是以其化学组成为基础，通常利用与化学组成有关联的原油物理性质作为分类依据。化学组成不同是原油性质差异的根本原因，因此化学分类比较确切，应用比较广泛，而工业分类可作其补充。在原油的化学分类中，最常用的有特性因数分类及关键馏分特性分类。

1. 特性因数分类

原油的特性因数 K 值可以用与馏分油类似的方法求得，但由于原油的中平均沸点难以测定，通常用 50℃或 100℃的黏度与比重指数通过查图求得。经过对数十种原油及其馏分油性质的研究，发现可以用特性因数对原油进行分类。

石蜡基原油——特性因数 K >12.1；

中间基原油——特性因数 K = 11.5 ~12.1；

环烷基原油——特性因数 K = 10.5 ~11.5。

石蜡基原油一般含烷烃量超过 50%，其特点是含蜡量较高，密度较小，凝点高，含硫、含胶量低。汽油的辛烷值较低，柴油十六烷值较高，并可制得黏温性质好的润滑油，大庆原油是典型的石蜡基原油。环烷基原油一般密度大，凝点低，所产汽油含有较多环烷烃，辛烷值较高，柴油的十六烷值较低，润滑油的黏温性质差。环烷基原油中的重质原油，往往含有大量胶质和沥青质，可以生产各种高质量沥青，我国孤岛原油就是一例。中间基原油的性质介于上述二者之间。

特性因数分类一般地能够反映原油组成的特性，但由于原油的组成十分复杂，在低沸点馏分和高沸点馏分中烃类分布规律并不相同，原油的特性因数不能分别表明各馏分的特点。况且，测定原油的黏度不够准确，查图求定的 K 值作为分类依据有时难以完全符合原油的实际情况。

2. 关键馏分特性分类

1935 年美国矿务局提出了关键馏分特性分类方法，这是目前世界上用得最多的原油分类方法。该方法是以原油中具有特定馏程的轻、重两个馏分的相对密度（API 度）为依据进行分类的。将原油在简单蒸馏装置上进行常压蒸馏得 250 ~275℃溜出物作为第一关键溜分，残余的油用不带填料的蒸馏瓶，在残压 5.3kPa 进行减压蒸馏，取得 275 ~300℃馏分（相当于常压下 395 ~425℃馏分）作为第二关键馏分。测定以上两个关键馏分的相对密度，并对照表 3 - 2 分类指标确定两个关键馏分的类别，然后根据表 3 - 3 的规定来确定原油的类别。

表 3 – 2　关键馏分的分类指标

关键馏分	石 蜡 基	中 间 基	环 烷 基
第一关键馏分	$d_4^{20} < 0.8210$ 比重指数 > 40 （$K > 11.9$）	$d_4^{20} = 0.8210 \sim 0.8562$ 比重指数 33 ~ 40 （$K = 11.5 \sim 11.9$）	$d_4^{20} > 0.8562$ 比重指数 < 33 （$K < 11.5$）
第二关键馏分	$d_4^{20} < 0.8723$ 比重指数 > 30 （$K > 12.2$）	$d_4^{20} = 0.8723 \sim 0.9305$ 比重指数 20 ~ 30 （$K = 11.5 \sim 12.2$）	$d_4^{20} > 0.9305$ 比重指数 < 20 （$K < 11.5$）

表 3 – 3　关键馏分特性分类类别

序　号	第一关键馏分的属性	第二关键馏分的属性	原油类别
1	石蜡基	石蜡基	石蜡基
2	石蜡基	中间基	石蜡 – 中间基
3	中间基	石蜡基	中间 – 石蜡基
4	中间基	中间基	中间基
5	中间基	环烷基	中间 – 环烷基
6	环烷基	中间基	环烷 – 中间基
7	环烷基	环烷基	环烷基

关键馏分特性分类的界限，对低沸点和高沸点两个馏分规定了不同的密度数值。这样，比较符合原油组成的实际情况，因此它比特性因数分类更为合理。从表 3 – 4 所列数据可见，如按特性因数分类，克拉玛依原油应属石蜡基，这与其一系列性质并不相符。同理，按特性因数分类与关键馏分特性分类，孤岛原油的类别不同，而按关键馏分分类更符合实际情况。

为了更全面地反映原油的性质，通常将硫含量分类作为关键馏分特性分类的补充。

表 3 – 4　我国几种原油的分类

原油名称	含硫量/%	第一关键馏分	第二关键馏分	原油的关键馏分特性分类	建议原油分类命名
大庆混合	0.11	0.814 （$K = 12.0$）	0.850 （$K = 12.5$）	石蜡基	低硫石蜡基
克拉玛依	0.04	0.828 （$K = 11.9$）	0.895 （$K = 11.5$）	中间基	低硫中间基
胜利混合	0.88	0.832 （$K = 11.8$）	0.881 （$K = 12.0$）	中间基	含硫中间基
大港混合	0.14	0.860 （$K = 11.4$）	0.887 （$K = 12.0$）	环烷 – 中间基	低硫环烷中间基
孤岛	2.06	0.891 （$K = 10.7$）	0.936 （$K = 11.4$）	环烷基	含硫环烷基

第二节　原油评价

为了了解所加工原油的特性，以便合理地利用石油资源，给设计和指导生产提供基本数据，就需要对原油进行分析评价工作。

一、原油评价

由于目的不同，对原油性质分析的内容也不一样，一般对原油的分析评价有下列四类。

1. 原油性质分析

为在油田勘探开发过程中及时了解单井、不同层位、集油站、油库及进厂原油的一般性质，掌握原油性质变化的规律和油田发展的动态，应进行下列分析。

① 对未脱水原油分析水分、盐含量。

② 对脱水的原油(含水量 <0.5%)分析其密度、黏度、凝点(或倾点)、残炭、硫含量、氮含量、酸值、灰分、金属含量、馏程，还可根据需要分析蜡含量、胶质、沥青质含量等项目(见表3-1所列项目)。

2. 简单评价

简单评价的目的是初步确定原油类别和特征，用于原油的普查。对地质构造复杂、原油性质变化较大的产油区，为不同类型原油分输、分炼及合理利用提供依据。其内容包括原油性质分析，原油简单蒸馏，测定馏分的密度、黏度、疑点、苯胺点，计算特性因数，按关键馏分特性分类确定原油的类别。

3. 基本评价

为一般炼油厂设计提供数据。

4. 综合评价

为综合型石油化工厂提供设计、生产参考数据，为新区原油资源合理利用提供依据。综合评价包括以下各项，内容最全面，其流程如图3-1所示。

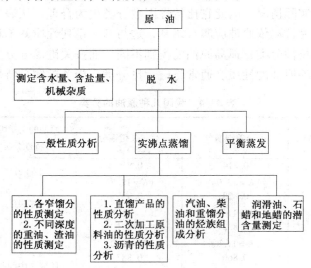

图 3-1 原油综合评价流程

① 原油一般性质分析(如前所述)。

② 实沸点蒸馏及窄馏分分析。脱水原油经实沸点蒸馏切割成3%的窄馏分，取得馏分组成数据。测定每个窄馏分的性质，计算特性因数、黏度常数及结构族组成，以表和图的形式表示(见表3-5、表3-6和图3-2)。

③ 直馏产品的切割与分析。在实验室中将馏分按比例配制或把原油重新切割得到各种油品如：汽油、煤油、柴油以及重整、裂解、催化裂化原料等，测定其主要性质和进行组成

分析(见表3-7~表3-10)。

④ 测定不同拔出深度的重油和渣油的性质(见表3-10)。

⑤ 润滑油、蜡的潜含量测定及其性质分析。润滑油馏分(350~500℃的宽馏分或按50℃切割的窄馏分)在-15℃下进行溶剂脱蜡，脱蜡油用吸附法分离为饱和烃，轻芳烃、中芳烃、重芳香烃和胶质，按规定计算润滑油潜含量。蜡膏需进一步脱油使其含油量<1%，计算蜡收率(见表3-8、表3-9)。

⑥ 测定原油的平衡汽化数据，作平衡汽化产率与温度关系曲线。

在实际工作中，可根据具体情况按上述基本内容增加或减少项目。

二、原油的实沸点蒸馏

原油实沸点蒸馏装置如图3-2所示，其精馏柱内装填料，顶部有回流(回流比约5∶1左右)，因此具有比工业生产装置高的分离能力(约相当于10~20个理论塔板数)，能把原油按照沸点高低分割为若干馏分。操作时将原油装入蒸馏釜中加热进行蒸馏，若原油装入量为3L，则约每100mL为一馏分，其馏出速度为3~5mL/min。为了避免原油受热分解，整个操作分三段进行。第一段是在常压下，大约可蒸出初馏~200℃的馏出物。第二为减压一段，是在1.3kPa残压下进行。第三为减压二段，在残压<50.67kPa压力下进行(可在原装置不经精馏柱或转移到另一个简易减压蒸馏装置中进行)。蒸馏完毕，将减压下的蒸馏温度换算为常压下相应温度。实沸点蒸馏装置通常可以蒸馏出500℃前的馏出物，未蒸出的残油从釜内取出，以便进行物料衡算及有关性质测定。

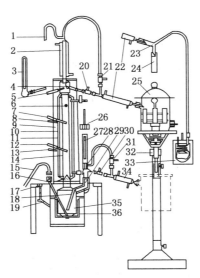

图3-2 实沸点蒸馏装置

1—上测压管；2—定比器回流头；3—气相水银温度计；4—液封热出管；5—气相热电偶测温管；
6—卷状多孔填料；7—上部塔内热电偶测温管；8—上部保温层热电偶测温管；9—保温层缠料；
10—保温层电加热丝；11—保温套管；12—下部塔内热电偶测温管；13—下部保温层热电偶测温管；
14—分馏塔塔柱；15—压油接管；16—压油管；17—伞状多孔筛；18—液相热电偶测温管；
19—电炉升降机构；20、21—球形阀；22—冷凝管；23—弯头；24—接液量筒100mL；25—真空接受器；
26—下测压管；27—气相水银温度计；28—釜侧流出头；29—釜测流出管；30、31—球形阀；
32—真空接受器支架；33—冷凝水瓶；34—冷凝管；35—蒸馏釜(5L和15L两种)；36—电炉

125

表 3-5　大庆混合原油实沸点及窄馏分性质

馏分号	沸点范围/℃	占原油/% 每馏分	占原油/% 总收率	相对密度 d_4^{20}	相对密度 d_4^{70}	运动黏度/(mm²/s) 20℃	运动黏度/(mm²/s) 50℃	运动黏度/(mm²/s) 100℃	凝点/℃	苯胺点/℃	酸度/(mgKOH/100mL)	闪点/℃(开)	折射率 n_D^{20}	折射率 n_D^{70}	平均相对分子质量	特性因数 K	黏度常数	$C_P\%$	$C_N\%$	$C_A\%$	R_N	R_A
1	初馏~112	2.98	2.98	0.7108	—	—	—	—	—	54.1	0.98	—	1.3995	—	98	—	—	—	—	—	—	—
2	112~156	3.15	6.13	0.7461	—	0.89	0.64	—	—	59.0	1.58	—	1.4172	—	121	12.0	—	—	—	—	—	—
3	156~195	3.22	9.35	0.7699	—	1.27	0.89	—	-65	62.2	2.67	—	1.4350	—	143	12.0	—	—	—	—	—	—
4	195~225	3.25	12.60	0.7958	—	2.03	1.26	—	-41	66.4	3.02	78	1.4445	—	172	11.9	—	—	—	—	—	—
5	225~257	3.40	16.00	0.8092	—	2.81	1.63	—	-24	71.2	2.74	—	1.4502	—	194	12.0	—	65	29	6.0	0.72	0.14
6	257~289	3.46	19.40	0.8161	—	4.14	2.26	—	-9	77.2	3.65	125	1.4560	—	217	12.1	—	70	21.5	8.5	0.61	0.23
7	289~313	3.44	22.90	0.8173	—	5.93	3.01	—	4	84.8	4.39	—	1.4565	—	246	12.3	—	75	17.5	7.5	0.54	0.20
8	313~335	3.37	26.27	0.8251	—	8.33	3.84	1.73	13	86.0	7.18	157	1.4612	—	264	12.3	—	75	16.5	8.5	0.59	0.24
9	335~355	3.45	29.72	0.8348	0.7985	—	4.99	2.07	22	91.6	7.98	—	—	1.4450	292	12.3	0.781	77	15	8.0	0.58	0.25
10	355~374	3.43	33.15	0.8363	0.8000	—	0.24	2.51	29	—	0.08	184	—	1.4455	299	12.5	0.780	76	16	8.0	0.65	0.25
11	374~394	3.35	36.50	0.8396	0.8040	—	7.70	2.86	34	—	0.09	—	—	1.4472	328	12.5	0.782	77	16	7.0	0.77	0.21
12	394~415	3.55	40.05	0.8479	0.8123	—	9.51	3.33	38	—	0.22	206	—	1.4515	349	12.5	0.791	74	18.5	7.5	0.82	0.28
13	415~435	3.39	43.44	0.8536	0.8187	—	13.34	4.22	43	—	0.12	—	—	1.4560	387	12.6	0.794	76.5	14	9.5	0.75	0.44
14	435~456	3.88	47.32	0.8686	0.8349	—	21.92	5.86	45	—	0.06	238	—	1.4641	420	12.5	0.809	71.5	18.5	10	1.25	0.50
15	456~475	4.05	51.37	0.8732	0.8393	—	—	7.05	48	—	0.05	—	—	1.4675	438	12.5	0.811	72	17	11	1.21	0.57
16	475~500	4.52	55.89	0.8786	0.8456	—	—	8.92	52	—	0.03	282	—	1.4697	—	12.6	0.815	—	—	—	—	—
17	500~525	4.15	60.04	0.8832	0.8402	—	—	11.52	55	—	0.03	—	—	1.4730	—	12.6	0.819	—	—	—	—	—
渣油	>525	38.5	98.54	0.9357	—	—	—	—	41	—	—	—	—	—	—	—	—	—	—	—	—	—
损失	—	1.46	100.00	—	—	—	—	—	—	—	—	—	—	—	—	—	—	—	—	—	—	—

表 3－6 胜利混合原油实沸点及窄馏分性质

馏分号	沸点范围/℃	占原油/% 每馏分	占原油/% 总收率	相对密度 d_4^{20}	运动黏度/(mm²/s) 20℃	运动黏度/(mm²/s) 50℃	运动黏度/(mm²/s) 70℃	折射率 n_D^{20}	折射率 n_D^{70}	凝点/℃	苯胺点/℃	酸度/(mgKOH/100mL)	酸度/(mgKOH/g)	含硫/%	含氮/%
1	初馏~128	2.89	2.89	0.7257	—	—	—	1.4113	—	—	—	1.12	—	0.0101	0.0023
2	128~180	2.94	5.83	0.7783	1.11	—	—	1.4378	—	—	—	3.07	—	0.049	0.0030
3	180~210	3.05	8.87	0.8161	1.99	—	—	1.4568	—	—	—	5.73	—	0.149	0.0047
4	210~255	3.13	12.00	0.8288	3.33	—	—	1.4642	—	-30	64.5	10.62	—	0.242	0.0081
5	255~285	3.15	15.15	0.8300	5.14	—	—	1.4634	—	-14	72.1	19.00	—	0.363	0.0118
6	285~305	3.23	18.38	0.8320	7.65	—	—	1.4664	—	-4	82.1	21.80	—	0.410	0.014
7	305~325	3.17	21.53	0.8380	10.76	—	—	1.4702	—	+4	84.4	24.59	—	0.480	0.0204
8	325~340	3.21	24.74	0.8538	15.86	6.03	2.29	1.4792	1.4572	+14	83.1	38.58	—	0.507	0.0375
9	340~371	3.20	27.95	0.8586	—	8.17	2.85	1.4822	1.4622	+24	—	48.20	—	0.520	0.0434
10	371~392	3.22	31.37	0.8636	—	10.64	3.58	1.4842	1.4642	+30	—	—	0.78	0.653	0.0513
11	392~414	3.25	34.41	0.08739	—	15.28	4.60	1.4882	1.4682	+35	—	—	0.92	0.571	0.1133
12	414~430	3.41	37.83	0.8909	—	19.64	7.24	1.4968	1.4763	+38	—	—	0.54	0.558	0.1457
13	430~450	3.31	41.14	0.8983	—	45.30	8.63	1.4998	1.4798	+43	—	—	0.34	0.536	0.1041
14	450~458	3.30	44.44	0.9000	—	54.48	9.72	1.5020	1.4820	+45	—	—	0.38	0.598	0.1254
15	458~470	3.30	47.74	0.9068	—	69.65	11.16	1.5042	1.4842	+45	—	—	0.39	0.625	0.1499
16	470~494	3.36	51.04	0.9102	—	83.82	12.61	1.5080	1.4880	+46	—	—	0.46	0.758	0.1775
渣油		48.96	100.00												
损失															

表 3－7 重整原料和汽油馏分性质

原油	沸点范围/℃	占原油/%	密度 ρ_{20}/(g/cm³)	折射率 n_D^{20}	馏程/℃ 初馏	馏程/℃ 10%	馏程/℃ 50%	馏程/℃ 90%	馏程/℃ 干点	酸度/(mgKOH/100mL)	含硫/%	含砷/(ng/g)	实际胶质/(mg/100mL)	铜片腐蚀	烃族组成/% 烷烃	烃族组成/% 环烷	烃族组成/% 芳烃	烃族组成/% 非烃	辛烷值（四乙基铅 g/kg） 0	辛烷值（四乙基铅 g/kg） 0.5	辛烷值（四乙基铅 g/kg） 1.3
大庆	60~130	5.15	0.7241	1.4070	74	95	106	126	139	—	—	—	—	—	51.19	45.44	3.37	—	0	—	1.3
大庆	初馏~130	4~2	0.7109	—	54	75	96.5	118	136.5	0.9	0.009	163	—	—	56.2	41.7	2.1	—	52	—	72
大庆	初馏~200	9~8	0.7439	—	62	94	137	179	196	1.1	0.02	—	0	—	—	—	—	—	37	49	59
胜利	初馏~123	2.4	0.7112	—	58	71	88	—	130	3.26	—	12	—	—	51.8	39.87	7.5	0.83	64.6	—	74.4
胜利	初馏~180	—	0.7478	—	60	90	125	160	174	—	—	—	—	—	—	—	—	—	52.0	—	—
胜利	初馏~200	—	0.7575	—	63	106	143	181	199	5.03	—	—	—	—	—	—	—	—	47.2	—	70.6

表 3 - 8 大庆润滑油馏分脱蜡油的性质及润滑油潜含量

脱蜡油沸点范围/℃	收率/% 占馏分	收率/% 占原油	密度 ρ^{20}/(g/cm³)	折射率 n_D^{20}	黏度/(mm²/s) 50℃	黏度/(mm²/s) 100℃	黏度比 (50℃/100℃)	黏度指数	凝点/℃	平均相对分子质量	C_P	C_N	C_A	R_N	R_A
350~400	55.8	5.0	0.8718	1.4855	9.53	3.18	3	105	-17	339	62.5	23.8	13.7	1.21	0.57
400~450	60.4	5.7	0.8888	1.4940	25.96	5.91	4.4	88	-16	434	63.0	23.3	13.2	1.78	0.67
450~500	65.1	7.3	0.9042	1.5031	73.20	11.97	6.1	81	-14	531	60.5	25.0	14.5	2.10	0.92
350~400(P+N+轻A)	46.6	4.2	0.8462	—	8.76	3.04	2.9	120	-15	—	—	—	—	—	—
400~450(P+N+轻A)	49.6	4.4	0.8646	—	21.38	5.51	3.9	111	-12	—	—	—	—	—	—
450~500(P+N+轻A)	54.6	6.1	0.8781	—	47.95	9.56	5	99	-15	—	—	—	—	—	—

表 3 - 9 胜利原油润滑油馏分性质和润滑油潜含量（-30℃脱蜡）

油料沸点范围/℃	收率/% 占馏分	收率/% 占原油	密度 ρ^{20}/(g/cm³)	折射率 n_D^{20}	黏度/(mm²/s) 50℃	黏度/(mm²/s) 100℃	黏度比 (50℃/100℃)	黏度指数	凝点/℃	含硫量/%	平均相对分子质量	C_P	C_N	C_A	R_N	R_A
馏分油																
355~399	—	6.0	0.8606	1.4602	8.63	2.91	2.51	—	28	0.5	326	66	21.8	12.2	1.0	0.5
390~450	—	11.4	0.8874	1.4731	25.42	6.00	4.24	—	38	0.49	423	64	25.0	11.0	1.7	0.5
450~500	—	9.6	0.9067	1.4837	40.24	10.63 (60℃)	—	—	46	0.55	473	60	27.5	12.5	2.3	0.7
脱蜡油																
350~399	69.3	4.2	0.8886	1.4943	11.92	3.58	3.33	92	-30	0.67	315	—	—	—	—	—
399~450	71.4	8.1	0.9184	1.5074	53.89	8.69	6.20	43	-26	0.57	—	—	—	—	—	—
450~500	75.5	7.3	0.9341	1.5155	171.60	17.09	10.04	9	-26	0.66	—	—	—	—	—	—
350~399(P+N+轻A)	52.7	3.2	0.8591	1.4749	10.01	3.21	3.12	100	-26	0.15	—	—	—	—	—	—
399~450(P+N+轻A)	54.3	6.2	0.8949	1.4897	44.55	8.50	5.24	82	-24	—	—	—	—	—	—	—
450~500(P+N+轻A)	53.0	5.1	0.9094	1.4951	114.50	14.66	7.81	54	-26	—	—	—	—	—	—	—

表 3 – 10　大庆原油和胜利原油不同深度重油的性质

重　　油	大庆原油			胜利原油		
	>350℃	>400℃	>500℃	>300℃	>400℃	>500℃
占原油/%	67.6	59.9	40.38	81.9	68.0	47.1
密度 ρ_{20}/(kg/cm³)	0.8974	0.9019	0.9209	0.9266	0.9463	0.9698
凝点/℃	35	42	45	35	40	>50
残炭/%	4.6	5.3	7.8	7.9	9.6	13.9
微量金属/(μg/g)						
Ni	3.75	4.5	7.0	31	36	46
V	0.03	0.04	—	1.3	1.5	2.2
Fe	0.60	1.15	1.10	—	—	—
Cu	1.27	1.15	0.85	1.6	3.4	4.0
运动黏度(100℃)/(mm²/s)	26.79	40.76	111.45	43.92	139.7	861.7
灰分/%	0.0015	0.0029	0.0041	0.056	0.048	0.10
针入度(25℃)/(1/10mm)	—	—	—	—	—	223
延度(25℃)/cm	—	—	—	—	—	33
软化点/℃	—	—	—	—	—	40.5
硫含量/%	0.31	0.35	0.27	1.04	—	1.26
闪点(开)/℃	231	262	324	—	—	—
恩氏黏度(100℃)/°E	3.64	5.50	15.04	—	—	—

三、原油的实沸点蒸馏曲线、性质曲线及产率曲线

进行原油实沸点蒸馏时可按每馏出 3% 或每隔 10℃ 取一个馏分,将得到的许多馏分编号、称重,计算得到馏出温度与馏出质量分数关系数据。测定和计算各窄馏分性质:密度,黏度,凝点,酸度(或酸值),苯胺点,硫、氮含量,折射率,柴油指数,十六烷指数,黏度常数,特性因数等。表 3 – 5、表 3 – 6 分别列举了大庆原油和胜利原油实沸点蒸馏及窄馏分性质数据。

1. 原油实沸点蒸馏曲线

以原油实沸点蒸馏所得窄馏分的馏出温度为纵坐标,以总馏出百分率(总收率)为横坐标,例如,依据表 3 – 5 所列数据绘得图 3 – 3 中表示馏出温度与馏出百分率之间的关系曲线,称为原油实沸点蒸馏曲线。

2. 原油性质曲线(中比曲线)

如前所述每一窄馏分是在一定沸点范围内收集的,而所得窄馏分性质,如密度、黏度等数值,则是在馏分全部收集后进行测定的结果,可视作是该窄馏分性质的平均值。因此,在绘制每一条性质曲线时,应以该项性质数值为纵坐标,而以该窄馏分馏出一半时的馏出百分率为横坐标,例如,第三个馏分相对密度 d_4^{20} = 0.7699 应标绘于 (6.13 + 9.35)%/2 = 7.74% 处。这样标绘得到的窄馏分性质曲线,被称为中百分比曲线。原油性质曲线表示该原油的各个窄馏分性质变化情况。根据性质曲线的中百分比特点,如果要大致估计某一馏分的性质,可以在该馏分馏出百分率的起始值和终了值的一半处作垂线,使之与某性质曲线相交所得点的纵坐标值即为该馏分某项性质数值。但由于原油及油品除相对密度等少数性质外,许多性

129

质并不具备可加性，因此，性质曲线用于宽馏分时所得数据是不可靠的。性质曲线不能用作制定原油加工方案或产品切割方案的依据。

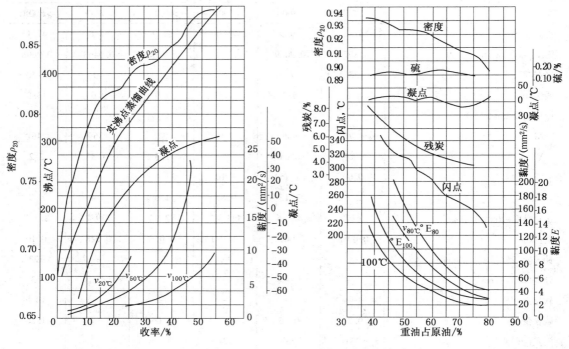

图 3 - 3　大庆混合原油实沸点
蒸馏曲线及窄馏分的性质曲线

图 3 - 4　大庆原油重油产率曲线

3. 产率曲线(产品产率 - 性质曲线)

为了获得原油直馏产品的性质与产率可靠的关系数据，可以采用逐个混对窄馏分并顺次测定混合油品性质的方法。以汽油为例，将蒸出的一个最轻馏分(如初馏点 ~ 130℃)为基本馏分，测定其密度、馏分组成、辛烷值等，然后依次混入后面的窄馏分，就可得到初馏点 ~ 180℃、初馏点 ~ 200℃等汽油馏分。分别测定其性质得到表 3 - 7 所列汽油馏分的产率 - 性质关系数据，或绘制成相应的产率性质曲线。在绘制不同蒸馏深度的重油产率 - 性质曲线时，作法则有所不同。先尽可能把最重的馏分蒸出，测定剩下残油性质，然后依次与相邻蒸出的窄馏分混对，分别测定其性质得到表 3 - 10 的数据并绘得图 3 - 4 重油产率 - 性质曲线。

有了上述原油评价数据就可以着手制定原油的切割方案。制定原油蒸馏切割方案就是要确定该原油在蒸馏中能生产哪些产品，在什么温度下切割，所得产品产率和性质如何。其方法就是将产品产率性质数据与各种油品规格进行比较，参考窄馏分性质数据进行调整，依据蒸馏曲线确定各种产品的切割温度。在制定原油切割方案时，要注意以下几点：

① 市场需要是制定产品方案的主要依据。

② 认真研究各种原油的特点，合理地充分利用资源。

③ 抓住产品的主要规格要求作为切割的着眼点。

④ 兼顾产品质量与收率，统筹蒸馏装置与后续加工装置的关系。

第三节　原油加工方案的确定

为设计一座炼油厂，在确定厂址、规模和原油来源之后，首要任务是选择和确定原油的加工方案。

所谓原油加工方案，就是使用什么样的加工过程来生产石油产品。原油加工方案的确定取决于很多方面，如原油的特性、市场需求、经济效益、投资力度等。本节主要是从原油特性的角度来讨论如何选择原油的加工方案。原油的综合评价结果是选择原油加工方案的基本依据，有时还需要对加工过程中的某些产品进行中试获得更加详细的数据，如生产喷气燃料和某些润滑油，还需要进行产品的台架试验和使用试验。

据统计，2003年我国炼油企业的总数为170个，其中，中国石油化工集团公司和中国石油天然气集团公司两大公司拥有62家炼油企业，这62家企业的原油加工量占全国总量的90%以上。全国炼油企业主要集中在东北、西北、长江流域和沿海地区，从原油加工方案来看可分为三种类型，一是燃料型，二是燃料-润滑油型，三是燃料-化工型。

燃料型的主要产品是用作燃料。

燃料-润滑油型，除了生产燃料产品外，还生产各种润滑油产品。

燃料-化工型，除生产燃料产品外，还生产化工原料及化工产品，如某些烯烃、芳烃、聚合物的单体等。

在中国石化集团公司和中国石油天然气集团公司两大公司内第一种类型的炼油厂约占64.7%；第二种类型的炼油厂约占26.5%；第三种类型的炼油厂约占8.8%。按生产规模划分，也可分为三种类型，第一种规模为 $400 \times 10^4 t$ 以上的大型炼油厂，占总炼油厂的47%；第二种规模为 $(100 \sim 400) \times 10^4 t$ 之间的中型炼油厂，约占总炼油厂的47%；第三种规模为 $100 \times 10^4 t$ 以下的小型炼油厂，占总炼油厂的6%。

第四节　我国主要原油性质及加工方向简介

我国是世界上石油资源较为贫乏的国家，截至2000年底，我国探明的石油剩余储量约为33亿吨(BP Statistical Reviewof World Energy June 2001)，仅占世界石油剩余探明总储量的2.3%。世界石油资源主要分布在中东、中美洲(墨西哥、委内瑞拉)、俄罗斯、北非和西非地区。

我国原油生产能力约为170Mt左右，约占世界总原油生产能力的5%。我国原油加工能力约为200Mt，可生产各种石油产品。

我国目前主要生产油区有25个(大庆、吉林、辽河、华北、大港、冀东、新疆、塔里木、吐哈、玉门、青海、长庆、四川、胜利、中原、河南、江汉、江苏、滇桂黔、新星、天津、深圳、湛江、延长、上海，据中国石油和化学工业协会资料)，其中，大庆是我国最大生产油区，生产能力约为 $5300 \times 10^4 t$，2000年，生产石油 $5300 \times 10^4 t$。胜利是我国第二大生产油区，生产能力约为 $2660 \times 10^4 t$，2000年生产石油 $2676 \times 10^4 t$。辽河是我国第三大生产油区，生产能力 $1400 \times 10^4 t$，2000年生产石油 $1401 \times 10^4 t$。与国外相比，我国油田总体生产能力和生产效率低，如美国原油采收率可达50%，而我国全国平均仅为29%(不包括三次采油)。我国石油开采业基本特点是，主力油田进入开发中后期，油田综合含水率上升，成本增高，效益下降，增产难度大。

一、大庆原油

大庆油田是我国目前最大的油田，位于松辽平原中央部分，滨洲铁路横贯油田中部。于1960年投入开发建设，由萨尔图、杏树岗、喇嘛甸、朝阳沟等48个规模不等的油气田组成，面积约6000km²。大庆原油属于低硫石蜡基原油，其密度约为0.85~0.86g/cm³，特性因数为 $K=12.5~12.6$，具有含蜡量高（20%~30%）、凝点高（25~30℃）、黏度高（地面黏度35）、含硫低（在0.1%以下）的特点。实沸点蒸馏数据表明，200℃前的馏分占原油的9.8%~11.3%，300℃前为21.2%~22.5%，400℃前为37.5%~39.3%，500℃前总拔出率约为原油的56%。

大庆原油的直馏汽油或重整原料的量较少，汽油辛烷值较低。由于原油含砷多，重整原料砷含量也较高。喷气燃料馏分的密度较小，结晶点较高，只适宜生产2号喷气燃料。180~300℃馏分芳香烃含量较低，无烟火焰高度大，含硫较少，经适当精制可得到高质量的灯用煤油。柴油馏分的柴油指数一般高于70，但含蜡多，受凝点指标的限制影响柴油收率。例如，180~300℃、180~330℃和180~350℃馏分分别符合−20号、−10号和0号柴油规格，其收率（占原油%）为13.2%、17.5%和20.8%。

煤油−柴油宽馏分含烷烃较多，是制取乙烯的良好裂解原料。320~500℃馏分含烷烃量高（C_p%大于73），稠环芳香烃含量低，硫、氮、重金属含量和残炭值都很低，是很好的裂化原料。

500℃以前的馏分润滑油潜含量（$P+N+A$）约占原油的15%，其黏度指数可达99~120，因此，350~500℃馏分是生产润滑油的良好原料。沸点高于535℃的渣油约占原油的32%，残渣润滑油组分约占渣油的20.6%，所以渣油经脱沥青和脱蜡后需深度精制。

从润滑油馏分所得蜡膏脱油后，蜡熔点符合42~47℃的商品石蜡要求，产率约为原油的2%。减压渣油中胶质、沥青质含量低，不能直接生产沥青。

大庆原油的燃料−润滑油生产方案如图3−5所示，胜利原油的燃料型加工方案如图3−6所示，燃料−化工型加工方案如图3−7所示。

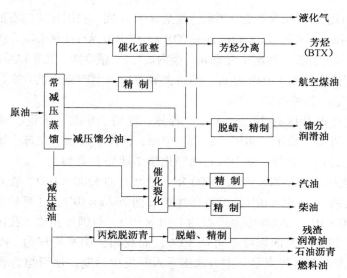

图3−5 大庆原油的燃料−润滑油加工方案

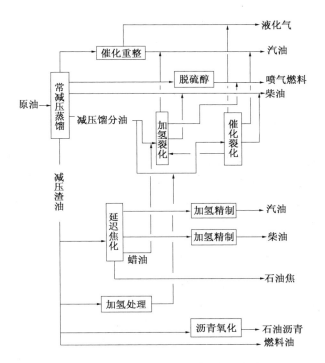

图 3-6 胜利原油的燃料型加工方案

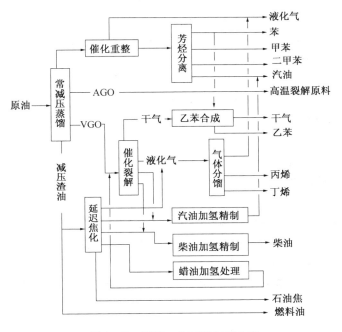

图 3-7 燃料-化工型加工方案

二、胜利混合原油

胜利油田是我国东部重要的石油工业基地,是全国第二大油田。胜利油田地处山东北部渤海之滨的黄河三角洲地带,主要分布在东营、滨洲、德洲、济南、潍坊、淄博、聊城、烟台 8 个城市的 28 个县(区)境内,主要工作范围约 $4.4 \times 10^4 \mathrm{km}^2$。胜利油区油田多,地质情况复杂，油田或单井之间的原油性质差别很大。从表 3 - 1 可见胜利混合原油有变轻的趋势，而且原油的基属也在改变。胜利混合原油密度为 0.88 ~ 0.90g/cm³，含硫 0.7% ~ 0.8%，胶质含量高，各馏分的酸度都比较高。

胜利原油的汽油馏分（200℃前）约为 7%，轻柴油馏分（200 ~ 350℃）约为 18%，重质油馏分（350 ~ 525℃）约为 30%，减压渣油约为 45%。

在相同的馏分条件下，胜利原油的汽油馏分辛烷值比大庆油高，可生产 1 号喷气燃料。直馏柴油的柴油指数较高、凝点不高，可生产 -20 号、-10 号、0 号及舰艇用柴油。

裂化原料馏分中烷烃（C_p%）约比大庆相同馏分油低 5% ~ 10%。润滑油馏分的脱蜡油收率较高，但黏度指数随馏分变重而下降很大，若经脱蜡及较深度精制，可生产一般用润滑油。蜡膏脱油精制后可得 46 ~ 53℃ 石蜡。胜利原油的常压重油及减压渣油残炭值和金属含量都远高于大庆油，减压渣油的延度低，不能直接做道路沥青。

三、辽河混合原油

辽河油田主要分布在辽河中下游平原以及内蒙古东部和辽东湾滩海地区。已开发建设 26 个油田，建成兴隆台、曙光、欢喜岭、锦州、高升、沈阳、茨榆坨、冷家、科尔沁 9 个主要生产基地，地跨辽宁省和内蒙古自治区的 13 市（地）32 县（旗），总面积近 10 万平方公里，产量居全国第三位。辽河油区构造及断层较多，各油田所产原油性质差异较大，其中，主要油田的原油属于低硫中间基或低硫中间 - 石蜡基。辽河混合原油的密度介于大庆原油与胜利混合原油之间，窄馏分酸度比大庆油高，特性因数接近于胜利原油。

辽河原油特点是密度较小，含硫量低，但含氮量高，轻油收率较高，含蜡量居中，凝点较高，属于低硫中间 - 石蜡基原油，但由于近年来辽河原油的开采区域（地层结构）发生变化，使得辽河原油的某些馏分组成及性质发生了变化。原油基属于由低硫中间 - 石蜡基向低硫环烷 - 中间基方向发展，有变重的趋势。

初馏点 ~ 180℃馏分的汽油辛烷值高于大庆油。如适当调整馏分范围，从辽河原油中可以生产 1 号或 2 号喷气燃料。柴油馏分的柴油指数虽低于大庆油，但仍能符合 -10 号和 0 号轻柴油的指标。裂化原料的 C_p% 为 62.5，重油和渣油的残炭分别为 6.5%、13.2%，镍含量分别为 34.9μg/g、64.7μg/g，渣油延度较小不能直接生产道路沥青。辽河混合原油的润滑油馏分脱蜡后，黏度指数很低。

四、其他原油性质简介

1. 克拉玛依混合原油

新疆油区各原油性质差异很大，克拉玛依油田各原油性质也很不相同。克拉玛依原油属低硫中间基，凝点低（-7℃），酸值高，密度也较大。其汽油馏分（初馏点 ~ 200℃）空白辛烷值 52，喷气燃料（130 ~ 240℃）密度大，结晶点低，可生产 1 号喷气燃料。柴油凝点低，柴油指数较高，可生产不同牌号的轻柴油。润滑油馏分脱蜡后黏度指数不高，克拉玛依原油含环烷酸量多。

2. 孤岛原油

孤岛原油性质与胜利原油不同，特点是密度大，含硫、氮、胶质量高，酸值大，黏度大，凝点低。原油中轻馏分较少，< 200℃馏分占原油 5.8%，< 300℃馏分为 15.8%，500℃以前总拔出率为 45.8%。初馏点 ~ 130℃馏分含环烷烃约 60%，但需精制才适合作重整原料。初馏 ~ 180℃馏分辛烷值为 65。180 ~ 280℃馏分作喷气燃料，密度大，但需经二段加氢精制。直馏柴油凝点低，减压馏分油含硫、氮高，需经缓和加氢才能作催化裂化原料。

大于500℃的减压渣油约占原油的53%以上，含有大量的胶质、沥青质，可直接作道路沥青和制取各种高质量的沥青产品。

3. 单家寺原油

其特点是密度大，黏度高，含硫、含胶质较高，属于含硫环烷基原油。其中轻质油含量很少(基本没有汽油馏分)，300℃以前馏分仅5%左右，减压渣油可以直接生产70号和90号高速公路用的高标准优质沥青。

第四章　原油预处理和原油蒸馏

原油是极其复杂的混合物，必须经过一系列加工处理，才能得到多种有用的石油产品。原油蒸馏是目前原油加工中必不可少的第一道工序，就是首先要把原油分割为不同沸点范围的馏分或半成品，然后进一步加工利用。因此，原油蒸馏通常又称之为原油的初馏。由于原油中含有杂质，在蒸馏前还需要进行原油的预处理。

第一节　原油的预处理

石油在地下往往是与水同时存在的，而且在开采过程中注水等原因，所以原油一般都含有水分，并且这些水中都溶有钠、钙、镁等盐类。各地原油的含水、含盐量有很大的不同，其含水量与油田的地质条件、开发年限和强化开采方式有关。通常，在油田原油要经过脱水和稳定，可以把大部分水及水中的盐脱除，但仍有部分水不能脱除，因为这些水是以乳化状态存在于原油中，原油含盐含水会给原油运输、储存、加工和产品质量带来危害。因此，即使是处理含盐含水量较低的原油，由于上述的原因，在原油蒸馏之前也必须再一次进行脱盐、脱水。

一、原油含水、含盐的影响

原油含水过多会造成蒸馏塔操作不稳定，严重时甚至造成冲塔事故，同时含水多会增加热能消耗，也会增大冷却器的负荷和冷却水的消耗量。如原油含水增加1%，由于额外多吸收热量，可使原油换热温度降低10℃，相当于加热炉热负荷增加5%左右。

原油中的盐类一般溶解在水中，这些盐类的存在对加工过程危害很大。主要表现在：

① 降低传热效果。在换热器和加热炉中，随着水的蒸发，盐类会沉积在管壁上形成盐垢，导致传热效率降低，增大流动压降，严重时甚至会堵塞管路导致停工。

② 造成设备腐蚀。$CaCl_2$ 和 $MgCl_2$ 水解生成具有强腐蚀 HCl，如果系统又有硫化物存在，则腐蚀会更严重。如以 $MgCl_2$ 为例：

$$MgCl_2 + 2H_2O \Longrightarrow Mg(OH)_2 + 2HCl$$
$$Fe + H_2S \Longrightarrow FeS + H_2$$
$$FeS + 2HCl \Longrightarrow FeCl_2 + H_2S$$

③ 影响产品质量。原油中的盐类在蒸馏时，大多残留在渣油和重馏分中，将会影响石油产品的质量。根据上述原因，目前国内外炼油厂要求在加工前，原油含水量达到0.1% ~ 0.2%，含盐量 <5 ~ 10mg/L。

近年来随着原油加工深度的提高（为了从原油中获得更多的轻质产品），重油催化裂化以及催化重整、加氢裂化等临氢工艺技术的开发和广泛应用，原油脱盐已经不仅仅是为了防腐，而且成为对后续加工工艺所用催化剂免受污染的一种保护手段。实验数据证明，脱除氯化物的同时还能脱除如镍、钒、砷（包括其中的钠）等对催化裂化、加氢裂化、催化重整等催化剂的有害毒物，而且一般是脱盐深度越深，残存的有害物质越少。现在的深度脱盐已经要求脱后原油达到含盐 <3mg/L 或 Na <1mg/L。

二、原油脱水、脱盐原理

原油中的盐大部分溶于所含水中，故脱盐脱水是同时进行的。一般认为95%的原油属于稳定的油包水型乳化液。为了脱除悬浮在原油中的盐粒，在原油中注入一定量的新鲜水（注入量一般为5%）充分混合，然后在破乳剂和高压电场的作用下，使微小水滴逐步聚集成较大水滴，借重力从油中沉降分离，达到脱盐脱水的目的，这通常称为电化学脱盐脱水过程。

原油乳化液通过高压电场时，在分散相水滴上形成感应电荷，带有正、负电荷的水滴在作定向位移时，相互碰撞而合成大水滴，加速沉降。水滴直径愈大，原油和水的相对密度差愈大，温度愈高，原油黏度愈小，沉降速度愈快。在这些因素中，水滴直径和油水相对密度差是关键，当水滴直径小到使其下降速度小于原油上升速度时，水滴就不能下沉，而随油上浮，达不到沉降分离的目的。原油中含的盐类除少量以晶体状态悬浮在油中以外，大部分的盐溶于水中，形成盐水为分散相、油为连续相的油包水型乳化液。把水分散到油中形成许许多多微小水滴，由于具有很大的界面能，这种体系是不稳定的。原油中的环烷酸、沥青质和胶质等是天然的乳化剂。油中的乳化剂向油水界面移动并引起油相表面张力降低而使该体系稳定。随着时间的延长及输送过程条件的影响，促使油水界面处的乳化膜变厚，增大原油脱水脱盐的难度。为了破坏这种稳定的乳化液，通常需要依靠化学物质、电场以及重力等多种因素的作用，最终使水滴聚结、沉降达到油水分离的目的。

重力沉降是分离油、水的基本方法。原油中的水滴（或含盐水滴）与油的密度不同，可以通过加热、静置使之沉降分离，其沉降速度可用斯托克斯（Stokes）公式计算。

$$u = \frac{d^2(\rho_w - \rho) \cdot g}{18\mu} \qquad (4-1)$$

式中　u——水滴沉降速度，m/s；

d——水滴直径，m；

ρ_w——水（或盐水）密度，kg/m^3；

ρ——油密度，kg/m^3；

g——重力加速度，9.81m/s^2；

μ——油的黏度，Pa·s。

由式（4-1）可看出水滴直径增大，油、水间密度差增加，油黏度降低都能提高水滴的沉降速度。温度升高使原油黏度减小，一般情况下也加大水与油的密度差。加热温度的高低视不同原油而异，通常为80~120℃，但对重质原油温度可以高些。研究表明，一般超过140℃后沉降速度的增长值开始降低。采取电脱盐工艺时，原油乳化液的电导率随温度升高而增加，电耗也随之增大。不同的原油其变化规律不同，但一般来说大于120℃时电耗急剧增加。为了防止轻组分和水分的汽化以及汽化时引起油层搅动影响水滴沉降，脱水过程要在保持压力下进行，其操作压力应比原油在脱水温度下的饱和蒸气压大150~200kPa。

要使原油中水滴直径增大，利于沉降分离，就需要破坏微小水滴的乳化膜并促使其聚合。破乳剂也是一种表面活性物质，但与原油中乳化剂类型相反。破乳剂通过下述作用而破乳：

① 对油水界面有强烈的趋向性。由于乳化剂早已在乳化液中，又往往集中在油水界面上，所以，破乳剂必须具有能迅速穿过液相并和乳化剂竞争夺取界面位置的能力。

② 能使水滴絮凝，就是聚集在水滴表面位置的破乳剂能强烈吸引其他水滴，使许多小

水滴汇聚在一起，像一大堆"鱼卵"。

③ 使水滴聚结，破乳剂能够破坏包围水滴的乳化膜并使水滴结合，迅速增大利于油水分离。

④ 湿润固体，大多数原油中都含有硫化铁、污泥、黏土和石蜡等固体颗粒，它们往往聚集在界面上增加乳化液的稳定性。破乳剂应能使之分散在油中或被水湿润同水一道脱除。

随着原油的不断开采，原油含水量将逐渐上升，这种油水混合液经过喷油嘴、集输管道逐渐形成比较稳定的油水乳状液。而原油进入炼油厂和污水回注，都对原油残水量和污水含油量有相关的要求，需要对乳化原油进行破乳脱水。原油破乳剂是油田和炼油厂必不可少的化学药剂之一，对减轻设备结垢和腐蚀、降低能耗、提高产品质量有明显效果。

油包水乳化原油的破乳剂，从 20 世纪 20 年代开始使用至今已发展了三代破乳剂。近些年来，为了寻求快速高效的破乳剂，有人研究出了超高相对分子质量的高效破乳剂，试验证明超高相对分子质量的破乳剂具有惊人的脱水速度，将几十 mg/L 的该破乳剂加到乳化原油中，搅拌 1 ~ 10 min，就可脱出 90% 以上的水，从而把破乳剂的应用研究推向了一个崭新的阶段。

一次采油、二次采油采出的乳化原油属油包水型，油包水乳化原油破乳剂种类繁多，按表面活性剂的分类方法可分为：阴离子型、阳离子型、非离子型、两性离子型破乳剂等。

① 阴离子型破乳剂。20 世纪 20 年代至 30 年代为解决水包油型原油乳状液的破乳，开发了第一代阴离子型破乳剂，主要是低分子阴离子型表面活性剂，如脂肪酸盐、环烷酸盐等；磺酸盐类如烷基磺酸盐、烷基芳基磺酸盐等。另外，这类破乳剂还有聚氧乙烯脂肪醇硫酸酯盐等。这些破乳剂虽然价格便宜、有一定的破乳效果，但它们存在着用量大、效果差、易受电解质影响而减效等缺点。

② 阳离子型破乳剂。主要用于油包水型原油乳状液破乳，季铵盐型对稀油有明显效果，但不适合稠油及老化油。现多用它作为破乳辅助剂。

③ 非离子型破乳剂。20 世纪 40 年代至 50 年代又开发了第二代低相对分子质量的非离子型破乳剂，如 Peregal 型、OP 型和 Tween 型，这一代破乳剂虽能耐酸、耐碱、耐盐，但破乳剂用量还很大。其中聚氧乙烯烷基酚醚是最常用的一类破乳剂，在聚合过程中通过适当调节聚合物的相对分子质量，即可按不同性能要求制得多种产品，而不像阴离子及阳离子产品，必须不断变换憎水基与亲水基原料，才能适应各种不同的应用要求。60 年代至今开发第三代高相对分子质量的非离子型破乳剂，如 Dissolvan 4411、SP 型、AE 型、AP 型等，优点是用量少、效果好，缺点是专一性强、适应性差。

破乳剂今后发展的趋势是多成分的复配使用，复配的表面活性剂具有用药量少、破乳温度低、脱水速度快，脱后净化油、污水质量好，节约能源等优点。目前油田使用复配破乳剂的现象十分普遍，在这一领域进行了大量的研究工作。

我国对原油破乳剂的研发起步比较晚，它是随着我国石油工业的发展而发展起来的。20 世纪 60 年代以前我国原油破乳剂主要依赖于进口，60 年代中期开始成长，60 年代末到 80 年代中达到高峰。目前，我国已有高分子非离子表面活性剂、聚氨酯类、两性离子聚合物等原油破乳剂得到研发，已自行研制生产并投入使用的破乳剂已超过 200 个牌号。

利用电场破坏稳定乳化膜是一个有效方法。原油乳化液通过高压电场时，其中的水滴被感应带电荷形成偶极，它们在电力线方向上呈直线排列，电吸引力使相邻水滴靠近，接触并促使其聚结如图 4 - 1 所示。两个同样大小水滴在高压电场中的偶极聚结作用力为：

$$F = 6KE^2 R^2 \left(\frac{R}{L}\right)^4 \qquad (4-2)$$

式中 F——偶极聚结力，N；

K——原油介电常数，F/m；

E——电场强度，V/cm；

R——水滴半径，cm；

L——两水滴间中心距离，cm。

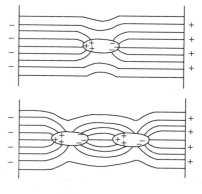

图4-1 高压电场中水滴的偶极聚结

从式(4-2)可以看出 R/L 是影响聚结力的最重要因素。R/L 值与分散相在乳化液中的百分含量的立方根成正比。从表4-1所列数据可见，当乳化液中含水只有0.1%时，R/L 值为1/16，其聚结力太小，即使施加电场也很难再脱除，因此，脱后原油含水约为0.1%~0.2%。为了进一步降低原油中含盐量，此时应加入新鲜水稀释盐浓度并使分散相含量增加再次聚结脱除。

表4-1 偶极聚结力与乳状液组成的关系

浮状液中分散相的近似含量/%	R/L 比值	对应的偶极聚结力 F
7	1/4	F
2	1/6	F/5
1	1/8	F/16
0.1	1/16	F/256

原油电脱盐可采用交流或直流电源，两者的脱盐效果并无显著差别，为方便起见，通常使用工业低频的交流电源。除上述偶极聚结外，在直流电场中尚有电泳聚结作用，交流电场中尚有电振荡作用。

从式(4-2)还可看出聚结力与电场强度 E 的平方成正比，但决不是说为了加速水滴的聚结就可以无限地增大电场强度。在水滴聚结作用的同时，高压电场还会引起水滴的分散作用。研究表明，水滴在电场作用下变成椭圆球体。随着电场强度的升高，椭球的偏心率逐渐变大。当电场强度超过某一临界值后，水滴两端就变尖，甩出极微小的小水滴。

综上所述，加入适量的破乳剂并借助电场的作用，使微小水滴聚结成大水滴，然后利用油、水密度差将水从原油中沉降脱除，此即常用的电-化学脱盐、脱水过程。

三、原油二级电脱盐工艺

常减压蒸馏装置一般采用二级电脱盐，根据装置运行需要可选用串联和并联两种操作方式。原油经原油泵引入电脱盐装置后与热源换热，通过特定的混合设备提高原油与注水、破乳剂的混合效果。在电脱盐装置中，原油中的水在电场力的作用下沉降分离，脱水的同时脱除溶解在水中的盐类。电脱盐装置工艺流程见图4-2所示。

电脱盐技术有低速电脱盐和高速电脱盐两种。20世纪90年代，美国 PETROLITE 公司开发的高速电脱盐技术具有技术先进、脱水、脱盐效率高（单级脱盐率可达95%）、单罐处理能力大、电耗低、占地少等优点，应用前景广阔。目前，世界上已经有100多套电脱盐装置采用了该技术。国内炼油厂引进高速电脱盐技术状况见表4-2。

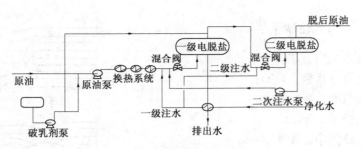

图 4-2　电脱盐装置工艺流程

表 4-2　国内炼油厂引进高速电脱盐技术情况

项　　目	镇海炼化	上海石化	齐鲁石化	大连西太平洋石油化工有限公司
装置处理能力/(Mt/a)	8.0	3.5	4.0	10.0
罐体尺寸/m	$\phi 3.6 \times 17.7$	$\phi 3.6 \times 6.0$	$\phi 3.2 \times 14.0$	$\phi 4.3 \times 29.5$
罐体	新	新	利旧	新
投产时间	1998 年	1999 年	1999 年	2003 年

　　高速与低速电脱盐技术的区别在于：①进料位置不同。高速电脱盐的进料位置在电极板之间的两个强电场的油相而不是在水相，避免了原油流动对水及杂质的垂直沉积影响，降低了油品携带水分的可能性，同时可实现油相与水相的快速分离。②原油进料分配管采用特殊喷头形式，电脱盐罐的处理能力不取决于油品在电场中的停留时间，而取决于喷头的能力。高速与低速电脱盐技术比较见表 4-3。

表 4-3　高速与低速电脱盐技术比较

项　　目	低速电脱盐技术	高速电脱盐技术
原油进料位置	水相	电极板间的油相
进料部件形式	多孔管或倒槽式	高效喷头式
供电方式	交流或直流电	交流电
油在电场中停留时间/min	6	不要求(很短)
原油处理能力(相同罐体)	1(比较基准)	2.0~2.5
一级脱盐率/%	85~90	95
二级脱盐率/%	95~97	99
脱盐后原油含水量/%	0.2	0.2
原油脱水中的含油量/(μg/g)	~200	~100

　　图 4-3 为高速电脱盐设备简图。高速电脱盐罐内设置 4 层水平电极板。其中 1 层电极板接地，2~4 层电极板送电，整个电脱盐罐内形成 1 个弱电场、2 个强电场和 1 个高强电场。由于电脱盐罐的上部乳化液含水少，电导率低；下部乳化液含水多，电导率高，因此，按水滴的分布状况将电场自下而上设计成强度逐渐增强的梯度电场。与交流电脱盐设备和交直流电脱盐两种设备相比，高速电脱盐设备具有处理量大、占地面积小、电耗低等优点。

　　影响原油脱盐效果的因素，除了原油性质、操作温度、压力，破乳剂品种及其用量等以外，还应考虑下述几个方面的问题。

　　① 电场强度。它是脱盐过程的重要参数，其值可按下式确定：

$$E = \frac{U}{b} \qquad\qquad (4-3)$$

式中　E——电场强度，V/cm；

　　　U——极板间电压，V；

　　　b——极板间距离，cm。

试验证明当电场强度低于 200V/cm 时没有任何破乳效果，高于 4800V/cm 时就容易发生电分散作用。况且电消耗量与电场强度的平方值成正比，提高电场强度电耗急剧增加。各种原油都有其合适的脱盐电场强度，对国内原油推荐值为 700 ~ 1000V/cm。

② 原油在强电场内的停留时间。时间过短将影响水滴的聚结，但时间过长则增大电耗而且易于产生电分散作用。合适的停留时间与原油性质、水滴特性和电场强度等密切相关。低速电脱盐技术油在电场中停留时间为为 6min 左右，高速电脱盐技术对停留时间没有要求（很短）。

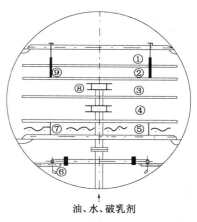

油、水、破乳剂

图 4-3　高效电脱盐设备

①—第一层电极级；②—第二层电极级；
③—第三层电极级；④—第四层电极级；
⑤—油水界面；⑥—反冲洗系统；
⑦—绝缘支撑；⑧—双层喷嘴进油分布器；
⑨—绝缘吊挂

③ 注水量及油水混合程度。注水的作用除了增加分散相（水）含量外，就是溶解原油中的无机盐和部分有机物，使其随着洗涤水而脱除。注水的水质要求不含或低含盐量，另外对水的 pH 值也有要求，碱性有利于有机盐的脱除，而微酸性则有利于钙盐的脱除。在电场脱盐一定时，提高注水量可提高水滴间的凝聚力，以利于水滴聚结，从而可降低脱盐后原油中残存水的含盐浓度，以提高脱盐率。但注水量过多，将增加脱盐罐内乳化层厚度，导致电耗增加，当注入水为软化水或新鲜水时，也增加了水的费用。经实验发现，一级脱盐注水量质量分数在 5% ~7% 比较合适，而二级脱盐注水量质量分数在 3% ~5% 范围内比较合适。

注入水和破乳剂在油中混合越均匀，分散得越细脱盐率越高。但混合过度而形成难以破乳的稳定乳化液，不仅影响脱盐效果而且耗能过大。因此，需要通过实验找出合适的混合压降值，以便控制一个适宜的混合强度。

第二节　蒸馏与精馏原理

一、基本概念

原油是极其复杂的混合物，多数石油产品也是由多种不同沸点烃类组成的混合液。原油加工过程中经常依据这一特点，通过汽化和冷凝将其分离为不同沸点范围的馏分，以进一步加工成各种石油产品。

将液体混合物加热使之汽化，然后再将蒸汽冷凝的过程称为蒸馏。反复进行的多次汽化和冷凝称为精馏。蒸馏和精馏的理论基础是相平衡原理、相律、拉乌尔定律和道尔顿分压定律。

液体混合物与纯液体的气液相变过程规律有很大的差别。例如，在一定的体系压力下，纯液体有一个固定的沸腾温度即沸点。而混合液体由于其中各组分具有不同的挥发度，轻组分较重组分更易于汽化，因此，在汽化时液相（以及气相）组成在不断地改变，轻组分逐渐减少。重组分相对增多，沸腾温度也随之升高，表现出一个沸腾的温度范围（亦称沸程）。此温度范围的数值和体系的压力、混合液的性质与组成有关。

二、石油加工过程中最常用到的几种蒸馏方式

蒸馏是石油加工过程最常使用的分离手段之一，由于它具有经济、方便等特点，所以，凡是需要分离的地方，总是首先考虑选用蒸馏操作。蒸馏有多种形式，可归纳为闪蒸（平衡汽化或一次汽化）、简单蒸馏（渐次汽化）和精馏三种。其中简单蒸馏常用于实验室或小型装置上，它属于间歇式蒸馏过程，分离程度不高。

1. 闪蒸（亦称平衡汽化或一次汽化）

闪蒸或平衡汽化蒸馏过程是指加热液体混合物，使之达到一定的温度和压力，然后引入一个汽化空间（如闪蒸罐、蒸发塔、蒸馏塔的汽化段等），使之一次汽化分离为平衡的气液两相，将含轻组分较多的气相冷凝下来，使混合液得到相对的分离的过程。由于在加热混合液过程中产生的气相是在达到一定的温度和压力下迅速分离，即一次汽化分开的，故又称一次汽化。又由于分开的气液两相是平衡状态的两相，故从其汽化方式而言，也称为平衡汽化。实际上并不存在真正意义的平衡汽化，因为真正的平衡汽化需要气液两相有无限长的接触时间和无限大的接触面积。但在适当的条件下，气液两相可以接近平衡，我们可以近似地按平衡汽化来处理。如连续精馏塔的每层塔盘均可近似地看作平衡汽化（即一次汽化）。

平衡汽化的逆过程称为平衡冷凝。如催化裂化分馏塔顶气相馏出物，经过冷凝冷却，进入接受罐中进行分离，此时汽油馏分冷凝为液相，而裂化气和一部分汽油蒸气则仍为气相（裂化富气）。此过程可以近似看做平衡冷凝。

2. 简单蒸馏

简单蒸馏是实验室或小型工业装置上常采用的一种蒸馏方法，它是用来浓缩物料或粗略分离油料的一种手段。如图4-4所示。将混合液置于蒸馏釜中，加热到达混合物的泡点温度时将产生的气相随时引出，加以冷凝冷却收集。随着蒸馏的进行，液相逐渐变重（轻组分浓度逐渐减小），沸腾温度随之升高，汽化生成的气相浓度也在不断变化。釜底残液只与瞬时产生的气相成平衡，而不是与前面产生的全部气相成平衡。简单蒸馏得到气相冷凝液是一个组成不断变重的混合液，最早得到的气相冷凝液中轻组分含量最高，以后轻组分含量逐渐减少，但总比残液中的轻组分含量要高。因此简单蒸馏虽然可以使混合液中的轻重组分得到相对的分离，但不能将轻重组分彻底分开。所以它只能用于分离要求不太严格的场合。

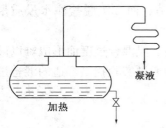

图4-4 简单蒸馏

简单蒸馏是一种间歇过程，而且分离程度不高，一般只是在实验室中使用。如广泛用于油品馏程测定的恩氏蒸馏就可近似看作是简单蒸馏过程。

3. 精馏

由于闪蒸和简单蒸馏都无法使液体混合物精确分开，为了适应生产发展的需要，就出现了多次汽化，并发展成精馏过程。人们从一次汽化可以使轻重组分得到相对分离的实践中受到启发，把一次汽化得到的气液两相继续进行平衡冷凝和平衡汽化，如此反复多次最终可得到纯度较高的轻重组分，即所谓多次汽化过程。以后又采用了精馏，把多次汽化和多次冷凝过程巧妙地组合起来，构成可以把混合液精确分开的精馏过程。

精馏是分离液相混合物的很有效手段，精馏有连续式和间歇式两种。

三、精馏及实现精馏的条件

如前所述精馏是分离液相混合物的一种有效的方法，它是在多次部分汽化和多次部分冷凝过程的基础上发展起来的。

图4-5所示为戊烷-己烷混合物的多次部分汽化和多次部分冷凝(精馏)以及其中的浓度关系。图中数据清楚地表明，经过液体的部分汽化或蒸气的部分冷凝，混合物中的轻组分和重组分分别在气相及液相中得到不断增浓。但显而易见，这种多次部分汽化和部分冷凝过程，过于繁琐，无法在工业上实现，因而才出现了精馏塔。

图4-6为精馏塔示意图。它有两段，进料段以上为精馏段，进料段以下为提馏段，因此，它是一个完全精馏塔。该精馏塔由多层塔盘组成，每层塔盘均是一个气液接触单元，加热到一定温度的混合液体进入塔的中部(汽化段)，一次汽化分为平衡的气液两相，蒸气沿塔上升进入精馏段。由于在塔顶部送入一股与塔顶产品组成相同或相近的较低温度的液体回流，使上升蒸气在各层塔盘上不断部分冷凝，使其中的重组分转入液相又逐层回流下去，最后在塔顶可以得到一个纯度较高的轻组分，汽化段产生的平衡液相则沿塔下流，进入提馏段，并在塔底供热使塔底产品部分汽化，产生一个气相热回流，使下流液体不断部分汽化，最终在塔底得到一个较纯的重组分，整个塔内蒸气与液体逆向流动，密切接触形成一系列接触级进行传热和传质，使轻重组分多次进行分离，达到精确分开的目的。塔内温度自下而上逐渐降低，形成一个温度梯度。轻组分浓度自下而上逐步增浓，形成一个浓度梯度。

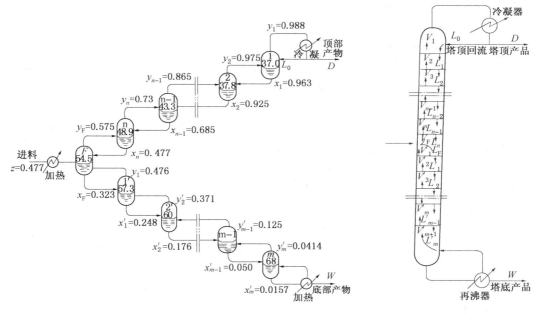

图4-5 戊烷-己烷精馏示意图(罐中温度为温度℃) 图4-6 精馏塔示意图

现以图4-7所示相邻的三个接触级为例，阐明塔内温度与浓度的变化情况。组成为 x_{n-1} 的下降液体与组成为 y_{n+1} 的上升蒸气在塔的第 n 层塔盘上接触，较低温度的液体使蒸气部分冷凝，较高温度的蒸气使液体部分汽化，并建立温度为 t_n 的新的气液平衡体系。离开 n 级上升的蒸气中轻组分浓度为 $y_n > y_{n+1}$，下降的液体中轻组分浓度 $x_n < x_{n-1}$。如此重复多次，最终在塔顶得到纯度较高的轻组分产品，塔底得到纯度较高的重组分产品。

通过上述分析可见，精馏过程的实质是不平衡的气液两相逆向流动，多次密切接触，进

143

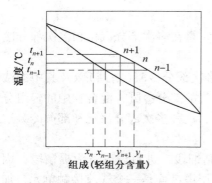

图4-7 塔内温度与浓度的变化

行传质和传热使轻重组分达到精确分离的过程。实现精馏过程的必要条件是：

① 必须有气液两相充分接触的设备，即精馏塔内的塔板或填料。

② 具有传热和传质的推动力，即温度差（沿塔高上升的各层塔板或填料段的温度逐层下降）和浓度差。在各层塔板或填料段相遇的气液流处于不平衡状态，为此必须在塔顶提供一个组成与塔顶产品相近的液相冷回流，在塔底提供一个组成与塔底产品相近的气相热回流。

四、回流比与塔板数

精馏过程的目的是将液体混合物分离从而得到一定要求的产品，在这个复杂过程中，产品的分馏精度（表示为产品的纯度或组分回收率）与组分的分离难度、操作回流比和精馏塔的理论板数等因素密切相关。塔顶回流量与塔顶产品量的比值称为回流比（R），即：

$$R = L/D \qquad (4-4)$$

式中　L——塔顶回流量；

　　　D——塔顶产品量。

塔顶液相回流可以由多种方式来提供。

1. 塔顶冷回流

就是将塔顶气相馏出物在冷凝冷却器中全部冷凝并进一步冷却为低于相平衡温度的过冷液体，将其中一部分送回塔内作回流液。冷回流在塔内重新汽化时需吸收升温显热和相变潜热，因此用量较少，但由于塔顶温度低，这部分回流热量不好利用。

2. 塔顶热回流

就是将塔顶气相馏出物部分冷凝为饱和液体作为回流。在同等条件下与冷回流相比，热回流用量较多。但在某些情况下，例如，需要将冷凝器安装在精馏塔顶空间时，也常使用这种回流。此时产品蒸气被部分冷凝随即返回成回流液，这就是热回流。塔内各层塔板之间由上层流到下层的液体称为内回流，以区别于塔外引入的回流液，内回流都是饱和液体，其特点与热回流相同。

除上述两种回流以外，有些塔如原油分馏塔、催化裂化分馏塔等还采用另外一类回流方式，即从塔侧某处抽出部分液体经换热冷却后送回塔内作回流，这种回流称为循环回流，将在以后的有关章节内讨论。

塔板（或填料）是精馏过程中气液两相接触的场所，能使接触的两相达到相平衡状态的塔板称为理论塔板（达到相同效应的填料层高度称为理论层高度）。实际上在一层塔板上，即使是由极端合理的构件组成也不可能达到真正的相平衡，因为愈接近平衡，气液相间的传热与传质推动力就愈小，要达到平衡除非有无限大的接触面和无限长的接触时间。一块实际塔板不能起到一块理论塔板的作用，为此引出塔板效率的概念，或从全塔平均板效率的概念出发，引出全塔效率来衡量由实际塔板构成的精馏塔的作用效果，其理论塔板数与实际塔板数之间关系如下：

$$N_T = E_T \cdot N \qquad (4-5)$$

式中　N——精馏塔中实际塔板数；

N_T——精馏塔的理论塔板数；

E_T——全塔平均塔板效率。

五、蒸馏曲线的相互换算

恩氏蒸馏、实沸点蒸馏和平衡汽化蒸馏是原油及油品的三种实验室蒸馏方法，恩氏蒸馏和实沸点蒸馏属于渐次汽化，平衡蒸馏属于一次汽化，它们各有特点和应用范围。在三种蒸馏方式中，平衡汽化的实验工作量最大，恩氏蒸馏最小，实沸点蒸馏工作量居中。在工艺计算中，常遇到三种蒸馏曲线之间的相互换算，为了减轻实验室工作量，一般不是同时进行三种蒸馏方法实验来获取相关的试验数据，而是采取经验的方法进行蒸馏曲线间的相互转换。

图4-8为不同压力下油料平衡汽化曲线。从图中可见随着压力的增加平衡汽化曲线变得平缓。平衡汽化蒸馏实验费工费时，并且很难得到大量准确数据。

实沸点蒸馏设备的分馏精确度比较高，因此，所得实沸点蒸馏数据可近似地表示油料中主要组成物的沸点变化情况。例如，图4-9表示某种8组分混合物"理想"的蒸馏曲线（实线）及其实沸点蒸馏曲线（虚线）。前者可以看出各组分沸点及其含量，但从实沸点蒸馏曲线中仅能大致地看出相当于各组分的8个曲线转折。原油及油品组成更为复杂，组分极多而通常含量又极少，就不可能从其实沸点蒸馏曲线看出相应组分的转折点，但还是较好地反映各组分沸点变化情况。实沸点蒸馏操作复杂，通常除原油外，一般油品并不进行此项实验。

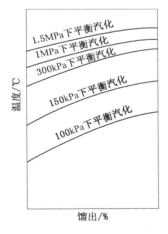

图4-8 不同压力下油料平衡汽化曲线

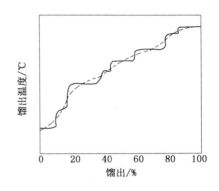

图4-9 8组分混合物实沸点蒸馏曲线

恩氏蒸馏是一种规格试验，操作简便，是各种油料常规分析的方法。馏分组成数据或恩氏蒸馏曲线是原油及油品基本性质之一。由于设备简单几乎没有分馏作用，当然它并不能表示油料组分的真正沸点。3种蒸馏曲线的比较如图4-10所示，其中图4-10（a）为以气相温度为基准，图4-10（b）为以液相温度为基准。

由图4-10（a）中可以看出，同一种油料的3种蒸馏曲线中，分离效果较好的实沸点蒸馏曲线最陡，而分离效果最差的是平衡汽化蒸馏曲线，它最平缓。若以蒸馏时的液相温度为基准标绘作图情况就大不相同，如图4-10（b）所示。因为在平衡汽化时，气液相温度是相同的，实沸点蒸馏则由于有分馏柱的作用，使柱顶部气相温度与蒸馏釜中液相温度相差甚大。而恩氏蒸馏由于瓶颈部散热作用产生少量回流，使其气相温度也低于液相温度。因此，图中三条曲线呈高低排列状，实沸点蒸馏曲线位置最高，而平衡汽化曲线位于最下方。这就

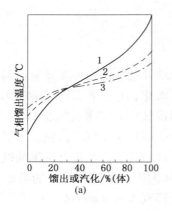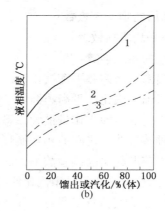

图 4-10 3 种蒸馏曲线的比较

1—实沸点蒸馏；2—恩氏蒸馏；3—平衡汽化

是说，在相同的汽化率情况下采用平衡汽化可以在较低的液相温度下汽化，从而减轻加热设备的负荷，减小油料过热分解和设备结焦的可能性。

通过大量实验数据处理，并对 3 种蒸馏曲线的对比与分析，人们找到了 3 种蒸馏曲线之间的关系，并制成了若干图表用于换算使用。但由于各种石油和石油馏分性质的差异，因而以一定范围油品性质所制得的图表不可能具有广泛的适用性，故在使用中必然会造成一定的误差。所以只要是有可能，尽量采用实测的实验数据。

在换算和使用图表时应注意：①经验图表有其适用范围和误差值。②图表涉及的馏出百分数，一般都是以%（体）为基准。③油料在较高温度下有裂化现象，凡恩氏蒸馏温度高于 246℃者，须用下式进行温度校正。

$$\lg D = 0.00852t - 1.691 \qquad (4-6)$$

式中　t——超过 246℃的恩氏蒸馏温度，℃；

　　　D——对 t 的温度校正值，℃。

恩氏蒸馏曲线坐标纸为由正态概率值的横坐标和算术值的纵坐标绘制而成的，如图 4-11 所示。

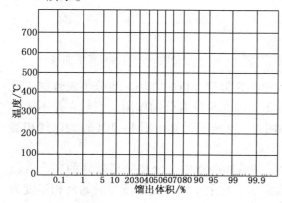

图 4-11　恩氏蒸馏曲线坐标纸

对于不太宽的馏分，在其上绘出的恩氏蒸馏曲线十分接近直线。若油料恩氏蒸馏数据不完全时，可借部分恩氏蒸馏数据作直线而求出其他各点的馏出温度。实沸点蒸馏数据在该坐标纸上标绘时，也接近于一条直线。

1. 常压下恩氏蒸馏曲线与实沸点蒸馏曲线的互换

这两种曲线之间的互换可以借助于图 4-12 和图 4-13。首先利用图 4-12 将一种蒸馏曲线的 50%点的温度换算为另一种蒸馏曲线的 50%点温度，从恩氏蒸馏数据换算为实沸点蒸馏数据，可直接使用该图。若从实沸点蒸馏数据换算为恩氏蒸馏数据则需要用试差法确定。然后按图 4-13 规定的 5 个蒸馏曲线线段，由一种曲线的温差

146

值换算为另一曲线的温差值。最后以换算后曲线的50%点为基点分别向曲线两端推算求得蒸馏曲线各点温度值。

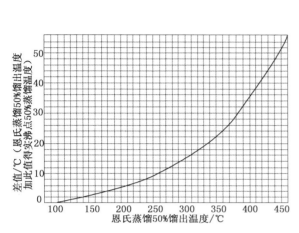

图 4－12　实沸点蒸馏50%馏出温度与
恩氏蒸馏50%馏出温度关系图

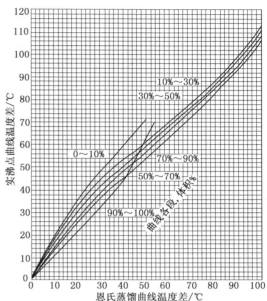

图 4－13　实沸点蒸馏曲线各段温度差与
恩氏蒸馏曲线各段温度差关系图

上述换算图适用于特性因数 $K=11.8$，沸点低于427℃的油品。据实验数据校验，在规定条件使用时，馏出温度计算值与实验值之间差值约5.5℃。

【例 4－1】　某轻柴油馏分的常压恩氏蒸馏数据如下：

馏出/%（体）	0	10	30	50	70	90	100
温度/℃	239	258	267	274	283	296	306

将其换算为常压实沸点蒸馏数据。

解:

① 按式(4－9)作裂化校正，校正后的恩氏蒸馏数据为：

馏出/%（体）	0	10	30	50	70	90	100
温度/℃	239	261.2	270.8	278.4	288.3	302.8	314.2

② 用图 4－12 确定实沸点蒸馏50%温度。

由图 4－13 查得它与实沸点蒸馏50%点馏出温度的差值为12.4℃，则：

实沸点蒸馏50%温度 ＝278.4＋12.4＝290.8℃。

③ 用图 4－13 确定实沸点蒸馏曲线各段温差：

曲 线 线 段	恩氏蒸馏温差/℃	实沸点蒸馏温差/℃
0～10%	22.2	38
10%～30%	9.6	18.9
30%～50%	7.6	13

曲 线 线 段	恩氏蒸馏温差/℃	实沸点蒸馏温差/℃
50% ~70%	9.9	15.4
70% ~90%	14.5	18.6
90% ~100%	11.4	13

④ 由实沸点蒸馏 50% 温度(290.8℃)为基点,推算实沸点蒸馏其他各点温度得:

$$30\% 点 = 290.8 - 13 = 277.8℃$$
$$10\% 点 = 277.8 - 18.9 = 258.9℃$$
$$0\% 点 = 258.9 - 38 = 220.9℃$$
$$70\% 点 = 290.8 + 15.4 = 306.2℃$$
$$90\% 点 = 306.2 + 18.6 = 324.8℃$$
$$100\% 点 = 324.8 + 13 = 337.8℃$$

将实沸点蒸馏数据换算为恩氏蒸馏数据时,计算程序类似,只是 50% 蒸馏温度需要用试差法确定。

即先假设一个恩氏蒸馏 50% 点温度值,然后查图 4 - 12 得到一个实沸点温度值,若该值与已知数据不符,则重新假设,直至与已知的实沸点 50% 点温度值相符为止,此时假设的恩氏蒸馏 50% 温度即为求定值。

2. 常压下恩氏蒸馏曲线与平衡汽化曲线的互换

该曲线之间的换算可用图 4 - 14 和图 4 - 15 进行,换算方法与上述方法类似。在换算 50% 点时,要先计算恩氏蒸馏曲线 10% ~70% 的斜率。此两图适用于特性因数 $K = 11.8$,沸点低于 427℃ 的油品,据实验数据核对,计算值与实验值间偏差为 8.3℃。

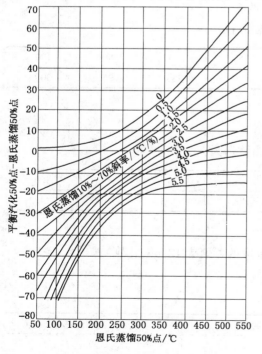

图 4 - 14　常压恩氏蒸馏 50% 点与
平衡汽化 50% 点换算图

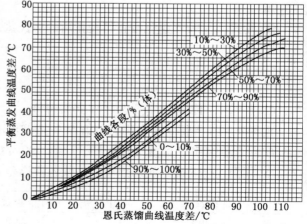

图 4 - 15　平衡蒸发曲线各段温度与
恩氏蒸馏曲线各段温度差关系图

【例 4 – 2】 已知轻柴油馏分的常压恩氏蒸馏数据(已经裂化校正)的如下:

馏出/%(体)	0	10	30	50	70	90	100
温度/℃	239	261.2	270.8	278.4	288.3	302.8	314.2

将其换算为常压平衡汽化数据。

解:

(1) 按图 4 – 14 换算 50% 点温度

恩氏蒸馏 10% ~70% 斜率 = (288.3 − 261.2)/(70 − 10) = 0.45℃/%

查图 4 – 18 得 50% 点温度差值 10℃,则:

平衡汽化 50% 点 = 278.4 + 10 = 288.4℃

(2) 由图 4 – 15 确定平衡汽化曲线各段温差

曲 线 线段	恩氏蒸馏温差/℃	平衡汽化温差/℃
0 ~10%	22.2	9.4
10% ~30%	9.6	5.0
30% ~50%	7.6	3.8
50% ~70%	9.9	4.5
70% ~90%	14.5	6.2
90% ~100%	11.4	3.2

(3) 推算平衡汽化曲线各点温度

$$30\% 点 = 288.4 − 3.8 = 284.6℃$$
$$10\% 点 = 284.6 − 50 = 279.6℃$$
$$0\% 点 = 279.6 − 9.4 = 270.2℃$$
$$70\% 点 = 2288.4 + 4.5 = 292.9℃$$
$$90\% 点 = 292.9 + 6.5 = 299.1℃$$
$$100\% 点 = 299.1 + 3.2 = 302.3℃$$

3. 常压下实沸点蒸馏曲线与平衡汽化曲线的换算

这类换算有很多种方法,采用图 4 – 16 是其中之一,它引进了参考线的概念,即将通过实沸点蒸馏曲线 10% 与 70% 点的直线称为实沸点参考线;把通过平衡汽化曲线 10% 与 70% 点的直线称为平衡汽化参考线。图 4 – 16(a)表示两条参考线斜率间的关系,图 4 – 16(b)表示两条参考线 50% 点的差值 ΔE 与实沸点参考线斜率的关系,借此可由已知的实沸点蒸馏数据求出实沸点曲线与其参考线间各点温差值 F_i(i 表示 0% 、10% 、30% 、50% 、70% 、90% 、100% 各点)以及平衡汽化参考线(斜率及各点温度值)。图 4 – 16(c)表示实沸点及平衡汽化两种曲线与其参考线各点温差值之间的比值 K_i 与馏出% 间的关系,利用 $\Delta T_i = \Delta F_i \cdot K_i$,即可求出平衡汽化曲线与其参考线间温差值 ΔT_i,进而得到平衡汽化曲线。本法较繁琐且偏差较大,故应尽量从恩氏蒸馏数据换算平衡汽化数据。

【例 4 –3】 某轻柴油的实沸点蒸馏数据如下:

馏出/%(体)	0	10	30	50	70	90	100
温度/℃	220.9	258.9	277.8	290.8	304.2	322.8	355.8

试换算为常压平衡汽化曲线。

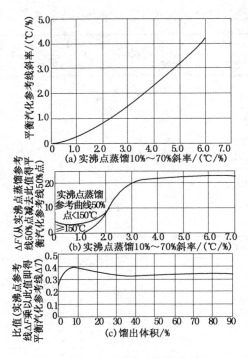

图 4-16 常压实沸点蒸馏曲线与
平衡汽化曲线换算图

解：

（1）计算实沸点蒸馏曲线的参考线斜率及其各点温度

该参考线斜率 = (304.2 - 258.9)/(70 - 10)

= 0.76℃/%

该参考线各点温度：

0% 点 = 258.6 - 0.76(10 - 0) = 251.3℃

10% 点 = 258.9℃

30% 点 = 258.9 - 0.76(30 - 10) = 274.1 ℃

50% 点 = 258.9 - 0.76(50 - 10) = 289.3℃

70% 点 = 304.2℃

90% 点 = 304.2 + 0.76(90 - 70) = 319.4℃

100% 点 = 304.2 + 0.76(100 - 70) = 327℃

（2）计算平衡汽化参考线的斜率及各点温度

根据实沸点蒸馏曲线 10% ~ 70% 斜率 0.76℃/%，查图 4 - 16(a)，得平衡汽化参考斜率为 0.25℃/%，查图 4 - 16(b)，得 ΔF = 0℃

故平衡汽化参考线各点温度为：

50% 点 = 289.3 - 0 = 289.3 ℃

0% 点 = 289.3 - 0.25(50 - 0) = 276.8℃

10% 点 = 289.3 - 0.25(50 - 10) = 279.3℃

30% 点 = 289.3 - 0.25(50 - 30) = 284.3℃

70% 点 = 289.3 + 0.25(70 - 50) = 294.3℃

90% 点 = 289.3 + 0.25(90 - 50) = 299.3℃

100% 点 = 289.3 + 0.25(100 - 50) = 301.8℃

（3）计算实沸点蒸馏曲线与其参考线各点温差

$\Delta F_{0\%}$ = 220.9 - 251.3 = - 30.4 ℃

$\Delta F_{10\%}$ = 258.9 - 258.9 = 0 ℃

$\Delta F_{30\%}$ = 277.8 - 274.1 = 3.7 ℃

$\Delta F_{50\%}$ = 290.8 - 289.3 = 1.5 ℃

$\Delta F_{70\%}$ = 304.2 - 304.2 = 0 ℃

$\Delta F_{90\%}$ = 322.8 - 319.4 = 3.4 ℃

$\Delta F_{100\%}$ = 335.8 - 327 = 8.8 ℃

（4）求平衡汽化曲线各点温度

由图 4 - 20(b)，查得各馏分的温度差比值，得：

$K_{0\%}$ = 0.25

$K_{10\%}$ = 0.4

其余 K_i 值均为 0.33

计算平衡汽化曲线与其参考线间温差 ΔT_i，它等于实沸点蒸馏曲线与其参考线相应各点的温差 $\Delta F_i\%$ 乘以对应的比值。即：$\Delta T_i = \Delta F_i \times K_i$

$$\Delta T_{0\%} = -30.4 \times 0.25 = -7.6\ ℃$$
$$\Delta T_{10\%} = 0 \times 0.4 = 0\ ℃$$
$$\Delta T_{30\%} = 3.7 \times 0.33 = 1.2\ ℃$$
$$\Delta T_{50\%} = 1.5 \times 0.33 = 0.5\ ℃$$
$$\Delta T_{70\%} = 0 \times 0.33 = 0\ ℃$$
$$\Delta T_{90\%} = 3.4 \times 0.33 = 1.1\ ℃$$
$$\Delta T_{100\%} = 8.8 \times 0.33 = 2.9\ ℃$$

故平衡汽化曲线各点温度等于它的参考线的各点温度加上相对应的 ΔT 值，得平衡汽化温度为：

$$0\%\text{点} = 276.8 - 7.6 = 269.2℃$$
$$10\%\text{点} = 279.3 + 0 = 279.3℃$$
$$30\%\text{点} = 284.3 + 1.2 = 285.5℃$$
$$50\%\text{点} = 289.3 + 0.5 = 289.8\ ℃$$
$$70\%\text{点} = 294.3 + 0 = 294.3℃$$
$$90\%\text{点} = 299.3 + 1.1 = 300.4℃$$
$$100\%\text{点} = 301.8 + 2.9 = 304.7℃$$

4. 减压下(残压 1.33 kPa，为 10mmHg) 蒸馏曲线的相互换算

恩氏蒸馏曲线与实沸点蒸馏曲线间互换时用图 4 - 17。根据某已知蒸馏曲线的各段温差即可查出所需蒸馏曲线各段温差，从而求出该曲线的各点温度。注：1.33kPa(10mmHg)残压下的恩氏蒸馏和实沸点蒸馏 50% 馏出温度相等。

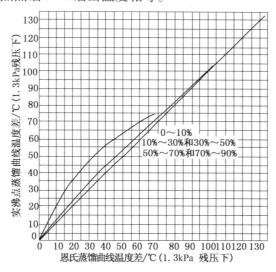

图 4 - 17　残压 1.3kPa 恩氏蒸馏与
实沸点蒸馏曲线各段温差换算图

注：1.33kPa 残压下恩氏蒸馏和实沸点蒸馏 50% 馏出温度相等

恩氏蒸馏曲线与平衡汽化曲线间的互换采用图 4 - 18 和图 4 - 19。

实沸点蒸馏曲线与平衡汽化曲线间的互换用图 4 - 20 和图 4 - 21，它们的用法同常压恩

氏蒸馏曲线与实沸点蒸馏曲线间的换算图用法相似。这套换算图表只适用于重残油，误差约在14℃以内。

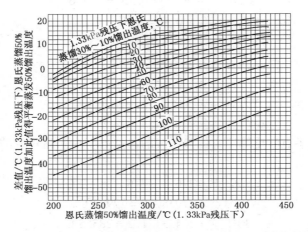

图4-18　残压1.33kPa恩氏蒸馏与平衡汽化50%温度换算图

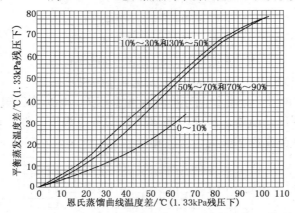

图4-19　残压1.33kPa恩氏蒸馏与平衡汽化曲线各段温差换算图

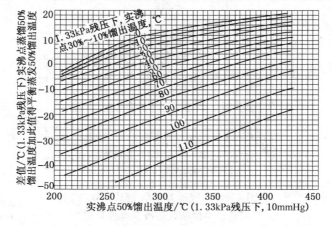

图4-20　残压1.33kPa实沸点蒸馏与平衡汽化50%点温度换算图

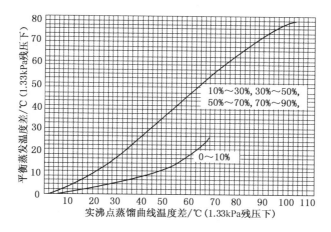

图 4 - 21 残压 1.33kPa 实沸点蒸馏与平衡汽化曲线各段温差换算图

5. 常压平衡汽化曲线换算为压力下平衡汽化曲线

前面已经介绍过，随着体系压力增大，石油馏分的平衡汽化曲线渐趋平缓。如果将一种石油馏分不同压力下的平衡汽化数据，标绘在图 4 - 22 的平衡汽化曲线坐标纸(其纵坐标为压力的对数值，横坐标为绝对温度的倒数)上，不同压力下同一汽化百分数各点的连线是一直线。将各个汽化百分数点的连线延长成一直线束并会聚于一点，这一点称之为焦点，压力下平衡汽化曲线的换算就是依据于此。换算时，首先根据石油馏分的性质数据，利用图 4 - 23、图 4 - 24，找出焦点温度、焦点压力数值，连同常压下该馏分的平衡汽化数据标绘于图 4 - 22 坐标纸上，就得到石油馏分的 $P - T - e$ 相图(见图 4 - 25)，不同压力下的平衡汽化数据就可从图中读到。本方法适用于临界温度以下的温度，接近于临界区时也不可靠。当采用的常压平衡汽化数据为实验值时，误差一般在 11℃ 以内。本方法不适用于求定减压下的平衡汽化数据。

【例 4 - 4】 某原油的常压平衡汽化数据如下：

汽化/%（体）	10	30	50	70
温度/℃	302.5	405.5	492.0	579.5

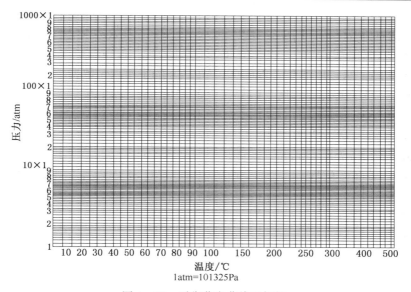

1atm=101325Pa

图 4 - 22 平衡蒸发曲线坐标纸

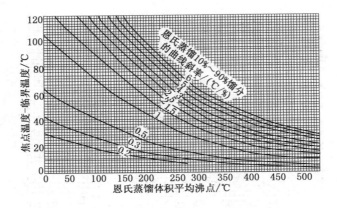

图 4 - 23　石油馏分焦点温度图

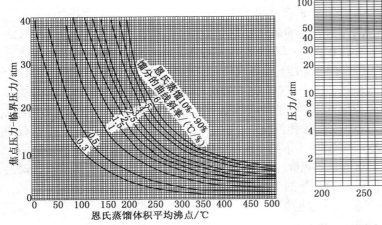

图 4 - 24　石油馏分焦点压力图

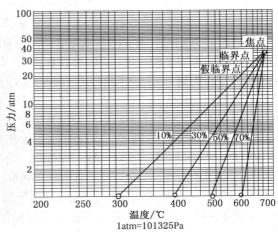

图 4 - 25　石油馏分的 $P - T - e$ 相图

油品的其他性质为：密度 ρ_{20} = 0.9459g/cm³，特性因数 K = 11.7，体积平均沸点 = 468.5℃，恩氏蒸馏曲线 10% ~ 90% 斜率 = 6.0℃/%，临界温度 = 638℃，临界压力 = 27.2atm(2.76MPa)。求该原油在 2.2atm(0.2MPa)下的平衡汽化数据。

解：由图 4 - 23 查得焦点温度与临界温度的差值为 32，由图 4 - 24 查得焦点压力与临界压力的差值为 7.8。

焦点温度 = 638 + 32 = 670℃

焦点压力 = 27.2 + 7.8 = 35atm = 3.5MPa

绘得 $P - T - e$ 相图(见图 4 - 25)，由图中可读得 0.223MPa 下的平衡汽化数据：

汽化/%(体)	10	30	50	70
温度/℃	356	448	515	600

6. 常压与减压下平衡汽化曲线的换算

由常压平衡汽化数据换算为减压下平衡汽化数据依据一个假定，即减压下平衡汽化曲线的各线段温差不随压力而变。先由图4-26查得所需残压下平衡汽化50%点温度（在缺乏50%点数据时也可用30%点温度），然后按常压下各段温差推算出减压下平衡汽化各点温度。这种换算方法的误差一般不超过14℃。

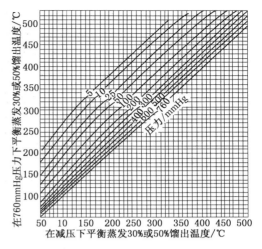

$1mmHg = 133.322Pa$

图4-26 常压与减压平衡汽化
30%或50%点温度换算图

【例4-5】 某油品在1.33kPa（10mmHg）下平衡汽化数据如下：

汽化/%（体）	10	30	50	70	90
温度/℃	158.3	190.2	214.2	232.7	263.4

求100mmHg（13.33kPa）压力下的平衡汽化数据。

解： 在图4-26上，由横坐标214.2℃处作一垂直线，与1.33kPa等压线交于一点。由此点作水平线，与13.33kPa等压线交于一点。由此点再作垂直线交横坐标于288℃，此即为13.33kPa残压下平衡汽化50%点温度。

依据常压下平衡汽化50%点为442℃，在图4-30中查得1.3kPa压力下平衡汽化50%点温度为281℃。

计算1.33kPa下平衡汽化曲线各段温差：

线段/%	10~30	30~50	50~70	70~90
温差/℃	31.7	24.2	18.5	30.7

上述各线段温差也就是13.33kPa下的平衡汽化曲线的各段温差。

因此，在13.33kPa下，平衡汽化数据为：

由13.33kPa下的50%点温度（288℃），推算该压力下平衡汽化其他各点温度：

$$30\% 点 = 288 - 24.2 = 263.8℃$$
$$10\% 点 = 263.8 - 31.7 = 232.1℃$$
$$70\% 点 = 288 + 18.5 = 306.5℃$$
$$90\% 点 = 306.5 + 30.7 = 337.2℃$$

上述蒸馏曲线数据换算采用的图表，都是根据一定数量的实验数据归纳而得，因此，这些表格都是经验性的，在使用时必须注意它们的适用范围和可能的误差。

第三节　原油常减压蒸馏

常压蒸馏和减压蒸馏习惯上合称常减压蒸馏，常减压蒸馏基本属物理过程。原油在蒸馏塔里按蒸发能力分成沸点范围不同的油品（称为馏分），这些油有的经调合、加添加剂后以产品形式出厂，相当大的部分是后续加工装置的原料，因此，常减压蒸馏又被称为原油的一次加工。它包括三个工序：原油的脱盐、脱水，常压蒸馏，减压蒸馏。

一个炼油生产装置有各种工艺设备（如加热炉、塔、反应器）及机泵等，它们是为完成一定的生产任务，按照一定的工艺技术要求和原料的加工流向互相联系在一起，即构成一定的工艺流程。所谓工艺流程，就是一个生产装置的设备（如塔、反应器、加热炉）、机泵、工艺管线按生产的内在联系而形成的有机组合。一个工业装置的好坏不仅取决于各种设备性能，而且与采用的工艺流程合理程度有很大关系。

最简单的原油蒸馏方式是一段汽化常压蒸馏工艺流程，所谓一段汽化指的是原油经过一次的加热－汽化－冷凝，完成了将原油分割为符合一定要求馏出物的加工过程。目前，炼油厂最常采用的原油蒸馏流程是两段汽化流程和三段汽化流程。两段汽化流程包括两个部分：常压蒸馏和减压蒸馏。三段汽化流程包括三个部分：原油初馏、常压蒸馏和减压蒸馏。

一、原油三段汽化常减蒸馏工艺流程

国内大型炼油厂的原油蒸馏装置多采用典型的三段汽化常减压蒸馏流程，如图 4 - 27 所示。

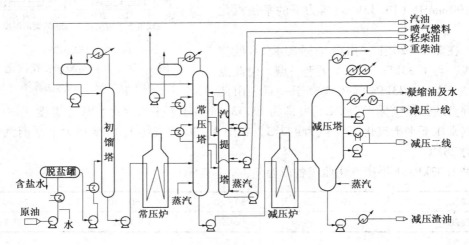

图 4 - 27　三段汽化常减压蒸馏流程

原油在蒸馏前必须进行严格的脱盐、脱水，脱盐后原油换热到 230 ~ 240℃ 进初馏塔（又称预汽化塔），塔顶出轻汽油馏分或重整原料。塔底拔头原油经常压炉加热至 360 ~ 370℃ 进入常压分馏塔，塔顶出汽油。侧线自上而下分别出煤油、柴油以及其他油料。常压部分大体可以得到相当于原油实沸点馏出温度约为 360℃ 的产品。常压分馏塔是该装置的主塔，其主要产品从这里得到，因此其质量和收率在生产控制上都应给予足够的重视。除了用增减回流量及各侧线馏出量以控制塔的各处温度外，通常各侧线处设有汽提塔，用吹入水蒸气或采用"热重沸"（加热油品使之汽化）的方法调节产品质量。常压部分拔出率高低不仅关系到该塔产品质量与收率，而且也将影响减压部分的负荷以及整个装置生产效率的提高。除塔顶冷回流外，常压塔通常还设置 2 ~ 3 个中段循环回流。塔底用水蒸气汽提，塔底重油（或称常压渣油）用泵抽出送减压部分。

常压塔底油经减压炉加热到 405 ~ 410℃ 进入减压塔，为了减少管路压力降和提高减压塔顶真空度，减压塔顶一般不出产品而直接与抽空设备连接，并采用顶循环回流方式。减压塔大都开有 3 ~ 4 个侧线，根据炼油厂的加工类型（燃料型或润滑油型）不同，可生产催化裂化原料或润滑油料。由于加工类型不同塔的结构及操作控制也不一样，润滑油型装置减压塔设有侧线汽提塔以调节馏出油质量。除顶回流外，也设有 2 ~ 3 个中段循环回流。燃料型装置则无需设汽提塔。减压塔底渣油用泵抽出经换热冷却送出装置，也可以直接送至下道工序

（如焦化、丙烷脱沥青等），作为热进料。

从原油的处理过程来看，上述常减压蒸馏装置分为原油初馏（预汽化）、常压蒸馏和减压蒸馏三部分，油料在每一部分都经历一次加热－汽化－冷凝过程，故称之为"三段汽化"。如从过程的原理来看，实际上只是常压蒸馏与减压蒸馏两部分，而常压蒸馏部分可采用单塔（仅用一个常压塔）流程或者用双塔（用初馏塔和常压塔）流程。采用初馏塔的优点是：

① 原油在加热升温时，当其中轻质馏分逐渐汽化，原油通过系统管路的流动阻力就会增大，因此，在处理轻馏分含量高的原油时设置初馏塔，将换热后的原油在初馏塔中分出部分轻馏分再进常压加热炉，这样可显著减小换热系统压力降，避免原油泵出口压力过高，减少动力消耗和设备泄漏的可能性。一般认为原油中汽油馏分含量接近或超过20%就应考虑设置初馏塔。

② 当原油脱盐脱水不好，在原油加热时，水分汽化会增大流动阻力及引起系统操作不稳。水分汽化的同时盐分析出附着在换热器和加热炉管壁影响传热，甚至堵塞管路。采用初馏塔可避免或减小上述不良影响。初馏塔的脱水作用对稳定常压塔以及整个装置操作十分重要。

③ 在加工含硫、含盐高的原油时，虽然采取一定的防腐措施，但很难彻底解决塔顶和冷凝系统的腐蚀问题。设置初馏塔后它将承受大部分腐蚀而减轻主塔（常压塔）塔顶系统腐蚀，经济上是合算的。

④ 汽油馏分中砷含量取决于原油中砷含量以及原油被加热的程度，如作重整原料，砷是重整催化剂的严重毒物。例如，加工大庆原油时，初馏塔的进料仅经换热温度达230℃左右，此时初馏塔顶重整原料砷含量 < 200μg/kg，而常压搭进料因经加热炉加热温度达370℃，常压塔顶汽油馏分砷含量达1500μg/kg。当处理砷含量高的原油，蒸馏装置设置初馏塔可得到含砷量低的重整原料。

此外，设置初馏塔有利于装置处理能力的提高，设置初馏塔并提高其操作压力（例如，达0.3 MPa）能减少塔顶回流油罐轻质汽油的损失等。因此，蒸馏装置中常压部分设置双塔，虽然增加一定投资和费用，但可提高装置的操作适应性。当原油含砷、含轻质馏分量较低，并且所处理的原油品种变化不大时，可以采用二段汽化，即仅有一个常压塔和一个减压塔的常减压蒸馏流程。

为了节能，一些炼油厂对蒸馏装置的流程作了某些改动。例如，初馏塔开侧线并将馏出油送入常压塔第一中段回流中，或将初馏塔改为预闪蒸塔，塔顶油气送入常压塔内。

二、原油分馏塔的工艺特征

原油分馏塔的工作原理与一般精馏塔相同，但也有它自身的特点，这主要是它所处理的原料和所得到的产品组成比较复杂，不同于处理有限组分混合物的一般精馏塔。概括地说，结构上是带有多个侧线汽提的复合塔，在操作上是固定的供热量和小范围调节的回流比。

原油常压蒸馏就是原油在常压（或稍高于常压）下进行的蒸馏，所用的蒸馏设备叫做原油常压精馏塔，它具有以下工艺特点：

① 常压塔是一个复合塔。原油通过常压蒸馏要切割成汽油、煤油、轻柴油、重柴油和重油等四、五种产品馏分。按照一般的多元精馏办法，需要有 $n-1$ 个精馏塔才能把原料分割成 n 个馏分。而原油常压精馏塔却是在塔的侧部开若干侧线，以得到如上所述的多个产品馏分，就像 n 个塔叠在一起一样，故称为复合塔。

② 常压塔的原料和产品都是组成复杂的混合物。原油经过常压蒸馏可得到沸点范围不同的馏分，如汽油、煤油、柴油等轻质馏分油和常压重油，这些产品仍然是复杂的混合物（其质量是靠一些质量标准来控制的）。如汽油馏程的干点不能高于205℃，35～150℃是石脑油或重整原料，130～250℃是煤油馏分，250～300℃是柴油馏分，300～350℃是重柴油馏分可作催化裂化原料，>350℃是常压重油。

③ 汽提段和汽提塔。石油精馏塔提馏段的底部常常不设再沸器，因为塔底温度较高，一般在350℃左右，在这样的高温下，很难找到合适的再沸器热源，因此，通常向底部吹入少量过热水蒸气，以降低塔内的油气分压，使混入塔底重油中的轻组分汽化，这种方法称为汽提。汽提所用的水蒸气通常是400～450℃、约为3MPa的过热水蒸气。

当某些侧线产品需严格控制水分含量时（如生产喷气燃料），不能采取水蒸气汽提，而需用"热重沸"的方式，即侧线油品与温度较高的下一侧线油品换热，使之部分汽化，产生气相回流，起到提馏作用，这与使用重沸器的提馏段完全一样。

在复合塔内，汽油、煤油、柴油等产品之间只有精馏段而没有提馏段，这样侧线产品中会含有相当数量的轻馏分，这样不仅影响本侧线产品的质量，而且降低了较轻馏分的收率。所以通常在常压塔的旁边设置若干个侧线汽提塔，这些汽提塔重叠起来，但相互之间是隔开的，侧线产品从常压塔中部抽出，送入汽提塔上部，从该塔下注入水蒸气进行汽提，汽提出的低沸点组分同水蒸气一道从汽提塔顶部引出返回主塔，侧线产品由汽提塔底部抽出送出装置。

④ 常压塔常设置中段循环回流。在原油精馏塔中，除了采用塔顶回流，通常还设置1～2个中段循环回流，即从精馏塔上部的精馏段引出部分液相热油，经与其他冷流换热或冷却后再返回塔中，返回口比抽出口通常高2～3层塔板。

中段循环回流的作用是在保证产品分离效果的前提下，取走精馏塔中多余的热量，这些热量因温位较高，因而是很好的可利用热源。采用中段循环回流的好处是在相同的处理量下可缩小塔径，或者在相同的塔径下可提高塔的处理能力。

常压塔底产物即常压重油，是原油中比较重的部分，沸点一般高于350℃，而各种高沸点馏分，如裂化原料和润滑油馏分等都存在其中。要想从重油中分出这些馏分，就需要把温度提到350℃以上，在这样的高温下，原油中的不稳定组分和一部分烃类就会发生分解，降低了产品质量和收率。为此，将常压重油在减压条件下蒸馏，蒸馏温度一般限制在420℃以下。降低压力使油品的沸点相应下降，上述高沸点馏分就会在较低的温度下汽化，从而避免了高沸点馏分的分解。减压塔是在压力低于100kPa的负压下进行蒸馏操作。

减压塔的抽真空设备常用的是蒸汽喷射器或机械真空泵。蒸汽喷射器结构简单，使用可靠而无需动力机械，而水蒸气来源充足、安全，因此得到广泛的应用。而机械真空泵只在一些干式减压蒸馏塔和小炼油厂的减压塔中采用。

三、回流方式

原油精馏塔除在塔顶采用冷回流或热回流外，根据原油精馏处理量大，产品质量要求不太严格，一塔出多个产品等特点，还采用了一些特殊的回流方式。

1. 塔顶油气二级冷凝冷却的回流方式

如图4-28所示，它是塔顶回流的一种特殊形式。首先将塔顶油气（回流十塔顶产品）冷凝（温度约为55～90℃），回流送回塔内，产品则进一步冷却到安全温度（约40℃）以下。第一步在温差较大情况下取出大部分热量，第二步虽然传热温差较小，但热量也较少。一般塔顶回流方式(回流与产品同时冷凝冷却)相比，二级冷凝冷却所需传热面积较小，设备投资较少，但流程复杂，回流液输送量较大，操作费用增加，一般来说大型装置采用此方式较为有利。

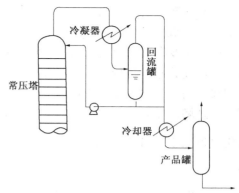

2. 循环回流方式

循环回流按其所在部位分为塔顶、中段和塔底三种方式。循环回流抽出的是高温液体，经冷却或换热后再返回塔内循环取热，本身没有相变化，故用量较大。

① 塔顶循环回流：多用于减压塔、催化裂化分馏塔等需要塔顶气相负荷小的场合。塔顶循环

图4-28 塔顶油气二级冷凝冷却

回流如图4-29所示。由于塔顶没有回流蒸汽通过，塔顶馏出线和冷凝冷却系统的负荷大大减小，故流动压降变小，使减压塔的真空度提高；对催化裂化分馏塔来讲，则可提高富气压缩机的入口压力，降低气压机功率消耗。

② 中段循环回流：又称中段回流如图4-30所示。它是炼油厂分馏塔最常采用的回流方式之一。中段回流不能单独使用，必须与塔顶回流配合。采用这种回流方式，可以使回流热在高温部位取出，充分回收热能，同时还可以使分馏塔的气液负荷沿塔高均匀分布，减小塔径(对设计来说)或提高塔的处理能力(对现成设备来说)。当然采用中段回流也会带来些弊病，例如，回流抽出板至返回板之间的塔板只起换热作用，分离能力通常仅为一般塔板的50%。而且采用中段回流后，会使其上部塔板上的内回流量大大减少，影响塔板效率。基于上述原因，为保证塔的分馏效果，就必须增加塔板数，因而将使塔高增加。此外还要增设泵和换热器，工艺流程也将变得复杂。要根据需要综合考虑，一般来说，对有3~4个侧线的分馏塔，推荐用两个中段回流，对有1~2个侧线的塔可采用一个中段回流，在塔顶和一线之间通常不设中段循环回流。中段回流出入口间一般相隔2~3块塔板，其间温差可选在80~120℃。

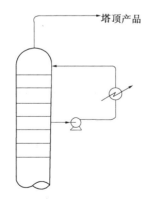

图4-29 塔顶循环回流

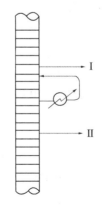

图4-30 中段循环回流

③ 塔底循环回流：只用于某些特殊场合(例如，催化裂化分馏塔的油浆循环回流)。这部分内容将在有关章节中介绍。

四、原油分馏塔气液相负荷分布规律

塔内气液相负荷是核算或设计分馏塔的重要依据。在二元和多元系精馏中，由于组分

少，性质比较相近，在简化计算时，假定为恒分子回流及汽化热恒定。即可以认为在这些精馏塔中，气液相摩尔流量不随塔的高度而变化。但这个假定对原油分馏塔是完全不适用的，因为原油是复杂的混合物，组分之间性质可以很不相同。因此有必要对原油分馏塔内气液相负荷随塔高分布进行分析，以便找出其规律性。定性地说，原油分馏塔内气液相负荷随塔高度增加而增大，原因是：①精馏过程沿塔高的温度分布，自下而上有一个递减的温度梯度，因此，随塔高度增加，需取走的回流热也增大。②沿塔高上升油品的密度逐渐减小，其摩尔汽化热也减小。对热回流而言，回流量 $= \dfrac{回流热}{油品汽化潜热}$，所以越接近塔顶，塔内回流量越大。

为了能够定量地描述分馏塔内气液相负荷分布，就需要进行分馏塔的物料平衡及热平衡计算。所谓物料平衡是指一个稳定的生产过程中，在相同时间内进入某一隔离体系（某个系统、某个设备或它们的某一部分）的物料量与离开该体系物料量相等。热平衡则指在同一时间内带入隔离体系的热量与带走的热量相等。

物料平衡与热平衡是工艺计算的一个基本方法，也是分析生产过程、找出存在问题的重要手段之一。

以图 4-31 原油分馏塔为例，以隔离体 I 可得出全塔物料平衡和热平衡（忽略散热损失），式（4-7）为物料平衡，式（4-8）为热平衡：

$$F + (S_b + S_1) = (D_d + D_1 + D_b) + H \tag{4-7}$$

$$F \cdot q_{F,t_F}^{(V+L)} + (S_b + S_1) \cdot q_{S,t_S}^{V} = D_d \cdot q_{D_d,t_d}^{L} + D_1 \cdot q_{D_1,t_1}^{L} + D_b^{L} \cdot q_{D_b,t_b} + H \cdot q_{H,t_d}^{L} + Q \tag{4-8}$$

式中　　　F——进料（原油），kmol/h；

S_b、S_1——塔底、侧线汽提水蒸气，kmol/h；

D_d、D_1、D_b——产物（汽油、侧线油、重油），kmol/h；

H——冷凝水（$H = S_b + S_1$），kmol/h；

t_s、t_d、t_1、t_b——汽提蒸汽、塔顶、侧线和塔底产物温度，℃；

q_{i,t_i}^{L}——i 物料在 t_i 温度下液相焓，kJ/mol；

q_{i,t_i}^{V}——i 物料在 t_i 温度下气相焓，kJ/mol；

Q——塔顶冷凝冷却器取热量，kJ/h。

从隔离体 II 可得到侧线抽出板以下塔段（部分）物料平衡和热平衡（忽略散热损失及侧线产品气提前后的差异），见式（4-9）及式（4-10）：

$$F + S_b + L = V + D_1 + D_b \tag{4-9}$$

$$F \cdot q_{F,t_F}^{(V+L)} + S_b \cdot q_{S_b,t_s}^{V} + L \cdot q_{L,t'_1}^{L} = V \cdot q_{V,t_1}^{V} + D_1 \cdot q_{D_1,t_1}^{L} + D_b \cdot q_{D_b,t_b}^{L} \tag{4-10}$$

式中　L——进入侧线抽出板的内回流；

V——离开侧线抽出板的蒸气（$V = D_d + S_b + L$）；

t_1、t'_1——为侧线抽出板、侧线上一板温度。

其余符号意义与上同。

1. 不带侧线的原油分馏塔内气液相负荷

最简单不带侧线的原油分馏塔内气液相负荷如图 4-32 所示（为简化起见未考虑水蒸气）。

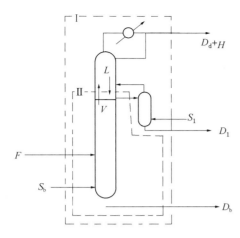 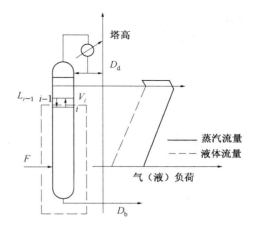

图 4 – 31　分馏塔及部分塔段物料平衡　　　　图 4 – 32　不带侧线分馏塔内气、液相负荷分布

按照前述方法，对一个不带侧线产品的分馏塔，作进料入口以上任意板 i 以下塔段物料平衡与热平衡，见式(4 – 11)与式(4 – 12)：

$$F + L_{i-1} = V_i + D_b \qquad (4 – 11)$$

式中　F——进料(原油)，kmol/h；

D_b——重油，kmol/h；

L_{i-1}——分馏塔入口以上任意 i 层塔板的内回流量，kmol/h；

V_i——离开分馏塔入口以上任意 i 层塔板的气相流量，kmol/h。

$$F \cdot q_{F,t_F}^{(V+L)} + L_{i-1} \cdot q_{L_{i-1},t_{i-1}}^{L} = V_i \cdot q_{V_i,t_i}^{V} + D_b \cdot q_{D_b,t_b}^{L} \qquad (4 – 12)$$

根据前述全塔和部分塔段物料关系可得：

$$F = D_i + D_b \qquad (4 – 13)$$

$$V_i = D_d + L_{i-1} \qquad (4 – 14)$$

将式(4 – 13)、式(4 – 14)代入式(4 – 12)得：

$$(D_d + D_b) \cdot q_{F,t_F}^{(V+L)} + L_{i-1} \cdot q_{L_{i-1},t_{i-1}}^{L} = (D_d + L_{i-1}) \cdot q_{V_i,t_i}^{V} + D_b \cdot q_{D_b,t_b}^{L} \qquad (4 – 15)$$

从带入的热量看，可以认为：

$$F \cdot q_{F,t_F}^{(V+L)} = D_d \cdot q_{D_d,t_F}^{V} + D_b \cdot q_{D_b,t_F}^{L} \qquad (4 – 16)$$

或

$$(D_d + D_b) \cdot q_{F,t_F}^{(V+L)} = D_d \cdot q_{D_d,t_F}^{V} + D_b \cdot q_{D_b,t_F}^{L} \qquad (4 – 17)$$

据此式(4 – 18)可整理为：

$$L_{i-1} (q_{V_i,t_i}^{V} - q_{L_{i-1},t_{i-1}}^{L}) = D_d (q_{D_d,t_F}^{V} - q_{V_i,t_i}^{V}) + D_b (q_{D_b,t_F}^{L} - q_{D_b,t_b}^{L}) \qquad (4 – 18)$$

考虑性质接近，可以认为：

$$q_{L_{i-1},t_i}^{V} = q_{V_i,t_i}^{V} \qquad (4 – 19)$$

$$q_{D_d,t_i}^{V} = q_{V_i,t_i}^{V} \qquad (4 – 20)$$

将上两式代入式(4 – 18)整理得：

$$L_{i-1} = \frac{D_d (q_{D_d,t_F}^{V} - q_{D_d,t_i}^{V}) + D_b (q_{D_b,t_F}^{L} - q_{D_b,t_b}^{L})}{q_{L_{i-1},t_i}^{V} - q_{L_{i-1},t_{i-1}}^{L}} \qquad (4 – 21)$$

上述各式符号的意义与前同。在稳定操作条件下，D_d、D_b、t_F、t_b 都是定值，因此，从式 (4 – 21)可以看出分馏塔入口以上任意 i 层塔板的内回流量 L_{i-1} 随温差($t_F - t_i$)[或热量差 $D_d (q_{D_d,t_F}^{V} - q_{D_d,t_i}^{V})$]和焓差($q_{L_{i-1},t_i}^{V} - q_{L_{i-1},t_{i-1}}^{L}$)(近似等于该塔板处油品汽化热)变化而变化。

161

由于精馏塔段存在温度梯度，越靠上的塔层需取走的回流热越多，而油品的摩尔汽化热越小；所以越接近塔顶，塔内回流量越大，其蒸汽量也越大根据式(4-14)，形成如图4-32所示的分布。即在塔顶采用冷回流情况下，塔顶第一层板下的气液相负荷最大。若无过汽化时，靠近塔入口处塔段内回流为零，蒸气量等于产品量。若有过汽化时，内回流量等于过汽化量，蒸气量等于产品加过汽化油量。

2. 带侧线的原油分馏塔内气液相负荷

为简化起见，以一个带侧线的分馏塔为例(见图4-33)，侧线产物D_1以液相状态从i板处抽出。分别在i板上、下运用式(4-21)的处理方法得：

$$L_{i-1} = \frac{D_d\left(q^V_{D_d,t_F} - q^V_{D_d,t_i}\right) + D_1\left(q^V_{D_1,t_F} - q^L_{D_1,t_i}\right) + D_b\left(q^L_{D_b,t_F} - q^L_{D_b,t_b}\right)}{q^V_{L_{i-1},t_i} - q^L_{L_{i-1},t_{i-1}}} \qquad (4-22)$$

及

$$L_i = \frac{D_d\left(q^V_{D_d,t_F} - q^V_{D_d,t_{i+1}}\right) + D_1\left(q^V_{D_1,t_F} - q^L_{D_1,t_i}\right) + D_b\left(q^L_{D_b,t_F} - q^L_{D_b,t_b}\right)}{q^V_{L_i,t_{i+1}} - q^L_{L_{i-1},t_{i-1}}} \qquad (4-23)$$

比较式(4-22)、式(4-23)可以看出二者不同处为式中分子第一项的差值是由于温度逐板变化所造成，数值很小，它将引起塔内回流的"渐变"，与上述不带侧线分馏塔情况类似。式(4-23)中的$q^V_{D_1,t_{i+1}}$是气相焓，$q^V_{D_1,t_{i+1}} \gg q^L_{D_1,t_i}$；使两式分子的第二项有很大的差值，因此，$L_{i-1} \gg L_i$。可以这样理解：要使侧线产物由气相冷凝为液相，需要额外的内回流将其汽化热带走，回流量的增值恰好等于侧线产物量(因为塔板间液体是热回流)。当自下而上越过i板回流量增加的同时，塔内蒸气流率正好减少了一个侧线产物量，所以蒸气负荷分布仍与前述不带侧线分馏塔情况相同，只是逐板递增而无"突变"现象。图4-34表示带测线的原油分馏塔内气液相负荷分布。

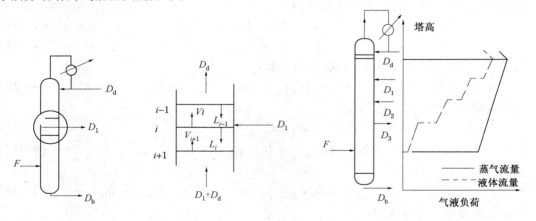

图4-33　侧线塔板处物料关系　　　　图4-34　侧线分馏塔内气液相负荷分布

3. 设置中段循环回流原油分馏塔内气液相负荷

中段循环回流实质上是自分馏塔侧取出热量的一种设施，若在中段回流上、下两个截面运用式(4-21)的方法处理[见图4-35中(a)]截面Ⅰ可得：

$$L_{i-1} = \frac{\sum_{K=1}^{n} D_K\left(q^V_{D_K,t_F} - q^{V(L)}_{D_K,t_R}\right) + D_b\left(q^L_{D_b,t_F} - q^L_{D_b,t_b}\right) - \Delta Q}{q^V_{L_{i-1},t_i} - q^L_{L_{i-1},t_{i-1}}} \qquad (4-24)$$

截面Ⅱ可得：

$$L_1 = \frac{\sum_{K=1}^{n} D_K \left(q_{D_K}^V \cdot t_F - q_{D_K}^{V(L)} \cdot t_K \right) + D_b \left(q_{D_b}^L \cdot F - q_{D_b}^L \cdot t_b \right)}{q_{t_i}^V + 1 - q_i^L} \qquad (4-25)$$

式中　D_K、L——侧线和塔板内回流，kmol/h；

$\quad\quad$ n ——塔顶、侧线产物数；

$\quad\quad$ $q_{D_K \cdot t_K}^{V(L)}$ ——各产物焓值；若产物抽出位置在所取截面以下，应取液相焓，t_K 为该侧线温度，若产物蒸气通过所取截面，则应取气相焓，t_K 为该截面处温度。

其余符号意义与前同。

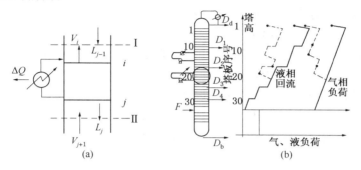

图 4-35　设置中段回流带侧线的原油分馏塔内气液相负荷分布

显而易见 $L_{i-1} \ll L_i$，其减少量与中段回流取热量 ΔQ 有关。同理，在中段回流塔段的上、下截面处，蒸气流量也有相应的变化。考虑到中段回流塔段中有 2～3 层塔板，因此，气液负荷线在Ⅰ、Ⅱ截面间有一斜线过渡段，图 4-35(b)中表示设置中段回流带侧线原油分馏塔内气液相负荷分布情况。

通过以上讨论可以概括如下：原油分馏塔内气液负荷分布基本上是沿塔高增加而呈增大的趋势。在每一侧线抽出板下，回流有一个"实减"，所减少的量相当于该侧线抽出量。蒸气负荷分布不受侧线的影响仍呈向上渐增的趋势。在设有中段回流时，在其相应位置以上回流与蒸气均有"突减"，所减少的量与中段回流取热比有关。

五、减压蒸馏

通过常压蒸馏可以把原油中 350℃ 以前的汽油、煤油、轻柴油等直馏产品分馏出来。然而在 350℃ 以上的常压重油中仍含有许多宝贵的润滑油馏分和催化裂化、加氢裂化原料未能蒸出。因为如果在常压条件下采取更高温度进行蒸馏，它们就会受热分解。采用减压蒸馏或水蒸气蒸馏的方法可以降低沸点，即可在较低温度下得到高沸点的馏出物。因此，原油分馏过程中，通常都在常压蒸馏之后安排一级或两级减压蒸馏，以便把沸点高达 550～600℃ 的馏分深拔出来。

减压蒸馏所依据的原理与常压蒸馏相同，关键是采用可抽真空措施，使塔内压力降到几十毫米汞柱、甚至小于 10mmHg（1.33kPa）。下面仅就减压的工艺流程、抽空系统和新出现的干式减压等几个方面介绍一下减压蒸馏的特点。

与一般的精馏塔和原油常压精馏塔相比，减压精馏塔有如下几个特点：

① 根据生产任务不同，减压精馏塔分燃料型与润滑油型两种。润滑油型减压塔以生产润滑油料为主，这些馏分经过进一步加工制取各种润滑油。该减压塔要求得到颜色浅、残炭值低，馏程较窄、安定性好的减压馏分油，因此，润滑油型减压塔不仅要求有高的拔出率，

163

而且应具有足够的分馏精确度。燃料型减压塔主要生产二次加工的原料，如催化裂化或加氢裂化原料。它对分馏精确度要求不高，主要希望在控制杂质含量(如残炭值低、重金属含量少)的前题下，尽可能提高拔出率。

② 减压精馏塔的塔板数少，压降小，真空度高，塔径大。为了尽量提高拔出深度而又避免分解，要求减压塔在经济合理的条件下尽可能提高汽化段的真空度。因此，一方面要在塔顶配备强有力的抽真空设备，同时要减小塔板的压力降。减压塔内应采用压降较小的塔板，常用的有舌型塔板、网孔塔板等。减压馏分之间的分馏精确度一般比常压蒸馏要求低，因此，通常在减压塔的两个侧线馏分之间只设 3 ~ 5 块精馏塔板。在减压下，塔内的油气、水蒸气、不凝气的体积变大，减压塔径变大。

③ 缩短渣油在减压塔内的停留时间。塔底减压渣油是最重的物料，如果在高温下停留时间过长，则会造成分解、缩合等反应加剧，导致不凝气增加，使塔的真空度下降。同时塔底部分结焦，也会影响塔的正常操作。因此，减压塔底部常常采取缩径，以缩短渣油在塔内的停留时间。另外，减压塔顶不出产品，减压塔的上部气相负荷小，通常也采用缩径的办法，这样减压塔就成为一个中间粗、两头细的精馏塔。

图 4 - 36 为润滑油型减压塔示意图。该塔除具有上述一般减压塔的特点外，其设计计算与常压塔大致相同。

燃料型减压分馏塔如图 4 - 37 所示。由于现代炼油厂的二次加工能力不断扩大，致使燃料型减压塔处理量剧增。因此，如何使塔尽可能提高其处理能力，是燃料型减压塔又一关键问题。由于裂化原料的馏分组成要求不严格，所以燃料型减压塔可以优先考虑采用压降低的塔板，塔内板数减少并设置多处循环回流，这样就能尽量减少塔内蒸气负荷。在每一处循环回流抽出板与返回板之间的塔段中，冷的回流液体与通过该塔段的产品蒸气直接接触而使之冷凝。因此，塔段内的塔板实际上成了换热板，在其上进行的是平衡冷凝过程。在每一个塔段中，循环回流取走的热量，大体相当于所在塔段侧线产品的冷凝热(严格地说应加上以上各侧线产品蒸气以及通过该塔段的水蒸气和不凝气温降放出的显热)。

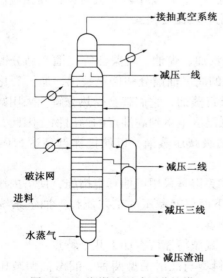

图 4 - 36　润滑油型减压分馏塔

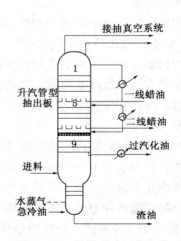

图 4 - 37　燃料型减压分馏塔

若在简化假定的条件下，即：①不考虑通过该塔段其余产品蒸气和气体；②整个塔段内温降均匀分布；③不考虑该塔段散热损失，按混合冷凝器列出如下热平衡方程。

$$P_i \cdot \Delta q^{P_i} = W_i (q_{t_{i\text{出}}}^{W_i} - q_{t_{i\text{入}}}^{W_i}) \tag{4-26}$$

式中　P_i——该塔段侧线产品量，kmol/h；

　　　Δq^{P_i}——侧线产品汽化潜热，kJ/kg；

　　　$t_{i\text{入}}$——循环回流返塔温度，℃；

　　　$t_{i\text{出}}$——循环回流抽出温度，℃；

　　　W_i——循环回流量，kmol/h；

　　　$q_{t_i}^{W_i}$——t_i 温度下循环回流的热焓，kJ/kg。

设有循环回流培段的液相负荷分布如图 4-38 所示。

实际上整个塔内情况要复杂得多，因为在其中通过多种产品蒸气，且每个塔段(即各侧线之间)的温度分布也不均匀。因此在不考虑中段回流条件下塔内精馏段的气液负荷分布如图 4-39 所示。如果汽化段到最后一个中段回流塔段之间装有塔板并有内回流存在，则此段塔内气液负荷分布与前面所述常压塔内情况类似，即随塔高的增加，塔内气液负荷增大。但在每一中段回流的塔段内，情况就完全不同，由于塔段之间只有气相通过而没有内回流从上一塔段流到下一塔段，因此，气液相负荷是越往上越小。

减压蒸馏塔的抽真空系统与抽空设备。为了降低减压分馏塔的压力，必须不断地排除塔内不凝气(热分解产物或漏入的空气)和注入的水蒸气(湿式减压时)，为此需采用抽真空设备，图 4-40 为间接冷凝抽真空系统流程示意图。来自减压塔顶的不凝气、水蒸气以及少量的油气首先进入冷凝器，气体走壳程，水走管程，冷热流体不直接接触，水蒸气和油气冷凝冷却后进入凝液罐中。过去多采用直接冷凝设备，即油蒸气与冷却水在混合冷凝器中直接接触冷凝冷却，然后排入水封池。由于直冷式会产生大量被油污染的冷凝冷却水，不利于环保已不采用。未被冷凝的不凝气由蒸汽喷射器抽出，送入中间冷凝器(间冷)，使喷射器来的水汽与油气冷凝，未凝油气则进入二级抽空系统，继续抽空。炼油厂常用的产生真空的主要设备是蒸汽喷射器，其基本结构如图 4-41 所示。它是由一个喷嘴、一个混合室和一个扩压管三部分构成的。图下边的曲线就表示两种流体(工作蒸汽和被吸流体即不凝气)在喷射器中压力和流速的变化情况曲线。

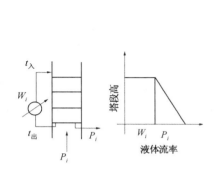

图 4-38　循环回流塔段及
其气液相负荷分布

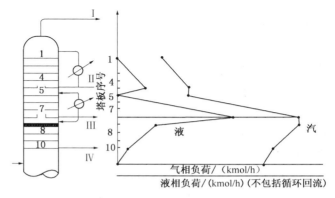

图 4-39　燃料型减压塔的气液相负荷分布曲线

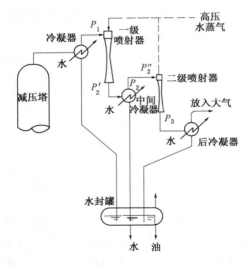
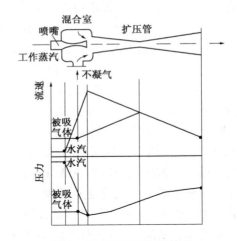

图 4 - 40　间接冷凝式抽真空系统　　　　图 4 - 41　蒸汽喷射器简图

根据可压缩流体在截面变化的管段中作连续、稳定流动可导出式(4 - 27)。

$$\frac{dA}{A} = -\frac{1}{K} \cdot \left(\frac{a^2}{u^2} - 1\right)\frac{dP}{P} \tag{4 - 27}$$

式中　A——管段截面积，m；

P——流体压力，MPa；

u——流体流速，m/s；

K——流体绝热指数，无因次；

a——声波在流体介质中的传播速度，m/s；

$$a = \sqrt{K \cdot P \cdot V}$$

V——流体比容，m³/kg。

从式(4 - 30)可以得到气流在喷嘴和扩压器中的压力、流速变化规律。当气流在喷嘴中膨胀时($dP < 0$)，若此时气流速度低于音速($\frac{a^2}{u^2} - 1 > 0$)，则应 $\frac{dA}{A} < 0$，即喷嘴截面应随气流膨胀而逐渐缩小。若气流速度大于音速($\frac{a^2}{u^2} - 1 < 0$)则 $\frac{dA}{A} > 0$，即喷嘴截面应随气流膨胀而扩大。气流在缩扩型喷嘴中膨胀，达到音速时，正好在其喉部位置($\frac{dA}{A} = 0$)。

如图 4 - 42 所示，高压的工作蒸汽通过缩扩型喷嘴形成超音速的高速气流，蒸汽的压力能转变为速度能，形成混合室的低压区，将不凝气抽出。在扩压器中，混合气体的流速及压力变化与上述过程相反，待升压到一定程度即可排出系统外。蒸汽喷射器通常使用压力为 0.8 ~ 1.3MPa，用过热的水蒸气为工作介质，当用二级抽空器时，可保持减压塔顶残压为 5.3 ~ 8.0kPa。

众所周知，水在一定温度下有其相应的饱和蒸气压。

在抽空器前的冷凝器内总是有水存在，因而与该系统温度相对应的饱和水蒸气压力是这种类型抽空装置所能达到的极限残压(残压与水温的关系如图 4 - 42 所示)，再加上管线及冷凝系统压降，减压塔顶残压还要更高些。如欲达到更高的真空度，则需在冷凝器前安装辅助蒸汽喷射抽空器，也称增压喷射器，从而组成三级抽空系统（如干式减压）。因为塔内气体不经冷凝而直接进入辅助抽空器，使辅助抽空器负荷大，蒸汽耗量多，因此，只有在采用干式减压后减压塔顶负荷大幅度下降的情况下，才适宜用三级抽空来产生高真空度。

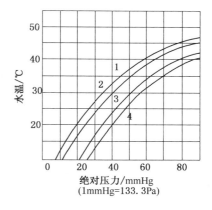

图 4-42　残压与水温的关系

第四节　常减压装置的能耗及节能

石油加工行业既是能源生产行业，同时又是能源消耗行业，炼油厂能源消耗费用一般占现金操作费用的 40% 左右。

一、原油蒸馏装置的节能途径

1. 减少工艺用能

原油常减压蒸馏过程就是消耗有效能而将原油分馏为各种油品，所以工艺过程用能是必要的，但应本着减少用能的原则。

① 提高初馏塔、常压塔拔出率，减小过汽化率，这样就可以减少加热炉热负荷和混合物的分离功，降低能耗。例如，初馏塔顶油作重整原料时，增开初馏塔侧线送入常压塔内，或在初顶油作汽油调合组分时，初馏塔按闪蒸塔操作即塔顶油气引入常压塔内，可以提高初馏塔拔出率，降低常压炉热负荷。在保证常压塔最下侧线产品质量合格条件下尽量减小过汽化率，或把过汽化油抽出作催化裂化原料或作减压塔回流，可降低减压炉热负荷。

② 选用填料代替塔板或采用低压降新型塔板，减少减压塔内压力降，降低汽化段压力，降低减压炉出口温度，不仅可避免油料在高温下过度裂化，而且有利于节能。扩大减压炉出口处炉管直径，减少减压塔转油线压力降，可以减少无效的压力损失，达到降低炉出口温度、提高减压系统拔出率的目的。

③ 减少工艺用蒸汽也是节能的重要手段。例如，初馏塔不注汽提蒸汽，常压塔测线产品用"热重沸"代替水蒸气汽提控制产品闪点，采用干式减压操作等。

2. 提高能量转换和传输效率

① 提高加热炉热效率是节能的重要方面，因为加热炉燃料能耗一般占装置能耗 70%，炉效率提高，装置能耗明显下降。据报道增设空气预热可使炉效率提高 10%，此外，搞好炉壁保温，降低炉壁温度，减少散热损失，限制加热炉内过剩空气系数等都是行之有效的措施。

② 调整机泵，选择合适电机，以减少泵出口阀门截流压头损失。或采用调速电机，减少电能损耗。

③ 提高减压抽真空系统效率，减少工作蒸汽用量。采用低压蒸汽抽空器，充分利用能级低的蒸汽，节省能级高的蒸汽。

3. 提高热回收率

① 调整分馏塔回流取热比例，尽量采用中段回流，减少塔顶回流，提高取热温位。将其常压塔回流取热比（塔顶冷回流：塔顶循环回流：一中段回流：二中段回流）调整为 5:25:30:40；减压塔（顶回流：一中段回流：二中段回流）为 7:43:50，这样分馏效果可以得到保证且热回收率可大大提高。

② 优化换热流程，提高原油换热量和换热后温度，降低产品换热后温度。

③ 合理利用低温热量包括塔顶油气，常压塔一侧线产品及各高温油品换热后的低温位热源的热量，可考虑与低温原油、软化水等换热或产生低压蒸汽。

④ 采取产品热出料，例如，减压馏分油和渣油换热后不经冷却送下道工序作为热进料。

二、装置间的综合节能途径

常减压蒸馏装置和下游装置之间在系统综合节能上存在着很大的潜力，主要表现在：

（1）装置之间的热联合

蒸馏装置的中间物流如减压蜡油、渣油等，经一定的换热，然后作为下游装置的热进料，这样不但可以减少蒸馏装置的冷公用工程用量，同时也可节省下游装置的热公用工程用量。催化裂化装置的油浆用于常减压装置的换热可以提高原油换热的终温，减少常减压装置的燃料消耗量，可以提高全厂的用能水平。

（2）装置之间的流程组合

Shell 公司最近提出了常压、减压、加氢脱硫、加氢裂化、减黏、石脑油分离等装置高度一体化的组合流程，该流程有以下特点：

① 由于加工含硫原油，常压侧线均需经过加氢精制后才能作为成品，常压侧线不再设置汽提塔，而在加氢精制的主分馏塔侧线设汽提塔，省去了常压汽提塔。

② 常压蒸馏的石脑油和轻烃与加氢精制、加氢裂化的石脑油和轻烃，一起分离得到轻石脑油、液化气和燃料气，避免了石脑油和轻烃分离系统的重复设置。

③ 减压渣油不经换热，直接去减黏装置，闪蒸后的减黏渣油用于和原油的换热，减黏闪蒸塔的气相物流直接进入加氢精制装置。

Shell 公司称由于采用了这种高度一体化的流程，设备数量可减少 48%，投资可节约 30%，能耗可降低 15%。

应当指出，能耗指标固然重要，但是，经济利益判断应是第一位的。前面已经指出，常压塔和减压塔的拔出率和拔出馏分的质量，对全厂的经济效益有重大的影响。为了保证拔出率和拔出馏分的质量，增加必要的用能是不可避免的。因此，应当以更全面和更深入的观点来认识和分析常减压装置的能耗问题，避免出现片面化。

第五节　原油精馏塔的工艺计算

原油蒸馏装置的主要设备包括精馏塔、管式加热炉、换热器、冷凝冷却器、机泵以及抽真空设备等。

关于原油精馏塔工艺设计计算，不同文献资料介绍的方法有所不同，但是其基本原理相同。该节介绍的计算方法属于比较简便的经验方法，结果比较切合实际，是我国目前通用的方法。

原油精馏塔工艺计算的主要任务主要包括两个方面：一是确定精馏塔的主要操作条件；二是计算精馏塔的主要工艺尺寸。

原油精馏塔的工艺计算要充分利用已知的原油性质数据，借助经验图表与公式，通过物料衡算和热衡算进行。计算时要着重考虑如何使塔内气液相负荷分布均匀和较好的分馏效率，在保证产品质量和收率的前提下，尽可能节约投资、降低能耗、减少环境污染。

一、基础数据收集及设计计算步骤

1. 基础数据的收集

原油精馏塔的工艺设计计算需要收集以下基础数据，包括：

① 原料油的性质，主要包括密度、特性因数、相对分子质量、含水量、黏度、实沸点蒸馏数据和平衡汽化数据等。

② 原料油的处理量及年开工时间。

③ 产品方案及产品的质量要求。

④ 汽提水蒸气的温度及压力。

2. 设计计算步骤

① 根据原料油实沸点蒸馏数据绘出曲线，再按产品方案确定产品收率，作出物料平衡。

② 根据产品切割方案，利用实沸点蒸馏曲线，计算各馏分的基础数据(恩氏蒸馏和平衡汽化数据、平均沸点、特性因数、黏度、相对分子质量、临界温度及压力、焦点温度及压力等)这些数据也可以由实验提供。

③ 选定各段塔板数、塔板型式、确定塔板压降。根据选定或给出的塔顶压力，定出汽化段压力。

④ 根据推荐的经验值确定过汽化率及塔底汽提蒸汽量，计算汽化段温度。

⑤ 根据经验值，假设塔底、侧线温度，作全塔热平衡估算回流取热量。

⑥ 确定回流形式、中段回流数目、位置及回流热分配比例。

⑦ 自下而上作各段热平衡，用猜算法计算侧线及塔顶温度，如与上述假设值不符则需重算。

⑧ 核算产品的分馏精确度，不合要求时则重新调整回流比或塔板数。

⑨ 根据最大气液相负荷计算塔径，并作全塔气液相负荷分布图。

二、塔板数、回流比与油品分馏精确度

前面介绍过一般精馏过程的回流比，塔板数与混合组分的分离精度、分离难度的关系，这些基本原则当然也适用于油料的分馏过程。但原油是复杂的混合物，原油分馏过程中的回流比、最少塔板数的计算目前还只限于经验方法。

石油精馏塔的塔板数主要靠经验选用，表4-4列举了国外文献推荐选用的塔板数，表4-5、表4-6为国内炼油厂选用的塔板数。

表4-4　国外文献推荐的常压精馏塔塔板数

被分离的馏分	推荐塔板数	被分离的馏分	推荐塔板数
轻汽油-重汽油	6~8	轻柴油-重柴油	4~6
汽油-煤油	6~8	进料-最低侧线	3~6
煤油-柴油	4~6	汽提段或侧线汽提	4

表4-5　国内炼油厂常压精馏塔塔板数

被分离的馏分	装置Ⅰ	装置Ⅱ	装置Ⅲ
汽油-煤油	8	10	9
煤油-轻柴油	9	9	6
轻柴油-重柴油	7	4	6

被分离的馏分	装置 Ⅰ	装置 Ⅱ	装置 Ⅲ
重柴油 – 裂化原料	8	4	6
最低侧线 – 进料	4	4	3
进料 – 塔底	4	6	4

注：表中塔板数均未包括循环回流换热板数。

表 4 – 6　国内炼厂润滑油型减压塔塔板数

被分离的馏分	装置 Ⅰ	装置 Ⅱ	装置 Ⅲ
塔顶 – 减一线	3	4	4
减一中	3	2	2
减一中 – 减二线	3	4	4
减二线 – 减三线	3	4	5
减二中	3	2	2
减二中 – 减四线	6	4	6
减四线 – 减五线	4	—	—
减五线 – 进料	2	3	3
塔底汽提	4	4	4
塔板总数	31	27	30

　　对于二元或多元体系，分馏精确度可以容易地用组成来表示。如对 A（轻组分）、B（重组分）二元混合物的分馏精确度，可用塔顶产物中 B 的含量和塔底产物中 A 的含量来表示。原油及其馏分是及其复杂的混合物，对它的两个相邻馏分之间的分馏精确度则通常采用经验关联方法。R. N. 沃特金斯对原油常压蒸馏推荐一个经验的关联方法。

　　相邻两个馏分之间的分馏精确度，可用该两个馏分的馏分组成或蒸馏曲线（通常是恩氏蒸馏曲线）的相互关系表示。

$$恩氏蒸馏（0 \sim 100）间隙 = t_0^H - t_{100}^L$$

　　式中，t_0^H 和 t_{100}^L 分别表示重馏分的初馏点和轻馏分的终馏点。间隙越大说明分馏精确度越高。

　　在实际应用中，恩氏蒸馏的初馏点和终馏点不易得到准确数值，通常用较重馏分的 5%点和较轻馏分的 95%点来代替。即以相邻两馏分中重组分恩氏馏出 5%（体）的温度，减去轻组分恩氏馏出 95%（体）的温度，称为恩氏蒸馏（5 ~ 95）间隙，作为相邻两馏分之间的分馏精确度，若其值为正，则称为脱空（或间隙）。间隙越大，说明分馏精确度越高；若其值为负，则称为重叠（见图 4 – 43）。重叠越大，说明分馏精确度越差。

$$恩氏蒸馏（5\% \sim 95\%）间隙 = t_5^H - t_{95}^L$$

　　出现脱空（或间隙）的原因，在于恩氏蒸馏本身是一种粗略的分离过程，恩氏蒸馏曲线并不能严格反映各组分的沸点分布，因此才出现了这种脱空（或间隙）现象。如果用实沸点蒸馏曲线来表示相邻两个馏分的相互关系，则只会出现重叠，只是重叠数值大小不同罢了。重叠意味着一部分重馏分跑到轻馏分中去了，说明分离效果不好造成的。

170

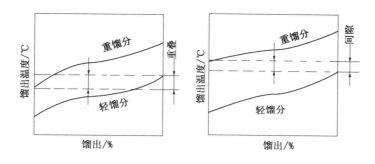

图 4-43 石油馏分的间隙与重叠示意图

影响分离精确度的主要因素是物系中组分之间的分离难易程度、回流比和塔板数。对于二元和多元物系，可用组分之间的相对挥发度来表示；对于石油馏分可用两馏分恩氏蒸馏 50% 点温度差 Δt_{50} 来表示。图 4-44 和图 4-45 是原油常压分馏塔分离精确度与分离能力和混合物分离难易程度的关系图。该图可用于常压塔工艺计算，用于减压塔计算则准确性变差，不适合催化裂化分馏塔使用。关联图横坐标为相邻两馏分的恩氏蒸馏间隙，即分离精确度；纵坐标为"系统分离能力 F"，即回流比乘以塔板数，表示该塔段的分离能力。图 4-59 中 Δt_{50} 表示塔顶产品与一线产品的恩氏蒸馏 50% 点温度之差；图 4-45 中 Δt_{50} 表示第 m 板侧线的 $t_{50\%}$ 与 m 板以上所有馏出物（作为一个整体）的 $t_{50\%}$ 之差。在使用循环回流取热的换热段塔板按 1/3 实际塔板数计算。使用此关联图时，测线汽提蒸汽量至少应为 0.023kg 蒸汽/m³ 产品。

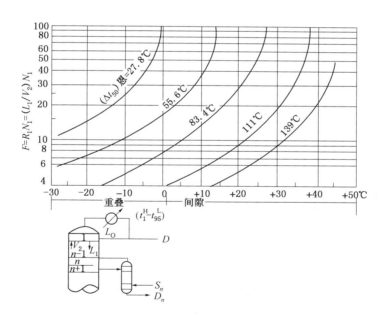

图 4-44 原油常压精馏塔塔顶产品与一线之间分馏精确度图

R_1—第一板下回流比 $= \dfrac{L_1}{V_2}$（L_1、V_2 均按 15.6℃液体体积流率计）；

N_1—塔顶与一线之间实际塔板数

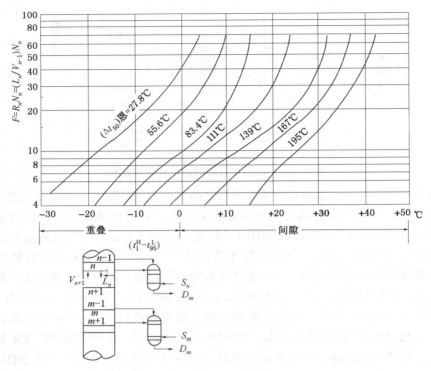

图 4 - 45 原油常压精馏塔侧线产品之间分馏精确度图

R_n—第 n 块板下的回流比 = $\dfrac{L_n}{V_{n+1}}$(L_n、V_{n+1} 均按 15.6℃液体体积流率计);

V_n—该两侧线间的实际塔板数 = $m-n$

常压蒸馏产品分馏精确度的文献推荐值[恩氏蒸馏 $t_{5\%}-t_{95\%}$脱空(℃)]为:

    轻汽油~重汽油   11~16.5

    汽油~煤油、轻柴油 14~28

    煤油、轻柴油~重柴油 0~0.5

    重柴油~常压瓦斯油 0~5.5

利用这些分馏关联图,可以对一定规格的产品校核所选塔板数或确定的回流量是否合适,还可对已定塔板数及回流量验证其中产品分割情况。

三、汽提方式及水蒸气用量

汽提方式有两种:一种是采用重沸器汽提也称为间接汽提,另一种是采用水蒸气汽提也称为直接汽提。水蒸气汽提操作简便,但增加塔内蒸汽负荷,加大所需的塔径,增加塔顶冷凝器的冷却负荷,增加锅炉水处理和污水处理的规模。因此近年来逐渐倾向于尽可能采用重沸汽提。只要有合适的热源,用间接汽提较为合理。

采用直接汽提时,通常用压力为 0.3MPa 温度约为 400~450℃的过热水蒸气,以防止出现凝结水造成突沸。汽提蒸汽用量见表 4 - 7。油品从主塔抽出层到汽提塔出口的温降为 8~10℃,气体离开汽提塔的温度较进入的油温低 3~8℃。用重沸器汽提时,油品从抽出层到汽提塔出口温升为 17 ℃,气体离开汽提塔温度较进入的油温高 5.5 ℃。

表 4 - 7 汽提蒸气用量表

精馏塔名称	油品名称	蒸气用量（对产品）/%（质量分数）
初馏塔	塔底油	1.2 ~ 1.5
常压塔	溶剂油	1.5 ~ 2
减压塔	煤油	2 ~ 3
	轻柴油	2 ~ 3
	重柴油	2 ~ 4
	轻润滑油	2 ~ 4
减压塔	塔底重油	2 ~ 4
	中、重润滑油	2 ~ 4
	残渣燃料油	2 ~ 4
	残渣汽缸油	2 ~ 5

四、精馏塔的操作压力

原油常压精馏塔通常在稍高于大气压力下操作，其可采用的最低操作压力受制于塔顶产品罐温度下的塔顶产品的泡点压力。常压精馏塔的操作压力大小与下述因素有关，当原油常压精馏塔的塔顶产品是汽油或重整原料，用水作冷却介质时，塔顶产品冷至 40℃ 左右，为了使塔顶馏分基本上全部冷凝，回流油罐需要在 0.1 ~ 0.25MPa 压力下操作；为了使塔顶产品克服管线和冷换设备压降流到回流油罐，推荐精馏塔顶压力应比罐顶压力高 34 ~ 49kPa。提高塔的操作压力有利于提高塔的处理能力。但如前所述，原油加热不应超过最高允许温度，在保证一定拔出率情况下，塔的操作压力提高，加热炉出口温度就要相应地提高。综上所述，国内原油常压精馏塔的塔顶操作压力大约在 0.13 ~ 0.16MPa。根据表 4 - 8 所列塔板压降数据，就能计算出分馏塔各处压力。

表 4 - 8 各种塔板的压力降

塔板型式	压力降/kPa	塔板型式	压力降/kPa
泡罩	0.5 ~ 0.8	舌型	0.25 ~ 0.4
浮阀	0.4 ~ 0.65	金属破沫网	0.1 ~ 0.25
筛板	0.25 ~ 0.5		

五、精馏塔的操作温度

确定出精馏塔的各部位操作压力后，就可以确定精馏塔的各点温度。确定各点温度时，需要综合运用热平衡和相平衡两个工具，用试差法计算。计算时，要先假定某处的温度，作热平衡以求得该处的回流量和油气分压，再利用相平衡关系求得温度，若假定与求得的温度值之间误差小于 1% 则可，否则需要重新猜算，直至满足要求为止。

1. 汽化段（进料）温度

汽化段温度就是进料的绝热闪蒸温度。此温度取决于原料油的性质、产品产率、过汽化率以及汽化段压力和水蒸气用量等因素。过汽化率常以进塔原料的百分数表示，一般推荐常压塔为 2% ~ 4%，减压塔为 3% ~ 6%。精馏塔汽化段的温度应该是在汽化段的油气分压下，进塔油料（原油或初馏塔底油）达到指定汽化率（塔顶和侧线全部产品率加上过汽化率）的平衡汽化温度。汽化段油气分压按式（4 - 28）计算。

$$P_油 = P \times \frac{n_油}{n_油 + n_汽}$$
（4 - 28）

式中　P、$P_{油}$——汽化段压力和汽化段油气分压，MPa；

$\quad\quad n_{油}$——油气摩尔流率，kmol/h；

$\quad\quad n_{汽}$——水蒸气摩尔流率，kmol/h。

与油气分压相对应的平衡汽化温度值，可用前述图表换算的方法求得，也可以用图4-46所示的简化方法求得。

① 画出油料实沸点蒸馏曲线 1 和常压下平衡汽化曲线 2，过其交点作垂线 A。

② 按照本书第一章介绍的不同外压下沸点换算的方法，将上述交点温度换算为汽化段油气分压下的温度并标于垂线 A 上。过该点作线 2 的平行线 3，即是相当于汽化段油气分压下油料的平衡汽化曲线。

③ 同理，考虑转油线压力降，可作出加热炉出口处压力下油料平衡汽化曲线 4。

④ 在线 3 上找到相当于指定汽化率（如图上为 30.5%）的温度（图上为 353℃），即为分馏塔汽化段温度。

⑤ 校核炉出口温度 t_0。

如图 4-47 所示，从炉出口到汽化段汽化是一个绝热闪蒸过程。由于汽化所需热量由进塔油料的显热供给，加上转油线热损失，因此，炉出口温度 $t_0 > t_F$（一般约高 $10 \sim 20℃$）。必须作转油线入口、出口处热平衡，校核 t_0 是否超过最高允许值。可以在合理的炉出口温度范围内选定 t_0 值，然后按式（4-29）校核（未考虑散热损失）。

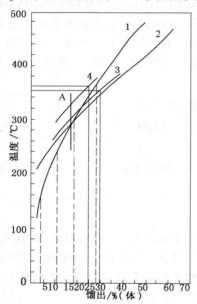

图 4-46　汽化段温度的简化求定

1—原油的实沸点蒸馏曲线；2—原油常压平衡汽化曲线；
3—炉出口压力下原油平衡汽化曲线；
4—汽化段油气分压下原油平衡汽化曲线

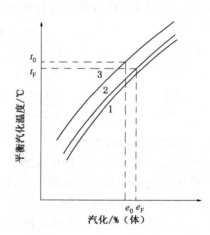

图 4-47　进料的平衡汽化曲线

1—常压下平衡汽化曲线；
2—汽化段油气分压下平衡汽化曲线；
3—炉出口压力下平衡汽化曲线

$$\sum G_i \cdot q_i t_0 \geqslant \sum G_i' \cdot q_i t_F \qquad\qquad (4-29)$$

式中　G_i、G_i'——闪蒸前后油料中各组分质量流率，kg/h；

$\quad q_i t_0$、$q_i t_F$——t_0、t_F 温度下各组分的焓，kJ/kg。

2. 塔底温度

进料油中未汽化的重质油与精馏段流下的回流液在汽提段中被水蒸气汽提，当其中轻组分汽化时油料温度降低，因此塔底温度比汽化段温度低。原油精馏塔的塔底温度一般比汽化段温度低 5~10℃。

3. 侧线温度

严格地说，油品侧线抽出温度应该是未经汽提的侧线产品在该处油气分压下平衡汽化的泡点温度。它比汽提后的侧线产品在同样条件下平衡汽化泡点温度略低一点。但为了简化，可按汽提后产品计算。以煤油侧线为例，其油气分压用式(4-30)计算。

$$P_{煤油} = P \cdot \frac{n_内}{n_{水汽} + n_{汽油} + n_内} \qquad (4-30)$$

式中　$n_内$、$n_{水汽}$、$n_{汽油}$——该抽出板处内回流、水蒸气和汽油蒸气的摩尔流率，kmol/h；

　　　　P——煤油抽出板处压力，MPa。

通常用试差法计算，即先假定侧线温度，进行侧线以下塔段热平衡求内回流量，然后按蒸馏曲线换算法求出在该抽出板处油气分压下平衡汽化泡点温度。若计算值与上面假定值相差 ±5℃ 之内，则认为所设温度正确，否则重新设值计算。

作为近似估计，在有水蒸气汽提时，侧线温度假设值可按该侧线产品恩氏蒸馏 5% 点温度值设定。在无水蒸气汽提时，煤油、柴油可取恩氏蒸馏 10% 点温度，润滑油馏分取恩氏蒸馏 5% 点温度。

计算侧线温度时，最好从最低的侧线开始，这样计算比较方便。因为进料段和塔底可以先行确定，则自下而上作隔离体系和热平衡时，每次只有一个侧线温度是未知数。为了计算油汽分压，需要分析侧线抽出板上的气相组成，该气相是由以下物料构成，即通过该层塔板上升的塔顶产品和侧线上方所有侧线产品的蒸气，还有在该层抽出板上汽化的内回流蒸气以及汽提水蒸气。内回流组成可认为与该塔板抽出的侧线产品组成相同。因此，所谓的侧线产品的油气分压是指该处的内回流蒸气分压。

4. 塔顶温度

塔顶温度可认为是塔顶产品在该处油气分压下平衡汽化的露点温度。塔顶馏出物包括塔顶产品、塔顶回流(其组成与塔顶产品相同)蒸气、不凝气(气体烃)和水蒸气。塔顶油气分压按式(4-31)计算。

$$P_{汽油} = P \cdot \frac{n_{汽油} + n_{回流}}{n_{汽油} + n_{回流} + n_{水汽}} \qquad (4-31)$$

式中　P、$P_{汽油}$——塔顶压力和塔顶油气分压，MPa；

　　　　$n_{回流}$——塔顶回流摩尔流率，kmol/h。

精馏塔的塔顶温度也采用试差法计算，即先假设一个塔顶温度，进行全塔热平衡计算，求出塔顶回流量。然后计算在塔顶油气分压下，塔顶产品平衡汽化 100% 点的温度，此值若与设定值相近似，可认为假设值正确，否则重新猜算。近似估计时，可先假定塔顶温度为塔顶汽油恩氏蒸馏 60% 点温度。

在确定塔顶温度时，要校核水蒸气在塔顶是否会冷凝。核算塔顶水蒸气分压，若其数值高于塔顶温度下的饱和水蒸气压力，水蒸气将会在塔顶冷凝，这是不允许的。此时应考虑减少进塔水蒸气量或降低塔顶压力重新计算。

六、确定塔径与塔高

1. 塔径

精馏塔的塔径大小主要取决于塔内蒸气负荷。在不发生过多的雾沫夹带或出现液泛的条件下，确定其最大允许空塔线速度。根据蒸气负荷和允许空塔线速度，即可求得所需的塔径。采用不同类型的塔板，有不同的计算方法，现以浮阀塔为例进行简要介绍。

（1）塔板间距

塔板间距大小取决于雾沫夹带、物料的起泡性、塔的操作弹性及安装、检修的要求等几个因素，可参考表 4 – 9 选定塔板间距。

表 4 – 9　浮阀塔板间距与塔径的关系

塔板直径/mm	塔板间距/mm				
600 ~ 700	300	350	450	—	—
800 ~ 1000	—	350 *	450	500	600
1200 ~ 1400	350 *	450	500	600	800 *
1600 ~ 3000	—	450 *	500	600	800
3200 ~ 4200	—	—	—	600	800

* 为不推荐采用。

（2）计算最大允许气体速度 W_{max}

$$W_{max} = \frac{0.055\sqrt{gH_t}}{1 + 2\frac{V_L}{V_V}\sqrt{\frac{r_L}{r_V}}}\sqrt{\frac{r_L - r_V}{r_V}} \qquad (4 - 32)$$

式中　W_{max}——塔板气相空间截面积上最大允许气体速度，m/s；

　　　　g——重力加速度，9.81 m/s^2；

　　　　r_V——气相密度，kg/m^3；

　　　　r_L——液相密度 kg/m^3；

　　　　H_t——塔板间距，m；

　　　　V_V——气体体积流率，m^3/s；

　　　　V_L——液体体积流率，m^3/s。

（3）计算适宜的气体操作速度 W_a

$$W_a = K \cdot K_s \cdot W_{max} \qquad (4 - 33)$$

式中　W_a——塔板气相空间截面上的适宜气体速度，m/s；

　　　　K——安全系数，对直径大于 0.9m、$H_t > 0.5$ m 的常压或加压操作的塔，$K = 0.82$；对直径小于 0.9 m，或塔板间距 $H_t \leq 0.5$ m，以及真空操作的塔，$K = 0.55 \sim 0.65$（H_t 大时 K 取大值）；

　　　　K_s——系统因素，按表 4 – 10 选取。

表 4 – 10　系统因数 K_s

系　统　名　称	系　统　因　数 K_s	
	用于式(4 – 35)	用于式(4 – 35)、式(4 – 36A)、式(4 – 36B)
炼油装置较轻组分的分馏系统，如原油常压塔、气体分馏塔等	0.95 ~ 1.0	0.95 ~ 1.0
炼油装置重黏油品分馏系统，如常减压的减压塔等	0.85 ~ 0.9	0.85 ~ 0.9

系 统 名 称	系 统 因 数 K_s	
	用于式（4-35）	用于式（4-35）、式（4-36A）、式（4-36B）
无泡沫的正常系统	1	1
氟化物系统，如 BF_3、氟利昂	0.9	0.9
中等起泡系统，如油吸收塔、胺及乙二醇再生塔	0.85	0.85
重度起泡沫，如胺及乙二醇吸收塔	0.73	0.73
严重起泡沫，如甲乙基酮、一乙醇胺装置	0.6	0.6
泡沫稳定系统，如碱再生塔	0.15	0.3

（4）计算气相空间截面积 F_a

$$F_a = \frac{V_V}{W_a} \tag{4-34}$$

式中符号意义同式（4-37）。

（5）计算降液管内液体流速 V_d

液体在降液管内的流速可按式（4-40）和式（4-41）计算，选两个计算结果中的较小值。

$$V_{d(1)} = 0.17K \cdot K_s \tag{4-35}$$

当 $H_t \leq 0.75\text{m}$ 时采用式（4-36A）：

$$V_{d(2)} = 7.98 \times 10^{-3} K \cdot K_s \sqrt{H_t (r_L - r_V)} \tag{4-36A}$$

当 $H_t > 0.75\text{m}$ 时，采用式（4-36B）：

$$V_{d(2)} = 6.97 \times 10^{-3} K \cdot K_s \sqrt{r_L - r_V} \tag{4-36B}$$

式中 V_d——降液管内液体流速，m/s。

（6）计算降液管面积 F_d'

降液管面积可按式（4-37）、式（4-38）计算，取结果较大值。

$$F_{d(1)}' = \frac{V_L}{V_d} \tag{4-37}$$

$$F_{d(2)}' = 0.11 F_a \tag{4-38}$$

式中 F_d'——计算的降液管面积，m^2。

（7）计算塔横截面积 F_t

按式（4-39）进行计算：

$$F_t = F_a + F_d' \tag{4-39}$$

式中 F_t——塔横截面积，m^2。

（8）计算塔径 D_c

按式（4-40）进行计算：

$$D_c = \sqrt{\frac{F_t}{0.785}} \tag{4-40}$$

式中 D_c——塔径，m。

最后根据计算所得塔径 D_c 再按国内标准浮阀塔系列进行圆整，确定采用的塔径尺寸。然后再校核空塔线速是否适宜，并按式（4-37）、式（4-38）复算降液管面积 F_d，再根据标

准参考复算的 F_d 选用合适的降液管面积。

$$F_d = \left(\frac{F}{F_t}\right) \times F_d' \qquad (4-41)$$

式中　F_t、F——计算的和圆整后的塔截面积，m^2；

F_d'、F_d——计算的和圆整后的降液管面积，m^2。

2. 确定塔高（不包括裙座）H

$$H = H_d + (n-2)H_t + H_b + H_F \qquad (4-42)$$

式中　H——塔高（切线到切线），m；

H_d——塔顶部空间高度，m；

H_b——塔底部空间高度，m；

H_t——塔板间距，m；

H_F——进料段高度，m；

n——实际塔板数。

注：当在塔底进料时应为 $(n-1)$。

原油常压分馏塔工艺计算实例

设计计算　年处理量为 2.50Mt 胜利原油的常压分馏塔。原油的实沸点蒸馏数据可参照第三章表 3-6，平衡汽化数据由实沸点蒸馏数据按照图 4-16 的方法换算。产品方案及性质见表 4-11。

表 4-11　胜利原油常压切割方案及产品性质

产品	收率/%		密度(20℃)/ (g/cm³)	恩氏蒸馏馏出温度/℃						
	体积分数	质量分数		0%	10%	30%	50%	70%	90%	100%
汽油	4.3	3.51	0.7037	34	60	81	96	109	126	141
煤油	7.2	6.67	0.7994	159	171	179	194	208	225	239
轻柴油	7.2	6.91	0.8265	239	258	267	274	283	296	306
重柴油	9.8	6.94	0.8484	289	316	328	341	350	368	376
重油	71.5	73.27	0.9416	—	344	—	—	—	—	—

工艺设计计算过程及结果如下：

1. 原油平衡汽化数据及油品的性质参数

将原油实沸点蒸馏% 换算为%（体）数据，其中的 70% 点温度值是在坐标纸上延伸而得的。

实沸点馏出/%（体）	10	30	50	70
温度/℃	206.8	363.3	466.7	580

按照图 4-20 方法将实沸点蒸馏数据换算为常压下原油平衡汽化数据，并把两条曲线绘于图 4-61 中。

平衡汽化/%（体）	10	30	50	70
温度/℃	257.1	355.7	436.8	521.1

用学过的方法计算原油和产品有关性质参数，汇总列于表 4-12 中（在计算时，所用到

的恩氏蒸馏温度未作裂化校正)。

2. 产品收率和物料平衡

产品收率和物料平衡见表4-13。

表4-12　油品的有关性质参数

油　品	密度(ρ_{20})/(g/cm^3)	比重指数 API度	特性因数 K	相对分子质量 M	平衡汽化温度/℃		临界参数		焦点参数	
					0	100%	温度/℃	压力/MPa	温度/℃	压力/MPa
汽油	0.7037	68.1	12.27	95	—	—	267.5	3.39	328.5	6.00
煤油	0.7994	44.5	11.74	152	185.6	108.9	383.4	2.5	413.4	3.30
轻柴油	0.8265	38.8	11.97	218	273.6	—	461.6	1.87	475.2	2.20
重柴油	0.8484	34.44	12.1	290	339.6	—	516.6	1.64	529.6	1.92
塔底重油	0.9416	18.2	11.9							
原油	0.8604	32	—							

表4-13　产品收率物料平衡(按每年开工330天计)

油　品		产率/%			处理量或产量		
		体积分数	质量分数	10^4t/a	t/a	kg/h	kmol/h
原　油		100	100	250	7576	315700	—
产　品	汽油	4.3	3.51	8.77	266	11100	117
	煤油	7.2	6.67	16.69	505	21040	139
	轻柴油	7.2	6.91	17.30	524	21800	100
	重柴油	9.8	9.64	24.10	730	30400	105
	重油	71.5	73.27	183.14	5551	231360	—

3. 汽提蒸汽用量

侧线产品及塔底重油都用过热水蒸气(压力为0.3MPa、温度为420℃)汽提,参考前述推荐数据确定其用量,见表4-14。

表4-14　汽提水蒸气用量

油　品	用量(对油)/%(质量分数)	处理量/kg/h	处理量/kmol/h
一线煤油	3	631	35.0
二线轻柴油	3	654	36.3
三线重柴油	2.8	851	47.3
塔底重油	2	4627	257
合　计	—	6763	375.6

4. 确定塔板型式和塔板数

选用浮阀塔板,参照上述所推荐数值选定塔板数如下:

179

汽油–煤油段	9层（考虑一线生产喷气燃料）	重柴油–汽化段	3层
煤油–轻柴油段	6层	塔底汽提段	4层
轻柴油–重柴油段	6层		

考虑采用两个中段回流，每个用3层换热塔板，共6层。全塔塔板数总计为34层。

5. 常压塔计算草图

将所要计算的常压塔塔体、塔板、进料及产品进出口、中段循环回流位置、汽提返塔位置、侧线及塔底汽提点等数据和位置绘成草图，如图4-48所示，然后陆续填入物料流量及操作条件。计算草图使设计计算一目了然，便于分析和避免差错。

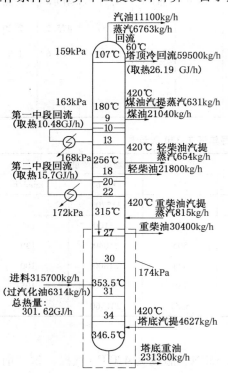

图4-48 常压塔的计算草图

6. 确定操作压力

取塔顶产品罐压力为0.13MPa，塔顶采用二级冷凝冷却流程，取塔顶空冷器压力降为0.01MPa，使用一个管壳式后冷器，壳程压力降取0.017MPa。故：

塔顶压力 = 0.13 + 0.01 + 0.017 = 0.157MPa（绝）

取每层浮阀塔板压力降为4mmHg（0.5kPa），推算常压塔各关键部位压力（MPa）。

精馏塔位置	压力/MPa
塔顶压力	0.157
一线抽出板（第9层）上	0.161
二线抽出板（第18层）上	0.166
三线抽出板（第27层）上	0.170
汽化段压力（第30层下）	0.172
加热炉出口*	0.207

* 为取转油线压力降为0.035MPa，则加热炉出口压力 = 0.174 + 0.035 = 0.207MPa。

7. 确定汽化段温度

（1）汽化段中进料的汽化率与过汽化度

取过汽化度为进料的2%或2.03%（体），即过汽化量为6314kg/h。进料在汽化段中的汽化率为：

$$e_F = (4.3 + 7.2 + 7.2 + 9.8 + 2.03)\% = 30.53\%（体）$$

（2）汽化段油气分压

汽化段中各物料的流量（kmol/h）如下：

汽油	117	重柴油	105
煤油	139	过汽化油	21
轻柴油	100	油气量合计	482

其中，过汽化油的相对分子质量取300，还有水蒸气流量257 kmol/h，汽化段油汽分压为：

$$0.172 \times 485 / (482 + 257) = 0.112MPa$$

（3）汽化段温度的初步求定

汽化段温度应该是在汽化段油汽分压 0.112MPa 下汽化 30.53%（体）的温度，为此需要作出在 0.112MPa 下的原油平衡汽化曲线。见图 4-46 中的曲线 4。

在不具备原油的临界参数和焦点参数而无法作出原油 $P-T-e$ 相图的情况下，曲线 4 可用以下的简化法求定：由图 4-46 可得到原油在常压下的实沸点曲线与平衡汽化曲线的交点为 291℃。利用烃类与石油窄馏分的蒸气压图，将此交点温度换算为 0.112MPa 下的温度，得 299℃。从该交点作垂直于横坐标的直线 A，在 A 线上找得 299℃温度点，过此点作平行于原油常压平衡汽化曲线 2 的线 4，即为原油在 0.112MPa 下的平衡汽化曲线。

由曲线 4 可以查得压力为 0.112MPa，e_F 为 30.53%（体）时的温度为 353.5℃，此即为由相平衡关系求得的汽化段温度 t_F。

（4）t_F 的校核

作绝热闪蒸过程的热平衡计算，以求得炉出口温度，校核的主要目的是看由 t_F 要求的加热炉出口温度 t_0 是否合理。其基本依据是：不考虑转油线散热损失。

炉出口处油料热焓 = 塔汽化段处油料热焓

当汽化率 $e_F = 30.53\%$（体），温度 $t_F = 353.5℃$，压力 $P = 0.172MPa$，进料带入汽化段的热量 Q_F 见表 4-15。进料在汽化段中的焓 h_F 为：

$$h_F = \frac{301.62 \times 10^6}{315700} = 955.4\text{kJ/kg}$$

表 4-15 进料带入汽化段的热量

油 料	流率/(kg/h)	焓/(kJ/kg) 气 相	焓/(kJ/kg) 液 相	热量/(kJ/h)
汽 油	11100	1176	—	$11100 \times 1176 = 13.05 \times 10^6$
煤 油	21040	1147	—	$21040 \times 1147 = 22.94 \times 10^6$
轻柴油	21800	1130	—	$21800 \times 1130 = 24.63 \times 10^6$
重柴油	30400	1122	—	$30400 \times 1122 = 34.11 \times 10^6$
过汽化油	6314	1118	—	$6314 \times 1118 = 7.05 \times 10^6$
重 油	225046	—	888	$225046 \times 888 = 199.84 \times 10^6$
合 计	315700	—	—	$Q_F = 301.62 \times 10^6$

按前述方法作出原油在炉出口压力 0.207MPa 下的平衡汽化曲线（图 4-61 曲线 3）。这里忽略了原油中所含的水分，若考虑原油含水，则应当作炉出口处油气分压下的平衡汽化曲线。由曲线 3 读出在 360℃时的汽化率 e_0 为 25.5%（体）（考虑生产喷气燃料，限定炉出口温度不超过 360℃），显然 $e_0 < e_F$，即在炉出口条件下，过汽化油和部分重柴油处于液相。根据炉出口处的条件，按上述方法可算出进料在炉出口处焓值 h_0 为 966.77kJ/kg（见表 4-16）。

表 4-16 进料在炉出口处携带的热量

油 料	流率/(kg/h)	焓/(kJ/kg) 气 相	焓/(kJ/kg) 液 相	热量/(kJ/h)
汽 油	11100	1201	—	$11100 \times 1201 = 13.33 \times 10^6$
煤 油	21040	1164	—	$21040 \times 1164 = 24.49 \times 10^6$

油　料	流率/(kg/h)	焓/(kJ/kg)		热量/(kJ/h)
		气　相	液　相	
轻柴油	21800	1151	—	$21800 \times 1151 = 25.09 \times 10^6$
重柴油				
气　相	21100	1143		$30400 \times 1143 = 24.12 \times 10^6$
液　相	9300	—	971	$9300 \times 971 = 9.03 \times 10^6$
重油	231360		904	$225046 \times 904 = 209.15 \times 10^6$
合　计	315700			$Q_0 = 305.21 \times 10^6$

校核结果表明 h_0 略高于 h_F，所以，在设计的汽化段温度 353.5℃ 之下，既能保证所需的拔出率，也不致使炉出口温度超过允许值。

$$h_0 = \frac{305.21 \times 10^8}{315700} = 966.77 \text{kJ/kg}$$

8. 确定塔底温度

取塔底温度比汽化段温度低7℃，即：

$$塔底温度 = 353.5 - 7 = 346.5℃$$

9. 塔顶及侧线温度的假设、全塔热平衡及回流热的分配

（1）假设塔顶及各侧线温度

℃

塔顶温度	101	轻柴油抽出板（第18层）温度	256
煤油抽出板（第9层）温度	180	重柴油抽出板（第27层）温度	315

按所假设的温度条件作全塔热平衡，汇总数据列于表 4 - 17，由此可求出全塔回流热 Q。

表 4 - 17　全塔热平衡数据

物　料	流率/(kg/h)	密度(ρ_{20})/(g/cm³)	操作条件		焓/(kJ/kg)		热量/(kJ/h)
			压力/MPa	温度/℃	气相	液相	
入方							
进料	315700	0.8604	0.172	353.6	—	—	301.62×10^6
汽提蒸汽	6763	—	0.3	420	3316		22.43×10^6
合计	322463	—	—	—			324.05×10^6
出方							
汽油	11100	0.7037	0.157	107	611	—	6.78×10^6
煤油	21040	0.7994	0.161	180		444	9.34×10^6
轻柴油	21800	0.8265	0.166	256		645	14.06×10^6
重柴油	30400	0.8484	0.170	315		820	24.93×10^6
重油	231360	0.9416	0.175	346.5		858	198.5×10^6
水蒸气	6763	—	0.157	107		—	18.26×10^6
合计	322463	—	—	—			271.87×10^6

（2）回流热

$$Q = (324.05 - 271.87) \times 10^6 = 52.38 \times 10^6 \text{kJ/h}$$

（3）回流方式及回流热分配

塔顶采用二级冷凝冷却流程，塔顶回流温度定为 60℃。采用两个中段回流，第一个位于煤油侧线与轻柴油侧线之间（第 11～13 层），第二个位于轻柴油侧线与重柴油侧线之间（第 20～22 层）。

回流热分配如下：

塔顶回流取热 50%	$Q_0 = 26.19 \times 10^6 \, kJ/h$
第一中段回流取热 20%	$Q_{C1} = 10.48 \times 10^6 \, kJ/h$
第二中段回流取热 30%	$Q_{C2} = 15.70 \times 10^6 \, kJ/h$

10. 侧线及塔顶温度的校核

校核自下而上进行。

（1）重柴油抽出板（第 27 层）温度

按图 4-49 作第 27 层以下塔段的热平衡，数据见表 4-18。

表 4-18 第 27 层以下塔段的热平衡

物　料	流率/(kg/h)	密度(ρ_{20})/(g/cm³)	操作条件		焓/(kJ/kg)		热量/(kJ/h)
			压力/MPa	温度/℃	气相	液相	
入方							
进料	315700	0.8604	0.172	353.6	—	—	301.62×10^6
汽提蒸气	4637	—	0.3	420	3316	—	22.43×10^6
内回流	L	~0.846	0.17	~308.5		795	$795L$
合计	$320327 + L$	—	—	—	—	—	$316.96 \times 10^6 + 796L$
出方							
汽油	11100	0.7037	0.157	107	611	—	6.78×10^6
煤油	21040	0.7994	0.161	180		444	9.34×10^6
轻柴油	21800	0.8265	0.166	256		645	14.06×10^6
重柴油	30400	0.8484	0.170	315		820	24.93×10^6
重油	231360	0.9416	0.175	346.5		858	198.5×10^6
水蒸气	4627	—	0.157	107			18.26×10^6
内回流	L	~0.846	0.17	315	1026		$1026L$
合计	$320327 + L$	—	—	—	—	—	$293.68 \times 10^6 + 1026L$

由热平衡得：

$$316.96 \times 10^6 + 796L = 293.68 \times 10^6 + 1026L$$

所以，内回流：

$$L = (316.96 - 293.68) \times 10^6 / (1026 - 795) = 100780 \, kg/h$$

或

$$L = 10078/282 = 357 \, kmol/h$$

重柴油抽出板上方气相总量为：

$$117 + 139 + 100 + 357 + 257 = 970 \, kmol/h$$

重柴油蒸气（即内回流）油汽分压为：

$$0.17 \times 357/970 = 0.0626 \, MPa$$

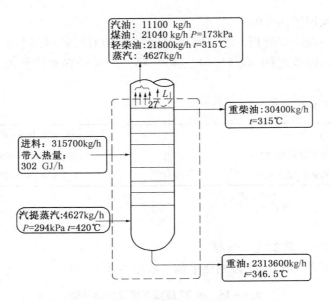

图 4 – 49　重柴油抽出板以下塔段的热平衡

由重柴油常压恩氏蒸馏数据换算为 0.0626MPa 下的平衡汽化 0% 温度，可用图 4 – 15 和图 4 – 16 先换算得常压下平衡汽化数据，再用图 4 – 26 换算为 0.0626MPa 下的平衡汽化数据如下：

恩氏蒸馏数据	0%	10%	30%	50%
恩氏蒸馏温度/℃	289	316	328	341
恩氏蒸馏温差/℃	27	12	13	—
平衡汽化温差/℃	9.5	6.4	6.6	—
常压平衡汽化温度/℃	—	—	—	359
0.0626MPa 下平衡汽化温度/℃	315.5	325	331.4	338

由上表中求得的在 0.0626MPa 下的总柴油的泡点温度为 315.5℃，该计算值与原假设的 315℃ 很接近，所以认为原假设温度正确，其计算结果见下面步聚。

（2）轻柴油抽出板温度

按上法作第 18 层以下塔段的热平衡，见表 4 – 19 第二中段回流取热应作为一个项目包括在内。

表 4 – 19　第 18 层以下塔段的热平衡

物　　料	流率/(kg/h)	密度(ρ_{20})/(g/cm³)	操作条件		焓/(kJ/kg)		热量/(kJ/h)
			压力/MPa	温度/℃	气相	液相	
入方							
进料	315700	—	—	—	—	—	301.62×10^6
汽提蒸汽	5478	—	0.3	420	3316	—	18.17×10^6
内回流	L	~0.8235	0.17	~248	—	624	$624L$
合计	$321178 + L$	—	—	—	—	—	$319.79 \times 10^6 + 624L$
出方							
汽油	11100	0.7037	0.157	256	934	—	10.37×10^6

物　　料	流率/(kg/h)	密度(ρ_{20})/(g/cm³)	操作条件		焓/(kJ/kg)		热量/(kJ/h)
			压力/MPa	温度/℃	气相	液相	
煤油	21040	0.7994	0.161	256	900	—	18.94×10^6
轻柴油	21800	0.8265	0.166	256	—	645	14.06×10^6
重柴油	30400	0.8484	0.170	315	—	820	24.93×10^6
重油	231360	0.9416	0.175	346.5	—	858	197.6×10^6
水蒸气	5478	—	0.157	256	2981	—	16.33×10^6
内回流	L	~0.8235	0.17	256	888	—	888L
合计	321178 + L	—	—	—	—	—	$298.26 \times 10^6 + 888L$

由热平衡得：

$$319.79 \times 10^6 + 624L = 298.26 \times 10^6 + 888L$$

所以，内回流：

$$L = (319.79 - 298.26) \times 10^6 / (888 - 624) = 81553 \text{kg/h}$$

或

$$L = 81553/211 = 386.5 \text{kmol/h}$$

轻柴油抽出板上方气相总量为：

$$117 + 139 + 386.5 + 304.3 = 946.8 \text{kmol/h}$$

轻柴油蒸气(即内回流)油气分压为：

$$0.17 \times 386.5/946.8 = 0.067 \text{MPa}$$

恩氏蒸馏数据	0%	10%	30%	50%
恩氏蒸馏温度/℃	239	258	267	274
恩氏蒸馏温差/℃	19	9	7	—
平衡汽化温差/℃	7.5	4.3	3	—
常压平衡汽化温度/℃	—	—	—	285
0.067MPa下平衡汽化温度/℃	255.2	—	—	270

轻柴油在0.067MPa下泡点温度为255.2℃与原假设温度256℃接近，故认为所设温度正确。

(3) 煤油抽出板温度

方法与上同(略)，校核结果证明所设温度正确。

(4) 塔顶温度

塔顶冷回流温度 $t_0 = 60℃$，其焓值 $h_{t_0}^L$ 为163.3kJ/kg。塔顶温度 $t_1 = 107℃$，回流(汽油)蒸气的焓 $h_{t_1}^V = 6111 \text{kJ/kg}$。故塔顶冷回流量为：

$$L_0 = Q_0/(h_{t_1}^V - h_{t_0}^L) = 26.19 \times 10^6/(611 - 163.3) = 58500 \text{kg/h}$$

塔顶油气量为：$(58500 + 11100)/95 = 733 \text{kmol/h}$

塔顶水蒸气量为：$6763/18 = 376 \text{kmol/h}$

塔顶油气分压为：$0.157 \times 733/(733 + 376) = 0.1038 \text{MPa}$

塔顶温度应该是汽油在其油气分压下的露点温度。

汽油的焦点温度为528.5℃，焦点压力为5.9MPa，常压露点为108.9℃，据此可在平衡汽化坐标纸上，求得在油气分压为0.1038MPa下平衡汽化100%点温度为110.2℃，如图

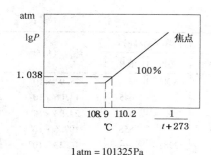

1 atm = 101325Pa

图 4-50 汽油的露点线相图

4-50所示。考虑不凝气的存在，则塔顶温度应为：

$$110.2 \times 0.97 = 106.9℃$$

与原假设的107℃很接近，最后校核在塔顶条件下，水蒸气是否会冷凝。塔顶水蒸气分压为：

$$0.157 - 0.1038 = 0.0532MPa$$

与此压力相应的饱和水蒸气温度为83℃，远低于塔顶温度107℃，故水蒸气在塔顶处于过热状态而不会冷凝。

11. 全塔气液负荷分布图

如果依照上述方法，选择若干个有代表性的塔截面进行计算（如塔顶、第一层塔板下方、各侧线抽出板上下方、中段回流进出口处、汽化段及塔底汽提段等），求出这些部位的气液相负荷，就可绘出全塔的气液相负荷分布图。图4-51就是一例，其中液相负荷未包括中段回流量。

12. 计算塔径和塔高

（1）塔径

从全塔气液负荷分布可以看出，为了提高热回收率，加大第二中段回流取热比，使二中回流抽出板处负荷最大。按照前述原则，应以此处气相负荷为基准计算塔径。二中抽出板下塔段热平衡见表4-20。

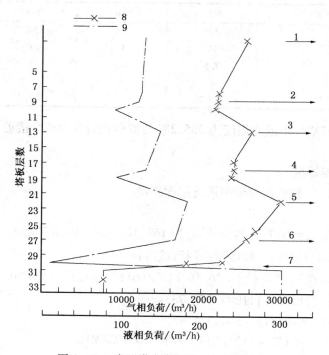

图 4-51 常压塔全塔气液相负荷分布图

1—第1层下负荷；2—煤油抽出；3—第一中段回流出口；4—轻柴油抽出；
5—第二中段回流出口；6—重柴油抽出；7—进料；8—气相负荷；9—液相负荷（不包括中段回流）

186

表 4 – 20   二中抽出板下塔段热平衡

物　　料	流率/(kg/h)	密度(ρ_{20})/(g/cm³)	操作条件		焓/(kJ/kg)		热量/(kJ/h)
			压力/MPa	温度/℃	气相	液相	
入方							
进料	315700	—	174	353.5	—	955.4	301.62×10^6
汽提蒸汽	5478	—	294	420	3316	—	18.17×10^6
内回流	L	~0.836	170	~275	—	624	$695L$
合计	$321178 + L$	—	—	—	—	—	$319.79 \times 10^6 + 695L$
出方							
汽油	11100	0.7037	0.157	256	992	—	11×10^6
煤油	21040	0.7994	0.161	256	963	—	20.26×10^6
轻柴油	21800	0.8265	0.166	256	950	—	20.71×10^6
重柴油	30400	0.8484	0.170	315	—	820	24.93×10^6
重油	231360	0.9416	0.175	346.5	—	858	197.65×10^6
水蒸气	5478	—	0.17	282	3035	—	16.63×10^6
内回流	L	~0.836	0.17	282	942	—	$942L$
合计	—	—	—	—	—	—	$291.18 \times 10^6 + 942L$

内回流：

$$L = (319.79 - 291.18) \times 10^6 / (942 - 695) = 115830 \text{kg/h}$$

或

$$115830/250 = 463.3 \text{kmol/h}$$

水蒸气流率：

$$5478/18 = 304.3 \text{kmol/h}$$

二中抽出板上方气相总量为：

$$117 + 139 + 100 + 463.3 + 304.3 = 1123.6 \text{kmol/h}$$

或

$$11100 + 21040 + 21800 + 115830 = 175248 \text{kg/h}$$

或

$$1123.6 \times 0.082(282 + 273)/1.68 = 30530 \text{m}^3/\text{h}$$

按浮阀塔计算，选塔板间距为 600mm。

① 最大允许气体速度 W_{max}。由前述数据可得：

$$\gamma_V = 175248/30530 = 5.74 \text{kg/m}^3$$

$$\gamma_V = 630 \text{kg/m}^3$$

$$V_v = 30530/3600 = 8.48 \text{m}^3/\text{s}$$

$$V_1 = 184/3600 = 0.051 \text{m}^3/\text{s}$$

$$W_{max} = \{0.055 \times (9.81 \times 0.6)1/2/[(1 + 2) \times 0.051/8.48 \times (630/5.74)^{1/2}]\} \times [(630 - 5.74)/5.74]^{1/2} = 1.23 \text{m/s}$$

② 适宜的气体操作速度 W_a。根据条件选定系统因数 $K_s = 0.97$，安全系数 $K = 0.82$。

$$W_a = 1.23 \times 0.97 \times 0.82 = 0.98 \text{m/s}$$

③ 气相空间截面积 F_a。

$$F_a = 8.48/0.98 = 8.66 \text{m}^2$$

④ 计算降液管内液体流速 V_d。

$$V_{d(1)} = 0.17 \times 0.82 \times 0.97 = 0.135 \text{m/s}$$

$$V_{d(2)} = 7.98 \times 10^{-3} \times 0.82 \times 0.97 \sqrt{0.6(630 - 5.74)}$$
$$= 0.123 \text{m/s}$$

按规定应选 $V_d = 0.123 \text{m/s}$。

⑤ 计算的降液管面积 F'_d。

$$F'_{d(1)} = \frac{0.051}{0.123} = 0.415 \text{m}^2$$

$$F'_{d(2)} = 0.11 \times 8.66 = 0.953 \text{m}^2$$

按规定应选 0.953m^2。

⑥ 塔横裁面积 F_t 和塔径 D_c。

$$F_t = 8.66 + 0.953 = 9.613 \text{m}^2$$

$$D_c = \sqrt{\frac{9.613}{0.785}} = 3.5 \text{m}$$

圆整后的塔径 D 和降液管面积 F_d。

按规定取塔径 D 为 3600mm。

采用的塔截面积 F 及空塔气速 W 为：

$$F = 0.785D^2 = 0.785(3.6)^2 = 10.17 \text{m}^2$$

$$W = \frac{8.48}{10.17} = 0.83 \text{m/s}$$

塔径圆整后的降液管面积：

$$F_d = \frac{10.17}{9.613} \times 0.953 = 1 \text{m}^2$$

(2) 塔高的计算

根据资料选定：

塔顶空间高度　　$H_d = 1.5 \text{m}$

进料段高度　　　$H_f = 2.0 \text{m}$

塔底空间高度　　$H_b = 1.5 \text{m}$（相当于重油在塔底停留时间为 3min）

则塔体高度为：

$$H = 1.5 + (34 - 2) \times 0.6 + 2.0 + 1.5 = 24.2 \text{m}$$

第五章　渣油热加工

第一节　概　述

随着世界石油开采量的持续增加，常规石油的可供利用量日益减小，全球常规原油变重的趋势明显，原油中减压渣油的含量逐年增高。我国原油的减压渣油含量高达 40% ~ 50%。预计常规原油产量将在今后的 15 ~ 20 年内达到峰值，然后进入递减期。但随着发展中国家的经济增速，能源的消耗量将出现较大幅度的增加。因此，如何转化重油和渣油已成为当今炼油工业的重大课题。

以生产燃料油为目的的热加工早在 20 世纪初就有工业化装置出现，它是将重质原料中的大分子烃类经过热的作用使之裂解为较小的分子，同时其中某些活泼的分子也会彼此化合生成比原料分子更大的分子，这样最终得到气体、汽油、中间馏分以及焦炭等各类产品。热加工过程主要包括热裂化、减黏裂化和焦化。

热裂化是以常压重油、减压馏分油、焦化蜡油等重质油为原料，以生产汽油、柴油、燃料油以及裂化气为目的的热加工过程，反应在 500℃左右和 3 ~ 5MPa 条件下进行。热裂化在石油加工技术发展的进程中曾起过重要作用。我国在解放初期曾把热裂化当做提供发动机燃料的主要二次加工手段。但是，热裂化汽油与柴油的抗爆性和安定性难以满足现代车用燃料的需要，热裂化已被催化裂化工艺所取代。

焦化是在常压液相下进行的反应时间较长的深度热裂化过程。它处理的原料主要为减压渣油，其目的一般是获取焦化蜡油、无灰石油焦以及焦化汽油和柴油。焦化过程与渣油催化裂化和加氢裂化相比，投资较低、技术成熟、对原油的适应能力强，因而备受青睐，成为世界炼油工业中位居第一的渣油加工工艺。

减黏裂化是以渣油为原料，在较低的温度（450 ~ 490℃）和压力（0.4 ~ 0.5MPa）下，使重质高黏度渣油通过浅度热裂化转化为具有较低黏度和较低倾点的燃料油，以达到燃料油规格要求或者减少掺合馏分油的量。此外，减黏裂化还可以为其他工艺过程（如催化裂化等）提供原料。

减黏裂化和焦化过程由于产品有独特的用途，因而至今仍作为重油深度加工的手段在炼油厂被继续采用。本章在讨论烃类热加工过程理论的基础上，主要对减黏裂化和焦化过程作简要介绍。

第二节　热加工过程的化学反应

减黏裂化和焦化等热加工过程所处理的原料组成复杂，在受热时，那些对热不稳定的烃类首先发生反应，随着反应的进一步加深，热稳性较高的烃类也会进行反应。烃类在加热条件下的反应基本上可分为两个类型，即裂解与缩合（包括叠合）。裂解产生较小的分子以至成为气体；缩合则朝着分子变大的方向进行，高度缩合的结果便产生胶质、沥青质，最后生成碳氢比很高的焦炭。

一、热化学反应

1. 裂解反应

烃类的裂解反应是依照自由基反应机理进行的。以正十六烷为例，其裂解反应历程如下：

首先在分子中键能较低的 C—C 键处断裂，生成两个自由基。

$$nC_{16}H_{34} \longrightarrow CH_3 \cdot + C_{15}H_{31} \cdot$$

所生成的小自由基从原料中夺取氢，本身变为烷烃，把原料分子变为新的自由基。

$$CH_3 \cdot + C_{16}H_{34} \longrightarrow CH_4 + C_{16}H_3$$

而大分子的自由基对热极不稳定，特别容易在 β 位 C—C 键处发生断裂。结果生成较小的伯碳自由基和烯烃。伯碳自由基再进行 β 断裂，最终生成更小分子的自由基和乙烯。

$$C_{16}H_{33} \longrightarrow C_7H_{14} + C_9H_{19}$$
$$\longrightarrow C_7H_{15} \cdot + C_2H_4$$

低分子自由基再从原料烃分子中夺取氢，转化成烷烃，把原料烃分子变成自由基，如此连续进行形成链锁反应。两个自由基结合，则使反应中断。

$$CH_3 \cdot + C_7H_{15} \cdot \longrightarrow C_8H_{18}$$

所以热加工生成的气体多为甲烷、乙烯等低分子烷烃和烯烃，而很少异构物。

（1）烷烃

烷烃的热裂解反应主要有 C—C 键断裂和 C—H 键断裂两类。C—C 键断裂生成较小分子的烷烃和烯烃，C—H 键断裂生成相同碳数的烯烃和氢气。C—C 键断裂和 C—H 键断裂是强吸热反应。吸热量的大小和反应的难易程度与烷烃的 C—C 键键能和 C—H 键键能的大小有关。不同烷烃分子中的键能见表 5－1。

表 5－1　烷烃分子中的键能

键	CH_3- CH_3	C_2H_5- C_2H_5	nC_3H_7- nC_3H_7	nC_4H_9- nC_4H_9	iC_4H_9- iC_4H_9	CH_3- H	CH_5- H	nC_4H_9- H	iC_4H_9- H	tC_4H_9- H
键能/ (kJ/mol)	360	335	318	310	264	431	410	394	390	372

由表 5－1 可以看出烷烃热裂解反应的规律：C—H 键键能大于 C—C 键键能，因此 C—C 更易断裂；C—C 键越靠近中间，其键能越小，越容易断裂；烷烃链越长，烷烃中的 C—C 键和 C—H 键键能越小，越容易发生热裂解反应，如在 425℃ 温度下裂解一小时，$C_{10}H_{22}$ 的转化率为 27.5%，而 $C_{32}H_{66}$ 的转化率则为 84.5%。异构烷烃中的 C—C 键和 C—H 键键能都小于正构烷烃，所以，异构烷烃比正构烷烃更易断链和脱氢；烷烃分子中叔碳原子上的氢最容易脱除，其次是仲碳上的氢，而伯碳上的氢最难脱除。

（2）环烷烃

环烷轻的热稳定性较高，在高温下（575 ~ 600℃）五元环烷烃可裂解成为两个分子烯烃。

$$\text{（环戊烷）} \longrightarrow CH_2=CH_2 + CH_3-CH=CH_2$$

除此之外，五元环的重要反应是脱氢反应。

$$\text{（环戊烷）} \longrightarrow \text{（环戊烯）} + H_2 \longrightarrow \text{（环戊二烯）} + 2H_2$$

六元环烷烃的反应与五员环烷相似，脱氢较为困难，需要更高的温度（600℃）。六员环烷的裂解产物中有低分子的烷烃、烯烃、氢气及丁二烯等。

带长侧链的环烷烃，在加热条件下，首先是断侧链，然后才是开环。而各侧链的链越长，越易断裂。断下来的侧链反应与烷烃相似。

多环环烷烃热分解可生成烷烃、烯烃、环烯烃及环二烯烃，同时也可以逐步脱氢生成芳烃，例如：

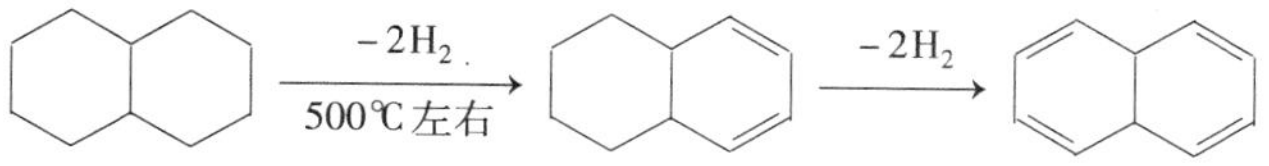

（3）芳烃

芳环对热非常稳定，所以，低相对分子质量芳烃（如苯及甲苯）对热极为稳定；带侧链的芳烃主要是断链反应，即"去烷基化"，一般需要在较高的温度下才能发生。直侧链较支侧链不易断裂，而叔碳基侧链则较仲碳基侧链更容易脱去。侧链越长越易脱掉，而甲苯不能进行脱烷基反应。

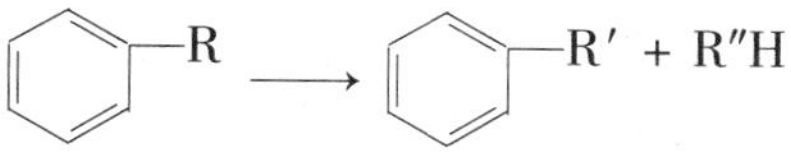

在很高的温度下（650℃以上）可以发生侧链的脱氢反应，如：

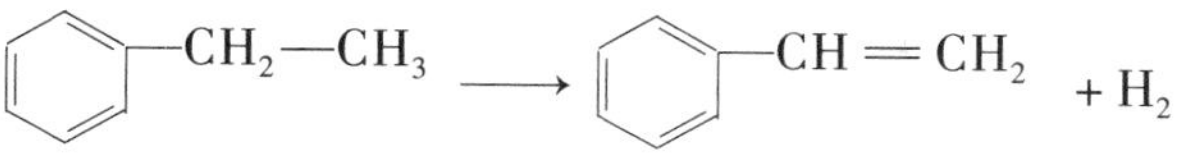

（4）烯烃

直馏原料中几乎没有烯烃存在，但其他烃类在热分解过程中都能生成烯烃，所以烯烃热反应也是不可忽视的。

烯烃在加热条件下，可以发生裂解反应，其碳链断裂的位置一般发生在双键的 β 位上，

如：R—CH$_2$—CH＝CH—CH$_2$—R 其断裂规律与烷烃相似。
　　　β　　α　　　　α　　β

2. 缩合反应

石油烃在热的作用下除进行裂解反应外，还同时进行着缩合反应，所以产品中存在有相当数量的沸点高于原料油的大分子缩合物，以至结焦。

缩合反应主要是在芳烃、烷基芳烃、环烷芳烃以及烯烃中进行。当温度超过550℃以上时，开始发生缩合反应，产物主要为联苯、气体及焦炭。气体中大部分（88%～91%）为氢气，其他还有甲烷、乙烯等。

（1）芳烃

苯在热解条件下发生缩合反应生成二联苯：

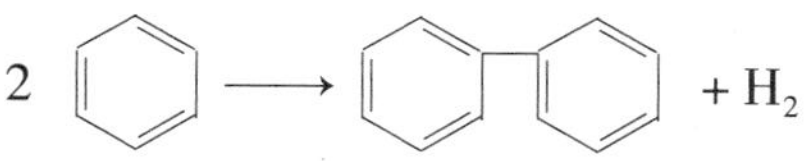

二联苯在热解条件下进一步缩合为三联苯等，如：

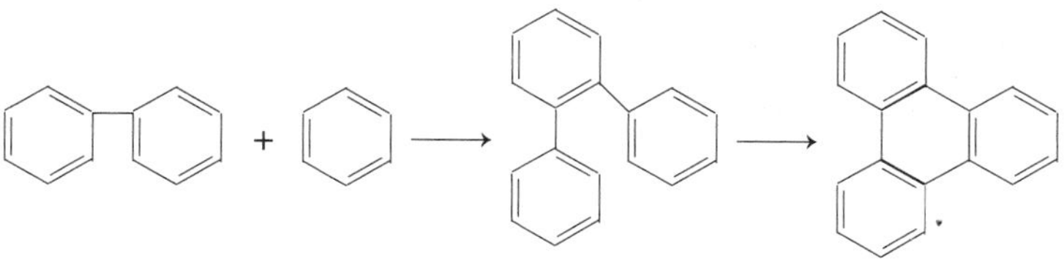

191

三联苯再进一步缩合，最终成为高度缩合的稠环芳烃。

（2）烷基芳烃

烷基芳烃的主要反应之一也是缩合反应。

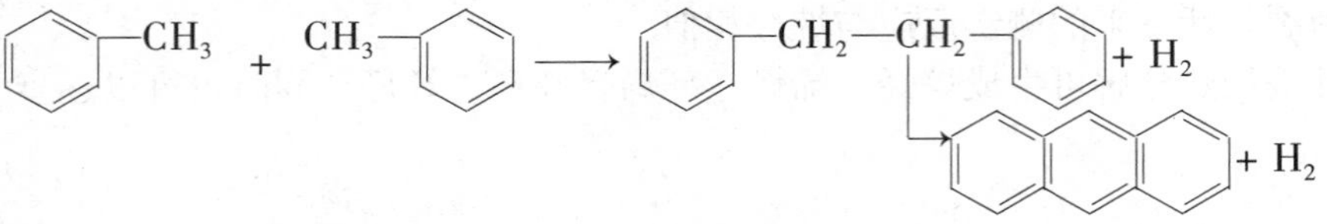

（3）环烷芳烃

环烷芳烃进一步脱氢缩合可生成高分子多环芳烃。

（4）烯烃

在热裂解反应过程中会生成大量烯烃。这些烯烃除进一步裂解之外，同时与其他烃类交叉进行反应，使反应变得十分复杂。

芳烃热稳定性很高，单独进行反应时，不仅裂解反应很难进行，缩合生焦的速度也很缓慢。但如果芳烃与烷烃或烯烃混合存在时，则缩合生焦的速度显著加快。实验证明，当用轻馏分将重馏分稀释后，焦炭的生成反而增加。根据许多试验结果表明焦炭的生成过程如下：

$$\left. \begin{array}{l} 芳烃 \\ 烷烃 \to 烯烃 \end{array} \right\} 缩合产物 \to 胶质、沥青质 \to 炭青质$$

可见石油馏分热加工过程的生焦倾向与原料的化学组成有着重要的关系，原料中芳烃及胶质含量越多越易生焦。

二、渣油热反应的特点

1. 复杂的平行 – 顺序反应

石油重质组分的热加工反应过程是一个复杂的平行 – 顺序反应过程。随着反应深度的增加，使其所产汽油及中间馏分的产率，在某一反应深度时会出现最大值，而最终产物气体和焦炭的产率则随着反应深度的增加而一直上升。

2. 生焦量大

渣油热反应时容易生焦，除了由于渣油自身含有较多的胶质和沥青质外，还因为不同族的烃类之间的相互作用促进了生焦反应。渣油中的沥青质、胶质和芳烃分别按照以下两种机理生成焦炭：沥青质和胶质的胶体悬浮物发生"歧变"形成交联结构的无定形焦炭，芳烃发生叠合和缩合反应生成具有结晶、交联很少的焦炭。

不同性质的原料油混合进行热反应时，所生成的焦炭性质和产率不同。也就是说改变混合比例就可以改变原料性质，也就改变了焦炭性质和产率。

3. 吸热反应

石油烃类的热加工过程是许多不同热效应反应的总和，这些反应主要分为两大类。属于裂解类型的是吸热过程，属于缩合类型的是放热过程。由于裂解反应占主导地位，所以整个过程的热效应表现为吸热。

石油热加工过程的反应热通常以生成每 kg 汽油或（汽油 + 气体）为计算基准。实际反应热的大小由原料性质、反应深度以及操作条件等多种因素决定，比较难以准确确定。工程上常根据经验选用，其范围约为 $500 \sim 2100 kJ/kg$ 汽油。

第三节 焦化过程

一、概述

焦化是以贫氢重质原料(如减压渣油等)为原料,在高温(400~550℃)下进行深度裂解及缩合反应的热加工过程,是处理渣油的手段之一,又是惟一能生产石油焦的工艺过程。焦化装置是重要的重油轻质化装置,特别是炼油厂为减少原油成本选择加工劣质原料时,尤为重要。所以,焦化过程在炼油工业中一直占据着重要地位。到2007年末,世界焦化能力为246Mt/a,焦化能力占原油加工能力的5.78%,美国焦化能力占世界焦化能力的54.21%,延迟焦化是世界炼油工业中第一位的重油转化技术。

炼油工业中曾经采用过的焦化工艺主要有釜式焦化、平炉焦化、接触焦化、流化焦化、灵活焦化和延迟焦化等。其中釜式及平炉焦化工艺均属于间歇式操作,由于技术落后、劳动强度大,早已被淘汰。接触焦化采用移动床反应器,以焦粒作为热载体在两器中循环,设备结构复杂,维修费用高,工业上没得到发展。

流化焦化是将氢碳比很低、含硫、含重金属高的渣油轻质化,生产气体、轻油和焦炭的连续工艺过程。在流化焦化过程中,焦炭在流化床反应器内生成,在反应器和加热器之间连续循环,部分焦炭在加热器内燃烧以提供裂化反应所需之热量,因此,流化焦化可连续操作22个月以上,最高可达35个月。由于使用热焦粉作为热载体,不存在加热炉结焦的问题,因此,流化焦化能够处理的原料范围较广,可处理常压或减压渣油、油砂沥青、脱油沥青油和各种转化过程的渣油。流化焦化的机械设备较少,平均开工系数可达90%,可靠性高,单系统流化焦化装置处理能力可达3.0Mt/a,单个反应器的流化焦化装置的处理能力可达3.4Mt/a。流化焦化的液体产品收率高(见表5-2),若选择低残炭值、低重金属含量的原料及适当的操作条件,可使焦炭产率很低甚至实现"无焦焦化"。1954年第一套流化焦化投入炼油工业使用,由于所产用于锅炉燃料的流化焦化高硫焦的使用越来越受到限制,目前世界上有20套流化焦化装置在运转中。

表5-2 流化焦化与延迟焦化产品收率对比

项　　目	混合渣油		减压渣油	
	延迟焦化	流化焦化	延迟焦化	流化焦化
原料性质				
密度/(g/cm³)	0.966		1.032	
康氏残炭值/%	9.0		22.5	
硫含量/%	1.2		1.7	
产品收率/%				
<C_3 气体	6.0	5.5	9.2	8.0
C_4	1.5	0.9	2.0	1.3
C_5~221℃石脑油	17.1	10.2	20.2	14.1
瓦斯油	53.0	72.0	26.9	51.0
焦炭	22.0	11	40.2	26.0
液体产品合计	70.1	82.2	47.1	65.1

灵活焦化是把传统的流化焦化与焦炭汽化相结合的渣油加工工艺，可以大大减少焦炭产量并产生富氢、低热值气体。进料的灵活性和液体产品产率及质量与流化焦化大致相同。灵活焦化进料的康氏残炭值要求大于10%，可使99%的减压渣油转化为气体和液体产品，焦炭产品约1%，但却含有原料中约4%的硫和99%的金属，经过处理可回收焦炭中的金属。1976年第一套1.25 Mt/a灵活焦化投产，目前全世界建有7套工业装置，总能力达17.50 Mt/a。灵活焦化的主要优点是能处理各种渣油，不受渣油质量的限制。缺点是灵活焦化产生的水煤气热值低，只能用于炼油厂加热炉提供热量，或用于锅炉产生水蒸气。由于该气体中氮气含量高，用于制氢或制合成气在经济上不合算。有时这些气体在炼油厂内不能全部用光，尚有剩余。为此在灵活焦化的基础上又发展了双路造气灵活焦化，可使焦化气产率下降约20%，并能生产出富氢的合成气。

延迟焦化是渣油在炉管内高温裂解并迅速通过，将焦化反应"延迟"到焦炭塔内进行的工艺过程，焦炭塔可用数座轮换操作。延迟焦化原料适应性强、技术成熟、投资较低，可以提供优质乙烯裂解原料和具有较高十六烷值的柴油，并且所产的低硫石油焦经煅烧处理后可作为制铝电极焦或针状焦原料，几种减压渣油的延迟焦化产品分布见表5-3。1930年美国第一套工业化延迟焦化工业装置投产以来，延迟焦化在工艺技术、设备和生产操作等方面有不少发展和创新。特别是应用水力除焦技术后，包括有井架水力除焦、无井架水力除焦、半井架水力除焦、微型切割器等技术，延迟焦化发展更为迅速。延迟焦化装置加工能力约占全部焦化加工能力的94%。

表5-3　几种减压渣油延迟焦化产物分布

项　目		焦化产物产率/%			
焦化原料		大庆原油	胜利原油	辽河原油	沙特轻质
焦化产物	气　体	8.3	6.8	9.9	9.7
	汽油馏分	15.7	14.7	15.0	12.4
	柴油馏分	36.3	35.6	25.3	27.9
	蜡　油	25.7	19.0	25.2	18.6
	焦　炭	14.0	23.9	24.6	31.4
柴油馏分十六烷值		56	48	49	

1957年，我国在抚顺石油二厂开展了延迟焦化技术的攻关项目，并于1958年在抚顺建成国内第一套0.1Mt/a工业试验装置。1963年，0.3Mt/a延迟焦化工业装置在抚顺石油二厂建成投产，被誉为中国石油化工行业的"五朵金花"之一。20世纪90年代以来，随着我国轻质油品市场快速增长，我国在重油催化裂化和延迟焦化两条工艺路线上加快了重油转化工艺的发展。进入21世纪以后，由于进口高硫高金属原油增多，燃料清洁化步伐加快，特别是汽油中的烯烃、硫含量与国际标准进一步靠拢，高硫、高金属中间基原油的重油已难以作为催化裂化的掺炼原料，所以延迟焦化已成为重油加工的首选工艺，其发展速度明显加快，延迟焦化装置已成为原油深度加工的主要工艺装置。近年来我国延迟焦化装置加工量迅速增长，到2007年底，中国延迟焦化装置加工能力已达到48.0Mt/a，仅次于美国，位居世界第二位。

二、焦化工艺流程

1. 延迟焦化工艺流程

（1）工艺流程

延迟焦化过程即原料油以很高的流速在高热强度下通过加热炉管，在短时间内加热到焦化反应所需要的温度，并迅速离开炉管进到焦炭塔，使原料的裂化、缩合等反应延迟到焦炭塔中进行，以避免在炉管内大量结焦，影响装置的开工周期。

延迟焦化装置主要有一炉两塔和两炉四塔。典型的延迟焦化流程如图5-1所示。

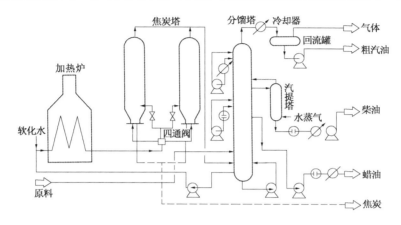

图5-1　延迟焦化装置流程示意图

原料油（减压渣油）经换热及加热炉对流管加热到340～350℃，进入分馏塔底部的缓冲段，与来自焦炭塔顶部的高温油气（430～440℃）换热，一方面把原料油中的轻质油蒸发出来，同时又加热了原料（约390℃）及淋洗下高温油气中夹带的焦末。原料油和循环油（混合原料）一起从分馏塔底抽出，用热油泵送进加热炉辐射室炉管，快速升温至约500℃后，分别经过两个四通阀进入焦炭塔底部。为了防止油在炉管内反应结焦，需向炉管注水，以加大流速（一般为2m/s以上），减少在炉管中的停留时间，注水量约为原料油的2%左右。油蒸气在焦炭塔内发生热裂化反应，重质液体则连续发生裂化和缩合反应，最终转化为轻烃和焦炭。焦炭塔是一个空筒，为焦化反应过程提供空间。焦炭聚结在焦炭塔内，而反应产生的油气自焦炭塔顶逸出，进入分馏塔，与原料油换热后，经过分馏得到气体、粗汽油、柴油、蜡油和循环油（与原料一起再次进行焦化）。焦化生成的焦炭留在焦炭塔内，焦炭塔的焦层及泡沫层料位逐渐增高，当达到全塔总高的2/3左右时即停止进料，通过四通阀将炉出口油料切换到另一焦炭塔。切换下来的焦炭塔，立即吹出残留的油气，然后水冷、除焦。延迟焦化的除焦采用水力除焦，使用大约10MPa以上的高压水通过切焦器进行除焦，切下的焦炭落入焦池后送出装置。

（2）主要影响因素

① 原料性质。焦化过程的产品产率及其性质在很大程度上取决于原料的性质，不同原料油所得产品的性质各不相同。由表5-4可以看出，对于同一种原油，随着减压蒸馏拔出率增加，渣油的密度增大，残炭增加，汽油产率和焦炭产率增大，馏分油产率和轻质油（汽油＋馏分油）产率降低。对于不同的原油，原料密度越大或芳烃性越强，则焦炭产率越大，见表5-5。

表 5-4 焦化产品产率与减压渣油产率的关系

减压渣油对原油的产率/%	减压渣油性质		焦化产品产率/%			
	密度(20℃)/(kg/m³)	残炭/%	气体及损失	汽油	馏分油	焦炭
46	960	9	9.5	7.5	68	15
40	965	13	10.0	12.0	56	22
33	990	16	11.0	16.0	49	24

注：炉出口温度490℃，焦炭塔压力0.15MPa。

表 5-5 国内几种减压渣油焦化产物的产率和性质

焦化原料		大庆减压渣油	胜利减压渣油	辽河减压渣油
原料性质	20℃密度	0.9221	0.9698	0.9717
	残炭值/%	7.55	13.9	14.0
	硫含量/%	0.17	1.29	0.31
产物产率/%	气体	8.3	6.8	9.9
	汽油	15.7	14.7	15.0
	柴油	36.3	35.6	25.3
	蜡油	25.7	19.0	25.2
	焦炭	14.0	23.9	24.6
	液体收率	77.7	69.3	65.5
汽油性质	溴价/[g(Br)/100g]	41.4	57.0	58.0
	硫含量/(μg/g)	100	—	1100
	MON	58.5	61.8	60.8
柴油性质	溴价/[g(Br)/100g]	37.8	39.0	35.0
	硫含量/(μg/g)	1500	—	1900
	凝点/℃	-12	-11	-15
	十六烷值	56	48	49
蜡油性质	硫含量/%	0.29	1.12	0.26
	凝点/℃	35	32	27
	残炭值/%	0.31	0.74	0.21
焦炭性质	硫含量/%	0.38	1.66	0.38
	挥发分/%	8.9	8.8	9.0

　　加热炉炉管内结焦的情况与原料油的性质有关。性质不同的原料油具有不同的最容易结焦的温度范围，此温度范围称为临界分解温度范围。原料油的特性因数 K 值越大，则临界分解温度范围的起始温度越低。在加热炉加热时，原料油应以高流速通过处于临界分解温度范围的炉管段，缩短在临界分解温度范围中的停留时间，从而抑制结焦反应。

　　② 反应温度。焦化反应温度是由加热炉出口温度控制的，当压力和循环比一定时，相对于新鲜原料，温度每增加5.6℃，柴油收率增加1.1%。反应温度高，反应速度和反应深度增加，气体、汽油、柴油的产率增加，而蜡油产率降低，焦炭也因其挥发分降低产率下

196

降。反应温度高，可使泡沫层在高温下充分反应生成焦炭，从而降低泡沫层高度。反应温度过高，反应深度和速度加大，气体、汽油、柴油产率上升，蜡油和焦炭产率下降，焦炭的挥发分减少，质量提高，但焦炭变硬，除焦困难，炉管结焦趋势增大，开工周期缩短。反应温度过低，反应深度和速度降低，使焦炭塔泡沫层增加，易引起冲塔、挥发线结焦、焦炭的挥发分增大，质量下降。反应温度的影响见表5-6。

③ 反应压力。焦化反应压力一般指焦炭塔塔顶的操作压力。压力升高，可以延长裂解产品在气相的停留时间，减少重质油的汽化而增加反应深度。反应深度加大，气体和焦炭收率增加，液体收率下降。压力太低，不能克服分馏塔及后路系统的阻力。因此，原则上在克服系统阻力的条件下，尽可能采用低的反应压力，通常为0.15~0.17MPa(表)。一般认为，焦炭塔压力每降低0.05MPa，液体体积收率增加1.3%，焦炭产率下降1%，延迟焦化通常采用低压操作。通过调节焦化分馏塔塔顶分离器的压力控制器可以控制焦炭塔顶压力，从而达到低压操作。一般将压缩机入口处压力设定为7~14kPa(表压)，焦炭塔典型低压操作的压力为105kPa(表压)。反应压力对产品产率的影响见表5-7。

表5-6 反应温度对焦化产物产率的影响

项目		加热炉出口温度/℃			
		493	495	497	500
处理量/(t/h)		859	810	803	875
循环比		0.80	0.91	0.95	0.72
焦炭塔进口温度/℃		482	484	487	492
焦炭塔出口温度/℃		432	435	440	440
产品产率/%(质量分数)	气体	6.4	7.5	7.7	8.1
	汽油	15.9	16.8	17.0	17.0
	柴油	26.2	28.8	20.2	30.2
	蜡油	20.1	17.8	17.5	16.4
	输出油	3.1	3.1	3.2	3.0
	焦炭	25.4	25.6	24.9	24.8
	损失	0.4	0.4	0.5	0.5

表5-7 反应压力对产品产率的影响

焦炭塔压力/MPa		0.108	0.145	0.181	0.217
产品产率增加值	干气(FOE)	-0.25	-0.12	基准	+0.11
	液化气/%(体)	-0.38	-0.14	基准	+0.11
	液体油品/%(体)	+1.12	+0.53	基准	-0.49
	焦炭/%	-0.99	-0.46	基准	+0.41

④ 循环比。循环比是循环油量与新鲜原料油量之比。

在生产过程中，分馏塔下部脱过热段因反应油气温度的降低，重组分由汽相转入液相，冷凝后进入塔底，这部分油就称循环油，它与原料油在塔底混合后一起送入加热炉的辐射管，而新鲜原料油则进入对流管中预热。因此，在生产实际中，循环油流量可由辐射管进料量与对流管进料流量之差来求得。对于较重的、易结焦的原料，由于单程裂化深度受到限制，就要采用较大的循环比，有时达 1.0 左右；对于一般原料，循环比为 0.1~0.5。循环比增大，可使焦化汽油、柴油收率增加，焦化蜡油收率减少，焦炭和焦化气体的收率增加。循环比的影响见表 5-8。

延迟焦化工艺的发展方向是追求最大液收和最小焦炭产率，通过降低循环比可以达到。目前，国内延迟焦化装置循环比较高(约 0.4)。国外循环比为 0.05~0.25，单程焦化工艺循环比甚至为零。

典型的延迟焦化操作条件见表 5-9。

表 5-8　循环比对焦化产物产率的影响

原　料　油	大庆减渣		胜利减渣		管输减渣		辽河减渣	
操作方式	循环	单程	循环	单程	循环	单程	循环	单程
操作条件								
加热炉出口温度/℃	500	500	500	500	500	500	500	500
焦炭塔顶压力/MPa	0.11	0.11	0.12	0.11	0.11	0.11	0.11	0.11
循环比	0.3	0.0	0.45	0.0	0.43	0.0	0.43	0.0
产品收率/%								
<C_4 气体 + 损失	8.3	5.0	6.8	5.7	8.3	5.9	9.9	8.8
焦化汽油	15.7	12.9	14.7	12.1	15.9	13.6	15.0	12.4
焦化柴油	36.3	30.1	35.6	25.1	32.3	24.4	25.3	22.5
焦化蜡油	25.7	40.0	19.0	37.0	20.7	37.2	25.2	34.9
焦炭	14.0	12.0	23.9	19.9	22.8	18.9	24.6	21.4
轻油收率/%	52.0	43.0	50.3	37.4	48.2	38.0	40.3	34.9
总液收率/%	77.7	83.0	69.3	74.4	68.9	75.2	65.5	69.8

表 5-9　延迟焦化操作条件

项　　目	大庆减压渣油	胜利减压渣油
辐射炉管出口温度/℃	500	500
蒸发段温度/℃	350~360	380
分馏塔底温度/℃	390~395	390
分馏塔顶压力(即系统压力)(表)/kPa	50	70
辐射炉管流量/(m³/h)	80~90	121
加热炉进料泵出口压力(表)/MPa	3.4~4.0	2.7~3.0
注水量/(kg/h)	1300	1600
焦炭塔顶压力(表)/MPa	⩾0.22	0.23
循环比	0.3	0.4

为了生产优质焦需将加热炉出口温度提高到 510℃ 以上、循环比达 1.00 以上、生焦时间延长到 36h 以上，并适当提高焦炭塔压力。下面介绍延迟焦化过程的特殊设备。

提高焦炭塔容积利用率是提高加工能力的重要手段。国外焦炭塔空高一般只有 3m 多，焦炭塔容积利用率达 80% 以上，我国新建焦化装置的焦炭塔也在 3~4m。可以通过采用中子料位计和注入阻泡剂技术来减少焦炭塔空高，提高焦炭塔容积利用率。

2. 流化焦化流程

流化焦化装置流程如图 5-2 所示。流化焦化工艺系统主要由一个流化床反应器和一个流化床燃烧器组成。为了快速地冷却热转化反应产生的产品油气,采用一个产品洗涤塔。重质原料(新鲜原料或新鲜原料/循环油混合物)通过环绕于反应器不同高度上的一系列带有多个喷嘴的环管,喷射到流化的热焦炭颗粒上,反应器中操作温度在480~550℃之间。焦化反应生成的焦炭层积在床层焦炭颗粒上,轻质油品从洗涤器进入到传统的分馏器和回收设备,反应器底部引入蒸汽用于汽提和流化。焦炭在反应器与燃烧器之间循环,传送热量和维持焦炭总量。为了控制床层焦炭的粒径尺寸分布,在反应器密相床层底部安装有喷射研磨器,来减小床层焦炭的尺寸。燃烧器中维持富燃料环境,将从反应器排出焦炭的15%~30%烧掉,为反应提供热量,控制操作温度在593~677℃之间。

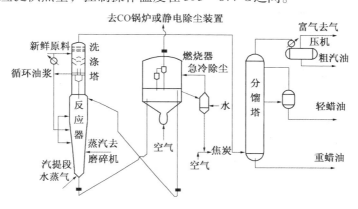

图5-2　流化焦化装置流程示意图

原料中的金属和硫、氮杂原子一般随焦炭排出。焦炭燃烧产生低热值(0.75~1.5MJ/m³)的烟气,可以提供给 CO 锅炉或加热炉去获得进一步的热效率,污染控制装置减少了 CO 锅炉硫和微粒的排放。

3. 灵活焦化流程

灵活焦化是把传统的流化焦化与焦炭汽化相结合的焦化工艺,其流程如图5-3所示。

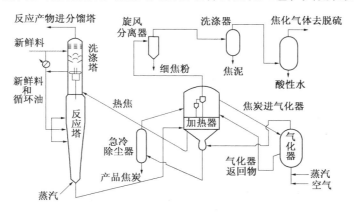

图5-3　灵活焦化工艺流程示意图

灵活焦化工艺采用三个主要固体流化容器:反应器、加热器和汽化器。在汽化器中,焦炭与蒸汽、空气反应,生产合成气(H_2、CO、CO_2 和惰性气体),通过调节蒸汽与空气的比率控制汽化操作温度在927~982℃。产品气携带焦炭细粉传送到加热器中,用于加热器床层流化和热量传递。汽化器内的焦炭量可通过调整进入汽化器的空气流速来控制。

三、焦化过程的产品

焦化过程的产物有气体、汽油、柴油、蜡油以及石油焦,本节以延迟焦化为例,介绍焦化产品。焦化所用原料不同,产品收率也不一样,焦化是在高温下进行的深度裂解和缩合的过程。所以,其产品收率和性质具有明显的热加工的特点与催化过程很不相同。

1. 产品收率

在典型操作条件下,延迟焦化过程的产品收率范围如下:焦化汽油 8% ~15%、焦化柴油 26% ~36%、焦化蜡油 20% ~30%、焦化气体(包括液化石油气和干气)7% ~10%、焦炭产率国内原油 16% ~23%、东南亚原油 17% ~18%、中东原油 25% ~35%。

国内延迟焦化装置加工各种减压渣油时的产品收率数据见表 5 – 10。数据表明,原料油的性质对产品的收率有很大的影响。

表 5 – 10 产品收率数据

原油品种	焦化加热炉出口温度/℃	气体收率/%	液体产品收率/%	焦炭收率/%	焦炭硫含量/%
大庆	500	6.56	76.57	16.37	0.38
胜利	498	7.24	71.94	20.32	1.21
伊朗	497	9.78	61.00	28.73	4.41
阿曼	498	9.06	67.75	22.69	3.21

2. 焦化产品特点

(1) 焦化气

焦化气中含有较多的甲烷、乙烷和少量的烯烃,可用作燃料,也是制取氢气及其他化工过程的原料。典型的焦化气体组成见表 5 – 11。

表 5 – 11 典型的焦化气体组成

组　　分	组成/%	组　　分	组成/%
甲烷	51.4	丁烯	2.4
乙烯	1.5	异丁烷	1.0
乙烷	15.9	正丁烷	2.6
丙烯	3.1	氢	13.7
丙烷	8.2	CO_2	0.2

(2) 焦化汽油

焦化汽油中不饱和烃和含硫、含氮等非烃化合物含量较高,安定性差,辛烷值低(约为 50 ~60),不宜作为车用汽油组分。目前焦化汽油一般经过加氢精制生产乙烯或重整石脑油。我国焦化汽油性质见表 5 – 12。

表 5 – 12 我国焦化汽油性质

项　　目	大庆减渣焦化汽油	胜利减渣焦化汽油
相对密度 d_4^{20}	0.7414	0.7392
溴价/(gBr/100g)	41.4	57.0
硫含量/(μg/g)	100	——
氮含量/(μg/g)	140	——
马达法辛烷值	58.5	61.8

（3）焦化柴油

焦化柴油和焦化汽油有相同的特点，含有一定量的硫、氮和金属杂质，含有一定量的烯烃，安定性差，且残炭较高，十六烷值低，必须进行精制，脱除硫、氮杂质，使烯烃、芳烃饱和才能作为清洁柴油的调合组分。焦化柴油的性质见表5-13。

表5-13 我国焦化柴油性质

焦化原料油	大庆减渣	胜利减渣	管输减渣	辽河减渣
密度/（g/cm³）	0.822	0.8449	0.8372	0.8355
溴价/（gBr/100g）	37.8	39.0	35.0	35.0
硫含量/（μg/g）	1500	7000	7400	1900
氮含量/（μg/g）	1100	2000	1600	1900
凝点/℃	-12	-11	-9	-15
十六烷值	56	48	50	49

（4）焦化蜡油

焦化蜡油一般是指350~500℃的焦化馏出油，也称焦化瓦斯油（CGO）。焦化蜡油性质不稳定，与焦化原料油性质和焦化的操作条件有关。它可作为加氢裂化或催化裂化的原料，有时也用于调合燃料油。减压渣油所得的焦化蜡油性质见表5-14。

表5-14 焦化蜡油性质

焦化原料油	大庆减渣	胜利减渣	管输减渣	辽河减渣
密度/（g/cm³）	0.8783	0.9178	0.8878	0.8851
凝点/℃	35	32	30	27
残炭值/%	0.31	0.74	0.33	0.21
元素分析/%				
碳	86.77	86.49	86.57	87.29
氢	12.56	11.60	12.37	11.93
硫	0.29	1.21	0.65	0.26
氮	0.38	0.70	0.41	0.52
平均相对分子质量	323	—	—	316
重金属含量/（μg/g）				
镍	0.3	0.5	—	0.3
钒	0.17	0.01	—	0.01

（5）石油焦

石油焦是黑色或暗灰色坚硬固体石油产品，带有金属光泽，呈多孔性，是由微小石墨结晶形成粒状、柱状或针状构成的炭化物。石油焦组分是碳氢化合物，含碳90%~97%，含氢1.5%~8%，还含有氮、氯、硫及重金属化合物。延迟焦化过程生产的石油焦称为原焦，又称生焦。由于焦化原料油性质不同，生焦在性质和外形上也有差异。生焦经过煅烧除去挥发分和水分后即称为煅烧焦，又称熟焦。生焦硬度小，易粉碎，水分和挥发分含量高。必须经过煅烧才能用作电极和其他特殊用途。

几种国产延迟石油焦质量见表5-15。

表 5 - 15 国产石油焦的质量

焦化原料油	大庆减渣	胜利减渣	管输减渣	辽河减渣
挥发分/%	8.92	10.32	8.8	9.0
硫含量/%	0.37	1.22	1.66	0.38
灰分/%	0.02	0.17	0.095	0.52
焦炭规格	1A	2B	3A	1B

可以看出,胜利原油、管输原油所产的焦炭硫含量较高,但仍可符合炼铝用焦的质量指标,大庆原油和辽河原油所产的焦炭均为优质石油焦。

生焦按结构和性质的不同具体地可以分为以下几种:

① 绵状焦(无定形焦):是由高胶质 - 沥青质含量的原料生成的石油焦。从外观上看,如海绵状,含有很多小孔。当转化为石墨时,具有较高的热膨胀系数,且由于杂质含量较多和导电率低不适于制造电极,主要作为普通固体燃料。另一种较大的用途是作为水泥窑的燃料(主要限制是金属含量不能太高),还有一个有发展前景的用途是作为汽化原料。

② 蜂窝状焦:是由低或中等胶质 - 沥青质含量的原料生成的石油焦。焦块内小孔呈椭圆状,焦孔内部互相连接,分布均匀,并且是定向的。孔间的结合力较强。焦炭的断面呈蜂窝状结构。蜂窝焦经过煅烧和石墨化后,能制造出合格的电极。其最大的用途是作为炼铝工业中的阳极。此时,要求焦炭中的硫和金属含量比较低,而且要求含较少的挥发分和水分。

③ 弹丸焦(球状焦):特重的原料油进行焦化时,尤其是在低压和低循环比操作条件下,可生成一种球形的弹丸焦,为粒烃 5mm 的小球,有的大如篮球。弹丸焦不能单独存在,彼此结合成不规则的焦炭,破碎后小球状弹丸焦就会散开。弹丸焦的研磨系数低,只能用作发电、水泥等工业燃料。

④ 针状焦:用高芳香烃含量的渣油或催化裂化澄清油作原料生成的石油焦,从外观看,有明显的条纹,焦块内的孔隙是均匀定向的呈细长椭圆形,焦块断裂时呈针状结晶。针状焦的结晶度高、热膨胀系数低、导电率高、含硫较低一般在 0.5% 以下。

针状焦是延迟焦化过程的特殊产品,经过锻烧、浸渍和石墨化后可制成炭素制品。炭素制品在工业、国防、医疗、航天和特种民用工业中有着广泛的用途。其中以制造超高功率石墨电极的用量最大,用优质针状焦制成的超高功率电极炼钢,效率比普通功率的电极高 3 倍,能耗降低 30%,电极消耗量降低近 30%。

第四节 减黏裂化

一、概述

减黏裂化(简称减黏)是以渣油为原料,以降低原料的黏度为主要目的的浅度热裂化过程。

20 世纪 30 ~ 40 年代,减黏裂化过程曾被广泛用来增产汽油和降低燃料的黏度。后来由于催化加工技术的迅速发展,使减黏裂化和其他热加工过程在炼油厂中的地位日趋低落,甚至面临淘汰的局面。由于石油市场对重质燃料油的需求量减少,对中间馏分油的需要量增加以及重质原油比例的上升,使减黏裂化作为一种减少燃料油、增加轻质油简易可行的重油加工手段重新受到了重视，并得到较快发展。

减压渣油作为燃料油，常由于黏度不符合规格要求，需要掺入相当数量的含蜡馏分油，有时甚至掺入柴油，致使轻质油品当作燃料油品使用，造成经济上的极大损失。采用减黏裂化使得渣油黏度降低、倾点改善，得到合乎规格要求的燃料油，可以避免上述那种不合理的作法。

早期的减黏裂化工艺大多为下流式反应塔或加热炉（无反应塔）减黏裂化工艺，其反应温度高，停留时间长，是一种混相反应，故其装置易结焦，开工周期短。1962 年壳牌石油公司所开发的上流式反应塔减黏裂化工艺装置首次在荷兰投产，这是减黏裂化工艺的一大进展，而埃克森公司开发的加热 - 反应全炉管转化双室炉式减黏裂化从另一条途径发展了减黏裂化工艺。

日本千代田化工建设公司开发的沥青质渣油的加氢减黏裂化——visABC 过程，又把减黏裂化工艺推到了临氢减黏裂化阶段，并且临氢减黏裂化工艺可以在不形成干渣限度内大大提高其馏分油收率，从而发展了该工艺。

国内外的研究者发现，在渣油中加入一定量的具有供氢效果的化合物，也能起到氢气存在时同样的效果，并且还可以避免氧气带来的许多不利因素。因此，供氢剂存在下的减黏裂化工艺成了具有吸引力的渣油轻质化手段。

UOP 公司的 Aquaconversion 工艺成功地利用水蒸气作为供氢剂，对重油或渣油进行改质，并且在稠油储运及重油深加工领域得到了广泛的应用。由于临氢减黏裂化和供氢剂减黏裂化各有优缺点，因此，国外的许多大公司把这两种工艺结合起来，使渣油在一定量的供氢剂及一定氢压下进行热裂化反应，以提高裂化深度，增大馏分油收率。

我国减黏裂化工艺在 60 年代开始起步，1982 年中国石化石油化工科学研究院开发了上流式减黏裂化工艺，减黏裂化工艺在我国得到了快速的发展。锦西炼油化工总厂于 1987 底提出了缓和减黏裂化新工艺，同年将 0.45 Mt/a 热裂化装置改造成 0.72Mt/a 的缓和减黏裂化装置。1988 年 4 月又进一步完善了该工艺，使减黏率稳定在 80% 以上。国内几套减黏裂化装置的主要操作条件和减黏效果见表 5 – 16。

由表 5 – 16 可以看出，减黏裂化的主要反应条件是温度 400 ~ 500℃、压力 0.4 ~ 0.5MPa。减黏裂化的主要反应产物除得到减黏渣油外（燃料油），还有中间馏分（可作催化裂化原料）及少量汽油和裂化气。产品分布见表 5 – 17。

表 5 –16　国内几套减黏裂化装置的主要操作条件

装置所在地	锦　西	广　州	茂　名	安　庆	辽　阳
原料名称	辽河减压渣油	胜利减压渣油	大庆减压渣油	鲁宁管输减压渣油	辽河减压渣油
加工能力/（Mt/a）	1.0	1.0	0.4	0.7	0.7
操作条件					
温度/℃	390 ~ 395	450 ~ 451	约 439	365	440 ~ 465
压力/MPa	0.28	0.70	0.55	0.2 ~ 0.4	0.2
反应时间/min	108	23	49.6	120 ~ 180	20 ~ 45
转化率/%	0.28	4.68	3.91	0.54	7.6
轻油产率/%	0.50	7.51	2.13	1.29	12.3

表 5 – 17   减黏裂化的典型产品分布与减黏效果

减压渣油原料	胜利管输油	胜利–辽河混合油	大 庆 油
反应温度/℃	380	430	420
反应时间/min	180	27	57
产品分布/%			
裂化气	1.0	1.4	1.3
汽油		3.5	2.0
柴油		4.1	2.5
减黏渣油	98.0	91.0	93.6
原料渣油黏度(100℃)/(mm²/s)	103	578	121
减黏渣油黏度(100℃)/(mm²/s)	38.7	70.7	55.4

二、减黏裂化工艺流程

1. 工艺流程

目前工业上的减黏装置大体可分为三类。

① 深度减黏裂化：反应温度在 440~500℃ 之间，除减黏渣油外，还可生产部分减黏汽油和柴油，采用加热炉或反应塔。

② 浅度减黏裂化：反应温度在 400~440℃ 之间，以减小渣油黏度为目的，并产少量气体和凝缩油，有加热炉也有反应塔。

③ 延迟减黏装置和常减压装置联合：只有反应塔没有加热炉，反应温度较低在 370~390℃ 之间，生产目的与第二类相同。

典型的减黏裂化流程可分为炉管式和反应塔式两大类，工艺原则流程见图 5 – 4（带虚线的为反应塔式）。国内外部分减黏裂化装置操作条件见表 5 – 18。

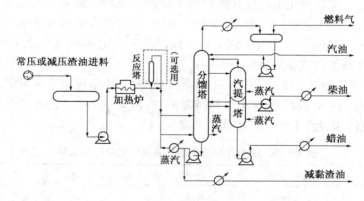

图 5 –4   减黏裂化原则流程图

原料油(常压或减压渣油)用泵抽出送入加热炉(或反应塔或二者串联)反应后进入分馏塔。为终止反应，避免结焦，在反应物进塔前以及分馏塔底用分馏塔打急冷油。经过分馏塔分出气体、汽油、柴油、蜡油及减黏渣油。

减黏是液相的吸热反应过程，重质烃和胶质裂化成轻质产品，同时也发生聚合、缩合、脱氢和脱烷基等反应使之生成焦炭。如果转化率高过某一限度，就会有焦炭、沥青质沉积在炉管上，而且所产燃料油(减黏渣油)安定性也变差，所以，减黏过程的转化率常常受到燃料油储存安定性的限制。

2. 反应条件的影响

为了达到要求的转化率，可以采用低温长反应时间也可以采用高温短反应时间。国内外部分减黏裂化装置的操作条件见表 5 – 18。

表 5 – 18　国内外部分减黏裂化装置的操作条件

项　　　目	反应温度/℃	停留时间/min	减黏效果/(mm²/s)	备　　注
壳牌公司	440 ~ 450	4 ~ 8	510 →70	有炉有塔
鲁姆斯公司	470 ~ 480	1 ~ 2	510 →70	有炉无塔
安庆炼油厂	370	180	65 ~ 87 →35	无炉有塔
中国石化石油化工研究院	410 ~ 420	40 ~ 60	1071 →104 ~ 146	有炉有塔
上海炼油厂	410 ~ 420	40 ~ 60	300 →150	有炉有塔

炉管式减黏与塔式减黏各有两种工艺并各有特点。炉管式减黏工艺的反应完全在炉管内完成，将加热炉管分为两部分，即加热段和裂化段，温度易调节，炉管清焦简单，装置紧凑，可以达到较高的转化率，能为其他二次加工过程提供原料。塔式减黏工艺的反应少部分在炉管中进行，大部分在反应塔中进行，与前者相比有以下优点：

① 反应温度低，因此所需加热炉较小，故炉管压降小、废热回收设备少、投资少；

② 燃料消耗量少；

③ 开工周期长，可达 1 年，炉管式减黏开工周期一般只有 3 ~ 6 个月。

我国开发了与常减压装置联合或由其他装置改造的"无炉有塔"及"有炉有塔"上流式减黏工艺技术。目前国内减黏装置的主要任务是降低燃料油的产量和黏度，而不是像国外那样以增产重瓦斯油馏分为主要目的，所以减黏的反应深度要求不高，适宜采用上流反应塔式减黏工艺。

第五节　渣油溶剂脱沥青

一、概述

高黏度润滑油(如航空发动机润滑油、过热汽缸油等)主要由减压渣油制取，但是，在减压渣油中除含有高黏度润滑油组分外，还含有大量的沥青。沥青是由沥青质、胶质、硫、氮、氧等非烃化合物以及钒、镍、铁等金属化合物构成的复杂的胶体物质，这些物质不是润滑油的理想组分，而且在溶剂精制时难以除去，同时还影响了精制和脱蜡过程的进行。因此，残渣油在精制和脱蜡之前，必须首先将其中的胶质、沥青质除去。溶剂脱沥青就是用丙烷等作溶剂，利用溶剂对烃类和胶质沥青的溶解度不同，从减压渣油中脱除这些胶体物质的过程。以丙烷作溶剂的溶剂脱沥青过程又称丙烷脱沥青。

脱沥青工艺是 1936 年开始工业化的，我国第一套渣油丙烷脱沥青装置于 1959 年建成投产。近年来又发展了丙烷、丁烷混合溶剂以及丁烷、戊烷等为溶剂的新工艺。生产润滑油时一般采用丙烷作溶剂，生产催化裂化原料时一般以丁烷或戊烷等为溶剂。

丙烷脱沥青后所得的油料根据它的残炭值不同，可以分为轻脱沥青油与重脱沥青油。残炭值大于 0.7% 为重脱沥青油，小于 0.7% 为轻脱沥青油。脱沥青油中含有较多的多环长侧链芳烃，它不但有很好的抗氧化性，而且对添加剂及氧化产物有很好的溶解能力。轻脱沥青油作为润滑油料，重脱沥青油作为催化裂化原料，也可作为润滑油的调合组分。脱除的沥青可直接作铺路沥青，氧化后可得建筑沥青。

由于对轻质燃料需求的急剧增长，重油深度加工技术获得迅速发展，一些炼油厂的渣油丙烷脱沥青装置，在生产润滑油原料的同时还生产催化裂化、加氢裂化原料，或者专门生产催化裂化原料。专门用于生产催化裂化原料的丁烷或戊烷脱沥青装置也已先后建成投产。这些渣油脱沥青装置的建设对增产轻质燃料油及各种道路沥青和建筑石油沥青发挥了作用。

二、溶剂脱沥青的原理

溶剂脱沥青就是以各种烃类在液态溶剂中的溶解度不同作为基础，利用它对环烷烃、烷烃及低分子芳烃有相当大的溶解度，而对胶质、沥青质则极难溶解或几乎不溶的特性，将胶质、沥青质自残渣油中脱除。

烃类在有机溶剂中溶解度变化的规律是：低温下溶解度小，随着温度的升高溶解度增大，当温度升至一定程度后，二者完全互溶，但由于溶剂常温常压下呈气态，加压后才呈液态，当升至临界状态时，溶剂已具有气体的性质，它将不溶解溶质而将溶质全部析出。这个变化是逐渐形成的，即在靠近临界温度而未达到临界温度的某一区域内，溶解度随着温度的升高而降低，不溶于丙烷馏分的收率随温度的变化见图 5-5。溶质全部溶解于溶剂中的温度称为临界溶解温度，温度继续升高开始有溶质析出的温度亦称临界溶解温度，为了区分这两个临界温度，前者称为临界溶解温度 t_1，后者称为第二临界溶解温度 t_2。

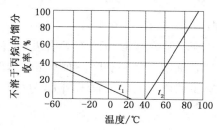

图 5-5 表示某渣油中烃类与胶质、沥青质混合物由液体丙烷溶剂中分出的数量与温度的关系。因为在 -45~-40℃ 范围内，由于原料中石蜡和地蜡及胶质、沥青质不溶于丙烷，系统分为两相。在 -40~20℃ 温度范围内，随着温度升高，溶解能力逐渐加大，20~40℃ 时，丙烷与原料互溶成为一相，超过 40℃，又开始有不溶物析出，系

图 5-5 不溶于丙烷馏分的收率随不同温度的变化

统又分为两相，分为两相的温度与渣油中各组成在丙烷中的溶解度有关。溶解度越小，析出的温度越低。丙烷等低碳烷烃溶剂对渣油中各组分的溶解度大小的排列次序为：烷烃 > 环状烃类 > 高分子多环烃类 > 胶质、沥青质。溶剂分子越小，对胶质、沥青质和高分子多环烃类的溶解度很小，并且温度越高，其溶解度越小。由图 5-5 可以看出，自丙烷临界温度以下至 40℃ 范围内，随着温度升高，最先析出的是胶质、沥青质，并按溶解度的大小，逐步析出溶在丙烷中的润滑油烃类，当溶液的温度接近丙烷的临界温度（96.84℃）时，丙烷中完全不含烃类组分，利用这一特性，可采用不同的温度进行沉降分离，而得到各种密度和黏度的馏分。也可以将温度提高到接近丙烷临界温度，使丙烷与润滑油组分分离，以回收溶剂丙烷，称这一过程为丙烷临界回收工艺。温度对溶解在丙烷中烃类的影响见表 5-19。

表 5-19 温度对溶解在丙烷中烃类的影响

烃-丙烷分离温度/℃	溶解在丙烷中的馏分分析		
	烷-环烷含量/%	烷-环烷平均相对分子质量	烷-环烷平均环数
94~92	47.7	610	2.98
84~64	43.5	680	3.45
64~58	6.3	730	4.05

从图5-5还可看出，比t_1低或t_2高的温度范围都能形成两相，但是，在前一温度范围不适宜于丙烷脱沥青，因为，在这个范围内，固体烃(蜡)也会和沥青同时分出，这样，就会使蜡和沥青都不能应用，另外，在这个温度范围内，丙烷对胶质、沥青质与对油的溶解度差别要比后一温度范围小些，也就是选择性差些，这样，就不能使油与沥青分得很清楚，不能保证油品的质量。因此，工业上丙烷脱沥青装置都是在第二临界溶解温度t_2以上的温度下操作的，最高温度为溶剂的临界温度(丙烷的临界温度为96.84℃)。

三、影响溶剂脱沥青的主要因素

影响溶剂脱沥青的主要因素有：温度、溶剂比、溶剂组成和原料油的性质等。下面以丙烷脱沥青为例，介绍溶剂脱沥青的影响因素。

1. 温度

根据丙烷对烃类溶解的特性，操作温度应选在第二临界溶解温度t_2和丙烷的临界温度之间。丙烷脱沥青过程在抽提塔中进行，抽提塔由沉降段和抽提段组成。控制好抽提塔各点温度，对平稳操作，提高脱沥青油质量与收率，有着重要的作用。脱沥青油质量、溶剂比和抽提温度之间的关系见图5-6。

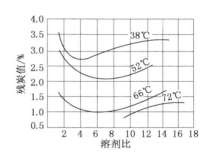

图5-6 温度对溶剂脱沥青油质量的影响

(1)抽提塔顶部温度

提高抽提塔顶温度，丙烷溶解能力下降，选择性加强，从丙烷溶解油的溶液中析出的胶质、沥青质越多，脱沥青油的残炭值越小，但收率降低；脱出的沥青软化点也相应降低。所以，控制不同的塔顶温度，就可以生产各种不同残炭值的脱沥青油。不同产品方案的操作温度见表5-20。

表5-20 不同产品方案的操作温度

项目\产品方案	操作条件			轻脱沥青油			溶剂比
	顶部/℃	底部/℃	压力/MPa	黏度(100℃)/(mm²/s)	残炭/%	收率/%	
航空润滑油料方案	75	50	343.2	21.34	0.7	23	3.721
普通润滑油料方案	63	48	343.2	24.58	0.91	27	3.721

(2)抽提塔底部温度

抽提塔底部温度是控制抽提深度的关键条件，在较低的温度条件下，丙烷溶解能力强，沥青中大量重组分被溶解，因而沥青中含油量减少，软化点高，脱沥青油收率高。底部温度高，则沥青中含油量增多，软化点低，脱沥青油收率降低。塔底温度与沥青质量及收率的关系见表5-21。

表5-21 塔底温度与沥青质量及收率的关系

底部温度/℃	软化点/℃	沥青收率/%
36	42	49.8
44	37	56.8

塔顶、塔底的温度高低应根据原料性质、脱沥青油及沥青质量要求而定。对胶质、沥青质含量多的原料，轻脱沥青油残炭要求不大于0.7%时，塔顶、塔底温度都相应高些，顶部温度高以保证轻脱沥青油的质量，底部温度高主要考虑减少油品的黏度，以保证抽提效率。

同时使重脱沥青油的残炭不要太高，底部温度决定于丙烷进塔温度。

（3）温度梯度

抽提塔顶部温度高、底部温度低，自上而下形成温降，称为温度梯度。如果塔内温度梯度过小，则抽提效果变坏，塔内分层不清。但温度梯度也不能过大，过大塔内就会产生过分的内回流，形成溢泛。塔内温度梯度通常为20℃左右，表5-22为温度梯度对抽提效果的影响。

表5-22　温度梯度对抽提效果的影响

项　　目 / 试　验　号	1	2
渣油量/(m³/d)	214.7	214.7
丙烷总量/(m³/d)	2147	2147
温度梯度/℃	22.8	14
溶剂比(体)	10:1	10:1
原料渣油		
密度(15.6℃)/(g/cm³)	0.9356	0.9390
黏度(98.9℃)/赛氏秒	408	400
康氏残炭/%	5.7	6.8
脱沥青油		
密度(15.6℃)	0.9117	0.9117
黏度(98.9℃)/赛氏秒	198	194
康氏残炭/%	1.5	1.5
颜色85/15稀释ASTM	4.0	4.5
收率/%(体)	78.0	76.8
沥青		
软化点/℃	54.4	50

（4）渣油入塔温度

渣油入塔温度高，黏度小，有利于分散，抽提效果好，通常渣油入塔温度在120～150℃之间。如果采用静态混合器使原料预稀释，丙烷与原料的预混合比为0.5～1.0(体)，入塔温度在80℃左右。

2. 溶剂比

丙烷用量通常以溶剂比（溶剂对渣油的体积比或质量比）来表示，在较低温度下（20～40℃范围）丙烷对渣油有较大的溶解度。而渣油中的油分越多，对胶质、沥青质的溶解能力越强。当溶剂比较小时，丙烷与渣油互溶，这时只是降低了渣油的黏度，而无沥青析出。继续增加溶剂比，渣油中油分的浓度就不断降低，当丙烷增加到一定量时，渣油中的油分不能溶解渣油中的全部胶质、沥青质时，胶质、沥青质就从溶液中分离出来。此时溶液分成两层，上层为溶有脱沥青油的丙烷层，下层为黏度较大的溶有丙烷的沥青层。溶剂比低，分出的沥青软化点较低，因为胶质、沥青质黏度很大，溶剂不能将其中油完全溶解分出，而所得到的脱沥青油中也还含有少量胶质、沥青质。溶剂比达到3～4时，沥青层中的油分更多地溶于丙烷，沥青层黏度增大，软化点升高。与此同时脱沥青油中的胶质、沥青质也进一步分离出来，可以满足制取润滑油原料的要求。但对制取裂化原料来说还需进一步使胶质、沥青质分离完全，溶剂比要达到7～9。溶剂比再加大时，丙烷层中的胶质、沥青质不会继续分出，而由于丙烷量的增加，溶进丙烷层中的胶质、沥青质增多，使脱沥青油残炭反而升高。

溶剂比与脱沥青油的收率及残炭的关系见图 5-7 及表 5-23。丙烷用量大小关系到装置设备大小和能耗，因此确定丙烷用量的原则应该是，在满足产品质量和收率的要求下，尽量降低溶剂比。在一定温度下，对于不同的原料和产品，都应用一个适宜的溶剂比。

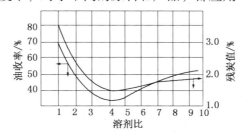

图 5-7　溶剂比-油收率-油残炭值之间的关系

表 5-23　溶剂比对脱沥青油的收率及残炭的影响

项　　目 溶剂比(体)	收率/%		脱沥青油性质		沥青性质	
	脱沥青油	沥　青	残炭/%	颜　色	25℃针入度/(1/10mm)	软化点/℃
2:1	72	28	3.85	黑	28	54
5:1	33	67	1.52	20.2	26	45
10:1	50	50	1.91	14.5	22	51
17:1	58	42	2.60	12.3	17	53

3. 溶剂组成

各种低分子烷烃都有一定的脱沥青能力，相对分子质量越低，选择性越好，但溶解能力也越小。从表 5-24 可知，乙烷对渣油溶解度小，脱沥青油收率低，丁烷以上的低分子烷烃对残渣油溶解能力强，对油和胶质、沥青质选择性差，一部分胶质、沥青质未被除去，脱沥青油质量差；而丙烷既具有一定的溶解能力，又有较好的选择性。因此，与其他低分子烷烃相比，丙烷是良好的脱沥青溶剂。

一般工业丙烷来源于催化裂化气体分馏装置，各厂所用的丙烷组成见表 5-25。

表 5-24　不同相对分子质量烷烃的脱沥青效果[①]

溶　　剂	脱沥青油收率/%	沥青收率/%	脱沥青油性质			沥青软化点/℃
			相对密度 $\rho_{15.6}$	100℃黏度/(mm²/s)	残炭值/%	
乙烷	11.07	89.0	0.909	—	0.08	软
丙烷	75.0	25.0	0.950	18	2.35	80
丁烷	88.8	11.2	0.905	28	5.12	153
戊烷	95.2	4.8	0.969	41	6.23	163

① 溶剂比10:1，温度27℃。

表 5-25　不同厂家丙烷的组成　　　　　　　　　　　　% (体)

厂　　家	≤C₂	C₃	C₃⁼	≥C₄
1	0	89.2	8~10	0
2	2	76	20	3
3	2.3	76.49	10.05	5.16
4	0.6	69.1	31.7	7.6
5	2.5	80~90	7~13	3.0
6	3.5	77.0	67.0	2.5

丙烷脱沥青的结果与溶剂纯度有关。纯度不同，在相同条件下，得到的产品收率与质量也不同，实践证明，当丙烷中含有大量丁烷时，增大了高分子极性芳烃在溶剂中的溶解度，选择性降低，脱沥青油收率、残炭、黏度都提高，同时还溶解了相当量的重金属、胶质、沥青质，使脱沥青油质量变坏。以生产重质润滑油原料为目的时，用丙烷溶剂较好，其中丁烷含量不宜过高。如果以生产催化裂化原料同时生产润滑油料为目的时，采用丙烷、丁烷混合溶剂较为合适。

丙烷溶剂中含有大量乙烷时，设备压力相应增高（因为乙烷的临界压力为4.88MPa），丙烷泵压力升高容易漏损，丙烷罐放空量也增加。同时，又由于溶剂的选择性过高，相当多的高分子长侧链有用烃类随胶质、沥青质一同除去，使润滑油原料产率明显降低，黏度减小，见图5-8及图5-9。

溶剂中丙烯含量较大时，由于丙烯的溶解能力和选择性与丙烷相比均较差，而且蒸气压高，在生产中虽然能得到合格的脱沥青油，但其黏度、收率均较低，质量波动也大。实践表明脱沥青时，丙烷中丙烯含量达45%时，脱沥青油收率自20%～25%下降到16%～18%，同时设备损耗大，设备操作压力高。

通常，对于生产重质润滑油为主的丙烷脱沥青装置，为了保证脱沥青油质量与收率，降低溶剂比，减少溶剂消耗，要求丙烷溶剂中乙烷含量不大于2%，C_4含量不大于4%，丙烷含量不小于80%。

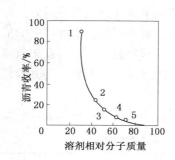

图5-8　不同溶剂从渣油中沉降沥青
（温度27℃）溶剂比10:1（体）

1—乙烷；2—丙烷；3—50%丁烷+50%丙烷；

4—丁烷；5—戊烷

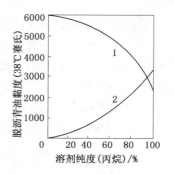

图5-9　丙烷中混有丁烷或乙烷时，
对脱沥青油黏度的影响

1—脱沥青油；2—溶剂

4. 原料性质

一般采用常减压装置的减压渣油作为丙烷脱沥青的原料。渣油的浓缩程度对脱沥青油的收率以及溶剂比、抽提浓度等有直接影响，渣油的浓缩程度取决于减压蒸馏的拔出深度，拔得深则浓缩程度大，渣油中含油少，重组分多，反之亦然，拔出深度可用渣油中500℃以前的馏出量、相对密度、软化点等各种不同方法表示。渣油中油含量，对分离出胶质、沥青质的最低丙烷用量影响极大，对来自同一原油的原料来说，原料轻，含油量多，分离出胶质、沥青质所需的最低丙烷用量就多，即溶剂比大，脱沥青油收率也高，相应黏度较低。原料中含油量少，所需溶剂比小，脱沥青油收率也低，相应黏度高，但沥青易脱除，脱沥青油残炭值低，见表5-26。

表 5 - 26　减压渣油含油量对脱沥青油质量的影响

减压渣油占原油的质量/%	脱沥青油的残炭值/%	减压渣油占原油的质量/%	脱沥青油的残炭值/%
52	1.90	23	1.23
27	1.48	21	0.81

不同轻重的原料抽提时,抽提温度不同,见表 5 - 27。

表 5 - 27　减压渣油轻重对抽提温度的要求

原　料　性　质				抽提塔温度/℃			丙烷纯度/%	脱沥青油残炭/%
相对密度 ρ_4^{20}	软化点/℃	残炭/%	闪点/℃	上	中	下		
0.9432	30	10.85	290	84	75	75	45~60	<0.8
0.9520	40	12.6	300	86	75	75	45~60	<0.8

由表 5 - 27 可知,减压渣油重时,需要较高的抽提温度。这是因为原料重时,其中润滑油组分的化学结构接近于胶质,所以,当抽提温度低时,丙烷对油与胶质、沥青质的选择性不好,故脱沥青油的质量不能保证。为保证脱沥青油的质量,则必须提高抽提温度,以提高丙烷的选择性。

四、溶剂脱沥青的工艺流程

溶剂脱沥青的工艺流程分为抽提和溶剂回收两部分。以丙烷为溶剂的脱沥青的工艺流程如图 5 - 10 所示。

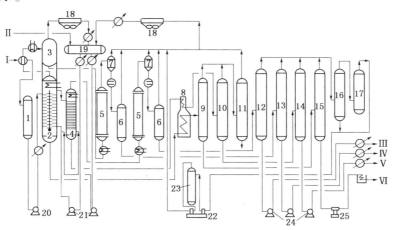

图 5 - 10　丙烷脱沥青工艺流程图

1—原料油缓冲罐;2—抽提塔;3—临界回收塔;4—二次抽提塔;5—升膜蒸发塔;
6—闪蒸罐;7—旋风分离器;8—加热炉;9、10—沥青蒸发塔;11—泡沫分离塔;
12—重脱沥青油汽提塔;13—轻脱沥青油汽提塔;14—残脱沥青油汽提塔;
15—沥青汽提塔;16—混合冷凝冷却器;17—丙烷气中间罐;18—空气冷却器;
19—丙烷中间罐;20—原料泵;21—丙烷泵;22—丙烷压缩机;23—丁烷罐;
24—成品泵;25—沥青泵
I—减压渣油;II—丙烷;III—重脱沥青油;IV—轻脱沥青油;V—残脱沥青油;VI—沥青

1. 抽提部分

抽提的任务是把丙烷溶剂和原料油充分接触而将原料油的润滑油组分溶解出来,使之与胶质、沥青质分离。

抽提过程是在抽提塔内进行的,抽提塔分为抽提段、沉降段,下部为抽提段,上部为沉降段。减压渣油与抽提塔 2 塔顶的轻脱沥青油丙烷溶液换热后，经原料油缓冲罐 1，进入抽提塔 2 的上部，丙烷中间罐 19 中的丙烷分两路经过冷却器冷却，一路冷至 40℃，用丙烷泵 21 升压后送入抽提塔底部，另一部分送入二次抽提塔下部。

在抽提段内，丙烷与渣油的比例为（3～4）:1，温度为 45～65℃，在此条件下，液态丙烷的相对密度为 0.4 左右，渣油相对密度在 0.9～1.0 之间，二者密度差较大，在塔内作逆向接触流动，在转盘搅拌下进行抽提，胶质、沥青质沉降于抽提塔的底部，把沥青分出来。

溶解了润滑油的丙烷从抽提段出来，由于其中会溶解一部分胶质、沥青质，为了保证产品质量，减少丙烷溶液中的胶质、沥青质的含量，在抽提塔上部设一个沉降段，其中装有翅片管，用水蒸气加热，因为温度升高，丙烷溶解能力降低，胶质、沥青质以及重质油就会沉降出来。这些沉降物落入沉降段和抽提段之间的集油箱中，此物料称为二段脱沥青油。将二段脱沥青油送入二次抽提塔 4 中。再次用丙烷抽提，塔顶出来的称为重脱沥青油，塔底出来的称为残脱沥青油。

这种从抽提塔中得到两个含油物流的流程称两段法；如果把沉降出来的物质压到下部的沥青液中而不单独分出重脱沥青油的流程，称为一段法。两段法的优点是除了可多得一个有用的产品外，同时还易保证塔顶和塔底产品的质量，因为一段法要在生产低残炭值润滑油的同时又要生产高标号沥青，难以同时保证两者的质量，但两段法设备较复杂，能耗较大。故在产品的数量与品种能满足要求的情况下，尽可能用一段法。

在一段脱沥青时打入抽提塔的丙烷分为两部分，一部分称为主丙烷起主要抽提作用，另一部分的丙烷量较少，是从抽提塔底打入的，使沥青中部分润滑油能得到再次抽提，从而提高脱沥青油收率，这一部分丙烷称为副丙烷。

抽提塔中的压力应保证在操作温度下，使丙烷处于液态，为此，抽提塔的压力应比脱沥青温度下丙烷的蒸气压高 0.294～0.392MPa（绝），一般采用 4.217～4.412MPa（表）。丙烷脱沥青处于较高压力下操作，所以，要注意压力的变化，在各高压设备上均装有安全阀，以防丙烷中漏入空气发生爆炸。

2. 溶剂回收部分

溶剂回收部分的任务是从含油的丙烷溶液和沥青溶液中分出丙烷，得到油和沥青。

丙烷在常压下沸点为 -42.06℃，所以，分出油和沥青并不困难。回收后的丙烷还要循环使用，就要考虑选择合适的回收条件，尽量使丙烷呈液态回收，或使蒸馏出来的气态丙烷能用冷却水冷凝成液体，减少对丙烷气的压缩，节省动力。炼油厂中冷却水的最低温度为 25℃ 左右，水冷后，丙烷所能达到最低温度为 35～40℃。所以，丙烷的压力不应小于 1.373MPa（见表 5-28），一般取 1.98MPa，但在此压力下不能蒸出所有的丙烷，剩下的丙烷就要在压力较低并用蒸汽汽提的情况下进行回收，回收的低压丙烷气用压缩机压缩后，再冷凝成液体，循环使用。

表 5-28　丙烷在不同压力下的沸点

压力/MPa	0.98	1.08	1.176	1.275	1.373	1.47	1.57	3.92
沸点/℃	26.93	30.78	34.48	37.95	41.22	44.31	47.24	94

溶剂回收由四部分组成，即轻脱沥青油中溶剂回收、重脱沥青油溶剂回收、沥青中溶剂回收、低压溶剂回收。

（1）轻脱沥青油溶剂回收

如图5-10所示，从抽提塔2塔顶出来的轻脱沥青油丙烷溶液，经加热，压力升高到接近丙烷的临界状态(96.84℃，4.12MPa)，从而将轻脱沥青油液中的大部分丙烷(约占总量的75%以上)分离出来并以液体状态回收。这样就可节省热量与冷却水，并减少冷却面积。临界回收塔分出的丙烷，经冷却至40℃后，回到丙烷中间罐19循环使用。据报道，临界回收丙烷为进料总溶剂量的75%以上，回收所需的热量为一般蒸发回收的一半，见表5-29。临界回收不适合于脱沥青油轻馏分太宽的油，因为相对密度差太小分离不好。

表5-29　临界回收与蒸发回收的对比

项　　目	临界回收	蒸发回收	临界回收/蒸发回收
冷却设备面积/m²	368	710	100/193
冷却水用量/(t/h)	278	554	100/199
1.0MPa蒸汽用量/(t/h)	1.793	3.37	100/188
0.3MPa蒸汽用量/(t/h)	0.707	3.47	100/490

图5-10中，从临界塔3塔底出来的轻脱沥青油，仍含有相当多的丙烷，经加热至100℃左右，进入升膜蒸发塔5，丙烷汽化，然后进入旋风分离器7进行气液分离，旋风分离器底的轻脱沥青油中仍含有丙烷，经加热后，又进入闪蒸罐6，再次蒸出丙烷，闪蒸罐底含有微量丙烷的轻脱沥青油进入轻脱沥青油汽提塔13，用蒸汽汽提出丙烷，轻脱沥青油经冷却后送出装置，作为润滑油料或催化裂化原料。

流程中采用升膜蒸发与旋风分离法与过去的罐式蒸发(用重沸器加热蒸发)相比较有很多优点，如传热系数高，设备体积小，节省钢材，节约占地等，见表5-30。

表5-30　升膜蒸发与罐式蒸发的对比

项　　目 ＼ 流　　程	升膜蒸发	罐式蒸发
蒸发加热面积/m²	203	1000
传热系数/[kJ/(m²·h·℃)]	3642.5	837.36
占地面积/m²	60	240
钢材用量/t	50	220

（2）重脱沥青油中溶剂回收

图5-10中从抽提塔集油箱出来的二段脱沥青油，进入二次抽提塔4中再次进行抽提，塔顶出来的是重脱沥青油丙烷溶液，经加热器、升膜蒸发塔5加热汽化进入旋风分离器7分出丙烷，重脱沥青油再加热至155℃，进入闪蒸罐6，再次将丙烷蒸出，闪蒸罐底含有微量丙烷的重脱沥青油进入重脱沥青油汽提塔12，用蒸汽汽提丙烷。重脱沥青油经冷却后送出装置，作润滑油调合组分或催化裂化原料。

若二段抽提不开时，从抽提塔集油箱抽出的即为重脱沥青油丙烷溶液，回收方法与上述方法相同。

从沥青蒸发塔塔顶出来的丙烷蒸气，由于夹带沥青，使设备和管线结垢，使换热设备传热效率降低。采用重脱沥青油溶液净化丙烷气，既可洗掉丙烷气中所夹带的沥青，又可充分利用丙烷气的热量蒸发回收重脱沥青油中的丙烷溶剂，节省蒸发丙烷需要的热能，并减少了丙烷气冷却的负荷。流程见图5-11，有关数据的对比见表5-31。

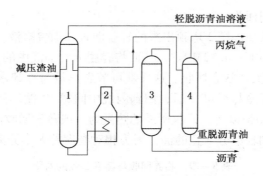

图 5 – 11　重脱沥青油溶液净化丙烷气流程

1—抽提塔；2—加热炉；3—沥青蒸发塔；4—换热（净化）塔

表 5 – 31　重脱沥青油溶液回收丙烷溶剂改革工艺数据

项　　目	改革前	改革后
处理量/(t/d)	600	600
轻脱沥青油收率/%	30～34	30～34
重脱沥青油蒸发温度/℃	145～155	200～220
重脱沥青油汽提塔底温度/℃	130～140	170～190
低压丙烷空冷器入口温度/℃	90～110	80～100
装置蒸汽总消耗量/(t/h)	18	16
轻脱沥青油残炭/%	≥0.9	≥0.9
重脱沥青油残炭/%	1.41～2.38	1.50～2.44

残脱沥青油丙烷溶液中回收丙烷，从图 5 – 10 中二次抽提塔底部出来的残脱沥青油丙烷溶液，进入加热炉 8 的对流室加热到 180℃后，进入残脱沥青油蒸发塔 10 中蒸发出大部分丙烷，塔底含有微量丙烷的残脱沥青油进入残脱沥青油汽提塔 14，用蒸汽汽提出丙烷。残脱沥青油冷却后送出装置，当二段抽提不开时，即无残脱沥青油。

（3）沥青中溶剂回收

从沥青溶液中回收丙烷，需要加热到比较高的温度，由于沥青黏度很高，如果温度不够高，丙烷蒸发时会形成大量泡沫。此外，沥青软化点较高，为了输送方便，也需要加热至较高的温度。

图 5 – 10 中，抽提塔底部的沥青丙烷溶液送至加热炉 8 的辐射室，加热至 230～280℃后进入沥青蒸发塔 9 中，蒸出大部分丙烷，塔底含有微量丙烷的沥青进入沥青汽提塔 15，用蒸汽汽提出丙烷，沥青冷却后送出装置。从蒸发塔 6、10 出来的丙烷气进泡沫分离塔 11，切除沥青沫后从闪蒸罐 6、旋风分离器 7 来的丙烷汇合，冷凝冷却后，进入丙烷中间罐 19 中，循环使用。

（4）低压丙烷气回收

图 5 – 10 中，自各汽提塔塔顶来的丙烷水蒸气，进入混合冷凝器 16 的下部，与直接喷入的水接触，进行冷凝冷却，塔底污水排入下水道，顶部的丙烷气进入丙烷气体缓冲罐 17，然后用压缩机将丙烷压缩至 2.46MPa，经冷凝冷却后进入丙烷中间罐 19 中循环使用。

直接冷凝法排污水量太大，有些炼油厂已改成间冷式，同时还可以节约新鲜水用量，流程如图 5 – 12 所示(图中虚线为间冷)。有些炼油厂，在丙烷一段压缩机出口中间冷却器后，装有丁烷分离罐，切出的丁烷凝液，不排下水道，而是加热汽化后供加热炉燃烧用，回收流程见图 5 - 13。

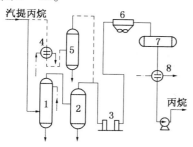

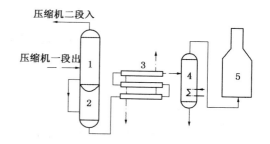

图 5 - 12　低压丙烷间接冷却回收流程

1—混合冷凝器；2—分离器；3—压缩机；4—冷凝器；
5—分离器；6—空冷器；7—丙烷罐；8—过冷器

图 5 - 13　丁烷凝液回收流程

1—丁烷分液罐；2—丁烷接受罐；
3—套管加热器；4—分液罐；5—加热炉

第六章 催化裂化

第一节 概　述

一、催化裂化在炼油工业中的作用

随着炼油工业的不断发展，催化裂化（FCC）日益成为石油深度加工的重要手段。在炼油工业中占有举足轻重的地位。FCC 工艺是将重质油轻质化，目的产品是汽油、柴油和液化气。由于转化率高，产品质量好，近半个世纪以来，FCC 工艺技术和生产规模都有了很大的发展。为了满足日益严格的环保要求和市场对烯烃（特别是丙烯）需求的日益增长，催化裂化工艺技术也在进一步发展和改进。催化裂化已经成为我国炼油工业的核心技术和石油化工企业经济效益的主要支柱。催化裂化是石油加工的主要手段之一，它在炼油工业生产中占有重要的地位。

二、催化裂化发展简介

催化裂化是在克服热裂化缺点的基础上发展起来的。由于使用了催化剂促进理想反应，抑制不理想反应的进行，因而使产品质量大大改善，轻油收率提高，开工周期延长。

催化裂化自 1936 年实现工业化至今已有 70 多年的历史。当时世界上第一套 100kt/a 的催化裂化装置于 1936 年 4 月 6 日在 Paulsboro 建成投产，它由 Cross 热裂化装置改建而成。设有三个水冷式固定床反应器，实行人工轮流切换操作。早期的 Houdry 装置原则流程如图 6－1 所示。

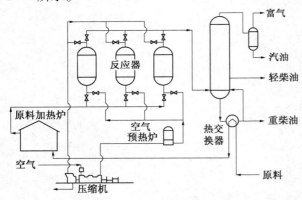

图 6－1　早期的 Houdry 装置原则流程图

该装置使用小球状或片状催化剂预先放在反应器内，原料油经预热至 400℃左右进入反应器内进行反应，经过几分钟到十几分钟反应后，催化剂活性因表面积炭而下降，这时停止进料，用水蒸气吹扫后，通入空气进行再生。该过程属于间歇式操作，即反应和再生在同一设备中交替进行。由于这种装置的设备结构复杂，生产能力小，钢材耗量大，操作烦琐，控制困难，工业上早已淘汰。

为了简化工艺，提高生产能力，40年代初，又出现了移动床和流化床的方法。最初的移动床催化裂化装置由 Socony Vacuum 石油公司建成，定名为 Thermofor Catalytlc（TCC）。1943 年 Magnolia 石油公司在 Texas 的 Beaumont 炼油厂投产了一套 TCC 装置，处理量为 500kt/a，如图 6－2 所示。

在移动床装置中，原料油进入反应器底部，与从反应器顶部进入的催化剂逆向接触，当催化剂移动到反应器下部时，催化剂表面已沉积一定量的焦炭而使活性下降，需要到再生器再生。TCC 装置使用 3～6mm 的小球催化剂，它在反应器和再生器之间循环流动，实现了连续生产。

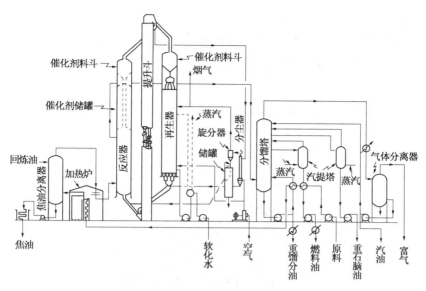

图 6-2　TCC 装置原则流程图

　　1948 年 HPC 公司开发了 Houdriflow 移动床催化裂化过程，采用机械提升的方法使催化剂在两器间循环，并于 1950 年建成投产了第一套工业化装置，处理量为 350kt/a。同时，Socony Vacuum 公司开发成功了采用空气提升催化剂的方式，即 Thermofor 移动床催化裂化工艺，其第一套装置也于 1950 年在 Beaumont 炼油厂投产，处理量为 750kt/a。20 世纪 50 年代中期，两种工艺的工业化装置数目分别达到 21 套和 54 套。由于催化剂在反应器和再生器内靠重力向下移动，速度缓慢，所以对设备磨损较小，不过移动床的设备结构仍比较复杂，钢材耗量也比较大。特别是处理量大于 800kt/a 的大型装置，在经济上则远不及流化床优越。因此，近年来得到迅速发展的是流化床催化裂化。

　　流化床催化裂化，采用了先进的流化技术，所用的催化剂是直径为 20～100μm 的微球催化剂，在反应器和再生器内与油气或空气形成流化状态，在两器间的循环像流体一样方便。

　　Ⅰ型流化催化裂化是最初的一种类型，采用并列式。第一套是 Standard（N. J.）石油公司所建，位于 Baton Rouge 炼油厂，该装置的设计能力为 630kt/a。由于Ⅰ型装置存在许多缺点，如催化剂的输送管线过长，压力降较大；催化剂磨损严重，损失较大；装置过高，达 60m，比较笨重；操作弹性小，只能加工轻质原料等。Ⅰ型装置只建成了 3 套装置。

　　Ⅱ型装置是在克服Ⅰ型装置缺点的基础上建立的，第一套Ⅱ型装置也是在 Baton Rouge 炼油厂由 Standard 石油公司建设，于 1944 年投产。Ⅱ型装置陆续建成了 31 套。Ⅱ型装置较Ⅰ型有较大改进，主要是：催化剂由再生器和反应器下部引出，简化了催化剂输送系统；反应器和再生器保持了密相床；催化剂的输送由滑阀控制；装置高度降到 50～55m，节省了钢材和投资。

　　Ⅲ型装置为并列式，其第一套装置于 1947 年建成投产。其主要改进为：提高了再生器的操作压力，可防止油气倒窜。自动控制和滑阀均有较大改进，可使再生器和反应器的操作压力相近，两器可以并列放置在高度差不多相同位置上。装置高度降低到 37～40m，不但节约了钢材，也给操作和检修带来了方便。两器内的旋风分离器由一级改为二级，旋风分离器的效率大大提高。Ⅲ型装置建成的套数较多，美国 Baytown 炼油厂建成的单套处理能力为 6Mt/a 的Ⅲ型装置，仍然是目前世界上最大的流化催化裂化装置之一。其反应器直径为 13.7m，再生器直径为 19.5m，分馏塔直径为 10.4m。

流化床催化裂化装置具有设备结构简单，操作灵活等优点。但是，流化床由于存在床层返混现象，产品质量和产率不如移动床。到 1956 年，移动床催化裂化装置共建了 78 套。

流化催化裂化Ⅰ型、Ⅱ型和Ⅲ型装置反应部分的流程图如图 6 - 3 所示。

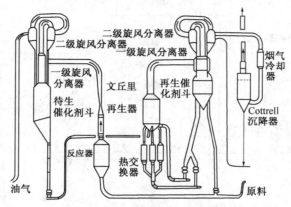

(a)Ⅰ型流化催化裂化反应部分原则流程图

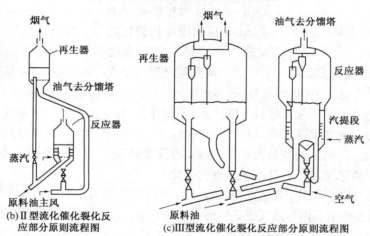

(b)Ⅱ型流化催化裂化反   (c)Ⅲ型流化催化裂化反应部分原则流程图
应部分原则流程图

图 6 - 3　流化催化裂化反应部分原则流程图

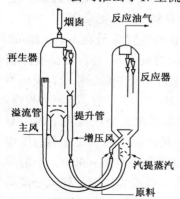

图 6 - 4　Ⅳ型流化催化裂化
反应部分原则流程图

ESSO 公司推出了Ⅳ型流化催化裂化装置，使装置高度进一步降到 32～36m，并简化了结构，其造价比移动床装置便宜许多，因而流化催化裂化装置得到了突飞猛进的发展，逐渐取代了移动床催化裂化，而且 1946 年硅铝微球催化剂的问世，更加促进了催化裂化技术的发展。到 1962 年，以加工能力计，美国的催化裂化装置大约有 99% 属于移动床和流化床型式，到 1980 年，全世界流化床催化裂化加工能力进一步提高，达到催化裂化总加工能力的 92.3%，而移动床催化裂化则下降到 7.7%，固定床催化裂化完全废除。Ⅳ型流化催化裂化装置如图 6 - 4 所示。

催化剂的发展对催化裂化技术的不断提高起着极大的推动作用，20 世纪 60 年代初期分子筛催化剂问世，为了充分发挥分子筛催化剂高活性的特点，迫使流化床工业装置用提升管反应器，以高温短接触时间的活塞流反应代替原来的床层反应，因而克服了返混的特点，使生产能力大幅度提高，产品质量和收率得到显著改善。

分子筛催化剂的另一个特点是对积炭非常敏感，为了保证它的高活性，就必须大幅度降低再生催化剂的含炭量。无定形硅酸铝催化剂再生后，含炭一般在 0.5% ~ 0.7%。当使用分子筛催化剂时，要求再生催化剂的含炭量要降到 0.05% ~ 0.02%。这就需要不断地强化再生过程，诸如采用高温再生、两段再生等方法。70 年代实现了完全再生的高效再生新工艺，并发展了 CO 助燃剂，即将催化剂上的积炭完全燃烧成 CO_2，使再生烟气中 CO 含量降到 0.05% 以下，达到排放标准，也使再生催化剂的含炭量满足要求。

由于催化裂化技术不断取得新的进展，所以在技术经济上的优越性也不断提高。因此，催化裂化在石油的二次加工中一直占据着最重要的地位。

流化催化裂化装置在发展过程中虽然出现种类繁多的型式，各种类型的装置在技术上具有不同的特点，但实质上它们之间并没根本的区别，按反应器和再生器相互位置的不同，大体可分为同轴式和并列式两大类型。两器上下排列在同一轴线上的称为同轴式，如图 6-5 所示。两器并排放置在两个轴线上的称为并列式，如图 6-6 所示。

我国第一套移动床催化裂化装置由前苏联设计，于 1958 年建成投产，1964 年建成第二套装置。后来由于我国自行开发了流化催化裂化装置，移动床催化裂化就停止了发展，而且原来建成的两套移动床也于 80 年代改成了流化催化裂化。

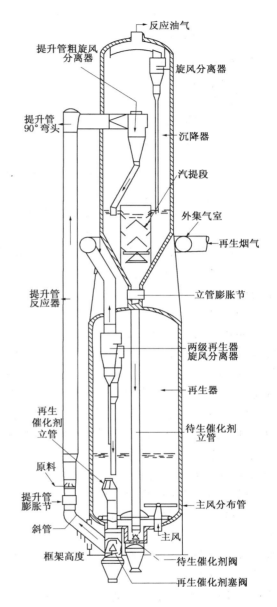

图 6-5 同轴式催化裂化装置反应部分原则流程图

1965 年 5 月 5 日，我国第一套 0.6Mt/a 同高并列式流化催化裂化装置在抚顺石油二厂建成投产，标志着我国炼油工业进入一个新阶段。1967 年我国自行设计建造的 1.2Mt/a 带有三器流化循环催化裂化装置在齐鲁石化公司炼油厂投产。1974 年 8 月将玉门炼油厂 120kt/a 同高并列式装置改造成高低并列式提升管装置。1978 年相继在武汉石油化工厂（0.6Mt/a）、乌鲁木齐石油化工总厂（0.6Mt/a）和镇海石油化工总厂（1.2Mt/a）建成了高低并列式提升管催化裂化装置。30 多年来，我国催化裂化在炼油工业中一直处于非常重要的地位，并且得到了大力发展。

由于我国原油普遍偏重，因此，在我国发展重油催化裂化不仅是重油深度加工的需要，也是提高炼油厂经济效益的有效手段，具有十分重要的意义。

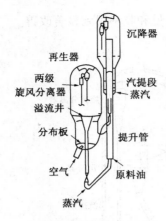

图 6-6 并列式催化裂化装置
反应部分原则流程图

（图中标注：沉降器、再生器、两级旋风分离器、溢流井、分布板、空气、蒸汽、汽提段蒸汽、提升管、原料油、蒸汽）

近几年来，我国催化裂化技术发展主要是从多掺渣油、生产低碳烯烃、增加产品结构灵活性等方面考虑。

（1）渣油催化裂化（RFCC）工艺技术

VRFCC 是中国石化下属的石油化工科学研究院、北京设计院和北京燕山石化公司合作开发的一项加工大庆减压渣油的催化裂化新工艺。该工艺专利技术主要包括：①高黏度原料的减黏雾化技术；②无返混床剂油接触实现热击汽化及高重油转化技术；③短接触反应抑制过裂化和结焦技术；④反应-再生温差及再生剂温度调控协调初始反应深度及总反应苛刻度技术；⑤采用VRFCC专用催化剂 系列技术。第一套 VRFCC 工业装置是由北京燕山石化公司炼油厂的催化裂化装置改造成的，处理能力为 800kt/a。中国石化集团洛阳石化工程公司的 ROCC-V 工艺，第一套 ROCC-V 型装置（100kt/a）1996 年 5 月在中国石化集团洛阳石化工程公司炼油实验厂投产，1999 年 9 月在青岛石油化工厂还投产了 1.0 Mt/a 工业化装置；另外还有中国石油大学的两段提升管 FCC 工艺以及清华大学的下行管式 FCC 工艺。

（2）多产柴油和液化气的 MGD 技术

MGD 技术是中国石化石油化工科学研究院（RIPP）开发的以重质油为原料，利用常规催化裂化装置同时多产液化气和柴油，并可显著降低汽油烯烃含量的工艺技术。该技术与常规催化裂化技术相比，具有以下特点：①采用粗汽油控制裂化技术，增加液化气产率，降低汽油烯烃含量，调节裂化原料的反应环境以增加柴油馏分的生成。②重质原料油在高苛刻度下、轻质原料油在低苛刻度下进行选择性反应，以增加重质原料油一次裂化和柴油馏分的生成。③液化气和柴油产率明显大于常规的 FCC 技术，高价值产品（液化气、汽油和柴油）与常规技术相当。④汽油中烯烃含量能够大幅度降低，且汽油辛烷值有一定提高。MGD 工艺于 1999 年分别在福建炼化公司和广州石化总厂进行了工业试验。

（3）多产柴油的催化裂化（MDP）技术

RIPP 在传统增产柴油工艺技术的基础上开发了催化裂化增产柴油的新工艺 MDP。该工艺具有以下特点：①可以加工重质、劣质的催化裂化原料。②采用配套研制的增产柴油催化剂，且维持平衡剂的活性适中。③应用原料组分选择性裂化技术，将催化裂化原料按馏分的轻重及其可裂化性能区别处理，在提升管反应器不同位置注入不同原料组分，使性质不同的原料在不同环境和适宜的裂化苛刻度下进行反应。④采用较为苛刻的裂化条件和适宜的回炼比，装置的加工量和汽油的辛烷值会受到影响。

（4）多产烯烃和高辛烷值汽油的 DCC 工艺技术

RIPP 开发的 DCC-Ⅰ技术在国内有 6 套装置，3 套改造，3 套新建。另外一套建在泰国 TPI（750kt/a），由 SW 公司负责建造。近年来，DCC 技术还在不断发展和完善，如注重开发系列催化剂产品，改进工艺以进一步提高轻烯烃、特别是丙烯的产率等方面。另外，还有 DCC-Ⅱ技术 1997 年投产，MGG 技术国内建有多套装置；MIO 技术于 1995 年在中国石油兰州石化公司实现工业化；ARGG 技术在国内建有多套装置。

（5）多产异构烷烃的 MIP 技术

我国催化裂化汽油中烯烃含量高达 40% ～65%，远远高于我国车用汽油烯烃不大于

35%的指标。由中国石化石油化工科学研究院和中国石化上海高桥分公司、中国石化集团洛阳石化工程公司联合攻关的多产异构烷烃的催化裂化技术（MIP），具有我国自主知识产权，是既可促进重油转化、又可改善催化汽油质量以满足燃料清洁化需求的技术。MIP技术先期于2002年在高桥分公司炼油厂140×10⁴t/a FCC装置上成功应用。运用该技术后，汽油烯烃含量（荧光法）一直持续低于30以下，辛烷值有所提高。该工艺突破了现有催化裂化工艺对二次反应的限制，实现了可控性和选择性地进行裂化反应、氢转移反应和异构化反应。可明显降低汽油烯烃含量并增加异丁烷产率，提出了一种生产清洁汽油组分的新概念。2003年初，MIP技术又应用于中国石化安庆分公司炼油厂120×10⁴t/a FCC装置改造。标定结果表明汽油质量全面改善，汽油烯烃含量（荧光法）由原来的52.3%（体）降低到35%（体）以下，现维持在30%（体）左右，汽油硫含量下降超过30%（降至800μg/g），装置能耗也由81kg标油/t降至72kg标油/t，掺炼渣油量由200t/a提高到450t/a以上。目前已有5套FCC装置将采用MIP技术进行新建或改造。另有多家炼油厂有应用意向。

（6）两段提升管催化裂化新工艺技术

在中国石油大学（华东）胜华炼厂加工能力100kt/催化裂化工业装置上，两段提升管催化裂化新工艺技术由中国石油大学（华东）研究成功。加工能力100kt/a催化装置工业试验显示，该项工艺技术可使装置处理能力提高30%～40%，轻油收率提高3个百分点以上，液体产品收率提高2～3个百分点，干气和焦炭产率明显降低，汽油烯烃含量降低20个百分点，催化柴油密度下降，十六烷值提高。两段提升管催化裂化新技术最突出的效果，是可以改善产品结构，大幅度提高原料的转化深度，显著提高轻质油品的收率，提高催化汽油质量，改善柴油质量，提高催化装置的柴汽比。该技术还具有非凡的灵活性和可调性，由此可派生出多种适应不同生产要求的专用技术。

催化裂化装置用于将重油转化为汽油、柴油和轻气体组分，是当今炼油厂的最重要生产技术。目前炼油厂几乎都建有催化裂化装置，与催化裂化工艺相适应，催化剂的生产技术也在不断发展。作为Houdry工艺的扩展，在20世纪40年代初期出现了最早的工业催化裂化装置；20世纪60年代，分子筛催化剂的成功开发给裂化催化剂技术带来了一次重大突破；20世纪80年代USY分子筛的工业应用和ZSM-5分子筛的引入，极大地增加了汽油辛烷值以及轻烯烃收率；20世纪90年代，根据炼油厂的具体情况和产品要求，由复合分子筛组合而成的裂化催化剂使"量体裁衣"的裂化催化剂制备技术更加丰富和多样化。

重油转化催化剂得到了越来越广泛的应用，降低汽油烯烃含量和硫含量。同时，随着环保法规的日趋严格以及世界范围对丙烯原料需求的增长，降烯烃和降硫技术取得了较快的发展。

重油催化裂化催化剂。该催化剂应具备良好的焦炭选择性，可抗重金属钒和镍、抗铁、抗碱氮、孔结构合理，同时具有良好的汽提性能和水热稳定性。近年来国内外均对重油催化裂化催化剂机理进行了大量研究。我国重油催化裂化催化剂的主要突破表现在：很强的重油裂化能力、抗重金属污染、极低的干气和焦炭产率。如RIPP开发的Orbit系列和LV-23等，中国石油兰州石化研究院开发的LB系列。我国重油转化催化剂近年来牌号较少的缘故是催化剂多以多产柴油、降烯烃和多产烯烃的牌号出现，但同时具有突出的重油转化能力，而且配方灵活，可根据每套装置的具体要求进行调节。

降汽油烯烃催化剂。在催化裂化汽油降烯烃的几种技术中，降烯烃催化剂是一种投资少、见效快的降低汽油烯烃含量的方法。国内降汽油烯烃FCC催化剂，主要有RIPP开发的

GOR 催化剂和助剂系列(降烯烃 11% ～15%)、中国石油兰州石化研究院的 LBO 催化剂和助剂系列(降烯烃 10% ～20%)、中国石化集团洛阳石化工程公司的 LAP 助剂(降烯烃 10%)。

多产低碳烯烃催化剂。我国 RIPP 从 20 世纪 90 年代初开始了催化裂化多产低碳烯烃的研究,开发了一系列多产低碳烯烃催化裂化工艺(DCC、ARGG、MGG、MIO),并应用 ZSM－5 沸石生产了相应的多产低碳烯烃配套催化裂化催化剂(CRP、RAG、RMG、RFC)。此后,许多研发单位也开发了一些多产烯烃助剂,丙烯收率约为 4% ～6%。

降汽油硫催化剂。通常催化裂化装置进料硫含量为 0.6% ～2.5%,在典型转化率水平下,约 45% 的硫被 FCC 催化剂转化为 H_2S;约 5% 的硫转移到焦炭中,之后转化为再生器烟气中的 SO_x;约 45% 的硫留在轻循环油(LCO)和油浆中;5% 的硫转化为汽油沸程范围内的硫化物。在汽油馏分中,硫的形态主要有低相对分子质量的硫醇硫、噻吩、从甲基到丁基的噻吩、四氢噻吩、苯并噻吩和烷基苯并噻吩等,噻吩和烷基噻吩占汽油中硫化合物约 60%。国外由于燃料清洁化进程较早,各类降硫 FCC 催化剂和助剂发展较快,已基本形成系列产品。国内由于起步较晚,虽然已开始降硫催化剂的研发,但还没有降硫催化剂牌号推出(有助剂投用)。

第二节　催化裂化的原料和产品特点

一、催化裂化原料

催化裂化原料的范围很广泛,大体可分为直馏馏分油和渣油、脱沥青油、回炼油经芳烃抽提后的抽余油、热加工馏分油、加氢处理油等。

1. 直馏馏分油和渣油

催化裂化早期以生产航空汽油为目的,以轻柴油馏分(200 ～350℃)为原料。由于轻柴油溜分可直接作为产品,且需要量很大,所以后来不再用直馏轻柴油作催化裂化原料。

渣油通常是指常压塔底的常压渣油或减压塔底的减压渣油。渣油是原油中最重的部分,它含有大量胶质、沥青质和各种稠环烃类,因此它的元素组成中氢碳比小,残炭值高,在反应中易于缩合生成焦炭。这时产品分布和装置热平衡都有很大影响。原油中的硫、氮、重金属以及盐分等杂质也大量集中在渣油中,在催化裂化过程中会使催化剂中毒,进而也会影响产品分布,同时将加重对环境的污染。由于渣油的残炭、重金属、硫、氮等化合物的含量比馏分油高得多,增加了催化裂化的难度,给催化裂化的操作带来了一系列问题。但是,为了充分利用石油资源和提高原油加工的经济效益,必须对原油进行深度加工。

2. 脱沥青油

渣油溶剂脱沥青技术是一种有效的渣油预处理技术,它在组合工艺中的应用被日益看好,在获得脱沥青油(DAO)和沥青过程中,被看作是从减压渣油制取催化裂化原料的重要途径之一。通常脱沥青油掺入直馏馏分油中作为催化裂化原料。目前有各种各样的溶剂脱沥青工艺,如 ROSE 法、DEMEX 法和 SOLVAHL 法等。目前炼油厂中生产的脱沥青油 70% 以上都作为催化裂化原料。

3. 回炼油经芳烃抽提后的抽余油

催化裂化回炼油(重循环油 HCO)中含有大量的重质芳烃,经溶剂抽提后,芳烃可综合利用,其抽余油作为催化裂化原料。

4. 热加工馏分油

如焦化馏分油（CGO）、高温热解重油、减黏裂化重油等，都可以作催化裂化原料。其中焦化馏分油是催化裂化的主要原料之一。但是，由于它们是已经裂化过的油料，其中烯烃、芳烃含量较多，而且含有硫、氮等杂质，其裂化时转化率低、生焦率高，一般不单独使用，而是和直馏馏分油掺合后作为混合进料，有的则需要经加氢处理才可作为催化裂化原料。

5. 加氢处理油

先经过加氢处理（HT）再作为催化裂化的原料油有许多种。如直馏馏分油、常压渣油、减压渣油、溶剂脱沥青油、焦化馏分油、煤焦油以及催化裂化回炼油等，都可以根据具体的情况先进行加氢处理或加氢脱硫（HDS），然后再进催化裂化装置作为原料。

二、衡量原料性质的指标

催化裂化所能处理的原料虽然范围广泛，但是要维持安全平稳的生产，保证产品质量合乎要求，原料性质在一定时间内保持相对稳定和均匀还是很必要的。如果原料经常频繁变化，则难以控制平稳适宜的操作条件。

通常衡量原料性质的指标有以下诸项。

（1）馏分组成

由原料的馏分组成数据可以判别油的轻重和沸点范围的宽窄。一般来说，当原料的化学组成类型相近时，馏分越重越容易裂化，所需条件越缓和，且焦炭产率也越高。原料的馏分范围窄比宽好，因为窄馏分易于选择适宜的操作条件，不过实际生产中所用的原料通常都是比较宽的馏分。

（2）化学组成

化学组成是指烃类的族组成而言，它是决定催化裂化原料性质的最基础的数据，以往都是进行 PONA（烷烃、烯烃、环烷烃和芳香烃）分析，20 世纪 70 年代以来，以质谱法测定石油高沸点馏分的烃类族组成取得很大进展，馏分油先经硅胶冲洗吸附分离为饱和烃和芳香烃两部分，然后分别进行质谱分析。

原料的化学组成随原料来源不同而异，含环烷烃多的原料容易裂化，液化气和汽油产率都比较高，汽油辛烷值也高，是理想的催化裂化原料。含烷烃多的原料也容易裂化，但气体产率高，汽油产率较低。含芳烃多的原料难裂化，汽油产率更低，且生焦多，液化气产率也较低，尤其是含稠环芳烃高的油料是最差的催化裂化原料。热加工所得油料含烯烃较多，烯烃多易裂化，也易生焦而且产品安定性差。

对于渣油族组成的研究，目前最广泛采用的是四组分分离（SARA）法，即将渣油分为饱和分（S）、芳香分（A）、胶质（R）和沥青质（A_T）。首先采用正庚烷（或正戊烷）为溶剂分离沥青质，然后再以氧化铝为吸附剂，将正庚（戊）烷分为饱和分、芳香分和胶质。

（3）残炭

原料油的残炭值是衡量原料性质的主要指标之一，是用来衡量催化裂化原料焦炭生成倾向的一种特性指标。它与原料的组成、馏分宽窄及胶质、沥青质的含量等因素有关。常规催化裂化原料中的残炭值较低，一般在 0.1% ~ 0.3%。而重油催化裂化是在原料中掺入部分减压渣油或常压渣油，随原料变重，胶质、沥青质含量增加，残炭值增加，造成反应的焦炭产率成倍增加，装置热量过剩，必须有取热设施维持热平衡。

（4）含氮、含硫化合物

含氮化合物，特别是碱性含氮化合物会使催化剂严重中毒，催化剂活性下降，导致轻油收率下降，焦炭产率上升，汽油的安定性下降。硫化物对催化剂活性无明显的影响，但它会增加设备的腐蚀，使产品的硫含量增高，污染环境。

（5）重金属

重金属主要指铁、钒等金属，它们以金属有机物的形式存在，分为可挥发性和不可挥发性两种。可挥发性金属有机物相当于一个平均沸点为620℃的化合物，可进入作为催化裂化原料的减压馏分油中。不可挥发的重金属化合物为一种液体悬浮在渣油中，它们需要经过处理才能作为催化裂化的原料。在催化裂化过程中这些重金属几乎全沉积在催化剂上，具有脱氢作用，促使产品中氢气和焦炭产率增加，而液体产品或汽油产率下降，产品质量变差。其影响程度在常规催化裂化中镍最强，钒铁相似，相当于镍的1/4，通常以镍当量（μg/g）或银（铁）当量表示在原料中或催化剂上的重金属含量。因此，当加工重金属含量高的原油时，这些油料需经预处理才能作为催化裂化原料。

$$镍当量（\mu g/g）= Ni + \frac{1}{4}(V + Fe) \tag{6-1}$$

$$钒（铁）当量（\mu g/g）= 4Ni + (V + Fe) \tag{6-2}$$

三、产品的特点

催化裂化产品有气体（包括干气和液化气）、汽油、轻循环油（轻柴油 LCO），有的装置还生产油浆（澄清油 DO），其中间产品是重循环油（回炼油 HCO）。当所用原料、催化剂及反应条件不同时，所得产品的产率和性质也不相同。但总的来说催化裂化产品与热裂化相比具有很多特点。

1. 气体

催化裂化装置副产大量的液化气和干气。在一般工业条件下，干气的产率为3%～6%，液化气的产率为8%～15%。气体中所含组分有氢气、硫化氢、C_1～C_4烃类，氢气含量主要决定于催化剂被重金属污染的程度，H_2S 则与原料的硫含量有关，C_1为甲烷，C_2为乙烷、乙烯，以上物质称为干气，约占气体总量的10%左右。

2. 液体产品

催化裂化汽油产率为40%～60%。由于其中有较多烯烃、异构烷烃和芳烃，所以辛烷值较高，一般为90～93（RON）。因其所含烯烃中 α-烯烃较少，且基本不含二烯烃，所以安定性也比较好。

催化裂化汽油是车用汽油的主要组分，目前我国催化裂化汽油约占车用汽油的60%～80%，远高于国外水平，由于我国原油以石蜡基为主，掺炼渣油多，使得催化裂化汽油中烯烃含量高，这是导致我国车用汽油烯烃含量超标的直接因素，已经成为制约我国清洁汽油质量的关键。

催化裂化轻柴油（轻循环油）在我国作为一种商品轻柴油的混兑组分，一般与直馏柴油混合使用，其产率为20%～40%，因其中含有较多的芳烃［约为50%，甚至高达80%（随渣油掺炼率的增加而上升）］，所以十六烷值较直馏柴油低得多，只有35左右。此外，催化裂化柴油的硫、氮含量偏高，致使柴油的安定性变差。

催化裂化回炼油一般是指产品中343～500℃的馏分油（又称重循环油，HCO），它可以重返反应器作回炼油，也可以作为一种重柴油产品的混合组分使用，但 HCO 回炼可以增加轻柴油产率，目前，国内多数炼油厂是作回炼油使用。当采用柴油生产方案，单程转化率较低时，会有相当一部分重循环油生成。而当采用汽油生产方案单程转化率很高时，重循环油产量较少。

澄清油是从催化裂化分馏塔底出来的渣油经油浆沉降器沉降分离得到。一般来说，掺炼渣油原料的澄清油要比馏分油原料的澄清油密度大，芳烃和胶质含量高，残炭值也高。

澄清油因其中含有大量芳烃是生产重芳烃和炭黑的好原料。

3. 焦炭

催化裂化的焦炭沉积在催化剂上，不能作产品。常规催化裂化的焦炭产率约为 5% ~ 7%，当以渣油为原料时可高达 10% 以上，视原料的质量不同而异。

第三节　烃类的催化裂化反应

催化裂化过程是将原料在适宜的操作条件下，通过催化剂的作用转化成各种产品，而每种产品的数量和质量则决定于组成原料的各类烃在催化剂上所进行的化学反应。为了更好地控制生产达到高产优质的目的，就必须了解催化裂化反应的实质、特点以及影响反应的有关因素。

一、催化裂化的化学反应类型

裂化原料油的组成非常复杂，它是各种结构烃类的混合物。因此，可能发生的化学反应也是多种多样的，主要化学反应包括：裂化反应、异构化反应、氢转移反应、芳构化反应等。

1. 裂化反应

裂化反应是 C—C 键断裂反应，反应速度较快，是催化裂化的主要反应，几乎各种烃类都能进行，特别是烷烃和烯烃。

（1）烷烃

烷烃(正构烷烃和异构烷烃)裂化生成烯烃及小分子的烷烃。

$$C_nH_{2n+2} \longrightarrow C_mH_{2m} + C_pH_{2p+2}$$

式中　$n = m + p$

举例：

$$C{-}C{-}C{-}C{-}C{-}C{-}C \longrightarrow C{-}C{-}C{-}C + C{=}C{-}C$$

　　　　正庚烷　　　　　　　　　正丁烷　　　丙烯

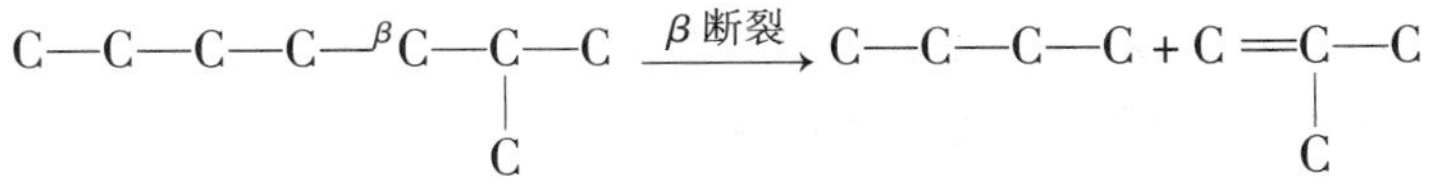

2 - 甲基庚烷　　　　　　　　正丁烷　　异丙烯

（2）烯烃

烯烃(正构烯及异构烯)裂化生成两个较小分子的烯烃。其裂化反应规律与烷烃相似，而且烯烃分解速度比烷烃高得多。虽然直馏原料不含烯烃，但其他烃类一次分解都产生烯烃，所以在催化裂化过程中，烯烃的分解反应占有重要地位。

$$C_nH_{2n} \longrightarrow C_mH_{2m} + C_pH_{2p}$$

式中　$n = m + p$

（3）烷基芳烃

烷基芳烃脱烷基反应：

$$\text{ArC}_n\text{H}_{2n+1} \longrightarrow \text{ArH} + \text{C}_n\text{H}_{2n}$$

烷基芳烃的烷基侧链发生断裂反应：

$$\text{ArC}_n\text{H}_{2n+1} \longrightarrow \text{Ar\,C}_m\text{H}_{2m-1} + \text{C}_p\text{H}_{2p+2}$$

（4）环烷烃

环烷烃裂化生成烯烃：

$$\text{C}_n\text{H}_{2n} \longrightarrow \text{C}_m\text{H}_{2m} + \text{C}_p\text{H}_{2p}$$

式中　$n = m + p$

举例：

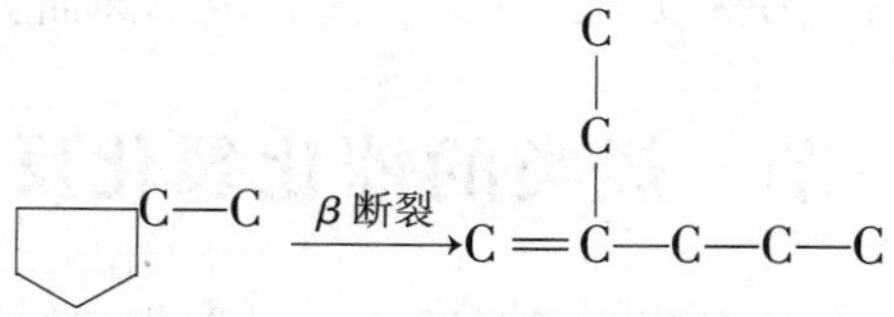

乙基环戊烷　　　　　　　　2－乙基－1－戊烯

如果环烷烃所带侧链较长时，则可能断侧键。如：

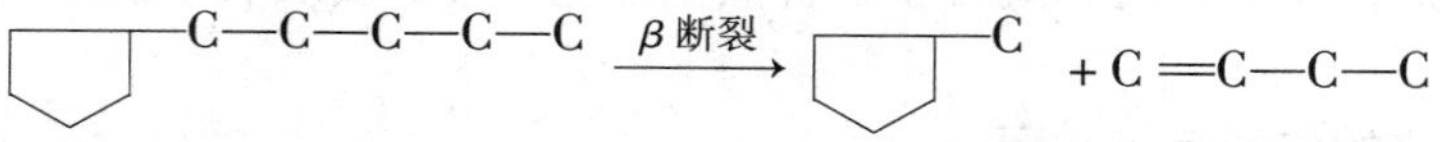

戊基环戊烷　　　　　　甲基环戊烷　　　1－丁烯

（5）环烷－芳烃

环烷－芳烃裂化时，可以是环烷烃开环断裂，或者是环烷烃与芳环连接处断裂。

（6）芳烃

不带取代基的芳烃由于芳环稳定不易打开，在典型的催化裂化条件下，裂化反应速度很慢。但烷基芳烃很容易断侧链，而且断链是发生在芳环与侧链相连的 C—C 键上，生成较小的芳烃和烯烃。如：

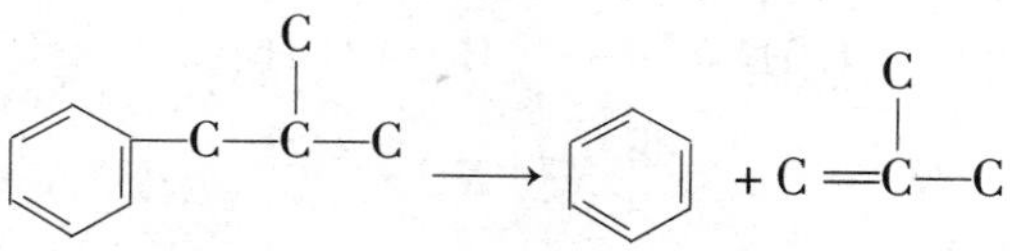

异丁基苯　　　　　　　　苯　　异丁烯

这种裂化反应又称为脱烷基反应。侧链越长，异构程度越大时，越易脱落。而且至少要有 3 个碳的侧链才易脱落，脱乙基比较困难，单环芳烃不能脱甲基，而只能进行甲基转移反应，只有稠环芳烃才能脱掉一部分甲基。

2. 异构化反应

它是在相对分子质量大小不变的情况下，烃类分子发生结构和空间位置的变化。在催化裂化过程中异构化反应较多，其反应方式有三种。

（1）骨架异构

分子中碳键重新排列，包括直链变为支链，支链位置发生变化，五元环变为六元环，都属于骨架异构。如：

二甲基环戊烷　　甲基环己烷

226

$$C-C-C=C \longrightarrow \begin{array}{c} C \\ | \\ C-C=C \end{array}$$

$$\text{1-丁烯} \qquad\qquad \text{异丁烯}$$

（2）双键移位异构

烯烃的双键位置由两端移向中间，称为双键移位异构。如：

$$C-C-C-C-C=C \longrightarrow C-C-C=C-C-C$$

$$\text{1-己烯} \qquad\qquad\qquad \text{3-己烯}$$

（3）几何异构

烯烃分子空间结构的改变，如顺烯变为反烯，称为几何异构。如：

$$\begin{array}{ccc} C & C \\ \backslash & | \\ H-C=C-H & \longrightarrow & H-C=C-H \\ & & | \\ & & C \end{array}$$

$$\text{2-顺丁烯} \qquad\qquad \text{2-反丁烯}$$

3. 氢转移反应

某烃分子上的氢脱下来立即加到另一烯烃分子上，使之饱和的反应称为氢转移反应。它主要发生在有烯烃参与的反应，氢转移的结果生成富氢的饱和烃及缺氢的产物。

$$3C_nH_{2n} + C_mH_{2m} \longrightarrow 3C_nH_{2n+2} + C_mH_{2m-6}$$
$$\text{（烯烃）}\quad\text{（环烷）}\qquad\text{（烷烃）}\qquad\text{（芳烃）}$$

$$4C_nH_{2n} \longrightarrow 3C_nH_{2n+2} + C_nH_{2n-6}$$
$$\text{（烯烃）}\qquad\text{（环烷）}\qquad\text{（芳烃）}$$

$$3C_mH_{2m-2} \longrightarrow 2C_mH_{2m} + C_mH_{2m-6}$$
$$\text{（环烯）}\qquad\text{（环烷）}\qquad\text{（芳烃）}$$

$$\text{烯烃} + \text{焦炭前身} \longrightarrow \text{烷烃} + \text{焦炭}$$

氢转移是催化裂化特有的反应，反应速度也比较快。它不同于一般的氢分子参加的脱氢和加氢反应，而是活泼的氢原子的转移过程。在氢转移过程中，供氢的如果是烷烃则会变成烯烃，是环烷烃则变成环烯烃，进一步成为芳烃，而烯烃接受氢又会转化成烷烃，二烯烃变为单烯烃。如：

$$\begin{array}{c} \bighexagon\!-\!C \end{array} + C-C=C-C \longrightarrow \begin{array}{c} \bighexagon\!-\!C \end{array} + C-C-C-C$$

$$\text{甲基环己烷} \qquad \text{2-丁烯} \qquad \text{甲基环己烯} \qquad \text{正丁烷}$$

若是分子较大的烯烃或芳烃则将会在环化与缩合的同时放出氢原子，使烯烃和二烯烃得到饱和，而其本身最后变为焦炭。

所有可能供氢的烃分子中，带侧键的环烷烃上环的脱氢是主要的氢来源，而二烯烃最易接受氢转化为单烯烃。所以催化裂化产品中二烯烃很少，就是因为有氢转移反应所至。

实验证明温度和催化剂活性对氢转移反应影响很大。如果要生产碘值低的汽油，则可采用较低的反应温度和活性较高的催化剂，以便促进氢转移反应，降低汽油中的烯烃含量。若要提高汽油辛烷值，则应采用高反应温度，以加速分解反应，抑制氢转移反应，使汽油中烯含量增加。

4. 芳构化反应

所有能生成芳烃的反应都属子芳构化反应，它也是催化裂化的主要反应。如：六元环烷烃经脱氢可生成芳烃，五元环烷烃先异构化成六元环再脱氢，烷烃裂化生成烯烃，烯烃环化再脱氢，最后都能生成芳烃。例如：

2－庚烯　　　　　　甲基环己烷　　　　　甲苯　　　（供氢转移加氢）

5. 叠合反应

叠合反应是烯烃与烯烃合成大分子烯烃的反应。随叠合深度的不同可能生成一部分异构烃，但继续深度叠合最终将生成焦炭。不过由于与叠合相反的裂化反应占优势，所以催化裂化过程叠合反应并不显著。

6. 烷基化反应

烯烃与芳烃或烷烃的加合反应都称为烷基化反应。烷基化与叠合一样，都是裂化反应的逆反应。

$$烷烃 + 烯烃 \longrightarrow 烷烃$$
$$烯烃 + 芳烃 \longrightarrow 烷基芳烃$$

7. 缩合反应

缩合是有新的 C—C 键生成的相对分子质量增加的反应，主要在烯烃与烯烃、烯烃与芳烃及芳烃与芳烃之间进行。

综上所述，原料中各类烃进行着复杂交错的反应，其结果一方面使大分子裂化成较小的分子，得到气体、液态烃及汽油、柴油，同时也使小分子叠合，脱氢缩合成大分子直至焦炭。催化裂化产品所具有的各种特点，也正是由于这些反应所至。

二、催化裂化反应的特点

1. 气－固非均相反应

烃类的催化裂化反应属于气－固非均相反应。原料油进入反应器首先要汽化成气态，然后在催化剂表面上进行反应，其反应过程包括 7 个步骤。

① 原料分子从主气流中扩散到催化剂表面；
② 接近催化剂的原料分子沿催化剂微孔向催化剂内部扩散；
③ 原料分子被催化剂表面吸附；
④ 被吸附的原料分子在催化剂的表面上进行化学反应；
⑤ 生成物分子从催化剂上脱附下来；
⑥ 脱附下来的生成物分子沿催化剂微孔向外扩散；

⑦ 生成物分子从催化剂外表面再扩散到主气流中，然后离开反应器，如图 6－7 所示。

对于碳原子数相同的各类烃，它们被吸附的顺序为：

稠环芳烃 > 稠环环烷烃 > 烯烃 > 单烷基侧链的单环芳烃 > 环烷烃 > 烷烃。

图 6－7　催化裂化反应过程示意图

同类烃则相对分子质量越大越容易被吸附。

化学反应速度大小的顺序为：

烯烃 > 大分子单烷基侧链的单环芳烃 > 异构烷烃与烷基环烷烃 > 小分子单烷基侧链的单环芳烃 > 正构烷烃 > 稠环芳烃。

228

从上面的吸附顺序和反应速度的顺序来看并不一致，反应速度较快的烃类，由于不易被吸附也会影响它反应的进行。不过催化剂表面上各类烃被吸附的数量除与它被吸附的难易有关外，还与它在原料中的含量有关。

原料中的稠环芳烃，由于它最容易被吸附而反应速度又最慢，因此，吸附后牢牢的占据了催化剂表面，阻止其他烃类的吸附和反应，并且由于长时间停留在催化剂上，进行缩合生焦不再脱附，所以，如果原料中含稠环芳烃较多时，会使催化剂很快失去活性。

2. 平行 – 顺序反应

烃类的催化裂化反应同时又是一个复杂的平行 – 顺序反应。即原料在裂化时，同时朝着几个方向进行反应，这种反应叫做平行反应。同时随着反应深度的增加，中间产物又会继续反应，这种反应叫做顺序反应。重质原料油的催化裂化反应情况如图 6 – 8 所示。

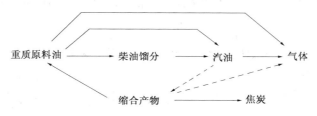

图 6 – 8　重质原料油的催化裂化反应(虚线表示次要反应)

平行 – 顺序反应的一个重要特点是反应深度对各产品产率的分配有着重要影响，即随着反应时间的增长，转化率不断提高，最终产物气体和焦炭的产率会一直增加，而汽油的产率会在开始时增加，经过一个最高点后又下降。这是因为达到一定反应深度后，再加深反应，汽油进一步分解成气体的速度已高于生成汽油的速度。同样，对于柴油产率来说，也像汽油产率曲线一样会出现一个最高点，只是这个点出现在转化率较低的时候。习惯上称初次反应产物再继续进行的反应为二次反应。

催化裂化的二次反应是多种多样的，它们对产品的产率分布影响较大，其中有些反应对产品的产率和质量是有利的，有些则是不利的。如反应生成的烯烃再经异构化生成辛烷值更高的异构烃，或与环烷烃进行氢转移反应生成稳定的烷烃和芳烃等，这些反应都是所希望的。而烯烃进一步裂化为干气或小分子烯烃(如丙烯、丁烯)经氢转移饱和，以及烯烃及高分子芳烃缩合生成焦炭等反应则是不希望的。因此，在催化裂化生产中应适当控制二次反应的发生。

三、催化裂化反应机理

对烃类在催化剂上所发生的各种反应，其历程比较满意的解释是正碳离子学说，即正碳离子机理。

所谓正碳离子是烃分子中有一个碳原子的外围缺少一对电子，因而形成带正电的离子，如：

$$\text{R}\overset{\text{H}}{\underset{+}{\overset{..}{:}\text{C}:\text{CH}_n}}$$

催化裂化中各种类型的反应都要经过原料烃分子变成正碳离子的阶段，所以催化裂化反应实际上就是各种正碳离子的反应。

正碳离子的形成是烯烃的双健中有一个被断开同时加上一个质子（H^+），而质子是加在原来含氢多的碳原子一边，这样就使含氢少的另一个碳原子缺少一对电子而成为正碳离子。

因此，由中性分子最初形成正碳离子的条件必须是：一要有烯烃；二要有质子。

烯烃：如果原料中含有二次加工产物，如焦化馏分油等，则可提供烯烃。如原料中本来不含烯烃，也会由饱和烃在催化温度下因热反应而产生烯烃。

质子：可由催化剂的酸性中心提供，质子是氢原子失去电子后的状态，因而带正电以 H^+ 表示。这里不把它叫做氢离子，因为它存在于催化剂的活性中心上，并不能离开催化剂表面而自由行动，当烯烃吸附在催化剂表面时，在一定温度下就与质子化合形成正碳离子。

下面以正十六烯的催化裂化反应为例来说明正碳离子机理：

① 正十六烯从催化剂表面或已生成的正碳离子处获得一个 H^+ 而生成正碳离子。

$$C_{16}H_{32} + H^+ \longrightarrow C_5H_{11} \overset{\overset{\displaystyle H}{|}}{\underset{+}{C}} C_{10}H_{21}$$

$$或\ C_{18}H_{32} + C_3H_7^+ \longrightarrow C_5H_{11} \overset{\overset{\displaystyle H}{|}}{\underset{+}{C}} C_{18}H_{21} + C_3H_6$$

$$C_5H_{11} \overset{\overset{\displaystyle H}{|}}{\underset{+}{C}} \overset{\alpha}{} CH_2 \overset{\beta}{} C_9H_{19} \longrightarrow C_5H_{11} - CH = CH_2 + \underset{+}{CH} - C_8H_{17}$$

② 大的正碳离子不稳定，容易在 β 位断裂，称为"β 断裂"，生成一个烯烃和一个正碳离子，这就是裂化反应。只有主链中碳数 >5 时才容易断裂，裂化后生成的产物至少是 C_3 以上的分子，所以，催化产品中 C_1、C_2 含量较少（但催化反应下难免伴有热裂化反应发生，因此总有部分 C_1、C_2 生成）。

③ 生成的正碳离子是伯正碳离子，很不稳定，易于变成仲正碳离子，然后进行"β 断裂"甚至继续异构化为叔正碳离子后再进行"β 断裂"，因此催化裂化产品中异构烃很多，如：

$$\underset{+}{CH_2} - C_8H_{17} \longrightarrow CH_3 - \underset{+}{CH} - C_7H_{18}$$

$$\longrightarrow CH_3 - CH = CH_2 + \underset{+}{CH_2} - C_5H_{11}$$

$$或\ CH_3 - CH_2 - CH_2 - CH_2 - CH_2 - CH_2 - CH_2 - CH_2 - \underset{+}{CH_2} \longrightarrow$$

$$CH_3 - CH_2 - CH_2 - CH_2 - CH_2 - CH_2 - CH_2 - \underset{+}{CH} - CH_3$$

$$\longrightarrow CH_3 - \overset{\overset{\displaystyle }{}}{\underset{\underset{\displaystyle CH_3}{|}}{\underset{+}{C}}} \overset{\alpha}{} CH_2 \overset{\beta}{} CH_2 - CH_2 - CH_2 - CH_2 - CH_3$$

正碳离子的稳定程度是：叔碳 > 仲碳 > 伯碳。

④ 较小的正碳离子与烯烃、烷烃、环烷烃之间的氢转移反应，使小正碳离子变成小分子烷烃，而中性烃分子变成新的正碳离子，接着再进行各种反应，从而使原料不断变成产品，如：

230

$$CH_3-\underset{\underset{+}{|}}{\overset{\overset{CH_3}{|}}{C}}-CH_3 \ + \ H_2C \diamond CH-CH_2-CH_3 \longrightarrow$$

$$CH_3-\underset{\overset{|}{CH_3}}{CH}-CH_3 \ + \ H_2C \diamond \overset{+}{C}-CH_2-CH_3 \longrightarrow$$

⑤ 正碳离子和烯烃结合在一起生成大分子的正碳离子，即叠合反应。如：

$$CH_3-\underset{\underset{+}{|}}{\overset{\overset{H}{|}}{C}}-CH_3 \ + \ H_2C=CH_2-CH_2-CH_3 \longrightarrow$$

$$CH_3-CH-CH_2-\underset{\underset{+}{|}}{\overset{\overset{CH_3}{|}}{C}}-CH_2-CH_3$$

⑥ 各种反应最后都由正碳离子放出质子 H^+，还给催化剂而自己变成烯烃，使反应终止。如：$H_3C-\underset{\underset{+}{|}}{\overset{\overset{H}{|}}{C}}-CH_3 \longrightarrow H^+$（催化剂）$+ H_3C-HC=CH_2$

因为伯正碳离子于极易转变成仲正碳离子，放出质子后就形成 β 烯烃，所以，催化裂化产品中很少有 α - 烯烃。

四、催化裂化反应的热效应

在催化裂化的反应条件下，上述烃类所能发生的各类化学反应中，凡属裂化类型的反应（例如：裂化包括断侧链、断环、脱氢等反应）都是吸热反应；而合成类型的反应（例如：氢转移、缩合等反应）都是放热反应。但这里最主要的反应是裂化反应，而且它的热效应比较大。因此，催化裂化总的热效应表现为吸热反应。

催化裂化的反应热数据是比较难于准确确定的，因为反应热的大小与原料的组成、转化深度、反应温度以及催化剂的类型等都有关系，因此不易确切表示。

五、影响催化裂化的主要因素

任何生产装置都希望达到高产、优质、低消耗的生产目的，催化裂化也不例外。但是，要满足这一要求，必须具备各方面的有利因素，如：理想的原料、优良的催化剂、先进的装置设备以及适宜的操作条件。而原料、设备及催化剂对一套固定的装置来说它们是客观存在，不能作为调节手段。因此，要搞好生产主要是掌握操作条件对反应深度、产品分布和产品质量的影响规律，从而根据对各种产品的需求，恰当地调整操作。

1. 催化裂化反应过程中的有关概念

（1）转化率

从概念上来讲转化率应该是原料转化为产品的百分率，是表示反应深度的指标。如果以原料油为100，则：

$$转化率(质量分数) = (100 - 未转化的原料)/100 \times 100\%$$

式中，"未转化的原料"是指沸程与原料油相当的那部分油料，实际上它的组成及性质已经不同于新鲜原料。

在科研和生产中常常采用下式来表示转化率：

$$转化率 = 气体产率 + 汽油产率 + 焦炭产率$$

只用气体、汽油、焦炭三种产物产率的总和来表示转化率并不能准确地反映催化裂化的反应深度，因为柴油馏分也是反应产物。这种表示转化率的方法是由于最初催化裂化多以柴油为原料，汽油为目的产物所至，至今人们仍延续这种传统的表示方法。

（2）产品分布

原料裂化所得各种产品产率的总和为100%，各产率之间的分配关系即为产品分布。

一般来说是希望尽量提高目的产物"汽油和柴油"的产率，而限制副产品"气体和焦炭"的产率。应该指出的是，虽然我们不希望产生过多的焦炭，但是它的产率太低也不行，因为装置的热源是靠烧焦来提供的，如果焦炭产率过低两器热平衡无法维持，就需要提高原料预热温度或喷燃烧油以弥补热量的不足。

产品分布与原料性质和催化剂的选择性有密切关系，所以，在生产中应根据原料与所用催化剂的不同控制好操作条件，在适宜的转化率下取得合理的产品分布。

（3）循环裂化

工业上为了使产品分布合理，以获得较高的轻质油收率常采用回炼操作。即限制原料转化率不要太高，使一次反应后生成的与原料沸程相近的中间馏分，再返回反应器重新进行裂化，这种操作方式也称为循环裂化，这部分油称为循环油或回炼油。有的将最重的渣油（或称油浆）也进行回炼，这时称为全回炼。

相当于回炼油的馏分，可以作为重柴油产品生产，最重的渣油部分经澄清除去催化剂也可以作为澄清油生产，这时就叫作无回炼操作，或单程裂化。

循环裂化中反应器的总进料量包括新鲜原料量和回炼油量两部分，回炼油（包括回炼油浆）量与新鲜原料量之比称为回炼比，即：

$$回炼比 = \frac{回炼油量}{新鲜原料量} \qquad (6-3)$$

总进料量与新鲜原料量之比称为进料比。

$$进料比 = \frac{总进料量}{新鲜原料量} = \frac{新鲜原料量 + 回炼油量}{新鲜原料量} = 1 + 回炼比 \qquad (6-4)$$

在回炼操作中，转化率有单程转化率与总转化率之分，产品产率也有单程产率和总产率之分。

一般所说的产品产率都是对新鲜原料而言，即总产率。

$$总转化率 = \frac{气体 + 汽油 + 焦炭}{新鲜原料} \times 100\% \qquad (6-5)$$

单程转化率是指总进料一次通过反应器的转化率。

$$单程转化率 = \frac{气体 + 汽油 + 焦炭}{总进料} \times 100\% \qquad (6-6)$$

2. 影响因素分析

通常对催化裂化生产的要求是希望转化率比较高，这样可以提高装置的处理能力，对产品分布希望干气、焦炭的产率低些，液化气、汽油、柴油的产率高些。产品质量则希望汽油辛烷值高、安定性好，柴油十六烷值高。但这些要求往往是相互矛盾的，若提高转化率，干气及焦炭产率就要随之提高，多产柴油必然减少汽油和液化气产率，提高辛烷值就会降低柴油十六烷值。

掌握操作因素对各方面的影响以便根据不同的要求处理好这些矛盾。

影响催化裂化反应的主要因素有：反应温度、反应时间、剂油比、反应压力。

（1）反应温度

反应温度对反应速度、产品分布、产品质量都有极大的影响。

温度高则反应速度加快，能提高转化率。但是，温度对热裂化反应速度的影响比对催化裂化反应速度的影响大得多。例如，温度每提高10℃，催化裂化反应速度约提高11%～20%，而热裂化的反应速度则提高约为60%～80%。因此，当温度提高到500℃以上时，热裂化反应的比重逐渐增大，致使气体中 C_1、C_2 增多，产品的不饱和度增大。不过即使如此，仍以催化裂化反应为主。

由于催化裂化为平行－顺序反应，而反应温度又对各类反应的反应速度有不同的影响，因而改变反应温度会影响产品分布和产品质量。如转化率不变，提高反应温度，汽油及焦炭降低，而气体产率增加，如图6－9所示。

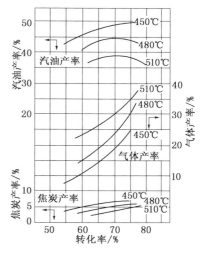

图6－9　反应温度、转化率对
产品分布的影响
（原料为克拉玛依原油320～570℃馏分）

由于提高反应温度对促进裂化反应（生成烯烃）和芳构化反应速度提高的程度高于氢转移反应，因而使汽油中的烯烃和芳烃含量提高，故汽油的辛烷值提高，一般工业生产装置的反应温度常根据生产方案的不同采用460～520℃。

（2）反应时间

在床层反应中，用空间速度（简称空速）来表明原料与催化剂接触时间的长短。由于催化裂化反应是在催化剂表面上进行的，所以空速越高就意味着反应时间越短，反之反应时间越长。在流化催化裂化中多用质量空速，即：

$$空速 = \frac{总进料量(t/h)}{反应器分布板以上催化剂量t} \qquad (6-7)$$

空速的单位为 h^{-1}，故空速的倒数称为假反应时间。

在提升管反应器内，催化剂密度很低，几乎呈活塞式流动并通过反应器，空速很高且不易测定，所以，提升管催化裂化的反应时间是以油气在提升管内的停留时间表示。

由于提升管催化裂化采用了高活性的分子筛催化剂，故所需反应时间很短，一般只有1～4s即可使进料中的非芳烃全部转化，特别是在反应开始时速度最快，1s以后转化率增长便趋于缓和。反应时间过长，会引起汽油、柴油的再次分解导致轻油收率降低。因此，为了避免二次反应，通常在提升管出口处设有快速分离装置，以便使油剂迅速分开，终止反应。

（3）剂油比

催化剂循环量与总进料量之比称为剂油比，用 C/O 表示。

$$C/O = \frac{\text{催化剂循环量(t/h)}}{\text{总进料量(t/h)}} \qquad (6-8)$$

增加剂油比可以提高转化率，因为在焦炭产率一定时，剂油比增大就意味着反应器内催化剂上的平均炭含量降低，即实际活性增高。

剂油比增加，会使焦炭产率升高，这主要是由于提高了转化率。另外，进料量不变，剂油比增加就说明催化剂循环量加大，因而使汽提段负荷增大，汽提效率降低，也相当于提高焦炭产率。

（4）反应压力

反应压力对催化裂化过程的影响主要是通过油气分压来体现的。实验数据表明，当其他条件不变时，提高反应器的油气分压，可提高转化率，但同时焦炭产率增加，汽油产率下降，液态烃中的丁烯产率也相对减少。

提升管催化裂化沉降器顶部压力根据压力平衡的需要一般为 0.12~0.2MPa(表)。

以上所进行的这些因素分析只是定性的，如果把这些复杂的关系定量地关联起来，建立起动力学模型，则将对装置的设计及生产操作的控制都是非常有利的。现在已经有不少行之有效的动力学模型出现，例如，三集总动力学模型及威克曼等研究的十集总模型等，可参见石油炼制过程反应动力学及其他有关书籍。

第四节　催化裂化催化剂

催化剂是一种能使在一定条件下，从热力学角度判断有可能发生的化学反应改变其反应速度的物质。它可以加快某些反应的速度，也可以抑制另一些反应的进行。起加快反应速度作用的称为正催化作用，减慢的称为负催化作用。而对那些热力学上没有可能进行的反应则不起作用。同时对可逆反应它相等地加速正向和逆向反应，也就是不改变反应的平衡。例如，在通常的反应条件下，从热力学角度来判断，烃类可以进行分解、异构化、芳构化、氢转移、叠合、烃化等多种反应，但反应速度各异，这样就可以利用催化剂选择性地加速这些反应中所希望的反应，而抑制那些不希望发生的反应，从而达到提高产品质量改善产品分布的目的，这是热裂化过程所达不到的。例如，为了提高汽油辛烷值，设法使催化剂能选择性加速异构化反应，而抑制氢转移反应和不饱和烃进一步脱氢生焦的反应。

据许多研究结果表明，催化剂在反应过程中虽参与反应，但在反应终了时最终产品中并不含有催化剂的组分，而且催化剂的量及组成仍保持不变。

催化剂之所以能加快反应速度是因为它改变了化学反应的历程，降低了活化能，使原料分子更容易达到活化状态所至。根据阿累尼乌斯方程：

$$K = Ae^{-E/RT} \qquad (6-9)$$

式中　K——反应速度常数，即反应物浓度为 1 时的反应速度；

　　　A——频率因子；

　　　E——活化能，kJ/mol；

　　　e——自然对数的底；

　　　T——反应温度，K。

由式(6-9)可知，在一定温度下，活化能越低，反应速度越高，而且由于 E 是处于指数项位置，所以影响更为显著。

一、裂化催化剂的种类、组成和结构

工业裂化催化剂自 1936 年问世以来，已经历了数十年的发展。工业上所使用的裂化催化剂虽品种繁多，现将工业上曾经使用过的有代表性裂化催化剂加以介绍，即天然白土裂化催化剂、全合成硅酸盐裂化催化剂、半合成硅铝裂化催化剂和沸石裂化催化剂。

1. 天然白土裂化催化剂

白土催化剂是经过酸化处理的天然白土，也叫活性白土。白土是一种结构稳定性能优良的天然固体酸性材料。天然白土催化剂中性能最好的是酸处理膨润土催化剂，其主要成分是蒙脱土（$4SiO_2 \cdot Al_2O_3 - H_2O$）。蒙脱土为层状结构，层间距离为 $0.4 \sim 1.4nm$。未经酸处理的白土裂化活性很低。所谓酸化处理，通常是用稀硫酸溶解其所含杂质，再经水洗除去，最后进行干燥和焙烧使之活化。

这种天然白土催化剂的活性是由细小的孔隙结构决定的，所以不仅与其氧化硅和氧化铝的组成有关，而且取决于水的存在。在焙烧时去掉白土表面吸附的水分能提高活性，但是去掉其结构水（或称化合水）则会降低或丧失活性，因为这部分水能在催化剂中生成离子状态的氢原子，因此是催化剂活性的重要组成部分。

天然白土催化剂制造成本低，但活性、稳定性均较差。随着科学技术的发展早已被合成催化剂所取代。然而，作为催化裂化催化剂的载体仍应用不少。

2. 人工合成硅酸盐裂化催化剂

人工合成的硅酸铝裂化催化剂，其主要化学成分与天然白土相同，主要是硅酸钠（水玻璃）、硫酸铝等化工原料制成的 $SiO_2 \cdot Al_2O_3$，无定形结构，称为无定形硅酸铝催化剂。人工合成的硅酸铝催化剂的内孔表面积高出天然白土催化剂 10 倍以上，具有更好的裂化活性。全合成硅酸铝催化剂比表面积为 $600m^2/g$，孔径约为 $5nm$，有助于馏分油分子进入催化剂孔隙中进行反应，生成较小的分子产物。用合成方法制备出的硅酸铝催化剂，具有强酸性中心，有较强的催化裂化反应能力。合成硅酸铝催化剂依其铝含量的不同又分为低铝和高铝两种，低铝硅酸铝催化剂含 Al_2O_3 10% ~ 13%，高铝硅酸铝含 Al_2O_3 约 25%，它们的大致组成见表 6-1。

表 6-1　合成硅酸铝催化剂的组成

成　　分	低　铝	高　铝	成　　分	低　铝	高　铝
干基/%			Fe	0.04	0.05
SiO_2	86	74	SO_4^{2-}	0.5	0.5
Al_2O_3	13	25			
Na_2O	0.03	0.03	615℃灼烧减量（湿基）/%	12	12

无定形合成硅酸铝催化剂具有很多不规则的微孔。它的颗粒密度约为 $1000kg/m^3$，孔体积达 $0.4 \sim 0.6mL/g$，即每粒催化剂中微孔所占体积为整个催化剂体积的一半左右。这些微孔的直径大小不一，平均孔径约为 $40 \sim 70Å（1Å = 10^{-10}m）$。由于这些微孔结构使硅酸铝催化剂具有很大的表面积，新鲜催化剂的比表面积可达 $500 \sim 700m^2/g$，活性中心就分布在这些表面上，所以这些表面为化学反应提供了可靠的场所。在催化裂化过程中，由于高温及水蒸气的作用，会使这些微孔遭到破坏，平均直径增大，而比表面积减小，活性降低，这种现象称为老化。

在沸石裂化催化剂没有大量使用之前，工业上所用的裂化催化剂几乎全部是合成硅酸铝催化剂。比较早期使用的是低铝硅酸铝裂化催化剂，其 Al_2O_3 含量为 $10\% \sim 13\%$。后来，由于市场上对汽油辛烷值要求不断提高，又发展了高铝硅酸铝裂化催化剂，其 Al_2O_3 含量为 $24\% \sim 26\%$。

3. 半合成硅酸铝裂化催化剂

半合成硅酸铝裂化催化剂，是结合了全合成硅酸铝裂化催化剂和天然白土裂化催化剂两者的优点而发展成功的一类裂化催化剂。半合成硅酸铝催化剂是氧化硅、氧化铝和经过处理的白土化合而成的。由于其中含有合成的硅铝组分，因此改进了天然组分所不足的活性和选择性。由于其中混入了天然黏土，因此也提高了催化剂的抗烧结、老化或失活的能力。半合成硅酸铝催化剂的主要特点是氧化铝含量高，与全合成硅酸铝催化剂比较孔径大，比表面积及孔体积均较小，活性相近，但成本低，价格便宜。对一些原料油含重金属较高的催化裂化装置，催化剂受重金属污染比较严重，需要经常卸出部分平衡剂，并不断补充新鲜催化剂的场合，这种半合成硅酸铝裂化催化剂更加适宜。

4. 沸石裂化催化剂

沸石裂化催化剂与无定形的硅酸铝裂化催化剂相比，具有更高的活性和选择性。它是60 年代发展起来的一种新型的高活性催化剂。它的出现使流化催化裂化工艺发生了很大变化，装置处理能力显著提高，产品产率及质量都得到改善。

按照沸石裂化催化剂中采用的沸石类型、基质组成、使用性能等的不同，形成了不同品种的沸石裂化催化剂。结晶型泡沸石又称为分子筛，是一种具有规则晶体结构的硅铝酸盐，在它的晶格结构中排列着整齐均匀、大小一定的孔穴，只有小于孔径的分子才能进入其中，而直径大于孔径的分子则无法进入。由于它能像筛子一样将直径大小不等的分子分开，因而得名分子筛。

分子筛的化学组成可以用通式表示为：

$$M_{2/n}O \cdot Al_2O_3 \cdot xSiO_2 \cdot yH_2O$$

式中　M——分子筛中的金属离子；

　　　n——金属的原子价，如钠为一价、钙为二价、稀土为三价；

　　　x——SiO_2 的摩尔数（亦即硅铝比 SiO_2/Al_2O_3）；

　　　y——结晶水的摩尔数。

目前工业上用作催化剂的主要是 X 型和 Y 型分子筛，这两种分子筛的晶体结构完全相同。

X 型和 Y 型分子筛的晶胞化学式见表 6 - 2。

表 6 - 2　X 型和 Y 型分子筛的晶胞化学式

分子筛类型	晶 胞 化 学 式	分子筛类型	晶 胞 化 学 式
X 型	$Na_{88}[(AlO_2)_{88}(SiO_2)_{100}] \cdot 264H_2O$	Y 型	$Na_{55}[(AlO_2)_{55}(SiO_2)_{100}] \cdot 250H_2O$

它们晶胞中四面体总数都是 192 个，金属离子则分布在大笼子内的内表面上和六角棱柱上。

用于催化裂化过程的分子筛大多是经过稀土离子（RE）交换，或铵离子与稀土离子共同交换的 X 型和 Y 型两种。稀土矿物是同时含有稀土族镧、铈、钕等多种元素的，在制造催化剂时不需分离而是使用混合稀土盐进行离子交换。

236

工业上所用的分子筛催化剂中一般只含有 5% ~20% 活化后的分子筛，也可以更多些，其余是载体。不使用纯粹的分子筛作催化剂的原因是：

① 因为分子筛的活性比无定形硅酸铝高得多。如果使用纯粹的稀土分子筛作催化剂，用量必然很小，这样在生产装置中热量传递会有困难，因为流化催化剂还要起热载体作用。

② 因为分子筛的孔径均一，原料中烃分子大小各异，比孔径大的分子进不到筛孔里去，因而无法进行反应。

③ 分子筛制造工艺比较复杂，因而成本高。

如果将分子筛均匀地分散在载体上，不仅能使其更好地发挥催化作用，而且可使大于分子筛孔径的烃分子先在载体上进行初步反应，待变小后再进入分子筛内进行反应。同时有了载体使催化剂用量增多便可以解决热量的传递问题。此外由于载体的存在还可以提高分子筛对热、蒸汽和机械磨损的稳定性，并且降低了制造成本。

载体就是无定形硅酸铝，通常是分子筛按一定的比例加入到硅酸铝的凝胶中形成均匀的混合物，再按流化床所要求的颗粒大小和筛分组成制成微球催化剂。半合成分子筛催化剂的载体即半合成硅酸铝。

我国沸石分子筛裂化催化剂的工业化生产始于 20 世纪 70 年代中期，开发出了高质量的 Y 型分子筛、稀土 Y 型分子筛（REY）催化剂，其质量达到了当时的国际先进水平。由于我国石油资源紧张，作为石油深度加工的重油催化裂化一直备受重视。20 世纪 80 年代初我国第一代重油催化裂化催化剂问世，它以大孔道、低比表面积、低活性的半合成（或全白土）为基质，代替高表面有活性的无定形硅酸铝为基质的新型半合成稀土 Y 型分子筛催化剂。由于新型分子筛催化剂更加突出了分子筛的优良反应性能，而半合成（也包括全白土）担体更适合重油大分子裂化及抗镍污染，使得该催化剂的重油裂化性能更加优异。20 世纪 80 年代初、中期开始，重油催化裂化催化剂更多是对于新型 Y 型分子筛的开发，包括选择性优良的超稳 Y 型分子筛（USY、DASY、RSY）催化剂，能兼顾活性和选择性的改性稀土氢 Y 型分子筛（REHY）催化剂。20 世纪 90 年代中期开始，新一代复合型超稳 Y 型分子筛重油催化剂已朝着重油裂化活性高、选择性好（对干气和焦炭）、水热稳定性强、原料适应能力广泛、抗重金属能力高、目的产品多样化、汽油辛烷值高、耐磨性好的方向全方位发展。进入 21 世纪以来，降低汽油烯烃和硫含量、降低 SO_x 排放等的新型环境友好的重油催化裂化催化剂得到迅速发展。表 6 - 3 列出了国产沸石类催化剂。

二、裂化催化剂的使用性能

一个性能优异的催化剂，除了具有较高的活性及选择性以获得产率高、质量好的目的产品外，还应性能稳定，具有较强的抗污染、耐磨损和水热失活能力，并且还应有很好的流化性能和再生性能。为了使催化剂满足这些要求，需要按照一系列的性能指标来鉴定和控制它的质量。

1. 物理性质

（1）密度

催化剂有三种表示密度的方法，即：骨架密度、颗粒密度和堆积密度。

骨架密度：它是扣除颗粒内微孔体积时的净催化剂密度，又称真实密度，其值约为 $2080 ~2300 kg/m^3$。

颗粒密度：是指单个颗粒包括孔体积在内的密度，它与孔隙度有关，孔隙度大时颗粒密度小，一般为 $900 ~1200 kg/m^3$。

表 6-3　国产沸石类催化剂

年代		牌号	活性组分/基质	特点
70年代		Y-9 LWC-23	REY/SiO₂-Al₂O₃	用于床层裂化,沸石含量低,活性适中
		偏Y-15 LWC-33 CGY(共Y-15)	REY/SiO₂-Al₂O₃	常用于提升管裂化,沸石含量一般
80年代		Y-7 CRC-1 KBZ	REY/Al₂O₃-白土	用于掺渣油的重油裂化、半合成、高密度、抗重金属能力较强
		LB-1	REY-白土	高密度,原位晶化
		LC-7	REY/SiO₂-Al₂O₃-白土	半合成,中密度,活性高
		ZCM-7 CHZ-7	REUSY(DASY)/REUSY(SRNY) /Al₂O₃-白土	用于重油裂化,焦选择性优,轻油产率高
20世纪 90年代		LCS-7	LREHY/SiO₂-Al₂O₃-白土	中堆积密度,焦产率低,轻油产率高
		LCH-7	REUSY(RSDAY)/Al₂O₃-白土	高活性USY,用于重油裂化,焦选择性优,汽油辛烷值高
		RHZ-200 CC-14 CC-15	LREHY/SiO₂-Al₂O₃-白土	用于掺渣油原料,中堆积密度,焦产率低,轻油产率高
		RHZ-300	LREHY/Al₂O₃-白土	用于掺渣油原料,活性选择性均优,轻油产率高,抗氮性好
		Orbit-3000 Orbit-3300 Orbit-3600	复合REUSY/Al₂O₃-白土	活性高,选择性好,渣油改质能力强；轻油产率高,汽油辛烷值高；活性选择性均优,抗钒污染,渣油改质能力强
		Comet-400	REUSY,ZRP/Al₂O₃-白土	C₃⁼、液化气产率高
		LAN-35 CC-16,17,18,19	复合REUSY/Al₂O₃-白土	活性高,选择性好,渣油改质能力强；活性高,选择性好
		CC-20	REUSY,ZRP/Al₂O₃-白土	活性高,选择性好,汽油辛烷值高
		MIC-500系列	DM-2,4/Al₂O₃-白土	多产柴油,轻油产率高,干气和焦产率低,活性稳定性高,塔底油低,抗镍/钒污染
		LAV-23	复合REUSY/Al₂O₃-白土	活性高,抗钒污染能力强
		ZC-7000 ZC-7300 LK-98	复合DR/Al₂O₃-白土	用于重油裂化（沸石活性高,稳定性高,选择性好）
		CC-22	REUSY/Al₂O₃-白土	
		RAG-7	ZRP-复合Y-Al₂O₃-白土	ARGG工艺用催化剂
		RGD-1		MGD工艺用催化剂
		CMOD-200		可满足MGD工艺之要求
		LBO-12		降低FCC汽油烯烃,辛烷值持平
21世纪 初期		DVR-1 LVR-60	REHY/DM/REUSY/Al₂O₃-白土	重油转化能力强,干气和焦产率低
		CR005	REHY/DM/REUSY/PTI基质	活性高,重油转化能力强,焦选择性优
		CHZ-3.4	ZRP/REHY/REUSY/Al₂O₃	重油转化能力强,汽油收率高
		GOR系列 LGO	ZRP/DM/REHY/REUSY/Al₂O₃	活性高,重油转化能力强,汽油烯烃低
		DOCO		降低FCC汽油烯烃能力强

　　堆积密度：是指催化剂堆积时,包括微孔和颗粒间的空隙在内的密度。堆积密度和颗粒堆积的方式有关。一般为 $400\sim900\mathrm{kg/m^3}$。将一定质量的催化剂装入量筒,经摇动后待刚刚全部落下时,立即读取体积计算所得的密度,称为充气密度,或疏松密度。上述量筒中的催化剂静置 2min 后,再读体积所计算出的密度,称为沉降密度。将量筒中的催化剂在桌子上

礅实至体积不再减小时，读取体积计算出的密度，称为密实密度或压紧密度。

（2）筛分组成和机械强度

流化床所用的催化剂是大小不同的混合颗粒，大小颗粒所占的百分数称为筛分组成或粒分布。微球催化剂的筛分组成是用气动筛分分析器测定的，流化催化裂化所用催化剂的粒度范围主要是 20～100μm 之间的颗粒，其对筛分组成的要求有 3 个，即：①易于流化；②气流夹带损失小；③反应与传热面积大。

平衡催化剂的筛分组成主要决定于补充的新鲜催化剂的量、粒度组成、催化剂的耐磨性能和在设备中的流速等因素。一般工业装置中平衡催化剂的细粉与粗粒含量均较新鲜催化剂为少，这是由于有细粉跑损和有粗粒磨碎的缘故。

催化剂的机械强度用磨损指数表示。磨损指数是将一定量的催化剂放在特定的仪器中，用高速气流冲击 4h 后，测经磨损生成小于 15μm 颗粒的质量百分数，通常要求该值不大于 2。催化剂的机械强度过低，催化剂的耗损大，过高则设备磨损严重，应保持在一定范围内为好。

（3）结构特性（孔体积、比表面和孔径）

孔体积也就是孔隙度，它是多孔性催化剂颗粒内微孔的总体积，以 mL/g 表示。

比表面积是微孔内外表面积的总和，以 m^2/g 表示。在使用中由于各种因素的作用，孔径会变大，孔体积减小，比表面积降低。新鲜 REY 分子筛催化剂的比表面积在 400～700m^2/g 之间，而平衡催化剂降到 120m^2/g 左右。

孔径是微孔的直径。硅酸铝（分子筛催化剂的载体）微孔的大小不一，通常是指平均直径，由孔体积与比表面积计算而得。公式如下：

$$孔径(\text{Å}) = 4 \times \frac{孔体积}{比表面积} \times 10^4$$

分子筛催化剂的结构特性是分子筛与载体性能的综合体现。半合成分子筛催化剂由于在制备技术上有重大改进，致使这种催化剂具有大孔径、低比表面积、小孔体积、大堆积密度、结构稳定等特点，工业装置上使用时，活性、选择性、稳定性和再生性能都比较好，而且跑损少并有一定的抗重金属污染能力。

2. 催化剂的使用性能

（1）活性和稳定性

活性是指催化剂促进化学反应的能力，它是以欲测催化剂和标准原料在规定的条件下进行反应来测定的，对不同类型的催化剂反应条件和测定方法也有区别。有关裂化催化剂的活性评价方法大致有：固定床活性评价方法、微反活性评价方法、固定流化床活性评价方法和循环流化床活性评价方法。

稳定性是表示催化剂在使用条件下保持活性的能力。一般新鲜催化剂在开始投用的一段时间内活性下降很快，降低到一定程度后，缓慢下来，因此初活性不能真实反映生产情况。

在生产过程中催化剂反复进行反应和再生，由于高温及水蒸气的作用使催化剂表面结构的某些部分遭到破坏，活性会下降。通常是在一定条件下（分子筛催化剂是在常压 800℃ 用水蒸气处理 4h 或 17h，硅酸铝催化剂是在 750℃ 通蒸汽 6h）使催化剂老化，然后再测定其活性并与新鲜催化剂的活性（初活性）相比，由活性下降的情况来评价催化剂的稳定性，老化后活性降低的越少说明催化剂的稳定性越好。高铝硅酸铝催化剂的稳定性优于低铝硅酸铝催化剂，分子筛催化剂的稳定性更高，分子筛本身的稳定性与它的硅铝比有关，硅铝比高的稳定性好，所以 Y 型分子筛比 X 型分子筛催化剂稳定性好。分子筛催化剂的载体性能对催化剂的稳定性也有很大影响。

由于生产过程中催化剂会有一部分损失，故需要定期补充一定量的新鲜催化剂，所以在生产装置中的催化剂活性可能保持在一个稳定的水平上，这时的活性称为平衡催化剂活性。平衡催化剂活性的高低取决于催化剂的稳定性和新鲜催化剂的补充量。

（2）选择性

选择性是表示催化剂增加目的产物（轻质油品）和减少副产物（干气与焦炭）的选择反应能力。

衡量催化剂选择性的指标很多，一般以增产汽油为标准，主要指标是裂化效率，即汽油产率与转化率的比，裂化效率高表明催化剂的选择性好。也有的用汽油与干气、汽油与焦炭或汽油与干气加焦炭的产率的比值来表示催化剂的选择性。

分子筛催化剂的选择性优于无定形硅酸铝催化剂，在焦炭产率相同时，使用分子筛催化剂的汽油产率可高出 15% ~20%。

（3）抗金属污染性能

催化剂抗重金属污染性能对重油催化裂化催化剂是一项十分重要的使用性能，抗重金属污染模拟试验则是一套十分复杂的评价方法，多用于催化剂的开发研究中。

原料中含有的铁、镍、钒、铜等金属以有机金属化合物的形态存在，在反应中分解沉积在催化剂表面上会降低其选择性，使产品分布变坏，汽油、液化气产率下降，干气及焦炭产率上升。最明显的是富气和干气中氢含量增加。

分子筛催化剂抗金属能力较强，尤其是半合成分子筛催化剂。这主要是因为分子筛活性高，反应时间短，重金属的氧化物来不及脱氢，裂化反应已经完成了的缘故。

三、裂化催化剂助剂

为了改善催化裂化的生产，在催化裂化过程中，除使用裂化催化剂外，还先后发展了多种起辅助作用的助催化剂（简称助剂），以适应原料不断变重和充分发挥分子筛催化剂高活性的特点，降低再生催化剂（以下简称再剂）的含炭量以及减轻对环境污染等项的要求。

这些助剂均以添加剂的方式加到裂化催化剂中，起到除催化裂化过程外的其他作用，如促进 CO 转化为 CO_2，提高汽油辛烷值，钝化原料中重金属杂质对催化剂活性的毒性和降低再生烟气中 SO_x 的含量等，使得催化裂化过程的操作更具灵活性和多样性。

目前，广泛使用的裂化催化剂助剂主要有：一氧化碳助燃剂、辛烷值助剂、金属钝化剂、钒捕集剂、SO_x 转移助剂、降低再生烟气 NO_x 助剂、降低 FCC 汽油烯烃助剂和降低 FCC 汽油硫含量助剂等。

1. 一氧化碳助燃剂

CO 助燃剂是 CO 燃烧助剂的简称。当使用 CO 助剂时，它可以促进 CO 氧化成 CO_2，实现安全再生，从而使再生催化剂含炭量降低，活性及选择性得到改善，轻油收率增加，并减少 CO 对大气的污染。同时，还起到降低催化剂循环量、减少催化剂消耗和提高轻质油收率等的效果。这一技术已获得广泛使用。

由于分子筛催化剂对焦炭比较敏感，因此，必须使再生催化剂含炭量降到 0.2% 以下才能发挥分子筛高活性的特点。为此需要强化再生过程，但提高再生温度又使 CO_2/CO 之比下降（600℃ 时 CO_2/CO 为 1.0 ~1.2，650℃ 时 CO_2/CO 为 0.5 ~0.75），即增加再生烟气中 CO 含量。这样不仅会使约 10% 的 CO 随烟气排放（无 CO 锅炉的装置），造成对环境的污染，而且损失了能量。特别是使用分子筛催化剂后焦炭产率降低，使再生热量不足，有些装置不得不提高原料预热温度，降低汽提效果，采取油浆回炼或喷燃烧油等措施（掺炼渣油的装置除外），否则无法维持高温再生。

目前使用的一氧化碳助燃剂分为 Pt(Pd)CO 助燃剂和非贵金属 CO 助燃剂两种。

Pt(Pd)CO 助燃剂的活性组分是铂、钯等贵金属，担体是 Al_2O_3 或 $SiO_2 - Al_2O_3$。活性组分金属的含量通常在 $300 \sim 800\mu g/g$。藏量催化剂中当铂的量达到 $1 \sim 2\mu g/g$ 时，就可以使再生烟气中的 CO 含量降至 $1000\mu g/g$ 以下。助燃剂的加入量通常为每吨藏量催化剂中含助燃剂 $2 \sim 5kg$。表 6 - 4 列出了国产主要 CO 助燃剂的理化性能。

表 6 - 4　国产主要 CO 助燃剂的理化性能

系　列　名　称	I	CZ	高强度 5 号	RC
生产厂家	石科院	长岭	石科院	石科院和长岭
物理性质				
比表面积/(m²/g)	>50	>100	>70	110
孔体积/(mL/g)	0.2 ~ 0.3	0.2 ~ 0.4	>0.2	0.24
堆密度/(g/mL)	0.85 ~ 1.05	>0.8	0.9 ~ 1.1	0.13
筛分组成/%				
<40μm	30	≥18	5 ~ 12	25
40 ~ 80μm	40	50	50	
>80μm	30	35		
活性组分	Pt；Pd	Pt	Pt	Pt；Pd
活性组分含量/%	0.01 0.05；0.05	0.009 ~ 0.046	0.005	0.021；0.023
CO 氧化活性[1]				23.8；11.0
CO 相对转化率[2]	>80 <90；>85		>90	

① 在一定操作条件下，固定流化床催化剂再生时产生的 CO_2 与 CO 烟气比。

② CO 相对转化率 $= 100 \times [1 - (1 + R_B)/(1 + R)]$

式中　R_B——无助燃剂时 CO_2/CO 比；

　　　R——有助燃剂时 CO_2/CO 比。

非贵金属 CO 助燃剂，Triadd FCC Additives 公司开发出一种名为 PROMAX2000 的新型助燃剂，是一种不含有 Pt 和任何其他贵金属的 CO 助燃剂，取代上述 CO 直接燃烧的催化作用，这种物质能促进 CO 对 NO 的还原。

$$2CO + 2NO \longrightarrow N_2 + 2CO_2$$

焦炭中的氮在再生器中燃烧最初生成中间体 NO_x，此后与环境中存在的还原剂（CO、NH_3、焦炭）反应。但是，还原程度取决于氧过剩量、温度、焦中 N 含量、停留时间等因素。通过上述机理的有效催化，PROMAX2000 使得 NO_x 还原成 CO 的氧化副产物。由于没有贵金属，PROMAX2000 是一种成本低、效果好的助燃剂。

2. 辛烷值助剂

辛烷值助剂又称辛烷值增进添加剂，它是用来提高催化裂化汽油辛烷值的一类催化剂。辛烷值助剂的用量一般为催化剂量的 1% ~ 3%，具体视对辛烷值增长的需求而定。

国外在 20 世纪 80 年代初采用五元环结构的高硅沸石，如 ZSM - 5 等择形沸石作催化剂的活性组分，而发展成为辛烷值助剂，如 1983 年 Mobil 公司首先将 ZSM - 5 沸石，作为小球裂化催化剂的复合组分应用于一套移动床催化裂化装置，取得了增加汽油辛烷值的突出效果。随后该公司把 ZSM - 5 作为微球催化剂的复合组分或以高沸石含量的单独助剂形式用于

FCC 工业装置，均取得良好的效果。此后很多制造厂利用该沸石制成各种牌号的辛烷值助剂。如 Grace 公司生产出了 OHS 和 GSO 辛烷值助剂。为了减少辛烷值助剂的耗量，Grace 公司通过改进基质的配方来提高 ZSM - 5 的稳定性，生产实际表明，使用这种高稳定性助剂，炼油厂可减少助剂加入量而获得相同的效果。

使用辛烷值助剂的优点体现在：①使用剂量小，见效快（最短 1 天），根据需要还可间断使用；②对各种类型的催化剂均可配合使用；③对各种原料（VGO 和 VR）均可适用；④不影响焦炭、干气和丁二烯产率；⑤同时增加汽油的 MON 和 RON；⑥增加烷基化进料的烯烃产率和生产 MTBE、TAME 的原料——异丁烯和异戊烯的产率。但需要注意的问题是气体产率增加较多，气体压缩机和吸收稳定设备负荷率增大，同时也使烷基化装置负荷增大。

我国从 20 世纪 80 年代初开始辛烷值助剂的研制工作，从 1986 年起在工业上试用 CHO 型辛烷值助剂，使用助剂后轻质油收率降低 1.5% ~ 2.5%，液化气收率增加约 50%；汽油 MON 提高 1.5 ~ 2 单位，RON 提高 2 ~ 3 单位。

3. 金属钝化剂

原油中含有少量的杂环族金属有机物，这些金属化合物主要以卟啉和类似卟啉化合物形式存在于原油中，这类化合物易于挥发，经催化裂化后沉积在裂化催化剂上，使催化剂遭受金属污染，其中镍和钒对催化裂化催化剂的活性和选择性危害最大。金属钝化剂是敷着在催化剂上使用的，它能使沉积在催化剂上的金属钝化，而不降低催化剂活性。

金属钝化剂分为有机金属钝化剂和无机金属钝化剂。就锑基金属钝化剂而言，有机锑剂如硫醇锑、三羧基锑、三苯基锑、二异丙基二硫代磷酸锑等；无机锑剂，即 Sb_2O_5 的胶体溶液。金属钝化剂又分为油溶型和水溶型两种。锑基钝化剂的锑只有沉积在催化剂上才能显示其钝化效果，因而锑在催化剂上的沉积百分率（挂锑率）是一个重要指标。锑基钝化剂已成功地应用于多种类型的工业催化剂（包括超稳沸石催化剂）和不同类型的工业装置。通过对 25 套装置工业标定，平衡剂重金属（4Ni + V）从 6000μg/g 增至 9000μg/g 以上时，氢产率平均降低率 35% ~ 45%。在氢产率降低的同时，焦炭产率也有所降低（15% 左右），汽油产率则增加 2% ~ 5%。

我国一方面引进了 Plullip 公司的钝化剂和钝化技术，另一方面也开发了 MP 系列和 LMP 系列的钝化剂，并分别在几套工业装置中应用。结果表明，当平衡剂上镍为 6000 ~ 7000μg/g，钒为 1100μg/g 时，均可将干气中的氢含量控制在 30% ~ 40%（体），H_2/CH_4 比值在 3.3 以下。

锑剂本来就有毒，含有 S、P 其毒性更大。而且锑易随产品流失或者沉积在设备内，对人体健康有一定影响。为了研制一种不属于锑基的助剂，Gulf 公司于 20 世纪 70 年代即开始研究，后由 Chevron 公司完成，80 年代中期由 Intercat 公司生产了牌号为 CMP - 112 的铋剂，在几套装置中应用，运行数据表明，在降低氢产率和焦炭产率方面两种助剂的钝化效果相差不大，铋剂的用量与锑剂相等或稍多，但钝化成本相对较低。此外，Betz 工艺化学品公司研制了一种名为 DM1152 的非锑基钝化剂，经某个工业装置试验，在镍量基本不变时维持了以前用锑剂的同等产氢水平，作为锑剂的替代物，DM1152 的价格低廉，并且能消除锑剂对人身健康的危害。

4. 钒捕集剂

钒捕集剂（又称固钒剂）其作用机理是使沉积在催化剂上的钒，在再生器环境中生成的五价钒酸与钒捕集剂中的碱性金属（Me = Ca、Mg、Ba、Sr）氧化物化合成为稳定的钒酸盐

（$Me_2V_2O_7$），而失去在颗粒内和颗粒间的流动性，从而避免对沸石的破坏。钒捕集剂可以制成单独的助剂，也可作为催化剂基质中的组分（又称"钒阱"）。

钒捕集剂首先由 Chevron 公司在 70 年代后期开发，钒捕集材料是 Ca 和 Mg 的化合物，捕集剂上的钒含量大致是催化剂上的钒含量的 2～3 倍（捕钒因子 = 2～3）。Davison 化学分部在 1984 年开发的 DVT 型钒捕集剂的捕钒因子达到 6 倍以上。Chevron 公司开发的第二代钒捕集剂对平衡催化活性的保护更加有效，即便是对催化裂化高硫原料，该捕集剂也非常有效。

中国石化石油化工科学研究院最近研制成功的固钒剂 R，是一种固体颗粒添加剂，它与裂化催化剂的物理性质相似，其表观堆积密度为 0.73g/mL，比表面积为 143m^2/g。它与超稳沸石催化剂 ZCM - 7 按适当比例混合，经中试证明具有稳定沸石晶体结构的作用，有利于提高裂化催化剂的抗钒能力。

5. SO_x 转移助剂

SO_x 转移助剂是催化裂化中用于降低再生烟气中硫化物排放的一类助剂，又称为硫转移催化剂。

通常催化裂化原料油中含有 0.3%～3% 的硫，以有机硫化物的形式存在。而在渣油中硫含量可达到 4%，氮含量达 1.0%。经裂化后进料中的硫大约 50% 以 H_2S 形式进入气体，40% 进入液体产品，其余 10% 进入焦炭沉积在裂化催化剂上。在再生器烧焦过程中，焦炭中的硫氧化为 SO_2 和 SO_3，如果随烟气直接排入大气，会对环境造成污染。

控制烟气中 SO_x 排放量的有效措施是采用 SO_x 转移催化剂，它与烟气净化脱硫或原料加氢精制相比成本低很多。SO_x 大致分为两类：一类是脱硫催化剂，即裂化催化剂本身就包含有硫转移活性组分。另一类是添加剂类型的 SO_x 转移剂，它与 FCC 催化剂的物性相似，该类硫转移助剂得到广泛使用，其操作灵活性大。

1949 年美国 Amoco 公司就开始使用硅镁催化裂化催化剂，使焦炭中的硫转化为 H_2S，从而减少了烟气中的 SO_x 排放。之后 Arco 公司开发了氧化铝型的 SO_x 转移剂，接着又开发了 Mg - Al 尖晶石型 SO_x 转移剂。此后由 Arco 和 Katalistiks 共同开发的 DeSOX 剂，并得到了不断完善，目前 DeSOX 剂在 SO_x 转移剂的市场份额中占到 90%。

我国硫转移剂研究始于 80 年代中期，1986 年中国石化石油化工科学研究院开始固体硫转移剂开发研究，2000 年开发出第一代的 RFS 硫转移剂。1999 年洛阳石化工程公司炼制研究所开发出 LST - 1 液体硫转移剂，该剂兼具金属钝化功能，由钝化剂加注系统进入 FCC 装置，具有使用方便、操作灵活的特点。

6. 降低再生烟气的 NO_x 助剂

再生烟气中的 NO_x 来源于 FCC 进料中的有机氮化物，FCC 进料中的氮约 50% 集中在待生剂的焦炭中，碱性氮 100% 进入焦炭。焦炭中的 5%～20% 氮在再生器中氧化为 NO_x，大部分是 NO，剩下的氮转化为 N_2。

控制再生烟气中 NO_x 的排放有两个途径，一是采取再生烟气后置处理技术，即 FCC 再生烟气选择性催化还原（SCR）和选择性非催化还原（SNCR）；二是从源头上减少再生器中 NO_x 的生成，包括使用降低 NO_x 助剂、FCC 进料加氢处理、采用逆流再生器。

选择性催化还原 NO_x 的催化剂是 V_2O_5/TiO_2，也可使用 Pt、Pd 或沸石作催化剂。选择性非催化还原 NO_x 没有催化剂，是高温下用氨或尿素还原 NO_x。在逆流再生器中，待生催化剂和主风逆流进入，待生剂经分布器从顶部均匀进入，空气经分布器从底部进入。在这种情况下，待生剂首先与再生气均匀接触，再生器密相床之上的富炭环境促成 NO_x 还原。

在降低烟气 NO_x 排放方法中，只有使用降 NO_x 助剂无需设置专用设备，这是满足烟气 NO_x 达标排放的最简便、最经济的方法。

近年来 Grace Davison 公司开发了 DeNOx XNOX 降低 NO_x 助剂；AKZO - Nobel 公司开发了 KDNOX - 2001、KNOxDOWN 降低 NO_x 排放助剂；Engelhanrd 公司推出 CLEANOx 降低 NO_x 排放水平助剂。所发表的使用结果表明，NO_x 排放的降低幅度在 40% ~50%。

国内关于降低 NO_x 助剂研究已取得显著成效。洛阳石化工程公司开发的 LDN - 1 降低 NO_x 助剂已在某 FCC 装置上工业应用，工业试验结果表明，该助剂具有良好的脱烟气 NO_x 的能力，NO_x 助剂占藏量的 3%，并且每天按催化剂单耗 3% 补入，可使再生烟气中 NO_x 含量从 1400μL/L 左右降至 600μL/L 以下。当助剂补入量提高到 5% 时，再生烟气 NO_x 含量可降至 330μL/L，脱 NO_x 率达到 75%。

7. 降低 FCC 汽油烯烃助剂

烯烃光化学反应活性高，能促进地面臭氧生成，同时，减少烯烃可使汽车尾气排放中的 NO_x 含量下降。

在我国车用汽油中催化裂化（FCC）汽油占 80% 以上，其烯烃体积含量一般为 40% ~ 60%，造成我国车用烯烃含量远高于汽油新标准。因此，降低 FCC 汽油烯烃含量是降低成品汽油烯烃含量的关键所在。

可以降低 FCC 汽油烯烃含量的工艺方法包括：汽油的加氢精制、醚化、调整 FCC 的操作条件等。中国石化石油化工科学研究院（RIPP）开发的 MIP 工艺、洛阳石化工程公司开发的 FDFCC 工艺，均能较大幅度降低 FCC 汽油的烯烃含量。

采用降低 FCC 汽油烯烃含量的催化剂和助剂，是一种简单易行的方法，它无须对 FCC 装置进行改造就可以较大幅度降低 FCC 汽油的烯烃含量。

洛阳石油化工工程公司炼制研究所开发的 LAP 系列降低 FCC 汽油烯烃含量助剂已在工业应用，并取得了良好的效果，它是一种固体助剂，使用中占催化剂藏量的 5% ~8%，它可使汽油中的烯烃含量降低 5% ~12%。

第一代 FCC 汽油降烯烃助剂 LAP - 1 的活性组分是双金属改性的 ZSM - 5，改性结果是芳构化功能大大加强，沸石的水热稳定性大大提高；第二代降烯烃助剂是在 LAP - 1 的基础上，增强了助剂的氢转移能力和烯烃异构化能力。通过烯烃分子芳构化及选择裂化等二次反应，将烯烃分子转化成芳烃烷烃及小分子烯烃而达到降烯烃的目的；同时芳构化反应为氢转移反应提供氢分子，减少生焦量达到在降低烯烃的同时，保持汽油辛烷值不变或略有提高的目的。LAP - 2 降烯烃助剂分别用于中国石化下属的天津石化分公司、茂名石化分公司、沧州石化分公司的 FCC 装置上，加助剂量为 5%。运行结果表明：天津石化分公司汽油烯烃由 61.0% 降到 49.5%，降烯烃幅度为 11.5%，汽油辛烷值（研究法）提高 1.5 个单位；茂名石化分公司汽油烯烃由 50.8% 降到 42.8%，汽油的 RON 基本不变；沧州石化分公司汽油烯烃由 50.0% 降到 38.0%，汽油的 RON 没有明显变化，汽油的其他性质无不明显变化。

8. 降低 FCC 汽油硫含量助剂

车用汽车中的硫在内燃发动机中燃烧以后，会以 SO_x 方式排入大气。研究表明汽油硫含量增加，汽车尾气中的 HC（烃）、CO、NO_x 和 PM（颗粒物）的排放增加。如果汽油的硫含量

244

从 150μg/g 降至 50μg/g，则 HC 排放量减少 18%，CO 排放减少 19%，NO$_x$ 排放减少 9%，有毒物质排放减少 16%。此外，高的硫含量会缩短汽车尾气催化转化器的寿命，因此对汽油的硫含量限制越来越严格。

降低 FCC 汽油硫含量的工艺方法包括：FCC 原料油的加强脱硫、催化汽油的加氢精制、降低汽油的干点。

采用降低汽油硫含量助剂，在催化裂化过程中使原料油中的噻吩硫转化为 H$_2$S，进入催化干气，达到降低催化汽油硫含量的目的，这是一种既简便又经济的方法。

Grace Davison 开发了催化汽油固体降硫剂 GSR - 1、GSR - 2。第一代产品是 Zn/Al$_2$O$_3$，在欧洲和北美得到广泛应用，在 FCC 催化剂中加入 10% 的 GRS - 1 就可使 FCC 汽油硫含量降低 15% 左右。第二代产品 GSR - 2 的基质为锐钛矿型 TiO$_2$，脱丙基和丁基噻吩的能力远远超过 GSR - 1。

Grace Davison 开发的 GSR - 1 于 1995 年得到工业应用，它的替代产品 D - PriSM™ 在 2001 年走向工业应用。Davison 的汽油降硫剂已在全世界的 20 多个炼油厂工业应用，在适当降低汽油干点情况下，D - PriSM 可使汽油硫含量降低 35%，其在催化剂藏量中占 8% ~ 10%。AKZO 公司最早推出的降低 FCC 汽油硫含量的助剂是 RESOLVE700、RESOLVE750，现在已经发展到 RESOLVE800、RESOLVE850。RESOLVE800 是一种双功能助剂，兼具汽油脱硫和 SO$_x$ 转移功能。

中国石化石油化工科学研究院开发的 FCC 汽油降硫剂由中国石化齐鲁石化公司催化剂厂放大生产，商品牌号为 MS - 011。在中国石化荆门石化分公司 Ⅱ 套重油催化裂化装置上进行试验，所用催化剂为 ORBIT - 3000(JM)，原料油为鲁宁和江汉 VGO 掺炼 CGO、DAO 及部分减压渣油。试验结果表明，该助剂可以较大幅度降低汽油、柴油的硫含量，二者分别下降了 33.38% 和 6.08%。

固体降硫剂在主体催化剂中掺合比例太大，将影响 FCC 产品分布。液体降硫剂兼具金属钝化功能，从钝化剂加注口进入提升管。洛阳石化工程公司炼制研究所开发的 LDS - L1 汽油液体降硫剂，2002 年在中国石化荆门石化分公司 Ⅱ 套重油催化装置上进行了成功应用。使用期间汽油硫含量由 0.09% 降到 0.07%，降硫率为 22% 左右。同时在进料掺渣比略有增加的情况下，液化气、汽油、柴油总收率提高 0.9 个百分点，汽油烯烃降低约 2 个百分点，芳烃增加约 1.2 个百分点。该助剂有钝化功能，使用期间干气的 H$_2$/CH$_4$ 比未出现大的波动。

除上面介绍的助剂之外，国外还开发了渣油裂化添加剂、惰性添加剂、流化助剂、再生温度控制剂以及帮助反应物提升的气体添加剂等。

第五节　流态化基本原理

流态化是指固体颗粒在流体的作用下呈现出与流体相似的流动性能的现象。自然界中就存在流态化现象，如大风扬尘、沙漠迁移、河流夹带泥沙，这都是流态化现象。而采用风选、水簸来分离固体粒子，是人们对流态化现象的具体应用。近代大工业首先使用流态化技术的是 20 世纪 20 年代的粉煤气化。而具有最重要的里程碑的当推第二次世界大战期间，采用流化催化裂化来生产汽油等轻质油品。本节对固体流态化的基本原理和一般现象作简要介绍。

一、流化床的形成和类别

1. 气 - 固流态化过程中颗粒的物理特性与分类

在气 - 固流态化过程中，不同的颗粒具有不同的流态化特性，Squires 做了对比试验，结果见表 6 - 5。

表 6 - 5　Squires 对不同粒径气 - 固流态化对比

粒 度 范 围	5 ~ 100μm	0.45 ~ 5mm
平均粒径	50 ~ 70μm	0.1 ~ 2mm
操作速度 u_f	0.30 ~ 0.90m/s	0.30 ~ 1.50m/s
u_f/u_{mf}	50 ~ 200	3 ~ 10
起始流化床高 L_{mf}	0.50 ~ 5.00	0.50 ~ 1.50m
L_{mf}/D_T	1 ~ 2	0.1 ~ 0.5
床层组成	床层分密相与稀相床，密相床表面是不稳定的	床层密度接近于定值，床层表面比较稳定
气泡性能	大量的气泡，以较均一气径向上运行	大气泡在上升过程中逐渐集聚，气泡直径得到发展
乳化相性能	存在循环运动，低气速下中间上升，四周向下运动	部分循环运动
流化床名称	流化床	搅动床

从表 6 - 16 中看出，不同类型颗粒其流态化特性存在一定差别，并首先表现在流态化域上。因此，需要讨论影响气 - 固流态化的颗粒的主要物性，通过颗粒主要物性引起的流态化特性变化，进行颗粒的分类。

颗粒的主要物性包括：粒径、颗粒密度、颗粒的流化与脱气性能等。

（1）颗粒尺寸与形状因子

对于任意颗粒的颗粒尺寸，在流态化过程中通常使用以下定义：

d_p——筛分尺寸：通过最小方筛孔的宽度尺寸。

d_v——体积直径：与颗粒具有相同体积的圆球直径。

d_{sv}——面积/体积直径：与颗粒具有相同的外表面积和体积比的圆球直径。

对于圆球形颗粒：

$$d_v \approx d_{sv} = d_p$$

对于非圆球型颗粒：

$$d_v \neq d_{sv} \neq d_p$$

因此，常用形状因子 ψ 表明非圆球型颗粒的非球形程度，也称球形度，

$$\psi = d_{sv}/d_v = 与颗粒体积相等的球表面积/颗粒实际表面积。$$

用所有典型非圆球型颗粒的统计平均值。

$$d_v \approx 1.13 d_p$$
$$d_{sv} \approx 0.773 d_v$$
$$d_{sv} \approx 0.87 d_p$$

一般情况，所有颗粒并非是等径的，而是不同粒径的混合物，形成非均一粒径颗粒群，表达非均一粒径颗粒群的粒径常用粒径分布表示，催化裂化催化剂的粒径分布大体接近正态分布。

一般情况新鲜剂规定筛分组成 0 ~ 40μm ≤ 25%；40 ~ 80μm ≥ 50%。在研究工作中多采用激光粒度仪测定，而工业上通常用气动筛分仪测定，因此二者测定结果之间会有一定的出入。

用粒度分布表示颗粒群体的粒径在关联式计算不太方便，常用颗粒群体"代表"粒径，

表达粒径值。在流态化过程中常用的"代表"粒径为调和平均粒径。

$$d_p = 1/\sum(x_i/d_{pi})$$

式中　x_i 为粒径 d_{pi} 的质量分率。

（2）颗粒密度、空隙率及颗粒散体的流动特性

对于催化裂化催化剂的密度分为骨架密度 ρ_s、颗粒密度 ρ_p、堆积密度 ρ_B、充气密度 ρ_{BLP} 及压紧密度 ρ_{BT}。

空隙率是指床层空隙体积与床体积之比。

$$空隙率\ \varepsilon = V_A/V_B = V_A/(V_p + V_A)$$

式中　$V_B = V_p + V_A$

其中，V_p 为颗粒体积；V_A 为颗粒之间空隙的体积。

如果忽略空隙中气体的质量，则：

空隙率 $\varepsilon = (V_B - V_p)/V_B = 1 - V_p/V_B = 1 - (\rho_B/\rho_p)$

休止角：散体堆积层的自由表面在静止平衡状态下，与水平面形成的最大角度。

固体颗粒自然堆放时会形成一个圆锥形斜面，该斜面与水平面所成夹角是一定的，其大小由固粒性质决定，即使尽量往堆顶增加固体颗粒把堆加大，无论如何夹角也不会变大，如图6-10所示。这个夹角就叫做休止角（或称安息角），用 $\theta_休$ 表示。微球催化剂的休止角约为32°。休止角越小的颗粒越易流化，球形颗粒的直径越小其休止角也越小。

内摩擦角：表示散体内部颗粒层间的摩擦特性，是指料仓底部开一个小孔，仓内物料通过该孔自由降落，流动颗粒移动的部分与水平面的交角，即内摩擦角。

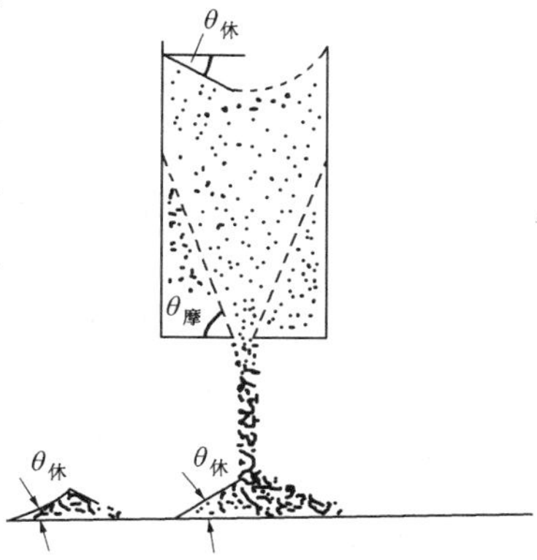

固体颗粒存放在储罐内，当把罐底流出口打开时，颗粒将不断地自孔口向下流出，但向外流出时可以发现在孔口周围有一个静止不动的死区，流动部分和静止部分有一个明显的圆锥形分界面，如图6-10所示。这个圆锥周边和水平面形成的夹角即称为内摩擦角 $\theta_摩$，微球催化剂的内摩擦角约为79°，颗粒的内摩擦角越小越容易流动。

图6-10　固粒的休止角与摩擦角

为了使储罐内催化剂能顺利流出，储罐底部大都制成锥形，锥体斜度必须大于催化剂的休止角，接近内摩擦角。通常储罐锥体斜角多为60°，最小也不应小于45°。

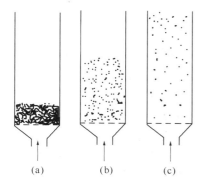

图6-11　流化过程变化

2. 流化床的形成与转化

在一个底部装有流体分布器的筒式容器内放置一定量的微球状固体颗粒，当流体通过分布器进入容器时与固体颗粒均匀混合，在流速适宜时即能形成流化床。如果固体颗粒被吹出，即成为空床；若流体中断，固体颗粒便堆积在容器底部，即成静止（死）床。可见流体速度是保持正常流化的关键。

通过实验（图6-11）发现：当流体通过固体颗粒层时，如流速很小，流体只从颗粒间的缝隙流过，固体颗粒并不运动，这时称为固定床，如图6-11中（a）所示。

247

当流体速度逐渐增加，致使固体颗粒随通过的流体开始向上浮动，这是流化床形成的界限，此时流体的空塔速度称为临界流化速度或最小流化速度，这时的状态为临界流化状态。流体速度继续增大，床层继续膨胀，固体颗粒浮动得也更加激烈，这时所形成的床层是正常的流化床，如图6-11中(b)所示。

当流体流速达到某一值后，再稍有增加，固体颗粒将不再保持在有限的范围内运动，流化床的界面逐渐消失，颗粒随流体一起跑出容器，即成为输送床，如图6-11中(c)所示。这时流体的速度称为最大流化速度。

只有使流体的空塔线速保持在临界流化速度和最大流化速度之间，才能使密相流化床操作正常进行。

3. 临界流化速度和最大流化速度

(1) 临界流化速度 U_{mf}。

临界流化速度是由固体和流体的性质共同决定的。它的大小表示流化床形成的难易程度，临界流化速度越小，越容易流化。

关于 U_{mf} 的计算公式有很多种，而且彼此之间差别也比较大，现只推荐一个常用公式。

$$U_{mf} = \frac{4.08 d_p^1 \cdot 82 (\rho_s - \rho_g) 0.94}{\mu^{0.88} \rho_g^{0.06}} \tag{6-10}$$

式中　　U_{mf}——临界流化速度，m/s；

　　　　d_p——固体颗粒直径，m；

ρ_s、ρ_g——分别为固体颗粒和流体密度，kg/m³；

　　　　μ——流体黏度，mPa·s。

从式(6-10)可见影响临界流化速度的主要有：

① 固体颗粒直径 d_p：d_p 越大，U_{mf} 也越大，越不容易流化。对于非均匀颗粒，如微球催化剂应采用平均直径 $\bar{d}_p$。

$$\bar{d}_p = \frac{1}{\sum x_i / d_{pi}} \tag{6-11}$$

式中，x_i 表示直径为 d_{pi} 的颗粒在全部颗粒中所占质量百分数。

② 流体与团体颗粒的密度与 ρ_s 与 ρ_g：ρ_g 越大越容易流化，而 ρ_s 越大越不易流化。一般微球催化剂的颗粒密度为 900~1200kg/m³，反应器中油气密度约为 4.4kg/m³，再生器中烟气密度约为 0.73kg/m³。

③ 流体的黏度：流体黏度越大越易于流化，油气黏度约为 0.009mPa·s，再生烟气黏度约为 0.038mPa·s。

(2) 最大流化速度 U_{mf}

当流体通过床层的速度大于固体颗粒在流体中的自由沉降速度时，颗粒就不再向下沉降而将被流体带走，所以数值上与颗粒自由沉降速度相等的流体速度即为最大流化速度。

一个固体颗粒在静止的流体中沉降时，将受到3个力的作用。即：自身向下的重力，流体给予向上浮力和颗粒与流体之间因作相对运动而产生的向上摩擦阻力。其中重力和浮力对于一定的颗粒和流体是定值，而摩擦阻力则随颗粒的沉降速度加快而增大。固体颗粒是以等加速度向下沉降的，当沉降速度增加到三个力平衡时(即：重力-浮力-阻力)颗粒则将以等速下沉，此时的速度便是所谓的自由沉降速度或颗粒的终端速度 U_t。

若固体颗粒是在向上运动的流体中沉降，则当流体速度达到颗粒的终端速度时，颗粒将悬浮在流体中不再下沉。如果流体速度超过终端速度，颗粒则将会被流体带走。可见最大流化速度在数值上与颗粒的终端速度相等。对微球催化剂这样的小颗粒常用式(6-12)计算：

$$U_t = \frac{15 d_p^{1.14} (\rho_s - \rho_g)^{0.71}}{\mu^{0.43} \rho_g^{0.29}} \qquad (6-12)$$

式中符号的意义和单位与式(6-11)的符号意义和单位相同。

由于催化剂的颗粒是非均匀的，它的终端速度只能按单个颗粒来说，不能按颗粒的平均直径计算，所以，流化床理论上的最大流化速度应该是指最大颗粒的终端速度。

4. 散式流化和聚式流化

流态化按其状态可分为散式流化和聚式流化两种类型。

（1）散式流化

流化介质一般是液体。当流速高于临界流化速度时随着流速的增加床层平稳地逐渐膨胀，固体颗粒均匀地分布在床层中，即使流速较大时也没有鼓泡或不均匀的现象。因此，这样的床层称为散式流化床，或称均匀流化床和液体流化床，如图6-12(a)所示。但密度较大的固体颗粒在液体介质中也出现聚式流化。

根据固体颗粒与流体运动的特征，散式流化又分为三类。即：经典流态化、广义流态化和加速度的广义流态化。

（2）聚式流化

流化介质一般为气体，在这种流化中有两种聚合状态，如图6-12中(b)所示。一种聚合状态是作为连续相的均匀气-固混合物，该相固体颗粒浓度较大，空隙率较小，称为乳化相；另一种聚合状态是作分散相的气体，它以鼓泡形式穿过床层，并不断长大，称为气泡相。因为床层中有乳化相和气泡相两种聚合状态，故称聚式流化床，或称不均匀流化床和气体流化床。当气泡上升到床面时即破裂，同时向上溅起固体颗粒，其中细粒被气流带到床层上部形成稀相区，有的被带出器外。粗粒则返回床

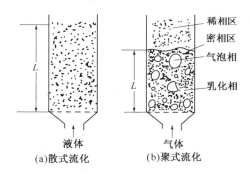

图6-12　流化床的类型

层与原来在床层中运动着的颗粒一起形成密相区，在稀相区和密相区之间具有一个清晰的界面。

流化催化裂化属于气体流化床，即聚式流化床。但当气体速度很低时，对于裂化催化剂这样的颗粒及粒度分布也有一个散式流化阶段，如反应-再生系统（简称反再系统）中的立管、料腿、汽提段等处即属于散式流化中的广义流化状态。

二、气体流化床的一般特征

流化床的压力降恒定现象。气-固流化床，如流化催化裂化这种类型的流化床，其床层压力降与气体速度的关系如图6-13所示。

图中气体速度达 U_{mf} 时床层开始流化，当速度超过最大流化速度 U_{max} 时，固体颗粒全部被带走，成为输送床。所以，流化床的气体速度 U_0 必须在二者之间。即：

$U_{mf} < U_0 < U_{max}$　为密相流化床

$U_0 < U_{mf}$　　　　为固定床

$U_0 > U_{max}$　　　　为输送床

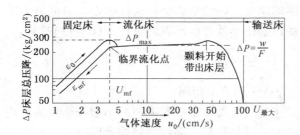

图 6-13 均匀颗粒流化床压力降与气体速度的关系

$1\mathrm{kg/cm^2} = 9.8 \times 10^4 \mathrm{Pa}$

在固定床阶段气体速度较低,床层静止不动,气体从颗粒间的缝隙流过,在这一阶段中随着气体流速的增加,气体通过床层的摩擦阻力也逐渐增大,即压力降 ΔP 随气速 U_0 的增加而增加。当气速增大到一定值时,床层压降等于单位面积床层质量(或床层静压)即 $\Delta P = W/F$。实际要比床层静压 $\Delta P = W/F$ 略高些,因为固定床颗粒之间相互靠紧需要较大的推力才能使床层松动开,故出现图中的驼峰最大压降 $\Delta P_{\max}$,这时,气体把整个床层托起,颗粒位置稍有调整,床层变松,略有膨胀,床层空隙率从原来的 ε_0 增大到 $\varepsilon_{\mathrm{mf}}$,压力降也减低到床层静压力,此刻,床层处于临界流化状态。气体速度为临界流化速度 U_{mf}。

开始流化以后,继续增加气体速度,床层随之膨胀,颗粒间缝隙增大,这时的床层空隙率等于床层空隙体积与床体积之比,以 ε 表示,即:

$$\varepsilon = \frac{\text{床层空隙体积}}{\text{床体积}} \qquad (6-13)$$

床层压力降仍等于床层静压力,即密相流化床的压力降不随气体流速变化而改变。这是流化床的一个重要特征。

正是基于这点,才可以通过测量床层压降来了解床层密度、藏量和料位高度。

$$\text{床层压降} \ \Delta P = \frac{W}{F}, \quad \mathrm{kg/m^2} \qquad (6-14)$$

式中　W——床层中固体颗粒的总质量,kg。

又 $\qquad\qquad\qquad w = FH\rho \qquad (6-15)$

式中　F——床层截面积,$\mathrm{m^2}$;

　　　H——床层高度(即料位高度),m;

　　　ρ——床层密度,$\mathrm{kg/m^3}$。

实际上,气体流化床的压力降是在图 6-13 中所表示的直线上下波动的,这从测量中也能看出来。压力降的波动是因为从分布板(或分布管)进入的气体形成气泡,在向上运动的过程中气泡不断成长,到床面处气泡破裂影响所至。当气体线速增加到更高时,固体会被气体携带出床层和流出设备之外。因而,床层保留的固体藏量会越来越少,床层密度继续减小。所以,总压降反而随气速的增大而下降,直至使密相流化床转变为稀相输送床。

三、催化剂输送

催化剂输送属于气-固输送,它是靠气体和固体颗粒在管道内混合呈流化状态后,使固体运动而达到输送目的的。由于气-固混合的密度不同,其输送原理也不一样,故气-固输送可分为两种类型,即稀相输送和密相输送。这两种输送的分界线并不十分严格,通常约以密度 $100\mathrm{kg/m^3}$ 作为大致的分界线。例如,催化裂化装置的催化剂大型加料、大型卸料、小型加料、提升管反应器、烧焦罐式再生器的稀相管等处均属于稀相输送。而催化裂化装置的密相提升管、立管、斜管、旋分器料腿以及汽提段等处则属于密相输送。

1. 稀相输送特点

稀相输送中由于垂直管与水平管输送过程受到重力作用不同,垂直管与水平管输送存在一定差别。

（1）垂直管稀相输送的特征

颗粒群在垂直管内受气流与颗粒间相互作用，颗粒以蛇形运动，同时气流速度的大小直接影响气流中颗粒的空隙率（输送管的空隙率）。由于气体和固体颗粒在管中运动过程的摩擦损失等影响，形成管路压降。该压降与气速、气体中颗粒夹带量有直接的关系。

稀相输送时能量损耗包括：

① 气体与管壁间的磨损；

② 固体颗粒与管壁的磨损；

③ 加速气体运动与加速颗粒群所消耗的能量；

④ 克服垂直管中气体与固体颗粒群的自身重力作用也称为静压。

（2）水平管稀相输送的特征

水平管稀相输送时，由于流动状态为水平方向，管内垂直方向静压为零，因此，其 $\Delta P / \Delta L$ 与 U_f 的规律与垂直管稀相输送也有差别。水平管稀相输送的能量消耗仅与垂直管稀相输送的前三项有关，没有第四项。

（3）输送中的噎噻和沉积现象

稀相输送也称为气力输送，它是靠气体的流动来推动固体颗粒而进行输送的。因此，气体必须有足够高的线速度。如果气体速度降低到一定程度，颗粒就会从气流中沉降下来，这一速度就是气力输送的最小极限速度，而气力输送的流动特性对在垂直管路和水平管路中是不完全相同的。

在固体流率不变的情况下，垂直管路中随着气速的降低，颗粒上升速度迅速减慢，因而使管路中颗粒的浓度增大，当达到某一点时，悬浮物分布不均匀且不稳定，最后造成管路突然堵塞。此点称为噎噻点，此时，固体向上流动便从稀相过渡到密相，出现噎噻点时的流体气速称为噎噻速度。

在水平管路中，当气速减低到一定程度时，开始有部分固体颗粒沉于底部管壁，不再流动，这时空截面的气体速度称为沉积速度。虽然沉积速度低于颗粒的终端速度，但并不是一达到沉积速度就立刻使管路全部堵塞，而是由于部分颗粒沉于底部管壁使有效流通截面减小，气体在上部剩余空间流动，实际线速仍超过颗粒的终端速度，使未沉降的颗粒继续流动，只是输送量减小。如果进一步降低气速，颗粒沉积越来越厚，管子有效流通截面越来越小，阻力相应地逐渐增大，固体输送量也越来越少，最后才完全堵塞。

倾斜管路的输送状态介于水平和垂直管路之间。当倾斜度在45°角（管子与水平线的夹角）以下时，其流动规律与水平管相似，但颗粒比在水平管路中更易沉积。

在气动输送系统中，从能耗、管线磨损和颗粒磨损等方面考虑，要求气体流速尽可能低。因此，在稀相输送过程中，对于垂直管输送的气体速度由噎噻速度确定，对于水平管输送时气体速度由沉积速度确定。

实验表明，用空气提升微球催化剂时的噎噻速度约为 1.5m/s。

实际的气力输送系统常常是既有垂直管段又有水平和倾斜管段，对粒度不等的混合颗粒，沉积速度约为噎噻速度的 3～6 倍，所以操作气速应按大于沉积速度来确定，以免出现沉积或噎噻。但气速也不宜过高，因气速太高会使压降增大，损失能量造成严重磨损，一般操作气速为 8～20m/s。催化裂化的提升管反应器及烧焦罐稀相管等处属于稀相输送。提升管油气进口处的线速一般为 4.5～7.5m/s，由于反应使油的分子变小，分子数增加，体积加大使出口线速达到 8～18m/s。同时催化剂颗粒也被加速到接近油气的速度。但由于催化剂的密度比气体大得多，故在气流中有向下沉降的倾向。因此，它的速度总是要比气体速度低些，这种现象称为滑落现象。气体速度 U_0 与催化剂速度 U_s 之比称为滑落系数。在催化剂被加速以后其速度近似等于气体速度与其自由沉降速度（即终端速度 U_t）之差。即：

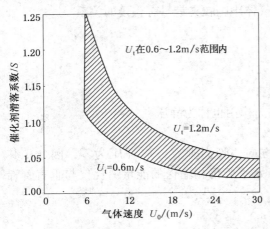

图 6 – 14　垂直管中催化剂
滑落系数与气速的关系

$$滑落系数\ S = \frac{U_0}{U_s} = \frac{U_0}{U_0 - U_t} > 1 \quad (6-16)$$

由此可见随着气体速度的增加，被气体加速的催化剂颗粒速度也增加，因此滑落系数减小，逐渐趋近于 1。垂直管中催化剂的滑落系数与气体速度的关系如图 6 – 14 所示。

对气速较低的情况（如小于 5m/s）可粗略的取滑落系数为 2。由图 6 – 14 可见。当气速达到 20m/s 以后，催化剂的滑落系数接近于 1，说明在提升管反应器内催化剂与油气几乎是同向等速向上运动，很少返混，大大减少了二次反应，克服了床层反应的缺点。只是在预提升管段，由于蒸汽量较小，应注意维持这段的气体速度 ≥ 1.5m/s，以防出现噎噻。

2. 稀相输送管路压降

气 – 固混合物在管路中快速流动时产生的压力损失称压力降。因为气 – 固混合物流动情况复杂，其压力降的计算方法很不一样，差别也比较大。

这里介绍三种简化法：

方法一：

静压头　　　　　　　　$\Delta P_1 = L(1.5\rho_m)g$

固体颗粒加速压降　　$\Delta P_2 = \rho_m U_{f2}^2/2$

摩擦压降　　　　　　　$\Delta P_3 = 79 \times 10^{-5} \times L\rho_m U_f^2 g/d_T$

方法二：

静压头　　　　　　　　$\Delta P_1 = G_s Lg/U_s$

固体颗粒加速压降　　$\Delta P_2 = G_s U_{f2}$

摩擦压降　　　　　　　$\Delta P_3 = 2 \times f_g(L/d_T)\rho_g U_f^2(1 + G_s/G_g)$

方法三：

$$\Delta P = \rho_g(1 + G_s/G_g)U_f^2 + \rho_g L_g(1 + G_s/G_g) \times [1 + 17.5(d_T/L)^{1/2}]$$

此外，在这里介绍一下埃索研究工程公司推荐的方法。

稀相输送管路的压力降包括三个部分：

① 起点和终点间的气固料柱静压 ΔP_1（Pa）：

$$\Delta P_1 = 9.8 \times H \cdot \rho_{混} \quad (6-17)$$

式中　H——两点间的垂直距离，m；

　　　$\rho_{混}$——管内气固混合密度，kg/m³。

$$\rho_{混} = (G_{气} + G_{固})/(V_{气} + V_{固}) \quad (6-18)$$

$G_{气}$、$G_{固}$——分别为气体和固体颗粒的质量流率，kg/h；

$V_{气}$、$V_{固}$——分别为气体和固体颗粒的体积流率，m³/h。

通常，$G_气 \leqslant G_固$、$V_固 \leqslant V_气$，所以式(6-18)可以简化为：

$$\rho_混 = G_固 / V_气 \qquad (6-19)$$

式(6-19)适用于滑落系数为1时的情况，如果考虑滑落，则：

$$\rho_混 = SG_固 / V_气 \qquad (6-20)$$

S 值可查图6-14得到。

② 由催化剂颗粒被加速以及由转向、出口等引起的压力降 ΔP_2(Pa)：

$$\Delta P_2 = 9.8 \cdot N \cdot u^2 \rho_混 / 2g \qquad (6-21)$$

式中　N——系数(加速催化剂 $N=1$；出口损失 $N=1$；每转弯一次 $N=1.25$)；

　　　u——气体速度，m/s；

　　　$\rho_混$——滑落系数为1时的气固平均混合密度，kg/m^3；

　　　g——重力加速度，9.81m/s^2。

③ 气-固混合物在管道中流动时产生的摩擦损失 ΔP_3(Pa)：

$$\Delta P_3 = 77.42 \times 10^4 \times L/D \times \rho_混 U^2 \qquad (6-22)$$

式中　L——管线长度，m；

　　　D——管线内径，m；

　　　$\rho_混$——滑落系数为1时的气固平均混合密度，kg/m^3；

　　　U——气体平均线速，m/s。

所以气力输送时的总压降：

$$\Delta P_总 = \Delta P_1 + \Delta P_2 + \Delta P_3 \qquad (6-23)$$

3. 密相输送

流化催化裂化的反应器和再生器之间必须有大量的催化剂循环，因为催化剂为了维持一定的活性不仅需要周期性地反应和再生，而且它还要起到热载体的作用，即取热和供热。流化催化裂化装置的催化剂循环采用的是密相输送的办法。如提升管催化裂化装置中斜管和立管的催化剂输送，Ⅳ型催化裂化装置的U形管输送就属此类。一般认为，在输送管中固体浓度约 400~600kg/m^3 称为密相输送。

固体颗粒的密相输送有两种形态：即黏滑流动(或叫黏附流动)和充气流动。当颗粒较粗且气体量很小以至不能使固体颗粒保持流化状态时，此时固粒之间互相压紧只能向下移动，而且流动不畅，下料不均，称为黏-滑流动，这时的颗粒流动速度一般小于 0.6~0.75m/s。移动床催化裂化装置中催化剂在两器内的移动即属黏-滑流动。对于细颗粒且气体量足以使固粒保持流化，此时气-固混合物具有流体的特性，可以向任意方向流动，这种流动状态称为充气流动。其速度较高，一般固粒运动速度大于 0.6~0.75m/s。流化催化裂化装置中催化剂的密相输送是在充气流动状态下进行的。但个别部位，固体颗粒流速低于 0.6m/s 时也会出现黏-滑流动。

(1) 密相输送基本原理

密相输送时，固体颗粒不被气体加速，而是在少量气体松动的流化状态下靠静压差的推动来进行集体运动的。

高低并列式提升管催化裂化装置中催化剂在斜管内的输送，就是依此原理实现的。

斜管输送如图6-15中(b)所示，催化剂是靠斜管内料柱静区形成的推力克服阻力向另一端流动的。

（2）充气流动下密相输送的压力降

密相输送的压力降包括两项，即：料柱静压和摩擦压降。当向上输送时，摩擦阻力和静压力方向相同，则管路压降为：

$$\Delta P = P_下 - P_上 = \Delta H \cdot \rho + \Delta P_摩 \qquad (6-24)$$

而向下输送时，由于摩擦阻力与静压力方向相反，因此管路压降为：

$$\Delta P = P_下 - P_上 = \Delta H \cdot \rho - \Delta P_摩 \qquad (6-25)$$

催化剂在斜管中输送时，见图6-15(b)：

$$推动力 = P_1 - P_2 + \Delta H \cdot \rho \qquad (6-26)$$

$$阻力 = \Delta P_摩 + \Delta P_阀$$

式中　$P_1 - P_2$——斜管两端压差，MPa；

　　　ΔH——斜管料柱静压，m 液柱；

　　　ρ——催化剂气-固混合密度，kg/m^3；

　　　$\Delta P_摩$——管路摩擦压降，MPa；

　　　$\Delta P_阀$——单动滑阀压降，MPa。

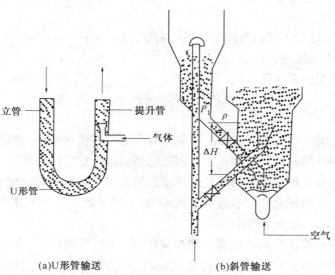

(a)U形管输送　　　　(b)斜管输送

图6-15　密相输送原理示意图

催化剂的输送靠推动力克服阻力来实现，当推动力不变动，调节滑阀开度可以改变 $\Delta P_阀$ 的数值，从而也使 $\Delta P_摩$ 发生变化，于是催化剂的循环量得到调节，因 $\Delta P_摩$ 近似地正比于催化剂在管路中的质量流率的平方。

$\Delta P_摩$ 的计算方法可参考前面稀相输送中所介绍的公式。在密相输送中其值较小，故压力平衡计算中，此项常忽略不计。

催化剂流经滑阀时产生的压力降可由式(6-27)计算。即：

$$\Delta P'_阀 = 7.5 \times 10^{-2} \times \frac{G^2}{\rho \cdot A^2} \qquad (6-27)$$

式中　G——催化剂循环量，t/h；

　　　ρ——气固混合密度，kg/m^3；

　　　A——阀孔流通面积，m^2。

4. 催化剂输送类型

（1）待生催化剂进入再生器的形式

① 高低并列式装置。高低并列式装置的待生催化剂都是由再生器的侧壁进入再生器的，由侧壁进入再生器可分为直进和切线进入两种。切线进入是近年发展起来的，目的在于使大部分催化剂在再生器密相床内的停留时间接近于平均停留时间。当催化剂入口和出口相距较近时，为了避免待生催化剂未经充分再生就由出口管出去，在与切线入口成20°处设一垂直挡板，这样做对改善再生操作有益。

② 同高并列式装置。同高并列式装置待生催化剂是通过待生催化剂密相提升管由再生器底部进入。待生催化剂提升管最小长度为10.5m，也有11.5m的，提升管的最高点终止于分布板以上0.61m处。在密相提升管顶部设有一平挡板，其直径与密相提升管相等，平挡板与密相提升管顶点的距离为其直径的一半。当密相提升管与溢流管相距过近时，可在两者中间加垂直挡板，也可将挡板斜向溢流管的对侧，其目的是避免待生催化剂未经充分再生就从溢流管离开。

③同轴式装置。同轴式装置的待生催化剂经过再生器中心的垂直立管进入分布器下方，其循环量大小由塞阀调节，催化剂进入立管外的环形套筒，由输送空气自下而上提升到套筒上部，并通过分配槽均匀分配到再生器的密相床层。该种催化剂进入方式可以改善颗粒的停留时间分布，使含炭量高的待生催化剂与氧浓度较低的烟气充分接触，可以提高烧焦效率。

（2）再生催化剂出再生器的形式

① 高低并列式和同轴式装置。在高低并列式催化裂化装置中，再生催化剂的循环量主要由再生单动滑阀来调节，一般不设较高的溢流管。但在密相床内位置较高处设置淹流管，或者是在分布管附件设置淹流管。在密相床内位置较低处的淹流管，有的略高于分布管，也有的略低于分布管，此种淹流管的质量速度大约在 $7 \sim 10t/(m^3 \cdot min)$。

一般流化床均在湍流床范围内操作，由密相床底部到顶部，密度均在不断变化，一般来说底部密度高于顶部。因此，由上部淹流管引出的再生催化剂密度小，质量速度小，再生线路的推动力较低。

② 同高并列式装置。同高并列式装置中淹流管的料位，具有调节再生线路推动力的作用，而淹流管的高度实际上限制了密相床的料位。同时，淹流管还具有使催化剂在管内脱气的作用。

③外溢流管及脱气罐。对于催化剂下进上出的再生器，再生催化剂可用内溢流管或外溢流管引出器外。采用外溢流管时，催化剂引出口处于密相床较高的位置，催化剂密度较小，为提高推动力，改善脱气情况，需要设脱汽缸，脱出的烟气经脱气罐顶的烟气返回管线回到再生器稀相。只要外溢流管引出口上有足够的催化剂藏量(约3.9kPa)，且脱气罐设计适当，再生器和反应器之间的流化输送就能正常操作。而采用内溢流管，前面已经谈过，它除了会限制密相床的料位、占用再生器的容积，使再生器结构复杂外，还会影响流化质量。

5. 催化剂输送管路

催化剂在两器间循环输送的管路随装置型式不同而异。Ⅳ型装置采用U形管，同轴式装置采用立管，高低并列式提升管装置采用斜管。无论那种管路，催化剂在其中都呈充气流动状态进行密相输送，但随气团运动方向的不同，输送特点又有显著差别。

① 气团同时向下流动：如斜管、立管以及U形管的下流段等处。这时的固体线速要高些，一般约为 1.2~2.4m/s，最小不低于 0.6m/s，否则气体会向上倒窜，造成脱流化现象，

使气－固密度增大，易出现"架桥"现象。如果发生这种现象，可在该管段适当增加松动气量以保持流化状态，使输送恢复正常。

② 固体向下而气体向上的流动：如溢流管、脱气罐、料腿、汽提段等处。这些地方希望脱气好，因而要求催化剂下流速度很低，如汽提段不大于 0.1m/s，溢流管不大于 0.24m/s，料腿不大于 0.76m/s，以利于气体向上流动和高密度的催化剂顺利地向下流动。

③ 固体和气体同时向上流动：如 U 形管的上流段、密相提升管及预提升管等处。这种情况下的气－固流速都要高些，气体量也要求较大，气－固密度较小，否则催化剂会下沉，堵塞管路而中断输送。若气体流速超过 2m/s 时，则与高固气比的稀相输送很相似。

密相输送的管路直径由允许的质量流速决定。正常操作时的设计质量流速一般约为 3200t/(m² · h)，最高为 4830t/(m² · h)，最低为 1383t/(m² · h)。

为了防止催化剂在管路中沉积，沿输送管设有许多松动点，通过限流孔板吹入松动蒸汽或压缩空气。

输送斜管与水平面形成的夹角应大于催化剂的休止角，一般习惯上多采用 63° ~ 55°，即与垂直线形成的夹角在 27° ~ 35° 之间。

输送管上装有切断或调节催化剂循环量的滑阀。在 Ⅳ 型装置中，正常操作时滑阀是全开的，不起调节作用，只是在必要时（如发生事故）起切断两器的作用，在提升管催化裂化装置中滑阀主要起调节催化剂循环量的作用。

斜管中的催化剂还起料封作用，防止气体倒窜，在压力平衡中是推动力的一部分，滑阀在管路中节流时，滑阀以下即不是满管流动，因此滑阀以下的催化剂起不到料封的作用，所以在安装滑阀时应尽量使其靠近斜管下端。滑阀以上斜管长度应满足料封的需要，并留有余地，以免斜管中催化剂密度波动时出现窜气现象。

为了减少磨损，输送管内装有耐磨衬里，对于两端固定而又无自身热补偿的输送斜管应装设波形膨胀节。

第六节　催化剂的汽提与再生

一、催化剂的汽提

1. 汽提的目的

从沉降器底部下来的处于密相流化状态的催化剂，如果直接进入再生器会带来两个方面的弊端。

（1）损失大量油气

因为在催化剂颗粒间充满了油气和一些水蒸气，颗粒孔隙内部也吸附有油气，油气总量相当于催化剂质量的 0.7% 左右，约为进料的 2% ~ 4%。其中夹在颗粒间隙的约为 70% ~ 80%，吸附在微孔内部的约为 20% ~ 30%。这些油气如带入再生器烧掉将会造成大量油气损失。

（2）增加再生器的负荷

再生器的任务是除去催化剂上沉降的焦炭。这些油气带入再生器将和焦炭一起被烧掉，这无疑会增加再生器的烧焦负荷，多消耗主风，降低装置处理量，影响两器热平衡，使再生温度升高，产生热量过剩。

由于上述原因必须在催化剂进入再生器之前将其所携带的油气汽提除去。

2. 汽提方法

在沉降器下部设汽提段。在汽提段底部通入过热蒸汽与催化剂逆流接触，使夹带的油气被置换出来。孔隙中的油气较难脱附，只能除去一部分。一般汽提效率(被汽提掉的油气量与带入量之比)可达90%～95%。未被汽提出的部分则会在再生过程中烧掉。其中所含炭量称为"汽提炭"，约占烧掉总炭的1%，相当原料油的0.03%～0.05%。

3. 影响汽提效率的因素

(1) 水蒸气用量

汽提用的水蒸气用量一般为催化剂循环量的0.2%～0.4%。水蒸气量充足可以使"可汽提炭"减少，但用量过大也没有必要。因为油气吸附在催化剂孔隙内的部分不可能彻底汽提干净，而颗粒间夹带的部分很容易置换。如果水蒸气量太多，不但会增加能耗，还会使分馏塔汽速加大，导致汽提段催化剂的密度下降，减小待生线路的推力，影响催化剂循环。最优蒸汽用量与其他操作条件(如温度、压力、催化剂循环量等)以及汽提段的结构密切相关，如UOP公司催化裂化装置的汽提蒸汽用量为0.8～3.5kg/1000kg催化剂，通常较理想的汽提蒸汽用量为2～3kg/1000kg催化剂，但不应小于1kg/1000kg催化剂。当采用重油进料时，蒸汽用量要大得多(甚至可达4～5kg/1000kg催化剂)。

(2) 汽提段结构

汽提段的结构形式是考虑如何有利于催化剂与水蒸气的充分接触。为了防止待生剂走短路，通常在汽提段设有挡板，挡板的形式有斜板式、蝶-环式和人字形挡板等。

过去使用人字形挡板，现在多采用环形挡板。一般设8～10层，间距为700～800mm，挡板间的最小自由截面积应为汽提段截面积的43%～50%，挡板对水平线的倾斜角度应大于30°。在最下面三排挡板下有蒸汽管，在与过管子中心的水平线成30°角的方向开设喷孔(左右两边)，孔速约为45～80m/s，使蒸汽沿汽提段截面均匀上升，避免出现短路影响汽提效果。汽提段直径的大小也是从保持气-固接触良好，而且向上向下的流动阻力都不要过大来考虑。通常催化剂向下的质量流速为2900～3900kg/m²时，上升的蒸汽线速为0.3m/s左右。

近年来，中国石化集团洛阳石化工程公司设备研究所开发的新型汽提器，既采用了两段汽提，又使用了新型的挡板结构。见图6-16新型挡板结构。

该汽提器可使一部分催化剂通过较大的挡板环隙向下流动，另一部分催化剂则通过开孔进入挡板下方，与上升的汽提蒸汽逆流接触。工业应用结果表明焦炭的氢含量可下降到6%。UOP公司开发的AF™汽提器技术，其结构见图6-17所示。

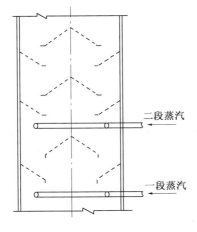

图6-16　新型挡板结构

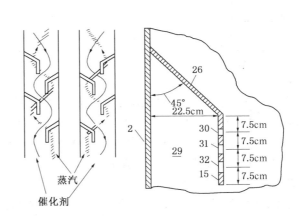

图6-17　汽提段内部结构的改进使气-固趋向逆流接触

其中的一种新型高效挡板，是对传统多层阵伞型隔板结构的改进，在每层伞下缘新加一圈高约0.3m的裙板，沿不同高度开三排小孔，自上而下孔径逐渐加大，使汽提蒸汽从最下一层裙板穿孔而过，形成多股射流，与待生催化剂接触，蒸汽从下到上顺序通过各层裙板，而待生剂从上到下通过阵伞与裙板间的环形通道，这样就实现了多段逆流接触，增加了理论传递单元数目，提高了汽提效率。采用此新型结构，水蒸气用量可减少到0.7kg/1000kg（甚至是0.5kg/1000kg）。

（3）催化剂在汽提段的停留时间

进入汽提段的待生催化剂所携带的油气分为两种，一种是催化剂颗粒间、空隙内的油气，另一种是催化剂微孔内吸附的油气，前者容易汽提，而后者则较难，它需要较长的汽提时间。一个办法就是加长汽提段，以延长催化剂在汽提段内的停留时间，也可通过增加汽提段的长径比、改变待生剂的流动路线等办法增加停留时间。Kellogg公司设计的汽提段内催化剂的停留时间为4~5min。此外，采用两段或多段汽提也是延长待生剂停留时间的措施。尽管两段汽提的水蒸气用量略高于一段汽提，但其综合效果还是有利的。图6-18是汽提段长度的改进图，图6-19是两段或多段汽提。

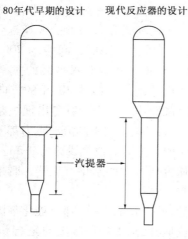

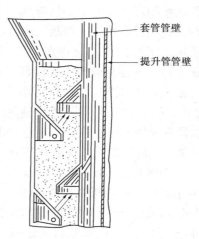

图6-18　汽提段长度的改进　　　图6-19　两段或多段汽提

（4）催化剂性质

催化裂化催化剂的孔结构对汽提器的效率有较大的影响，因为催化剂的孔径大有利于烃类的扩散，这样使带入再生器的烃类减少。Grace公司的试验结果也证明，平均孔径大而表面积小的催化剂确实有利于增加汽提效果。

4. 判断汽提效率的方法

汽提效率的高低无法直接测量，多通过催化剂上焦炭中的氢含量来衡量。因为吸附油气的氢碳比（H/C）要比反应生成的焦炭的氢碳比高得多，所以氢含量高说明汽提效果差。而焦炭中的氢含量通常是根据烟气组成计算获得，即通过再生器的氧平衡，由烟气中的O_2、CO和CO_2含量，可计算出再生器中燃烧物的氢含量。

二、催化剂的再生

催化剂在使用过程中，会由于多种因素导致其活性下降，总的说来可分为三类：催化剂烧结或热失活、吸附毒物失活和结焦失活。

催化剂的基质或活性组分由于温度升高而出现的半熔、烧结、晶粒长大、晶体结构破坏以及活性组分的丧失等情况造成活性逐步衰退，称为固态变换，它是一种不可逆的过程。烧结和晶体结构破坏会导致催化剂的比表面积减少、孔隙度减少以及活性中心数目减少。在水蒸气存在的情况下，它会加速 Al_2O_3 的烧结，并促进 SiO_2 以氢氧化物形式升华。这种在水蒸气作用下的热失活称为水热失活，它比单纯的热失活更加严重，如限制硅铝裂化催化剂的再生温度不能超过 630℃，就是防止其活性严重丧失采取的一个措施。而沸石裂化催化剂的活性组分具有更好的抗高温性能，所以其再生温度可提高到 700 ~ 730℃，个别情况下高达 760℃。

原料中的某些杂质在反应条件下，由于它能强烈地吸附在催化剂表面或与活性中心发生化学反应使催化剂活性下降，这种现象称为中毒，导致中毒的杂质称为毒物。中毒可分为暂时中毒和永久中毒。如催化裂化原料中的 Ni、Cu、V 和 Fe 等重金属，在催化裂化过程中这些有机金属化合物会吸附在催化剂表面并发生分解，沉积在催化剂的表面和内部，有的会起到脱氢催化作用，从而改变催化裂化产品的分布，有的会生成低熔点氧化物，破坏沸石的晶体结构，对生产操作影响很大，属于永久性中毒。

烃类在反应过程中由于缩合、氢转移的结果会生成高度缩合的产物——焦炭，它会沉积在催化剂表面或孔隙中，或者把孔口堵塞。因为其降低了催化剂颗粒内、外表面积的利用率，从而导致催化剂的活性、选择性下降。为了使催化剂能继续使用，在工业装置中采用再生的方法是通过烧去所沉积的焦炭，以使其活性及选择性得以恢复。

经反应积焦的催化剂，称为待再生催化剂（简称待剂）。含炭量对硅酸铝催化剂一般为 1% 左右，分子筛催化剂为 0.85% 左右。

再生后的催化剂，称为再生催化剂（简称再剂）。其含炭量对硅酸铝催化剂一般为 0.3% ~ 0.5%，分子筛催化剂要求降低到 0.2% 以下或更低，达 0.05% ~ 0.02%，通常称待剂与再剂含炭量之差为炭差，一般不大于 0.8%。

再生是催化裂化装置的重要过程，决定一个装置处理能力的关键常常是再生系统的烧焦能力。

1. 再生反应和再生反应热

催化剂上所沉积的焦炭主要是反应缩合产物，其主要成分是碳和氢，当裂化原料中含有硫和氮时，焦炭中也含有硫和氮。焦炭的经验分子式可写成 $(CH_n)_m$，其中的 n 值为 0.5 ~ 1。催化剂中氢含量的多少随所用催化剂及操作条件的不同而异，当使用低铝催化剂且操作条件缓和的情况下，氢含量约为 13% ~ 14%，在使用高活性分子筛催化剂且操作苛刻时氢含量约为 5% ~ 6%。焦中除碳、氢外还有少量的硫和氮，其含量取决于原料中硫、氮化合物的高低。

催化剂再生反应就是用空气中的氧烧去沉积的焦炭。再生过程中烧掉的炭包括三部分，即：催化炭、附加炭和可汽提炭，三者之总称为总炭，也就是产品"焦炭"中的炭。

再生的化学反应就是"焦炭"中的炭和氢被空气中的氧燃烧的氧化反应。在燃烧过程中，氢被氧化成水，炭被氧化为 CO 和 CO_2。在再生过程中放出大量的热，其反应热的数值大小与焦炭的组成 H/C 比及再生烟气中的 CO_2/CO 比值有关。由于焦炭的确切组成不能确定，在催化裂化工艺计算中，通常根据元素碳和元素氢的燃烧发热值并结合焦炭的 H/C 比，及再生烟气中的 CO_2/CO 的比来计算再生反应热，该值为再生反应热的总热效应。

$$C + O_2 \longrightarrow CO_2 + 33913kJ/kg 碳$$

$$C + \frac{1}{2}O_2 \longrightarrow CO + 10258\text{kJ/kg 碳}$$

$$2H + \frac{1}{2}O_2 \longrightarrow H_2O(\text{汽}) + 119742\text{kJ/kg}$$

上面所给燃烧热值是埃索公司以 590℃ 为基准温度时提供的数据。如基准温度不同该值略有变化，见表 6-6（埃索公司提供）。

由于碳燃烧热的温度效应为正值，而氢燃烧热的温度效应为负值，互相抵消的结果，再生温度提高 100~200℃，总的烧焦热效应变化不会太大，因此现在采用高温再生，一般工程设计中仍使用埃索公司所提供的 590℃ 时燃烧热数据。

表 6-6　不同基准温度下的燃烧热值　　　　　　　　　　　kJ/kg

反 应 式	基 准 温 度			
	0℃	590℃	650℃	730℃
$C + O_2 \longrightarrow CO_2$	33126	33913	33972	34047
$C + \frac{1}{2}O_2 \longrightarrow CO$	9496	10258	10333	10429
$2H + \frac{1}{2}O_2 \longrightarrow H_2O(\text{汽})$	124264	119742	119219	118767

再生烧焦所放热量与焦炭中的 H/C 比和烟气中 CO_2/CO 之比有关，H/C 比值越高，放热越多，CO_2/CO 比值越高放热也越多。在一般使用分子筛催化剂的工业条件下，CO_2/CO 之比约为 0.8~1.0，在有重金属污染时，此比值可高达 2 以上。目前多采用完全再生或使用 CO 助燃剂，促使一氧化碳在床层中完全烧成二氧化碳。烟气中一氧化碳含量可降低到 0.05%（体）。再生烧焦放出的热量有 11.5% 消耗在焦炭脱附过程中（脱附为吸热过程，吸附为放热过程）。所以：

可利用热 = 焦炭燃烧放热 − 焦炭脱附热　　　　　　　　（6-28）

2. 由再生烟气计算焦炭产率

生产中为了及时掌握"焦炭产率"和"汽提效果"，常常通过烟气组成数据进行快速计算（由计算机控制的装置，随时都可以通过程序计算了解到各种操作数据）。

烟气中的主要成分：

CO_2

CO（完全燃烧时含量甚微）

N_2（空气所含氮气，为惰性气体，再生过程中不反应，数量不变）

O_2（燃烧没用完的过剩部分，采用完全再生时过剩氧含量较高）

H_2O（包括燃烧生成水蒸气，空气带入水和操作需要喷入的水等各部分之和）

由于烟气中有蒸汽，故称为湿烟气。采样分析的水蒸气已被冷凝分出，故分析所得烟气组成数据不包括水汽，称为干烟气。

【例 6-1】　如烟气组成分析数据如下：

CO_2　　　9.6%

CO　　　7.0%

O_2　　　1.8%

根据此数据计算装置的焦炭产率。

解：（1）烟气中的氮含量

烟气分析所得数据是 CO_2、CO、O_2 在干烟气中的体积或摩尔百分数（以干烟气量 100kmL 为基准），因此，氮含量应为：

$$N_2 = [100 - (CO_2 + CO + O_2)]\%$$
$$= [100 - (9.6 + 7.0 + 1.8)]\%$$
$$= 81.6\%$$

（2）进入再生器中的总氧量

空气中的氮在再生过程中数量不改变，根据氮平衡进入再生器的氧量为[%(mol)，对干烟气]：

$$O_2 = \frac{21}{79} \times N_2\%$$
$$= \frac{21}{79} \times 81.6\%$$
$$= 21.69\%$$

（3）氢燃烧耗氧量$(O_2)_{烧氢}$

进入再生器的总氧量除去碳燃烧生成 CO_2、CO 用氧及过剩氧外，即为氢燃烧所耗氧：

$$(O_2)_{烧氢} = 总氧量 - (CO_2 + \frac{1}{2}CO + 过剩氧)\%$$
$$= 21.69\% - (9.6 + \frac{1}{2} \times 7.0 + 1.8)\%$$
$$= 6.79\%$$

（4）焦炭中的氢量及炭量

1 个氧分子可烧掉 4 个原子的氢，因此根据氢的耗氧量即可算出焦中氢量。

$$H = 4 \times 烧氢所耗氧$$
$$= 4 \times 6.79\%$$
$$= 27.16\%$$

根据烟气中的 CO_2 及 CO 量可计算出焦中炭量：

$$C = (CO_2 + CO)\%$$
$$= (9.6 + 7.0)\%$$
$$= 16.6\%$$

由以上计算可知燃烧生成 100kmol 的烟气时，实际烧掉的氢为 27.16kg 原子、碳为 16.6kg 原子。所以，焦炭中的氢碳比为：

$$\frac{H}{C}(原子比) = \frac{27.16}{16.6} = 1.64:1$$

$$\frac{H}{C}(质量比) = \frac{27.16 \times 1}{16.6 \times 12} = \frac{13.6}{100}$$

或以焦炭为 100 时氢与碳各占% 表示：

$$H/C = 12:88$$

（5）耗风指标

燃烧 1kg 焦炭所需的干空气量（生产上称为干主风量）称为耗风指标。通过以上计算得知生成 100kmol 的烟气所烧掉的焦炭量为：

$$焦炭量 = 27.16 \times 1 + 16.6 \times 12$$
$$= 226.36(kg)$$
$$所耗干空气量 = 氧量 + 氮量$$
$$= 21.69 + 81.6$$
$$= 103.29(kmol)$$
$$= 103.29 \times 22.4$$
$$= 2313.7(标 m^3)$$

所以
$$耗干风指标 = \frac{2313.7}{226.36}$$
$$= 10.2 \ 标 \ m^3/kg \ 焦$$

实际上主风机所抽大气总是含有一定水分的，而不可能是干空气。例如，大气温度为30℃，相对湿度为0.7，查图6-20得绝对湿度为0.019kg(水)/kg(干空气)，换算成 mol 水/mol 干空气为 $0.019 \times 1.61 = 0.0306$ mol 水/mol 干空气。

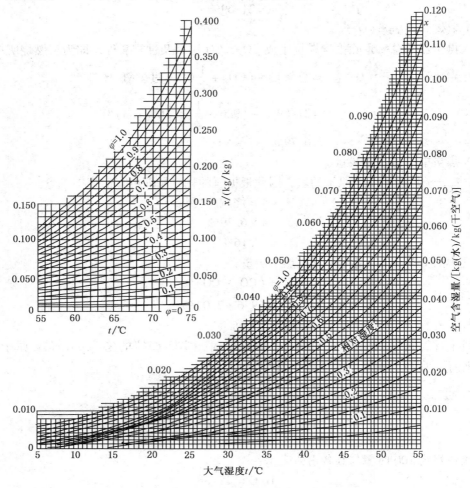

图6-20　绝对湿度与相对湿度的关系

因此　　　　　　　耗湿风指标 $= 10.2 \times 1.0306 = 10.5$ 标 m^3/kg 焦

根据主风用量则可求出每小时焦炭产量。

$$焦炭产量 = \frac{主风用量}{耗风指标} \qquad (6-29)$$

$$焦炭产率 = \frac{焦炭产量}{新鲜原料量} \qquad (6-30)$$

由此可进一步求烧焦放出的热量，通过再生器热平衡计算求催化剂循环量等。装置标定计算都是从烟气分析入手。因此，该数据的分析准确与否非常重要。

一般情况下，烟气中 $CO_2 + CO + O_2$ 的总量在 $19\% \sim 20\%$ 之间。如果分析无误，此值过小，若在未喷燃烧油的情况下，说明汽提效率低或反应焦中本身含氢多。

3. 再生反应速度

再生过程即碳和氢的燃烧过程。而焦炭中含氢量比碳量少得多，同时氢的燃烧速度又比碳快得多。王光坝等根据对再生反应动力学研究，所提供的反应速率方程导出，在 CRC-1 催化剂再生时，碳的转化率 α_C 与氢的转化率 α_H 之间的关系，如图 6-21 所示。

图中表明，当碳的转化率约为 85% 时，焦中的氢几乎已全部烧掉。由此可见，再生反应速度关键是碳的燃烧速度。

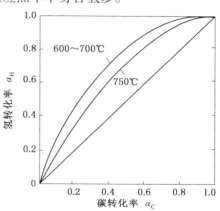

图 6-21　催化剂再生时 α_C 与 α_H 的关系

4. 影响再生过程的因素分析

在工业再生器内实现催化剂的烧焦，根据催化剂和烧焦空气流程不同，分为单段、两段、并流、错流或逆流；根据流化床类型不同分为湍流床、快速床和输送床；根据 CO 的燃烧程度不同分为部分燃烧和完全燃烧；根据工艺条件不同，如温度、床层流速和氧浓度等，可组合成多种多样的再生方式。

再生过程所追求的目的是烧焦速度快（它意味着一定尺寸的再生器处理能力高），再生效果好（即再剂含炭量低）。具体体现为：

① 较低的再生催化剂含碳量，一般为 $0.05\% \sim 0.10\%$，较好的则低于 0.05%；

② 较高的燃烧强度，以再生器的有效藏量为准，一般低值为 100kg（碳）/［（催化剂藏量）·h］，高者可达到 150kg（碳）/［（催化剂藏量）·h］；

③ 催化剂的减活环境和磨损条件比较缓和，在合理的置换速率下能维持足够的平衡活性，如微反活性为 $65 \sim 70$；

④ 操作条件灵活，包括循环量调节、温度调节、取热量调节和尾燃防止，以适应处理量和原料性质在一定范围内的变化；

⑤ 经济的合理性，即能耗较低而投资效益较好；

⑥ 能满足环境保护对污染物排放的有关规定。

单段再生就是使用一个流化床再生器，一次完成催化剂的烧焦过程。单段再生工艺简单、设备也不复杂，一开始就在工业上应用，尽管在工艺条件、设备结构和催化剂类型等方面有许多变化，但仍被广泛地采用。

影响再生器烧焦速率的主要因素是再生温度、再生压力、催化剂藏量，催化剂上的含炭量以及流化床效率等因素的函数。

（1）再生温度

再生温度是再生工艺条件的首要因素，一般来说再生温度越高其燃烧速度越快。早期

20 多年由于使用的无定形硅酸铝催化剂的稳定性较差，其再生温度一般为 590~620℃，中期的 10 多年由于采用热稳定性较好的沸石催化剂后，再生温度提高到 650~700℃，后来随着催化剂水热稳定性的改善，特别是使用高温完全再生技术使再生温度达 700~730℃，个别情况下达到 760℃，使再生催化剂含炭量降到 0.05%~0.1%。

（2）再生压力

再生压力是再生工艺条件的又一关键参数，烧炭动力学对氧为一级反应，即烧炭速率与再生床层氧分压成正比。氧分压是操作压力与再生气体中氧分子浓度的乘积，因此，提高再生器压力或再生气体中氧的浓度都有利于提高烧炭速率。

氧浓度是进入再生器的空气和出再生器烟气中氧含量的对数平均值。空气中含氧量是定值为 21%（体），出口烟气中的过剩氧含量是操作变数，通常控制在 1%~2%，使用沸石催化剂后，再生温度提高，为防止二次燃烧。一般烟气中氧含量控制得很低约为 0.5% 左右，但当采用完全再生时，烟气中含氧量常在 3% 以上，过高会增加能量损失。

再生器的顶部压力早期是按常压设计（Ⅱ 装置），以后提高到 0.17~0.20MPa（表），目前为 0.25~0.40 MPa（表）。从两器压力平衡考虑，提高再生压力意味着按比例提高了烧焦能力和装置处理量。由于提高再生压力也就需要同步提高反应压力，这样将导致焦炭产率增加。如对于掺炼渣油的原料不宜在 0.25 MPa（表）以上的压力下裂化，因此，再生压力的上限一般为 0.30~0.35 MPa（表）。由于这一特殊性，再生压力平时不作为调节手段。

（3）催化剂含炭量

催化剂含炭量越高则烧碳速率越高，但是再生的目的是要把焦炭烧掉，所以此因素不是调节操作的手段。

为了保证分子筛催化剂高活性的特点，必须强化再生，降低再生催化剂的含炭量，使之达到 0.2% 以下甚至到 0.05%~0.02%。因此多采用两段再生、高效再生等方法。

① 两段再生。为了充分发挥催化剂的活性，近年来再生催化剂含炭要求低于 0.1%。对于单段再生方式，达到这个要求比较困难。两段再生是把再生过程分为两段，是使再生过程在两个流化床中进行，形式是多样的，烧炭量一般按 80∶20 分配（其最佳比值，可通过动力学计算求得），即在第一段烧去全部氢和 80% 的炭，然后进入第二段，在第二段通入新鲜空气，用提高氧浓度来弥补催化剂上含炭量降低带来的影响。采用两段再生在达到同样再生效果的前提下，再生器的总藏量可比一般常规再生器的藏量降低约 20%~40%。

② 循环流化床再生。从流化域来看，单段再生和两段再生都属于鼓泡床和湍流床的范畴，传递阻力和返混对烧炭速率都有重要影响。如果把气速提高到 0.2m/s 以上，而且气体和催化剂向上同向流动，就会过渡到快速床区域。此时，原先成絮状物的催化剂颗粒团变为分散相，气体转为连续相，这样对氧的传递十分有利，从而强化了烧炭过程。此外，随着气速的提高，减小了返混，在中、上部甚至接近平推流，也非常有利于烧炭速率的提高。催化裂化装置的烧焦罐再生（也称高效再生）就是循环流化床再生的一种方式。图 6-22 是工业化的循环流化床再生简图。

烧焦罐是实现高效再生的核心设备，为了保持烧焦罐的密相区的密度达到 70~120kg/m³，从第二密相床通过循环斜管引入大流量的催化剂。其作用除了保持密相区的密度外，循环催化剂还起到提高烧焦罐内起燃温度的作用。进入烧焦罐的待生催化剂的温度一般在 500℃ 左右，空气的温度约 150~200℃，两者混合后的温度只有 450℃ 左右，不可能达到高效再生。

因此，从第二密相床引入的高温再生剂，使烧焦罐底部的起燃温度提高到 660～680℃。在工业装置中，烧焦罐的烧炭强度约为 450～700kg/(t·h)，烧去的炭量约占总烧炭量的 85%～90%。稀相管内的密度很小，烧去的炭量不大，其主要作用是使 CO 进一步燃烧成 CO_2。当烧焦罐的温度低于 700℃时，CO 的均相燃烧很难进行完全。

第二密相床的主要功能是作为再生器与反应器之间的缓冲容器，也需要有一定的藏量。进入第二密相床的空气量只占烧焦总空气量的 10% 左右，气速很低，属于典型的鼓泡床，其烧焦强度只有 30～50kg/(t·h)。由于第二密相床和稀相管的烧焦强度低，故整个再生器的综合烧焦强度约为 200～320kg/(t·h)。

烧焦罐再生器实际上是由一个快速流化床（烧焦罐）与一个湍流床或鼓泡床（第二密相床）串联而成。

循环床再生器内催化剂的总停留时间约为 75～85s，其中烧焦罐中停留时间约为 35～40s（占总停留时间的 40%～50%），稀相管停留时间为 2～3s（占总停留时间的 3%～4%），第二密相床停留时间 35～45s（占总停留时间的 45%～55%）。可见，由于烧焦罐再生器的烧焦强度高，所需催化剂藏量少，在再生器中停留时间短，仅为常规再生器的三分之一左右。

③ 快速床串联再生。针对第二密相床烧焦强度低的问题，国内外都做了不少改进的开发研究工作。改进工作主要是提高气速、降低床层密度、减少氧气的传递阻力等。如我国开发成功的快速床串联再生工艺，它把烧焦罐出口的烟气全部引入第二密相床，使气速达到 1.5～2m/s，变成了两个串联的快速流化床

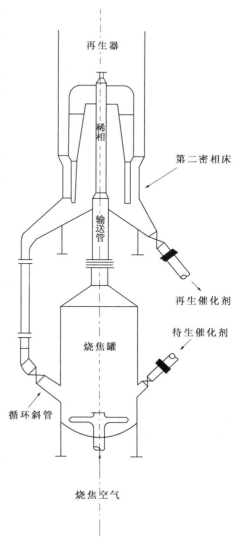

图 6-22　循环流化床再生简图

再生器，提高了第二密相床的烧焦强度，使整个再生器的综合烧焦强度达到了 310kg/(t·h)。

④ 环形循环床再生。近几年开发成功的 NEXCC 工艺被称为下一代的催化裂化装置，NEXCC 工艺采用两台组合在一起的循环裂化床反应器，其中一台为反应器，另一台为催化剂再生器。在同一受压壳体内，反应器在再生器内，该再生器是一个圆环状筒体，采用快速流态化烧焦，表观气速为 2m/s，比常规烧焦罐约高 50%，设备十分紧凑。NEXCC 采用较苛刻的条件，如再生床温度 708～741℃，剂油比在 10～20 之间。

快速床、输送管和湍流床再生还可派生多种组合形式，多数适用于已有湍流床再生器改造。如高低并列式反应器-再生器结构，可采取增加一个循环床再生器（含烧焦罐和第二密相床）作为第二段再生设备的方法，也可以把原来的提升管-沉降器改造为输送管-湍流床再生器，作为第二段再生设备，另增加一个新的提升管-沉降器的方法。对于大直径的湍流床或鼓泡床再生器，也可在中部增加一个套筒作为烧焦罐，剩余的环形空间作为第二密相床等。

（4）再生时间

再生时间即催化剂在再生器内的停留时间。

$$停留时间 = \frac{藏量}{催化剂循环量} \qquad (6-31)$$

催化剂在再生器内的停留时间越长所能烧去的炭越多，再生催化剂的含炭量越低。但延长再生时间，实际就是提高藏量，也就是需要加大再生器体积。同时催化剂在高温下停留时间增长会促使其减低活性。因此，采用增加藏量的办法来提高烧炭速率是不可取的，目前的趋势是设法提高烧焦强度。

$$烧焦强度 = \frac{烧焦量}{藏量} \qquad (6-32)$$

第七节　催化裂化装置的组成

一、工艺流程简述

催化裂化装置一般包括反应 - 再生、产品分馏以及原料预热、吸收稳定和汽油及液化气精制四部分。在处理量较大、再生压力较高(> 0.25MPa)的装置中，还设有烟气能量回收系统。现分述如下：

1. 反应 - 再生部分

反应 - 再生部分除反应器、再生器外，还有催化剂储藏、输送和加入等设施以及主风机和烟气能量回收设施。

现以高低并列式提升管催化裂化装置为例，说明反应 - 再生系统的工艺流程，如图6 - 23所示。新鲜原料油经换热后与回炼油混合，经加热炉加热至200 ~ 400℃后，由喷嘴喷入提升管反应器底部(油浆不进加热炉直接进提升管)，与高温再生催化剂(600 ~ 750℃)接触，立即汽化反应，油气在提升管内停留时间很短，一般只有几秒钟，反应产物经快速分离器进入沉降器。携带少量催化剂的油气与蒸汽的混合气经两级旋风分离器，进入集气室，通过沉降器顶部出口进入分馏系统。

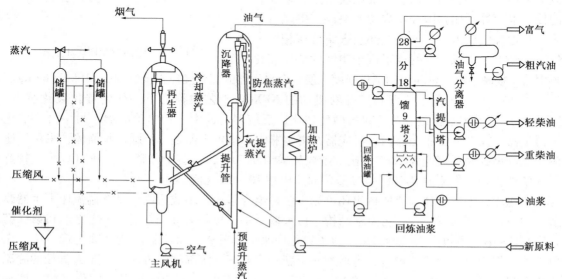

图 6 - 23　催化裂化工艺流程

经快速分离器分出的催化剂和经旋风分离器回收的催化剂通过料腿一并流入汽提段，进入汽提段的待生催化剂用水蒸气吹脱吸附的油气，经待生斜管、待生单动滑阀以切线方式进入再生器。再生器的主要作用是烧去催化剂上因反应生成的积炭，使催化剂的活性得以恢复。含炭量降到 0.2% 以下的再生催化剂经淹流管、再生斜管和再生单动滑阀进入提升管反应器，构成催化剂的循环。

烧焦产生的再生烟气，经再生器稀相段进入旋风分离器。经两级旋风分离除去携带的大部分催化剂，烟气通过集气室（或集气管）和双动滑阀排入烟囱（或去能量回收系统）。回收的催化剂经料腿返回床层。

再生烧焦所需空气由主风机供给，通过辅助燃烧室及分布板（或管）进入再生器。

在生产过程中催化剂会有损失，为了维持系统内的催化剂藏量，需要定期地或经常地向系统补充新鲜催化剂，即使是催化剂损失很低的装置。由于催化剂老化减活或受重金属污染，也需要放出一些废催化剂，补充一些新鲜催化剂以维持系统内平衡催化剂的活性。为此装置内应设有两个催化剂储罐，一个是供加料用的新鲜催化剂储罐，一个是供卸料用的热平衡催化剂储罐。装卸催化剂时采用稀相输送的方法，输送介质为压缩空气。

（1）提升管下端的预提升段

早期馏分油催化裂化装置的提升管反应器进料在最底部，在进料处催化剂尚未达到均匀分布状态，使原料与催化剂混合不均匀。重油催化裂化装置一般把提升管进料位置提高 5～6m，下部为催化剂预提升段，催化剂在预提升段前加速，使催化剂分布均匀，为催化剂与原料充分混合提供一个理想的反应环境，改善装置操作性能。

（2）进料雾化

催化裂化进料喷嘴由早期使用的连蓬式或直管式喷嘴改为低压降的多个喷嘴，以改善原料雾化状况。

（3）提升管反应器中水蒸气用量

重油催化裂化进料注水蒸气为 5%～7%（对进料），加上提升管底部预提升蒸汽等水蒸气用量占进料的 5%～8% 左右，它是馏分油催化裂化的 3～8 倍。

（4）提升管出口温度和油气停留时间

重油催化裂化提升管出口温度为 500～530℃，油气停留时间为 1～2s。而馏分油催化裂化提升管出口温度一般为 480～510℃，油气停留时间为 2～4s。

（5）反应后的油剂分离

为了避免二次反应，重油催化裂化在提升管出口安装快速分离器。

（6）再生器取热

重油催化裂化生焦量大，尽管采用 CO 不完全燃烧等措施，烧焦放出的热量也会超过反应－再生系统热平衡，通常在再生器内部或外部要装设取热器。对于馏分油催化裂化，由于其生焦量小，并采用 CO 完全燃烧等措施后，才能满足反应－再生系统的热平衡。

（7）重金属钝化

重油催化裂化的原料中重金属含量高，通常要使用抗重金属催化剂，如加入金属钝化剂或捕钒剂等助剂，防止氢气产率上升和催化剂永久失活。

2. 产品分馏部分

产品分离的主要任务就是把反应器（沉降器）顶部出来的产物，按照沸点范围分割成富气、粗汽油、轻柴油、重柴油、回炼油和油浆等馏分。催化裂化原料为馏分油冷进料的分馏部分工艺流程见图 6-24；热进料的分馏部分工艺流程见图 6-25。

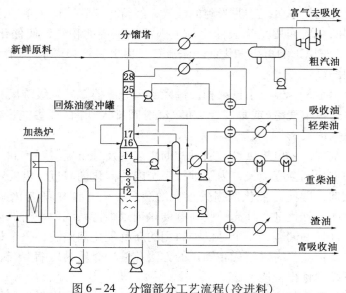

图 6-24　分馏部分工艺流程(冷进料)

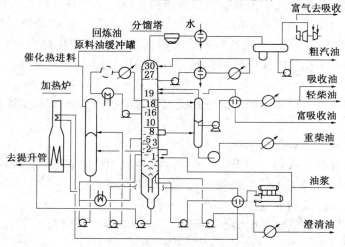

图 6-25　分馏部分工艺流程(热进料)

上述以馏分油为原料的分馏系统工艺流程特点：

① 全塔除油浆循环脱过热段外，还有中段回流和塔顶循环回流以取出全塔过剩热。

② 用一中段回流量控制轻柴油抽出板下方的气相温度，以最大限度地回收高温位回流热。

③ 轻柴油抽出板下方设两个中段回流，二中段回流的取热量主要随回炼油量而变化。

④ 用循环油浆量和返塔温度控制塔底温度在 370~380℃，取热量随反应油气进塔温度和油浆回炼量而变化。

⑤ 用轻柴油作为吸收稳定部分再吸收塔的吸收剂，再吸收富油返回分馏塔，以回收在吸收塔顶被贫气带出的 C_3、C_4 和汽油组分。

1980 年以后，随着催化剂和催化裂化工艺的发展进步，催化裂化原料油不再是单一的馏分油，而是往馏分油中掺入渣油，形成了渣油催化裂化技术。

渣油催化裂化与馏分油催化裂化不同，生成的油浆中饱和烃数量减少约40%，油浆回炼的生焦率约40%，所以趋向于单程裂化和外甩油浆。美国近年设计的渣油催化裂化装置就采用这种工艺，相应的分馏系统工艺流程见图6-26。它具有几个特点：

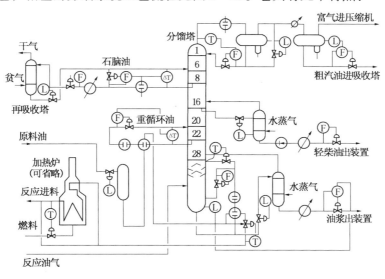

图6-26　重油催化裂化分馏部分工艺流程

① 塔顶采用两段冷凝代替塔顶循环回流，其中，第一段冷却后温度控制在约90℃，冷凝下来的汽油大部分送回塔顶形成热回流，使塔顶温度保持一个相对较高值，防止水蒸气凝结成水。其余的冷凝汽油和未凝气体合并后经第二段冷凝冷却至40℃，再分离成富气和粗汽油。这种流程的优点在于第一段冷凝温度较高，其热量可以有效利用，而且由于塔顶温度较高，保证了水蒸气在塔内不冷凝，操作比较稳定。

② 在塔顶与轻柴油抽出板之间设立重石脑油循环回流，用重石脑油代替轻柴油作为再吸收塔的吸收剂。这样做的优点是重石脑油的密度与相对分子质量比值比轻柴油大，且芳烃含量少，因而它的吸收能力和选择性都好于轻柴油。

③ 只设一个中段回流，即重循环油回流，位置在轻柴油抽出板下方。这是由于渣油催化裂化采用单程裂化操作方案，没有回炼油抽出口，油浆也不回炼的因素所至。

④ 渣油催化裂化生焦率高，所需的原料预热温度低，完全可以用原料与油浆换热而达到预热温度，因此，原料加热炉在正常生产时不使用。

3. 吸收稳定部分

催化裂化装置吸收稳定部分的任务，是将从分馏塔顶油气分离器出来的富气和粗汽油重新分离成干气（≤C_2组分）、液化气（C_3、C_4）和蒸气压合格的稳定汽油。吸收稳定系统包括气压机、吸收解（脱）析塔、再吸收塔及相应的冷换设备。吸收解析塔可以采用一个塔，也可以采用两个塔，即吸收塔和解析塔分开。

吸收解析采用一个塔，即将吸收塔和解吸塔合成一个整塔，上部为吸收段下部为解吸段，虽然流程较简单，但受到一定的限制。这是因为吸收和解吸是两个相反的过程，要求不同的操作条件，在同一塔内难以做到同时满足两个过程的需要，因此，在这种流程中 C_3、C_4 的吸收效率较低，或脱乙烷汽油中 C_2 的含量较高。图6-27吸收稳定部分单塔流程。

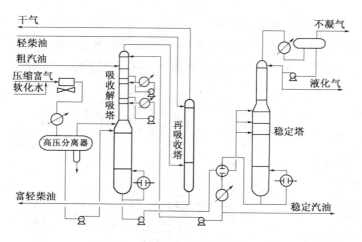

图 6-27　吸收稳定部分单塔流程

图 6-28 是吸收稳定部分双塔流程,该流程将吸收塔和解析塔分开,分别放置在地上。也可以将两个塔重叠在一起,中间用隔板分开。

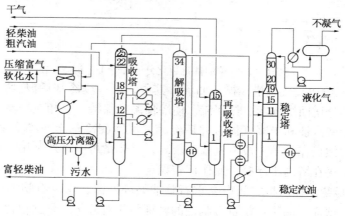

图 6-28　吸收稳定部分双塔流程

从油气分离器出来的富气经气压机压缩,然后冷却分出凝缩油后从底部进入吸收塔,稳定汽油和粗汽油作为吸收剂由塔顶部进入。吸收解吸系统维持 1.0~2.0MPa 的操作压力。因为吸收是放热过程,较低的操作温度对吸收有利,故在吸收塔设有 1~2 个中段循环回流。吸收剂吸收了 C_3、C_4(同时也会吸收部分 C_2)作为富吸收油由塔底抽出送至解吸塔顶,从吸收塔顶出来的贫气其中夹带有汽油,经再吸收塔用轻柴油作为吸收剂,回收这部分汽油组分后返回分馏塔。再吸收塔顶出来的是干气送至瓦斯管网。

解吸塔的任务是将富吸收油中的 C_2 解吸出来。从压缩富气中分出的凝缩油(为含有 C_3、C_4 的轻汽油组分)与富吸收油一起由顶部进入解吸塔。由于解吸是吸热过程,操作温度比吸收塔高,塔底有再沸器供热。解吸出来的 C_2 从塔顶出来,由于其中还含有相当数量的 C_3、C_4,所以经冷凝冷却后又返回压缩富气中间罐,重新平衡后气相混入压缩富气进吸收塔,液相混入凝缩油送入解吸塔。解吸塔底出来的为脱乙烷汽油是稳定塔的进料,脱乙烷汽油中的 C_2 含量应严格控制,否则会恶化稳定塔顶冷凝冷却器工作效率,并且会由于需要排出不凝气而损失 C_3、C_4。

稳定塔的原料为脱乙烷汽油,它由塔的中部进入,塔底产品是蒸气压合格的稳定汽油,

270

塔顶产品是液化气。稳定塔的实质是一个从 C_5 以上的汽油中分出 C_3、C_4 的精馏塔,其操作压力一般为 1.0～1.5MPa。为了控制稳定塔的压力,有时需要排出部分不凝气(或称气态烃),其主要成分是 C_2,此外还带有 C_3、C_4 组分。

液态烃是重要的化工原料和民用燃料,因此,努力提高液态烃的产率也是催化裂化装置的重要任务之一。

从生产经验来看,提高 C_3 收率的关键在于提高吸收效率,使干气中尽量少含 C_3;提高解吸效率是使脱乙烷汽油减少 C_2,达到少排或不排不凝气。而提高 C_4 收率的关键则在于提高稳定深度,减少汽油中的 C_4 含量。

4. 烟气能量回收系统

催化裂化再生烟气中的物理能、化学能和机械能蕴藏量很大,作为工业装置必须充分考虑其回收利用。

催化裂化发展早期,由于催化剂的再生采用 CO 不完全燃烧方式,使得再生烟气中含有 6%～10%(体)左右的 CO,其中的化学热约占焦炭燃烧热的 1/6～1/3,因此需要回收。而回收的设备就是一氧化碳锅炉。到 20 世纪 70 年代中期,由于再生器内 CO 燃烧技术推广,再生烟气中不再含有 CO,因此新装置不再建一氧化碳锅炉。而老装置中的一氧化碳锅炉则改为余热锅炉,只回收再生烟气的物理热(显热)来发生蒸汽。余热锅炉可将烟气温度从 630～700℃(有烟气轮机时为 520～550℃)冷却到 170～230℃。余热锅炉有立式和卧式两种类型。

随着催化裂化技术的发展,装置处理量不断提高,尤其是渣油催化裂化技术的开发,再生器顶部温度达到 730℃以上,压力达到 0.36MPa(绝)左右,烟气轮机作为烟气能量回收装置的重要性越来越突出,烟气的能量不仅可以满负荷带动主风机,还能向电网送电,回收功率可达 130% 以上。目前世界上制造烟气轮机的主要有 Dresser Rand、Elliott、GHH 三个公司和我国的几家制造厂。烟气轮机机组有同轴配置和分轴机组配置两种方式。同轴方式是将烟气轮机、主风机、汽轮机、齿轮箱和电动机/发电机的各轴端用联轴器串联在一起,成为一起旋转的机组;分轴方式是主风机由汽轮机或电动机驱动,烟气轮机单独驱动发电机,具有发电机组与主风机组互不影响,互不干扰,装置运行可靠等特点。

二、渣油催化裂化新技术

进入 20 世纪 80 年代以来,随着原油的日益重质化以及对重质油料或渣油的需求量逐步下降,同时对汽油、柴油等轻馏分以及化工原料需求的逐年增加,推动了催化裂化技术的进步。80 年代以来,FCC 技术的进展主要体现在两方面:开发成功掺炼渣油(常渣或减渣)的 FCC 技术(称为渣油 FCC 或 RFCC);开发成功多产烯烃的 FCC 技术。

目前世界上渣油 FCC 的主要工艺有:美国 Kellogg 公司的 HOC,UOP 公司的 RCC;Stone&Webster 公司的 RFCC,Shell 公司的 RFCC,IFP/Total 公司的 R2R 等。尽管这些工艺各有特点,但解决渣油催化裂化问题所采取的技术措施却大致相同,主要包括:

① 为实现原料油高效雾化,它们均采用高技术进料喷嘴。如 Total 公司的靶式喷嘴、喉管式喷嘴;UOP 公司的 Optimix 喷嘴;Stone & Webster 公司的新一代喷嘴,可使液滴尺寸减小 20%。由于高效喷嘴使进料均匀地雾化,因而有利于催化剂与进料的混合和原料油的汽化,从而减少干气和焦炭的生成,有利于渣油转化。

② 在提升管底部采取催化剂的预提升技术。利用干气、水蒸气或 CO、CO_2、H_2S 进行预提升,可使催化剂密度随高度逐步下降,有利于催化剂和原料油均匀混合;同时也可利用提升气钝化催化剂上的活性金属,从而减少焦炭和气体产率,该技术已得到普遍应用。目前

提升气正逐步改用低碳烃，这样可减少平衡催化剂的失活和分馏塔顶污水量。

③ 提升管末端的快速分离技术。为避免油气在沉降分离器中停留时间过长而加剧非选择性的热裂化反应，开发了多种分离系统。如 Mobil 公司的封闭式旋风分离系统——将提升管顶部直接与一级旋风分离器相连，油气与催化剂迅速分离，油气返混率质量分数只有6%，轻油体积收率增加2.5%，干气产率下降1.0%；UOP 公司也由敞口式分离装置改为直连封闭式设计，有直连型（DCC）、开放提升型（VR）、旋涡分离型（VDS 型 VSS 型）等，其中VDS 和 VSS 型对烃的捕获率可达 98% 以上；Stone & Webster 公司最新设计的轴向旋分器"Ramshorn"与紧连式分离系统相比，油气分离更快、压力降更低，其改进型称为线性分离设备，它的优点更为突出，且结构简单、费用低。

④ 待生催化剂的高效多段汽提技术。如 Shell 公司的多段汽提技术，包括快速预汽提和高效的第二段汽提，可显著减少再生器燃烧的"焦炭"；UOP 开发的一种分级、低通量挡板式设计，可显著减少汽提蒸汽用量，改善汽提效果；Haddad 等提出的两段或多段短接触汽提工艺；Niccum 等设计的选置流化床汽提段（在第二段掺入少量高温再生催化剂）；Shell 公司的逆流和错流分段汽提，以及旋风汽提器等。

⑤ 采用两段高效再生技术。工业实践表明，为了控制烧焦时放出的热量、控制好再生温度、保持良好的再生环境、避免催化剂失活、达到高效再生，最好采用带催化剂冷却器的两段再生技术。

⑥ 先进的再生热取出技术。如催化剂内外取热器，最早开发催化剂冷却器的是 UOP 公司。UOP 催化剂冷却器是外部冷却器，用于密相催化剂床层。目前最先进的催化剂外取热器是中国石化集团洛阳石化工程公司新开发出的，已成功应用于工业装置上，现在我国已有多套重油催化裂化装置安装了这种催化剂冷却器。

除了采取以上的技术措施外，在渣油 FCC 中还采用了提升管的后冷技术、终止剂技术、金属钝化技术和先进的过程控制技术等。由于综合应用了这些技术，使目前渣油 FCC 加工原料油的残炭质量分数达 3% ~ 10%，镍和钒的含量可达 $10 ~ 40\mu g/g$，而平衡催化剂上的金属沉积量最高也可达到 $10000\mu g/g$。

渣油催化裂化的各种新技术、新设备和新催化剂的不断出现，不同程度地促进了渣油催化裂化技术的发展。但就催化裂化反应过程的核心——提升管反应器而言，几十年来基本没有改动。而对于原料日益变重的情况下，仍然沿用传统的原有提升管反应器，那么渣油催化裂化很难再取得突破性的进展。对于渣油催化裂化，传统提升管反应器的弊端主要表现在以下几个方面：

① 由于提升管反应器过长，导致反应时间过长；

② 催化剂由于积炭而使其活性和选择性迅速下降；

③ 催化剂在上行过程中由于重力作用而产生滑落与返混；

④ 提升管下游部位的热裂化与非理想二次反应等。

上述一些缺点，将从根本上限制渣油催化裂化好的产品分布和高的产品质量。为此，针对以上提升管存在的缺陷，各大石油公司及研究院校正致力于新的渣油催化裂化工艺的开发，且工艺开发的重点则放在了反应技术方面。如提高反应温度，缩短反应时间在 1s 以内，消除反应器中催化剂和油气的返混，改善催化剂性能，改变反应器型式等。其中有的已经实现工业化并取得了较好的经济效益，有的正处于实验室研究或中试阶段。

下面着重介绍渣油催化裂化工艺技术的最新进展，如毫秒催化裂化工艺、下行床反应器催化裂化技术、两段提升管催化裂化技术以及以多产烯烃为目的的催化裂化家族技术等。

1. 毫秒催化裂化（MSCC）工艺

催化裂化的生产目的就是使原料最大限度地转化为汽油或中间馏分油产品。一般来说，在反应过程中二次裂化反应会降低汽油产率，导致液化石油气（LPG）和干气的产率升高；此外，一些二次反应使重组分脱氢，最终形成焦炭沉积在催化剂表面。焦炭量增加会提高再生器的再生温度，造成渣油加工的困难。因此，FCC 领域的许多新成就，都集中在如何缩短催化剂与油气的接触时间，以减少二次裂化反应。提升管末端快分系统，可以缩短油气与催化剂的接触时间，从而获得较低的干气产率，降低催化剂上的焦炭含量，以提高生成汽油和轻烃的选择性，在这种情况下，MSCC 工艺（Millisecond Catalytic Cracking Process）应运而生。

美国 BAR－CO 公司开发的"毫秒催化裂化"（MSCC）工艺采用了新的雾化系统，油气与催化剂的接触时间小到以毫秒计，其催化剂与进料的接触设计和提升管系统根本不同。MSCC 工艺反应器体积小，而且不采用提升管，原料垂直注入向下流动的催化剂，反应产物和催化剂在水平方向流过反应段，催化剂和反应产物蒸气迅速分离以及反应段体积小，使得二次裂解反应大大减少。MSCC 反应器体积小，降低了安装费用。反应器可在工厂组装，安装费用比在现场安装约少 20% ～ 30%。

MSCC 工艺已于 1994 年 11 月被 CEPOC 公司应用于一套 $275 \times 10^4 t/a$ 的装置中。在原料基本相同的条件下，MSCC 工艺与 FCC 工艺相比，干气产率明显降低，焦炭产率也略有下降，而汽油收率显著提高。

2. 下流式（下行床）反应器催化裂化工艺

对于传统的气－固并流上行提升管反应器，由于催化剂颗粒的主体运动方向与重力场方向相反，从而降低了颗粒的运动速度，使催化剂在提升管中存在滑落和返混现象；同时重力和曳力的共同作用，导致了提升管中催化剂颗粒浓度径向分布的不均匀性。上行速度的减小意味着停留时间的增加，从而降低了反应过程中间产物的选择性，难以满足渣油催化裂化短反应时间的要求。

下流式反应器的特点是催化剂依靠重力下行，无返混、无偏流，可实现高温、短接触时间裂化，对原料油适应性强，催化剂藏量减少 1/5 ～ 1/10，不需蒸汽提升，能耗低。下流式反应器的技术关键需要一个下行活塞流稀相反应区的高效快速中止反应系统，据称 Stone&Webster 公司的快速接触反应系统（"QC"系统）可满足这一要求（从油剂混合、反应，到分离、急冷，整个过程只需约半秒时间）。下流式反应器的工艺特点：

① 反应器总压降小；

② 气－固接触时间短，反应油气停留时间维持在 0.2 ～ 1.0s 内；

③ 气－固分离效率高；

④ 气－固轴向返混明显减少；

⑤ 可以在较高的剂油比下操作等。

由于上述一些优点，其反应结果为生焦量可降低 20% ～ 30%，在相同的转化率下，轻质油收率提高 2 ～ 3 个百分点，而干气、液化气收率下降，汽油辛烷值提高。不利的因素是该工艺过程对下行床反应器的入口和出口结构要求很高，由于气体和颗粒在下流式的反应时间控制在 1s 以内，因此，如何实现气－固的快速混合和快速分离，对整个工艺过程来说至关重要。对于入口结构来说，首先要求保证气体和颗粒能够在很短的时间内实现充分的混合，才能使两者有足够的传质和反应界面；其次，气－固混合物要在径向上实现均布，以使得下行床更接近平推流反应器。对于出口结构，至少要使得气－固分离时间在 0.5s 以内，才能保证下行床的超短接触时间得以实现。要缩短分离时间，必须减小分离空间，所以难点在于如何在有限的时间和空间内能够实现彻底的气－固分离。

由于下行式催化裂化工艺具有气－固停留时间短，轴向返混小，产品分布和选择性好等特点，已经成为 21 世纪取代上行式提升管催化裂化的新技术之一，并极有可能率先在渣油催化裂化过程中得到应用。

3. 两段提升管催化裂化工艺

在常规提升管反应系统中，预热的原料油经喷嘴进入反应器，与来自再生器的高温催化剂接触、汽化并进行反应，油气和催化剂沿提升管上行边流动边反应，经过大约 3s 左右的时间。反应过程中不断有焦炭沉积在催化剂表面上，使催化剂的活性及选择性急剧下降。研究表明，目前提升管出口处的催化剂活性只及初始活性的三分之一左右。反应进行 1s 左右之后，催化剂的活性下降了 50% 左右。因此，在提升管反应器的后半段，是在催化剂性能比较恶劣的条件下进行转化反应的，另外，催化原料油和初始反应中间物的反应性能各不相同，而现有提升管都让其经历同样的反应条件（时间、剂油比和温度等），这些对改善产物分布及强化操作条件是非常不利的。

针对现行催化裂化提升管反应器的弊端，两段提升管催化裂化新工艺技术在石油大学（华东）研究开发成功。年加工能力 $10 \times 10^4 t$ 催化装置工业试验显示，该项工艺技术可使装置处理能力提高 30% ~40%，轻油收率提高 3 个百分点以上，液体产品收率提高 2~3 个百分点，干气和焦炭产率明显降低，汽油烯烃含量降低 20 个百分点，催化柴油密度下降，十六烷值提高。到 2005 年"两段提升管催化裂化技术（TSRFCC）"已在中国石油天然气股份有限公司成功推广 9 套大型工业装置，累计加工能力达 $680 \times 10^4 t/a$，为企业年新增经济效益 1 亿多元。

两段提升管反应系统的基本特点是：①分段反应，分段再生，利用催化剂"性能接力"原理。即在第一段的催化剂活性和选择性降低到一定程度之后，及时将其分出进行再生，在第二段更换新的再生剂，从而强化催化剂性能，继续进行反应；②提高了催化裂化反应操作条件的灵活性，即两段可分别进行条件控制（两段提升管之间可采用不同的剂油比、反应温度，以及根据油气组成不同可分别采用合适的催化剂种类），便于进行反应条件的优化；③由传统提升管反应器改为两段串联以后，进一步减少返混使反应器更接近活塞流流型。

4. 多产烯烃的 FCC 家族技术

随着对石油化学品需求的增长，促进了作为三大合成最基本的石油化工原料的需求不断增加，进而推动了炼油行业向生产石油化学品的方向发展，FCC 技术正在成为生产化工原料（目前主要是 $C_2^= \sim C_4^=$）的重要技术。在这方面，美国的 UOP 公司、Kellogg 公司和 Mobil 公司都开发了一些技术，但是 FCC 技术发生最深刻演变的则在我国。中国石化石油化工科学研究院在 20 世纪 90 年代中后期，成功开发了以多产低碳烯烃和高辛烷值汽油为目的的 FCC 工艺衍生的家族技术，目前，已实现工业化的技术有 DCC－Ⅰ、DCC－Ⅱ、MGG、ARGG，以及多产异丁烯、异戊烯的 MIO 技术。

DCC 技术以重质烃为原料，如 VGO、VGO 掺脱沥青、VGO 掺焦化蜡油及 VGO 掺渣油等。以流化催化裂化为基础进行延伸，在工艺、工程和催化剂配方上进行革新，以多产丙烯为目的的 DCC－Ⅰ型，采用石蜡基原料时，丙烯产率可达 23%；而以多产异构烯烃为目的的 DCC－Ⅱ型，在用石蜡基原料时，异丁烯加异戊烯产率接近 13%，同时得到 14% 丙烯。目前已有多套工业装置在国内投产。

MGG 是以减压渣油、掺渣油和常压渣油等为原料的最大量生产富含烯烃的液态烃,同时最大生产高辛烷值汽油的工艺技术,与其他同类工艺的差别在于它在多产液态烃下,还能有较高的汽油产率,并且可以用重油作原料(包括常压渣油)。反应温度在 510~540℃ 时,液化气产率可达 25% ~35%(摩尔比),汽油产率 40% ~55%(摩尔比),液化气加汽油产率为 70% ~80%。汽油 RON 一般为 91~94,诱导期为 500~900 min。这一技术是以液化气富含烯烃、汽油辛烷值高和安定性好为特点,现已有多套装置应用。

MIO 技术是以掺渣油为原料,较大量地生产异构烯烃和汽油为目的产物的工艺技术。1995 年 3~6 月在兰州炼化总厂实现了工业化。以石蜡基为原料时,缩短反应时间和采取新的反应系统,异构烯烃的产率高达 15%(摩尔比)。

第八节　催化裂化设备

本节主要介绍催化裂化装置反应 – 再生系统的设备。如再生器、沉降器、提升管反应器以及它们所属的部件和专用机械、特殊阀门等。

一、再生器

再生器是催化裂化装置的关键设备之一,它的结构形式和操作状况直接影响再生催化剂的含炭量及催化剂的损耗。

图 6 – 29、图 6 – 30 分别为并列式装置常规再生器和烧焦罐式高效再生器的简图。

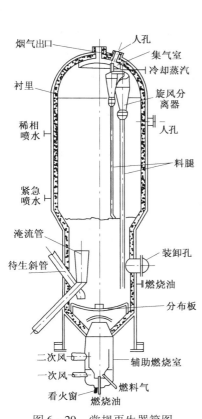

图 6 – 29　常规再生器简图

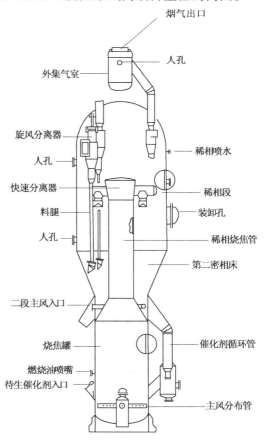

图 6 – 30　烧焦罐式高效再生器简图

常规再生器分为密相和稀相两段。再生器底部设有辅助燃烧室，烧焦用空气分为一次风和二次风两路经辅助燃烧室，通过分布板（或分布管）进入再生器密相床层。烧焦生成的烟气携带部分催化剂进入稀相段（或称沉降段）。经过沉降，大部分催化剂返回密相床，带有少量催化剂烟气进入一级旋风分离器（一般为两极串联，组数由烟气负荷决定）。分离出的催化剂经旋风器料腿返回床层，烟气经集气室排除出再生器。待生催化剂由待生斜管送入密相床层，再生后由淹流管引出再生器。为了补充烧焦热量不足，在密相段设有燃烧油喷嘴，为了控制操作防止发生二次燃烧，在稀相段下部设有紧急喷水嘴，上部有稀相喷水嘴，在一、二级旋风分离器间设有级间冷却蒸汽喷嘴。在各部位还设有测量温度、温差、压力和压差用的热偶套和测压管嘴。

如果再生热量过剩，可在密相床内设有取热盘管或安装外取热器。

烧焦罐式高效再生器是由烧焦罐、稀相管、第二密相床（简称二密）及稀相空间组成。稀相管出口装有快速分离装置，使从稀相管出来的烟气和催化剂得到很好的分离，大部分催化剂落入第二密相床，带有少量催化剂的烟气进入旋风分离器分离系统，回收的催化剂经料腿返回二密，烟气经集气室排出。

在第二密相床补充少量空气以维持床层流化，同时继续烧去残余焦炭，再生后的催化剂一路经外循环管返回烧焦罐下部，以保持烧焦罐中催化剂的循环强度和提高起始再生温度，从而达到提高烧焦效率的目的。另一路经再生斜管进入提升管反应器。

自 20 世纪 70 年代至 90 年代初，烧焦罐式再生器一直是我国催化裂化再生技术的主流设计，据不完全统计，目前约有五十套该类型的装置在运行。烧焦罐式高效再生器目前主要有三种型式，图 6-31（a）的烧焦罐与二密床直径不同，图 6-31（b）的烧焦罐与二密床同径，图 6-31（c）为带预混合管的烧焦罐，烧焦罐与二密床同径。不管哪一种类型，烧焦罐式高效再生器均由烧焦罐、稀相管及出口快速分离器（粗旋），二密床及稀相床组成。催化剂下料口在二密床，为了维持待生催化剂进入烧焦罐的高起燃温度，设外循环管以增强烧焦

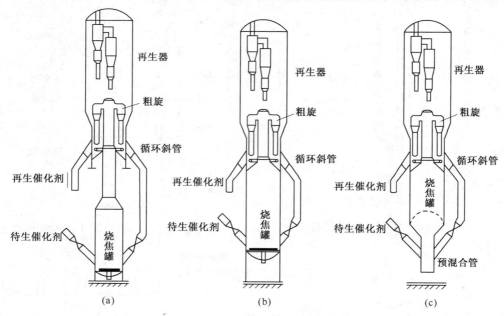

图 6-31　烧焦罐式高效再生器三种型式示意图

效果。烧焦罐内线速为 1.2 ~ 1.8 m/s，二密床通入少量的流化风仅起流化作用。图 6-31(a) 和图 6-31(b) 两种型式烧焦罐底部通过主风分布管通入主风，图 6-31(c) 改变了烧焦罐的入口型式，让高温催化剂在管内与主风进行混合，线速较高，实现了管内以近似活塞流的快速烧焦，并且解决了主风分布管可能出现的磨损问题，减小了设备尺寸及催化剂藏量。

烧焦罐式再生器的主要特点是高流速、高温度、高氧含量和低催化剂藏量，以提高再生器的烧焦效率，总烧焦强度可达 250 ~ 320kg/(t·h)。由于采用了高温、高氧含量和高流速的再生条件，使催化剂炭含量降得很低，一般在 0.1% 以下，可以降到 0.05%。焦炭燃烧充分，有效地利用了 CO 的燃烧热，减少了对大气的污染，而且，在稀相管中，催化剂与烟气进行充分热交换和混合，使烟气温度和催化剂的温差减到最小，催化剂密度均匀，稀相管出口安装的快速分离器(如粗旋)可以达 90% 以上的分离效率，大大降低了进入旋风分离器的催化剂浓度。

1. 再生器壳体

再生器壳体是一个或两个大型压力容器。再生器内部操作压力根据反应器压力和反应-再生系统的压力平衡条件确定，一般在 0.7 ~ 3.0MPa 之间。再生器内操作温度一般在 680 ~ 730℃，不正常时会超过 750℃。整个压力容器外壳按冷壁设计，材质为优质碳钢或低合金钢，内壁衬为双层或单层的以非金属材料为主的耐热、耐磨衬里，总厚度为 100 ~ 150mm。外壁表面温度低于 150℃。

2. 旋风分离器

旋风分离器(以下简称旋分器)是炼油厂催化裂化装置的重要设备之一，它的性能好坏直接关系到装置运转周期和经济效益。旋风分离器由内圆柱筒、外圆柱筒和圆锥筒以及灰斗组成。灰斗下端与料腿相连，料腿出口装有翼阀。

旋风分离器是利用离心沉降原理从气流中分离出颗粒的设备。其工作原理是在强烈旋转过程中所产生的离心力将密度远远大于气体的固体颗粒甩向器壁，固体颗粒一旦与器壁接触，便失去惯性力而靠入口速度的动量和自身的重力沿壁面下落进入集灰斗。旋转下降的气流在到达圆锥体底部后，沿旋风器的轴心部位转而向上，形成上升的内旋气流，并由旋风器的排气管排出。

催化裂化装置在高温下操作，通常反应-沉降的操作温度大于 500℃，再生器的操作温度大于 700℃，按此温度选择材料，沉降器旋分器应选用 15CrMoR 耐热低合金钢，再生器旋分器应选用高合金耐热钢，如 0Cr19Ni9。而且要控制碳质量分数在 0.04% ~ 0.10%，以保证必要的高温强度，当温度更高时，还应考虑选择合金含量更高的耐热合金钢。在选择合适材料的同时，旋分器筒体、顶板吊架的厚度也应适当增加，大于 1000mm 直径的筒体，其壁厚应不小于 10mm，以满足必要的刚性，保证内壁耐磨衬里不因筒体变形而挤坏。料腿上部与灰斗连接处约 1000mm 范围内应施以衬里，防止磨坏料腿上部。制造时龟甲网敷设后必须与筒壁焊牢，防止高温下龟甲网脱焊，损坏衬里。旋分器各部件间必须焊接合格，不得有任何影响密封和高温强度的缺陷。在满足上述要求的情况下，旋分器的寿命一般至少可以保证 6 年。

旋分器各部分相关尺寸见图 6-32。通常在旋分器设计中，还引入一个无因次数 k_A，称为截面系数，它为筒体截面积与旋分器入口截面积之比，即 $k_A = \dfrac{\pi D^2}{4ab}$。表 6-7 列出了国外几种旋风器的尺寸比例。表 6-8 列出了工业上已采用的旋风器的相关尺寸比例。

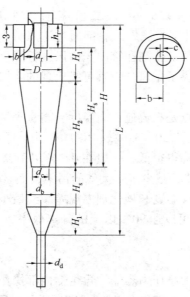

图 6 – 32　旋风分离器各相关尺寸

D—旋风分离器的筒体直径，m；H_1—筒体高度，m；H_2—锥体高度，m；

H—分离高度，($H = H_1 + H_2$)，m；H_s—分离空间高度，m；

H_b—灰斗高度，m；d_r—排气管直径，m；d_c—排尘口直径，m；

d_b—灰斗直径，m；a—入口高度，m；b—入口宽度，m；d_d—料腿直径，m；

d_e—排气管外段直径，m；h_r—排气管在器内的伸入长度，m.

表 6 – 7　国外几种旋风分离器的尺寸比例

项　　目	高　效　型		通　用　型		大　流　量　型	
	staimand	swift	swift	lupple	staimand	swift
a/D	0.50	0.44	0.50	0.50	0.75	0.80
b/D	0.20	0.21	0.25	0.25	0.38	0.35
k_A	7.85	8.50	6.28	6.28	2.79	2.80
d_p/D	0.50	0.40	0.50	0.50	0.75	0.75
h_r/a	1.00	1.14	1.20	1.25	1.17	1.06
d_c/D	0.38	0.40	0.40	0.25	0.38	0.40
H_1/D	1.5	1.4	1.8	2.0	1.5	1.7
H_2/D	2.5	2.5	2.0	2.0	2.5	2.0
H/D	4.0	3.9	3.8	4.0	4.0	3.7

表 6 – 8　工业上已采用的旋风分离器的相关尺寸比例

项　　目	Ducon SDGM	Ducon VM. M	Buell Ac340	Van Tongeren Ac435	CE Catlone	PV
a/D	0.48	0.64	0.64	0.64	0.61	0.57 ~ 0.68
b/D	0.26	0.28	0.28	0.28	0.27	0.25 ~ 0.295
k_A	~6	6.6 7.1	3.7 4.3		4.75 5.5 7.5	4 ~ 6
d_r/D	0.54		0.40 ~ 0.55		0.44 0.31 0.25	0.25 ~ 0.50

项　目	Ducon SDGM	Ducon VM. M	Buell Ac340	Van Tongeren Ac435	CE Catlone	PV
h_r/a			0.35		0.80	1.0~1.1
H_1/D		1.33	1.33	1.42	1.33	1.3~1.4
H_2/D		1.33	1.33	2.05	2.05	2.0~2.2
d_e/D		0.4	0.4	0.4	0.4	0.4
d_t/D		0.47	0.56	0.56		控制出口线速 ≥20m/s
H_T^*/D	2.83	3.2	3.66	-5.6	-4.96	-5.3

* H_T 为旋分器总高(包括灰斗高度)。

3. 催化剂进出再生器的型式

催化剂进出再生器的型式与装置类型有关,总的原则是避免让待生催化剂和大量的新鲜空气首先接触,以防因局部过热导致催化剂失活。应使烧去一部分炭的催化剂与新鲜空气先接触。如很多装置设法采用上进下出的方式就是这个道理。还应注意,不要使待生催化剂进口与再生催化剂出口位置距离过近,以免出现短路,必要时可在出、入口间加隔板。另外还应使再生催化剂很好脱气,一方面可以减少惰性气体带入反应系统,另一方面也有利于提高再生线路的推动力。

(1)待生催化剂进再生器的型式

高、低并列装置的待生催化剂都是由再生器侧壁进入。不过进入方式有两种不同类型,即直进和切线进。切线进入的目的是让催化剂旋转流动,延长它在再生器密相床内的停留时间,使大部分催化剂在密相床的停留时间接近平均值。当催化剂入口和出口距离较近时,可以在与切线入口成20°的地方加设垂直挡板,以防待生催化剂未经充分烧焦即离开再生器。

(2)再生催化剂出再生器的型式

高、低并列装置靠控制再生滑阀开度来调节催化剂循环量,因此不设高位溢流管,而是在密相床内设淹流管。其位置有的较高在床层中部,有的较低略高于分布管或低于分布管。管的上部不必开槽口,淹流管的管顶截面积一般也按最大速度不超过0.24m/s的要求来设计。

淹流管的优点是蓄压较好,催化剂输送的推动力大,不易出现倒流事故。同时,由于床层下部密度较大,所以带往反应系统(最后随油气进入分馏、稳定系统)的惰性气体较少。

催化裂化某几个装置的低位和高位淹流管的情况见表6-9。

表6-9　催化裂化装置的低位和高位淹流管情况

厂　名	布拉兹炼油化工联合企业	洛阳炼油实验厂	浙江炼油厂	抚顺石油二厂(老催化)	玉门炼油厂
装置处理能力/(10^4t/a)	110	5	120	60	12
淹流管口面积/m^2	2.55	0.195	2.55	2.16	0.505
管口与分布管顶面距离/m	1.2	平齐	平齐	5.306	6.843
催化剂循环量/(t/h)	1390	126	1120	834	148
截面强度/[t/(m^2·min)]	9.12	10.7	7.3	6.42	4.88
斜管密度/(kg/m^3)	242	390~550		350*	180~200

*测定密度的下部引压点在脱气罐上故密度偏高。

烧焦罐式再生器的再生催化剂由第二密相床经斜管直接导出。

4. 空气分布器

再生器的空气分布器有两种型式，即分布板和分布管。它的作用是使空气沿整个床层截面分布均匀，创造一个良好的起始流化条件。空气分布的好坏直接影响床层流化质量以及再生效率和催化剂的损耗。

（1）分布板

为了促使空气沿床层截面均匀分布，在设计中应注意以下要求：

① 分布板需制成中心下凹的碟形。由于聚式流化气体有向中心部位集中的趋势，因而使得气体分布不均匀，中央气速高，气泡聚集，而四周气速低，这样会出现催化剂从周边筛孔下落，又从中心处筛孔返床层的循环现象，以致造成中心部位筛孔的严重磨损。为了避免这种情况，将分布板制成中心下凹的碟形，使气体通过中心部位阻力增大，以迫使它必须均匀分布。但应注意曲率不能太大，一般下凹深度最大为 83mm/m 直径左右。从机械结构方面来看，这种形状的受力情况也较好。

② 气流通过分布板应保持足够的压力降。只有当气流通过分布板的阻力大于使它沿整个床层截面重排的阻力时，才能促使气流均匀分布，也只有分布板的阻力大到足以克服聚式流化原生气泡不稳定的恶性引发时，分布板才能将已建立的良好起始流化条件长期继续下去。

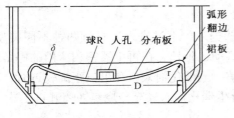

图 6-33　分布板式再生器简图

③ 分布板的开孔应均匀分布。分布板所开小孔直径一般为 15～25mm。分布板的结构简图如图 6-33 所示。

设计和制造质量良好的分布板可以获得较好的流化质量，但分布板存在着特有的缺点：

① 压降较大；

② 制作和检修困难；

③ 大型再生器分布板容易变形。国内不少再生器的分布板都发生较严重的变形，造成主风分布恶化，使流化质量变坏，影响了再生效率并增大催化剂损耗，故而很多装置改用分布管。

（2）分布管

常用的分布管有同心圆式和树枝式两种类型。图 6-34 为分布管结构示意图。

主管下端与辅助燃烧室的出口管联接。主管、支管、分支管是用碳钢管或 Cr₅Mo 管制成。每根分支管下面焊接许多厚壁短管（即喷嘴），主风从短管以高速向下喷出然后反向上面，经过管排间的缝隙进入床层，在主管顶部设有人孔，以备检修时进入。为了避免形成死区，对较大的装置常在人孔盖上装设曲管喷嘴，有的装置在支管上方也加设曲管喷嘴，如图 6-34（c）所示。

为了使主风分布均匀和操作稳定，应当使主风通过分布管时保证一定的压降，根据经验分布管压降相当于床层压降的 30%～70% 即可满足要求。推荐设计压降为 5.0～7.0kPa。

欲使主风在分布管各部位处的喷嘴均匀喷出，应当使分布管的压降绝大部分消耗在喷嘴处。根据水力学原理推算，如果喷嘴压降占总压降的 90% 以上，则通过各喷嘴的流量可以基本达到相等。实际在设计分布管时，使主管、支管、分支管内的流速大体相同，一般为 15～25m/s，而喷嘴线速往往高达 50～70m/s。但主风以高速自喷嘴喷出时对催化剂有冲蚀作用，为了能即保证其流分布均匀，又减少对催化剂冲蚀的双重要求，常采用异径喷嘴，如图 6-35 所示。

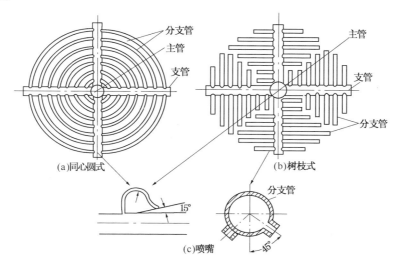

图 6-34　分布管式再生器结构示意图

设计时，应使 $\dfrac{L_1}{D_1} > 0.6$、$\dfrac{D_2 - D_1}{L_2} < 0.18$，这样则可在保证使主风均匀分布的前提下减少对催化剂的磨损。

分布管的开孔布置应力求使主风均匀进入床层，但也必须注意到：

① 由于分布管边缘与壳体内臂之间有一环形缝隙，为避免主风较多地沿边壁上升，布孔时中央部位应多些而四周靠壁处少些，有的装置在此处加有齿形挡板。

② 在待生催化剂入口侧布孔稍多些约占 55%，再生催化剂出口侧布孔占 45% 左右。

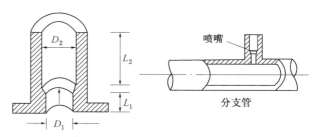

图 6-35　异径喷嘴示意图

5. 辅助燃烧室

辅助燃烧室的作用是用于开工时加热主风，以预热两器使之升温。在反应-再生系统紧急停工时，也可以用它来维持系统的温度，在正常生产时辅助燃烧室只作为主风的通道，其结构有立式和卧式两种类型，图 6-36 为立式辅助燃烧室简图。

6. 取热器

随着分子筛催化剂的使用，对再生催化剂的含炭量提出新的要求，为了充分发挥分子筛催化剂高活性的特点，需要强化再生过程以降低再剂含炭量，近年来各厂多采用 CO 助燃剂，使 CO 在床层完全燃烧，这样就会使得再生热量超过两器热平衡的需要，发生热量过剩现象，特别是加工重质原料，掺炼或全炼渣油的装置这个问题更显得突出，因此，再生器中过剩热的移出便成为实现渣油催化裂化需要解决的关键之一。

再生器的取热方式有内外两种，各有特点。一般来说内取热投资少，操作简便，但维修困难，取热管破裂只能切断不能抢修，而且对原料品种变化的适应性差，即可调范围小。外

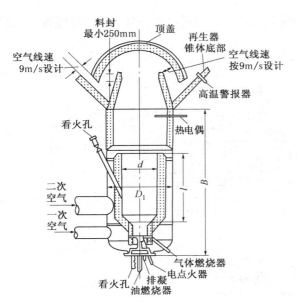

图 6-36 立式辅助燃烧室

一种是下流式斜管（称 Y 型斜管），它是依靠催化剂自身重力向下流动（属于密相下流），阀前的蓄压大。但其转弯较大，提升管要长一些（在重油催化裂化中可设置预提升段）。另一种是上流式斜管（称 J 型斜管），它与再生立管的夹角为 45°向上倾斜，管内催化剂的流动状态与 U 形管上升段相似，催化剂呈密相流化状态，再依靠两端的压差，造成输送的推动力。

（2）初始接触区

提升管的初始接触区是由催化剂调节段和进料分布段组成，其主要作用是使进料与热催化剂接触时能够迅速汽化。提升管的初始接触区如图6-38所示。

采用的预提升气体包括水蒸气和轻烃，其作用是使催化剂得到预加速、预流化，改善催化剂分布状况，有利于雾化油滴和催化剂的均匀接触、快速混合。此外，预提升气体还可调节催化剂的停留时间，降低油气分压，钝化催化剂表面的重金属。

国内外对轻烃（炼油厂干气、湿气和/或水蒸气）预提升技术非常重视，在工业装置上取得了成功的应用。干气预提升改善产品分布的主要机理是含氢干气有利于降低生焦，这是因为系统中较多 H_2 的存在，会抑制裂化反应中由于脱氢或烯烃裂化会生成共轭二烯烃，也就阻止了二烯烃进一步缩合成焦炭

取热具有热量可调，操作灵活，维修方便等特点，对发展渣油催化裂化技术具有很大的实际意义。

二、提升管反应器及沉降器

分子筛提升管催化裂化装置的反应系统，主要包括提升管反应器和沉降器两大设备，其简单结构如图 6-37 所示。

提升管底端设有混合区，是原料油与再生催化剂的混合、汽化和开始加速的重要区域。为了降低混合区的热裂化程度和充分发挥沸石催化剂的固有活性，必须确保催化剂和油在起始接触点上就充分混合。并在油气和催化剂并流通过垂直提升管时，要尽可能使原料均匀分布减少返混。

（1）催化剂进入方式

再生催化剂进入提升管有两种形式：

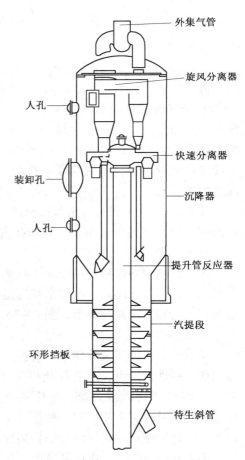

图 6-37 提升管反应器及沉降器简图

的反应，同时增强了其他正碳离子反应，产生更多有价值的产品。

预提升段的主要功能是用气体将再生斜管来的再生催化剂提升到一定高度，使其密度分布与大小最佳地满足进料段油雾与催化剂充分均匀接触的要求。

进料混合段的主要功能是保证喷入的油雾与催化剂实现充分均匀的接触，然后尽量以接近平推流的形态向上流动，完成所需的裂化反应。

反应时间也就是油气在提升管内的停留时间，它是工艺过程中的一个关键操作参数，对裂化反应的深度和选择性有很大影响。为了严格控制油气与催化剂的接触时间以减少过多的二次反应，一般油气在提升管内的停留时间只有 1～4s，就可以达到所需的转化率。

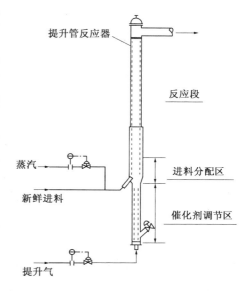

图 6 - 38　提升管的初始接触区

由于汽油方案宜采用高温短接触时间，其反应时间通常按 2～3s 设计；而柴油方案则以采用较低的反应温度为好，反应时间一般按 3～4s 设计为宜。总之，反应时间是提升管设计的最主要参数，反应时间过短会导致单程转化率降低，回炼比增加；而反应时间延长，则会使转化率过高，汽油产率下降，液化气中烯烃饱和，造成丙烯、丁烯产率降低。

提升管反应器的直径和高度与反应时间直接相关，因此，当确定了合适的反应时间并选择了适宜的操作线速后，就可以确定提升管的直径和高度。提升管入口线速一般为 4～7m/s，出口为 12～18m/s。

由于油气在提升管内的线速是不断变化的，因此，停留时间常采用对数平均线速近似的计算，即：

$$\tau = \frac{L}{u_{平}} \tag{6-33}$$

$$u_{平} = \frac{u_{出} - u_{入}}{\ln \dfrac{u_{出}}{u_{入}}} \tag{6-34}$$

式中　τ——油气在提升管中的停留时间，s；

L——提升管有效长度，m；

$u_{平}$——油气平均线速，m/s；

$u_{出}$、$u_{入}$——分别为油气在出、入口处的线速，m/s。

有时为了简便，也可以用提升管单位容积处理能力 t/(m³·h)，即每立方米提升管容积每小时处理的新鲜原料的吨数来间接粗略地反映油剂的接触时间。

提升管末端分离技术是催化裂化装置的重要组成部分，其目的是使油气在离开提升管后与催化剂迅速分离，避免过度的二次裂化和氢转移等反应，以提高目的产品收率和质量。同时尽量减少催化剂随油气的带出，降低旋风分离器入口的颗粒浓度，以降低催化剂的单耗。

表 6 - 10 列出了国、内外主要提升管出口快分的技术特点和应用情况。

表 6-10 提升管出口快速分离技术进展

公　司	技　术　特　点	工　业　化　情　况
UOP 公司 　VDS 和 VSS[2]	具有预汽提功能，分离效率达 98% 以上，油气返混程度控制在 2% 以下	1992 年工业化，已有 36 套使用，另有超过 10 套正在设计或建设中
Stone&Webster(Shaw) 　Ramshorn	油气分离更快，提升管顶部的高效分离防止了催化剂夹带进主分馏塔，降低了油气接触时间且更易于操作	已有 10 多套运转或建设中
Mobil 　闭式直联旋分系统	粗旋与一级旋风分离器直接相连，油气返混率仅 6%，油气停留时间大大缩短	20 世纪 80 年代后期工业化
石油大学 　FSC[6] 　VQS 　CSC	气 - 固分离效率达到 99%、油气快速引出停留时间 <5s。掺炼渣油比例明显提高，较好地解决了沉降器结焦问题	20 世纪 90 年代末工业化 10 套装置使用，总能力 6000kt/a 5 套装置使用，总能力 6500kt/a 1 套装置使用

　　国外关于提升管出口快分技术的专利众多，但早期的技术（如 T 型、倒 L 型、三叶型以及较新的弹射式快分等），仅从提高气 - 固一次分离效率入手，并未注意反应后油气的返混问题，致使反应后油气在沉降器系统内的平均停留时间高达 10 ~ 20s，容易产生过度热裂化，增加了干气收率，减少了轻油收率，使沉降器内结焦严重。

　　20 世纪 80 年代以来，国外几个大公司都着手改进这方面的问题，又相继推出了一些较好的专利技术。主要有 Mobil 的闭式直联旋分系统、Stone&Webster(Shaw) 的 Ramshorn 轴向旋分系统以及近年来 UOP 开发的涡旋分离系统（VDS 和 VSS）和中国石油大学的快分技术（FSC、VQS 和 CSC）等。

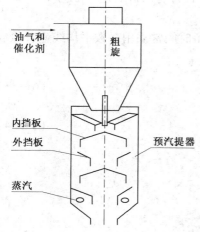

图 6-39　FSC 快分系统结构示意图

　　下面着重介绍一下中国石油大学（北京）开发的 3 种快分系统，即 FSC 系统（环形挡板式汽提粗旋系统）、VQS 系统（旋流式快分系统）和 CSC 系统（密相环流汽提粗旋系统）。

　　（1）FSC 快分系统

　　FSC 快分系统的结构如图 6-39 所示，它由以下三部分构成，其结构及特点是：

　　① 带有独特挡板结构的预汽提器。它的特点是带有裙边及开孔的人字挡板，在一定的尺寸匹配条件下，可以确保挡板上形成催化剂的薄层流动，且与汽提汽形成十字交叉流，从而提高汽提效率。

　　② 粗旋排料口与预汽提器的连接采用中心稳涡杆与消涡挡板相结合的新结构。一方面将浓集在器壁处的旋转催化剂流转变为挡板上的薄层流，为高效汽提创造条件；另一方面在防止旋风分离器内强烈的内旋涡一直延伸到料腿顶端的同时，又防止上升的汽提汽干扰旋风分离器的内流场，从而保证在把正压差排料变为微负压差排料的同时，防止旋风分离器的效率受到不利影响，仍然保持原有的高效率。

　　③ 在粗旋升气管及顶旋入口间实现灵活多样的开式直联方式，可视装置的具体情况，

选用紧接式或承插式结构。这样既可保证全部油气以少于4s的时间快速引入顶旋，又克服了直联方式操作弹性小的弊病。

目前FSC快分系统现已成功应用于国内多套FC-CU[规模在（15～350）×10⁴t/a]。FCCU改用FSC系统后，干气和焦炭收率降低，轻油收率提高0.5～1.0个百分点，油浆固含量小于2g/L，并有效地缓解了沉降器内部的结焦，取得了良好的经济效益。

（2）VQS快分系统

VQS系统由导流管、封闭罩、旋流快分头、预汽提段等四部分组成，其结构如图6-40所示，具有以下结构特点。

① 带有独特挡板结构的预汽提器。它的特点是带有裙边及开孔的人字挡板，在一定的尺寸匹配条件下，可以确保挡板上形成催化剂的薄层流动，且与汽提气形成十字交叉流，尽量避免密相床中的大气泡流动，以提高剂－气两相间的接触效果，从而大大提高汽提效率。

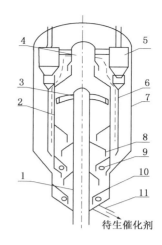

图6-40　VQS快分系统结构示意图
1—内提升管；2—封闭罩；3—旋流快
分头；4—油气引出管；5—顶旋分离器；
6—顶旋分离器料腿；7—沉降器外壳；
8—封闭罩内环形预汽提挡板；9—汽提蒸汽环；
10—汽提段挡板；11—待生催化剂出口

② 预汽提器内独特设计的挡板结构及旋流头和封闭罩尺寸的优化匹配设计，可使旋流头在其下部有汽提汽上升的情况下，仍可达到98.5%以上的分离效率。

③ 在封闭罩及顶旋入口间实现灵活多样的开式直联方式。可视装置的具体情况，选用承插式或紧接式结构。这样既可保证全部油气以不到4s的时间快速引入顶旋，又克服了直联方式操作弹性小的弊病。

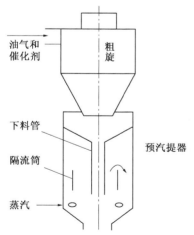

图6-41　CSC快分系统结构示意图

到2006年VQS快分系统已在国内7套FCCU[规模为（80～300）×10⁴t/a]上应用，均取得了较好的效果。近年来，随着MIP技术的开发成功，该技术又在4套工业装置的MIP技术改造中得到了成功应用，有效地降低了装置的改造费用。

（3）CSC快分系统

CSC系统的结构如图6-41所示，它主要由3部分组成：即优化结构尺寸的粗旋风分离器、带中心下料管的密相环流预汽提器和承插式（或开式直联）导流管气体快速引出装置所构成。

CSC系统具有以下特点：

① 气－固分离效率高。在适宜的预汽提气量下该系统的分离效率可达到99.5%以上。由于增设了密相环流预汽提器，改变了原常规粗旋系统的压力分布，使其料腿由原来的正压差排料变为负压差排料，基本消除了提升管出口部分油气的向下返混。

② 可有效降低外取热器的取热负荷。由于预汽提器改用了密相环流新技术，可使催化剂在环流流动过程中多次与新鲜的预汽提蒸汽相接触，实现了在较小的预汽提蒸汽用量下，

285

获得很高汽提效率的目的，使带入再生器的可汽提焦大大降低。

③ 提高了目的的产品的收率。采用合理的油气快速引出结构，减少了油气在沉降器顶的扩散、滞留、结焦。油气停留时间由常规的 15～20s 缩短到 5s 以下 。

④ 具有较好的操作弹性和操作稳定性。当提升管线速度和催化剂循环量发生较大幅度变化时，该系统仍能稳定运行，油浆固体含量维持在较低水平 。

CSC 系统已成功应用于胜华炼油厂 10×10^4 t/a FCCU，其应用结果表明，该系统开工灵活，操作弹性大，气–固分离效率高（油浆固含量小于 2g/L），油气在沉降器内的停留时间短，减少了油气的二次裂解，提高了反应的选择性，装置的总液收从 CSC 系统投用前的84.55% 提高到投用后的 86.19% ，即总液收提高了 1.64 个百分点，效果十分显著。目前 CSC 系统现已在国内近 10 套工业 FCCU 上得到应用，其结果不仅有效地缓解了沉降器系统的结焦，同时也改善了装置的产品分布情况。

由于重油催化裂化原料中掺入较多的减压渣油，或直接用常压重油作原料，致使进料馏分重黏度大、反应过程中难以裂化且容易生焦。选择性能优秀的进料雾化喷嘴可以提高轻油收率，降低焦炭产率，改善产品分布，减缓设备结焦，延长装置运转周期。当炼油厂对 FCC 装置进行设备技术升级时，通常也从进料分配系统入手，而且其资本投入较低。

国、内外研究设计人员作了大量的工作，开发了各类不同的进料雾化喷嘴和喷嘴进料结构。目前，催化裂化装置采用的进料喷嘴按雾化机理的不同大体上划分为四大类：喉管类雾化喷嘴（洛阳石化工程公司的 LPC 型、中国科学院力学研究所的 KH–Ⅱ型）、靶式类进料雾化喷嘴（S&W 公司的 BX–Ⅱ型）、气泡雾化喷嘴（石油大学的 UPC 型）和旋流式雾化喷嘴（中国石化工程建设公司的 BWJ 型）。表 6–11 列出了国外主要喷嘴技术特点和应用情况。

表 6–11　国外主要喷嘴技术特点和应用情况

公　司	技　术　特　点	工　业　化　情　况
Stone&Webeter(Shaw)　BX 喷嘴	靶式喷嘴　　美国一家炼厂使用后，可使反应温度下降 13℃，汽油收率上升 0.2%，干气收率下降 0.35%	2003 年推出最新构型
Kellogg　　Atomax–Ⅰ型喷嘴　Atomax–Ⅱ型喷嘴	利用中压蒸汽能量雾化液体，进料不需要成本较高的提压操作雾化粒径进一步减小 42%，喷嘴顶部为独特多孔眼结构	1992 年工业化　1996 年工业化
UOP　　Optimix 标准型喷嘴　Optimix–LS 型喷嘴（低蒸汽消耗）　Optimix–RF 型喷嘴（渣油原料加工）	通过其专利 DUR OLOKTM 联轴节，炼厂如要改变原料种类，仅可更换顶部部件，大大提高灵活性并降低费用	1994 年工业化，已在 80多套装置上使用
Lummus　Micro–Jet 喷嘴	油膜型喷嘴　　利用分散介质剪切细的油射流，靠近喷嘴末端进行雾化，可减少其后喷嘴重新聚结的可能性	1995 年工业化
Petrobas　Ultramist 喷嘴	优化超音速蒸汽，低压降下产生极细小雾滴	1998 年工业化

286

表6-12列出了国内主要喷嘴技术特点和应用情况。我国在渣油催化裂化装置初期多使用的是 Stone&Webster(Shaw) 的靶式喷嘴,此后在此基础上开发了许多自主技术的新型喷嘴。主要有中国石化工程建设公司的 BWJ 型双流体液体离心式喷嘴、中国科学院力学研究所的 KH 型混合式双喉管喷嘴、中国石化集团洛阳石化工程公司的 LPC 型鸭嘴单孔喷嘴,这些喷嘴经过不断改进,已在国内催化裂化装置上大量使用。而且由于国内催化裂化特点,国内喷嘴的掺渣比例较国外喷嘴要高,其中 BWJ 型喷嘴掺渣比已经可以达到 36% 以上。

中国力学研究所在原 KH-2 型喷嘴上进行改进设计出 KH-4 和 SKH-4 系列 FCC 进料喷嘴,其结构见图6-42和图6-43。KH-4 型喷嘴是在 KH-2 型喷嘴的基础上,将出口处的双喉道改成多喉道,二者的雾化原理基本相同,采用气动雾化方法,利用气体能量克服原料油的表面张力和黏度的约束,使其破碎成微细颗粒。原料以低速从侧面进入混合腔,雾化蒸汽通过第一喉道将其加速到超音速,剪切破碎液体(原料)。液体第一次雾化成油滴,但这时的油滴较大,分布不均匀。气液混合物从第一喉道进入第二喉道,由于气(蒸汽)、液(原料小液滴)存在速度差,第二次被剪切破碎成雾滴状,进一步被雾化喷向提升管,与上升的再生催化剂充分接触,在其作用下发生催化裂化反应。

表6-12 国内主要喷嘴技术特点和应用情况

公 司	技 术 特 点	工 业 化 情 况
中国石化工程建设公司 BWJ-Ⅰ和BWJ-Ⅱ型喷嘴	双流体液体离心式喷嘴,核心为气液两相旋流器 中国石化荆门分公司用 BWJ-Ⅱ型喷嘴取代原靶式喷嘴,掺渣比 36% 情况下,连续运装970天,检修时提升管和结焦器均未发现明显结焦现象	1997年推出,已在我国30多套重油 FCC 装置上使用
BWJ-Ⅲ型喷嘴	采用两次进气和装有分布板的二次进气结构,改进旋流器结构,提高液体流径旋流器的充满度(避免出现空心现象)进一步的效果正在观察	已在燕山石化、兰州石化和荆门石化等5套 FCC 装置上使用
中国科学院力学研究所KH-Ⅰ~Ⅳ型	混合式双喉管喷嘴	已在我国近70套 FCC 装置上使用
中国石化集团洛阳石化工程公司 LPC Ⅰ~Ⅴ型	鸭嘴单孔型喷嘴 近年来改进不大,不如 BWJ 型和 KH 型喷嘴选用的多	应用以 LPC-Ⅲ 为主,有近90套 FCC 装置使用
石油大学 UPC-α 喷嘴	油剂接触快速而均匀,SMD 粒径 40~50μm,液滴分布均匀	1999年中原油田工业化

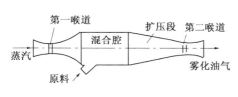

图6-42 KH-4型喷嘴结构简图

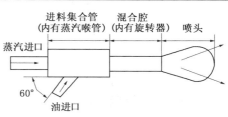

图6-43 SKH-4型喷嘴结构简图

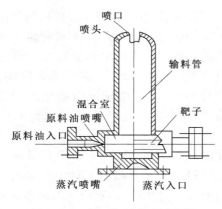

图 6-44　新型靶式喷嘴结构图

标注：喷口、喷头、输料管、混合室、原料油喷嘴、原料油入口、靶子、蒸汽喷嘴、蒸汽入口

SKH-4 以原 KH-2 喷嘴结构为基础，在混合腔后增加旋流部件，出口仍采用双喉道，其改进的思想是利用旋流器旋转产生的离心力将液体展成液膜，增大气、液作用面积，降低液体黏性和表面张力，然后在气动力的作用下实现雾化。这种喷嘴的应用表明，使用 SKH-4 喷嘴比使用原靶式喷嘴轻质油收率有所提高，同时焦炭产率、蒸汽耗量和压降均有所下降。

新型靶式喷嘴是 Stone&Webster(Shaw) 公司在原有靶式喷嘴的基础上进行改进，设计出新型高效进料喷嘴，其结构示意见图 6-44。这种喷嘴工作时，原料油以射流形式首先冲击靶子，然后与雾化蒸汽混合，流经输料管，从尾部扁平口喷出。新型靶式喷嘴已在我国多个炼油厂运行。工业应用数据表明其雾化效果好，雾化油滴直径小于 $80\mu m$，有利于提高轻质油收率，减少生焦。喷嘴出口为扁平形状，油雾呈扇形喷出，能与催化剂充分接触，有利于裂化反应，提高轻质油收率。油与气分别通过孔板进入压力较低的混合室，油气互不干扰，进料的稳定性好。喷嘴处理能力大、通道面积大、不结焦、不堵塞，孔板更换方便，适应于处理量变化大的装置。

沉降器的壳体是个圆筒形设备，上段为沉降段，内设旋风分离器，有的装置在顶部还设有内集气室，二级旋风分离器出口伸入其中，并在一级旋风分离器入口上方设有防焦板，以防油气在顶部死角处结焦。防焦板由多块平板用螺栓连接，以便于膨胀，板上还开有均匀分布的若干小孔以使板上、下压力平衡，平时在防焦板上方通有少量防焦蒸汽，以防油气从小孔窜入死区。有的装置采用外集气室(或集气管)。

由于提升管出口设有快速分离装置，一般分离效果都比较好，因此，对沉降段分离作用的要求不是主要的，其高度主要应考虑能满足旋风分离器料腿压力平衡的需要。目前国内现有提升管装置的沉降段高度一般为 9~12m 左右，沉降器气体线速一般不超过 0.5~0.6m/s。

下段为汽提段，内设挡板，其作用及结构已在第六节讲过不再重述。

第九节　反应-再生系统工艺计算

在进行催化裂化装置反应-再生系统工艺设计计算之前，首先要明确生产方案(即以生产柴油为主还是以生产汽油或气体为主)，其次是装置处理能力以及原料性质。然后就需要参考中型试验和工业生产数据，确定物料平衡以及产品性质和选择相应的操作条件及装置型式。

催化裂化反应-再生系统工艺设计计算主要包括以下几个部分。

(1) 再生系统

① 燃烧计算，主要是确定主风量，作为选择主风机的依据、确定烟气量，作为决定再生器尺寸的依据。

② 再生器热平衡计算，目的是确定催化剂循环量和剂油比。

③ 再生器藏量及烧焦强度的计算。

④ 再生器结构尺寸的确定。

⑤ 催化剂输送管线的计算。

⑥ 空气分布器的计算。

⑦ 旋风分离系统的计算。

⑧ 双动滑阀的计算。

⑨ 辅助燃烧室等计算。

（2）反应系统

① 原料预热温度的计算，目的是为加热炉计算热负荷提供依据。

② 提升管反应器计算。

③ 沉降器及汽提段的计算。

④ 旋风分离系统的计算。

此外，还有反应－再生系统压力平衡计算，催化剂储罐及能量回收与其他用等项计算。

下面分别举例说明上述项目中的一些主要内容。

一、再生系统

【例 6－2】 某渣油催化裂化装置，要求处理能力为 1Mt/a（按年开工 8000h 计），即 125000kg/h，按汽油方案设计，其产品分布如下。

项　　目	气体	汽油	柴油	焦炭	合计
产品/%	13.5	45.0	31.1	10.4	100

采用烧焦罐式完全再生型式，试作该装置的燃烧计算、再生器热平衡计算和旋风分离系统等项计算。其主要操作条件如下。

烧焦罐温度/℃	稀相管温度/℃	第二密相床温度/℃	提升管出口温度/℃	再生器顶压力（表）/kPa	沉降器顶压力（表）/kPa	回炼比
700	720	720	510	216	206	0.37

解：

1. 燃烧计算

首先确定以下数据：

焦炭中 H/C(质)	8/92
稀相管出口烟气中 CO_2/CO	完全再生 CO 为 0
烟气中氧含量/%	3.0
再生催化剂含炭量/%	0.02
大气温度/℃	30
大气压力/kPa	101
空气相对湿度/%	70

计算步骤：

（1）焦中的炭量和氢量

$$焦炭产量 = 125000 \times 10.4\% = 13000kg/h$$

$$焦中炭量 = 13000 \times 0.92 = 11960kg/h$$

$$焦中氢量 = 13000 \times 0.08 = 1040kg/h$$

（2）空气量和燃烧产物量

① 理论耗氧量：

$$生成 CO_2 耗氧 \ 11960 \times \frac{1}{12} = 996.7 kmol/h$$

$$生成 H_2O 耗氧 \ 1040 \times \frac{1}{4} = 260 kmol/h$$

$$理论耗氧量 = 996.7 + 260 = 1256.7 kmol/h$$

② 燃烧产物量：

$$生成 CO_2 量：996.7 kmol/h（或 43854.8 kg/h）$$

$$生成 H_2O 量：520 kmol/h（或 9360 kg/h）$$

③ 理论干空气量：

$$理论 N_2 量 = \frac{79}{21} \times 1256.7 = 4727.6 kmol/h$$

$$干空气量 = 1256.7 + 4727.6 = 5984.3 kmol/h$$

④过剩空气量：

烟气中含过剩氧 3.0%，则：

$$3.0\% = \frac{过剩 O_2 量}{理论干烟气量 + 过剩 O_2 量 + 过剩 N_2 量}$$

$$= \frac{过剩 O_2 量}{CO_2 + N_2 + 过剩 O_2 量 + 过剩 O_2 \times \frac{79}{21}}$$

故

$$过剩 O_2 量 = \frac{0.03(996.7 + 4727.6)}{1 - 0.03\left(\frac{79}{21} + 1\right)}$$

$$= 200.4 kmol/h$$

$$过剩 N_2 量 = 200.4 \times \frac{79}{21} = 753.9 kmol/h$$

$$过剩空气量 = 200.4 + 753.9 = 954.3 kmol/h$$

⑤ 总干空气量 $= 5984.3 + 954.3$

$$= 6938.6 kmol/h（或 19983.7 kg/h）$$

⑥ 空气带入水量 = 分子湿度 × 干空气摩尔数。

a. 分子湿度为 0.03kg 水汽/kg 干空气；

b. 根据大气温度 30℃空气相对湿度 70%，查第六节图 6 – 26 得绝对湿度经换算为分子湿度。

则空气带入水量 $= 0.03 \times 6938.6 kmol/h$

$$= 208.2 kmol/h（或 3747.6 kg/h）$$

⑦ 烧焦所需主风量（即湿空气量）$= 6938.6 + 208.2$

$$= 7146.8 kmol/h$$

$$或（160088.3 标 m^3/h）$$

$$或（2668.1 标 m^3/min）$$

此风量乘 110% 可作为选主风机的依据，依此可选 MCL1003 型风机两台。

⑧ 湿烟气量 = CO_2 + 理论 N_2 + 生成水 + 过剩干空气 + 空气带入水

$\qquad$ = 996.7 + 4727.6 + 520 + 954.3 + 208.2

$\qquad$ = 7406.8 kmol/h

$\qquad$ 或(216857.2 kg/h)

$\qquad$ 或(1 65912.3 标 m^3/h)

(3) 烧焦耗风指标 $= \dfrac{160088.3}{1300}$

$\qquad\qquad\qquad$ = 12.3 标 m^3/kg 焦

(4) 烟风比 $= \dfrac{湿烟气量}{湿空气量}$

$\qquad\qquad = \dfrac{165912.3}{160088.3}$

$\qquad\qquad$ = 1.04

公式里的湿烟气量不包括各项吹入水蒸气量。

烟气量及组成见表 6-13。

表 6-13 烟气量及组成数据

项 目	流 量		相对分子质量	组成/%(mol)	
	kmol/h	kg/h		干烟气	湿烟气
CO_2	996.7	43854.8	44	14.92	13.46
O_2	200.4	6412.8	32	3.0	2.71
N_2	5481.5	153482	28	82.08	74.0
总干烟气	6678.6	203749.6	30.5	100.00	
生成水汽	520	9360	18	} 9.83	
主风带入水汽	208.2	3747.6	18		
总湿烟气	7406.8	216857.2		100.00	

2. 再生器热平衡计算

再生器各处吹扫及松动蒸汽见表 6-14。

表 6-14 再生器各处吹扫及松动蒸汽

项 目	数量/(kg/h)	性 质	热熔/(kcal/kg·℃)
待生滑阀吹扫蒸汽	96	1.0MPa(饱和)	
膨胀节吹扫蒸汽	172	—	
待生斜管松动蒸汽	146	—	
主风事故蒸汽喷嘴吹扫蒸汽	60	—	
燃烧油喷嘴吹扫蒸汽	69	—	
稀相喷水嘴吹扫蒸汽	157	—	
合计	700		664.1

注:1kcal = 4.185kJ。

出再生器温度为 720℃,顶压 0.32MPa(绝),热熔为 3.97MJ/(kg·K)。

计算步骤:

(1) 供热 - 烧焦放出的热量(因为完全再生故可认为没有 CO)

$\qquad$ 生成 CO_2 放热:11960 × 8100 × 4.1868 = 40560 × 10^4 kJ/h

生成水放热：$1040 \times 28600 \times 4.1868 = 12453 \times 10^4 \mathrm{kJ/h}$

烧焦总放热：$40560 \times 10^4 + 12453 \times 10^4 = 53013 \times 10^4 \mathrm{kJ/h}$

焦炭的脱附热为总放热量的 11.5%，则可利用热：

$$Q_{利} = 53013 \times 10^4 \times (1 - 11.5\%)$$
$$= 46916.5 \times 10^4 \mathrm{kJ/h}$$

（2）出再生器热

① 干空气升温热 $Q_{干空气}$：

$Q_{干空气} = $ 干空气量 $\times$ 空气平均比热容（出再生器温度 $-$ 主风入再生器温度）$\times 4.1868 \mathrm{kJ/h}$

式中空气平均比热容为 $1.1 \mathrm{kJ/(kg \cdot K)}$；

出再生器温度可按稀相管温度 720℃，空气入再生器温度可根据主风机出口温度确定，主风机出口温度 $T_{出}$ 可按式（6-35）计算。

$$T_{出} = T_{入} \left(\frac{P_{出}}{P_{入}} \right)^{\frac{K-1}{K\eta_{多}}} \tag{6-35}$$

式中　$T_{入}$——主风机入口温度，K（即大气温度）；

$\quad P_{出}$、$P_{入}$——分别为主风机出、入口压力，Pa；

$\quad\quad K$——绝热指数（1.4）；

$\quad\quad \eta_{多}$——多变效率（0.6~0.8）。

故

$$T_{出} = 283 \left(\frac{3.4}{0.98} \right)^{\frac{1.4-1}{1.4 \times 0.75}}$$
$$= 454(\mathrm{K})$$

考虑温降，取主风入再生器温度为 170℃。则：

$$Q_{干空气} = 199831.7 \times 0.26 (720 - 170) \times 4.1868$$
$$= 11964 \times 10^4 \mathrm{kJ/h}$$

② 空气带入水升温热 $Q_{空气中水}$：

$Q_{空气中水} = $ 带入水量 $\times$ 水蒸气比热容（出再生器温度 $-$ 空气入再生器温度）$\times 4.1868 \mathrm{kJ/h}$

水蒸气平均比热容按 $2.1 \mathrm{kJ/(kg \cdot K)}$，则：

$$Q_{空气中水} = 3747.6 \times 0.5 (720 - 170) \times 4.1868$$
$$= 431.5 \times 10^4 \mathrm{kJ/h}$$

③ 焦炭升温热 $Q_{焦}$：

$\quad Q_{焦} = $ 焦炭量 $\times$ 焦炭比热容（再生器温度 $-$ 反应器温度）$\times 4.1868 \mathrm{kJ/h}$

焦炭比热容取与催化剂相同值为 $1.1 \mathrm{kJ/(kg \cdot K)}$，则：

$$Q_{焦} = 13000 \times 0.262 (700 - 510) \times 4.1868$$
$$= 270.9 \times 10^4 \mathrm{kJ/h}$$

④ 待生催化剂带入水升温热 $Q_{待剂水}$：

按每吨待生催化剂带入 1kg 水汽，并设催化剂循环量为 1450t/h 计算。

$$Q_{待剂水} = 1450 (949.1 - 837.8) \times 4.1868$$
$$= 67.6 \times 10^4 \mathrm{kJ/h}$$

式中 949.1 为水蒸气在 720℃时的热焓，837.8 为 510℃时的热焓。

⑤ 各处吹扫及松动蒸汽升温热 $Q_{吹扫水}$：

$$Q_{吹扫水} = 700(949.1 - 664.7) \times 4.1868$$
$$= 83.5 \times 10^4 \text{kJ/h}$$

⑥ 再生器热损失 $Q_{损}$：

$$Q_{损} = 139 \times 烧炭量 \times 4.1868$$
$$= 139 \times 11960 \times 4.1868$$
$$= 696 \times 10^4 \text{kJ/h}$$

再生器散热损失可按每燃烧 1kg 炭散热 582kJ 计算，对高温完全再生，此值可能偏低。同时散热损失除与烧炭量有关外，还与生产规模有关。

故出再生器的总热量 $Q_{再出}$：

$$Q_{再出} = (11964 + 431.5 + 270.9 + 67.6 + 83.5 + 696) \times 10^4$$
$$= 13513.5 \times 10^4 \text{kJ/h}$$

（3）烧焦给催化剂的热量 = 可利用热 - 出再生器热

$$= (46916.5 - 13513.5) \times 10^4$$
$$= 33403 \times 10^4 \text{kJ/h}$$

（4）催化剂循环量 G

$$G = \frac{给催化剂的热量}{催化剂比热容(再剂温度 - 待剂温度)}$$
$$= \frac{33403 \times 10^4}{0.262(720 - 510) \times 4.1868}$$
$$= 1450 \times 10^3 \text{kg/h}$$
$$= 1450 \text{t/h}(与前面所设值一致)$$

（5）剂油比 $= \dfrac{催化剂循环量}{新鲜原料 + 回炼油}$

$$= \frac{1450000}{125000 + 46250}$$
$$= 8.467$$

再生器热平衡见汇总表 6 - 15。

表 6 - 15　再生器热平衡汇总

入方/(10^4kJ/h)		出方/(10^4kJ/h)	
烧焦提供的可利用热	46916.5	干空气升温热	11964
		空气带入水升温热	431.5
		焦炭升温热	270.9
		待剂带入水升温热	67.6
		吹扫松动蒸汽升温热	83.5
		散热损失	696
		给催化剂的热	33403
合计	46916.5	合计	46916.5

3. 再生器物料平衡

再生器物料平衡见表 6 - 16。

表 6－16　再生器物料平衡

入方/(kg/h)		出方/(kg/h)	
干空气	199831.7	干烟气	203471.7
水汽		水汽	
空气带入水	3747.6	生成水	9360
待生催化剂带入水	1450	空气带入水	3747.6
吹扫、松动水	700	待生催化剂带入水	1450
焦炭	13000	吹扫、松动水	700
循环催化剂	1450×10^3	循环催化剂	1450×10^3
合计	1668.729×10^3	合计	1668.729×10^3

4. 再生器旋风分离系统计算

【例 6－3】 上述烧焦罐式再生器如图 6－45 所示。试确定所需旋风分离器组数，旋风分离器压降及旋风分离器料腿长度、料腿负荷。

有关操作条件如下：

再生器顶部压力/kPa(表)	稀相温度/℃	第二密相床密度/(kg/m³)	湿烟气总流率(稀相条件下)/(m³/s)	湿烟气密度(稀相条件下)/(kg/m³)
215.7	720	600	54.1	1.1

解： 参见第八节旋风分离器的计算方法。

（1）旋风分离器型式的选择

采用布埃尔型旋风分离器，两级串联。布埃尔型旋风分离器的主要尺寸见表 6－17。

表 6－17　布埃尔型旋风分离器主要尺寸

项　目	一级	二级	项　目	一级	二级
筒体外径/mm	1620	1620	料腿直径/mm	$\phi 426 \times 12$	$\phi 168 \times 10$
入口面积/m²	0.45	0.45	料腿内截面积/m²	0.127	0.0172

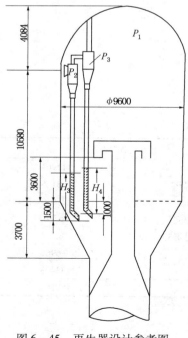

图 6－45　再生器设计参考图

一级料腿伸入到第二密相床面以下 1.5m，二级料腿伸入 1m，一、二级料腿均采用全覆盖翼阀。

（2）旋风分离器组数的确定

选用 6 组旋风分离器，复核入口线速一级入口线速

$$v_1 = \frac{湿烟气流率\ V_1}{一级入口截面积\ F_1}$$

$$V_1 = 54.1 \text{m}^3/\text{s}$$

$$F_1 = 6 \times 0.45 = 2.7 \text{m}^2$$

故：$v_1 = \dfrac{54.1}{2.7}$

$$= 20 \text{ m/s}$$

由于采用烧焦罐式高效完全再生，一般不会发生二次燃烧，故在此计算中未考虑级间冷却蒸汽，且忽略了一级旋风分离器压降对湿烟气体积流率的影响，为简便起见，粗略地认为进入二级旋风分离器的湿烟气流率与一级相同。所以一、二级入口线速也一样。

根据对旋风分离器入口线速的要求：

一级线速最高 ≯ 25m/s;

二级线速最高 ≯ 35m/s;

最低不小于 15m/s。

结果表明，一、二级旋风分离器入口线速的计算结果均在适宜的范围内，故认为选用 6 组旋风分离器是合适的。

（3）旋风分离器压力降

一级旋风分离器压力降 ΔP_1:

$$\Delta P_1 = \frac{v_1^2}{2g}(K\rho_{\text{平}} + 3.4\rho_{\text{气}})\text{kgf/ m}^2$$

$$v_1 = 20\text{m/s}$$

$$K = 2.7 - 0.048v_1 = 1.74$$

$$\rho_{\text{气}} = 1.1\text{kgf/m}^3$$

由于烧焦罐稀相管出口设有 T 形快速分离器，其效率按 80% 计，则稀相段上部烟气中催化剂浓度为：

$$\rho_{\text{固}} = \frac{3625 \times 10^3(1 - 0.80)}{54.1 \times 3600} = 3.72\text{kgf/m}^3$$

式中 3626×10^3 为出稀相管的催化剂量。该量为装置催化剂循环量与自二密返回烧焦罐的内循环量之和。根据环球公司介绍内循环量为装置催化剂循环量的 $0.8 \sim 1.5$ 倍。考虑操作弹性本计算中按 1.5 倍计。

所以

$$\rho_{\text{平}} = 1.1 + 3.72 = 4.82\text{kgf/m}^3$$

$$\Delta P_1 = \frac{20^2}{2 \times 9.81}(1.74 \times 4.82 + 3.4 \times 1.1)$$

故

$$= 247\text{kgf/m}^2$$

$$= 2.42\text{kPa}$$

二级旋风分离器压力降 ΔP_2:

$$\Delta P_2 = \frac{v_2^2}{2g} \times 11.6\rho_{\text{气}}$$

$$= \frac{20^2}{2 \times 9.81} \times 11.6 \times 1.1$$

$$= 260\text{kgf/m}^2$$

$$= 2.6\text{kPa}$$

（4）料腿长度（如图 6 - 45）

① 一级料腿长度应 > $H_3 + 1$:

$$H_3 = \frac{(P_1 - P_2) + H_1\rho_1 + H_2\rho_2 + \Delta\rho_{\text{阀}}}{\rho_3}$$

$$P_1 - P_2 = \Delta P_1 = 247\text{kgf/m}^2$$

稀相段密度：T 形弯头以上按 3.72kgf/m^3，T 形弯头以下至二密料面取 $\frac{3625 \times 10^3}{54.1 \times 3600} = 18.6\text{kgf/m}^3$

$$\therefore H_1\rho_1 = (10.58 - 3.6) \times 3.72 + 3.6 \times 18.6 = 9297\text{kgf/m}^2$$

$$H_2\rho_2 = 1.5 \times 600 = 900\text{kgf/m}^2$$

一级料腿密度 ρ_3 取 465kgf/m^3、$\Delta P_{\text{阀}}$ 取 35kg/m^2，则：

$$H_3 = \frac{247 + 9297 + 900 + 35}{465} = 2.74\text{m}$$

一级料腿最小长度为 $2.74 + 1 = 3.74\text{m}$

一级旋风分离器入口中心线至灰斗底端距离为 4.9m，则一级料腿实际长度 $= 10.58 - 4.9 + 1.5 = 7.18\text{m}$，远大于 3.74m，故完全可以满足一级料腿压力平衡的需要。

② 二级料腿长度应 $> H_4 + 1$：

$$H_4 = \frac{(P_1 - P_3) + H_1\rho_1 + H_5\rho_2 + \Delta P_{\text{阀}}}{\rho_4}$$

$$P_1 - P_3 = \Delta P_1 + \Delta P_2 = 247 + 260 = 507\text{kgf/m}^3$$

$$H_1\rho_1 = 9297\text{kgf/m}^2$$

$$H_5\rho_2 = 1 \times 600\text{kgf/m}^2$$

二级料腿密度 ρ_4 取 360kgf/m^3，则：

$$H_4 = \frac{507 + 9297 + 600 + 35}{360} = 3.43\text{m}$$

二级料腿最小长度为 $3.43 + 1 = 4.43\text{m}$。其实际长度远超过 4.43m，可以满足二级料腿压力平衡的需要。

（5）核算料腿负荷

① 一级料腿负荷。按 T 形弯分离效率 80% 计，随烟气带走的催化剂量（$3625 \times 10^3 \times 20\%$）全部进入旋风分离器，且完全在一级旋风分离器内回收下来，则通过一级料腿的固体流量：

$$G = \frac{3625 \times 10^3 \times 20\%}{3600} = 201.4\text{kgf/s}$$

一级料腿截面积 $= 0.127 \times 6 = 0.762\text{m}^2$

一级料腿质量流速 $= \dfrac{201.4}{0.762} = 264.3\text{kgf/(m}^2 \cdot \text{s)}$

一级料腿内催化剂质量流速在正常设计时，采用值为 $244 \sim 366\text{kgf/(m}^2 \cdot \text{s)}$，故计算的一级料腿负荷在允许设计范围内。

② 二级料腿负荷。按一级旋风分离器的回收效率为 90% 计，则通过二级料腿的固体流量：

$$G = 201.4 \times 10\% = 20.14\text{kgf/s}$$

二级料腿截面积 $= 0.0172 \times 6 = 0.1032\text{m}^2$

二级料腿质量流速 $= \dfrac{20.14}{0.1032} = 195.2\text{kgf/(m}^2 \cdot \text{s)}$

在允许设计范围之内。

二、反应系统

1. 原料预热温度的确定

即原料进提升管反应器前的温度，如果是单程操作，进料只是新鲜原料。如果是回炼操作，进料应按混合原料性质考虑。

① 混合原料的相对密度 $d_混$：

$$d_混 = V_新 d_新 + V_回 d_回 + V_浆 d_浆$$

式中 $V_新$、$V_回$、$V_浆$——分别为新鲜原料、回炼油及回炼油浆的体积分数。

② 混合油料的特性因数 $K_混$：

$$K_混 = W_新 K_新 + W_回 K_回 + W_浆 K_浆$$

式中 $W_新$、$W_回$、$W_浆$——分别为三种油的质量分数。

原料预热温度是通过反应系统热平衡求得的，取隔离系统如图 6 – 46 所示，使供热 = 耗热。

（1）供热方

① 再生催化剂带入热 Q_1：

$Q_1 = $ 催化剂循环量 × 催化剂比热容 × $(t_再 - t_反)$

② 焦炭吸附热 Q_2：

$$Q_2 = 烧焦放出热量 × 11.5\%$$

③ 与催化剂一起带过来的烟气及水蒸气带入热 Q_3：

$Q_3 = $ 烟气量 × 烟气比热 $(t_再 - t_反)$ + 水蒸气量 × 水蒸气比热容 $(t_再 - t_反)$

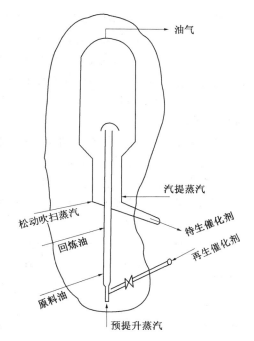

图 6 – 46　反应器热平衡隔离系统图

总供热：$Q_供 = Q_1 + Q_2 + Q_3$

（2）耗热方

① 反应热 Q_4（参见第六节，根据催化碳计算）。

② 水蒸气吸热 Q_5：

$Q_5 = $（雾化 + 预提升 + 汽提 + 松动）蒸汽 × 比热容 $(t_反 -$ 过热蒸汽温度$)$ + 各处吹扫蒸汽 × 比热容 $(t_反 -$ 饱和蒸汽温度$)$

③ 反应器热损失 Q_6：

a. 按埃索公司数据：

$$Q_6 = 465.6（kJ/kg 炭）× 烧炭量（kg/h）$$

b. 按玉门炼厂标定值计算：

$Q_6 = $ 提升管与沉降器的总表面积 × $(2.1 \sim 2.3)$ kW/m²

④ 原料油升温热 Q_7：

首先假定原料进提升管前完全为液态，未汽化。

$Q_7 = $ 进料量（包括新、回、浆）× $(qt_反^汽 - qt_预^液)$

式中 $qt_反^汽$——由混合进料的 $d_混$、$K_混$ 查热焓图经 K 值及压力校正后即得。令进料量 × $qt_反^汽$ 用 $Q_{7'}$ 表示，而进料量 × $qt_预^液$ 为未知。

故总耗热 $Q_耗 = Q_4 + Q_5 + Q_6 + Q_{7'} - $ 进料量 × $qt_预^液$

根据 $Q_供 = Q_耗$，则：

$$qt_预^液 = \frac{Q_4 + Q_5 + Q_6 + Q_{7'} - Q_1 - Q_2 - Q_3}{进料量}$$

297

根据 $qt_{预}^{渣}$ 的值从热焓图中即可查原料预热温度。

① 如 $t_{预} > 400℃$ 说明该装置为热不足型，需要喷燃烧油维持热平衡。

② 如 $t_{预} < 120 \sim 200℃$（具体温度视原料性质而定，应能保证原料输送及雾化），则说明该装置为热过剩型，需取出过剩热维持热平衡。

③ 如装置属于热过剩型（渣油催化裂化），可选定适宜的预热温度，求出反应器耗热，再确定过剩热。

过剩热 $Q_{过剩}$ = 可利用热 － 再生器耗热 － 反应器耗热

④ 根据过剩热计算取热器的传热面积。

⑤ 根据求得的预热温度确定加热炉热负荷。

【例 6 - 4】 确定某催化裂化装置的原料预热温度。基础数据如下：

（1）主要操作条件

沉降器顶部压力/kPa（表）	反应温度/℃	再生温度/℃	新鲜原料/(kg/h)	回炼油/(kg/h)	回炼油浆/(kg/h)	焦炭/(kg/h)	焦中氢碳比	烧焦放出量/(kg/h)	催化剂循环量/(kg/h)
147.1	510	670	75000	5000	2500	4275	8/92	130025×10^3	465800

（2）原料及产品性质

项　　目	d_4^{20}	特性因数 K	平均相对分子质量	残炭/%
原料油	0.86	12.5	430	0.119
汽油	0.71	12.2	100	
轻柴油	0.859	11.0	190	
回炼油	0.96	11.4	380	
油浆	0.98	11.4	430	

（3）提升管出口物料

	干气及液态烃	汽油	轻柴油	澄清油	回炼油	油浆	水蒸气	烟气	合计
①	17025	41625	9750	2250	5000	2500	3437	900	82487
②	396.1	416.3	51.3	5.2	13.2	5.8	190.9	30.3	1109.1

注：① 该行单位为 kg/h。

② 该行单位为 kmol/h。

（4）进入反应系统的水蒸气及烟气（见表 6 - 18）

表 6 - 18　进入反应系统水蒸气及烟气

项　　目	性　　质	温度/℃	kg/h	kmol/h
新鲜原料雾化蒸汽	过热蒸汽	400	1800	100
回炼油雾化蒸汽	—		180	10
预提升蒸汽	—		466	25.9
汽提蒸汽	—		1864	103.5
汽提段锥底松动蒸汽	—		188	10.4
再生滑阀松动蒸汽	—		247	13.7
再生滑阀吹扫蒸汽	饱和蒸汽	200	192	10.7

项　　目	性　　质	温度/℃	kg/h	kmol/h
膨胀节吹扫蒸汽	—	—	360	20
提升管上段采样口吹扫	—	—	22.8	1.3
提升管下段采样口吹扫蒸汽	—	—	25.2	1.4
上进料事故蒸汽嘴吹扫蒸汽	—	—	22.8	1.3
下进料事故蒸汽嘴吹扫蒸汽	—	—	25.2	1.4
防焦蒸汽	—	—	113	6.3
安全阀吹扫蒸汽	—	—	648	36
再生催化剂带入蒸汽	过热蒸汽	670	96	5.3
合计				347.2
再生催化剂带入烟气		670	900	30.3

解：

几点说明：

① 进料位置的确定，进提升管的原料有三种：新鲜原料、回炼油、回炼油浆。为了实现选择性裂化，有利于提高汽油收率，使易结焦的回炼油及油浆自提升管上进料口进入，新鲜原料自下进料口进入。

② 预热方式。因油浆温度高，且含有催化剂可不经加热炉预热，而是与预热后的回炼油在炉出口混合一起进提升管。

③ 计算原料预热温度时，按混合原料性质计。

混合原料相对密度 $d_混$：

$$d_混 = V_新\,d_新 + V_回\,d_回 + V_浆\,d_浆$$

$$V_新 = \frac{\dfrac{75000}{0.86}}{\dfrac{75000}{0.86} + \dfrac{5000}{0.96} + \dfrac{2500}{0.98}} = 0.92$$

$$V_回 = \frac{\dfrac{5000}{0.96}}{\dfrac{75000}{0.86} + \dfrac{5000}{0.96} + \dfrac{2500}{0.98}} = 0.055$$

$$V_浆 = \frac{\dfrac{2500}{0.98}}{\dfrac{75000}{0.86} + \dfrac{5000}{0.96} + \dfrac{2500}{0.98}} = 0.027$$

则　　　　　　　$d_混 = 0.92 \times 0.86 + 0.055 \times 0.96 + 0.027 \times 0.98 = 0.87$

混合原料的特性因数 $K_混$：

$$K_混 = W_新\,K_新 + W_回\,K_回 + W_浆\,K_浆$$

$$W_新 = \frac{75000}{75000 + 5000 + 2500} = 0.91$$

$$W_回 = \frac{5000}{82500} = 0.06$$

$$W_浆 = \frac{2500}{82500} = 0.03$$

则　　　　　　　$K_混 = 0.91 \times 12.5 + 0.06 \times 11.4 + 0.03 \times 11.4 = 12.4$

根据反应系统热平衡计算原料预热温度。

供热方：

（1）再生催化剂带入热 Q_1

$$Q_1 = 465800 \times 0.262(670-510) \times 4.1868 = 81759.8 \times 10^3 \text{kJ/h}$$

（2）反应生成的焦炭吸附在催化剂上放出的吸附热 Q_2

$$Q_2 = 31056 \times 10^3 \times 11.5\% \times 4.1868 = 14955 \times 10^3 \text{kJ/h}$$

（3）与催化剂一起过来的烟气及水蒸气带入热 Q_3

$$Q_3 = [900 \times 0.26(670-510) + 96 \times 0.5(670-510)] \times 4.1868 = 188908 \text{kJ/h}$$

总供热 $Q_{供} = Q_1 + Q_2 + Q_3$

$$= 81759.8 \times 10^3 + 14955 \times 10^3 + 188.908 \times 10^3 = 96904 \times 10^3 \text{kJ/h}$$

耗热方：

（1）反应热 $Q_4 = 2180 \times$ 催化炭

$$催化炭 = 总炭 - 可汽提炭 - 附加炭$$

$$可汽提炭 = 催化剂循环量 \times 0.02\%$$

$$= 465800 \times 0.02\% = 93.16 \text{kg/h}$$

$$附加炭 = 新鲜原料量 \times 残炭\%（质）\times 0.6$$

$$= 75000 \times 0.119\% X \times 0.6 = 53.6 \text{kg/h}$$

催化炭 $= 3933 - 93.16 - 53.6 = 3786.24 \text{kg/h}$

$$Q_4 = 2180 \times 3786.24 \times 4.1868 = 34557.85 \times 10^3 \text{kJ/h}$$

（2）水蒸气吸热 Q_5

$$Q_5 = [(1980 + 466 + 1864 + 435) \times 0.5(510-400) + 1409 \times 0.5(510-200)] \times 4.1868$$
$$= 1756 \times 10^3 \text{kJ/h}$$

（3）散热损失 Q_6

$$Q_6 = 111.2 \times 3933 \times 4.1868 = 1831 \times 10^3 \text{kJ/h}$$

（4）原料升温汽化吸热 Q_7

$$Q_7 = 82500(q_{510℃}^{汽} - qt_{预}^{液})$$

根据 $d_{混} = 0.87$；$K_{混} = 12.4$，查焓 $q_{510℃}^{汽} = 380 \text{kcal/kg}（1.6 \text{MJ/kg}）$，$K$ 值校正值为（-11），压力校正值为（$+1$），则：

$q_{510℃}^{汽} = 380 - (-11) - 1 = 390 \text{kcal/kg} = 1632.9 \text{kJ/kg}$

$Q_7 = 82500(1632.9 - qt_{预}^{液}) = 134714.25 \times 10^3 - 82500 qt_{预}^{液}$

总耗热 $Q_{耗} = Q_4 + Q_5 + Q_6 + Q_7$

$$= 34557.85 \times 10^3 + 1756 \times 10^3 + 1831 \times 10^3 + 134714.25 \times 10^3 - 82500 qt_{预}^{液}$$
$$= 172859.1 \times 10^3 - 82500 qt_{预}^{液}$$

根据 $Q_{供} = Q_{耗}$

$$qt_{预}^{液} = \frac{(172859.1 - 96904) \times 10^4}{82500} = 920.7 \text{kJ/kg}$$

原料油在预热温度下为液态，进行液体热焓的 K 值校正，查校正值为 1.03。

则

$$qt_{预}^{液} = \frac{219.9}{1.03} = 213.5 \text{ kcal/kg} = 894 \text{kJ/kg}$$

从热焓图中查得预热温度 $t_{预} = 344℃$

2. 提升管反应器尺寸的确定

（1）提升管进口线速的确定

为了计算提升管进口线速，首先应求出进口处压力和温度。

① 进口处压力：先根据经验确定，然后再校核。

② 油进口处温度：采用猜算法，先设一温度作热平衡，如达热平衡说明所设温度正确，否则需重新假设再算。

计算中有几点假定：

认为原料在进提升管前全部为液相；

认为原料喷入提升管后，遇高温催化剂先汽化，再反应；

热平衡按反应前状态确定。

作隔离系统热平衡，如图6-47所示。设原料进口处温度为t，根据供热＝耗热，进行计算。

供热方：

① 催化剂带入热Q_1：

$$Q_1 = 催化剂循环量 \times 比热容(t_{再} - t)，$$

② 催化剂中水汽带入热Q_2：

$$Q_2 = 带入水汽量 \times 比热容(t_{再} - t)$$

③ 催化剂中烟气带入热Q_3：

$$Q_3 = 带入烟气量 \times 烟气比热容(t_{再} - t)$$

总供热 $Q_{供} = Q_1 + Q_2 + Q_3$

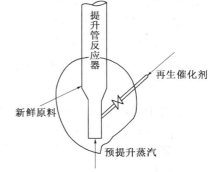

图6-47 原料进口处隔离系统图

耗热方：

① 原料油升温汽化热Q_4：

$$Q_4 = 原料量(qt^{汽} - qt^{液}_{预})$$

② 各项水蒸气升温热Q_5：

$Q_5 = (雾化 + 预提升 + 松动)蒸汽 \times 比热容(t - 过热蒸汽温度) + 各项吹扫蒸汽 \times 比热容$ $(t - 饱和蒸汽温度)$

总耗热 $Q_{耗} = Q_4 + Q_5$

如$Q_{供} = Q_{耗}$，则认为所设温度正确。

求得此处温度、压力后计算油气与水蒸气在此条件下的混合体积流率，然后选提升管直径，求出截面积，核算提升管下部进口处的气速是否适宜(4.5～7.5m/s)。或选取适宜的线速确定直径尺寸亦可。

【例6-5】 如上题所给基础数据，求取提升管反应器下部原料入口处线速。

解：

（1）设原料喷入遇高温催化剂升温汽化后温度为555℃，作隔离系统热平衡

供热方：

① 催化剂带入热Q_1：

$$Q_1 = 465800 \times 0.262(670 - 555) \times 4.1868$$

$$= 58759.9 \times 10^3 kJ/h$$

② 催化剂中水汽带入热Q_2：

$$Q_2 = 96 \times 0.5(670 - 555) \times 4.1868$$

$$= 23.1 \times 10^3 kJ/h$$

③ 催化剂中烟气带入热 Q_3：

$$Q_3 = 900 \times 0.26(670 - 555) \times 4.1868$$
$$= 112.7 \times 10^3 \text{kJ/h}$$

总供热 $Q_{供} = (58759.9 + 23.1 + 112.7) \times 10^3$
$$= 58895.7 \times 10^3 \text{kJ/h}$$

耗热方：

① 原料油升温汽化耗热 Q_4（令原料预热温度为 370℃）：

$$Q_4 = 75000(q_{500℃}^{汽} - q_{370℃}^{液}) \times 4.1868$$
$$= 75000(429.4 - 245.4) \times 4.1868$$
$$= 57777.8 \times 10^3 \text{kJ/h}$$

② 各项水汽升温耗热 Q_5：

$$Q_5 = (1800 + 466 + 247) \times 0.5(555 - 400) + (360 + 24 + 24) \times 0.5(555 - 200)$$
$$= 1117.9 \times 10^3 \text{kJ/h}$$

总耗热 $Q_{耗} = 57777.8 \times 10^3 + 1117.9 \times 10^3$
$$= 58895.7 \times 10^3 \text{kJ/h}$$

供热等于耗热，故认为所设温度正确。

（2）提升管底部喷嘴处压力 P

P = 沉降器顶部压力 + 沉降器稀相段静压 + 快速分离器压降 + 提升管压降 + 沉降器顶压
$= 245 \text{kPa}$

取后三项压力降总和为 20kPa，则：

喷油嘴处的压力　　　　　　$P = 245 + 20 = 265 \text{kPa}$

（3）提升管下部原料入口处线速

原料入口处气体流率 $V_入$：

$$V_入 = \frac{383.1 \times 0.0848 \times (273 + 555)}{2.7 \times 3600} = 2.77 \text{m}^3/\text{s}$$

选用提升管内径为 0.8m，核算下部线速。

提升管截面 $F = 0.785(0.8)^2 = 0.5 \text{m}^2$

故提升管下部原料入口处线速 $u_下$：

$$u_下 = \frac{2.77}{0.5} = 5.54 \text{m/s}$$

（4）提升管出口线速的确定

根据反应后提升管出口的油气、水蒸气及烟气总流率，按出口处温度、压力计算出体积流率，根据选定的管径即可求出提升管出口线速（或选定适宜的线速计算提升管上段内径），要求在适宜的范围内。

【例 6-6】　根据上面所给数据，提升管出口温度为 510℃，压力为 263.9kPa(2.691kgf/cm²)。出口物料油气、水蒸气及烟气的总和为 1109.1kmol/h，试核算提升管出口线速。

解： 提升管采用上、下同径为 0.8m，出口物料体积流率 $V_出$。

$$V_出 = \frac{1109.1 \times 0.0848(273 + 510)}{2.691 \times 3600} = 7.6 \text{m}^3/\text{h}$$

提升管出口线速 $u_{出}$：

$$u_{出} = \frac{7.6}{0.785(0.8^2)} = 15.13 \text{ m/s}$$

核算结果表明，提升管进出口线速均在一般经验数据范围内。故认为选用提升管内径 0.8m 是可行的。

（5）提升管长度的确定

根据出、入口线速求平均线速（对数平均值）。

即

$$u_{平} = \frac{u_{出} - u_{入}}{\ln \dfrac{u_{出}}{u_{入}}}$$

取油气在提升管内停留时间（2~4s）。

需要注意：油气在提升管内停留时间过长会增加二次反应固然不好，但时间太短会使所设计出来的装置没有操作弹性，故在设计中应适当留有余地。

$$管长 L = 平均线速 u_{平} \times 停留时间 \tau$$

【例 6 - 7】 按上面核算数据计算提升管长度。

解：提升管长度 $L = u_{平} \times \tau$

$$u_{平} = \frac{15.13 - 5.54}{\ln \dfrac{15.13}{5.54}} = 9.54 \text{ m/s}$$

取停留时间为 3.4s，则：

$$L = 9.54 \times 3.4 = 32.436m$$

确定提升管长度为 32m，实际停留时间为 3.35s。

$$提升管体积处理能力 = \frac{75}{0.785(0.8)^2 \times 32}$$
$$= 4.67t \text{ 新鲜原料}/(\text{m}^3 \cdot \text{h})$$

（6）核算提升管总压降

参见第五节稀相输送管路压降的计算方法，按三部分求取。

① 料柱静压 ΔP_1；

② 催化剂被加速和局部阻力引起的压降 ΔP_2；

③ 摩擦阻力引起的压降 ΔP_3。

【例 6 - 8】 根据前面所给数据及计算结果求提升管总压降。

解：提升管密度计算见表 6 - 19。

表 6 - 19 提升管密度计算

项 目	上 段	*下 段	对 数 平 均 值
催化剂流率/（kg/h）	465800	465800	
油气流率/（m²/s）	7.6	2.77	
视密度/（kg/m³）	17	46.7	29.4
气速/（m/s）	15.13	5.54	9.54
滑落系数	1.13	2.0	
实际密度/（kg/m³）	19.2	93.4	46.96

* 提升管上下同径，以回炼油入口为界分上、下段，如为异径应计算各段出入口油气流率，再计算各段平均油气流率。

① 提升管料柱静压：

$$\Delta P_1 = H \cdot \rho \times 10^{-4} \mathrm{kgf/cm^2}$$

$$H = 32\mathrm{m}; \quad \rho = 46.96 \mathrm{kg/m^3}$$

$$\therefore \Delta P_1 = 32 \times 46.96 \times 10^{-4} = 0.1503 \mathrm{kgf/cm^2} = 14.7 \mathrm{kPa}$$

② 由催化剂颗粒被加速及出口引起的压降。

$$\Delta P_2 = N \times \frac{u^2 \rho}{2g} \times 10^{-4} \mathrm{kgf/cm^2}$$

$$N = 1 + 1$$

$$\rho = 17 \mathrm{kg/m^3}$$

$$u = 15.13 \mathrm{m/s}$$

$$\therefore \Delta P_2 = 2 \times \frac{(15.13)^2 \times 17 \times 10^{-4}}{2 \times 9.81}$$

$$= 0.0396 \mathrm{kgf/cm^2} (3.88 \mathrm{kPa})$$

③ 摩擦压降：

$$P_3 = 7.9 \times 10^{-8} \times \frac{L}{D} \times \rho u^2$$

$$= 7.9 \times 10^{-8} \times (32/0.8) \times 29.4 \times 9.54^2$$

$$= 0.0085 \mathrm{kgf/cm^2}$$

$$= 0.83 \mathrm{kPa}$$

提升管总压降 $\Delta P_{总} = 0.1503 + 0.0396 + 0.0085 = 0.1984 \mathrm{kgf/cm^2} = 19.46 \mathrm{kPa}$

3. 预提升段尺寸确定

（1）直径

$$D = (V/0.785u)^{1/2}$$

式中　V——气体体积流率，$\mathrm{m^3/s}$（预提升蒸汽，催化剂带入的烟气及水蒸气）；

u——预提升段气速，为了不出现噎噻，一般应不小于 $1.5\mathrm{m/s}$。

所求直径经过圆整后再校核线速。

（2）高度

考虑在预提升段需设人孔、再生催化剂斜管入口等，可根据具体情况选取高度。

【例 6 – 9】 根据以上计算数据，确定预提升段尺寸。

解：① 催化剂带入烟气量为 30.3kmol/h；

② 催化剂带入水蒸气量为 5.3 kmol/h；

③ 预提升蒸汽量为 25.9 kmol/h；

故气体总流率 $V = [61.5 \times 0.0849(273 + 670)]/(2.7 \times 3600) = 0.506\mathrm{m^3/s}$

预提升管径 $D = [0.506/(0.785 \times 1.5)]^{1/2} = 0.66\mathrm{m}$

预提升管高度为 4m。

综合以上计算结果，提升管尺寸为：

预提升段 4m，内径为 0.66m；

反应段 32m，内径为 0.8m；

整个提升管全长为 36m。

三、两器压力平衡

【例 6 – 10】 某提升管催化裂化装置，处理量为 $60 \times 10^4 \mathrm{t/a}$，其有关工艺计算数据列于

表 6 - 20，试作两器压力平衡。

表 6 - 20　有关工艺计算数据

项　目	数　据	项　目	数　据
再生器顶部压力/（kgf/cm²）	1.8	提升管下段长度/m	10
沉降器顶部压力/（kgf/cm²）	1.5	提升管出口线速/（m/s）	10.3
提升管上段内径/m	1.0	提升管上段平均线速/（m/s）	8.7
提升管下段内径/m	0.9	提升管下段平均线速/（m/s）	6.2
提升管上段长度/m	22	催化剂循环量/（t/h）	650

注：1kgf/cm² = 98.066kPa。

参照有关装置的生产数据确定两器各处密度，见表 6 - 21。

表 6 - 21　两器各处密度　　　　　　　　　　　　　　　　kg/cm³

沉降器与提升管各处平均密度		再生器各处平均密度	
提升管出口 3m 以上稀相段	5.5	床层料面 8m 以上稀相平均	10
提升管出口至 3m 以内稀相段	10	床层料面以上 8m 内稀相平均	20
提升管出口至汽提段料面	20	密相床平均	280
汽提段	480	淹流管内	370
提升管出口处	20.7	再生催化剂斜管	200
提升管入口处	69		
提升管全管平均	36		
提升管上段平均	25.4		
提升管下段平均	49		
待生催化剂斜管	343		
预提升管	350		

注：此数据系参照武汉炼厂第一套提升管催化裂化装置设计，其基本根据玉门炼厂生产数据选取。

解：两器布置如图 6 - 48 所示。

两器压力平衡。

（1）再生催化剂路线

推动力：

① 再生器顶部压力　　　　　　　　　　　　　　　　= 1.8kgf/cm²

② 稀相段静压　　　　（4.8×10 + 8×20）×10⁻⁴ = 0.0208kgf/cm²

③ 淹流管以上密相静压　　　0.4×280×10⁻⁴ = 0.0112kgf/cm²

④ 淹流管静压　　　　　　3.513×370×10⁻⁴ = 0.129kgf/cm²

⑤ 再生斜管静压　　　　　7.511×200×10⁻⁴ = 0.15kgf/cm²

⑥ 滑阀以下斜管静压　　　1.250×200×10⁻⁴ = 0.025kgf/cm²

　　　　合计　　　　　　　　　　　　　　2.136kgf/cm²（209kPa）

阻力

① 沉降器顶部压力　　　　　　　　　　　　　　= 1.5kgf/cm²

② 稀相段静压　　　　（3×10 + 6.5×5.5）×10⁻⁴ = 0.0066kgf/cm²

③ 伞帽式快速分离器压降　　　　　　　　　　= 0.004kgf/cm²

④ 提升管压降　　　　　　　　　　　　　　= 0.1536kgf/cm²

⑤ 预提升管压降　　　　　　3.0×350×10⁻⁴ = 0.105kgf/cm²

⑥ 再生滑阀压降　　　　　　　　　　　　= （0.3668）kgf/cm²

　　　　合计　　　　　　　　　　　　　　2.136kgf/cm²（209kPa）

根据压力平衡：推动力 = 阻力，得滑阀压降：$2.1360 - 1.7692 = 0.3668 \text{kgf/cm}^2 (36\text{kPa})$

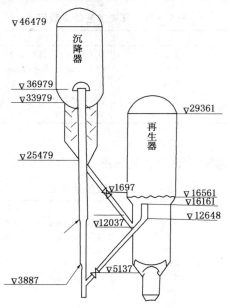

图 6 - 48　两器竖面组合示意图

（2）待生催化剂线路

推动力：

① 沉降器顶部压力　　　　　　　　　　　　　　　$= 1.5 \text{kgf/cm}^2$

② 稀相段静压　　$(3 \times 10 + 6.5 \times 5.5 + 3 \times 20) \times 10^{-4} = 0.0126 \text{kgf/cm}^2$

③ 汽提段静压　　　　　$8.5 \times 480 \times 10^{-4} = 0.408 \text{kgf/cm}^2$

④ 待生斜管静压　　　　$8.505 \times 343 \times 10^{-4} = 0.2917 \text{kgf/cm}^2$

⑤ 滑阀以下斜管静压　　$4.937 \times 200 \times 10^{-4} = 0.0987 \text{kgf/cm}^2$

　　　　合计　　　　　　　　　　　　$2.311 \text{kgf/cm}^2 (226\text{kPa})$

阻力：

① 再生器顶部压力　　　　　　　　　　　　　　　$= 1.8 \text{kgf/cm}^2$

② 稀相段静压　　　　　　　　　　　　　　　$= 0.0208 \text{kgf/cm}^2$

③ 密相面静压　　　　　$4.542 \times 280 \times 10^{-4} = 0.1272 \text{kgf/cm}^2$

④ 待生滑阀压降　　　　　　　　　　　　　$= (0.363) \text{kgf/cm}^2$

　　　　合计　　　　　　　　　　　　$2.311 \text{kgf/cm}^2 (226\text{kPa})$

根据压力平衡，得待生滑阀压降为：

$$2.311 - 1.948 = 0.363 \text{kgf/cm}^2 (36\text{kPa})$$

（3）提升管压降的计算

① 提升管料柱静压：

$$\Delta P_1 = H\rho \times 10^{-4} \text{kgf/cm}^2 = 32 \times 36 \times 10^{-4} = 0.1150 \text{kgf/cm}^2 (11.3\text{kPa})$$

② 加速催化剂和局部损失压降：

$$\Delta P_2 = N \frac{u^2 \rho}{2g} \times 10^{-4}$$

$$N = 3 \,(\text{包括加速催化剂} \, N = 1 \,;\, \text{出口} \, N = 1 \,;\, \text{变径} \, N = 1)$$

$$u_{\text{出}} = 10.3 \text{m/s}$$

$$\rho_{\text{出}} = 20.7 \text{kg/m}^3$$

则

$$\Delta P_2 = \frac{(10.3)^2 \times 20.7}{2 \times 9.81} \times 10^{-4}$$

$$= 0.0336 \text{kgf/cm}^2 (3.3 \text{kPa})$$

③ 摩擦压降：

$$\Delta P_3 = 7.9 \times 10^{-8} \frac{L}{D} u^2 \rho$$

由于提升管上、下异径，故分两段计算：

$$(\Delta P_3)_{\text{下段}} = 7.9 \times 10^{-8} \frac{10}{0.9} \times (6.2)^2 \times 49$$

$$= 0.00165 \text{kgf/cm}^2 (162 \text{Pa})$$

$$(\Delta P_3)_{\text{上段}} = 7.9 \times 10^{-8} \frac{22}{1} \times (8.7)^2 \times 25.4$$

$$= 0.0033 \text{kgf/cm}^2 (324 \text{Pa})$$

$$\Delta P_3 = (\Delta P_3)_{\text{上段}} + (\Delta P_3)_{\text{下段}}$$

则

$$= 0.0033 + 0.00165$$

$$= 0.00495 \text{kgf/cm}^2 (485 \text{Pa})$$

$$\text{提升管压降} = \Delta P_1 + \Delta P_2 + \Delta P_3$$

$$= 0.115 + 0.0336 + 0.00495$$

$$= 0.1536 \text{kgf/cm}^2 (15.1 \text{kPa})$$

（4）滑阀直径的计算

根据两器压力平衡，求得滑阀压降后，利用下式可计算滑阀流通面积 A。

$$A = 8.746 \times 10^{-4} \frac{G}{\sqrt{\rho \Delta P}}$$

式中　G——催化剂循环量，t/h；

　　　ρ——斜管密度，kg/m^3；

　　　ΔP——滑阀压降，kgf/m^2。

为了操作平衡又有一定弹性，滑阀开度不应过大或过小，一般开度保持在 40% ~ 60% 为宜。计算滑阀直径 D。

$$D = \sqrt{\frac{A}{0.785 \times \text{开度}\%}}$$

以待生滑阀为例：

$$A = 8.746 \times 10^{-4} \frac{650}{\sqrt{400 \times 0.363}}$$

$$= 0.0474 \text{m}^2$$

取滑阀开度为 60%，则：

$$D = \sqrt{\frac{0.0474}{0.785 \times 0.6}}$$

$$= 0.317 \text{m}$$

根据国内现有滑动滑阀规格，选用 ϕ350 型滑阀，则全开面积为 0.096m^2。

核算滑阀开度 $= \dfrac{0.0474}{0.096} = 49.4\%$，故选用此尺寸是适宜的。

第十节　降烯烃催化裂化新工艺

本节简要介绍近年来发展起来的降烯烃催化裂化工艺技术。实践证明通过采用新工艺、使用新催化剂和助剂、优化工艺操作条件等措施，可以明显降低催化裂化汽油的烯烃含量。

一、新型催化剂和助剂的使用

对于催化裂化过程，开发具有高活性和选择性的催化剂及助剂，是改变催化产物分布和性质的主要手段。在催化反应过程中，氢转移反应能够显著降低汽油中的烯烃含量，氢转移反应为双分子反应，则催化剂设计思路应提供更多发生双分子反应的条件，加强选择性氢转移反应，并抑制深度氢转移反应的发生，实现低生焦的选择性氢转移反应，并能够有效地终止正碳离子链传递，最终实现以正碳离子的断裂为主的单分子裂化反应和以氢转移及芳构化等有利于提升管产物分布的催化理想反应的双分子反应的合理匹配。

中国石化石油化工科学研究院(RIPP)通过分子筛改性技术，精细调节分子筛的酸改质，根据反应对分子筛性能的要求，对 Y 型分子筛和 ZRP 分子筛进行改性，成功开发了 GOR 系列降烯烃催化剂。兰州石化公司在研究催化反应中烯烃的生成和转化规律的基础上，以改善氢转移活性及选择性为研制开发降烯烃催化剂和助剂的技术关键，研发了 LBO 系列降烯烃催化剂。此外，我国还开发了如 DODC、LHO-1、CDC 等汽油降烯烃催化剂。在 FCC 汽油降烯烃助剂方面，有 LAP 系列降烯烃催化裂化助剂、LBO-A 高辛烷值型降烯烃助剂以及 LGO-A 降烯烃助剂。这些汽油降烯烃催化剂和助剂均得到了不同程度的工业推广应用，在国内清洁汽油生产中发挥着重要作用。研究也表明，用稀土改性纳米尺度的 ZSM-5 分子筛在汽油降烯烃方面也有显著效果。

国外的催化剂开发商也开发了为数众多的汽油降烯烃催化剂和助剂，如 Akzo 公司的 TOM 总烯烃控制技术。其机理是增加氢转移反应，使烯烃饱和并使汽油烯烃选择性裂化为液化气，既能降低汽油中的烯烃又能维持汽油辛烷值。全面烯烃管理技术体现在增加催化剂稀土含量，提高氢转移活性；催化剂酸性中心数目增加，酸密度增大，利于氢转移反应；加入 ZSM-5 择形分子筛，吸收汽油分子，进一步裂化成 $C_3 \sim C_5$ 小分子；增强裂化过程中异构化反应，有助于恢复因烯烃饱和所损失的辛烷值。此外，美国 Grace Davison 公司研制开发了 RFG 系列催化剂，Engelhard 公司开发了 Syntec-RCHmI、Flex-Tec-LOLI 汽油降烯烃催化剂。汽油降烯烃催化剂及助剂的使用具有无需改造装置、使用简单、见效快的特点，工业应用表明，它们能够降低 FCC 汽油中烯烃含量 8%～12%，基本上能满足我国在 2003 年实施的将 FCC 汽油烯烃体积含量控制在 35% 以内无铅汽油新标准 GB 17930—1999 的要求。我国在即将实施的汽油新标准 Q/SHR 007—2000 中，对汽油烯烃含量提出了更为严格的要求，烯烃含量要控制在 30% 以下，这对 FCC 汽油降烯烃催化剂及助剂提出了更高要求。另外，在应用汽油降烯烃催化剂及助剂时，应注意到由于降烯烃催化剂或助剂具有较强的氢转移能力，与重油的裂化能力及汽油的辛烷值有一定的矛盾，这就需要在实际生产中对汽油烯烃的降低及装置掺渣率、汽油辛烷值等因素作一些优化调整。

二、新型催化裂化工艺技术的应用

1. 催化裂化汽油辅助反应器技术

中国石油大学(北京)研究开发了"催化裂化汽油辅助反应器改质降烯烃技术",即在常规 FCC 装置上,增设一个辅助反应器,对裂化汽油进行改质处理,使其发生定向催化转化。裂化汽油中的烯烃在辅助反应器中进行氢转移、芳构化、异构化或者裂化等反应,抑制初始裂化和缩合反应,使烯烃含量显著降低,而辛烷值基本不变,改变了单一依靠催化裂化催化剂以及助剂来改进油品质量的局限。

中国石油抚顺石化公司采用"催化裂化汽油辅助反应器改质降烯烃技术"对 1.5Mt/a 重油催化裂化装置进行了降烯烃改造,增设了处理汽油的提升管加处理床层的反应器、沉降器,且在国内首次采用了单独分馏塔方案。改造结果表明,应用该技术可使催化裂化汽油烯烃体积分数由 50% 左右降至 35% 以下(汽油部分回炼),甚至可降至 20% 以下(汽油全回炼)。产品标定结果表明:汽油收率下降 5.09 ~ 5.30 个百分点,轻柴油收率增加 2.01 ~ 2.33 个百分点,液化气收率增加 1.52 ~ 2.70 个百分点,焦炭增加 0.20 ~ 0.54 个百分点,装置综合能耗有所上升。

滨州石化公司针对其催化裂化汽油烯烃含量超标问题,在其 0.2Mt/a 催化裂化装置上也采用了这一技术,并进行了技术改造。运行后各项指标均达到或优于改造目标,汽油烯烃体积分数降至 35% 以下,降烯烃过程中处理量不变,实现了重油提升管和汽油改质辅助提升管的平稳运行,解决了烯烃含量超标问题。与改造前比,液化气收率和丙烯收率增加,年增效益 15.6 亿元。

中国石化华北石化分公司采用该技术对其Ⅲ套装置进行了改造,结果表明:催化裂化汽油烯烃体积含量从高达 55% 降到 35% 以下,液体收率和轻质油收率分别提高了 1.5 和 5.7 个百分点,干气和焦炭产率分别下降了 0.8 和 1.3 个百分点。

2. 灵活多效催化裂化(FDFCC)工艺

FDFCC 工艺是由中国石化集团洛阳石化工程公司开发的生产低烯烃汽油的催化裂化新工艺。该工艺以常规 FCC 装置为基础,增设了一根与重油提升管反应器(第一反应器)并联的汽油改质提升管反应器(第二反应器)。重油提升管反应器采用高温、短接触、大剂油比等常规催化裂化操作条件,反应产物经分馏塔分离后得到的高烯烃含量的粗汽油进入汽油改质提升管,在那里采用低温、长反应时间、高催化剂活性的操作条件对汽油进行改质。反应所需热量由重油提升管反应器生成的焦炭燃烧热提供,避免了汽油改质与重油裂化的相互影响。

该工艺在中国石化清江石化工业试验表明,催化汽油经汽油提升管反应器改质后,烯烃体积分数可以降低 27.2%,MON、RON 分别增加 0.5 和 0.4 个单位,且汽油提升管反应器产生的 LPG 中丙烯含量接近 50%。该工艺可实施不同的生产方案,具有相当好的灵活性,同时对原料、催化剂有较强的适应性。目前,FDFCC 工艺在中国石化下属的清江石化公司、长岭分公司,中国石油下属的大庆炼化公司、齐化集团等多家炼油厂已得到成功应用。

中国石油齐齐哈尔石化公司应用 FDFCC 技术对其汽油催化裂解(ARGG)、重油催化裂化(RFCC)两套装置进行了全面的技术改造。改造后:混合粗汽油烯烃体积含量降至 35% 以下;ARGG 装置改造后产品分布:干气没变,液化气由 20% 增至 30.5%,汽油由 34.7% 增至 39.7%,柴油由 31% 降至 14.5%,效益增值 1125 万元;FDFCC 按照增产丙烯与低碳烯烃汽油方案:干气由 3.9% 增至 6.78%,液化气由 13.96% 增至 28.57%,汽油 74.95% 降至 53.10%，柴油由 4.65% 增至 8.48%，效益增值 1126.4 万元；装置综合能耗增加 426 万元/年。

3. 两反应区(MIP)工艺

MIP 工艺由中国石化石油化工科学研究院研究开发，是通过调控催化裂化的氢转移反应，从而降低催化汽油的烯烃含量、改善裂化反应产品分布的新工艺。该工艺包括反应再生

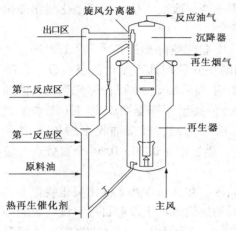

图 6 - 49　MIP 工艺流程示意图

系统、分馏系统、稳定与吸收系统。MIP 工艺流程见图 6 - 49。

MIP 工艺将提升管反应器分成两个反应区。第一个反应区采用高温、高剂油比、短接触时间，其苛刻度要高于催化裂化反应，在短时间内使重质原料油裂化成烯烃，并减少低辛烷值的正构烷烃组分和环烷烃组分。第二反应区为具有一定高度的扩径提升管，待生催化剂从反应沉降器循环一部分回到第二反应区，与通入的冷却介质(例如粗汽油)混合以降低反应温度、延长反时间，抑制二次裂化反应，增加异构化和选择性氢转移反应，部分烯烃裂解为丙烯，从而有利于异构烷烃和芳烃的生成，弥补因烯烃减少导致的辛烷值损失，最终使汽油中的烯烃

含量降低，而汽油 RON 基本不变，MON 略有提高。在此基础上 RIPP 又开发了生产汽油组分(满足欧Ⅲ标准)并增产丙烯的催化裂化工艺技术——MIP - CGP。该工艺以重质油为原料，采用由串联提升管反应器构成的反应系统，优化催化裂化的一次反应和二次反应，从而减少干气和焦炭产率，改善产品分布。

MIP 工艺目前已在高桥、安庆、镇海、九江、黑龙江等 10 余家石化企业进行工业应用。应用结果表明，该工艺可使汽油烯烃下降 10 ~ 18 个百分点，辛烷值基本不变或略有增加，汽油的硫含量相对下降了 15% ~ 20%，诱导期显著增加，汽油质量明显好于常规的提升管反应器。

世界上第一套运用 MIP 工艺的催化裂化装置是在中国石化上海高桥石化公司。运行结果表明运用 MIP 技术的催化裂化装置可使汽油烯烃含量降低约 10%，同时增加异构烷烃含量，使汽油辛烷值升高，并使汽油中的硫含量有所降低。

中国石化安庆石化公司对其 1.2Mt/a 催化裂化装置进行了 MIP 工艺改造，结果表明改造后的汽油烯烃含量低于 35%，汽油诱导期上升，有利于储运，MON 与 FCC 工艺相当，RON 为 89.4，与 FCC 工艺(90)相比略有下降。柴油密度上升，柴油的十六烷值(30)与改造前相比，下降约 3 个单位，凝点(- 10%)较改造前(0℃)下降。标定的产品分布：干气产率下降约 1%，液化气产率上升近 3%，汽油产率上升 5%，柴油产率下降约 7%，油浆产率基本持平，总液收相近。

中国石化沧州分公司建设实施的 MIP 项目在重油催化裂化装置运行平稳，催化汽油烯烃含量降至 30% 左右，从而使中国石化沧州分公司生产的汽油产品全部达到了新的汽油国家清洁燃料标准。同时，以 MIP 技术改造后的重油催化裂化装置，丙烯产率提高了 2 个百分点左右，每年可增产丙烯产品约 15kt，多增加经济效益约 1700 万元。

中国石油黑龙江石化公司对其 0.4Mt/a 催化裂化装置进行了 MIP 工艺改造。运行后表

明：汽油的烯烃体积分数从 54.3% 下降到 29.4%；汽油的 RON 和 MON 分别由常规 FCC 的 90.2 和 79.4 增至 90.6 和 80.0，总液体质量收率增加 1.5~3.5 个百分点；产品分布具有很好的焦炭和干气选择性。

4. 两段提升管催化裂化工艺(TSRFCC)

TSRFCC 技术由中国石油大学(华东)开发完成，它将原来的长提升管改为两个短提升管，分别与再生器构成两路循环，打破了原来的提升管反应器型式和反应－再生系统流程。该技术的基本特点是催化剂接力、大剂油比、短反应时间和分段反应，核心是催化剂接力和分段反应。利用催化剂"性能接力"原理，分段反应、分段再生，即在第一段的催化剂活性和选择性降低到一定程度后及时将其分出进行再生，第二段更换新的再生剂，继续反应；两段可分别进行条件控制剂油比、反应温度及催化剂种类，便于操作条件优化；进一步减少返混，使反应器内流体流动更接近活塞流流型，与传统的催化裂化工艺相比，TSRF-CC 技术具有很强的操作灵活性，可显著提高装置的加工能力和目的产品产率，有效降低催化汽油的烯烃含量，增加柴汽比，提高柴油的十六烷值，或显著提高丙烯等低碳烯烃产率；同时，TSRFCC 工艺也存在投资费用大、改造周期长、流程复杂、操作难度更大等不足。

第一套多功能两段提升管在中国石油大学(华东)胜华炼油厂催化裂化装置上改造成功，工业试验表明，该项工艺可使装置处理能力提高 20%~30%，轻油收率提高 2%~3%，干气和焦炭产率明显降低，显著改善产品分布；产品质量明显提高，汽油烯烃体积分数降到 35%，诱导期增加，但辛烷值略有下降，硫含量显著降低，催化柴油密度下降，十六烷值提高。TSRFCC 工艺流程见图 6-50。

目前，该工艺也已在中国石油辽河石化分公司、锦西石化分公司、中国石化华北石化分公司等企业推广应用。

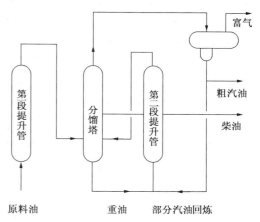

图 6-50 TSRFCC 工艺流程

中国石油锦西石化分公司对催化裂化装置进行两段提升管技术扩能改造，由原来的 0.8Mt/a 掺炼 0.2Mt/a 减压渣油扩改到 1Mt/a，改造后该装置所有生产操作参数均达到设计要求，烯烃含量降低，每吨原料油仅消耗 0.3kg 催化剂，低于国内催化裂化装置的平均水平。

中国石油辽河石化分公司采用该技术对 0.8Mt/a 催化裂化装置反应－再生、分馏、吸收稳定等部分进行了改造，通过选用适宜的降烯烃催化剂，汽油馏分进行回炼并优化回炼比，调整操作参数等措施，使改造后的装置较好的发挥了两段提升管技术的优势，汽油烯烃含量降低，辛烷值损失不大，目的产品收率略有上升，柴汽比得以改善。

5. 多产液化气和柴油(MGD)工艺

MGD 工艺是中国石化石油化工科学研究院开发的以重质油为原料，利用 FCC 装置多产液化气和柴油并可显著降低汽油烯烃含量的炼油技术。其主要特点：多裂化重油；适时终止链断裂，保留中间馏分；汽油过裂化，产生 LPG，并使烯烃和硫化物转化；避免多产焦炭和干气。MGD 技术是将催化裂化的反应机理和渣油催化裂化的反应特点、组分选择性裂化机理、汽油催化裂化的反应规律以及反应深度控制原理的多项技术进行有机结合，对催化裂化反应进行精细控制的一项技术。该技术将提升管反应器从提升管底部到提升管顶部依次设计为4个反应区（汽油反应区、重质油反应区、轻质油反应区和总反应深度控制区），实现了在常规催化裂化装置上多产液化气和柴油并提高催化裂化操作的灵活性。

MGD工艺在现有FCC装置上稍加改造即可实现，具有实施容易、投资少、见效快的特点。在实际生产中再配以降烯烃催化剂，汽油降烯烃将更为显著，此项技术目前已在国内30多套催化裂化装置上应用。但也应注意到，由于MGD工艺是在FCC提升管底部进行汽油回炼，此汽油反应区域具有高反应温度、高催化剂活性、高剂油比等苛刻的反应特点。如果汽油回炼量相对较少，在此反应区内汽油将会过度裂化且其脱氢缩合生焦也会加剧，一方面汽油收率大幅下降，另一方面是干气、焦炭产率的明显上升；若汽油回炼量过大，汽油反应区产生的大量油气冲至后部重油反应区对后续反应产生较大影响。

中国石化茂名分公司炼油厂第二套催化裂化装置采用MGD技术扩能改造，将处理能力由0.8Mt/a提高到1.0Mt/a，柴油收率提高4.195%，液化气收率提高1.28%，汽油收率下降6.14%，轻油收率降低1.95%，总液收率降低0.665%，降低汽油烯烃含量（1.21个单位），提高了汽油辛烷值和安定性，达到了预期的效果。

中原油田石油化工总厂利用原有常规催化裂化装置尽量多产柴油和液化气；催化汽油中烯烃体积分数不大于35%，对其0.5Mt/a催化裂化装置进行了MGD技术的改造。结果显示：柴油产率提高了4%，液化气产率提高了4.3%，柴汽比相对增加了0.17；汽油烯烃体积含量下降到32%左右；RON和MON分别提高0.4和0.9个单位。

表6-22是几种主要的降烯烃工艺方案比较。

表6-22　降烯烃工艺技术方案比较

	MIP	双提升管，辅助提升管	两段提升管
主要开发单位	北京石油化工科学研究院	洛阳石化工程公司油炼制所、中国石油大学（北京）	石油大学（华东）
特点	① 一根提升管分两个反应区，一反和二反串联 ② 第二反应区要求催化剂大藏量，低空速反应，二反扩径增大容积，一反与二反间有大孔分布板再分布 ③ 二反注入急冷剂和补入待生催化剂控制较低温度、大藏量	① 设置汽油改质专用提升管 ② 汽油改质用高活性再生剂，所以催化剂从一个再生器出来分两路循环 ③ 不同的流程可以是双提升管、双沉降器，双分馏塔流程或双提升管，单沉降器，单分馏塔流程	① 提升管分前后两段，实际是两根提升管，前段（第一段）进料为新鲜原料油；后段（第二段）进料为第一段产物（拔出汽油、柴油馏分）中的重油、回炼油、汽油回炼 ② 前后段均用再生剂，称为催化剂接力 ③ 一、二段反应均必需短接触，提升管长度较短
反应机理	一反应区高温、大剂油比、高强度裂化，二反应区充分氢转移、异构化反应、减少二次裂化	原料油裂化与汽油改质降烯烃用不同的提升管来实现不同的反应，烯烃的转化速度很快但需要高活性，可以低温高空速	一段反应高强度、短接触，反应产物导出，保留最大的柴油收率，二反用高活性再生剂与一反的回炼油接触，用分段反应改善选择性来优化反应
相同点	① 都是有第一、第二两个流化输送床反应区（或管），第二反应区（或管）各不相同 ② 第一段（或前段）都需要高温、高活性、高强度、短接触充分裂化反应		

	MIP	双提升管，辅助提升管	两段提升管
主要开发单位	北京石油化工科学研究院	洛阳石化工程公司油炼制所、中国石油大学(北京)	石油大学(华东)
不同点	① 二反流化介质是一反产物和急冷剂，催化剂是一反来的待生剂和沉降器汽提段来的带碳剂 ② 二反采用提升管扩径来实现大藏量，注入急冷剂和待生剂来控制适当的低温增加氢转移和异构化反应	① 二反流化介质是需要改制的部分(或全部)粗汽油或掺入部分已改质过的循环汽油 ② 催化剂是再生剂 ③ 一个再生器两套反应系统，二反根据目的产物可以选择在350～650℃温度、适当剂油比操作	① 二反的流化介质是一反后的回炼油、重油和需要改质的汽油 ② 催化剂是再生剂 ③ 一个再生器，一个沉降器，两段提升管，二反采用高活性催化剂接力和原料油和回炼油分段选择性反应

三、原料预处理和操作条件的优化

1. 催化裂化原料的预处理

催化裂化原料性质和催化汽油中的烯烃及硫含量直接相关。对原料加氢，可明显改善其裂化性质，提高原料中的氢碳比，增加可裂化组分，降低原料中的结焦前驱物及硫、氮等杂质，有助于降低催化反应苛刻度，提高转化率，增加氢转移反应，可有效降低催化汽油中的烯烃含量及硫含量，改善产品分布和质量。因此，国内外均有采用催化原料前加氢工艺的报道，如UOP 公司开发的 Unionfining 工艺已应用于催化裂化原料的加氢预处理，以及国内的渣油加氢 – 催化裂化(RHT + RFCC)技术。但采用原料前加氢要注意以下问题：一是原料加氢反应压力较高、装置规模较大，其装置投资是 FCC 后加氢装置的 4～5 倍以上；二是氢耗及操作成本高；三是加氢后原料的催化汽油烯烃含量一般要高于25%，仍难以满足即将实施的汽油标准。

2. 优化催化裂化的操作条件

催化裂化反应是一个由众多的一次反应、二次反应组成的复杂反应体系，不同的工艺操作条件对催化汽油组成的影响也是显著不同的。催化裂化反应中，主要是催化反应，不可避免地存在热裂化反应。优化操作条件主要是降低热裂化的反应程度，增强有利于降低汽油中烯烃含量的氢转移反应，即控制催化裂化反应中烯烃的生成，促进烯烃的减少和转化。

反应温度是催化裂化工艺的主要操作变量之一，在相同转化率下，随着反应温度的升高，催化汽油中的烯烃含量也将会有所增加。汽油中烯烃含量的降低主要是通过氢转移反应实现的，而裂化反应是催化裂化反应条件下的主要反应，烃类的裂化会产生大量的烯烃；且氢转移是放热反应，裂化是吸热反应，提高温度对氢转移反应不利，而有利于烃类的裂化反应，在较高反应温度下，烃类的裂化反应速度大于氢转移的反应速度；但过分降低反应温度则会导致反应转化率明显下降。提高剂油比相当于增加催化剂活性中心数目，从而提高酸强度和酸密度，这对氢转移反应是有利的，但提高剂油比也会加大结焦的倾向。反应油气在反应器中停留时间的延长，将为氢转移反应提供足够的时间，对降低汽油烯烃含量是有利的，但同时也增大了烃类的热裂化反应概率。

有些 FCC 装置，在生产过程中提高分馏操作的汽油终馏点或 90% 馏出点温度，或将稳定塔底、塔顶的温度提高，这些措施对降低汽油烯烃含量也是具有积极意义的，同时也应注意到前者将会损失部分轻柴油的收率，后者是通过将汽油中部分低碳烯烃转入液化气而实现降低汽油烯烃的。

总之，在现有催化裂化装置上进行工艺操作参数的优化而实现小幅降低汽油中的烯烃含量，方法是可行的，费用也相对较低。

第七章 加氢裂化

第一节 概 述

加氢裂化是指各种大分子烃类在一定氢压、较高温度和适宜催化剂的作用下，进行以加氢和裂化为主的一系列平行－顺序反应，转化成优质轻质油品的加工工艺过程，是重要而灵活的石油深度加工工艺。目前，加氢裂化技术已成为重油深度加工的主要工艺手段之一，是惟一能在原料轻质化的同时直接生产清洁运输燃料和优质化工原料的重要技术手段。近年来加氢裂化技术已逐步发展成为现代炼油和石化企业炼油、化工、纤维有机结合的桥梁技术。

加氢裂化是当今一项先进炼油技术，它可以以减压重瓦斯油、催化循环油、焦化重瓦斯油为原料，生产芳烃料（石脑油）、喷气燃料、超低硫柴油、裂解生产乙烯的原料和Ⅲ类润滑油基础油的原料（尾油），提高炼油厂的利润。具有加工原料广泛、产品方案灵活、产品收率高、质量好和对环境污染少等优点。

从原料来看，加氢裂化加工原料广泛，既可处理轻柴油、重柴油，又可加工焦化蜡油、减压馏分油和催化裂化循环油，还可以加工渣油、页岩油和煤焦油，甚至可以处理固态的煤（以煤糊形式），将其液化成各种发动机燃料。

从产品方案来看，通过选择不同的工艺路线、调整操作条件或更换催化剂，可以生产不同品种、不同质量要求的产品，如液化气、汽油、石脑油、喷气燃料、灯油、轻柴油、润滑油和某些特种油料等。

从产品收率和质量来看，加氢裂化产品的液体收率很高，体积收率可超过100%，质量收率可达90%～98%。所产喷气燃料冰点低，是优质的喷气燃料；柴油十六烷值高、凝点低；石脑油经重整可提供芳烃作化纤、工业原料；润滑油组分是优质的润滑油基础油；尾油可作乙烯裂解、催化裂化或生产白油等的原料。

加氢裂化对环境污染小。加氢裂化原料油中的氧、氮、硫杂质均可转化成水、氨和硫化氢而排出并回收，对环境的污染程度较低。

近年来加氢裂化技术的进展，主要是开发加氢裂化新工艺，以适应不同炼油厂的需要，同时进一步提高催化剂的活性、选择性和稳定性，降低操作压力，减少氢消耗，进一步提高经济效益。近年来，加氢裂化所加工的原料油越来越重，装置大型化的趋势越来越明显，工艺、催化剂、反应器和工程设计不断创新，使加氢裂化技术受到炼油企业前所未有的重视，新建装置数量大增，核心技术的作用越来越大。据报道，目前国外已投产和在建的加氢裂化装置主要是 UOP、Chevron、IFP 和 Shell 公司转让的技术。其中 UOP（含 Unocal）公司的加氢裂化技术已被 40 个国家的 150 多套装置采用，总加工能力在 175Mt/a 以上，目前有 90 多套装置在运转。UOP 公司开发的加氢裂化新工艺有两种：一种是高转化率的 HyCycle 工艺，反应压力可以降低 25%，单程转化率 20%～40%，总转化率 99.5%，中馏分油收率提高 5%，柴油收率提高 15%，氢耗和能耗降低，操作费用降低 15%，装置投资降低 10%。另一种是先进部分转化（APCU）工艺，可同时进行柴油加氢处理，多产超低硫柴油，未转化的尾油用作催化裂化原料。这两种新工艺都已经工业应用。在催化剂方面，开发了 4 种新催化剂：一种是生产最大量中馏分油(柴油)的催化剂 HC－215，其活性和稳定性都优于全无定形催化剂，氢耗降低 10%；第二种是灵活生产最大量中馏分油/石脑油的催化剂 HC－150，与其前身相比，活性高 5.5℃，液收不变，氢耗减少 53.4m³/m³；第三种是能使芳烃选择性饱和生产含氢较多的中馏分油和含氢较少汽油的催化剂 HC－53，能得到高十六烷值柴油和高辛烷值汽油，氢耗降低 19%；第四种是裂化/饱和组分比例较高的催化剂 HC－34，生产汽油的活性/选择性好，得到的产品芳烃含量多辛烷值高，氢耗降低 15%，所有这四种催化剂都已经工业应用。Chevron 公司的加氢裂化技术已被 50 多套装置采用，总加工能力达到 37.50Mt/a。雪佛龙公司开发的加氢裂化新工艺有三种：第一种是优化部分转化(OPCU)工艺，能加工硫、氮含量很高的减压重瓦斯油和二次加工油，得到高质量的轻质油品和催化裂化原料油，首次工业应用是在美国阿瑟港炼油厂；第二种是能同时进行柴油加氢处理的工艺，可以多产低硫柴油。未转化尾油用作催化裂化原料油，首次工业应用是在澳大利亚 Bulw 炼油厂；第三种是反序串联工艺，投资和操作费用低，能完全转化，产品收率和产品质量高，首次工业应用将在我国大连西太平洋公司炼油厂。在加氢裂化催化剂方面，新开发的催化剂有四种，即：ICR－160、ICR－162、ICR－220 和 ICR－240，都是用于最大量生产喷气燃料和柴油。其中 ICR－240 还用于最大量生产润滑油基础油料，其性能比同类催化剂都好。除此之外，还有两种加氢裂化原料油和异构脱蜡原料油加氢预处理新催化剂（ICR－174 和 ICR－178），其活性/稳定性都进一步提高，可在深度脱氮、脱硫、芳烃饱和的同时，提高空速或延长运转周期。采用 IFP 技术的加氢裂化装置共 50 套，总加工能力 50.00Mt/a。采用 Shell 公司技术的加氢裂化装置共 20 套。目前我国炼油厂已建有加氢裂化装置 16 套，总加工能力 18.00Mt/a，其中多数都是采用我国 FRIPP 和 RIPP 的技术，引进几套装置也都换用了我国 FRIPP 开发的催化剂。

针对我国油气资源不足，中间馏分油和化工原料短缺及产品质量亟待升级的现状，我国 FRIPP 在加氢裂化工艺技术方面投入了大量的人力、物力，取得了一系列重大进展。将加氢裂化技术发展成为多产中间馏分油的加氢裂化技术和多产优质化工原料的加氢裂化技术。多产中间馏分油的加氢裂化技术包括：单段两剂多产柴油加氢裂化工艺技术、多产中间馏分油的一段串联加氢裂化技术、最大量生产中间馏分油的两段加氢裂化工艺技术。多产优质化工原料的加氢裂化技术包括：最大量生产催化重整原料的一段串联全循环加氢裂化技术、多产化工原料的一段串联一次通过加氢裂化技术和多产优质化工原料的两段加氢裂化工艺。

从上述对比分析看出，国内加氢裂化技术与国外先进水平相比并不占优势，在某些新技术开发方面还相对滞后。因此，国内的加氢裂化研究应加大研发力度。

在装置能力方面，主要提高单套装置加氢处理量，降低能耗，开发先进的控制技术及优化方案。在加氢裂化方面，主要开发以生产最大量中间馏分油和提高劣质柴油十六烷值为目的的加氢裂化改质技术和加氢精制－裂化－异构化组合技术。同时，应降低操作压力、开发应用中压加氢裂化和缓和加氢裂化技术，降低制氢成本，开辟新的廉价的制氢(供氢)途径，进一步开发研制新型加氢裂化催化剂，研究催化剂表面结构理论，进一步提高其活性、选择性和寿命等。

第二节　加氢裂化主要化学反应

加氢裂化的主要作用是将重质原料转化成轻质油，在这一过程中会发生多种复杂的化学反应，其主要反应可分为两类，一类是加氢处理反应，包括脱出各种杂原子化合物的反应，以及烯烃和芳烃的加氢饱和反应；另一类是加氢裂化反应，是指分子中 C—C 键发生断裂的反应。

加氢裂化是极其复杂的一系列平行 – 顺序反应过程，除了进行加氢和裂解反应外，还有异构化、氢解、环化、甲基化、脱氢和叠合等二次反应产生。同时，反应原料 – 石油馏分是高分子复杂有机化合物的混合物，反应过程中，反应物各单体化合物之间，反应物和某些产物之间，以及各种复杂反应之间，都存在着不同程度的制约作用，而且随所采用的催化剂和操作条件的不同，反应方向和速度都大不相同。因此，很难用简单的化学反应式来表示石油馏分的加氢裂化反应过程。只能分别研究各单体化合物单独存在时加氢裂化反应规律，然后综合估计石油馏分加氢裂化的总体反应及其规律。

一、烷烃和烯烃的加氢裂化反应

由于加氢裂化过程通常采用强酸性担体的双功能催化剂，所以产品分布与催化裂化过程很相似，也可用正碳离子学说来解释其反应机理。

1. 裂化反应

烯烃在原料中的含量不多，它主要是烷烃裂化的中间产物，这两类化合物比较容易发生加氢裂化反应，所以富含烷烃的油料所需的反应条件相对较缓和。烷烃和烯烃在加氢裂化条件下发生裂解反应，生成较小分子的烷烃。其通式为：

$$C_nH_{2n+2} + H_2 \longrightarrow C_mH_{2m+2} + C_{n-m}H_{2(n-m)+2}$$
$$C_nH_{2n} + 2H_2 \longrightarrow C_mH_{2m+2} + C_{n-m}H_{2(n-m)+2}$$

2. 异构化反应

在加氢裂化过程中，烷烃和烯烃都会发生异构化反应，从而使产物中异构烃与正构烃的比值较高。烷烃的异构化是最希望发生的反应，因为异构烷烃的冰点和倾点低，十六烷值和黏度指数高，是喷气燃料、优质柴油和润滑油基础油的理想组分。

$$R\!-\!CH_2\!-\!CH_2\!-\!CH_2\!-\!CH_3 \longrightarrow R\!-\!CH_2\!-\!\underset{\underset{CH_3}{|}}{C}H\!-\!CH_3$$

$$R\!-\!CH_2\!-\!CH\!=\!CH\!-\!CH_3 \longrightarrow R\!-\!CH\!=\!\underset{\underset{CH_3}{|}}{C}\!-\!CH_3$$

烷烃的异构化反应速度，随相对分子质量的增加而增加。

因此，加氢裂化可制得低冰点的喷气燃料和低凝点的柴油。

3. 环化反应

加氢裂化过程中烷烃和烯烃分子也会发生少量的环化反应，如正庚烷脱氢环化成二甲基环戊烷。

316

二、环烷烃和芳烃的加氢裂化反应

在加氢裂化过程中，环烷烃和芳烃的主要反应是烷基侧链断裂、加氢、开环以及异构化反应等。其中，环烷烃和环烷芳烃的开环反应是加氢裂化中最希望发生的反应。因为环烷烃开环后，生成烷烃、带侧链的单环环烷烃和单环芳烃，它们也是优质油品较理想的组分。烷基芳烃和烷基环烷烃发生断侧链反应，生成单环芳烃和单环环烷烃，它们是催化重整原料的理想组分。

1. 单环化合物

带长侧链的单环环烷烃和芳烃在加氢裂化过程中，通常单环很稳定，不容易开环，所以主要反应是断侧链反应。

单环环烷烃(如六元环)相对比较稳定，一般是先通过异构化反应转化为五元环烷环后再断环成为相应的烷烃。

芳烃中的芳香核十分稳定，很难直接断裂开环。在一般条件下，带有烷基侧链的芳烃只是在侧链连接处断裂，而芳香环保持不变。单环芳烃(如烷基苯)的加氢反应历程是先裂化断侧链，断链所得烷烃一般不再进一步反应。

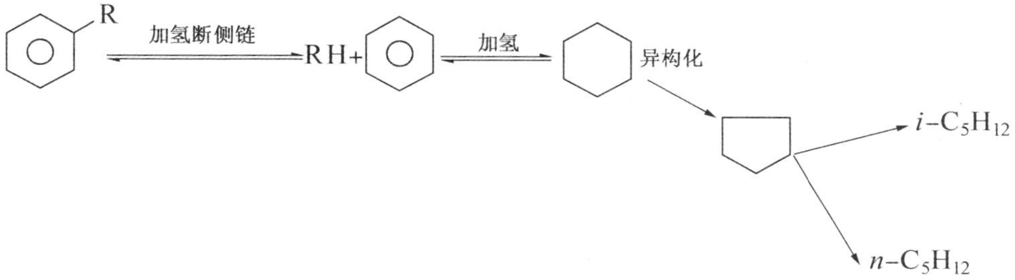

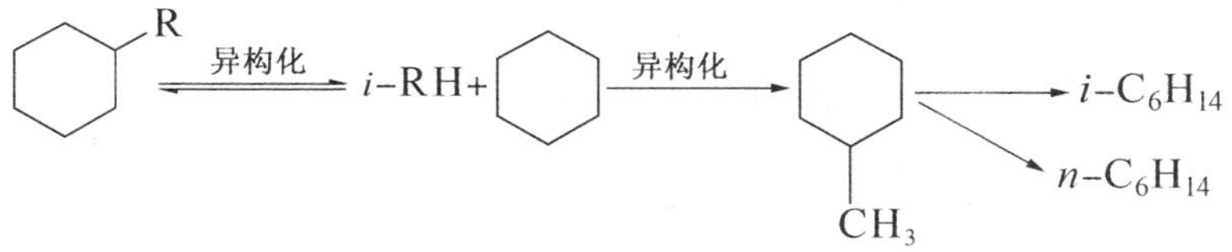

（芳烃加氢断侧链反应与环烷烃异构化断环反应式）

2. 多环化合物

双环环烷烃在加氢裂化条件下，六元环直接断开的可能性也很小，与单环环烷烃类似，它是首先异构化生成五元环的衍生物，然后再断环。如：

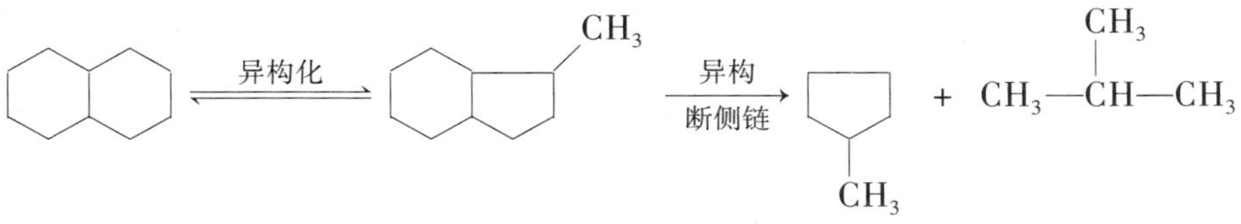

（十氢萘 异构化、异构断侧链 → 甲基环戊烷 + 异丁烷 $CH_3-CH(CH_3)-CH_3$）

（十氢萘）　　　　　　　　　（甲基环戊烷）　（异丁烷）

大分子的稠环及多环芳烃只有在芳香环加氢饱和之后才能开环，并进一步发生随后的裂化反应。如芳烃的加氢饱和反应及开环、裂化反应。稠环芳烃的加氢裂化反应规律，具有十分重要的意义，因为高分子可燃性物质中大都含有大量稠环芳烃。

不带侧链的芳烃是对热相当稳定的化合物，在热裂化条件下，主要发生缩合反应。只有在加氢裂化条件下，才能分阶段逐环地加氢和裂解，即氢化后的环才能断裂。如：

以后按环烷烃的反应规律变化。

上述加氢反应速度是递减的，即环数愈少加氢愈难，因此，苯的加氢最困难。要使稠环芳烃较完全地加氢裂化转化成相应环烷烃，需要相当高的氢压，较高的反应温度和高活性的催化剂。同时其加氢反应速度仍远较烯烃低。

如果苯环上带有甲基，则其加氢速度随甲基数量的增加而降低，而裂解速度却随甲基数量的增加而增大。

芳烃的相对分子质量、侧链的数目和大小的增加，都使芳烃分子对热不稳定，从而使芳烃的加氢裂化容易进行。

从热力学角度来看，稠环芳烃第一个环加氢较易，全部芳环加氢很困难。另一方面，芳烃键的稳定性大概是脂肪族普通键的 1.5 倍，所以，经过氢化的芳环易于裂化，即第一个环加氢后继续进行断环反应相对要容易得多。

研究证明：各种烃类在加氢条件下，进行的裂化反应和异构化反应都属于一级反应，而加氢和加氢裂化属于二级反应。但在实际工业条件下，通常采用的氢气量大大超过化学计量所需氢气，即氢大大过量。因此，裂化和加氢反应都表现出近似一级反应。

下面在以催化裂化轻循环油在 10.3MPa 下的加氢裂化为例，进一步说明芳烃的加氢裂化反应历程。图 7 - 1 是催化裂化轻循环油中各种烃类的反应网络及各步反应的相对反应速率常数。

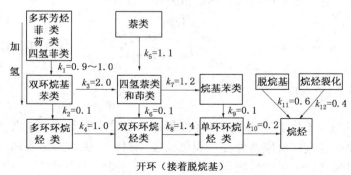

图 7 - 1　催化裂化轻循环油加氢裂化反应途径

可以得出这样的结论，多环芳烃很容易被部分加氢，接着被饱和的环开裂成为芳烃的侧链，然后发生断侧链，多环芳烃最终成为较小分子的单环芳烃。稠环芳烃也如此，即逐环加氢饱和、开环、断侧链，直至生成小分子的单环芳烃。因此，在加氢裂化条件下，多环芳烃不会像催化裂化那样容易缩合生焦，这是加氢裂化催化剂活性稳定、使用寿命长的主要原因。

三、非烃类的加氢裂化反应

石油馏分中的有机硫、氮和氧的化合物，不仅是加氢精制过程中为保证产品质量而必须除去物质，而且是为避免加氢裂化催化剂中毒，必须在加氢裂化反应器之前脱除的非烃类化合物。它们在两种情况下的反应规律相同，都是以氢解反应为主，生成相应的烃类、硫化氢、氨和水。

1. 加氢脱硫(HDS)

硫在石油中的存在形态已经确定的有：单质硫、硫化氢、硫醇、硫醚、二硫化物、噻吩等类型的有机含硫化合物。这些硫化物按照性质可分为活性硫化物和非活性硫化物两大类。活性硫化物主要包括单质硫、硫化氢以及硫醇等，它们对金属设备具有较强的腐蚀作用；非活性硫化物主要包括硫醚、二硫化物和噻吩等对金属设备无腐蚀作用的硫化物，一些非活性硫化物受热分解后会变成活性硫化物。

石油馏分中各类含硫化合物的 C—S 键(键能为 272kJ/mol)是比较容易断裂的，其键能比 C—C(348kJ/mol)或 C—N(305kJ/mol)键的键能小许多。因此，在加氢过程中，一般硫化物中的 C—S 键先行断开，生成相应的烃类和 H_2S。

$$RSH + H_2 \longrightarrow RH + H_2S$$
$$RSR' + 2H_2 \longrightarrow RH + R'H + H_2S$$
$$RSSR' + 3H_2 \longrightarrow RH + R'H + 2H_2S$$

$$\text{(四氢噻吩环)} + 2H_2 \longrightarrow C_4H_{10} + H_2S$$

$$\text{(噻吩环)} + 4H_2 \longrightarrow C_4H_{10} + H_2S$$

$$\text{(二苯并噻吩)} + 2H_2 \longrightarrow \text{(联苯)} + H_2S$$

含硫化合物的加氢速度与其分子结构和相对分子质量大小有关，不同类型的含硫化合物的加氢反应活性按以下顺序依次增大：

$$\text{噻吩} < \text{四氢噻吩} \approx \text{硫醚} < \text{二硫化物} < \text{硫醇}$$

环状含硫化合物的稳定性比链状含硫化合物高，且随着分子中环数的增多，稳定性增强，加氢脱硫越困难。其中噻吩类硫化物的反应活性是最低的，而且随着环数(其中的环烷环和芳香环)的增加，其加氢活性下降，到二苯并噻吩含有三个环时，加氢脱硫最难。

2. 加氢脱氮(HDN)

石油中的含氮化合物通常分为碱性含氮化合物和非碱性含氮化合物两大类。石油中的碱性含氮化合物主要有吡啶系、喹啉系、异喹啉系、吖啶系和苯胺类衍生物。随着馏分沸点的升高，碱性含氮化合物的环数也相应增多。石油中的弱碱性和非碱性含氮化合物主要有吡咯系、吲哚系和咔唑系。随着馏分沸点的升高，非碱性含氮化合物的含量逐渐增加，主要集中在石油较重的馏分和渣油中。

石油馏分中所含氮化合物加氢脱氮后，生成相应的烃类和氨。

$$R-NH_2 + H_2 \longrightarrow RH + NH_3$$

$$RCN + 3H_2 \longrightarrow RCH_3 + NH_3$$

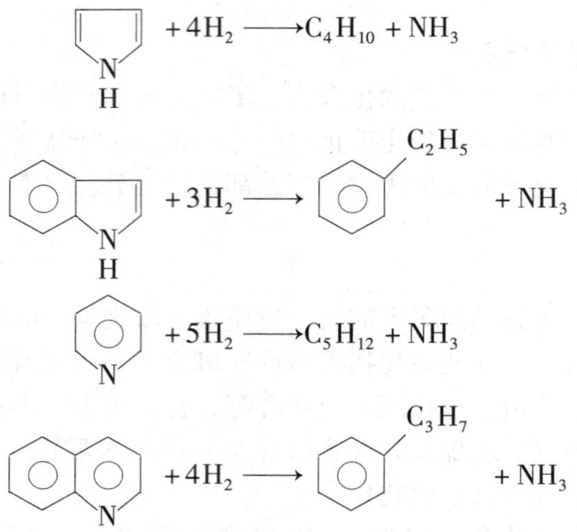

（吡咯）$+ 4H_2 \longrightarrow C_4H_{10} + NH_3$

（吲哚）$+ 3H_2 \longrightarrow$（乙苯 C_2H_5）$+ NH_3$

（吡啶）$+ 5H_2 \longrightarrow C_5H_{12} + NH_3$

（喹啉）$+ 4H_2 \longrightarrow$（丙苯 C_3H_7）$+ NH_3$

不同类型的含氮杂环化合物加氢脱氮反应活性按以下顺序依次增大：

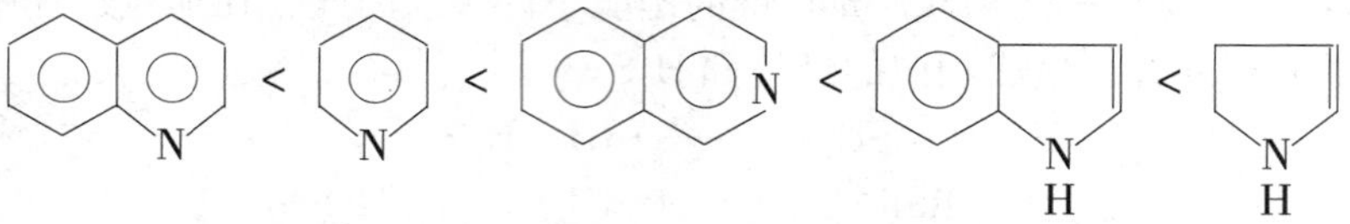

（喹啉）<（吡啶）<（异喹啉 N）<（吲哚 N—H）<（吡咯 N—H）

加氢脱氮反应速度与氮化物的分子结构和分子大小有关系，苯胺、烷基胺等非杂环化合物的反应速率比杂环含氮化合物快得多。在杂环化合物中，五元杂环的反应速率比六元杂环快，六元杂环最难加氢，其稳定性的大小与苯环相近。而且氮化物的相对分子质量越大，其加氢脱氮越困难。

碱性氮化物加氢脱氮的反应速率常数差别不大，其中喹啉脱氮速率最高，且随着芳环的增加脱氮速率略有下降。

3. 加氢脱氧

在石油中，氧元素都是以有机含氧化合物的形式存在的，主要分为酸性含氧化合物和中性含氧化合物两大类。石油中的酸性含氧化合物包括环烷酸、芳香酸、脂肪酸和酚类等，它们总称为石油酸；中性含氧化合物包括醇、酯、醛及苯并呋喃等，它们的含量非常少。含氧化合物加氢反应活性的顺序为：

呋喃环类 < 酚类 < 酮类 < 醛类 < 烷基醚类

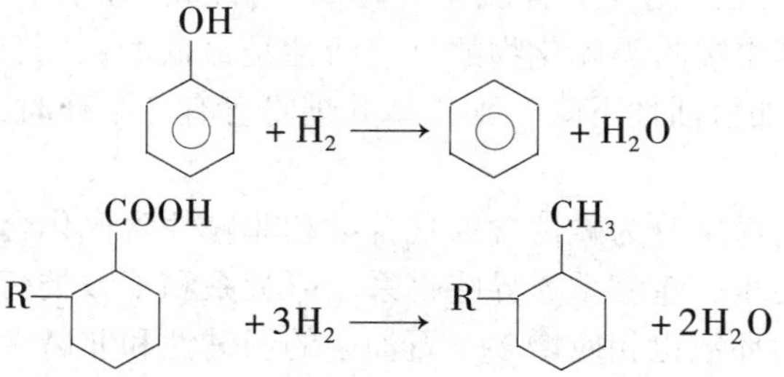

（苯酚 OH）$+ H_2 \longrightarrow$（苯）$+ H_2O$

（R—环己烷基—COOH）$+ 3H_2 \longrightarrow$（R—环己烷基—CH$_3$）$+ 2H_2O$

含氧化合物在加氢条件下，反应速率较快。

4. 加氢脱金属

随着加氢原料的拓宽，尤其是渣油加氢技术的发展，加氢脱金属的问题越来越受到重视。渣油中的金属可分为以卟啉化合物形式存在的金属，和以非卟啉化合物的形式(如环烷酸铁、钙、镍)存在的金属。

以油溶性的环烷酸盐形式存在的金属反应活性高，很容易以硫化物的形式沉积在催化剂的孔口，堵塞催化剂的孔道。而对于卟啉型金属化合物，如镍和钒的络合物是直角四面体，镍或钒氧基配位在四个氮原子上。总之，石油中的金属化物经加氢后，生成相应的烃类和金属而沉积在催化剂表面上。

第三节　加氢裂化催化剂

一般认为催化剂只影响反应速率，不改变反应的方向和平衡，但对加氢裂化过程来说，只有被催化剂活化之后的活化氢才能参加加氢反应，而加氢裂化催化剂具有很强的活性和选择性，实际上自 1926 年建设第一座煤糊加氢裂化工厂以来的 60 多年中，包括我国人造石油加氢裂化技术的 30 多年发展历史和石油炼制加氢技术的 20 多年的发展历史，基本上都离不开催化技术的发展。

加氢裂化催化剂是一种典型的双功能催化剂，具有加氢功能和裂解功能，加氢功能和裂解功能两者之间的协同决定了催化剂的反应性能。

一、催化作用原理

加氢裂化催化剂是由金属加氢组分和酸性担体组成的，具有加氢活性和裂解活性(包括异构化活性)的双功能催化剂，可用吸附学说和正碳离子机理来解释。

1. 加氢活性

加氢裂化催化剂之所以有加氢催化活性，是由于反应物能以适当速度在催化剂表面进行化学吸附。吸附后，反应物分子与催化剂表面之间形成化学键，组成表面吸附络合物。并由于吸附键的强烈影响，反应物中某个键或某几个键被削弱，从而使反应活化能降低很多，加快了化学反应速率。下面以苯为例说明加氢作用的机理。

在加氢活性组分——金属及其氧化物表面上，氢分子可按下列两种方式生成表面吸附络合物——活化氢(其中 M 表示金属原子)。

$$M\!-\!M \xrightleftharpoons{H_2} \overset{\overset{H}{|}\ \overset{H}{|}}{M\!-\!M} \quad 或 \quad \overset{H\quad H}{\underset{M}{\diagup\diagdown}} \qquad (均裂过程)$$

$$O\!-\!M\!-\!O \xrightleftharpoons{H_2} \overset{\overset{H}{|}\ \overset{H}{|}}{O\!-\!M\!-\!O} \quad (非均裂过程)$$

$$(活化氢)$$

第一种方式氢分子发生均匀断裂，各带一个电子，并被金属表面化学吸附。氢从金属上获得电子并与之配位。由于氢获得部分负电荷，所以属于负氢 - 金属键合。

第二种方式由于氧的负电性能，使氢分子发生不均匀断裂。此时金属上化学吸附的氢仍具有负氢特性，形成负氢 - 金属键合。

苯是通过苯环上 π 电子与金属相互作用而配位的，一般生成多位吸附物。

$$\bigcirc\!\!\!\!\!\bigcirc +6 \cdot \longrightarrow \overset{\cdot\ \cdot}{\underset{\cdot\ \cdot}{\bigcirc}} \quad (\cdot 吸附中心)$$

所生成的中间吸附络合物进一步反应，得到了加氢产物。

$$\overset{\cdot}{\underset{\cdot}{\bigcirc}} + 3\ \underset{M-M}{\overset{H\quad H}{|\quad\ |}} \rightleftharpoons \bigcirc + 6\ \cdot\ + 3M-M$$

（活化氢）

催化剂恢复到原来状态，从而完成了催化循环。

2. 裂解活性

加氢裂化催化剂除加氢活性外，还有裂解功能。这是由于其担体氧化铝、硅酸铝和沸石等本身就是酸式催化剂。它们的表面具有酸性中心；包括提供质子酸中心或提供能接受电子对的路易士酸性中心。由于这些酸性中心的存在，它们能使质子变成正碳离子这一中间物质。

缺少一对负电子的碳所形成的烃离子——正碳离子 $\left[\begin{matrix}H\\ \overset{..}{\ }\\ R:C:H\\ +\end{matrix}\right]$ 的基本来源是由一个烯烃分子获得一个质子 H^+ 而成，例如：

$$C_nH_{2n} + H^+ \longrightarrow C_nH_{2n+1}^+$$

下面通过正十六烯的裂化反应来说明正碳离子的反应历程。

① 正十六烯从催化剂表面或从已生成的正碳离子上获得一个 H^+ 质子而生成正碳离子。

$$nC_{16}H_{32} + H^+ \longrightarrow C_5H_{11}\overset{\overset{H}{|}}{\underset{+}{C}}C_{10}H_{21}$$

或

$$nC_{16}H_{32} + C_3H_7^+ \longrightarrow C_5H_{11}\overset{\overset{H}{|}}{\underset{+}{C}}C_{10}H_{21} + C_3H_6$$

② 大的正碳离子不稳定，容易在 β 位置上发生断裂。

$$C_5H_{11}\overset{\overset{H}{|}}{\underset{+}{C}}\overset{\alpha}{\ }CH_2\overset{\beta}{\ }C_9H_{20} \longrightarrow C_5H_{11}\overset{\overset{H}{|}}{C}=CH_2 + \overset{}{\underset{+}{C}}H_2-C_8H_{17}$$

③ 生成的正碳离子是伯正碳离子，不够稳定，易于变成仲正碳离子，然后又接着发生 β 断裂，直至生成不能再断裂的小正碳离子（如 $C_3H_7^+$、$C_4H_9^+$）为止。

④ 正碳离子的稳定程度依次是：叔正碳离子 > 仲正碳离子 > 伯正碳离子，因此，生成的正碳离子趋向于异构成叔正碳离子，加氢裂化产物中的异构烷烃比例很高。

$$CH_3-CH_2-CH_2-CH_2-CH_2-\overset{+}{C}H_2 \longrightarrow CH_3-CH_2-CH_2-CH_2-\overset{\overset{+}{|}}{C}H-CH_3$$

$$\downarrow$$

$$CH_3-CH_2-CH_2-\overset{\overset{CH_3}{|}}{C}-CH_3$$

⑤ 正碳离子将 H^+ 还给催化剂，本身变成烯烃（在氢压下饱和成烷烃）完成催化循环。

$$C_3H_7^+ \longrightarrow C_3H_6 + H^+$$
$$\underset{+\ H_2}{\longrightarrow} C_3H_8$$

二、加氢裂化催化剂的组成

加氢裂化双功能催化剂是由主金属、助催化剂和酸性担体三部分组成，前两者组成加氢活性组分，后者形成裂解和异构活性。

1、主金属－加氢活性中心

加氢裂化催化剂的加氢活性组分主要是 VIB 族和 VIII 族中的几种金属元素，分为贵金属和非贵金属。其中贵金属包括：Pt（铂）、Pd（钯）；非贵金属包括：W（钨）、Mo（钼）、Cr（铬）、Co（钴）、Ni（镍）和 Fe（铁）等。

其特点和说明：

① 都是具有未填满 d 电子层的过渡金属；

② 都具有体心晶格、面心晶格或六角晶格；

③ 主金属都以氧化物或硫化物形式存在；

④ Pt、Pd 虽具最强的加氢活性，但由于对硫的中毒敏感性过大，且贵重故少用，目前最常用的主金属还是 VIB 族的 Mo 和 W；

⑤ 根据不同加氢目的要求的不同加氢深度来选择主金属。从图 7－2 可以看出：不同组分的加氢深度是相互重叠的。

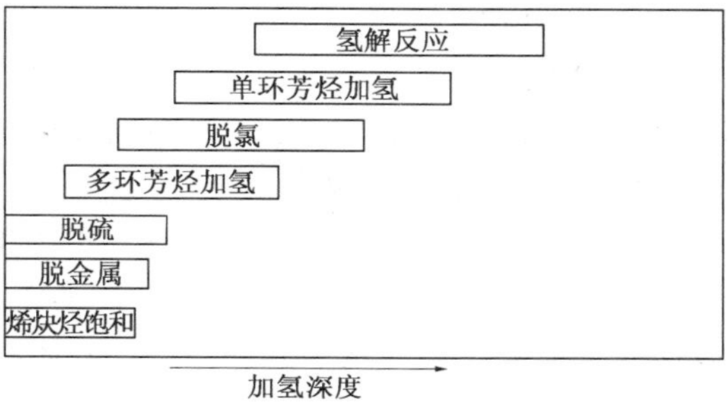

2. 助催化剂

为了改善加氢裂化催化剂的活性、选择性和稳定性，在制造过程中往往要添加少量助催化剂（一般 <10%），按其作用可分为两类：

（1）活性助催化剂

加氢裂化催化剂中的 VIII 族金属，多以活性

图 7－2　不同加氢目的要求不同加氢深度

助催化剂的形式出现，如 CO 和 Ni 单独存在时，其加氢活性都很不显著，但和 Mo 或 W 结合后，可显著地提高 Mo 和 W 的加氢活性，Mo－Ni 组合用于生产煤油、柴油为主要产品的单段加氢裂化过程，而 W－Ni 组合则有利于脱除润滑油中最不希望存在的多环芳烃组分。添加助催化剂后的加氢活性：

研究表明，VIB 族和 VIII 族金属组分之间的相互组合比单独组分的加氢活性好，各种组分组合的加氢活性排列顺序为：

$$Ni－W > Ni－Mo > Co－Mo > Co－W$$

对加氢脱氮、加氢脱金属、加氢异构化反应，上述次序不变，而在加氢脱硫时 Mo－Co 活性为最高。此外，金属组分间的组合应存在一个最佳原子比，以得到最好的加氢脱氮、加氢脱硫、加氢裂化和加氢异构化活性。在加氢裂化催化剂中 VIB 和 VIII 族金属之间，存在最佳的原子比，一般认为 VIII 族/（VIII 族 + VIB 族）原子比在 0.5 左右，催化剂具有最高的加氢活性。

（2）结构助催化剂

结构助催化剂又称稳定剂，能提高催化剂的活性表面积和热稳定性，能防止催化剂表面在操作温度下变形（如加入少量的 SiO_2 可阻止 $\gamma－Al_2O_3$ 晶粒增大和变形；加入少量 P 可阻止 $\gamma－Al_2O_3$ 与 Ni 结合成无活性的 $\gamma－Al_2O_3$ 尖晶石）。

3. 载体（或称担体）

加氢催化剂中的载体有酸性和弱酸性两种。酸性载体为硅酸铝、硅酸镁、分子筛等。弱酸性载体为氧化铝（$\gamma－Al_2O_3$、$\eta－Al_2O_3$）及活性炭等。

通常，一般催化剂载体具有：

① 增强催化剂的机械强度；

② 增大催化剂的表面积和孔隙率，改善活性组分的分布状况，使反应物分子易于到达催化剂的活性表面；

③ 防止活性组分细小结晶的熔结，提高其稳定性；

④ 提高活性组分的选择抗毒性，减弱催化剂对毒物作用的灵敏性；

⑤ 改善散热条件，防止床层过热。

加氢裂化催化剂载体和一般催化剂的载体不同，有其特殊性。加氢催化剂的载体本身具有较强的裂解和异构化活性，它们形成了酸性中心。常用的加氢裂化催化剂载体主要包括：

① 活性氧化铝（$\gamma - Al_2O_3$）。它是多孔性物质，具有很大的表面积和理想的孔结构，可提高主金属活性组分和助催化剂的分散度；它具有良好的机械强度和物化稳定性；还具有良好的可调性，由铝的氧化物和氢氧化物结晶相的多样性所决定，其孔径分为：细孔 <20nm，中孔 20~50 nm，粗孔 >50nm。其表面积为 100~400m^2/g，孔体积为 0.1~1.0mL/g。

② 无定形硅酸铝。它是在 $\gamma - Al_2O_3$ 载体中加入一定量的 SiO_2，当加入量为 5% 左右时，可提高载体的热稳定性，是加氢精制催化剂的常用载体。加入量 >8% 时，便形成酸性中心与催化裂化催化剂硅酸铝相似，但制备方法和组成有较大差别。在加氢裂化催化剂中以 Al_2O_3 为主，SiO_2 含量较少，具有适中的酸度，适合于生产中间馏分油。

③ 沸石。它是结晶型硅酸铝，按其作用特点又称分子筛，它在用作加氢裂化催化剂的载体时，需加少量无定形硅铝。这种载体具有较多的酸性中心，其裂化活性比无定形硅酸铝高几个数量级，故以它为载体的加氢裂化催化剂的活性很高，可在较低的压力和温度下操作；它具有较强的抗氨性能，对碱性氮化物很敏感，而对氨不敏感；它可将主金属阳离子固定在沸石的一定点位晶格上，从而提高加氢活性。

沸石载体可按孔道大小分类为：大孔沸石（如 Y 型和 β 型沸石）、中孔沸石（如 ZSM 型沸石、小孔沸石（如毛沸石）。按硅铝比可分为：高硅沸石（硅铝分子比 >10）和低硅沸石（硅铝分子比 <10）。沸石载体还有一个优点，可根据不同的生产方案，改变沸石与无定形硅铝的比例，调制成酸性不同的复合型酸性载体。

三、国内外常用的加氢裂化催化剂

20 世纪 60 年代初期，UOP 公司开始了现代加氢裂化催化剂的开发，推出了单段非贵金属生产中间馏分油选择性好的 DHC-2、DHC-4 催化剂。与此同时，Chevron 公司也推出了单段非贵金属生产柴油、喷气燃料的 ICR-102 无定形催化剂。1964 年 Union 公司首先将 HC-11(PdY) 用于工业装置，标志着分子筛开始用于加氢裂化催化剂。随着 1990 年美国《清洁空气法》修正案的强制实施，生产清洁燃料的需求日益迫切，加氢裂化技术得到世界范围内的广泛重视，加氢裂化催化剂的开发明显加速。自 20 世纪末以来，随着世界燃油规范Ⅲ、Ⅳ类标准的实施，以及对化工原料油需求的增长，加氢裂化催化剂引起了更加广泛的重视。

我国自 20 世纪 60 年代，开始自行研发加氢裂化催化剂，中国石化抚顺石油化工研究院（FRIPP）、大连化学物理研究所以及抚顺石油三厂催化剂厂，就开展了馏分油加氢裂化催化剂及工艺的研究。20 世纪 60 年代，有代表性的催化剂为大连化物所开发的 3652 无定形加氢裂化催化剂，20 世纪 70 年代，抚顺石油三厂催化剂厂开发的 3762 晶型催化剂，后改进为 3812 晶型催化剂。20 世纪 80 年代初，我国从国外引进了 4 套大型加氢裂化生产装置，加工能力达 3.7Mt/a，所用催化剂全部进口。为了彻底改变这一被动局面，FRIPP 研制成功 3824 中油型和 3825 轻油型加氢裂化催化剂，20 世纪 90 年代初，工业应用成功。之后又成功地开发出适合我国国情的缓和加氢裂化（MHC）、中压加氢裂化（MPHC）、中压加氢改质（MPUG）、择形加氢裂化及最大提高十六烷值（MCI）加氢等一系列新工艺及其配套的催化剂。到 2000 年 FRIPP 已有 12 个品种、19 个牌号加氢裂化催化剂在全国 20 多套加氢裂化生产装置上工业应用。FRIPP 近 20 年来开发与工业应用的馏分油加氢裂化催化剂，按目的产品分类示于表 7 - 1。表 7 - 2 给出一些催化剂应用实例。表 7 - 3 则列出三种不同类型国产催化剂与相应进口催化剂的性能对比。

表 7 - 1　FRIPP 开发的加氢裂化催化剂品种与性能

催化剂类型	工业型号	主要性质与目的产品	工　业　应　用
轻油型	3825	含 USY，高、中压 HC，生产重整原料，喷气燃料乙烯原料等，堆比下，稳定性好	金山、扬子、辽化 HPHC、燕山、吉林 MPHC、MPUG，1991 年首次工业应用，扬子、天津 HPHC、1997 年首次工业应用
	3905	含 Y 沸石，耐氮性能好，活性比 3825 催化剂高 20%	
	3955	新一代轻油型加氢裂化催化剂、活性比 3825 高 40%，耐氮能力高 2 ~ 3 倍	
中油型	3824	含 USY，以 Al_2O_3 为载体，高、中压 HC，生产喷气燃料、柴油，乙烯原料等，该剂制备工艺简单，价格便宜	茂名、镇海、荆门高、中压 HC，1987 年首次工业应用
	3903	含 USY，$SiO_2 - Al_2O_3$，活性高，比 3824 低 14C	南京、镇海 HPHC，1993 年工业应用
	3976	改性 Y 沸石，$SiO_2 - Al_2O_3$，耐氮性能优于 3824 和 3903，喷气燃料产率高	辽化 HPHC，1998 年首次工业应用
	3971	改性 Y 沸石，$SiO_2 - Al_2O_3$，金属分散好，孔分布集中，耐氮性能为 3824 的 5 ~ 10 倍	
	ZHC - 01	改性 Y 沸石，$SiO_2 - Al_2O_3$，喷气燃料，柴油产率高，耐氮性能好，可用于单段加氢裂化	齐鲁 HPHC，1998 年应用
高中油型	3901	高硅铝比沸石，耐氮性能好，可生产低凝点柴油	
	3974	改性 Y 沸石、$SiO_2 - Al_2O_3$，中油收率比 3824 高 3% ~ 5%	镇海、茂名 HPHC，1999 年首次工业应用
	ZHC - 02	$SiO_2 - Al_2O_3$，载体，高压 HC，生产低凝点柴油，耐氮性能好，可用于单段加氢裂化	1999 年用于大庆 HPHC
	3973	$SiO_2 - Al_2O_3$ 载体，生产喷气燃料、柴油及润滑油基础油，耐氮性能好，可用于单段加氢裂化	1997 年用于抚顺 HPHC

表 7 - 2　几种加氢裂化催化剂应用情况

使　用　厂　家	茂名	南京	镇海	金山	扬子	齐鲁	齐鲁	辽化
原料油	胜利 VGO + GGO	管输/阿曼 VGO	伊朗/杜里 VGO	大庆、黄岛 VGO	管输 VGO + HAGO	胜利 VGO	胜利、孤岛 VGO	辽化 VGO
催化剂	3824	3903	3974	3825	3905	3882	ZHC - 01	3976
压力/MPa	16.7	16.3	16.5	14.5	14.2	7.4	15.7	15.2
精制油氮/（μg/g）	9	17	5.2	<5	15.4	45.7	1300	19.4

使 用 厂 家	茂名	南京	镇海	金山	扬子	齐鲁	齐鲁	辽化
$LHSV$/h^{-1}（裂化段）	1.20	1.20	1.06	1.32	1.03	1.57	0.955	1.15
平均温度/℃	$t+14$	t	$t+14.8$	$t+4$	$t+10$	$t+1$	$t+28$	$t+17.3$
产品分布/%								
干气	2.38	2.31	3.17		3.18	1.4		1.18
液化气	3.39	3.41	1.03	16.2	12.11	3.46		4.21
轻石脑油	18.09	15.84	9.96	23.1	6.7			11.9
重石脑油	13.48	15.70	12.05	51.37	48.0	14.51	19.12	30.8
喷气燃料	41.26	42.08	44.15	5.87	8.81		26.12	24.01
柴油	22.21	22.60	26.06①	—	—	20.56	11.68	13.98
尾油	—	—	2.35	2.92	28.77	61.8	41.59	15.62
C$_5^+$液收率/%	95.04	96.22	94.57	83.26	92.28	96.87	98.51	96.34

① 柴油 95% 为 355℃ 左右，其他为 335℃ 左右；流程为全循环一次通过。

表 7-3　国产与进口催化剂性能对比

原 料 油	胜利 VGO+CGO		管输 VGO+HAGO		孤岛 VGO	
催化剂	3824	进口剂 A	3825+3905	进口剂 B	ZHC-01	进口剂 C
密度/(g/cm^3)	0.8987	0.9027	0.8808	0.8724	0.9092	
馏程/℃	321~533	306~529	164~495	167~494	323~494	
工艺条件						
$LHSV$/h^{-1}（裂化段）	1.2	1.1	1.03	0.96	1.1	
精制油氮/(μg/g)	9	9.3	19.5	5.2	1790	
平均温度/℃	t_1-2	t_1	$t_2-1.5$	t_2	t_3-3	t_3
主要产品产率/%						
轻石脑油	18.09	16.4	7.73	10.93		
重石脑油	13.48	13.1	47.59	41.07	10.6	9.3
喷气燃料	41.26	43.1	6.96	13.96	22.8	21.8
柴油	22.21	21.6			18.8	19.3
尾油			29.02	25.14	46.7	48.5
C$_5^+$液收/%	95.04	94.2	91.30	91.10	98.9	98.9
氢耗/(Nm^3/t)	308	338.4	346	—	192	208
能耗/(kg/t)	82.09	92.72				
升温速度/(℃/d)	0.0073	0.028				

四、加氢裂化催化剂的活化和再生

1. 加氢裂化催化剂活化

加氢裂化催化剂的金属组分在制备时一般均以氧化物的形式存在，如果不经过活化处理，催化剂上很容易沉积上过多的积炭，导致活性很快下降。因此，对于氧化态的加氢裂化催化剂而言，需要将其进一步还原或硫化处理，使之成为有一定活性的催化剂，这一过程称为加氢裂化催化剂的活化。含 Pt、Ni 等还原态催化剂一般用氢气还原，而其他加氢催化剂的活化，一般是指催化剂的原位预硫化。对于硫化型催化剂，原位预硫化后，活性金属从氧化态变成硫化态，有利于提高催化剂的活性和稳定性。加氢催化剂的硫化，可以在催化剂生产厂进行，也可以在使用催化剂的工厂进行。

硫化型加氢裂化催化剂活性金属多采用 Co 或 Ni 与 Mo 或 W 组合，原位预硫化就是在原料油中事先加入一定数量的较易生成 H$_2$S 化合物，人为地提高原料油中的硫浓度，强化硫化过程，缩短硫化过程所需的时间。该方法通常称为"强化原位预硫化"技术。

"强化原位预硫化"技术可分为液相湿法原位预硫化和干法气相原位预硫化。液相湿法原位预硫化需要用能溶解硫化剂的携带油，硫化剂与携带油一起进入催化剂床层；干法气相原位预硫化是将硫化剂直接注入循环气或反应器催化剂床层。

在硫化过程中，反应极其复杂，以 Co－Mo 和 Ni－Mo 催化剂为例，硫化反应式为：

$$3NiO + H_2 + H_2S \longrightarrow Ni_8S_2 + 3H_2O$$

$$MoO_8 + H_2 + H_2S \longrightarrow MoS_2 + 3H_2O$$

$$CoO + H_2S \longrightarrow CoS + H_2O$$

这些反应都是放热反应，而且进行速度快。催化剂预硫化所用的硫化剂有 H_2S，或能在硫化条件下分解成 H_2S 的不稳定硫化物，如 CS_2 和二甲基二硫醚等。用 CS_2 硫化时，把 CS_2 加入反应器内与氢气混合后反应生成 H_2S 和甲烷。

$$CS_2 + 4H_2 \longrightarrow CH_4 + 2H_2S$$

催化剂的硫化效果主要取决于硫化条件，即：硫化温度、时间、H_2S 分压，硫化剂的浓度及种类等，其中硫化温度对硫化过程影响很大。根据经验，预硫化的最佳温度范围为280～300℃，超过 320℃ 金属氧化物有被热氢还原为低价氧化物或金属状态的可能，这样将影响催化剂的活性。

预硫化方法可分为高温硫化、低温硫化，器内硫化和器外硫化，以及上面提到的干法硫化和湿法硫化等。采用湿法硫化，需要先将 CS_2 溶于石油馏分，形成硫化油，然后通入反应器内与催化剂接触进行反应。适合作硫化油的石油馏分有轻油和喷气燃料等。CS_2 在硫化油中的浓度一般在 1%～2% 之间。我国过去一直采用湿法硫化，并积累了一定的经验。

2. 加氢裂化催化剂再生

在加氢裂化工业装置中，不管处理哪种原料，由于原料要部分地发生裂解和缩合反应，催化剂表面便逐渐被积炭覆盖，使它的活性降低。积炭引起的失活速度，与催化剂性质、所处理原料的馏分组成及操作条件有关。原料的相对分子质量越大，氢分压越低和反应温度越高，催化剂失活速度越快。积炭失活在很大程度上主要是积炭覆盖活性中心和堵塞孔道而造成，但是失活是暂时的，可通过烧焦再生等手段予以恢复。

在由积炭引起催化剂失活的同时，还可能发生另一种不可逆中毒。催化剂在运转过程中，原料油中的某些杂质会沉积而覆盖其活性中心，或者使活性中心的性质发生变化。例如金属沉积会使催化剂活性减弱或者使其孔隙被堵塞。被金属中毒的催化剂不能再生，而催化剂顶部有沉积物，需将催化剂卸出并将一部分或全部催化剂过筛。

再生阶段可直接在反应器内进行，也可以采用器外（即反应器外）再生的办法。这两种再生方法都得到了工业应用。上述两种方法都是采用在惰性气体中加入适量空气逐步烧焦的办法。用水蒸气或氮气作惰性气体，同时充当热载体作用。在水蒸气存在下再生过程比较简单，而且容易进行。缺点是用水蒸气处理时间过长会使载体氧化铝的结晶状态发生变化，造成表面损失、催化剂活性下降及机械性能受损。用氮气作稀释气体的再生对催化剂保护作用效果好、污染小，目前许多工厂趋向于采用氮气再生，但费用相对来说要高一些。

第四节　加氢裂化的主要影响因素

除了原料的性质和催化剂外，影响石油馏分加氢裂化过程的主要因素有反应压力、反应温度、空速和氢油比等。

一、反应压力

反应压力是一个重要的操作参数，在加氢裂化过程中，反应压力的影响是通过氢分压来体现的。系统中的氢分压取决于操作压力、氢油比、循环氢纯度以及原料的汽化率。

提高压力有利于加氢反应的进行，氢分压增加可提高催化剂的 HDS、HDN 和 HAD 活性。因此保持一定的氢分压是各种加氢和氢解反应的必要条件。即在一定的氢压下，反应趋向于不饱和烃的加氢饱和、芳烃和非烃类化合物的氢解方向进行。加氢和氢解深度与氢分压成正比，见表 7 – 4。不饱和度越高，难加氢组分（稠环芳烃、含氮有机物）越多，原料愈重（干点高、稠环芳烃多），需要的氢压就越高。

表 7 – 4　氢压对乙烯和苯加氢深度的影响

温度/℃	氢压/MPa	加氢后烯烃的残存量/%	加氢后苯的残存量/%
450	0.1	0.056	100
450	5	0.0011	37.8
450	20	0.00028	0.95
500	0.1	0.25	100
500	5	0.005	86.7
500	20	0.0012	9.2

对于气 – 固相加氢裂化反应来说，反应压力高、氢分压也高，使加氢裂化反应速度提高。此外，提高反应压力使单位反应器体积内原料的浓度增加，延长了反应时间，将增加转化率。

对于气 – 液 – 固三相加氢裂化反应来说，虽然升高压力将使油的汽化率下降，油膜厚度增加，从而增加了氢催化剂表面扩散的阻力。但是，升高压力使氢通过液膜向催化剂表面扩散的推动力增加，所以扩散速度提高，总的效果是转化率提高。

加氢裂化的原料一般是较重的馏分油，其中含有较多的多环芳烃。因此，在给定催化剂和反应温度下，选用的反应压力应当能保证环数最多的稠环芳烃有足够的平衡转化率。芳烃的环数越多，其加氢平衡转化率越低。加氢裂化所用原料越重，需采用的反应压力越高。工业上加氢裂化采用的反应压力，根据原料组成不同，操作压力不同。如直馏瓦斯油大约 7.0MPa，减压馏分油和催化裂化循环油约为 10.0 ~ 15.0MPa，而渣油需要用 20.0MPa。

但是在压力高于 21.0MPa 时，转化率提高的倍数比反应时间延长的倍数低得多，总效果不佳。反应压力对加氢反应速度和转化率的影响，随所用催化剂的不同而异。一般来说，催化剂的活性越低，要求反应压力越高。

此外，提高压力，促进了含氮有机物的氢解，抑制了氮化物对催化剂失活的影响，并且抑制了缩合反应，从而使催化剂的使用周期大大延长。

然而，随着反应压力的提高，加氢裂化产品异构化程度下降。因为加氢裂化的异构化反应是按正碳离子机理进行，而烯烃是正碳离子的引发剂，提高反应压力导致催化剂表面上烯烃减少，使异构化程度降低。同时，从经济观点看，反应压力不仅是一个操作因素，它关系到工业装置的设备投资和能量消耗，操作方便和生产安全。随着加氢裂化工艺的不断创新，活性、选择性和寿命更高的催化剂的不断开发，反应压力也在逐步下降。

二、反应温度

反应温度是加氢裂化过程须严格控制的操作参数之一。提高反应温度会使加氢裂化的反应速度加快，但是由于加氢过程是一个放热反应，因此提高反应温度会受到某些反应的热力学限制。所以，必须根据原料性质和产品需求等条件来选择适宜的反应温度。

在加氢裂化过程中提高反应温度，裂解速度提高得较快，所以随着反应温度提高，反应产物中低沸点组分含量增多，烷烃含量增加而环烷烃含量下降，异构烷/正构烷的比值下降。一般来说反应温度过高，加氢平衡转化率下降。反应温度过低，则加氢裂化反应速度过慢，为了充分发挥催化剂的效能和适当提高反应速度，需要保持一定的反应温度。一般加氢裂化所选用的温度范围较宽(260~440℃)，它通常由催化剂性能、原料性质和产品要求来确定。在加氢裂化过程中由于催化剂表面积炭，催化剂的活性要逐步下降。为了保持反应速度，随着催化剂失活程度发展，需将反应温度逐步提高。如对于重馏分油的加氢裂化温度控制在370~440℃，在运转初期催化剂的活性较高，反应温度可以适当选择低一些。运转后期，随着催化剂活性的降低需要逐步提高反应温度，以保持一定的加氢裂化深度。原料中的氮化物存在会使催化剂的酸性活性降低，为了保持所需的反应深度，也必须要提高反应温度。一般来说原料中的含氮量越高，需要的反应温度也越高，以促进加氢脱氮过程。催化剂的性能对反应温度也有明显的影响，如采用高活性 Y 型分子筛作载体比用硅酸铝作载体，在达到同样转化率时的起始反应温度要低 15℃ 左右。

加氢裂化过程中，加氢反应是强放热反应，而裂解反应则是吸热反应，最终表现出来的净结果是放热反应，反应热的多少与原料油性质、反应温度和选用的催化剂有关，反应热一般在 251~837kJ/kg 原料之间。所以，提高反应温度使反应速度加快，释放出来的反应热也相应增加。必须及时将反应热从系统中导走，否则反应器的热量大量积累，会形成恶性循环，导致床层温度骤升(飞温)，轻则催化剂损坏寿命降低，重则可能引起严重的设备或管线爆炸事故。

因此，加氢裂化反应器中，催化剂需要分层装填，在催化剂床层间打入一定量的冷氢，来控制各床层的温升不超过 10~20℃(分子筛催化剂取低值)，并且尽量控制各床层的入口温度相同，以利于延长催化剂寿命和实现操作的最优化。

可见，加氢裂化反应温度的选择一般受原料的性质和产品方案的影响，同时还要考虑催化剂的活性。一般来说，裂化平均反应温度每提高 1℃，转化率相应提高 1~2 个百分点，且温度越高提温效应越强。因此，提高或降低反应温度，对加氢裂化产品的收率和质量起着决定性的影响。

三、空速

空速是指单位时间内通过单位催化剂的原料油量，有两种表达形式，一种称作体积空速(LHSV)，另一种称为质量空速(WHSV)。空速大小反映了装置的处理能力高低，其单位为 h^{-1}。

$$LHSV = 原料油体积流量(20℃，m^3/h)/催化剂体积(m^3)$$

$$WHSV = 原料油质量流量(t/h)/催化剂质量(t)$$

因为空速是加氢裂化深度的一个参数，所以对于给定的加氢装置，进料量增加时，空速增大，意味着单位时间里通过催化剂的原料油多，这样原料油在催化剂上的停留时间就短，反应深度浅；反之就是空速低，反应时间长，反应深度高，床层温度上升，氢耗量略微增加，而装置的处理能力下降。因此，降低空速对于提高加氢反应的转化率是有利的。

在工业上希望采用较高的空速，但是空速受到了反应速度的制约。一般根据催化剂活性、原料油性质和反应深度不同，空速在一较大范围内变化，通常为 0.5~1.0h^{-1}。对于重质原料和二次加工中得到的油料需要采用较低的空速。

在加氢裂化条件下，烃类的加氢裂化是平行连串反应，提高空速时虽然总转化率降低不多，但是反应产物中的轻组分含量下降较多，轻质油品的收率会下降。因此，在实际生产中，改变空速也和改变反应温度一样，是调节产品分布的一个手段。

四、氢油比

氢油比是单位时间内进入反应器的气体流量与原料油量的比值，它是加氢过程四大工艺参数之一。

进入反应器的工作氢气由新氢和循环氢构成。通常氢油比是指在加氢裂化过程中，标准状况下的工作氢气与原料油的体积比。由于加氢裂化所处理的原料一般是重油，故习惯上原料油按60℃计算体积。

$$氢油比（体）= \frac{工作氢气的体积流量/（标\ m^3/h）}{原料油的体积流量/（m^3/h）} \tag{7-1}$$

在研究和生产中也采用氢油摩尔比：

$$氢油比（mol）= \frac{工作氢气体积流量（标\ m^3/h）\times 工作氢浓度（\%）}{原料油质量流量（kg/h）} \times \frac{M_油}{22.4} \tag{7-2}$$

式中　$M_油$——原料油的平均相对分子质量。

氢油比对加氢过程的影响主要有以下几个方面，有利方面包括：

① 有利于提高反应深度。氢油比加大，工作氢气量增加，使得反应器内的氢分压上升，参与反应的氢气分子数增多，有利于提高反应深度。

② 抑制催化剂结焦速度，延长催化剂寿命。提高氢油比，会使反应器内的氢气摩尔数增加，有助于抑制结焦前驱物的脱氢缩合反应，使催化剂表面积炭量下降。这样既可维持催化剂高活性，又可延长催化剂的使用周期。

③ 及时导走反应热，反应温度易于控制。在原料油流率一定的情况下，氢油比增大意味着循环氢量增加，大量的循环氢气可及时将反应热从系统中排出去，使整个床层温度平稳，容易控制。

④ 改善液体分布，提高转化率。氢油比提高，有利于原料油的汽化和降低催化剂的液膜厚度，提高转化率。

不利方面包括：

氢油比增大，会使得单位时间内流过催化剂床层的气体量增加，流速加快，反应物在催化剂床层里的停留时间缩短，反应时间减少，不利于加氢反应的进行。同时，氢油比过大会导致系统的压降增大，动力消耗增加，投资增多，所以无限制增大氢油比在经济上也是不合理的。

为保证重油加氢裂化有足够的氢分压和加氢速度，一般采用较大的氢油比，通常为1000~2000之间。

第五节　加氢裂化工艺流程

目前国内外已经工业化的加氢裂化工艺种类很多，有些主要用于生产汽油，有些可生产汽油、喷气燃料和柴油等。这些工艺的流程实际上差别不大，所不同的是催化剂性质不同。由于采用不同的催化剂，所以工艺条件、产品分布和产品质量均不相同。

目前在工业上大量应用的加氢裂化工艺主要有：单段工艺、一段串联工艺、两段工艺等三种类型。这些工艺类型可采用不同的工艺流程。

加氢裂化工艺流程，基本上都是以装有催化剂的涓流床反应器为中心，原料油和氢气经升温、升压达到反应条件后进入反应器系统，先进行加氢精制以除去氧、氮、硫杂质和二烯烃，再进行加氢裂化。然后反应产物经降温、分离、降压和分馏，将合格的目的产品送出装置。分离出氢气纯度还较高(80%～90%)的气体，作为系统的循环氢气和冷凝气。未转化油(尾油)可以全部循环，部分循环或不循环一次通过。一般根据原料性质、目的产品收率和质量要求，以及使用催化剂的性能不同，可分为三种流程。

一、单段(一段)加氢裂化工艺

单段工艺最初用于制取石脑油，后来发展表明，该工艺最适合于最大量生产中间馏分油。与单段工艺相匹配的催化剂为无定形硅铝催化剂，它具有加氢性能较强，裂化性能较弱(特别是二次裂解性能)等特点。该类催化剂既具有相当高的中间馏分油选择性，又具有较高的耐氮及氨的能力，因此不需要设置预精制段。

单段加氢裂化流程指流程中只有一个(或一组)反应器，原料油的加氢精制和加氢裂化在同一个(组)反应器内进行，所用催化剂具有一定抗氮能力。其原理流程示意图如图7－3所示。

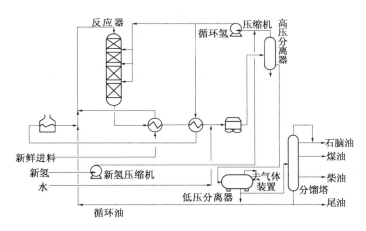

图7－3　单段加氢裂化工艺流程

以大庆直馏重柴油馏分(330～490℃)单段加氢裂化流程为例简述如下：

原料由泵升压至16.0MPa后与新氢及循环氢混合，再与420℃左右的加氢生成油换热至320～360℃进入加热炉。反应器进料温度为370～450℃，原料在反应温度380～440℃、空速1.0h^{-1}，氢油体积比约为2500的条件下进行反应。为了控制反应温度，向反应器分层注入冷氢。反应产物经与原料换热后温度降至200℃，再经冷却，温度降至30～40℃之后进入高压分离器。反应产物进入空冷器之前注入软化水以溶解其中的NH_3、H_2S等，以防水合物析出而堵塞管道。自高压分离器顶部分出循环氢，经循环氢压缩机升压后，返回反应系统循环使用。自高压分离器底部分出生成油，经减压系统减压至0.5MPa，进入低压分离器，在此将水脱出，并释放出部分溶解气体，作为富气送出装置，可以作燃料气用。最好生成油经加热送入稳定塔进行分离。

单段加氢裂化可用三种方案操作：原料一次通过、尾油部分循环及尾油全循环。大庆直馏蜡油按三种不同方案操作所得产品收率和产品质量见表7－5。

表 7 - 5　单段加氢裂化不同操作方案的产品收率及质量

操作方案		一次通过			尾油部分循环			尾油全部循环		
指标	原料油	汽油	喷气燃料	柴油	汽油	喷气燃料	柴油	汽油	喷气燃料	柴油
收率/%		24.1	32.9	42.4	25.3	34.1	50.2	35.0	43.5	59.8
密度 ρ_{20}/(g/cm³)	0.8823	—	0.7856	0.8016	—	0.7820	0.8060	—	0.7748	0.7930
沸程/℃										
初馏点/℃	333	60	153	192.5	63	156.3	196	—	153	194
干点/℃	474(95%)	172	243(98%)	324	182	245	326	—	245.5	324.5
冰点/℃	—	—	-65			-65			-65	
凝点/℃	40			-36			-40			-48.5
总氮/(μg/g)	470									

由表 7 - 5 中数据可见，采用尾油循环方案可以增产喷气燃料和柴油，特别是喷气燃料增加较多，而且对冰点并无影响。但一次通过的流程，控制一定的单程转化率，除出一定数量的发动机燃料外，还出相当数量的润滑油及未转化油（尾油）。这些尾油可用作获得更高价值产品的原料。如可用尾油生产高黏温指数润滑油的基础油，或作为催化裂化进料以及裂解生产乙烯的原料。

我国单段加氢裂化一次通过流程的操作条件和原料及产品分析见表 7 - 6 和表 7 - 7。

表 7 - 6　加氢裂化单段一次通过流程不同产品方案的操作条件

产品方案	喷气燃料方案	-50℃柴油方案	1 号灯油方案
反应压力/MPa	14.4	14.4	14.6
体积空速/h⁻¹	0.92	0.75	0.93
氢油体积比	2000	2800	2130
床层温度/℃			
平均	418	426	416
最高	440	442	420
工业氢气纯度/%	95.9	96	>95
循环氢气纯度/%	85.5	85	>80
氢耗量/(m³/t)	237	—	186.5
目的产品收率/%	22.7	—	32.5
生成油相对密度 d_4^{20}	0.7735	0.7776	0.7795

表 7 - 7　单段加氢裂化一次通过原料及产品分析

名称	d_4^{20}	恩氏蒸馏/℃					硫/%	碱氮/(μg/g)	残炭/%	凝点/℃
		初馏点	10%	50%	90%	干点				
原料油	0.8276	215	202	343	389	450	0.060	294	0.003	5
生成油	0.7801	66	123	264	338	354	0.002	15	—	-15
汽油	0.7022	39	64	97	126	153	0.002	1	—	
灯油	0.7931	154	177	220	275	297	0.002	<1	—	-41
柴油	0.8021	218	268	311	337	350	0.002	11	—	-3
尾油	0.8057	260	312	331	355	—	0.005	15	—	+8

单段加氢裂化工艺具有如下特点：

①催化剂为裂化活性相对较弱的无定形或含少量分子筛的无定形催化剂。该催化剂具有

较强的抗有机硫和氮的能力，对温度敏感性低，操作稳定不易发生飞温；②中间馏分的选择性好，产品分布稳定；③工艺流程简单，相对投资少，操作容易；④原料适应性较差，不宜加工干点高、氮含量高的原料；⑤装置运转周期相对较短；⑥反应器床层温度偏高，反应末期气体产率较高。

二、两段加氢裂化工艺

两段加氢裂化流程中有两个（或两组）反应器，分别装有不同性能的催化剂。第一个反应器（组）中主要进行原料油的加氢精制，而加氢裂化主要在第二个（组）反应器内进行，并形成独立两段流程体系，其示意图如图 7-4 所示。

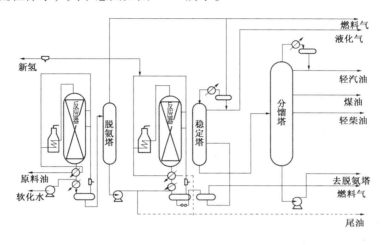

图 7-4　两段加氢裂化工艺流程

原料油经高压油泵升压并与循环氢混合后首先与第一段生成油换热，再在第一段加热炉中加热至反应温度，进入第一段加氢精制反应器，在加氢活性高的催化剂上进行脱硫、脱氮反应，原料中的微量金属也被脱掉。反应生成物经换热、冷却后进入第一段高压分离器，分出循环氢。生成油进入脱氨（硫）塔，脱去 NH_3 和 H_2S 后，作为第二段加氢裂化反应器进料。在脱氨塔中用氢气吹掉溶解气、氨和硫化氢。第二段进料与循环氢混合后，进入第二段加热炉，加热至反应温度，在装有高酸性催化剂的第二段加氢裂化反应器内进行裂化等反应。反应生成物经换热、冷却、分离，分出溶解气和循环氢后送至稳定分馏系统。

两段加氢裂化有两种操作方案，一种是第一段加氢精制，第二段加氢裂化；另一种是第一段除进行精制外还进行部分加氢裂化，第二段进行加氢裂化。后者的特点是第一段和第二段生成油一起进入稳定分馏系统，分出的尾油作为第二段进料（如流程图中虚线所表示）。

大庆蜡油两段加氢裂化用两种方案所得结果的比较列于表 7-8。

表 7-8　大庆蜡油两段加氢裂化试验数据

项　目		一段只精制		一段有部分裂化	
		第一段	第二段	第一段	第二段
反应条件	催化剂	WS_2	107	WS_2	107
	压力/MPa	16.0	16.0	16.0	16.0
	氢分压/MPa	11.0	11.0	11.0	11.0
	温度/℃	370	395	395	395
	空速/h	2.5	1.2	1.2	1.6
	氢油比(体)	1500	1500	1500	1500

项 目		一 段 只 精 制		一 段 有 部 分 裂 化	
		第一段	第二段	第一段	第二段
产品产率/%	液体收率/%	99.2	93.8	97.0	93.4
	$C_1 \sim C_4$	14.78		15.56	
	<130℃	15.7		17.6	
	130~260℃	33.9		37.4	
	260~370℃	25.6		30.0	
	>370℃	18.0		8.9	
产品性质	煤油：密度 $\rho_{20}/(g/cm^3)$	0.7730		0.7786	
	冰点/℃	-63		-63	
	柴油：密度 $\rho_{20}/(g/cm^3)$	0.7918		0.7955	
	凝点/℃	-49		-42	

从表7-8中数据可以看出，采用第二方案时，汽油、煤油和柴油的收率都有所增加，而尾油明显减少。这主要是第二方案的裂化深度较大的缘故。从产品的主要性能来看，两个方案并无明显差别。

与单段加氢裂化相比，两段工艺具有如下优点：①气体产率低，干气少，目的产品收率高，液体总收率高；②产品质量好，特别是产品中芳烃含量非常低；③氢耗较低；④产品方案灵活性大；⑤原料适应性强，可加工更重质、更加劣质的原料。

三、一段串联加氢裂化工艺

一段串联工艺是两段工艺的发展。与单段加氢裂化工艺不同的是，一段串联工艺一般使用两种不同性能的主催化剂，因此一段串联至少使用两台反应器，第一个反应器（一反）使用加氢精制催化剂，第二反应器（二反）使用加氢裂化催化剂，两个反应器的反应温度及空速可以不同，比单段工艺操作灵活。由于第二个反应器使用了抗氨、抗硫化氢的分子筛加氢裂化催化剂，所以取消了两段流程中的脱氨塔，使加氢精制和加氢裂化两个反应器直接串联起来，省掉了一整套换热、加热、加压、冷却、减压和分离设备。

与单段工艺相比，一段串联工艺使用了性能更好的精制催化剂和裂化催化剂组合，具有了下面优点：

①产品方案灵活，仅需通过改变操作方式和工艺条件，或更换不同性能的裂化催化剂，就可实现大范围调整产品结构的目的；②原料适应性强，可以加工更重的原料油，包括高干点的重质 VGO 及溶剂脱沥青油；③可在相对较低的温度下操作，因而热裂化被有效抑制，可大大降低干气产率。

一段串联工艺比单段工艺只多一个（或一组）反应器，其中第一个反应器中装入脱硫、脱氮活性好的加氢催化剂，第二个反应器中装分子筛加氢裂化催化剂，其他部分均与一段加氢裂化流程相同（见图7-5）。

对同一种原料油分别采用三种不同方案进行加氢裂化的试验结果表明：从生产喷气燃料角度来看，单段流程收率最高，但汽油收率较低。从流程结构和投资来看，单段流程也优于其他流程。串联流程有生产汽油的灵活性，但喷气燃料的收率偏低。三种流程方案中两段流程灵活性最大，喷气燃料的收率高，而且能生产汽油。与串联流程一样，两段流程对原料油的质量要求不高，可处理高密度、高干点、高硫、高残炭及高含氮的原料油。而单段流程对原料油的质量要求要严格得多。根据国外炼油厂经验，认为两段流程最好，既可处理单段工艺不能处理的原料，又有较大灵活性，能生产优质喷气燃料和柴油。在投资上，两段流程略

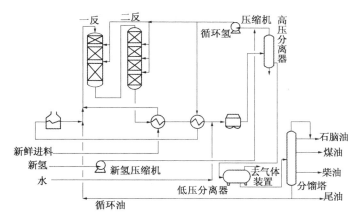

图 7 – 5　串联加氢裂化工艺流程

高于一段一次通过，略低于一段全循环流程。特别值得指出的是，目前用两段加氢裂化流程处理重质原料油生产重整原料油以扩大芳烃的来源，已受到许多国家重视。我国 80 年代新建的加氢裂化装置，多采用串联加氢裂化流程。

第六节　加氢过程的工艺计算

本节主要介绍加氢过程的反应热、氢耗量及相平衡计算。

一、加氢过程热平衡

1. 反应热计算

反应热是加氢工艺设计中不可缺少的数据，反应热的数值关系到工艺流程的选择、热的利用以及反应器的结构设计等方面。

在加氢裂化过程中，尽管加氢装置的原料油多种多样，生产目的各不相同，但在加氢处理中，主要发生脱硫、脱氧、脱氮以及烯烃和芳烃饱和等一系列加氢反应，这些反应表现为放热反应。在加氢裂化中，主要发生加氢裂化和加氢异构裂化以及芳烃和烯烃饱和等反应。由于加氢裂化采用的是具有裂化和加氢双功能的催化剂，因而它实质上是催化裂化反应和加氢反应的组合，前者属吸热反应，后者是放热反应。裂化反应的吸热量显著低于加氢反应释放的热量，因此，总的效果表现为放热过程。单体烃加氢反应的反应热与分子结构有关，芳烃加氢的反应热低于烯烃和二烯烃的反应热，含硫化物的氢解反应热与芳烃反应热大致相等。

在加氢精制过程中，每一个双键加氢反应的反应热大致为 112kJ/mol。按消耗 1kg 氢计算，烯烃加氢反应热约为 59kJ，芳烃加氢反应热为 35kJ。不同类型硫化物的氢解反应热列于表 7 – 9。某些单体烃的加氢反应热见表 7 – 10。

表 7 –9　不同类型硫化物的氢解反应热

反　　应	反应热 ΔH/（kJ/mol）
$RSH + H_2 \longrightarrow RH + H_2S$	– 71.4
$R – S – R' + 2H_2 \longrightarrow RH + R'H + H_2S$	– 117.6
⬠S $+ 2H_2 \longrightarrow C_4H_{10} + H_2S$	– 121.8
⬠S $+ 4H_2 \longrightarrow C_4H_{10} + H_2S$	– 281.4

表 7-10   单体烃加氢反应热

反 应	反应热 ΔH	
	kJ/kgH₂	kJ/mol 产物
$nC_5H_{10} + H_2 \longrightarrow C_5H_{12}$	-58.38	-117.4
$nC_7H_{14} + H_2 \longrightarrow C_7H_{16}$	-63.0	-126.0
(环己烯 ⟶ 环己烷)	-60.06	-117.6
(苯 ⟶ 环己烷)	-34.86	-205.0
(萘 ⟶ 十氢萘)	-34.7	-338.76

单体烃加氢裂化反应热与烃的相对分子质量无关，而取决于温度和产品的组成。在 800℃ 条件下，一个 C—C 键断开并将碎片饱和成甲烷和正构烷，放出 61.9kJ/mol 热量。只生成正构烷时，放出 51.8kJ/mol 热量；生成异构烷时，放出 66.8kJ/mol 热量。整个过程的反应热与新开的一个键(并进行碎片加氢和异构化)的反应热和断键的数目成正比。表 7-11 为各种单体烃加氢裂化反应热的数据。

表 7-11   单体烃加氢裂化反应热(根据生成热计算)

加 氢 裂 化 反 应	反应热 ΔH/(kJ/mol)		
	700K	800K	900K
$nC_6H_{14} \xrightarrow{H_2} CH_4 + C_5H_{12}$	-60.6	-61.9	-63.5
$nC_8H_{18} \xrightarrow{H_2} CH_4 + C_7H_{16}$	-60.6	-61.9	-63.5
$nC_{10}H_{22} \xrightarrow{H_2} CH_4 + C_9H_{20}$	-60.6	-61.9	-63.5
$nC_{10}H_{22} \xrightarrow{H_2} C_2H_6 + C_8H_{18}$	-51.4	-52.7	-54.3
$nC_{10}H_{22} \xrightarrow{H_2} C_3H_8 + C_7H_{16}$	-49.7	-51.0	-52.7
$iC_8H_{18} \xrightarrow{H_2} CH_4 + iC_7H_{16}$	-61.4	-62.3	-63.5
$iC_8H_{18} \xrightarrow{H_2} C_3H_8 + C_5H_{12}$	-46.0	-47.2	-48.5
环 $C_6H_{12} \xrightarrow{H_2} nC_6H_{14}$	-45.0	-46.4	-47.8
环 $C_6H_{11}-C_2H_5 \xrightarrow{H_2} nC_8H_{16}$	-36.4	-42.6	-44.5
环 $C_5H_9 \longrightarrow CH_3 \xrightarrow{H_2} nC_6H_{14}$	-60.5	-60.8	-61.0
$C_5H_9-C_3H_7 \xrightarrow{H_2} nC_8H_{18}$	-60.2	-60.4	-60.9

催化加氢反应过程会产生大量反应热，所释放的反应热必须加以有效利用，这是降低装置能耗的一个举足轻重的途径。反应热的大小关系到工艺设计时换热流程的安排，同时也与反应器取热内件设计有关。因此，可以说反应热是工艺设计时的必需数据。关于石油馏分加氢反应热的求取可采用以下几种方法解决。文献中关于石油馏分加氢反应热的计算方法有五种：

①通过试验室小型或中型装置的热平衡求取，即：

$$原料油 + H_2 \xrightarrow{\Delta H_反} 生成油 + 生成气$$

式中，$\Delta H_反$ 为反应热。

采用这种方法测定反应热存在缺点，小型装置测定物料平衡不易取准（如误差、漏损等）。由于氢的燃烧热远大于烃的燃烧热，进行物料平衡时氢耗稍有偏差，就会造成计算反应热的大误差。在大型生产装置反应器热平衡测算的误差会小些，但测定时使用的燃料油往往难与设计处理的原料油吻合，所以不能按此法来获取所需要的数据。而且操作处于高压下，难于算准（如热容等）物性数据。

② 用参与反应各种物质的生成热求取，即：

$$\Delta H_反 = 生成物生成热 - 反应物生成热$$

③ 利用反应物和生成物的燃烧热计算反应热，即：

$$\Delta H_反 = 反应物燃烧热 - 生成物燃烧热$$

方法②、方法③中的反应物是指原料油和氢气，生成物是指加氢生成油和生成气。

利用方法②、方法③计算时，需要知道反应物和生成物的元素组成，因此使用不便。

④ 根据原料和产物的族组成计算反应热。

该方法认为，过程的热效应，如烷烃的加氢裂化过程的热效应 q，与断开键的数目 r 和一个键的分解热效应（包括碎片的加氢和异构化）成正比；当 1mol 原料转化时有 r 个 C—C 键断开，并生成 $r+1$ 个氢化的碎片，则过程的热效应可以用式(7-3)计算：

$$q = r q_{c-c} \tag{7-3}$$

式中，q_{c-c} 为一个键断开的反应热。

由于过程的热效应与原料的相对分子质量无关，因此，可以根据原始物和生成物的摩尔数来计算反应热。下面以烷烃加氢裂化为例说明本法的原理。

烷烃加氢裂化反应式如下：

$$C_n H_{2n+2} + H_2 \longrightarrow C_{n-b} H_{2(n-b)+2} + C_b H_{2b+2}$$

若有 1mol 烷烃加氢裂化并有 r 个 C—C 键断开，生成 $(r+1)$ mol 产物，则过程的反应热为：

$$q = r \Delta H$$

若加氢裂化过程的总括反应为：

$$C_n H_{2n+2} + r H_2 \longrightarrow \sum v'_i C_i H_{2i+2}$$

式中，n、i 分别代表原料和产物中平均碳原子数，v_i' 为由 1mol 原料生成 i 产物的摩尔数。

则：

$$r = (n-1) - \sum v_i'(i-1) \qquad (7-4)$$

式中，$(n-1)$ 表示原料分子中 C—C 键的数目；$\sum v_i'(i-1)$ 为所得产物分子中 C—C 键的数目。

对于烷烃馏分：

$$n = (M_n - 2)/14; \quad i = (M_i - 2)/14$$

式中，M_n、M_i 分别为原料和产物 i 的相对分子质量。

故可得烷烃加氢裂化过程的反应热为：

$$q = \Delta H[(M_n - 16) - \sum v'_i(M_i - 16)]/14 \qquad (7-5)$$

表 7-16 中，烷烃加氢裂化反应热与原料相对分子质量无关，只与反应温度有关。若取 400℃时 $\Delta H = -63.3 \text{kJ/mol}$，则对 1kg 原料计算反应热的计算式为：

$$q = -4521[(M_n - 16) - \sum (M_n/M_i)v_i(M_i - 16)]/M_n \text{kJ/kg 原料} \qquad (7-6)$$

式中 v_i 为以 1kg 原料为基准的产物的质量产率。

式（7-6）曾被用来对加氢裂化反应器进行模拟计算，所得结果见表 7-12。

用方法②和式（7-6）分别计算正癸烷加氢裂化反应热所得结果非常接近（分别为 535kJ/mol 和 538kJ/mol）。由计算结果可见，加氢裂化反应热与转化深度有关，即随产品产率的变化而改变。

表 7-12　石油馏分（350~500℃）加氢裂化反应热计算结果

原　　料	产品收率（质量）分率				用式（10-25）计算反应热值/（kJ/mol）
	气体（$M=45$）	汽油（$M=130$）	柴油（$M=215$）	残油（$M=380$）	
360~500℃（汽油方案）	0.17	0.51	0.25	0.09	-396.0
360~500℃（柴油方案）	0.10	0.15	0.69	0.08	-297.0

⑤ 利用经验数据估算反应热。当缺少计算所需的原始数据时，可以利用经验数据估算反应热。加氢过程反应热的大小与反应深度有关。反应深度大，化学氢耗量大，释放反应热也大；反应深度浅，化学氢耗量减少，释放反应热下降。

在实际生产中，当缺少计算所必须的原始数据时，可以利用经验数据估算反应热。也可参考表 7-13 中的经验数据选取加氢过程的相应反应热数值。

表 7-13　不同加氢反应过程反应热

序　　号	加　氢　反　应　过　程	反　应　热	
		kcal/Nm³（H_2）	kJ/Nm³（H_2）
1	加氢脱硫	565	2365
2	加氢脱氮	630~705	2638~2952
3	加氢脱氧	565	2365
4	烯烃饱和	1320	5526
5	芳烃饱和	375~750	1570~3140
6	加氢裂化	560~610	2345~2554

注：1cal = 4.186kJ。

【例 7-1】　加氢裂化反应热的计算方法。利用生成热的数据计算馏分油加氢裂化反应热。

已知：加氢裂化过程物料平衡和油品的元素组成如下：

入方	kg/h	出方		kg/h
原料油	207 （其中新鲜进料100）	加氢生成油		187.4
		生成气	C_1	7.17
			C_2	5.90
			C_3	4.83
			C_4	1.69
			H_2S	0.20
氢气	3.30		NH_3	0.49
			H_2O	1.64
		损失		0.98
合计	210.3	合计		210.3

原料油与加氢生成油的元素分析

项　目	元素分析(质量分数)/%				
	C	H	S	N	O
原料油	87.93	8.3	0.18	1.1	2.09
生成油	88.8	8.59	0.09	1.02	1.44

如前所述，过程反应热 ΔH = 生成物生成热 - 反应物生成热。由于缺少计算生成热所需要的原料油和生成油组成数据，所以采用文献中推荐的计算公式来估算生成热：

$$\Delta H_生 = (78.29C + 338.5H + 22.2S - 42.7O) - \Delta H_燃$$

式中　$\Delta H_生$——生成热，kcal/kg；

$\Delta H_燃$——高热值燃烧热，kcal/kg，是负值。

高热值燃烧热 $\Delta H_燃$ 可用下式计算：

$$\Delta H_燃 = 81C + 300H - 26(O - S)$$

可求出原料油高热值燃烧热为9638kcal/kg，生成油 $\Delta H_燃$ 为9787 kcal/kg。则：

原料油生成热 $\Delta H_生 = (78.29 \times 87.93 + 338.85 \times 8.3) + (22.2 \times 0.18 - 42.7 \times 2) - 9638$
$= -29.4(kcal/kg) = -123.1(kJ/kg)$

生成油生成热 $\Delta H_生 = (78.29 \times 88.8 + 338.85 \times 8.3) + (22.2 \times 0.09 - 42.7 \times 1.44) - 9787$
$= 13.5(kcal/kg) = 56.5(kJ/kg)$

故生成物生成热：

生成油生成热：$187.4 \times 13.5 = 2525(kcal/kg)$

生成气生成热：

甲烷	$7.17 \times 1115 = 8000(kcal/h)$	H_2S	$0.20 \times 141 = 28(kcal/h)$
乙烷	$5.9 \times 673 = 3970(kcal/h)$	NH_3	$0.49 \times 646 = 316(kcal/h)$
丙烷	$4.83 \times 563 = 2720(kcal/h)$	H_2O	$1.64 \times 3795 = 6200(kcal/h)$
丁烷	$1.69 \times 511 = 864(kcal/h)$	共计	22623(kcal/h)含生成油生成热2525

以上各组分生成热数据均可由有关手册查得。常见物质的生成热和燃烧热见表 7-14。

表 7 – 14　常见物质的生成热和燃烧热

物质名称	相对分子质量	状态	温度/℃	生成热[2]			燃烧热[3]		
				kcal/kg	kcal/Nm³	kcal/mol	kcal/kg	kcal/Nm³	kcal/mol
氢	2.016	气	25				33883.9	3049.5	68.31
一氧化碳	28.011	气	25	−942.5	−1178.1	−26.39	2415.7	3019.6	67.64
二氧化碳	44.01	气	18	−2137	−4197.7	−94.03			
二氧化硫	64.06	气	18	−1107	−3166	−70.921			
氨	17.031	气	18	−645.9	−491.1	−11			
甲烷	16.043	气	25	−1115	−798.6	−17.889	13264	9499.5	212.8
乙烷	30.07	气	25	−673	−903.3	−20.236	12398	16643	372.8
丙烷	44.097	气	25	−562.9	−1108	−24.82	12033	23686	530.6
正丁烷	58.124	气	25	−511.3	−1326.5	−29.715	11836.5	30711	687.9
异丁烷	58.124	气	25	−541.2	−1404	−31.452	11808.4	30638	686.3
正戊烷	72.10	气	25	−485.1	−1562.5	−35.0	11716	37735	845.3
正戊烷	72.10	液[1]	25	−557.2	−1794.6	−40.2	11644.4	37504	840.1
异戊烷	72.10	气	25	−512.1	−1648.2	−36.92	11689.6	37650	843.4
硫化氢	34.08	气	18	−140.8	−214.2	−4.8	4000	6080	
二硫化碳	76.13	气	18	289	982.1	22			
水	18.016	气	18	−3207	−2580	−57.781			
水	18.016	液	18	−3795	−3052.3	−68.372			
碳	12	固	25				7840		94.08
斜方硫	32.06	固	25				2215		70.94

① $d_4^{20} = 0.6262$。

② 生成热为负值是吸收热，正值是释放热。

③ 燃烧热为释放热。

由此可得过程反应热：

$$\Delta H = \sum (\Delta H_1) - \sum (\Delta H_2)$$

以 1kg 原料计：

$\Delta H = (22623 + 29.4 \times 207)/207 = 138.5 kcal/kg$ 工作原料，或 581.7kJ/kg 工作原料，或按 1kg 新鲜原料计算，得：

$138.5 \times 207/100 = 278 kcal/kg$ 新鲜进料或 1204kJ/kg 新鲜进料

2. 加氢过程反应热的排除

由于工业加氢过程的热效应多为放热过程，而工业加氢反应器又都是绝热反应器，因此，为了确保加氢过程能在最佳温度下进行，保证加氢反应器等温操作，需要及时排除系统中的反应热。反应热的排除是反应器设计中需要着重考虑的问题之一。

（1）排除反应热的重要性

炼油厂工业化操作的加氢反应器为绝热操作的反应设备。加氢为放热反应过程，为了保证加氢反应过程能够在最佳温度下进行，而充分发挥催化剂的效能和适当提高反应速度，因此必须及时排除反应器系统的反应热。特别是加氢裂化过程为强放热反应，且反应温度升高时反应速度加快，释放的反应热相应增大，导致反应温度升高，而过高的温度会触发更强的反应，释放更多的反应热，如果不及时将反应热从系统中导出，势必引起恶性循环，床层温度积累骤升，从而会导致催化剂超温损坏或反应器超温、超压等恶性事故。为了能迅速有效地将反应热排除，要求有良好的反应器内件设计，这是进行反应器内件设计时要重点考虑的问题。

（2）反应热的排除

工业加氢装置排出反应热的办法是将催化剂分层置放，在各层之间注入急冷用的冷介质（冷的循环氢或冷的轻加氢生成油），通过改变注入的冷介质质量来调节催化剂床层的温度分布。工业加氢装置普遍采用注入冷循环氢(称急冷氢)作为加氢装置反应器的取热手段。因为急冷氢通过高效的反应器内件能与器内热的反应物(进料油和氢气)迅速均匀混合而使温度降低,具有调节温度灵敏,操作方便,不易产生超温现象等特点。实践也证明,采用急冷氢作为冷却介质还具有以下一些优点:

① 对加氢反应的平衡转化率有利;
② 对加快反应速度有利;
③ 对提高催化剂的稳定性有利;
④ 有利于提高单位反应空间的效率。

虽然注入冷氢会引起反应物体积增大,缩短了其在反应器内的停留时间。但研究表明,反应速度加快的效果可以抵消缩短停留时间的影响,因而总的效果仍然是使反应速度加快。

对于反应热不大的加氢反应器,可视情况不一定考虑注急冷氢的措施。注入冷油作为冷却介质的方法一般都不采用。其缺点是会降低氢油比,不利于油与氢气在催化剂床层的均匀分布,氢油比过小将使油气分压增加,油料难于汽化。当注入的冷油馏分较重或其性质不够稳定时,还有结焦的危险。在加氢反应器的不同高度注入急冷氢及所形成的温度分布如图7-6所示。

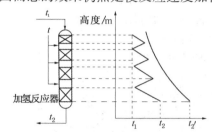

图7-6 加氢反应器冷氢注入方式及温度分布
t_1—进料入口温度;t_2—注冷介质时反应器出口温度;t_2'—无冷介质时反应器出口温度;
t—冷氢温度

一般控制加氢裂化催化剂每个床层温升不大于10~15℃(分子筛催化剂取低值)。并且尽量使各床层的进口温度相同以有利于延长催化剂的使用寿命。

此外,采用冷氢作冷却介质还具有调节温度灵敏、操作方便、不易产生超温现象等优点。因此,冷氢作为加氢装置反应系统的取热手段是加氢工业装置上普遍采用的方法。

3. 冷氢量的计算及反应器的热平衡计算

冷氢量的计算实质上是反应器的热平衡计算。在未注入急冷氢时,反应热主要用于和消耗在以下方面:

① 升高反应物(进料油和氢气)的温度;
② 升高催化剂床层的温度;
③ 通过反应器壁的散热损失。

当反应热过高时,为确保反应物在最佳温度下进行加氢反应,则必须加入急冷氢。因此,有注入和不注入急冷氢的两种反应器热平衡。

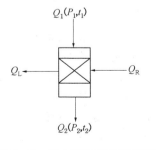

图7-7 反应器热平衡示意图

(1)不注入急冷氢时反应器的热平衡

反应器热平衡示意图见图7-7。热平衡方程为:

$$Q_1 + Q_R = Q_2 + Q_L \qquad (7-7)$$

式中 Q_1——在进口条件下的反应物热量,kJ/h;
Q_2——在出口条件下的生成物热量,kJ/h;
Q_R——反应热,kJ/h;
Q_L——反应器散热损失,kJ/h;
t_1——反应器入口温度,℃;
t_2——未注冷氢时反应器出口温度,℃;

P_1——反应器入口压力，MPa（表压），kPa；

P_2——反应器出口压力，MPa（表压），kPa。

现代工业加氢反应器均采用热壁型式，为减少散热损失，在反应器外壁敷设一定厚度的绝热保温层，其散热损失 Q_L 可用式（7-8）计算：

$$Q_L = \alpha_T \cdot F(t_w - t_f) \tag{7-8}$$

式中 Q_L——散热量，kJ/h；

α_T——表面自然对流、辐射散热系数，kJ/（m²·h·℃）；

F——散热面积，m²；

t_w——设备表面温度，℃；

t_f——环境温度，℃。

表面自然对流、辐射散热系数可从图7-8求取。该图是在环境温度 $t_f = 15℃$ 条件下绘制的。当 $t_f \neq 15℃$ 时，可由图7-9校正。在散热温差 $t_w - t_f < 60℃$（一般保温良好的表面）时，不需查图7-9校正，加上校正值 $\varphi = 0.04(t_f - 15)$ 即可。

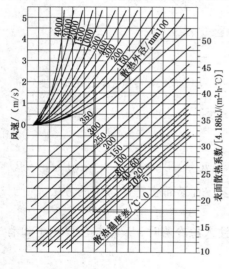

图7-8　表面散热系数算图

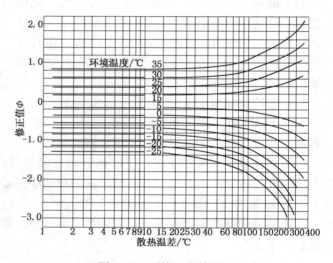

图7-9　环境温度修正图

在反应器外表面保温绝热良好的情况下，散热损失往往低于2%反应热，反应近似在绝热状态下操作。为简化计算，可忽略散热损失，则热平衡式可简化为：

$$Q_R = Q_2 - Q_1 \tag{7-9}$$

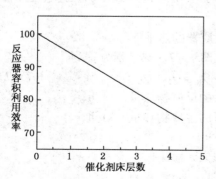

图7-10　催化剂层数与
反应器容积利用系数的关系

在设计工业加氢反应器内催化剂层数时，必须考虑反应器的容积利用系数，当反应器的体积一定时，催化剂的置放层数越多，容积利用系数就越低。而容积利用系数越低，为了处理同样数量的原料，就需增大反应器的尺寸，这将造成设备投资费的增加。所以，在反应器内流体分布、温度分布、接触效率、进出口温差以及容积利用系数之间存在着复杂的依赖关系，一般要通过最佳方案比较来确定。图7-10为催化剂床层数与反应器容积利用系数的关系。所以对于如何设计出具有良好的流体温度分布、接触效率高、床层少、进出口温度差小、容积利用效率高的反应器内部结构，是研究设计部门应解决的重要课题。生产经验和计算结果表明，对于反应热较小的加氢精制反应器，一般只需设置两层，按4:6或3:7分配催化剂的数量。对于瓦斯油加氢裂化反应器，催化剂可以分成三层，各层催化剂量大至相等，循环氢和冷氢按60:40进行分配，可达到最佳操作效果。

对于一定的加氢工业装置而言，根据所处理原料油性质，要求的产品质量以及所选用的催化剂等，通过试验研究或模拟软件确定出工艺条件以至反应器床层温升和总温升，从而确定反应器的进口状态。由于加氢装置所处理的原料和反应生成油为宽的石油馏分，且处在高温、高压临氢条件下，反应器入口和出口条件下的物料物性数据很难直接通过查表取得。目前的工程设计多是采用大型软件(如 Aspen Plus 或 Pro－Ⅱ)进行流程模拟计算。即按研究单位给定的反应操作条件，选定软件合适的状态方程，通过流程模拟计算出反应器进口状态下的反应物热量 Q_1，以及不注入急冷氢条件下反应器出口状态下的生成物热量 Q_2，从而计算出反应热 Q_R。下面给出以 Aspen Plus 软件计算反应热 Q_R 的程序框图，见图 7－11。

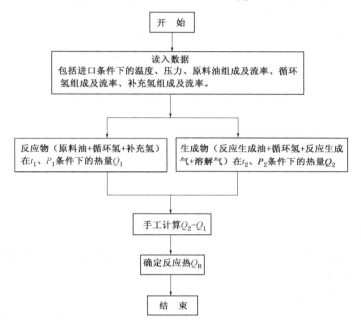

图 7－11　Aspen Plus 软件计算反应热 Q_R 的程序框图

（2）注入急冷氢时反应器的热平衡

反应器热平衡示意图见图 7－12，可列热平衡：

$$Q_2 + Q_4 = Q_3 \qquad\qquad (7-10)$$

图中　Q_2——在上床层出口条件下反应物(原料油＋循环氢＋补充氢)的热量，kJ/h；

　　　Q_3——注入急冷氢后反应器出口生成物(反应生成油＋循环氢＋生成气＋溶解气)降温至 t_3 时的热量，kJ/h；

　　　Q_4——急冷氢注入反应器前的热量，kJ/h；

　　　t_3——注入急冷氢后反应器出口温度，℃；

　　　t_4——注入反应器的急冷氢温度，℃；

　　　P_3——注入急冷氢后反应器出口压力，MPa(表压)；

　　　P_4——注入反应器的急冷氢压力，MPa(表压)。

以 Aspen Plus 软件计算急冷氢量的程序框图见图 7-13。

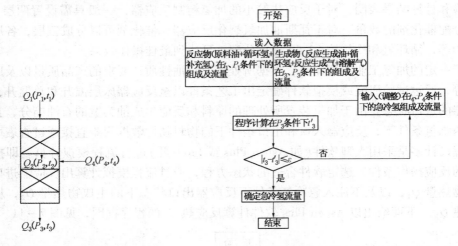

图 7-12 反应器热平衡   图 7-13 Aspen Plus 软件计算急冷氢量的程序框图

【例 7-2】 某一 $250 \times 10^4 t/a$ 柴油加氢装置，求其反应热及注入急冷氢量。

已知条件如下：

原料油流量/(t/h)	310
体积空速/h	1.5
化学耗氢/%	0.875
反应器入口氢油比/(Nm³/ m³)	450
反应器入口压力(表压)/MPa	8.2
反应器入口温度/℃	310
反应器总温升/℃	65
补充氢体积组成/%	H_2：92.0
循环氢体积组成/%	H_2：83.22，C_1：15.86，$C_2 \sim C_4$：0.82
循环氢平均相对分子质量	4.3928
反应器出口压力(表压)/MPa	7.8
急冷氢入口条件	温度 $t = 83℃$，压力 $P = 8.5MPa$(表压)
原料油质量组成/%	柴油 87.5，石脑油 12.5
反应生成油质量收率/%	99.74
反应生成油质量组成/%	柴油 89.48，石脑油 10.6
反应生成气质量收率/%	1.14
反应生成气体积组成/%	H_2S:69.3，NH_3:6.8，C_1:13.4，C_2:4.6，C_3:1.9，C_4:4.0

解： 按图 7-13 程序框图求取反应热 Q_R。

① 反应器入口条件：

$P_1 = 8.2MP$(表压)

$t_1 = 310℃$

② 未注入急冷氢时，反应器出口条件为：

$P_2 = 7.8MPa$(表压)

$t_2 = t_1 + \Delta t = 310 + 65 = 375℃$

③ 将反应物参数（原料油组成及流量、循环氢组成及流量、补充氢组成及流量）、P_1、t_1 输入 Plus 流程模拟程序，计算出：

$Q_1 = 113.6 \times 10^6$ kJ/h（$P = 8.2$ MPa，$t = 310℃$时）

④ 将生成物参数（反应生成油组成及流量、循环氢组成及流量、溶解气组成及流量、反应生成气组成及流量）P_2、t_2 输入 Aspen Plus 流程模拟程序，计算出：

$Q_2 = 193.7 \times 10^6$ kJ/h（$P = 7.8$ MPa，$t = 375℃$时）

⑤ 反应器的反应热 Q_R：

$Q_R = Q_2 - Q_1 = 193.7 \times 10^6 - 113.6 \times 10^6 = 80.1 \times 10^6$（kJ/h）

求取急冷氢 W_c：

① 不注入急冷氢时，反应器出口条件为：

$P_3 = 7.8$ MPa（表压）

$t_3 = 375℃$

② 根据工艺操作要求，拟将反应器出口温度降至350℃，即反应器出口条件为：

$P_3 = 7.8$ MPa（表压）

$t_3 = 350℃$

③ 冷氢注入前的条件为：

$P_4 = 8.5$ MPa（表压）

$t_4 = 83$ ℃

④ 将生成物参数（反应生成油组成及流量、生成气组成及流量、循环氢组成及流量、溶解气组成及流量）P_3、t_3 输入 Aspen Plus 流程模拟程序。

⑤ 将急冷氢组成、初估流量、P_4、t_4 输入 Aspen Plus 流程模拟程序。

⑥ 从模拟程序算出初估的急冷氢流量下的 t'_3 值，若 t'_3 值接近 350 ℃，则此时的急冷氢流量即为所求。否则，重新调整急冷氢初估量，直至达到要求为止。

由此，求得急冷氢量为 $W_c = 15400$ kg/h

折算为体积流率 $V_e = \dfrac{15400}{4.3924} \times 22.4 = 78536$（Nm³/h）

二、加氢过程氢耗量的计算

1. 耗氢的分类及影响耗氢的因素

油品加氢反应是一个耗氢过程。在工业加氢过程中，向加氢反应系统补充的新鲜氢气主要消耗在化学反应、溶解损失、设备漏损和废氢排放损失四个方面，这几方面耗氢所占的比例与加氢过程类型和装置状况有关。

加氢装置所消耗的氢气有两个来源：①由催化重整副产氢气供给，催化重整装置是廉价的氢气来源，应充分加以利用；②如果重整氢不能满足需要或无重整装置，必须建设一套与加氢裂化装置配套的制氢装置，供氢装置的规模决定于加氢装置的耗氢量，而加氢装置耗氢量多少又受到供氢装置供应新鲜氢气纯度的影响。制氢装置的投资约占联合装置总投资的三分之一。而加氢裂化加工 1t 原料所消耗氢气的费用占总费用的 60% ~ 80%。可见，氢的消耗量对加氢过程的经济效果有很大的影响。所以，无论在制定加工方案或具体设计某一加氢装置，都必须同时仔细研究氢气的供应问题，并详细核算加氢过程的各项消耗量。

加氢装置的耗氢量主要取决于四个因素：原料的加工流程、原料油的性状、氢气的纯度和加氢过程的工艺条件。

（1）影响化学反应耗氢的因素

加氢过程中大部分氢气消耗在化学反应上，即消耗在脱除进料中的硫、氮、氧以及烯烃和芳烃饱和反应以及加氢裂化和开环等反应中。不同的反应过程、不同的进料化学组成和对产品质量的不同要求而导致的不同的反应苛刻度，是影响化学反应耗氢量的主要因素。如在精制深度相同时，对于直馏柴油、催化裂化柴油或焦化柴油为原料的加氢处理，其耗氢量就有所区别。催化裂化柴油和焦化柴油中含有大量烯烃需要加氢饱和，而且油品也较重，含有较多的硫、氮等杂质需要加氢脱除，因此就增加了化学反应耗氢量。当柴油含芳烃多，又要求将其饱和时，耗氢就更大。又如加氢裂化，在装置规模和目的产品相同的情况下，如果分别选用直馏蜡油、催化裂化循环油或焦化蜡油作原料或采取不同的加工流程时，由于原料性质和加工苛刻度不同，其化学耗氢量就有很大的差别。各种加氢过程的耗氢量见表7-15。

表7-15　各种加氢过程的氢耗量

序　号	加　氢　过　程	化学耗氢量(对进料，质量分数)/%
1	减压瓦斯油一段加氢裂化　一次通过	2.0
	尾油循环	2.5~3.0
2	减压瓦斯油两段加氢裂化	2.4~4.1
3	直馏柴油加氢处理	0.5~0.6
4	催化裂化(或焦化)柴油加氢处理	0.8~1.0
5	焦化汽柴油加氢处理	1.2
6	重整原料预加氢处理	0.05~0.1
7	催化裂化柴油深度脱硫、芳烃饱和	
	产品硫≤0.0003%，芳烃≤0.25%	2.0
	产品硫≤0.0003%，芳烃≤0.15%	3.2
8	催化汽油加氢处理	0.8~1.2

由表7-15可见，加氢裂化的化学耗氢量最高，重整原料预加氢处理的化学耗氢量最小。

（2）影响溶解耗氢的因素

溶解耗氢是指在高压下溶于加氢生成油中的氢气，在加氢生成油从高压分离器减压流入低压分离器时随油排出而造成的损失。这部分的损失与高压分离器的操作压力、温度和生成油的性质及气体(含氢气)的溶解度有关。高压分离器操作压力增高，或操作温度增高时，氢气的溶解损失增大。

（3）工业氢组成及浓度的影响

加氢反应过程的一个重要操作参数是氢分压，它由补充新氢与循环氢组成的混合氢中氢浓度来确定。循环氢的氢浓度受补充的新氢纯度和反应生成的轻烃量影响。新氢纯度低说明其中含有较多的其他组分(如 N_2、CH_4 等)，这些气体不能全部溶解在反应生成油中，并随着从高压分离器减压至下游的生成油一起排出，而是存留和积累在循环氢中，降低了循环氢中氢气的浓度。因此，必要时只能采用不断补新氢用量，同时排放一定量循环氢(废氢)来保证其中的氢浓度，以达到要求的氢分压，这就加大了排放损失。总的来说，改进催化剂性能，减少反应中生成轻烃，特别是甲烷，有利于提高氢浓度，而提高补充氢纯度则是降低加氢反应器的操作压力，减少排空损失以至降低补充氢耗量的关键，为减少氢耗一般尽量不考虑排放废氢。

氢纯度对氢耗量的影响见表7-16。可看出，新氢纯度高，耗氢量就低一些。这是因为，如果新氢纯度低，其中必含有较多的其他组分(N_2、CH_4 等)，这些组分不能溶于生成油中，而是有相当部分积存在循环气中，降低了氢气纯度。为了维持循环氢的纯度，需要释放

346

一部分循环氢，并同时补充一部分新氢，这样就增大了新氢耗量。所以，在生产中希望新氢的纯度越高越好，这样不仅可以降低新氢的耗量，而且也可以降低系统的总压。对于二次加工柴油加氢精制要求的氢气纯度比直馏柴油要高一些。在加氢裂化过程中不管哪一种原料，都希望新氢纯度在95％以上。各种制氢方法得到的新氢组成见表7-17。

表7-16　氢气纯度对耗氢量的影响

补充氢纯度/％（体积分数）	加氢处理耗氢/％			350~500℃馏分加氢裂化耗氢/％		
	直馏柴油	二次加工柴油	二次加工汽油	反应压力5.0MPa	反应压力10.0MPa	反应压力15.0MPa
0.96	0.428	0.965	0.592	1.24	1.791	4.08
0.85	0.475	1.538	0.788	1.644	2.381	5.23

表7-17　各种制氢方法所得新氢组成

制氢过程	新氢组成/％（体）									
	H_2	CO	CO_2	N_2	CH_4	C_2H_6	C_3H_8	C_4H_{10}	Ar	总计
天然气蒸汽转化	95.1	0.001		0.34	4.56	—	—	—	—	100
重油部分氧化	98.0	—		0.63	0.53	—	—	—	0.84	100
重整副产氢	89.8	0.002		—	6.8	1.3	1.2	0.1	—	100
油田气水蒸气转化	94.1	$<10^{-4}$	<0.02	—	5.95	—	—	—	—	100

2. 氢耗量的计算

在加氢过程中新氢主要消耗在以下四个方面：①化学耗氢量；②设备漏损量；③溶解损失量；④弛放损失量。

（1）化学耗氢量

加氢过程大部分氢气消耗在化学反应上，即消耗在脱除油品中的硫、氮、氧以及烯烃和芳烃饱和反应，加氢裂化和开环等反应上。原料的化学组成是影响化学耗氢量的主要因素。

化学耗氢量的数据通常由中小型试验中的物料平衡和氢平衡求得。当缺少这方面的化学耗氢数据时，可以根据进料和反应生成油的分析数据进行估算。不同加氢反应的化学耗氢计算见表7-18。据称用这些数据估算总化学耗氢的准确度为±10％。将表中各加氢反应的耗氢量相加，即为加氢处理过程的化学耗氢量。

表7-18　加氢反应的化学耗氢量

序　号	加氢反应	化学耗氢量/[Nm^3/m^3（进料）]
1	加氢脱硫	（18~23）×（进料与生成油含硫质量分数的差值）
2	加氢脱氧	62×（进料与生成油含氮质量分数的差值）
3	加氢脱氮	44.5×（进料与生成油含氧质量分数的差值）
4	烯烃饱和	1.18×（进料与生成油溴价单位的差值）
5	芳烃饱和	4.8×（进料与生成油芳烃体积含量的差值）

（2）设备漏损量

设备漏损是指管道或高压设备的法兰连接处及循环氢压缩机运动部位等处的漏损。漏损量的大小与设备制造和安装质量有关。一般设备漏损量占总循环氢量的1%~1.5%（体），或约1~15（N）/m³原料油。

（3）溶解损失量

溶解损失是指在高压下溶于生成油中的气体，当减压时这部分气体从生成油排出而造成的损失。这部分损失与高压分离器操作压力、温度和生成油的性质及气体的溶解度有关。

氢气、硫化氢以及低分子烷烃在油中的溶解度分别见图 7－14 和图 7－15。不同加氢过程中的氢溶解损失，可以近似地用表 7－19 的数据估算。加氢裂化的溶解度损失近似地可取 $10m^3(N)/m^3$ 原料油。也有资料推荐，在分离器温度为 400℃ 时，氢溶解损失按 $0.071Nm^3/[m^3(油)\cdot氢分压]$ 进行估算。

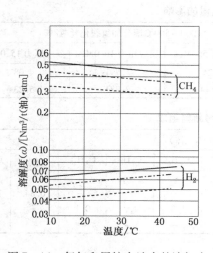
图 7－14　氢气和甲烷在油中的溶解度
——— 直馏柴油，$K=11.9$，$M=245$；
－－－ 催化裂化轻循环油，$K=10.9$，$M=210$；
－·－·－ 减压馏分油，$K=11.8$，$M=360$

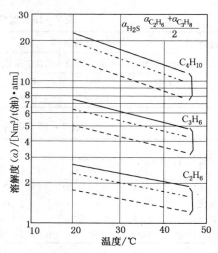
图 7－15　低分子烷烃和硫化氢在油中的溶解度
——— 直馏柴油，$K=11.9$，$M=245$；
－－－ 催化裂化轻循环油，$K=10.9$，$M=210$；
－·－·－ 减压馏分油，$K=11.8$，$M=360$

表 7－19　不同加氢过程的氢溶解损失

序号	加 氢 过 程	溶解损失/[Nm³/m³(油)]	序号	加 氢 过 程	溶解损失/[Nm³/m³(油)]
1	石脑油加氢处理	6.4～10.9	3	减压瓦斯油加氢处理	3.4～6.6
2	馏分油加氢处理	4.1～7.7			

（4）漏损

漏损是指管道或高压设备的法兰连接处及压缩机密封点等部位的泄漏损失。漏损量大小与设备制造和安装质量有关，主要的漏损出自氢气压缩机的运动部位。由于在进油操作前，高压反应系统均通过了密封性试验合格，漏损量应该是很少的。一般设备漏损量取值为总循环氢量体积的 1%～1.5%。

（5）弛放损失量

弛放损失是指为维持循环氢的纯度而排放出一部分循环氢造成的损失。为了维持循环氢中的氢纯度要求而排放一部分循环氢，并同时补充一部分新氢，构成了氢气排放损失。排放量是根据要求的循环氢的氢纯度与新氢纯度对反应系统作气体平衡计算而求得的（参见第六节气液平衡计算方法），也可近似地取值为 5～$10Nm^3/m^3$（油）。

三、化学耗氢量的计算方法

化学耗氢量的数据，通常由研究单位根据中小型试验通过系统的物料平衡及氢平衡计算求得。当缺少试验数据时，可以根据原料油和生成油的分析数据进行估算。下面介绍文献报道的一些经验估算法。

还原 1% 的硫、氮、氧生成 H_2S、NH_3 和 H_2O 所需要的氢数量为：

$$\text{硫} \quad 12.5 \mathrm{m}^3(\mathrm{N})/\mathrm{m}^3 \text{ 原料油}$$

$$\text{氮} \quad 53.7 \mathrm{m}^3(\mathrm{N})/\mathrm{m}^3 \text{ 原料油}$$

$$\text{氧} \quad 44.6 \mathrm{m}^3(\mathrm{N})/\mathrm{m}^3 \text{ 原料油}$$

在加氢脱硫过程中，硫化物加氢所需氢还可用式(7-11)计算：

$$n_{\mathrm{H}_2} = mS \tag{7-11}$$

式中　n_{H_2}——加氢脱硫化学耗氢量，以100% H_2计，对原料的质量分数，%；

S——原料含硫量(质量分数)，%；

m——与硫化物类型有关的常数，不同类型硫化物的 m 值见表7-20。

表7-20　不同类型硫化物的常数

含硫化物	$\mathrm{H}_2\mathrm{S}$	单质硫	RSH	RSR'	$\mathrm{RS}_2\mathrm{R}'$	$\mathrm{C}'_n\mathrm{H}_{2n-4}\mathrm{S}$	$\mathrm{C}_n\mathrm{H}_{2n}\mathrm{S}$
m	0	0.0625	0.062	0.125	0.0938	0.2500	0.125

含硫馏分油加氢脱硫的耗氢量，等于各种含硫化合物耗氢的总和。汽油中烯烃加氢所需氢的数量，可根据汽油加氢前后，不饱和度的差值，利用式(7-12)计算：

$$n_{\mathrm{H}_2} = 2(\Delta a)/M_{\mathrm{c}} \tag{7-12}$$

式中　n_{H_2}——100% H_2的耗量，对原料的质量分数，%；

Δa——原料和生成油加氢前后不饱和度的差值，以单烯烃占油品的质量分数计算；

M_{c}——汽油的平均相对分子质量。

直馏渣油脱硫时的氢耗量可参考图7-16进行估算。

将上述各项得到的氢耗量相加便是加氢精制过程的氢耗量(见例题7-2)。若计算加氢裂化的氢耗量，除了加氢精制中各项氢耗外，还应包括用图7-17求出的氢耗，将各项相加，即得到了加氢裂化的氢耗量。

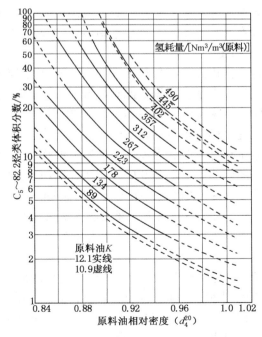

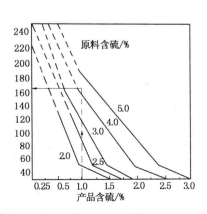

图7-16　直馏渣油脱硫氢耗图　　　　图7-17　加氢裂化氢耗图

【例 7 – 3】 已知原料油(瓦斯油)和生成油中硫、氮、氧和烯烃含量的差值,试估算加氢精制过程的氢耗。现将结果列入表 7 – 21。

由于第二种原料包括烯烃加氢,所以耗氢量高得多。我国胜利炼厂引进的催化裂化柴油加氢精制平均耗氢量为 78.0m³(N)/ m³ 原料油,溶解氢加泄漏氢的设计值为 3.8 m³(N)/t 原料油。中国石化茂名分公司引进的加氢裂化装置设计氢耗量为 335 ~ 363m³(N)/t 原料。

表 7 – 21　两种原料加氢精制氢耗量的估算

项　　目	原料油和生成油分析差值		耗氢量/[m³(N)/m³ 原料油]	
原料油 1.2	1	2	1	2
漏损	—	—	1.25	1.25
溶解损失/%			5.1	5.1
硫	0.7	1.8	8.75	22.5
氮	0.1	0.2	5.35	10.7
氧	0.1	0.2	4.46	8.92
烯烃	—	30	—	33
总计	—	—	24.91	81.47

四、氢 – 石油馏分体系气液平衡计算

石油馏分的加氢过程是在氢压下进行的多相催化过程。系统中有大量气体进行循环,石油馏分本身也随着操作条件的变化而处于不同的相状态。因此,高、中压下氢 – 石油馏分体系的相平衡计算,无论对于设备设计还是操作的控制都具有实际意义。加氢系统相平衡常数 K 是加氢裂化或加氢精制工艺装置的物料平衡、热平衡、流体力学及传热等工程计算的基础数据。

在高压特别是在氢气存在的条件下,烃类相平衡常数与在低压下有很大差别。特别是加氢装置所用原料是一个宽馏分的复杂体系,压力对馏分中各组分的影响有所不同,而大量氢气的存在又增加了对系统相平衡条件的观察和研究的难度,所有这些都给加氢条件下相平衡计算带来困难。

过去国内外进行加氢装置设计时曾采用溶解度系数来计算加氢系统的相平衡。实践证明,溶解度系数的数据来源有困难,而且通过实验测定的溶解度系数值也不够准确。

60 年代初期,Chao – Seader 提出了适用于计算轻烃系统气液平衡的数学关联式,后来发现,这个模型也可以在石油馏分的气液平衡中应用。但是,C – S 关联式在应用于石油馏分气液平衡计算时,考虑到石油馏分的临界压力范围,其高压界限仅在 3.0MPa 左右,其温度最高界限为 500℉(260℃),因此,不能直接用来计算在高温条件下进行的加氢过程气液平衡。在 C – S 关联式的基础上,Grayson – Streed 根据含氢石油馏分的高温、高压平衡数据,将 C – S 关联式中的纯组分液相逸度系数计算式中的系数值作了修正,即:

$$\lg v_i^{(0)} = A_0 + A_1/T_{Ri} + A_2 T_{Ri} + A_3 T_{Ri}^2 + A_4 T_{Ri}^3 +$$
$$(A_5 + A_6 T_{Ri} + A_7 T_{Ri}^2) p_{Ri} + (A_8 + A_9 T_{Ri}) p_{Ri}^2 - \lg p_{Ri} \qquad (7 – 13)$$

修正后系数值见表 7 – 22。经过这样的修正,G – S 关联的高温界限延伸到 482℃,高压界限扩展到 20.0MPa,可用于氢 – 石油馏分系统的气液平衡的电算。洛阳炼油设计研究院利用 G – S 的关联式并经过适当修正,对中国石化茂名分公司引进加氢裂化装置反应系统和胜利炼厂引进催化柴油加氢精制装置反应系统的气液平衡进行了电算,得到了与实际情况相符的结果。

表 7 - 22　G - S 关联式中 $\lg v_i^{(0)}$ 计算式中常数

常数	简单流体	甲烷	氢	常数	简单流体	甲烷	氢
A_0	2.50135	1.36822	1.50709	A_5	0.08852	0.10486	0.008585
A_1	- 2.10899	- 1.54831	2.74283	A_6	0	- 0.02529	0
A_2	0	0	- 0.02110	A_7	- 0.00872	0	0
A_3	- 0.19396	0.02889	0.00011	A_8	- 0.00353	0	0
A_4	0.02782	- 0.01076	0	A_9	0.00203	0	0

据国外过程公司提供的资料表明，G - S 关联式只适用于加氢装置反应系统气液平衡的电算，但产品汽提塔的计算例外。对于后者，建议采用其他关联式和计算方法。

除了 G - S 关联式外，Mobil 石油公司也推荐用近似方法计算加氢系统气、液平衡。他们提出的含氢混合物平衡常数 K 计算式为：

$$K_i = p_i \{ \exp [V_i (p - p_i) / RT] \} / p \tag{7 - 14}$$

$$V_i = 相对分子质量 / \rho_i$$

式中　K_i——组分 i 在温度 T、压力 P 时的气液平衡常数；

p_i——组分 i 在温度 $T(K)$ 时的蒸气压，kg/cm^2；

p——系统压力，kg/cm^2；

V_i——组分 i 在温度 $T(K)$ 时的摩尔液体体积；

ρ_i——组分 i 在温度 $T(K)$ 时的液体密度，kg/m^3；

T——温度，K；

R——常数，为 $848 kg/(kmol \cdot K)$。

使用这一公式时，需要求出各个组分的液体体积，这对于较重的组分（大于 C_6 的组分）不会遇到困难；对于低分子烷烃建议采用内插法进行计算，假定在该温度下 $\lg K_i$ 值与相对分子质量成一直线关系。氢气的平衡常数建议用以下经验式计算（计算时一般可取 p_{H_2}/p 为 0.5）：

$$K_{H_2} = p_{H_2} / p + B / p \tag{7 - 15}$$

式中　p_{H_2}——气相中氢的分压，kg/cm^2；

p——系统压力，kg/cm^2；

B——与原料油相对分子质量有关的系数，由专用图查出。

硫化氢的平衡常数可用经验式 (7 - 16) 求出：

$$K_{H_2S} = (K_{C_2} + K_{C_3}) / 2 \tag{7 - 16}$$

即等于乙烷平衡常数和丙烷的平衡常数的平均值。计算石油馏分的平衡常数时，要采用虚拟组分法，即切取真沸点蒸馏 20℃ 窄馏分作一虚拟组分。根据虚拟组分的物性，利用式 (7 - 14) 算出各自的平衡常数，然后在 $\lg K_i$ - 相对分子质量的图上将各 K 值与氢的 K 值连接，成一直线，即可求出几以下各 C_6 以下各组分的 K 值。

第七节　加氢裂化反应器

加氢反应器是加氢装置的主要设备，根据工艺特点，加氢反应器主要分为固定床反应器和沸腾床反应器两种。

固定床反应器是指在反应过程中，气体和液体反应物流经反应器中的催化剂床层时，催化剂床层保持静止不动的反应器。固定床反应器按照反应物料流动状态的不同又可分为鼓泡床、滴流床和径向床反应器。滴流床反应器适用于多种气－液－固三相反应，即在反应条件下部分石油馏分呈液相，部分已汽化馏分和氢气呈气相存在，与固定床上的催化剂形成气－液－固三相系统。

滴流床反应器结构简单，造价低，在石油的加氢装置上大量使用。影响滴流床反应器加氢效果的因素较多，在工程设计上，通常考虑以下几个方面的影响：

① 气液相的流体流动状态；

② 液体的径向分布；

③ 床层压力降。

在石油的加工领域，固定床滴流式反应器大量应用于馏分油、石蜡、润滑油的加氢精制、馏分油的加氢裂化和大部分的渣油加氢处理上。加氢裂化反应器通常由筒体和内部构件两部分组成。

一、反应器筒体

加氢反应器按其结构特征可分为冷壁反应器和热壁反应器两种，其示意结构如图 7－18 所示。

冷壁反应器是在设备内壁设置非金属隔热层，有些还在隔热层内衬不锈钢套。由于具有了内保温隔热衬里，所以其筒体条件缓和、设计制造简单、价格较低，早期使用较多。但由于内保温隔热衬里占据了内壳空间，降低了反应器容积的利用率，浪费了材料。同时因衬里损坏影响生产的事故也时有发生，造成了施工和维修费用较高。随着反应器向大型化发展，冷壁反应器内构件设计、侧壁开孔等都受到限制，故冷壁反应器已逐渐被热壁反应器所取代。

热壁反应器的器壁直接与介质接触，器壁温度与操作温度（420℃左右）基本一致，所以被称为热壁反应器。尽管热壁加氢反应器的制造难度较大，一次性投资较高，但由于它可以保证长周期安全运行，目前已在国际上普遍采用。

热壁反应器和冷壁反应器一样是由带法兰的上端盖、筒体和下端盖组成，所不同的是热壁反应器内壁没有隔热衬里（内保温），而是采用双层堆焊衬里，同时侧壁开有热电偶口、冷氢管口和卸料口。

二、反应器构件

加氢裂化反应器的内部结构要达到气液均匀分布为主要目标。典型的加氢裂化滴流床反应器内部构件如图 7－19 所示。

（1）入口扩散器（B－1）

入口扩散器是介质进入反应器遇到的第一个部件，它置于反应器顶部，其作用是：

①将进入的介质扩散到反应器的整个截面上；②防止气液介质直接冲击气液分配盘；③通过扰动促使气液两相混合，起到预分配的作用。

图 7－20 所示的入口扩散器是一种双层多孔板结构。两层孔板上的开孔大小和疏密是不同的。反应介质在上部锥形体整流后，经两层孔的节流、碰撞后被扩散到整个反应器截面上。这种扩散器应用效果良好，目前国内设计的加氢反应器大多采用这种形式。

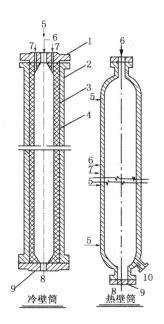

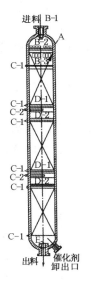

图 7 – 18　加氢反应器两种筒体结构简图

1—上端盖；2—筒体；3—内保温层；
4—内衬筒；5—测温热偶管入口；6—反
应物料入口；7—冷管入口；8—反应产物
出口；9—下端盖；10—催化剂卸料口

图 7 – 19　反应器内部结构示意图

A—反应器壳体；B – 1—入口扩散器；
B – 2—进料泡帽分配盘；B – 3—去垢篮筐；
C – 1—热偶管；C – 2—冷氢管；D – 1—催化剂
支持盘；D – 2—冷氢箱与再分配器；E—出口集油器

（2）分配盘（B – 2）

在催化剂床层上面，采用分配盘是为了均布反应介质，改善其流动状况，实现与催化剂的良好接触，进而达到径向和轴向的均匀分布。

分配盘由塔盘板和在该板上均布的分配器组成。分配器有多种形式，见图 7 – 21 所示。

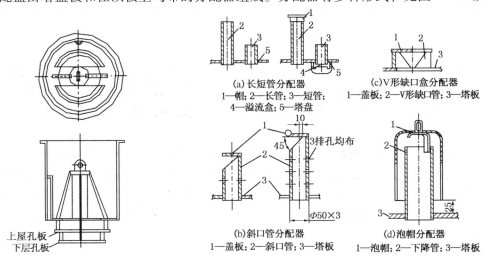

图 7 – 20　入口扩散器图

图 7 – 21　四种分配器详图

近年来，我国自行设计制造的加氢反应器多采用泡帽型分配器。泡帽分配器的外形类似泡帽塔盘，泡帽的圆柱面上均匀地开有数个平行于母线的齿缝，其下端与塔盘板相连。当塔盘上液面高于泡帽下缘时,分配器进入工作状态。从齿缝进入的高速气流,在泡帽与下降管之间的环行空间内产生强烈的抽吸作用,致使液体被冲碎成液滴,并为上升气流所携带而进入下降管,实施气液分配。从分配机理上分析,它的功能较为完善。其液体下溢的主要动力是气流的抽吸,从而摆脱了以液面为主要溢流动力的分配器。

(3)去垢篮(B-3)

在加氢反应器的顶部催化剂床层上有时设有去垢篮,与床层上的瓷球一起对进入反应器的介质进行过滤。

为了使整个床层截面上达到流体更加均匀地分布,更为了滤除进料中的固体杂质,减少床层压降,一般在加氢裂化过程的第一个反应器(即加氢精制反应器)的进料分配盘的每三个泡帽下面,安装一个金属网编织成的篮筐,外部均匀装填粒度上大下小的瓷球。篮筐用铁链固定在分配盘梁上。

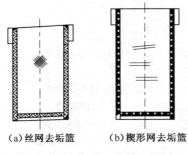

(a)丝网去垢篮   (b)楔形网去垢篮

图 7-22　去垢篮示意图

目前工程上采用几种去垢篮,其形状和尺寸相似。图7-22的去垢篮是在不锈钢骨架外蒙上不锈钢丝网,其优点是过滤效果好,价格便宜;缺点是丝网强度差,易变形和破损。目前国内反应器一般安装去垢篮,而国外近年来有取消去垢篮的趋势。

(4)引入管

C-1为热电偶引入管,C-2为冷氢引入管。

(5)催化剂支撑盘(D-1)

如果反应器有两个以上的催化剂床层,上层催化剂就需要支撑。使两个催化剂床层分开,有时还会在中间注入冷氢。催化剂支撑盘由倒"T"梁格栅、金属网及瓷球组成,承受催化剂重量形成床层。结构上要尽量减少流体压降。倒"T"梁及简体支持因凸台的强度设计载荷,除构件本身重量外,还要考虑流体净压降、床层上部结垢之后增加的阻力、催化剂及其内储液体的重量、反向激冷增加的压降和紧急放空时,流速剧增产生的压降。在条件许可时,机械设计要留有一定的裕量,避免因结垢过量而过早停气。

(6)冷氢箱(D-2)

冷氢箱实际上是一个混合箱和预分配盘的组合体,其结构见图7-23。它是加氢反应器内的热反应物与冷氢气进行混合及热量交换的场所。冷氢箱的作用是将上床层流下来的物料与冷氢管注入的冷氢在该箱内进行充分混合,吸收反应热,控制反应物的温度不超过规定值,避免反应器超温。

冷氢箱的第一层为挡板盘,挡板上开有节流孔。由冷氢管出来的冷氢与上一床层流下来的热反应物在挡板盘上先预混合,然后由节流孔进入冷氢箱。进入冷氢箱的冷氢气和上床层下来的热油流经过反复折流混合后,流向冷氢箱的第二层——筛板盘,在筛板盘上再次折流强化混合,然后再分配。筛板盘下有时还有一层泡帽分配盘对预分配后的油气再作最终的分配。

(7)出口集油器(E)

出口集油器(见图7-24)起支撑下层催化剂床层的作用,在集油器周围填入磁球。

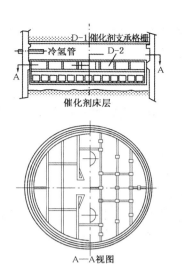

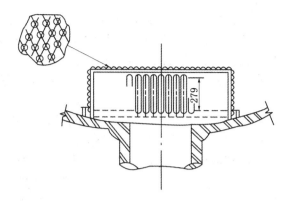

图 7 - 23　冷氢箱与再分配盘示意图　　　　图 7 - 24　出口集油器结构简图

三、反应器工艺尺寸的确定

1. 催化剂装入量

设 G 为装置年处理量(t/a)，T 为年有效生产时间(h)，ρ 为油的密度，S_v 为体积空速(h^{-1})，γ_c 为催化剂堆积密度(t/m³)，则反应器的催化剂装入量(m³/t)为:

$$V_c = \frac{G}{T}\frac{1}{\rho}\frac{1}{S_v} \qquad\qquad (7-17)$$

$$W_c = V_c\gamma_c \qquad\qquad (7-18)$$

2. 反应器的容积

设 F 为反应器的有效利用系数，则反应器容积为:

$$V_t = \frac{V_c}{F} \qquad\qquad (7-19)$$

一般有内保温的反应器(冷壁反应器)，其有效利用系数只有 0.5 ~ 0.6，而热壁反应器的有效利用系数为 0.7 ~ 0.8。当催化剂分层置放时，取上限。

3. 反应器的直径和高度

反应器的直径和高度没有严格限制，但考虑到流体分配和制造成本、运输等原因，反应器直径不可过大和过小。在反应器高度选择上，还要考虑安全、催化剂压碎等因素，也不能过长或过短。反应器的总床高与其直径之比称为高径比，即高度/直径。高径比只能根据试验、生产经验和工艺要求来确定。一般来说，应着重考虑反应热的排出、混相进料的分配以及干净床层压降。

对反应热不大的气相进料，由于不必注入冷氢，而且物流处于气相，容易均匀分布，催化剂不需分层置放，所以采用较小的高径比。但当床层深度较浅、压降过小时，将使流体分布不均，催化床接触效率差。实践证明，决定反应器直径和高度的一个重要条件，是单位床层高度压降大于 2.3kPa 以及高径比大于 1.0。

高径比的选择范围较广，一般为 2.5 ~ 12。对于较轻、易于汽化的原料油加氢反应器，一般选择 2.5 ~ 5，通常选择 3;对于较重、不易汽化的原料油，如石蜡和润滑油加氢反应器，一般选择 6 ~ 12，通常选择 8，并通过床层压力降核算后确定。反应器单个床层高度一般控制在 15m 以下，最好不要超过 9m。

确定反应器直径后，就知道了催化剂床层高度。安排好床层数目后，再加上冷氢盘空间高度、惰性填充物高度和分配器净空高度，可求得反应器切线高度。

四、压力降

反应器的压力降是滴流床加氢反应器设计的重要内容之一。压力降不可设计得过小，那样会因为过小的压力降导致床层内流体分布不均。设计过大会造成装置能耗增加，加大支撑件的负荷，还会造成催化剂压碎。

在开工初期干净床层情况下，合适的反应器压力降范围为：

    一般装填 0.08 ~ 0.12MPa

    密相装填 0.18 ~ 0.25MPa

反应器的压力降包括入口分配器、分布盘、冷氢箱、出口收集器和催化剂床层的阻力降。反应器内件的阻力降在设计内件尺寸时就已经确定，其数值范围如下：

    入口分配器 0.003 ~ 0.006MPa

    泡帽分布器 0.004 ~ 0.008MPa

    冷氢箱   0.010 ~ 0.030MPa

    支撑盘   0.003 ~ 0.006MPa

    收集盘   0.004 ~ 0.007MPa

催化剂床层的阻力降计算有多种关联式可供采用，如 Larkins 方程、Turpin 公式、修正的 Ergun 和 Larachi 方程式等。

五、反应器材质选择与保护

由于反应条件苛刻（高温、高压、临氢及含有硫化氢），故反应器材质选择及保护要以满足工艺条件的要求，并确保安全为前提。

除钢材满足强度条件外，还需考虑氢腐蚀和硫化氢腐蚀等现象。

1. 氢腐蚀

在常温、常压下氢气无腐蚀作用，而在高温下氢对钢材的腐蚀性常是钢制设备发生破坏事故的原因。

氢腐蚀的表现形式有四种：氢渗透、氢鼓泡、氢脆变和金属脱炭。

氢渗透就是原子氢扩散到金属晶格里。在常温常压下，氢气是以分子状态存在，由于它的直径大，不可能渗入金属中，但在高温、高压下或在初生态时，氢分子可以转变成氢原子，由于氢原子直径小，可以穿透金属表面层，扩散到金属晶格内或者穿透金属向外排出。这是氢腐蚀的第一步。

渗入金属晶格里的原子氢，在金属的内部存留和集聚，在一定条件下又转化成氢分子，放出热量，体积增加，从而出现鼓泡现象。氢鼓泡的结果，使金属强度下降和产生内应力集中。此外，脱炭时产生的甲烷，也能发生鼓泡现象。

原子氢渗入到金属晶格后，与金属内的碳原子作用生成甲烷，叫做金属脱碳。

$$Fe_3C + 2H_2 \longrightarrow 3Fe + CH_4$$

脱碳按其深度可分为表面脱碳和内部脱碳，当温度较高（550℃以上）而压力较低（1.4MPa 以下）时，碳钢会发生表面脱碳；但当温度超过221℃而压力大于1.4MPa 时，则发生内部脱碳。由于生成的甲烷在金属中不能扩散，只能积聚在金属内原有的微孔隙中，形成局部高压，引起鼓泡并发展成裂纹。

鼓泡和金属脱碳的结果，金属的延性降低，脆性增高，在金属晶体之间形成裂纹。开始时裂纹很微小。但到后期，无数裂纹相连，形成大裂纹以致突然断裂。

无论何种钢，在高压氢气中，保持一定温度时均存在着发生脆化的"潜伏期"。微裂纹在该潜伏期内成长至足够使拉伸试验或冲击试验的试件发生脆化的程度。潜伏期的长短是非常重要的，它将确定钢材在高温、高压氢气中安全使用的年限。

为了防止氢腐蚀，过去曾采用内保温的方法，将反应器壁温由450℃以上降至200℃左右，使壁温低于氢腐蚀开始的温度（即使用冷壁筒）。现在采用双层堆焊的方法（即使用热壁筒）。

2．硫化氢腐蚀

在加氢裂化的原料里常含有硫，即使含硫很低，但为使催化剂保持一定的活性，必须维持循环氢中具有一定的硫化氢浓度，不足时还要加硫，因此会产生硫化氢腐蚀，同时氢气的存在还对硫化氢腐蚀起催化加速作用。

硫化氢腐蚀程度主要取决于硫化氢的浓度和操作温度。浓度越大，腐蚀越严重。硫化氢气体在200～250℃以下，对钢不产生腐蚀或腐蚀甚微。高于260℃时，腐蚀加快，与铁作用生成硫化铁。这是一种具有脆性、易剥落，不起保护作用的锈皮，会造成堵塞管路，增大压降而往往导致停产。

采用不锈钢堆焊层和非金属耐热材料均可防止硫化氢对铬钼钢的腐蚀。

为此，现在加氢裂化反应器常用的材料是 $2\frac{1}{4}Cr-1Mo$，它具有良好的抗氢蚀性能和较高的蠕变强度；具有足够的淬硬性，能够使大于500mm 的厚截面通过水淬完全硬化。所以经淬火加回火热处理后，提高了强度又改善了韧性，在设计温度为450℃下具有较高的以拉伸强度为基础的设计应力，在低温下具有较高的韧性，具有良好的可焊性，只要适当预热（～200℃）不会出现焊接裂纹。正由于上述的优点，铬-钼钢系材料在加氢反应设备中得以广泛的应用。

以 $2\frac{1}{4}Cr-1Mo$ 作为热壁反应器的筒体，其内壁堆焊层的金属材料，一般选用奥氏体不锈钢类，分单层结构和双层结构两种。在要求较高、抗裂性较强的反应器部位采用双层结构。过渡层（E_{309}）+ 耐蚀层（E_{347}），厚度6～8 mm。采用含较高铬镍过渡层的目的是要弥补母材与堆焊层之间的稀释。单层推焊采用 E_{347} 材料，单层厚度3～4mm，这种结构的经济效果十分显著。因此，除反应器支持圈凸台、八角垫密封槽的堆焊层用双层结构外，一般筒体部分用单层结构。

第八章 加氢处理

第一节 概　述

现代石油加工中的催化加氢技术，按照在加氢反应过程中裂化程度的大小可以分为加氢处理和加氢裂化两大类技术。在加氢反应过程中仅有≤10%的原料油裂化为较小分子的加氢技术统称为加氢处理。与加氢裂化相比，加氢处理的反应条件比较缓和，原料的平均摩尔质量以及分子骨架结构变化较小。

在加氢处理过程中，在催化剂和氢气存在下，石油馏分中含硫、氮、氧的非烃组分发生脱除硫、氮、氧的反应，金属有机化合物发生氢解反应，烯烃（包括二烯烃）发生加氢饱和反应，芳烃发生加氢饱和或部分加氢饱和或不发生反应。

按照加工原料的不同，加氢处理包括催化裂化汽油及其馏分的选择性加氢脱二烯、重整原料加氢预处理、焦化汽油加氢生产裂解原料、催化裂化汽油加氢脱硫、喷气燃料加氢脱硫、柴油加氢脱硫脱芳、减压馏分油和焦化馏分油加氢处理、常压渣油和减压渣油的加氢处理以及润滑油馏分和石蜡的加氢补充精制等。

在上述过程中，催化裂化汽油加氢脱硫、喷气燃料加氢脱硫、柴油加氢脱硫脱芳以及润滑油馏分和石蜡的加氢补充精制等以提高产品质量为目的，催化裂化汽油及其馏分的选择性加氢脱二烯、重整原料的加氢预处理、焦化汽油加氢生产裂解原料、减压馏分油和焦化馏分油加氢处理、常压渣油和减压渣油的加氢处理等是对原料进行精制，以保护后续加工过程催化剂活性或延长加工周期。

加氢处理催化剂可以是负载型的也可以是非负载型的，目前工业加氢处理工程普遍应用负载型的催化剂，其载体主要是氧化铝，近年来也发展了氧化钛、氧化锆及其与氧化铝和氧化硅的复合氧化物。催化剂的活性组分主要是钴、钼、镍、钨的二元或多元硫化物。对于较为纯净的原料，当以加氢饱和为目的时，可选用镍、铂、钯等催化剂。非负载型催化剂正在开发之中。

加氢处理反应条件随原料性质以及对加氢处理产物质量的要求不同而有所变化，一般氢分压1~15MPa、反应温度280~420℃，当以原料中二烯烃的选择性加氢为目的时，反应温度一般低于80℃。

各种加氢处理过程的工艺流程基本相同，普遍采用固定床反应器。原料油与一定比例的氢气混合后，送入加热炉加热或换热器换热到一定温度后，进入装有催化剂的固定床反应器，反应产物经过气液分离，氢气经过脱硫化氢或脱氨后，用氢气压缩机加压后循环使用。对于氢油比较低的过程，氢气也可以不回用。当反应过程有裂化反应发生时，液体产物需要经过稳定塔，分出气态烃等低摩尔质量的物质，塔底即为加氢处理产物。

随着原油重质化和劣质化趋势加大以及环保法规对石油加工产品清洁性要求日益严格，加氢处理技术将有更迅速的发展。

第二节　加氢处理过程的化学反应

在加氢处理过程中主要发生两类反应。一类是氢气参与的反应，如含硫、氮、氧和金属的化合物加氢脱杂原子与金属的反应，这些反应的规律相同，都是以氢解反应为主，生成相应的烃类、硫化氢、氨、氢和水。烯烃、二烯烃及芳烃的加氢饱和反应是主要的耗氢反应；另一类是临氢条件下的异构化、芳构化等反应。

一、加氢脱硫

石油及其馏分中的硫化物主要包括：硫醇、硫醚、二硫化物、噻吩、苯并噻吩、二苯并噻吩、苯并萘并噻吩、苯并硫芴等类型。各类含硫化合物的 C—S 键（键能为 272kJ/mol）是比较容易断裂的，其键能比 C—C（384kJ/mol）或 C—N（305kJ/mol）键的键能小许多。因此，在加氢过程中，一般硫化物中的 C—S 键先行断开，生成相应的烃类和 H_2S。

$$RSH + H_2 \longrightarrow RH + H_2S$$

$$RSR' + 2H_2 \longrightarrow RH + R'H + H_2S$$

$$RSSR' + 3H_2 \longrightarrow RH + R'H + 2H_2S$$

$$\text{（四元环噻吩）} + 2H_2 \longrightarrow C_4H_{10} + H_2S$$

$$\text{（噻吩）} + 4H_2 \longrightarrow C_4H_{10} + H_2S$$

$$\text{（二苯并噻吩）} + 2H_2 \longrightarrow \text{（联苯）} + H_2S$$

含硫化合物的加氢难易程度与其分子结构和相对分子质量大小有关，不同类型的含硫化合物的加氢反应活性按以下顺序依次增大：

二苯并噻吩 < 苯并噻吩 < 噻吩 < 四氢噻吩 ≈ 硫醚 < 二硫化物 < 硫醇

环状含硫化合物的稳定性比链状含硫化合物高，且随着分子中环数的增多（其中的环烷环和芳香环）稳定性增强，加氢脱硫越困难，如二苯并噻吩含有三个环时，加氢脱硫最难。这是由于空间位阻所致。噻吩类硫化物环数大于 3 后，加氢脱硫变得容易。这是由于多元芳香环在加氢之后，氢化芳香环皱起，空间阻碍变得不那么严重了。

含硫化合物的加氢脱硫是放热反应，因此过高的反应温度对加氢脱硫反应不利。

二、加氢脱氮

石油中的含氮化合物分为碱性氮化物和非碱性氮化物两大类。石油中的碱性氮化物主要有吡啶系、喹啉系、异喹啉系、吖啶系和苯胺类衍生物，随着馏分沸点的升高碱性氮化物的环数也相应增多。石油中的弱碱性和非碱性氮化物主要有吡咯系、吲哚系和咔唑系。随着馏分沸点的升高，非碱性氮化物的含量逐渐增加，主要集中在石油较重的馏分和渣油中。氮化物加氢脱氮生成相应的烃类和氨。

$$R—NH_2 + H_2 \longrightarrow RH + NH_3$$

$$RCH + 3H_2 \longrightarrow RCH_3 + NH_3$$

$$\text{[吡咯] } + 4H_2 \longrightarrow C_4H_{10} + NH_3$$

$$\text{[吲哚] } + 3H_2 \longrightarrow \text{[乙苯 } C_2H_5\text{] } + NH_3$$

$$\text{[吡啶] } + 5H_2 \longrightarrow C_5H_{12} + NH_3$$

$$\text{[喹啉] } + 4H_2 \longrightarrow \text{[丙苯 } C_3H_7\text{] } + NH_3$$

加氢脱氮反应速率与氮化物的分子结构和大小有关，苯胺、烷基胺、腈等非杂环化合物的反应速率比杂环含氮化合物快得多。在杂环化合物中，五元杂环的反应速率比六元杂环快，六元杂环最难加氢，其稳定性的大小与苯环相近。而且氮化物的相对分子质量越大，其加氢脱氮越困难。

碱性氮化物加氢脱氮的反应速率常数差别不大，其中喹啉脱氮速率最高，且随着芳环的增加脱氮速率略有下降。

加氢脱氮是放热反应，因此过高的反应温度对加氢脱氮反应不利。

三、加氢脱氧

在石油中，氧元素都是以有机含氧化合物的形式存在的，主要分为酸性含氧化合物和中性含氧化合物两大类。石油中的酸性含氧化合物包括环烷酸、芳香酸、脂肪酸和酚类等，它们总称为石油酸；中性含氧化合物包括醇、酯、醛及苯并呋喃等，它们的含量非常少。

$$\text{[苯酚 OH] } + H_2 \longrightarrow \text{[环己烷] } + H_2O$$

$$R-\text{[环己烷甲酸 COOH] } + 3H_2 \longrightarrow R-\text{[甲基环己烷 CH}_3\text{] } + 2H_2O$$

含氧化合物在加氢条件下，反应速率较快。加氢反应活性的顺序为：

呋喃环类 < 酚类 < 酮类 < 醛类 < 烷基醚类

四、加氢脱金属

随着渣油加氢技术的发展，加氢脱金属的问题越来越受到重视。渣油中的金属主要以金属卟啉化合物形式和非卟啉化合物的形式（如环烷酸铁、钙、镍）存在，加氢后生成相应的烃类和金属，而金属沉积在催化剂表面上。

五、加氢饱和

柴油(特别是催化裂化柴油)中的芳烃严重影响柴油的十六烷值,多环芳烃严重影响汽车尾气中有毒有害物质的排放量,在现行国家车用柴油标准对多环芳烃含量有严格的限制。芳烃加氢饱和后主要生成环烷烃。

延迟焦化和催化裂化产物中含有烯烃和二烯烃,其性质不稳定,借助加氢可使其双键饱和,其反应如下:

$$R-CH=CH_2 + H_2 \longrightarrow RCH_2CH_3$$

$$R-CH=CH-CH=CH_2 + 2H_2 \longrightarrow RCH_2CH_2CH_2CH_3$$

361

六、加氢裂化

在深度加氢处理条件下，会发生少量的烷烃裂化成小分子烷径、烷基芳烃脱烷基以及环烷烃开环反应。

此外，还常常有缩合反应生成焦炭沉积在催化剂的表面上。在一定温度下，采用较高的氢分压，催化剂上炭沉积减少。温度升高或原料油中稠环分子较多时，催化剂炭沉积增加。原料油中的金属有机化合物，在加氢精制条件下，不论是否分解，都沉积在催化剂表面上。加氢时硫、氮化合物和烯烃的反应速率比较见表 8 - 1。

脱金属、脱氧、脱硫一般是最快的反应；烯烃加氢饱和的速度也很快，但有硫化物存在时，由于硫化物能优先吸附在催化剂上，烯烃的加氢受到抑制。在芳烃的加氢反应中，多环芳烃转化为单环芳烃比单环芳烃加氢饱和要容易得多。脱氮是一个比较难以完成的反应，所以对于含氮量高的油品，要采用苛刻的条件。

表 8 - 1 硫、氮化合物和烯烃的加氢反应速率

加 氢 反 应	相对反应速度常数			
	$Ni - Mo/Al_2O_3$	$Ni - W/Al_2O_3$	$Co - Mo/Al_2O_3$	WS_2
◯ $+3H_2$ ⇌ ◯	1	1	1	1
◯◯ $+2H_2$ ⇌ ◯◯	10	18	21	23
◯◯◯ $+H_2$ ⇌ ◯◯◯	36	40		62
◯◯◯ $+H_2$ ⇌ ◯◯◯	4			

第三节　加氢处理催化剂

加氢处理催化剂在加氢过程中起着重要的作用，在很大程度上决定着一套加氢处理装置的投资、操作费用、产品质量和收率，直至决定着加氢技术的发展。加氢处理催化剂按照有无载体可以分为非负载型和负载型两大类。目前工业应用的加氢处理催化剂主要是负载型的催化剂。负载型加氢处理催化剂主要由活性组分、助剂和载体组成。

一、活性组分与助剂

在加氢处理过程中，催化剂的性能主要依赖于催化剂载体(其中包括载体形状、孔结构、酸性等)和活性组分(活性组分的种类、加入方法、加入数量、助剂等)。

1. 活性组分

常用的加氢处理催化剂活性组分是ⅥB族的 Mo、W 和Ⅷ族的 Fe、Co、Ni 等金属硫化物以及金属 Ni 和贵金属 Pt、Pd。

贵金属 Pt 和 Pd 具有最高的加氢活性，在较低的温度下即显示出较高的加氢活性，但是对 S、N 及某些重金属比较敏感，容易中毒而失活，因此常用于含硫量较低或不含硫的原料。由于贵金属价格昂贵，其使用受到限制。

目前常用的硫化型加氢处理催化剂主要有双金属的 Mo - Co 系、Mo - Ni 系和 W - Ni 系，

还有选用三组分的，如 W – Mo – Ni 系和 Mo – Co – Ni 系，甚至还有四组分的 W – Mo – Ni – Co 系。选用哪种组合要根据原料油性质、产品质量标准以及加氢精制的主要反应是脱硫、脱氮还是脱芳（芳烃加氢饱和）等而加以选择。

Mo – Co 型催化剂对 C – S 键断裂具有高活性，低温下脱硫性能显著。Mo – Co 型催化剂对 C – N、C – O 键断裂也有活性，但是对 C – C 键断裂作用弱。因此，Mo – Co 型催化剂具有液体收率高、氢耗低、结焦缓慢等优点。对轻质馏分油，在相同条件下进行加氢脱硫时，Mo – Co 型催化剂的脱硫率为 91.0% ~ 93.0%，而 Mo – Ni 型催化剂的脱硫率却为 89.0% 左右。直馏馏分油以及催化裂化汽油加氢脱硫时，通常选择 Mo – Co 系金属组分。

Mo – Ni 型活性组分具有高加氢脱硫、加氢脱氮及芳烃饱和活性。当对含氮及芳烃量都高的催化裂化和加氢裂化进料进行加氢处理时，通常选用 Mo – Ni 型催化剂。在有硫存在下，Mo – Ni 型比 Mo – Co 型催化剂的加氢脱氮活性高 2.0 ~ 2.5 倍，而且此类原料中含有的硫化合物多半是噻吩类，尤其是烷基苯并噻吩类（如 4，6 – 二甲基二苯并噻吩等），难以直接脱除，必须经过先行加氢后脱硫的反应历程，所以具有较高加氢活性的 Mo – Ni 型催化剂更为有利。因此，在很多加氢处理催化剂中，大多选用 Mo – Ni 作为加氢处理催化剂的活性组分。各种金属硫化物的加氢活性见表 8 – 2。

表 8 – 2　不同金属硫化物的加氢活性

催 化 剂	烯烃和芳烃加氢饱和	加氢脱硫	加氢脱氮
纯硫化物	Mo > W > > Ni > Co	Mo > W > Ni > Co	Mo > W > Ni > Co
硫化物组合	NiW > NiMo > CoMo > CoW	CoMo > NiMo > NiW > CoW	NiW ≥ NiMo > CoMo > CoW

活性组分的加入量以及ⅥB族金属与Ⅷ族金属的比例，对催化剂的活性有显著的影响。Ⅷ族金属/（ⅥB族金属 + Ⅷ族金属）的比值在 0.25 ~ 0.40 较为适宜。活性金属氧化物的质量分数以 15% ~ 25% 为宜，其中，CoO 或 NiO 约为 3% ~ 6% 、MoO_3 或 WO_3 约为 10% ~ 20%。

2. 助剂

助剂本身的活性并不高，有的助剂能够使促进副反应的活性中心丧失，从而提高催化剂的选择性，有的助剂能够使催化剂的结构稳定而提高稳定性。助剂的添加量也对催化剂的活性有影响。通常助剂的添加量都不大，一般不超过 10%。

常用的助剂有：P、B、F、Si、Ti、Zr、K、Li 等。其中，P、B、F、Si 等助剂有利于提高载体的表面性质、表面酸性、活性组分的分散度，减少活性金属与载体之间的相互作用。Ti、Zr 有利于调节载体的电表面性质和减少活性金属与载体之间的相互作用。K、Li 等有利于降低载体的表面酸性，提高活性组分的分散度。

二、载体

目前工业应用的加氢处理催化剂的载体主要是 Al_2O_3，通常含有小于 10% 的 SiO_2，为了提高催化剂的加氢脱氮和加氢脱芳活性，也可加入少量分子筛。含 Al_2O_3、SiO_2、TiO_2 和 ZrO_2 的复合载体也在开发之中。加氢处理原料的特殊性要求催化剂载体具有较大的比表面积、平均孔径以及适宜的孔分布。对于馏分油加氢处理多选用介孔较多的载体，而对于渣油加氢处理则选用介孔和大孔都比较集中的双峰型孔径分布的载体。

三、催化剂预硫化

工业制备的加氢处理催化剂金属组分通常呈氧化物的状态，加氢活性较低，只有以硫化物状态存在时才具有较高的加氢活性，贵金属催化剂除外。由于这些金属的硫化物易氧化、不便运输，所以目前加氢处理催化剂都是以其氧化态装入反应器，然后再在反应器内在一定温度下，并在有氢气及硫化氢的存在下将其转化为硫化态，这一过程称之为器内预硫化或原位预硫化。

上述催化剂中金属的硫化反应是很复杂的，实际上是金属氧化物的还原 – 硫化过程，是强放热反应。反应式如下：

$$4NiO + 3H_2S + H_2 \longrightarrow NiS + Ni_3S_2 + 4H_2O$$

$$9CoO + 8H_2S + H_2 \longrightarrow Co_9S_8 + 9H_2O$$

$$WO_3 + 2H_2S + H_2 \longrightarrow WS_2 + 3H_2O$$

$$2MoO_3 + 5H_2S + H_2 \longrightarrow MoS_2 + MoS_3 + 6H_2O$$

在预硫化过程中最关键的问题就是要避免催化剂床层"飞温"和催化剂中活性金属氧化物与硫化氢反应前被热氢还原。因为被还原生成的金属态钴、镍及钼的低价氧化物（如 Mo_2O_5 和 MoO_2）较难与硫化氢反应转化为低价态硫化物，而金属态的钴和镍又易于使烃类氢解并加剧生焦，从而降低催化剂的活性和稳定性。

加氢处理催化剂的预硫化过程有两种：一是干法预硫化，即采用含硫化氢的氢气硫化；二是湿法预硫化，即将易分解的低分子含硫化合物加入原料油中进行硫化，如果原料油本身含硫很高，也可依靠其自身硫化。但是，自身硫化的效果不如外加硫化剂硫化。我国常用的硫化剂是二硫化碳和二甲基二硫化物，也有用正丁基硫醇和二甲基硫醚的，它们的硫含量及分解温度见表 8 – 3。其中，二甲基二硫化物的硫含量较高，分解温度较低，比较安全，应用最广泛。

表 8 – 3　常见硫化剂的硫含量及分解温度

硫　化　剂	硫含量/%（质量分数）	分解温度/℃
CS_2	84. 2	175
CH_3SSCH_3	68. 1	200
$n – C_4H_9SH$	34. 7	225
$(CH_3)_2S$	51. 1	250

处理催化剂预硫化的速度和程度与硫化温度有密切的关系。硫化速度随温度的升高而增加，而每个温度下催化剂的硫化程度有一极限值，达到此值后即使再延长时间，催化剂上的硫含量也不会明显增加。这说明催化剂上存在着硫化难易程度不同的活性组分。工业上加氢处理催化剂预硫化采用逐步升温、梯次预硫化的办法，温度一般在 230～320℃，见表 8 – 4。预硫化温度过高对催化剂的活性不利。

表 8 – 4　预硫化温度对催化剂活性的影响

预硫化温度/℃	催化剂 A		催化剂 B	
	加氢脱硫相对活性/%	加氢脱氮相对活性/%	加氢脱硫相对活性/%	加氢脱氮相对活性/%
270	138	103	101	122
300	132	103	107	118
330	127	101	105	119
370	120	101	89	108

器内预硫化需要设置专门的预硫化设施（硫化剂储罐、进料泵和控制系统），并且存在着硫化度不高、不安全、床层"飞温"风险、腐蚀、环保等一系列问题。为此，近年来开发出了加氢催化剂器外预硫化技术，即在催化剂制造过程中采用特殊的技术和专门的预硫化装

置将催化剂预先硫化制成硫化态催化剂，或将固体硫化剂预置在催化剂中并经处理制成半预硫化的催化剂。此类催化剂装入反应器后只需要经过氢气存在下的升温处理即可使用，从而一方面避免了器内预硫化的麻烦，也提高了催化剂的活性。

四、失活加氢处理催化剂的再生

加氢处理催化剂失活主要有以下几个原因：

（1）加氢处理过程中，难免也伴随着聚合、缩合等副反应，特别是当加工含有较多的烯烃、二烯烃、稠环芳烃和胶状沥青状物质的原料时更是如此。这些副反应形成的积炭逐渐沉积于催化剂表面，覆盖其活性中心，从而导致催化剂活性不断下降。一般来讲，加氢处理催化剂上的积炭达 10% ～15% 时，就需要再生。

（2）在长期经受高温和氢气的条件下，作为加氢催化剂活性组分的负载在载体上的金属硫化物纳米粒子(2～5nm)会发生表面迁移和聚集，从而使催化活性表面积降低而造成活性下降。含氧化合物和微量水的存在也会使催化剂因硫的流失而失活。

（3）原料中尤其是重质原料中某些金属元素会沉积于催化剂上，堵塞其孔道，致使加氢处理催化剂永久失活。

加氢处理催化剂上的积炭可以通过烧焦除去，以基本恢复其活性。但须指出，在烧焦的同时，金属硫化物也将发生燃烧，所以释放的热量是很大的，如不加控制，再生温度就会太高。而过高的再生温度会造成活性金属组分的熔结，从而导致催化剂活性的降低甚至丧失；此外，也会使载体的晶相发生变化，晶粒增大，表面积缩小。当有蒸汽存在时，在高温下上述变化更为严重。而再生温度过低，则会使催化剂上积炭燃烧不完全，或燃烧时间过长。一般，加氢处理催化剂的最高再生温度一般都控制在 450～480℃ 范围内。

催化剂再生时，采用在惰性气体中加氧的方法进行。氧含量从 0.5% 逐渐提高到 1.0%。所用的惰性气体可以是蒸汽也可以是氮气，其中以用氮气时恢复活性效果较好，再生速度也较快。

加氢催化剂的再生可以采取器内的方式，即装置停工后无需卸出催化剂，通入再生气体逐步升温再生，也可以采取器外的方式，即将催化剂卸出，然后在专门的再生装置中再生。目前加氢催化剂的再生已经全部采用器外再生。器外再生的优点在于：可以剔除催化剂结块和粉尘、再生完全、活性恢复度高，完全避免了对加氢装置的腐蚀和再生飞温的风险。

第四节　加氢处理影响因素

加氢处理的操作条件根据原料性质和加氢产物质量要求的不同差别很大，同时也受氢的纯度以及装置的经济性的影响。一般而言，馏分越重，杂质（硫、氮、氧、金属、芳烃、胶质、沥青质等）含量越高，所需的反应条件越苛刻（温度高、氢压和氢油比大、空速低）。延迟焦化和催化裂化装置生产的汽油和柴油所需的反应条件比直馏汽油和柴油所需条件苛刻。

工业上加氢处理的操作条件大体范围是：反应压力 1.5～17.5MPa，反应温度 280～420℃，空速 0.1～12h^{-1}，氢油体积比 50～1000。

一、原料性质

1. 原料杂质

（1）氧化沉渣

原料在储存时，其中的芳香硫醇氧化产生的磺酸可与吡咯发生缩合反应而产生沉渣。烯烃与氧可以发生反应形成氧化产物，氧化产物又可以与含硫、氧、氮的活性杂原子化合物发生聚合反应而形成沉渣。沉渣是结焦的前驱物，它们容易在加氢设备中的较高温部位，如生成油与原料油换热的换热器及反应器顶部，进一步缩合结焦，造成反应器和系统压降升高、换热效果下降等。

为了防止原料油与氧气接触，避免和减少换热器和催化剂床层顶部结焦，通常采用惰性气体（氮气或瓦斯气）保护和内浮顶储罐保护。惰性气体中的氧含量应低于 5μL/L。

（2）水分

原料油中含水有多方面的危害，一是引起加热炉操作波动，炉出口温度不稳，反应温度随之波动，燃料耗量增加，产品质量受到影响；二是原料中大量水汽化后引起装置压力变化，影响各控制回路的运行；三是对催化剂造成危害。高温操作的催化剂如果长时间接触水分，容易引起催化剂表面活性金属组分的老化聚结，活性下降，强度下降，催化剂颗粒发生粉化现象，堵塞反应器。通常在原料油进加热炉前设置卧式脱水罐，将加氢原料中的水分脱至 300μg/g 以下。

（3）固体颗粒

原料油中常带有一些固体颗粒（如焦化汽油、焦化柴油和焦化蜡油中含有一定量的碳粒），特别是当原料油酸值高时因设备腐蚀还生成一些腐蚀产物。这些杂质将沉积在催化剂床层中，导致反应器压降升高而使装置无法操作。因此，原料油在进入反应器前应先经过过滤装置，脱除其中的固体颗粒物。

目前，加氢装置多采用自动切换的多列原料过滤器。固体颗粒沉积在过滤元件上，当压降升高到预先设定的差压值时，差压开关启动过滤器的反冲洗程序，并将原料油自动切换到另一列过滤器。反冲洗下来的油经沉降后再进入加氢装置。过滤器的滤芯孔一般小于 20~25μm。

（4）硅

少量的硅沉积就可使催化剂孔口堵塞、活性下降、床层压降上升、装置运转周期缩短、并使得催化剂无法再生使用。硅主要由上游装置进入加氢原料油中，如焦化装置注消泡剂引起焦化石脑油、焦化柴油和焦化蜡油中含硅。其中焦化石脑油中含硅最多，约占 1/3。加氢原料中的硅不容易完全脱除。加氢原料含 2μg/g 的硅时就需要在反应器顶部加装专门吸附硅的催化剂，或者加保护反应器。

2. 硫含量

随着原油馏分变重，硫含量升高，难脱硫的噻吩类、苯并噻吩类和双 β 位取代的二苯并噻吩硫化物显著增加。因此，馏分越重，硫含量越高，加氢脱硫产品的硫含量降至一定水平时，所需要的催化剂的加氢活性越高，反应条件越苛刻。

加氢脱硫深度与催化剂的失活密切相关。研究结果表明，在压力 5.0MPa、空速 2.0h^{-1} 的常规条件下，生产 30μg/g 硫含量柴油的反应温度需要比生产 500μg/g 硫含量产品时高约 30℃，催化剂失活速度快 7 倍；如果空速降至 1.0h^{-1}，反应温度需提高 15℃，催化剂失活速率为原来的 3 倍。图 8-1 说明了在恒定的 VGO 进料性质、氢分压和空速下，加氢脱硫率为 95% 时，催化剂的失活速度比脱硫率为 65% 时的大 5 倍。类似的规律也适合于加氢脱氮和加氢脱芳烃反应。

加氢脱硫反应速率较大，并且是强放热反应。产品硫含量每下降 1%，耗氢量约为 8.9~17.9Nm^3/m^3，每千克进料放热为 16.2kJ。因此原料油硫含量增加时可能引起反应器入口催化剂床层温升明显增加，如不加以控制，将引起后续床层温度升高，导致过度的加氢，甚至造成反应器超温。

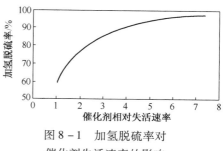

图 8 - 1　加氢脱硫率对催化剂失活速率的影响

石油馏分加氢处理过程中，某些工艺经常采用贵金属催化剂，如重整生成油后处理、裂解汽油或催化裂化汽油选择性加氢脱双烯、柴油馏分两段深度脱芳烃工艺的第二段反应器、润滑油加氢异构裂化生成油后处理等。贵金属催化剂极易发生硫中毒，即使是微量硫的存在也可导致催化剂活性大幅下降，因此贵金属催化剂要求原料油中的硫含量在几个 $\mu g/g$。

3. 氮含量

国产原油具有低硫高氮的特点，国内原油馏分的含氮量一般高于中东含硫原油相应的馏分，同种原油的二次加工油含氮量高于直馏馏分，并且随着沸点的增加，氮含量增高。

在同样的反应条件下，加氢脱氮反应比加氢脱硫反应要难得多。图 8 - 2 给出了加氢脱氮率与加氢脱硫率之间的关系。大多数加氢处理装置在低氢分压等级和 $CoMo/Al_2O_3$ 催化剂的作用下脱硫率就可以达到 90%，而此时脱氮率只有 30% 左右。使用加氢活性较高的 $Ni-Mo/Al_2O_3$ 催化剂和中等氢分压脱氮率可以达到 40%。国内原油馏分油的氮含量普遍比国外原油同馏分的高，所以在得到相同氮含量的加氢产品时，加工国内原料所需的反应温度较高。

原料油中的碱性氮化物及所有的加氢脱氮反应的中间产物均具有较强的碱性，它们可与催化剂的活性中心产生很强的吸附作用，且难于脱附，因此在一定程度上对催化剂反应活性产生抑制作用或暂时性中毒。因此。在加氢处理中，原料油氮含量升高时，往往引起脱氮率下降，产品氮含量升高，脱硫率也受到影响。

由于有较多的氮化物以氮杂环形式存在于馏分油中，这些氮化物比脂肪族类氮化物更难脱除，它们的加氢脱氮反应一般都要先经过氮杂环的加氢饱和这一步骤，因此要达到深度加氢脱氮总是伴随着大量的耗氢。图 8 - 3 所示为催化裂化柴油馏分（LCO）、直馏减压蜡油（VCO）原料在不同加氢脱氮深度时的化学氢耗量，由图看见，当加氢脱氮反应由中等苛刻度上升到高苛刻度时，化学氢耗量可以增加一倍。

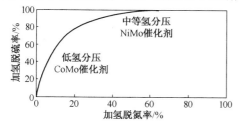

图 8 - 2　脱氮率与脱硫率的相对关系

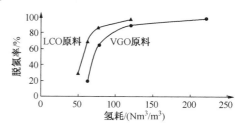

图 8 - 3　加氢脱氮深度与氢耗的关系

4. 烯烃

直馏原料一般含烯烃较少，但延迟焦化和催化裂化产品含烯烃较多。烯烃含量的高低对催化剂加氢脱硫、加氢脱氮、芳烃饱和的活性影响较小。但是烯烃易发生聚合反应，其聚合物会引起床层上部催化剂表面的结焦，使反应器催化剂床层压降迅速增加，缩短装置的运转周期。此外，烯烃的加氢饱和是强放热反应，溴价每降低 1 个单位，耗氢量约为 1.07 ~

$1.42 \mathrm{Nm^3/m^3}$，每千克进料的放热量为 $16.2 \mathrm{kJ}$。因此原料油中烯烃含量高会引起催化剂床层高的温升和化学氢耗提高。

5. 芳烃

原料油的芳烃含量主要和原油的种类及上游加工工艺有关。催化裂化柴油和焦化柴油的芳烃含量较高，因此其十六烷值较低。直馏柴油和减黏柴油的芳烃含量较低。

在通常的加氢处理条件下，由于竞争吸附作用，芳烃对硫化物的加氢脱硫反应有一定的抑制作用，而对氮化物的加氢脱氮反应抑制作用很小。但原料油中存在大量芳烃时，可能增加催化剂积炭量，降低其活性，从而影响加氢脱硫及加氢脱氮效果。

芳烃化合物由于其共轭双键的稳定作用而使得加氢饱和非常困难，存在逆反应。并且由于芳烃的加氢饱和反应是一个强放热反应，提高反应温度对加氢饱和反应不利。原料油的芳烃含量高也会造成氢耗增加。

6. 沥青质

沥青质是一种主要的结焦前驱物，即使微小地增加沥青质含量，也会使催化剂失活速率大幅度增加，缩短运转周期。而且沥青质中常包括一些金属，它也是催化剂的毒物。因此，必须严格控制原料油中的沥青质含量。

沥青质主要存在于渣油中，对于常规加氢处理过程，通常要求进料中的沥青质含量低于 $100 \mu \mathrm{g/g}$。原料油中沥青质含量过高，将会大大增加保护剂的用量。

7. 金属

石油馏分的金属大部分富集于重质油，特别是渣油中。对加氢装置操作影响比较大的金属有铁、钙、镁、钠、镍、钒、铜、铅、砷等。

铁对催化剂活性的影响较小，但是它很容易成为硫化物而沉积在催化剂床层表面，一般以结壳的形式出现在催化剂床层的顶部，引起床层压降的上升，严重时被迫停工。一般要求加氢装置进料中铁含量小于 $2 \mu \mathrm{g/g}$，最好小于 $1 \mu \mathrm{g/g}$。在反应器顶部加装脱铁保护剂可使操作周期平均延长 6 个月至 2 年。

与铁相类似，高的钙、镁、钠含量也会导致催化剂床层表面的污垢沉积。但对产品收率、性质及催化剂活性影响较小。为了避免催化剂微孔被这些金属盐类堵塞，需要增加保护剂的用量。由于钙、镁、钠等金属大部分来源于原油，因此只要保证原油脱盐工艺效果，基本上可以消除其影响。

重金属，特别是镍、钒、铜、铅等极易沉积在催化剂的孔隙中，覆盖催化剂表面活性中心，导致催化剂永久失活，不能通过催化剂再生来恢复活性。由图 8-4 可见，沉积有重金属的催化剂即使经过再生，其加氢脱硫活性也远低于新鲜剂的水平，而且随着运转时间的延长，催化剂失活速率加快。因此在催化剂经过第一周期运转之后，必须更换因金属沉积而失活的催化剂。由于重金属一般以有机金属化合物（如卟啉镍、卟啉钒）的形式存在，因此应严格控制进料的 95% 馏出点温度，以减少重金属含量。在一般的馏分油加氢处理工艺中，通常要求铁以外金属含量小于 $1 \mu \mathrm{g/g}$。

砷是加氢催化剂的毒物，催化剂上即使沉积少量的砷，其活性也会大幅下降。如图 8-5 所示，即使是高抗砷中毒能力的催化剂上沉积 $5000 \mu \mathrm{g/g}$ 的砷时就会造成 30% 以上的活性损失，而对于低抗砷中毒能力的催化剂，当其上沉积的砷质量含量达到 $1000 \mu \mathrm{g/g}$ 时，活性下降幅度可以达到 50%。通常，当催化剂上砷含量超过 $500 \sim 1000 \mu \mathrm{g/g}$ 时不再进行再生。

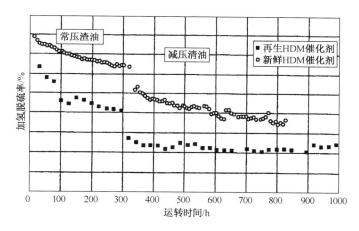

图 8 - 4　新鲜 HDM 催化剂与沉积有金属的再生 HDM 催化剂的活性对比

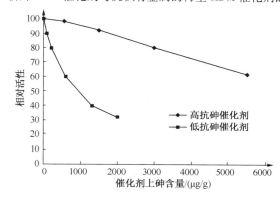

图 8 - 5　砷含量对加氢催化剂活性的影响

对于进料中砷含量的限值范围一直有争议，但一般认为加氢处理催化剂能耐受的原料油中砷含量小于 200μg/kg。对于高砷含量的原料油，一般采用在反应器顶部加装脱砷剂，或者在主反应器前设置脱砷反应器的做法。

二、工艺条件

1. 氢分压

由于加氢是体积缩小的反应，所以从热力学看，提高压力对于化学平衡是有利的。同时，在压力增加时，催化剂表面上反应物和氢的吸附浓度都增大，其反应速率也随之加快。反应压力的选择主要取决于原料和补充氢的纯度。一般来说，随着原料沸点范围的升高，其中的非烃化合物的结构愈趋复杂，这就需要用更高的压力才能脱除其中的杂原子，并且抑制催化剂因积炭而过快失活。需要指出的是，这里起作用的是氢分压而不是总压，所以补充氢的纯度越高，要达到一定的氢分压其总压也就越低。

馏分油加氢过程中，氢分压的大小通常用反应器入口氢分压（简称反入氢分压）表示。其计算方法如下：

反应器入口氢分压 = 反应器入口总压 × 室温状态下反应器入口气体中氢气的体积分率（即进入反应器的新氢和循环氢混合气中氢气的体积纯度）

如图 8 - 6 所示，在正常温度范围内，升高氢分压能提高加氢处理反应的速率，尤其对加氢脱氮的影响更大。但是，压力也不能太高，过高的氢分压并不能显著提高加氢效果，反而会使过多的氢气消耗在芳香环的饱和上，从而增加成本。

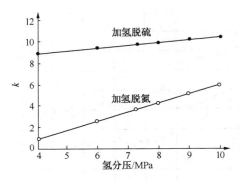

图 8 - 6　氢分压对加氢脱硫及加氢脱氮反应速率的影响
（原料为胜利减压馏分；催化剂为 WMoNi/Al$_2$O$_3$）

氢分压对加氢脱氮速率常数的影响大于对加氢脱硫速率常数的影响，是由于加氢脱氮反应需要先进行氮杂环的加氢饱和所致，而提高压力可显著地提高芳烃的加氢饱和反应速率和平衡转化率。

表 8 - 5 给出了 MoNi/Al$_2$O$_3$ 为催化剂，分别以直馏柴油和混合柴油（直馏柴油/催化裂化柴油 = 80/20）为原料油的加氢处理试验结果。从表中数据可以看出，对于直馏柴油原料，当氢分压从 4.0MPa 上升到 8.5MPa 时，芳烃饱和率（HDA）从 25.0% 上升到 81.2%；对于混合柴油原料，氢分压从 5.5MPa 上升到 10.0MPa 时，芳烃饱和率从 49.0% 上升到 87.3%。可见氢分压对加氢脱芳烃深度有很大影响。

表 8 - 5　直馏和混合柴油加氢处理时压力对脱芳烃的影响

原　料　性　质	直馏柴油 硫：1.31% 芳烃：26.7%			80/20 直馏柴油/LCO 硫：1.16% 芳烃：39.2%		
产品目标						
芳烃/%	20	10	5	20	10	5
HDA/%	25.0	62.5	81.2	49.0	74.5	87.3
WABT/℃	基础	基础	基础	基础	基础	基础
LHSV/h^{-1}	基础	基础	基础	基础	基础	基础
氢分压/MPa	4.0	6.5	8.5	5.5	8.0	10.0
化学氢耗/(Nm^3/m^3)	61	90	110	116	135	155
硫/(μg/g)	25	20	<10	22	20	<10
氮/(μg/g)	<1	<1	<1	<1	<1	<1
十六烷指数	60	63	65	55	56	57

轻质油加氢处理的操作压力一般为 1.5 ~ 2.5MPa，而其氢分压仅为 0.6 ~ 0.9MPa，这是由于存在着较高的轻组分蒸气分压所致。柴油馏分加氢处理的压力一般为 3.5 ~ 8.0MPa，氢分压约为 2.5 ~ 7.0MPa。而减压渣油加氢处理所需的压力则高达 12 ~ 17.5MPa，氢分压约为 10 ~ 15MPa。

2. 反应温度

由于加氢是强放热反应，所以从化学平衡的角度看，过高的温度对反应是不利的。过高的反应温度还会由于裂化反应的加剧而降低液体收率，以及使催化剂因积炭而过快失活。但从动力学考虑，温度也不宜低于 280℃，否则反应速率会太慢。此外，由于加氢脱氮比较困难，往往需采用比加氢脱硫更高的温度，才能取得较好的脱氮效果。原料油含氮 $10000\mu g/g$ 时，采用 $CoMo/Al_2O_3$ 催化剂，反应压力 $4.8MPa$ 时反应温度的影响见表 8 – 6。

表 8 – 6　反应温度对焦化柴油加氢处理的影响

项　　目	原　料　油	精　制　柴　油	精　制　柴　油
平均反应温度/℃		360	380
油品性质			
密度(20℃)/(g/cm³)	—	0.8176	0.8161
硫含量/(μg/g)	10000	161	4
氮含量/(μg/g)	71.0	0.6	< 0.5
色度(ASTM D – 1500)	0.9	0.7 +	1.5 +
(直观颜色)	(淡黄)	(浅绿)	(黄绿)
总芳烃含量/%	25.9	18.3	20.2

注：反应压力为 4.8MPa。

由于芳烃分子的共轭 π 键非常稳定，因此芳烃加氢饱和反应需要较高的反应温度。但是由于加氢受热力学的影响较大，因此通常加氢处理条件下，芳烃脱除率只有 50% ~ 60%。

实际生产中一般根据原料性质和产品要求来选择适宜的反应温度。加氢处理的温度范围一般为 280 ~ 420℃，对于较轻的原料可用较低的温度，而对于较重的原料则需用较高的温度。

重整原料预加氢的反应温度为 260 ~ 360℃。催化裂化汽油加氢处理的温度如超过 340℃后，会导致生成的 H_2S 与烯烃重新结合为硫醇，反而使产物的含硫量达不到要求。柴油加氢反应一般为 300 ~ 400℃，超过 400℃会造成产品颜色变差。为保证产品质量、避免裂化和微量烯烃的产生，润滑油的加氢补充精制所用的温度以 260 ~ 320℃为宜。蜡油馏分加氢反应温度一般为 340 ~ 420℃。渣油加氢的反应温度一般为 340 ~ 420℃。

因为加氢反应是强放热反应，所以在绝热的反应器中反应体系的温度会逐渐上升。为控制温度，需向反应器中分段通入冷氢。

3. 空速

降低空速可使反应物与催化剂的接触时间延长，加氢反应程度加深，有利于提高产品质量。但是过低的空速会使反应时间过长，由于裂化反应显著而降低液体收率，氢耗也会增大。同时，对于一定大小的反应器，降低空速即意味着降低其处理能力。因此，必须根据原料性质、催化剂活性、加氢深度的要求以及反应器的容积利用效率等多方面权衡选择合理的空速。

表 8 – 7 列出了催化裂化柴油加氢产品质量随空速变化的中试结果。

表 8 – 7　空速对加氢处理的影响

项　　目	原料油 (催化裂化柴油)	体积空速[①]/h⁻¹			
		1.0	0.8	0.5	0.3
总芳烃/%[②]	53.4	31.9	27.1	20.1	12.8
双环以上芳烃/%[②]	35.3	4.6	3.6	2.7	1.7
硫含量/(μg/g)	1518	40	20	17	13
氮含量/(μg/g)	959	2.2	1.2	0.6	0.4
密度(20℃)/(g/cm³)	0.8761	0.8450	0.8406	0.8347	0.8307

项 目	原料油 （催化裂化柴油）	体积空速/h⁻¹			
		1.0	0.8	0.5	0.3
馏程（D-86）/℃					
初馏点	191	180	176	179	171
50%	282	268	264	264	262
终馏点	365	364	362	364	363
总芳烃脱除率/%		40.3	49.2	62.4	76.0
双环以上芳烃脱除率/%		87.0	89.8	92.4	95.2

① 氢分压为基准，反应温度为363℃。

② 质量分数。

由表中数据可见，随着空速的降低，脱硫率、脱氮率、总芳烃脱除率及双环以上芳烃脱除率都明显提高。

对于石脑油馏分的加氢处理可以用较高的空速，如在3.0MPa压力下，空速一般为2.0~4.0h⁻¹甚至更高。而对于柴油馏分的加氢处理，在压力为4~8MPa下，一般空速也只能在1.0~2.0h⁻¹之间。蜡油馏分加氢处理的空速一般为0.5~1.5h⁻¹。渣油加氢的空速一般为0.1~0.4h⁻¹。对于含氮量高的原料则需用较低的空速，才能得到较好的脱氮效果。

4. 氢油比

氢油比是指进到反应器中的标准状态下的氢气与冷态（20℃）进料的体积比（单位为m³/m³）。在压力、空速一定时，氢油比影响反应物与生成物的汽化率、氢分压以及反应物与催化剂的实际接触时间。

① 氢油比加大，反应器内氢分压上升，参与反应的氢气分子数增加，有利于提高反应深度，有助于抑制结焦前驱物的脱氢缩合反应，使催化剂表面积炭量下降，既可维持催化剂的高活性，又可延长催化剂的使用周期。

② 氢油比上升意味着循环氢量相对增加，可带走更多的反应热。循环氢有较高的比热系数。每kg氢气温度上升1℃所吸收的热量相当于8.5kg烷烃气体温度下降1℃时释放的热量。因此，大的氢油比可以使催化剂床层温升减小，催化剂床层平均温度下降。

③ 氢油比提高，可改善氢气对原料油的雾化效果，提高原料油汽化率，促进油与氢气的混合。在原料油较重，大部分呈液相滴流状态流过催化剂床层的情况下，循环氢流量增加后，反应器压降增加，可使物流在反应器内的分布更均匀，从而改善进料与催化剂间的接触效率，提高反应效果。

④ 氢油比增大，单位时间内流过催化剂床层的气体量增加，流速加快，反应物在催化剂床层里的停留时间缩短，反应时间减少，不利于加氢反应的进行。

硫含量为1.25%直馏柴油馏分，在$CoMo/Al_2O_3$催化剂上和5.0MPa、371℃、2.5h⁻¹条件下，氢油比的影响见图8-7。由图可见，加氢处理效果先是随氢油比的加大而改善，到达一最高点后，又随氢油比的加大而变差。

此外，氢油比对操作成本也有较大的影响。一套加氢装置的操作成本中，新氢压缩机和循环氢压缩机的能耗占有相当大的比例，氢油比越小、循环氢压缩机负荷越低，能耗越小，装置操作成本越低。因此，合适的氢油比必须根据原料的性质、产品的要求，综合考虑各种技术和经济因素来选择。通常，汽油馏分加氢处理的氢油比为 $60\sim250\text{m}^3/\text{m}^3$，柴油馏分加氢处理的氢油比为 $150\sim500\text{m}^3/\text{m}^3$，减压馏分油加氢处理的氢油比为 $200\sim800\text{m}^3/\text{m}^3$。

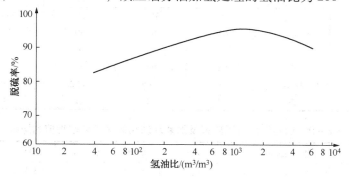

图 8 – 7　氢油比与脱硫率的关系

第五节　加氢处理工艺流程

石油馏分加氢处理的工艺流程尽管因原料不同和加工目的不同而有所差异，但是其基本原理相同，因此各种石油馏分加氢处理的工艺流程原则上没有明显的差别。现以催化裂化汽油、柴油和渣油加氢处理为典型例子进行介绍。

一、催化裂化汽油加氢脱硫工艺流程

以中国石化北京石油化工科学研究院（RIPP）开发的 RSDS – Ⅱ 工艺为例，介绍催化裂化汽油选择性加氢脱硫流程，见图 8 – 8 所示。

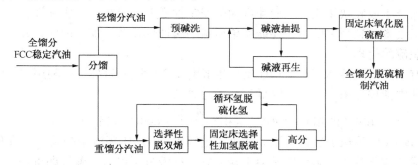

图 8 – 8　催化裂化汽油选择性加氢脱硫工艺原则流程图

1. 分馏

针对催化裂化汽油硫化物富集在高沸点馏分、烯烃集中在轻馏分汽油中的特点，需要对催化裂化汽油进行切割，仅对重馏分汽油进行加氢脱硫，以求在催化裂化汽油脱硫的同时减少辛烷值损失。一般根据原料性质和产品目标，选择合适的切割点为 $80\sim100℃$。切割温度对轻馏分汽油和重馏分汽油性质的影响见表 8 – 8，切割温度对脱硫率以及加氢汽油烯烃含量和辛烷值的影响见表 8 – 9。

表 8 – 8　不同切割温度下轻馏分汽油和重馏分汽油的典型性质

切割点/℃	60	70	80	90	100	110
轻馏分 收率/%	25	32	36	43	50	57

切割点/℃	60	70	80	90	100	110
硫/(μg/g)	61	119	176	233	339	502
烯烃/%(体)	65	63	61	59	57	54
重馏分						
收率/%	75	68	64	57	50	43
硫/(μg/g)	2110	2284	2408	2632	2850	3021
烯烃/%(体)	29	27	24	21	18	16

表8-9　切割温度对脱硫率及加氢汽油烯烃含量和辛烷值的影响

项　　目	硫/(μg/g)	HDS/%	烯烃/%(体)	RON	ΔRON
FCC 汽油原料	1635	—	52.9	93.8	—
全馏分 HDS 方案	125	92.3	18.5	85.3	8.5
70℃切割 HDS 方案	176	89.2	36.5	91.7	2.1
90℃切割 HDS 方案	192	88.3	42.1	92.1	1.7

工艺条件: 反应压力 1.6MPa, 反应温度 280℃、体积空速 $3.0h^{-1}$、氢油体积比 300。

由表8-8可以看出, 随着切割温度提高, 轻重馏分汽油的烯烃含量均逐渐降低, 硫含量均逐渐增加。由表8-9可以看出, 切割温度提高, 加氢汽油残余硫和烯烃含量增加, 辛烷值减小。因此在满足汽油硫含量和烯烃要求的条件下, 应尽量选择较高的切割温度, 以尽可能减少辛烷值的损失。

2. 碱液抽提

催化裂化汽油中含有的硫醇是一种氧化引发剂, 在汽油储运过程中, 易使汽油中的不稳定物氧化, 缩合生成胶状物质, 从而使汽油的安定性变差。硫醇还有腐蚀性, 它不但使发动机机件和储运设备受到严重腐蚀, 还能使单质硫的腐蚀性显著增加。因此, 必须对催化裂化轻汽油进行脱硫醇处理。

硫醇具有一定的酸性, 能与 NaOH 反应生成溶于 NaOH 的硫醇钠。利用这一性质, 可以将硫醇从汽油中抽提出来, 同时也降低汽油的总含硫量。

$$RSH(油相) + NaOH(水相) \xrightarrow{催化剂} NaSR(水相) + H_2O$$

抽提后 NaOH 碱液送去氧化再生。在再生过程中, NaOH 碱液中的硫醇钠在催化剂的作用下被氧化成二硫化物。二硫化物不溶于碱, 它与碱液分层以后, 碱液即可循环使用。常用的催化剂是磺化酞菁钴(图8-9)。

$$4RSNa + O_2 + 2H_2O \xrightarrow{催化剂} 2RSSR + 4NaOH$$

硫醇分子越小, 酸性越强, 越易与 NaOH 反应, 越容易从汽油中抽出。

轻馏分汽油含有硫化氢和酚类等酸性物也能与 NaOH 反应, 因此直接影响脱硫醇效果, 并影响催化剂寿命。因此在脱硫醇之前用 5% ~ 10% 的 NaOH 溶液进行预碱洗, 除去这些酸性杂质。

脱去酸性杂质的原料油(轻汽油馏分)进入硫醇抽提塔下部, 含有催化剂的 NaOH 溶液从抽提塔上部进入, 二者进行逆流接触。硫醇在催化剂的作用下与

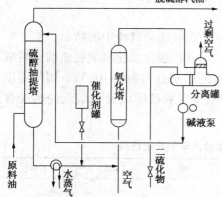

图 8-9　碱(NaOH)液抽提工艺流程

NaOH反应生成硫醇钠，溶于NaOH溶液中。抽提后的轻汽油馏分从塔顶流出，送入固定床氧化脱硫醇部分。

从硫醇抽提塔底部排除的含有硫醇钠和催化剂的NaOH溶液加热后与空气混合，进入氧化塔，使硫醇钠与氧气和水作用转化为二硫化物，送入二硫化物分离罐，分离出过剩的空气和生成的二硫化物，上层二硫化物排出系统外(或进入加氢反应器)，下层分离出来的再生后含有催化剂的NaOH溶液送回抽提塔上部循环使用。

抽提一般在常温下进行，压力应大于轻馏分汽油的饱和蒸气压。NaOH溶液浓度一般为10%，催化剂在NaOH溶液中浓度一般为$100 \sim 200 \mu g/g$。NaOH溶液循环量随油中含硫醇量及油的性质而有所不同。一般对于催化裂化汽油，NaOH溶液与汽油体积比为0.1% ~ 0.2%，对于直馏汽油，碱液与汽油体积比为0.3% ~ 0.6%。

氧化塔氧化温度一般为$40 \sim 65 ℃$，空气用量根据原料中含硫醇量和处理量计算，考虑到副反应，供氧量为硫醇氧化的理论需氧量的两倍，即每千克硫醇约需0.5kg或$1.67 Nm^3$空气。

3. 选择性脱二烯烃

重馏分汽油先通过换热达到一定温度后进入选择性加氢脱二烯烃反应器脱除二烯烃。催化裂化汽油重馏分的二烯值一般为$0.5 \sim 3.5 gI_2/100mL$，二烯烃在一定温度下除自身发生聚合反应外，还会同催化裂化汽油中其他烃类发生反应生成胶质或结焦前身物(通常160 ~ 180℃被认为是开始发生反应的温度)。反应温度越高，二烯烃越容易生成胶质直至焦炭，沉积到催化剂床层上部导致压降上升。为保证装置长周期运转，必须设选择性脱二烯烃反应器。工业装置的选择性脱二烯烃反应器装填RGO-2催化剂，主要性质见表8-10。

4. 固定床选择性加氢脱硫

脱二烯烃后的重馏分汽油经过加热炉加热到一定温度后进入选择性加氢脱硫反应器。加氢产物进入高压分离器，分出的氢气脱除硫化氢后循环使用。因为如果不脱除反应过程生成的硫化氢，必然造成循环氢中硫化氢浓度的积累，硫化氢还会与烯烃反应生成硫醇，加氢脱硫转化率下降和汽油硫醇含量超标。一般要求循环氢中硫化氢含量低于$500 \mu g/g$。

加氢脱硫反应器装填RSDS-21和RSDS-22二种催化剂，RSDS-21具有高加氢脱硫活性，RSDS-22具有高加氢脱硫选择性。RSDS-21和RSDS-22组合可以达到最佳的脱硫活性与选择性，它们的性质见表8-10。

表8-10 加氢催化剂的性质

物化性质	RGO-2	RSDS-21	RSDS-22
$w(NiO)/\%$	≥2.5	—	—
$w(CoO)/\%$	—	≥3.5	≥3.5
$w(MoO_3)/\%$	≥50	≥11.0	≥11.0
载体	氧化铝	氧化铝	二氧化硅
比表面积/(m^2/g)	≥170	≥100	≥100
孔体积/(mL/g)	≥0.50	≥0.40	≥0.35
径向强度/(N/mm)	≥12.0	≥14	≥25(N/粒)
形状	三叶草	蝶形	球形

催化裂化汽油选择性加氢脱硫的反应条件见表8-11，原料与选择性加氢后重汽油的性质见表8-12。

表 8 - 11　催化裂化重汽油选择性加氢脱硫的反应条件

项　目	操作条件	项　目	操作条件
体积空速(主剂)/h^{-1}	3.32	平均反应温度/℃	240
反应器入口氢分压/MPa	1.70	循环氢中 H_2S/($\mu g/g$)	328
氢油体积比	870		

表 8 - 12　催化裂化重汽油选择性加氢脱硫前后性质的变化

项　目	原　料	产　物	项　目	原　料	产　物
密度(20℃)/(g/cm^3)	0.7768	0.7772	烯烃	10.9	9.0
硫含量/($\mu g/g$)	553	42	芳烃	42.1	42.65
族组成/%(体)			RON	93.9	93.5
饱和烃	47.0	48.35	MON	82.5	82.4

在氢分压 1.70MPa、主剂体积空速 3.32h^{-1}、平均反应温度 240℃的条件下，重馏分加氢汽油中硫的含量为 42$\mu g/g$，脱硫率为 92.41%，而研究法辛烷值只损失了 0.6 个单位。

5. 固定床氧化脱硫醇

重馏分汽油加氢脱硫反应过程中生成部分硫醇，轻馏分汽油中也会残存少量硫醇，造成产品汽油的脱硫含量和博士试验不合格。这二部分硫醇在碱液中溶解度有限，因此更适合采用固定床氧化工艺脱除。硫醇转化为二硫化物留在汽油中。

经碱液抽提后的轻馏分汽油与加氢脱硫后的重馏分汽油混合，进入固定床氧化脱硫醇反应器，在压力 0.29MPa，温度 30℃，适宜的空气量和活化剂量下，使硫醇硫含量低于 5$\mu g/g$。RSDS - Ⅱ 技术工业应用结果见表 8 - 13。

表 8 - 13　RSDS - Ⅱ 技术工业应用结果

项　目	原　料	产　物	项　目	原　料	产　物
硫含量/($\mu g/g$)	460~470	28~34	(RON + MON)/2 损失		0.5~0.6
硫醇/($\mu g/g$)	51	<3	汽油收率/%		99.62
烯烃/%	40~41	39~40	氢耗/%		0.18
RON	93.9	93.3			

二、柴油加氢处理工艺流程

典型的柴油加氢处理流程见图 8 - 10。

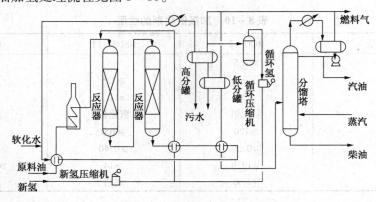

图 8 - 10　典型的柴油加氢处理流程图

原料油与加氢生成油在换热器中换热后,进入加热炉中,在炉出口与循环氢混合,依次进入串联的两个加氢处理反应器。在该流程中循环氢不经加热炉而是在炉后与原料油混合,此时为了保证混合后能达到反应器入口温度330~410℃的要求,循环氢应在混合前先与加氢生成油换热。但也有一些装置循环氢与原料油在炉前混合,以气液相混合状态进入加热炉加热至反应温度。

加氢生成油经过与循环氢、分馏塔进料和原料油换热后注入软化水,以清洗加氢反应时生成的氨和硫化氢,防止生成多硫化铵或其他铵盐堵塞设备,然后经过冷却,再进入高压分离器,分出含铵盐的污水排入下水道。高压分离器分出的循环氢大部分进入分液器,进一步分离携带的油滴后,进入循环氢压缩机,并在临氢系统中循环,另一部分循环氢作为燃料气排出装置。加氢过程消耗的氢气由新氢压缩机补充。

加氢生成油分出循环氢后经减压进入低压分离器中,放出的燃料气排出装置,底部分出的油品经与加氢生成油换热后进入分馏塔,塔底吹入过热水蒸气,以保证柴油的闪点和腐蚀合格。塔顶油气经冷凝冷却器冷凝冷却后进入油水分离罐,分出的汽油一部分打回流控制塔顶温度,其余送出装置。塔底加氢柴油经与进塔油换热并经冷却后送出装置。

若处理的原料油含硫较高时,即使在高压分离器排放高压燃料气、循环氢中的硫化氢浓度仍高达1%以上,低压分离器和分馏塔分出的低压燃料气含硫化氢也高。这样循环氢压缩机及其入口管线、分馏塔顶油气冷凝冷却器均会有腐蚀,燃料气系统也会发生腐蚀。因此为了保证循环氢的纯度,避免H_2S在系统中积累,一些装置设有脱除硫化氢系统,即用乙醇胺溶液将循环氢中硫化氢吸收。

柴油馏分加氢处理的操作条件因原料不同而异,直馏柴油馏分的加氢处理条件比较缓和,催化裂化柴油和焦化柴油加氢处理则要求更苛刻的反应条件。

三、渣油加氢处理工艺流程

某公司减压渣油加氢脱硫(VRDS)装置流程见图8-11。该装置能力为1.5Mt/a。原料重金属(Ni + V)含量95μg/g,硫的质量分数3.5%。

原料油从缓冲罐抽出,经分馏部分低压余热换热到要求的温度,并经过滤后进入进料缓冲罐。经高压泵升压,并与氢气混合,再经热高分气、反应产物换热器换热后,再经加热炉加热到需要的温度,进反应器。反应产物经换热达到控制的温度,进热高压分离器。热高分顶部气体与混氢原料、氢气换热后,再经空冷器进冷高压分离器进行三相分离。冷高分分出的酸性水与其他酸性水一起经酸性水汽提后回用于本装置注水。循环氢经特殊的除氨设备,进循环氢脱硫塔。脱硫氢气大部分经循环氢压缩机升压后,部分作为急冷氢气,另一部分与补充氢一起,经与热高分气体换热后与原料混合,再进一步换热和加热升温至要求温度,进入反应器。冷高分出来的生成油进入冷低分。冷低分气去脱硫。低分油与热低分闪蒸冷凝油一起经换热器后去分馏。

热高分油进热低分,热低分油直接去分馏。热低分气经换热冷却后,气体含氢较多,作为补充氢的一部分再用。液体去冷低分。

分馏塔顶出气体和石脑油,侧线出柴油,塔底重油可直接出装置作为重油催化裂化原料,也可部分经加热炉加热后进减压塔。侧线出的减压瓦斯油为催化裂化原料,塔底减压渣油作为低硫燃料油或重油催化裂化原料。

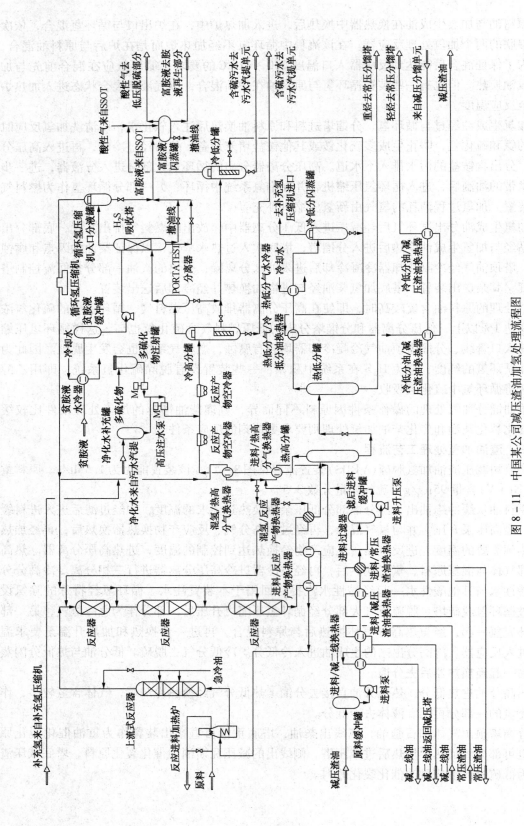

图 8-11 中国某公司减压渣油加氢处理流程图

378

第九章 催化重整

第一节 概 述

催化重整是指在一定条件和催化剂的作用下，石脑油中的正构烷烃和环烷烃分子结构重新排列，转化为异构烷烃和芳烃，同时产生氢气的工艺过程。

催化重整催化剂是由金属、酸性组分和载体三部分组成的负载型催化剂。金属分为非贵金属和贵金属两大类，催化剂载体是氧化铝，酸性组分是卤素（一般为氯），为了提高芳构化活性，催化剂中也加入分子筛。

重整生成油富含芳烃和异构烷烃，可以作为高辛烷值汽油调合组分，一般复杂炼油厂中催化重整汽油约占产品汽油的30%～40%左右。重整生成油经芳烃抽提生产的苯、甲苯和二甲苯（简称BTX）占世界BTX总产量的70%左右，是重要的化纤、橡胶、塑料以及精细化工的原料。催化重整的副产高纯度（80%～90%）氢气可直接用于炼油厂的各种加氢装置，是炼油厂加氢装置的主要氢源之一。因此催化重整装置不仅是炼油厂工艺流程中的重要组成部分，而且在石油化工生产过程中也占有十分重要的地位。

一、催化重整的地位和作用

1. 催化重整是炼油厂重要的二次加工装置

近十年来，随着对高辛烷值汽油组分和石油化工原料芳烃需求的增加，催化重整加工能力呈稳步发展态势。催化重整加工能力占原油加工能力的比例保持在12%左右。近几年世界催化重整加工能力情况统计见表9－1。车用燃料的低硫化促进了加氢工艺的快速发展，同时也使能够提供廉价氢源的催化重整工艺得到了快速发展，在今后相当长一段时期催化重整仍然是主要石油加工工艺之一。催化重整是世界范围内除催化裂化和加氢处理之外加工能力最大的二次加工装置。

表9－1 世界及主要国家催化重整加工能力及占原油加工能力的比例

年 份	全 世 界		中 国[①]		日 本		美 国		俄 罗 斯		德 国	
	能力/(Mt/a)	比例/%	能力/(Mt/a)	比例/%	能力/(Mt/a)	比例/%	能力/(Mt/a)	比例/%	能力/(Mt/a)	比例/%	能力/(Mt/a)	比例/%
1995	468. 12	12. 60	8. 63	5. 3	29. 55	12. 1	155. 80	20. 30	—	—	17. 12	16. 1
2003	485. 14	11. 83	6. 75	2. 98	31. 41	13. 36	150. 71	18. 05	33. 33	12. 27	17. 05	14. 90
2006	488. 85	11. 48	6. 71	2. 15	30. 56	13. 07	152. 07	17. 61	32. 07	12. 01	17. 59	14. 55

① 有关中国的数据统计不准确。截止到2005年，中国共有连续重整装置68套，实际加工能力为22.68Mt/a，约占原油加工能力的7.29%。

2. 催化重整在清洁汽油生产中作用巨大

20世纪90年代以来，为了保护环境，美国和欧洲相继实施了新的汽车排放污染物控制标准和汽油标准，对汽车和燃料提出了较高的要求。要求汽油具有较低的硫含量、苯含量、芳烃含量和烯烃含量，并具有较高的辛烷值。

催化重整汽油具有如下优点：①催化重整汽油辛烷值（RON）高达95～105，是炼油厂生产高标号汽油（如93号和97号）的重要调合组分，是调合汽油辛烷值的主要贡献者；②催化重整汽油的烯烃含量少（一般在0.1%～1.0%之间）、硫含量低（小于2μg/g），作为车用汽油调合组分可大幅度地降低成品油中的烯烃含量和硫含量；③催化重整汽油的头部馏分辛烷值较低，后部馏分辛烷值很高，与催化裂化汽油恰好相反，二者调合可以改善汽油辛烷值分布。因此，催化重整装置在清洁汽油生产中将发挥越来越重要的作用。

此外，由于低硫燃料油规格的实施，加氢裂化和加氢处理装置等加氢工艺迅速发展，造成对氢气的需求急剧增加。催化重整过程副产氢气产率较高（一般为2.5%～4.0%），一套600kt/a的半再生重整装置，每年约产纯氢量15kt。一套600kt/a的连续再生重整装置，年产纯氢量约24kt，可供一套1.20～2.00Mt/a柴油加氢精制装置的用氢量。与建设新的制氢装置相比，催化重整副产氢气是清洁燃料生产过程急需的廉价氢源。

3. 催化重整是重要的芳烃来源

催化重整是重要的高辛烷值汽油组分生产装置，同时也是石油化工基本原料BTX的主要生产装置。美国芳烃69.0%来自重整生成油，西欧芳烃40%左右来自重整生成油，亚洲的芳烃51.9%来自重整生成油。随着炼化一体化程度的不断提高，催化重整装置在生产石油化工原料方面的作用将越来越显著。

二、催化重整的发展概况

1. 催化重整催化剂发展概况

1940年，美国Mobil公司在泛美公司炼油厂建成了世界上第一套催化重整装置。该装置以重汽油为原料，采用MoO_3/Al_2O_3为催化剂，在480～530℃、1～2 h^{-1}（氢压）的条件下，所得汽油的辛烷值可达60（MON）左右。后来有的催化重整装置使用Cr_2O_3/Al_2O_3为催化剂。这类重整称为临氢重整（又称钼重整或铬重整），在第二次世界大战期间共建了7套临氢重整工业装置。临氢重整由于催化剂活性低、失活快、汽油辛烷值低、反应周期短和操作费用高，在第二次世界大战后停止了发展。

1949年，美国UOP公司建成了世界上第一套铂重整（Platforming）工业装置，采用其开发的以贵金属铂为活性组分的重整催化剂（Pt/Al_2O_3）。铂重整催化剂活性高，积炭速度较慢，反应周期长，铂重整工业装置的投产是世界催化重整工艺过程发展中的一个重要里程碑。从此，催化重整得到了迅速的发展。我国于1958年研制开发了第一个铂重整催化剂，并于1965年用于大庆炼油厂我国第一套催化重整工业装置中。

1967年，美国Chevron Research公司开发出铂-铼双金属重整催化剂（$Pt-Re/Al_2O_3$），1968年在美国埃尔帕索炼油厂投入工业应用，命名为铼重整工艺（我国称之为铂铼重整），从此进入了双（多）金属催化剂发展阶段。与单金属铂催化剂（Pt/Al_2O_3）相比，铂铼催化剂的活性更高，选择性和稳定性更好。例如，铂铼催化剂在积炭达20%时仍有较好活性，而铂催化剂在积炭达6%时就需要再生。铂铼催化剂促进了烷烃环化的反应，有利于增加芳烃的产率，汽油辛烷值（RON）可高达105，芳烃转化率可超过100%。铂铼催化剂能够在较高温度和较低压力（0.7～1.5MPa）的条件下进行操作，这是铂催化剂重整所不可能做到的。

1971年，美国UOP公司开发了以贵金属铂锡为活性组分的双金属重整催化剂（$Pt-Sn/Al_2O_3$），用于连续重整工业装置。

1980 年以来，各大公司主要研究开发高铼/铂比的铂铼催化剂和铂锡系列双（多）金属催化剂。提高铂铼催化剂的铼/铂比有助于提高催化剂的稳定性和降低催化剂成本。铼/铂比由 1.0 提高到 2.0，催化剂的稳定性可提高 0.8 倍。

目前，催化重整催化剂的发展正处于一个相对稳定的时期，铂铼催化剂主要用于固定床重整工艺，铂锡催化剂主要用于移动床连续重整工艺。由 IFP、ACREON 和 Procatalyse 三家公司联合开发的新型三元金属重整催化剂 RG-528 铂铼催化剂相比，操作和再生步骤相似，可明显提高重整汽油的液收和氢气产率。

2. 催化重整工艺的发展概况

应用较为广泛的催化重整工艺有固定床半再生催化重整、固定床循环再生催化重整、移动床连续再生催化重整以及低压组合床催化重整等工艺。

1949 年，UOP 公司建成了第一套固定床半再生催化重整工业装置，其特点是 4 个固定床反应器并列串联操作。当催化剂活性下降不能继续使用时，将装置停下来进行催化剂再生（或更换新催化剂），然后重新开工运转。采用双（多）金属催化剂和固定床半再生催化重整工艺，可以生产辛烷值（RON）为 85～100 的重整汽油，操作周期一般为 1～3 年，催化剂可再生 5～10 次。我国的第一套采用铂催化剂的固定床半再生催化重整工艺于 1965 年在大庆建成投产，加工能力为 100kt/a。

固定床循环再生催化重整工艺是在固定床半再生催化重整工艺的基础上形成的，其特点是采用 5 个固定床反应器，其中任何一个反应器都可以从反应系统切出，进行催化剂再生，以保持系统中催化剂的活性与选择性。催化剂再生周期可以为几周或几个月。固定床循环再生催化重整工艺流程复杂。

20 世纪 70 年代末，Exxon 公司开发了末反再生工艺，设置 3～4 个反应器串联操作，最后一个反应器（末反）中催化剂装量占催化剂总量的 50% 以上。前面反应器主要进行脱氢反应，催化剂失活较缓慢。末反中主要进行烷烃的脱氢环化反应，催化剂失活较快。基于这一特点，为末反设置一个独立的再生系统，一般每运转 3 个月将末反切出，进行催化剂再生，然后返回系统。我国新疆克拉玛依炼化总厂采用了末反再生工艺。

1971 年美国 UOP 公司投产了世界第一套重叠式催化剂连续再生的连续重整装置。1973 年法国 IFP/Axens 的第一套并列式连续再生催化重整装置（Octanizing）在意大利的 San Quirico 炼油厂投产。1988 年 IFP 的低压连续再生催化重整装置在意大利的 IROM 投产，加工能力为 645kt/a。

连续再生催化重整工艺的特点是除设置移动床反应器外，还设置催化剂再生器。反应和催化剂再生连续进行，因此允许装置在高苛刻度下操作，压力和氢油比低，产品收率高，运转周期长，可以生产辛烷值（RON）为 95～106 的重整汽油。

目前 UOP 和 IFP 的连续重整技术均已发展到了第三代。

2002 年 3 月我国自行研究开发的 500kt/a 的低压组合床催化重整装置在中国石化长岭炼油厂建成成功。低压组合床催化重整工艺的前部采用固定床反应器，最后一个反应器采用移动床反应器，并配置催化剂连续再生系统，在低压（0.6～0.9MPa）、低摩尔比（3.5～4.5）下操作。与半再生重整工艺相比，重整生成油收率可提高 3.0% 以上，芳烃收率提高 2%～3%，氢产率明显提高。

近年来，移动床连续再生重整加工能力增长较快，固定床半再生和固定床循环再生工艺的比例有所下降，但半再生重整在三种催化重整再生型式中仍占主导地位。2004 年世界主要国家采用的三种催化重整工艺类型的统计见表9-2。

表9-2 主要国家三种催化重整工艺加工能力和所占比例

国　　家	总能力/ (Mt/a)	固定床半再生		固定床循环再生		连　续　重　整	
		总能力/(Mt/a)	比例/%	总能力/(Mt/a)	比例/%	总能力/(Mt/a)	比例/%
中国	21.79	10.00	45.9	0	0	11.79	54.10
日本	28.96	15.99	55.2	0.93	3.2	12.04	41.6
美国	150.71	64.56	42.8	38.39	25.5	47.76	31.7
前苏联	33.69	35.69	77.4	4.97	13.93	3.09	8.66
全世界	487.93	229.12	47.0	62.81	12.8	196.00	40.2

发展具有较高液体产品收率和经济效益的连续重整技术，是当今重整工艺技术发展的主要方向。因为催化重整反应压力越低，重整汽油和副产氢气的收率越高，有利于提高经济效益，并可以显著降低重整汽油中苯的含量。连续重整催化剂重点是通过载体性能的调变，提高 C_5^+ 液体产物和氢气的收率，降低催化剂的积炭速率；在铂锡(Pt - Sn)双金属组元基础上，引入新的组元最大限度地提高催化剂的选择性；改进催化剂(包括载体)制备方法，如纳米分散技术，提高催化剂的活性和选择性等。半再生重整催化剂除需要进一步提高催化剂的活性、选择性和稳定性之外，还要提高对高苛刻度条件的适应性。

第二节　催化重整的化学反应

催化重整的目的是制取芳烃或高辛烷值汽油组分并副产氢气。因此，必须了解在重整过程中所发生的化学反应。

催化重整中发生的主要化学反应有：六元环烷烃脱氢生成芳烃、五元环烷烃脱氢异构生成芳烃、烷烃脱氢环化生成芳烃、烷烃的异构化、各种烃类的加氢裂化以及积炭反应。

1. 六元环烷烃的脱氢

六元环烷烃脱氢是吸热和体积增大的可逆反应。六元环烷烃的脱氢反应迅速，一般可进行完全。由于存在异构化反应，因此，烷基取代六元环烷烃脱氢产物中三种异构体。

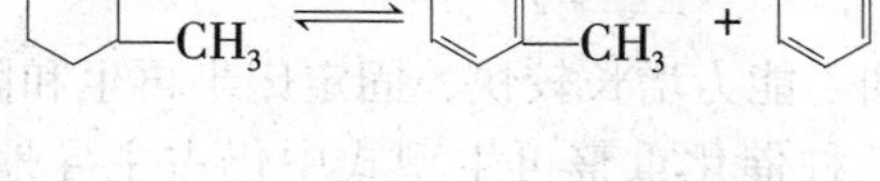

2. 五元环烷烃脱氢异构

五元环烷烃脱氢异构是吸热体积增大的可逆反应，五元环烷烃脱氢异构的反应也比较迅速。

3. 烷烃脱氢环化

六个碳以上的烷烃环化能够生成五元以上环烷烃，经异构化或直接生成六元环，最后脱氢生成芳烃。这类反应也是吸热和体积增大的可逆反应。由于可以使低辛烷值的烷烃变为高辛烷值的芳烃，所以它是提高重整汽油辛烷值或增加芳烃收率的最显著的反应。但其反应较慢，故要求有较高的反应温度和较低的空速等苛刻条件。

4. 异构化

烃类在重整催化剂上的异构化反应包括烷烃的异构化和芳烃的异构化。正构烷烃异构化后，不仅可提高汽油的辛烷值，而且由于异构烷烃比正构烷烃更容易进行脱氢环化反应，因而也间接地有利于生成芳烃。芳烃的异构化反应对于辛烷值和芳烃产率的影响不大。

$$n - C_7H_{18} \rightleftharpoons i - C_7H_{18}$$

烷烃和五元环烷烃的异构化都是微放热反应，由于催化重整常常采用较高的温度，因此异构化反应相对较弱。五元环烷烃异构化为六元环后，即可很快脱氢转化为芳烃，因此其转化率较高。而正构烷烃的异构化转化率较低，并且产物多为单支链烷烃，因此正构烷烃异构化对汽油辛烷值的贡献并不大。

5. 加氢裂化

烷烃的加氢裂化反应是放热的不可逆反应，由于生成小分子的 C_3、C_4 烷烃，使液体收率下降。环烷烃开环裂化生成异构烷烃，也造成芳烃产率和辛烷值的下降。同时烷烃和环烷烃的加氢裂化反应是耗氢反应，会造成氢气产率下降。烷基芳烃在重整条件下会脱烷基转化为小分子芳烃和烷烃。加氢裂化反应在重整条件下的反应速度最慢，只有在高温、高压和低空速时，其影响才逐渐显著。

$$n-C_7H_{16} + H_2 \longrightarrow n-C_3H_8 + i-C_4H_{10}$$

$$\text{（环戊烷）} CH_3 + H_2 \longrightarrow CH_3-CH_2-CH_2-CH-CH_3$$
$$\qquad\qquad\qquad\qquad\qquad\qquad\qquad\qquad |$$
$$\qquad\qquad\qquad\qquad\qquad\qquad\qquad\qquad CH_3$$

$$\text{（三甲苯）} + H_2 \longrightarrow \text{（二甲苯）} + CH_4$$

在重整催化剂的金属中心作用下，烷烃或烷基芳烃的分子末端 C—C 键断裂，气体产物以甲烷为主，也称氢解反应。其结果导致液体收率和氢气产率下降。例如：

$$C_6H_{13}-CH_2-CH_3 + H_2 \longrightarrow C_6H_{13}-CH_3 + CH_4$$

$$\text{（苯环）}-CH_2-CH_2-CH_3 + H_2 \longrightarrow \text{（苯环）}-CH_2-CH_3 + CH_4$$

6. 积炭反应

烃类脱氢生成烯烃进一步发生叠合和缩合等反应，产生焦炭使催化剂活性降低。但在较高氢压下，由于重整催化剂有较高的活性，可使烯烃饱和而控制焦炭的生成，从而较好地保持了催化剂的活性。

第三节　重整催化剂

催化重整的发展，在很大程度上依赖于催化剂的改进。重整催化剂对产品的质量、收率及装置的处理能力起着决定性的作用，其质量优劣是关系到整个重整技术水平高低的关键。

一、重整催化剂的组成

重整催化剂由金属活性组分（例如，铂）、助催化剂（例如，铼、锡等）和酸性载体（例如，含卤素 $\gamma - Al_2O_3$）组成。

催化重整催化剂是一种双功能催化剂，其中的铂构成脱氢活性中心，促进脱氢、加氢反应；而酸性载体提供酸性中心，促进裂化、异构化反应。氧化铝载体本身具有很弱的酸性，甚至接近中性，但含少量的氯或氟的氧化铝则具有一定的酸性，从而能提供酸性功能。改变催化剂中卤素含量可以调节其酸性功能的强弱。重整催化剂的这两种功能平衡必须适当配合，否则就会影响到催化剂的活性和选择性。

如果脱氢活性过强，则只能加速六元环烷烃的脱氢，而对五元环烷烃和烷烃的芳构化及烷烃的异构化则促进不大，达不到提高芳烃产率和提高汽油辛烷值的目的。相反，如果酸性功能过强，则促进了异构化反应和加氢裂化反应，液体产物收率就会下降，五元环烷烃和烷烃生成芳烃的选择性降低，也不能达到预期目的。因此，如何保证催化剂两种功能之间很好地配合，是重整催化剂制造和重整工艺操作中的重要问题。

1. 贵金属

重整催化剂的脱氢活性、稳定性和抗中毒能力随铂含量的增加而增强，但铂含量接近1％时，继续再提高铂含量几乎没有什么显著的效果。铂又是贵金属，铂催化剂的制造成本主要决定于铂含量，随着载体理化性质的改进及催化剂制备技术的进步，使得分布在载体上的金属均匀地分散，重整催化剂的含铂量趋向于降低。工业用重整催化剂的铂含量一般在0.2％～0.3％。

重整催化剂在使用过程中，不可避免地要受到高温、氧和水蒸气等的影响，使铂晶粒因凝聚作用而长大，活性下降。为改善铂的分散度，抑制铂晶粒的凝聚，除铂外，常加入铼、锡、铱等第二组分。

铂铼系列催化剂是国内外工业应用最广泛的催化剂系列。铼的主要作用是减少或防止铂的聚集，提高容炭能力，从而使催化剂活性稳定性大大提高。目前工业应用的铂铼催化剂的活性稳定性达到了单铂催化剂的 8～9 倍。同时选择性稳定性也明显提高，C_5^+ 液体收率在整个运转周期内下降十分缓慢。铂铼催化剂具有很强的氢解性能，开工时需要进行预硫化。铂铼系列催化剂特别适用于固定床反应器。当今铂铼系列双金属重整催化剂正逐步向高密度、高铼/铂比方向发展。

铂锡重整催化剂在高温和低压条件下具有良好的选择性和再生性能，不但优于单铂催化剂，也优于铂铼双金属催化剂。以 60～130℃ 直馏石脑油为原料，在 520℃、0.69MPa、$LHSV=2.0h^{-1}$ 的条件下，铂锡催化剂的芳烃产率比铂铼催化剂高 2％～3％。而且锡比铼价格便宜，新剂及再生剂不必预硫化，生产操作比较简便。虽然铂锡重整催化剂的稳定性不如铂铼催化剂，但是其稳定性足以满足连续重整工艺的要求，因此广泛应用于低压连续再生式重整装置。

铂铱系列催化剂的脱氢环化能力强，但其氢解能力也强，所以在铂铱催化剂中常常要引入第三组分作为抑制剂，以改善其选择性和稳定性。目前铂铱系列催化剂未被广泛使用。

2. 活性氧化铝载体

重整催化剂是负载型催化剂，一般均以活性氧化铝为载体。活性氧化铝在重整催化剂中的作用是作为催化剂的组成部分，分散贵金属和提高催化剂的容炭能力。

重整催化剂是双功能催化剂，其酸性中心主要由含卤素的氧化铝载体提供，改变卤素含量可调节催化剂的酸性功能。随着卤素含量的增加，催化剂对异构化和加氢裂化等酸性反应的催化活性也增强。氟在催化剂上比较稳定，在操作时不易被带走，但氟的加氢裂化性能较强，使催化剂的选择性变差。氯在催化剂上不稳定，容易被水带走，因此，在操作中可根据系统中的水－氯平衡状态注氯，在注氯多时也可适量注水。同时，在催化剂再生后还要进行氯化更新等措施来维持氯在催化剂上的适宜含量。卤素含量太低时，由于酸性功能不足，催化剂活性下降，芳烃转化率降低或汽油辛烷值下降。一般新鲜的全氯型催化剂含氯为0.6％～1.5％，实际生产中要求氯含量稳定在0.4％～1.0％。

二、重整催化剂的种类

现代催化重整工业装置中应用的重整催化剂，主要是用于固定床半再生重整装置的铂铼催化剂和用于移动床连续重整装置的铂锡催化剂。

虽然重整催化剂的种类不多，但是具体牌号较多，各种牌号催化剂的性能也相差较大。表 9 - 3 列出了一些应用比较广泛的有代表性的重整催化剂。

表 9 - 3　某些工业用重整催化剂

商品牌号	金属组元/%		形状	堆积密度/(kg/m³)	生产公司	工业应用时间
	铂	其他				
CB - 6	0.30	Re0.27	φ1.5~2.5 球	820	中国石化	1986
CB - 7	0.21	Re0.42	φ1.5~2.5 球	820	中国石化	1990
CB - 9	0.25	Re0.25 + X	φ1.5~2.5 球	820	中国石化	1997
CB - 11	0.25	Re0.40	φ1.5~2.5 球	760	中国石化	1998
3933	0.21	Re0.45	圆柱体	780	中国石化	1995
PRT - C	0.25	Re0.25	挤条	—	中国石化	2002
PRT - D	0.21	Re0.47	挤条	—	中国石化	2002
E - 603	0.3	Re0.3	φ1.4×5 条	721	美国 ENGELHARD	1976
E - 803	0.22	Re0.44	φ1.4×5 条	780	美国 ENGELHARD	1985
3961	0.35	Sn0.3	小球	560	中国石化	1996
3861 - Ⅱ	0.58	Sn0.5	小球	580	中国石化	1998
R - 164	0.29	Sn	φ1.6 球	670	美国 UOP	1998
CR - 401	0.35	Sn0.23	φ1.8 球	650	法国 PROCATIYSE	1998
GCR - 100	0.28	Sn0.31	φ1.4~1.6 球	570	中国石化	1998
RC - 011	0.28	Sn + A + B	小球	560	中国石化	2001
RC - 041	0.35	Sn0.41	φ1.4~2.0 球	560	中国石化	2004

三、重整催化剂的使用性能

催化剂的化学组成和物理结构如比表面积、孔径、孔容和堆积密度等，与催化性能有密切联系，但在工业上，人们更为关心的还是其使用性能，例如，活性、选择性、稳定性、再生性能、机械强度和寿命等。

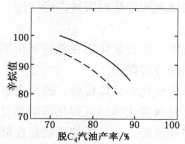

图 9 - 1　辛烷值 - 产率曲线
—— 高活性催化剂；---- 低活性催化剂

1. 活性及选择性

以生产芳烃为目的时，用芳烃转化率或芳烃产率表示催化剂的活性。

以生产高辛烷值汽油为目的时，可以用所产汽油的辛烷值来比较其活性。常用来评价催化剂活性的重整汽油"辛烷值 - 产率曲线"如图 9 - 1 所示。

图 9 - 1 中两条曲线，虚线表示活性差的催化剂的辛烷值 - 产率关系，实线表示活性高的催化剂辛烷值 - 产率关系。对于一定的原料和催化剂，在比较苛刻的反应条件（较高的反应温度或较低的空速）下得到的重整汽油，辛烷值较高，但是，汽油的产率却较低，显然这种活性评价方法实际已包含了催化剂选择性的因素。

2. 稳定性和寿命

在正常生产中，由于积炭和在高温下连续运转催化剂某些微观结构（如铂晶粒、载体的微孔结构等）发生变化，催化剂活性和选择性将下降，结果是芳烃转化率或重整汽油的辛烷值降低。催化剂保持活性和选择性的能力称为稳定性。稳定性分活性稳定性和选择性稳定性，前者以反应前、后期的催化剂反应温度的变化来表示，后者以新催化剂和运转后期催化剂的选择性变化来表示。

对于固气体催化重整为了维持一定水平的芳烃转化率或重整汽油辛烷值，随着催化剂活性下降，反应温度需要逐渐地提高，但当反应温度提到某一定限度时，液体产率已下降很多，继续反应经济上不再合理就应停止进料，对该催化剂进行再生。

从新催化剂投用到因失活而停止使用这一段时间称为催化剂的寿命，可用小时表示。对重整催化剂，表示寿命的方式更多地是用每公斤催化剂能处理的原料数量，即 t 原料/kg 催化剂或 m^3 原料/kg 催化剂，一般在 $100m^3$ 原料/kg 催化剂左右。催化剂的稳定性越好，则使用寿命越长，重整装置的有效生产时间越多。

3. 再生性能

由于积炭而失活的催化剂可经过再生来恢复其活性，再生性能好的催化剂经再生后，其活性基本上可以恢复到新鲜催化剂的水平，这是因为催化剂对热稳定性能好。再生时，金属在载体上的分散程度没有大的变化和载体结构没有遭到破坏的缘故。但催化剂经过多次再生过程时，其活性还是会逐渐下降，每次再生后的催化剂一般往往只能达到上一次再生的 85%～95% 左右，当催化剂的活性不再满足要求就需更换新催化剂。对于铂铼催化剂，一般可使用 5 年以上。

4. 机械强度

催化剂在使用过程中，会由于装卸或操作条件变动等因素的影响造成粉碎，因而导致床层压降增大，这不仅使氢压机能耗增加，而且对反应也不利。所以要求催化剂必须具有一定的机械强度。工业上常以耐压强度（N/cm^2）来表示重整催化剂的机械强度。

四、重整催化剂的失活与中毒

重整催化剂在生产过程中由于物理化学性质的变化，活性和选择性逐渐降低，甚至导致严重失活。造成催化剂失活的原因见表 9 - 4。

表 9 - 4　重整催化剂失活原因

序号	失活原因	失活类型	序号	失活原因	失活类型
1	积炭	可逆失活	5	氯含量降低	可逆失活
2	S、N 化合物中毒	可逆失活	6	重金属污染	不可逆失活
3	金属表面积降低（烧结）	可逆失活	7	催化剂颗粒破碎形成细粉	可逆失活
4	载体表面积降低（烧结）	不可逆失活	8	设备腐蚀产物	可逆失活

重整催化剂的失活分为可逆失活（暂时失活）和不可逆失活（永久失活）。催化剂的积炭失活、硫和氮化合物中毒失活、金属表面积降低（烧结）失活以及氯含量降低导致的失活，催化剂颗粒破碎形成细粉和设备腐蚀产物沉积造成的失活等为可逆失活，可以采取必要的措施使催化剂的性能得到恢复或部分恢复。而载体表面积降低（烧结）和重金属污染造成的失活为永久性失活，采取再生的办法其活性得不到恢复，这种催化剂必须进行更换。

1. 积炭失活

铂铼催化剂积炭达到 20% 时，其活性降低 50% 以上。研究表明，重整催化剂上的积炭首先发生在金属活性中心上，烃类经过一系列反应脱氢和裂化反应形成深度脱氢的不饱和物种（积炭前身物），这些积炭前身物在反应初期在金属活性中心上形成可逆积炭，可逆积炭可以被加氢或氢解消除，可以在金属中心上形成积炭，也可以通过气相迁移到催化剂酸性中心上形成不可逆积炭。所以重整催化剂的积炭即发生在活性金属表面，也发生在酸性载体表面。所以催化剂上积炭的速度即与原料性质和操作条件有关，也与催化剂性质有关。

原料的干点高、不饱和烃含量多时积炭速度快，因此，必须恰当地选择原料的终馏点并限制原料油的溴价不大于 $1gBr/100g$ 油。此外，五元环状化合物被认为是积炭前身物，原料中五元环状化合物越多，产生的积炭也越多。

催化剂金属分散度越高，金属晶粒越小，积炭越少。铂铼重整催化剂的铼/铂比对催化剂的积炭影响较大。随铼/铂比提高，催化剂对不饱和积炭前身物的加氢和氢解作用增强，催化剂金属活性中心表面积炭减少，使催化剂稳定性大大提高。例如，美国 Engerlhard 的 E-803 的铂含量只有 E-603 的 73.3%，其稳定性却为 E-603 的 1.8 倍。同样，对于铂锡重整催化剂，锡通过与铂的相互作用，调变了铂的性质，使金属中心上的积炭减少。

载体氧化铝上氯含量越高，酸性越强，催化剂上的积炭量也越大。铂铼催化剂的最佳氯含量随铼/铂比的提高而提高。新鲜催化剂的最佳铼/铂比为 1~2。

反应条件对积炭的影响也较大。提高反应温度、降低反应压力、降低空速和氢油比，催化剂上积炭量增加。

2. 中毒失活

很少量的某些物质就会使催化剂严重失活，这种现象称为催化剂的中毒，而这类物质则称为毒物。催化剂的中毒可分为永久性中毒和非永久性中毒两种。永久性中毒，催化剂活性不能再恢复；非永久性中毒，在更换不含毒物的原料后，催化剂上已经吸附的毒物可以逐渐排除而恢复活性。

（1）永久性中毒

重整催化剂常见的金属毒物有砷、铁、铅、锌、铜、汞、锡等。这些金属毒物能和铂形成非常稳定的化合物，很难通过再生的方法消除，造成不可逆的永久性中毒，这些金属毒物被称为永久性毒物，其中以砷的危害最大。砷与铂有很强的亲和力，它与铂形成合金（$PtAs_2$），造成催化剂永久性中毒。通常催化剂上砷含量超过 $200\mu g/g$ 时，催化剂的活性完全丧失，如果要求催化剂的相对活性保持在 80% 以上，则催化剂含砷量应 $<0.01\%$，因此，重整原料油中含砷量必须严加控制，生产中一般控制在 $1\mu g/g$ 以下。

在一般石油馏分中，其含砷量随着沸点的升高而增加，而且原油中约 90% 的砷是集中在蒸馏残油中。石油中的砷化合物会因受热而分解。因此，在原油常减压蒸馏时，初馏塔顶所得初馏点 ~130℃ 馏分中砷含量一般 $<100\mu g/g$，而在常压塔顶分出的汽油中，砷含量有的常高达 $1000\mu g/g$ 以上。使用含砷量高于 $200\mu g/g$ 的原料油进行重整时，必须经预脱砷催化剂进行脱砷处理，使其砷含量小于 $200\mu g/g$，然后进入预加氢反应器进行加氢精制，使砷含量降至 $1\mu g/g$ 以下。对于含砷量低于 $200\mu g/g$ 的原料油不必进行预脱砷，可直接进行加氢精制。

（2）非永久性中毒

非金属毒物如硫、氮、氧等则为非永久性毒物。它们引起的中毒为非永久性中毒。

① 硫中毒。在重整反应条件下，原料中的含硫化物生成 H_2S，若不从系统中除去，H_2S 强烈吸附于金属中心表面，使催化剂的活性下降。有的研究数据表明，当原料中硫含量为 0.01% 及 0.03% 时，铂催化剂的脱氢活性分别降低 50% 及 80%。因此，在使用铂催化剂时，限制重整原料含硫在 $10\mu g/g$ 以下。使用铂铼催化剂时，对硫更为敏感，限制在 $1\mu g/g$ 以下。随着 Re/Pt 比增加，催化剂抗硫性能下降，当 Re/Pt 比大于 2 时，原料的硫含量应低于 $0.25\mu g/g$。

一般情况下，硫对铂催化剂是暂时中毒，一旦原料中不再含硫，经过一段时间后，催化剂活性可以恢复。

但是实践证明，完全除去原料中的硫也不好，因为有限的硫含量可以抑制加氢裂化反应，这一点对铂铼催化剂尤为重要，在开工时要有控制地对催化剂进行预硫化，以抑制催化剂过高的活性，减少过多的积炭。

② 氮中毒。原料中的氮化合物在重整反应条件下转化为氨，氨为碱性，与催化剂的酸性部分作用形成铵盐（NH_4Cl），降低了催化剂的酸功能，抑制了催化剂的加氢裂化、异构化和脱氢环化性能。氮中毒能引起催化剂积炭速率加快，寿命缩短。

氮对催化剂的作用是暂时性中毒，通常要求经过预加氢的原料油，氮含量小于 $1\mu g/g$，氮中毒后可通过提高温度、增氯来消除，产率不受严重影响，但会降低催化剂的寿命。

③ 一氧化碳和二氧化碳中毒。一氧化碳能和铂形成络合物，造成铂催化剂永久性中毒。二氧化碳可还原成一氧化碳也是毒物。因此，要限制使用的氢气和氮气中一氧化碳的含量小于 0.1%，二氧化碳含量小于 0.2%。

几种重整原料的杂质含量见表 9 – 5。

表 9 – 5　几种重整原料的杂质含量

项　　　目	大 庆 直 馏	胜 利 直 馏	大 港 直 馏	焦 化 汽 油
密度/（kg/m^3）	690.6	701.3	712.4	687.9
溴价/（gBr/100g）	1.75	0.31	0.29	66.9
杂质含量				
砷/（ng/g）	175	12	6.81	150
铜/（ng/g）	4	5	—	—
铅/（ng/g）	7	7	—	—
硫/（$\mu g/g$）	183	25	9.4	140.7
氮/（$\mu g/g$）	1	<1	3.85	2.14

3. 烧结失活

烧结是由于高温导致催化剂活性表面损失的物理过程，催化重整催化剂的烧结分为金属烧结和载体烧结。在金属位上，催化活性的损失主要是由于金属颗粒的长大和聚集造成的；在载体上，高温导致载体比表面积降低和孔结构变化以及酸性位活性降低。金属烧结失活是可逆的，可以通过采取适当措施使金属重新分散。载体的烧结失活是不可逆的，无法使活性恢复。

在正常的催化重整操作过程中，反应温度在 470 ~ 530℃ 范围内，金属和载体发生烧结的可能性非常小。催化剂烧焦过程伴随着放热和水的产生，在催化剂颗粒内部产生高温和水的作用，载体会发生烧结；金属在高温和在氧化条件下，比在氢气气氛下更容易烧结。影响金属烧结的因素主要有催化剂组成、温度、气氛、氯含量和载体的性质。氯在氢气气氛下是一种金属稳定剂，在氧化气氛下是一种金属分散剂。

五、重整催化剂的水氯平衡

催化重整过程中对氯和水的含量有严格的要求，但是它们对催化剂的影响，本质上不同于其他毒物，控制氯含量的目的是在控制双功能催化剂中酸性组分与金属组分合适的比例。

在生产过程中，催化剂上的含氯量常会发生变化。当原料含氯量过高时，氯会在催化剂上积累而使催化剂含氯量增加；当原料含水量过高或反应生成的水过多（含氧化物在反应条件下会生成水）时，这些水分会冲洗氯而使催化剂上的含氯量减少。此外，水和氯还会生成HCl而腐蚀设备。还有一些研究表明，水对脱氢环化反应也有阻碍作用。

为了严格控制系统中氯和水的量，国内重整装置限制原料油的氯含量不得大于 $5\mu g/g$；对于全氯型铂催化剂，限制原料油含水量不大于 $20\mu g/g$，对于氟氯型铂催化剂限制原料油含水量不大于 $30\mu g/g$，对于铂铼催化剂限制原料油含水量不大于 $5\mu g/g$。最近 UOP 公司规定重整原料油的氯含量不大于 $0.5\mu g/g$，水含量不大于 $2\mu g/g$。

仅仅限制原料油的含氯量和含水量，不能保证催化剂上含氯量经常保持在最适宜的范围内，还应在装置上依靠不同途径判断催化剂上的氯含量，然后采用注氯、注水等办法来保证催化剂最适宜的含氯量。这种办法也就是所谓的"水－氯平衡"。维持"水－氯平衡"的办法是定期从反应器进料、生成油、进出气体采样分析水、氯摩尔比，也可根据操作情况判断。如重整汽油辛烷值下降，可考虑注氯，注氯通常是采用二氯乙烷等有机氯化物。

一般在重整反应系统中，水分压应保持在 $40\sim60Pa$，相当于平均反应压力为 $1.47\sim1.67MPa$ 的重整装置，循环气中水含量为 $20\sim35\mu L/L$。考虑到水对烷烃的脱氢环化反应有抑制作用，所以对于石蜡基原料，环烷烃含量低，烷烃的脱氢环化反应非常重要，循环气中水应低一些，保持在 $20\sim25\mu L/L$ 较适宜。而对于环烷基原料，环烷烃含量高，烷烃的脱氢环化反应的作用低一些，循环气中水可偏高一些，以 $25\sim25\mu L/L$ 较适宜。

对于不同的原料，适宜的氯含量不同。对石蜡基原料，催化剂的氯含量应控制在 1.1%；对环烷基原料，催化剂的氯含量应控制在 0.9%~1.0%。

六、重整催化剂的再生

重整催化剂再生包括烧焦、氯化更新、还原和预硫化等过程，分为器内再生和器外再生两种。

1. 重整催化剂的正常再生

（1）催化剂烧焦

再生过程是用含氧气体烧去催化剂上的积炭从而使催化剂活性恢复的过程。

重整失活催化剂上焦炭所在位置不同，其烧焦速率有较大差别，一般可分三种类型。第一种类型的焦炭沉积在少数仍裸露的铂原子上，在烧焦过程中受铂的催化氧化作用，其烧焦速率很高；第二种类型是以多分子层形式沉积在载体上及被焦炭覆盖的金属铂上，其烧焦速率较慢；第三种类型的焦炭是大部分焦炭烧去后残余的受新裸露的金属铂催化影响的焦炭，这部分焦炭的烧焦速率又较快。三种焦炭的烧炭速率常数之比约为 50:1:（2~3），第二种类型焦炭占焦炭的绝大部分。

烧焦之前，反应器应降温，停止进料，并用氮气循环和置换系统中的氢气，直至爆炸试验合格。再生过程是在系统压力为 $0.5\sim0.7MPa$，循环气（含氧 0.2% ~0.5% 的氮气）量 $500\sim1000m^3/(m^3$ 催化剂·h）的条件下分三个段进行的。根据每一个阶段反应器出入口气体中的氧含量来判断该阶段的结束。如果反应器出入口气体中的氧含量相等，即不再消耗氧气，表明该阶段烧焦结束。表 9－6 列出了铂铼催化剂烧焦的操作条件和要求。

第一阶段主要烧掉金属上的积炭和部分载体上的积炭；第二阶段主要烧掉载体上 H/C 比较低的积炭；第三阶段为保证烧焦完全，将烧焦温度提高到 480℃，将循环气中的含氧量提高到 5% 以上，烧去残炭。此时催化剂上积炭较少，因此不会发生剧烈燃烧而超温。当反应器内温度下降后，停止补入空气，停止压缩机循环，然后将氮气放空并降温。

表 9-6 铂铼催化剂烧焦的操作条件和要求

烧焦阶段	入口温度/℃	升温速率/(℃/h)	一反入口氧含量/%	温升控制/℃	N₂ 置换条件			结束标准
					CO_2/%	SO_2/(μL/L)	CO/(μL/L)	
一	400	40~50	0.5~1.0	≤60	>10	>5	>1000	各反温升均<5℃,末反出口 O_2 >0.8%, CO_2 无明显增加
二	440	20	1.0~5.0	≤20	>10	>5	>1000	床层无温升,系统无氧耗, CO_2 不增加
三	480	20~30	≥5.0	≤20	>10	>5	>1000	床层无温升,系统无氧耗, CO_2 不增加

在催化剂再生时,焦炭中的氢燃烧会产生水而使循环气中含水量增加。为了保护催化剂,循环气返回反应器前应先经过干燥(用硅胶或分子筛)。这一点对铂铼催化剂尤其重要。

整个烧焦过程最重要的是严防床层温度超高,过高的再生温度和床层局部过热会使催化剂的结构破坏而造成永久性失活。铂晶粒逐渐长大,会使活性下降,同时过高的温度也会使载体烧结。控制循环气中的含氧量对控制床层温升有重要作用。一般在缓和条件下再生,有利于恢复活性,通常床层最高温度不能超过 500~550℃。

压力提高,实际上提高了氧分压,可以加快烧焦速率,缩短烧焦时间。同时大量的气流能带走所产生的热量,可以降低床层温升。

(2)氯化更新

重整催化剂在使用过程中,特别是在烧焦过程中,活性金属铂晶粒会聚集逐渐长大,使分散度降低。在催化剂烧焦过程中,由于产生较多的水,造成催化剂氯的流失,影响催化剂的酸性功能。因此,在烧焦之后,必须用含氯气体在一定温度下处理催化剂,使凝聚的金属铂重新分散和补充一部分氯,从而恢复催化剂的双功能。该过程包括氯化和更新两个步骤。

氯化更新过程是在空气流中进行的,影响其效果的因素有循环气中氧、氯和水含量以及氯化温度和时间。一般循环气中氧体积分数控制在 13% 以上,气剂体积比 800 以上,温度 490~520℃,时间 6~8h。见表 9-7。

表 9-7 铂铼催化剂氯化更新的工艺条件及控制指标

阶段	介质	反应器入口温度/℃	高分压力/MPa	气剂体积比	气中氧/%(体)	时间/h
氯化	氮气+空气	420~500	0.5	≥800	≥13	4
氧化更新	氮气+空气	510~520	0.5	≥800	≥13	4

在氯化更新的过程中,在氧气、氯化剂和 $AlCl_3$ 的作用下,Pt 形成了 $PtCl_2(AlCl_3)_2$ 复合物,然后形成 $PtCl_2O_2$ 复合物,后者易被还原为单分散的活性 Pt 团簇。

在氯化更新的过程中要控制系统的水含量,水含量偏高会造成催化剂上氯含量和 Pt 的分散度降低;要密切注意催化剂床层温度的变化,在高温下如果注氯过快或催化剂上残炭太多,会引起燃烧,损坏催化剂;还要防止烃类和硫污染催化剂。

(3)还原

氯化更新后的催化剂,必须用氢气将金属组元从氧化态还原成金属态(Pt、Re)才具有较高的活性。还原温度以及氢气中的水和烃杂质含量对还原效果有较大影响。还原温度控制在 450~500℃,在此高温下,系统含水会使催化剂金属组元晶粒长大和载体比表面积减少,从而降低催化剂的活性和稳定性,因此水含量应控制在 500μg/g 以下。烃类在还原时会发生氢解反应，产生的积炭覆盖催化剂的金属表面，影响催化剂活性；氢解产生的大量的热，易使催化剂烧结；氢解产生的甲烷会使还原氢纯度下降，不利于还原。因此，需要对还原氢进行分子筛和活性炭吸附处理，以脱除其中的水分和烃杂质。

（4）预硫化

还原态的重整催化剂具有很高的氢解活性，在反应初期会因发生强烈的氢解反应而放出大量的热，使床层温度迅速升高，轻则造成催化剂大量积炭，重则烧坏催化剂甚至反应器。对还原态催化剂进行预硫化，可以抑制新鲜和再生后催化剂的氢解活性，保护催化剂的活性和稳定性，改善催化剂的初期选择性。

常用的硫化剂是二甲基二硫醚和二甲基硫醚（分析纯，纯度≥99%），硫化剂用量根据催化剂上金属含量以及催化剂上的硫含量的高低来确定。

催化剂还原后，切除在线水分析仪和氢纯度仪以及分子筛罐，调节并控制好注硫速度，按照计算好的硫化量在1h内将硫化剂均匀地注入各重整反应器，检测各反应器出口气体中 H_2S，观察硫穿透时间及反应器温升。注硫结束后，气体循环1h，保证催化剂硫化均匀。

2. 硫污染催化剂的再生

在催化重整条件下，原料中的硫化物转化为 H_2S，H_2S 与 Fe 反应生成 FeS 沉积在催化剂表面。在烧焦时 FeS 中的 Fe 转化为 Fe_2O_3，而 S 转化为 SO_3。SO_3 与载体氧化铝作用，形成热稳定的铝硫酸盐，可减少载体表面的羟基浓度，阻碍催化剂氯化更新过程中金属的分散；还原时铝硫酸盐释放出的 H_2S 使催化剂金属组分中毒。污染催化剂在再生前必须先行脱除硫化物，以免烧焦时使催化剂中毒。

硫污染催化剂的处理措施：临氢系统氧化脱硫、重整催化剂烧焦前高温热氢循环脱硫和催化剂还原后脱硫酸盐等。

第四节　催化重整原料及其预处理

在重整操作过程中，重整催化剂比较容易被多种金属及非金属杂质中毒，而失去催化活性，为了保证重整装置周期运转长、处理量大、目的产品收率高，必须选择适当的重整原料并予以精制处理。

一、重整原料的选择

选择重整原料主要从三方面来考虑，即馏分组成、族组成和毒物及杂质含量。

1. 馏分组成

对重整原料馏分组成的要求根据生产目的来确定，以生产高辛烷值汽油为目的时，一般以直馏汽油为原料，当生产芳烃为目的时，则根据表9-8选择适宜的馏分组成。

不同的目的产品需要不同馏分的原料，这是由重整的化学反应所决定的。在催化重整过程中，C_6、C_7 和 C_8 环烷烃和烷烃相应地脱氢、异构脱氢或脱氢环化生成相同碳原子数苯、甲苯和二甲苯。小于六碳原子的环烷烃及烷烃，则不能转化为芳烃。C_6 烃类沸点在 60～80℃，C_7 沸点在 90～110℃，C_8 沸点大部分在 120～144℃。<60℃的馏分烃分子的碳原子数小于六，如也作为重整原料进入反应系统，它并不能生成芳烃，而只能降低装置的处理能力。

表 9 - 8　催化重整原料适宜馏程

目 的 产 物	适宜馏程/℃	目 的 产 物	适宜馏程/℃
苯	60 ~ 85	苯、甲苯、二甲苯	60 ~ 145
甲苯	85 ~ 110	苯、甲苯、二甲苯	60 ~ 165
二甲苯	110 ~ 145	高辛烷值汽油调合组分	80 ~ 180

对生产高辛烷值汽油来说，$\leqslant C_6$ 的烷烃本身已有较高的辛烷值，而 C_6 环烷转化为苯后其辛烷值反而下降。因此，重整原料一般应切取大于 C_6 馏分，即初馏点在 90℃ 左右。至于原料的终馏点则一般取 180℃，因为烷烃和环烷烃转化为芳烃后其沸点会升高，如果原料的终馏点过高则重整汽油的干点会超过规格要求，通常原料经重整后其终馏点升高 6 ~ 14℃。此外，原料切取太重，则在反应时焦炭和气体产率增加，使液体收率降低，生产周期缩短。

2. 族组成

含较多环烷烃的原料是良好的重整原料，通常在生产中把原料中 $C_6 ~ C_8$ 的环烷烃全部转化为芳烃时所能生产的芳烃量称为芳烃潜含量。重整生成油中的实际芳烃含量与原料的芳烃潜含量之比称为芳烃转化率或重整转化率。芳烃潜含量和芳烃转化率的计算方法如下：

$$芳烃潜含量(\%) = 苯潜含量(\%) + 甲苯潜含量(\%) + C_8 芳烃潜含量(\%)$$

$$苯潜含量(\%) = C_6 环烷(\%) \times \frac{78}{84} + 苯(\%)$$

$$甲苯潜含量(\%) = C_7 环烷(\%) \times \frac{92}{98} + 甲苯(\%)$$

$$C_8 芳烃潜含量(\%) = C_8 环烷(\%) \times \frac{106}{112} + C_8 芳烃(\%)$$

式中的 78、84、92、98、106、112 分别为苯、六碳环烷烃、甲苯、七碳环烷烃、八碳芳烃和八碳环烷烃相对分子质量。

$$重整转化率(\%) = \frac{芳烃产率(\%)}{芳烃潜含量(\%)}$$

例如：大庆原油 60 ~ 130℃ 馏分中，甲醛环戊烷、环己烷、二甲醛环戊烷、甲醛环己烷、乙醛环戊烷和 C_8 环烷烃的含量分别为 6.4%、8.9%、4.7%、11.5%、1.6%、6.7%，则芳烃潜含量计算如下：

$$苯的潜含量(\%) = \left(\frac{6.4 + 8.9}{84} \times 78 + 0.3\right)\% = 14.5\%$$

$$甲苯潜含量(\%) = \left(\frac{4.7 + 11.5 + 1.6}{98} \times 92 + 0.9\right)\% = 17.6\%$$

$$C_8 芳烃潜含量(\%) = \left(\frac{6.7}{112} \times 106 + 0.2\right)\% = 6.5\%$$

$$芳烃潜含量(\%) = 14.5\% + 17.6\% + 6.5\% = 38.6\%$$

同理，可计算出胜利油和大港油的芳烃潜含量分别为 47.1% 和 49.5%；其中，苯、甲苯、C_8 芳烃的潜含量分别为 8.0%、19.5%、19.6% 和 13.5%、24.7%、11.3%。

因此，良好的重整原料要求环烷烃含量高，环烷烃含量高的原料不仅在重整时可以得到较高的芳烃产率和氢气产率，而且可以采用较大的空速，催化剂积炭少，运转周期较长。

3. 杂质含量

重整原料中含有少量的砷、铅、铜、硫、氮等杂质会使催化剂中毒失活。水和氯含量控制不当也会造成催化剂失活或减活，其中砷和硫对催化剂的影响最大。为了保证催化剂的长周期运转，必须严格限制原料的杂质含量。详见表9-9。

表9-9　双(多)金属重整催化剂对原料中杂质含量的限制

杂　　质	含　　量	杂　　质	含　　量
砷/(ng/g)	1	硫/(μg/g)	0.5
铅/(ng/g)	10	水/(μg/g)	5
铜/(ng/g)	10		
氮/(μg/g)	0.5	氯/(μg/g)	0.5

二、重整原料的预处理

催化重整催化剂对重整原料中杂质的要求非常严格，而大部分重整原料的硫含量以及部分原料的砷、氮含量不符合要求，因此，必须对重整原料进行预处理。重整原料的预处理主要包括预脱砷、预分馏、预加氢和脱水等操作单元。其工艺流程见图9-2所示。预分馏就是根据目的产品的生产要求对原料进行精馏以切取适当的馏分。预脱砷即通过吸附、加氢、化学氧化等方法脱除原料中的绝大部分砷，延缓催化剂的中毒失活。预加氢就是通过加氢脱除原料中的硫、氮、氧等杂质和砷、铅等重金属，并同时使烯烃变为饱和烃。脱硫、脱水即通过蒸馏型汽提方式脱除原料中溶解的 H_2S、NH_3 和 H_2O 等杂质。如果原料中氯含量高，还需要增加脱氯设施。

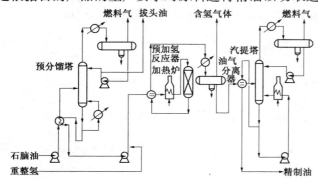

图9-2　原料预处理原则流程图

1. 预脱砷

砷是重整催化剂的严重毒物也是原料预加氢催化剂的毒物。如果原料含砷量 <100μg/g，可以不经过预脱砷，经预加氢精制后，即可达到允许的砷含量。如果原料含砷量 >100μg/g，就必须先进行预脱砷。我国有代表性的直馏石脑油的砷含量见表9-10。

表9-10　我国一些直馏石脑油的砷含量

原　油　来　源	石脑油的砷含量/(μg/g)	原　油　来　源	石脑油的砷含量/(μg/g)
大庆原油	200～2000	胜利原油	50～200
新疆原油	100～500		

目前工业上使用的预脱砷方法有吸附法、氧化法和加氢法。最常用的为加氢法。

加氢法是在加氢脱砷剂的作用下，在氢气存在下，将原料中的砷化物加氢，以砷化镍的形式留在催化剂上。工业上常采用加氢预脱砷反应器与预加氢精制反应器串联，两个反应器的反应温度、压力及氢油比基本相同。预脱砷加氢催化剂的有效容砷量约为 4.5%。在适宜的条件下，可将原料油中砷由 1000μg/g 脱至小于 1μg/g。

2. 预分馏

预分馏的作用是根据对重整目的产物的要求，将原料切割为适宜沸程的馏分。在预分馏过程中同时脱除原料油中的部分水分。

根据原料油的馏程不同，预分馏的方式大致可分为三种情况。一是原料油的终馏点适宜而初馏点过低，预分馏中取塔底油为重整原料；二是原料油初馏点符合重整要求而终馏点过高，预分馏中取塔顶产物作重整原料；三是原料油的初馏点过低和终馏点过高，都不符合要求，预分馏中取侧线产品作重整原料。

目前催化重整工业装置的预分馏方式多为第一种，即原料油的终馏点由上游装置（如原油初馏塔或常压塔），可以采用单个预分馏塔，塔顶出的拔头油（通常为 < C_6 的馏分）送出装置，塔底的重馏分作为重整原料。

根据对拔头油杂质含量要求的不同，拔头油可以在预加氢之前分出也可以在预加氢之后分出。所以预分馏流程分为先分馏流程和后分馏流程两种。

（1）先分馏后加氢流程

前分馏流程是典型的原料预分馏流程。全馏分原料油经换热到一定温度后进入预分馏塔，在塔内分成轻重两个馏分，塔顶轻馏分出装置，塔底重馏分送到预加氢反应部分。其原则流程见图9 – 2。采用前分馏流程可以降低预分馏部分的负荷，缺点是拔头油没有经过预加氢，含有杂质，适合于对拔头油质量要求不高的场合。

（2）先加氢后分馏流程

全馏分原料油经换热和加热炉加热到一定温度后，进入预加氢反应器进行预加氢，然后再进入分馏塔，在塔内分成轻重两个馏分，成为后分馏流程。随着加工原油硫含量的不断增加和汽油环保要求的不断提高，采用先预加氢后分馏流程产品方案较灵活，可得到清洁的拔头油做汽油调合组分和下游装置进料，当前在新建重整装置中被广泛应用。

后分馏流程根据分馏塔和汽提塔组合方式，通常可以分为先汽提后分馏和先分馏后汽提两种工艺流程，这两种流程目前国内均有采用。两种流程的区别前者是对全馏分进行汽提，后者是对拔头油馏分进行汽提。一般预处理原料中拔头油含量通常不超过20%，所以先分馏后汽提比先汽提后分馏流程在设备投资和能耗上有较大优势。而先汽提后分馏方案中，石脑油分馏塔顶不含 H_2S，不需对其进行整体热处理和加注缓蚀剂设施，因此，在国外拔头油含量较高（≥25%）的预处理装置中亦有应用。其原则流程见图9 – 3和图9 – 4所示。

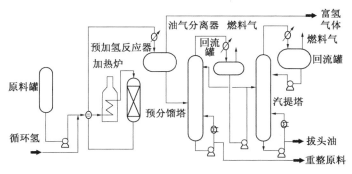

图9 – 3　先分馏后汽提原料预处理工艺流程

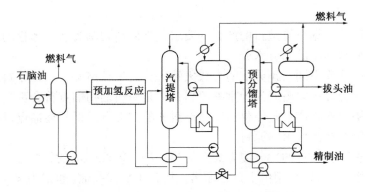

图 9-4　先分馏后汽提原料预处理工艺流程

3. 预加氢

预加氢精制的目的主要是除去重整原料油中所含硫、氮、氧的化合物和其他毒物，如砷、铅、铜、汞、钠等，以保护重整催化剂。

（1）预加氢的作用原理

① 原料油中的含硫、含氮、含氧等化合物在预加氢催化剂的作用下，加氢分解生成 H_2S、NH_3 和 H_2O，经预加氢汽提塔或脱水塔除去。

脱氧：

$$\text{\textcircled{}—OH} + H_2 \longrightarrow \text{\textcircled{}} + H_2O$$

脱硫：

$$CH_3CH_2CH_2CH_2CH_2SH + 2H_2 \longrightarrow C_5H_{12} + H_2S$$

$$\underset{S}{\overset{C-C}{\underset{C}{\text{}}C}} + 4H_2 \longrightarrow C_4H_{10} + H_2S$$

脱氮：

$$\underset{N}{\overset{C-C}{\underset{C}{\text{}}C}} + 4H_2 \longrightarrow CH_3CH_2CH_2CH_3 + NH_3$$

② 原料中烯烃加氢生成饱和烃，使原料油的溴价或碘值小于 1gBr/100g 油或 1gI/100g 油。

$$\underset{CH_3}{CH_2{=}C}{-}CH_2{-}CH_2{-}CH_3 + H_2 \longrightarrow \underset{CH_3}{CH_3{-}C}{-}CH_2{-}CH_2{-}CH_3$$

③ 原料中含砷化合物加氢生成砷化氢，铅、铜等金属化合物加氢分解成单质金属，然后吸附在加氢催化剂上。

④ 某些原料中氯含量较高，氯是以有机化合物的形式存在，通过加氢转化为氯化氢。

氮是重整进料中最难除掉的毒物，脱氮速度较脱硫速度为慢。加氢进行的深度是以进料中氮化物转化的程度为基准的。如氮化物全部除掉，其他对铂的毒物即可完全除净。

预加氢是放热反应，通常原料油溴价每下降 1 个单位时放热 8.1kJ/kg 进料，含硫每下降 1% 时放热 16.2kJ/kg 进料。焦化汽油和热裂化汽油的烯烃含量高，预加氢反应时放热多，反应床层温升可达 40℃ 以上。

396

（2）预加氢催化剂

① 对重整预加氢催化剂的要求。重整预加氢催化剂需要具有较高的的烯烃加氢饱和活性和较低的芳烃加氢活性，即使烯烃加氢而芳烃不加氢。能够脱除原料中的所有不利于重整催化剂的杂质，而对重金属和砷等具有较强的抵抗能力，同时要具有一定的机械强度。

② 重整预加氢催化剂的组成。最常用的加氢催化剂的金属组分是 Co - Mo、Ni - Mo 和 Ni - W 体系，其中，Mo 和 W 是主要活性组分，Co 和 Ni 是助活性组分。

加氢脱硫的活性顺序是：Mo - Co > Mo - Ni > W - Ni。

而加氢脱氮、加氢脱金属、烯烃加氢饱和的活性顺序是：W - Ni > Mo - Ni > Mo - Co。

目前石脑油加氢催化剂推荐采用 W - Ni 体系，也有采用 Mo - Co - Ni 体系和 W - Ni - Co 体系。最常用的加氢催化剂的载体是 γ - Al_2O_3，要求孔分布集中，绝大多数在 6~10nm 范围内。

③ 工业应用的预加氢催化剂。目前国内工业应用的催化重整原料预加氢催化剂主要有：CH - 3、3761、481 - 3、RN - 1、RS - 1、FDS - 4A、RS - 20、RS - 30 等，各种预加氢催化剂的活性组分和物化性状见表 9 - 11。这些催化剂出厂时均为氧化态形式，使用前需要进行预硫化。

表 9 - 11 国内预加氢催化剂的物化性质

催化剂牌号	性状	堆密度/(g/mL)	活性组分/载体
CH - 3	$\phi 1.8mm \times (6~8)mm$，条	0.75	Mo - Ni/γ - Al_2O_3
3761	$\phi 1.6mm \times (6~8)mm$，条	0.90~1.00	Mo - Co - Ni/γ - Al_2O_3
481 - 3	$\phi 2mm~3mm$，球	0.75~0.85	Mo - Co - Ni/γ - Al_2O_3
RN - 1	三叶草型 $\phi 1.4mm$，条	0.88	W - Ni/γ - Al_2O_3
RS - 1	三叶草型 $\phi 1.4mm$，条	0.75~0.80	W - Ni - Co/Al_2O_3 - SiO_2
FDS - 4A	$\phi 1.5mm~2.5mm$，球	0.75~0.85	Mo - Co/γ - Al_2O_3
RS - 20	三叶草型 $\phi 1.4mm$，条	0.95~1.00	W - Ni - Co/Al_2O_3
RS - 30	三叶草型 $\phi 1.4mm$，条	0.75~0.85	W - Ni - Co/Al_2O_3

（3）预加氢操作条件

除原料油性质和催化剂活性以外，影响预加氢效果的因素，主要是反应温度，压力、空速及氢油比等。

① 反应温度。反应温度提高使反应速度加快，因此提高温度可促进加氢反应，使精制油中杂质含量下降，但是，温度过高会加速裂化反应而使液体产物收率下降，而且催化剂上的积炭速率也会加快，因而缩短催化剂的寿命。一般预加氢的反应温度为 280~320℃，最高不超过 340℃。

② 反应压力。反应压力一般指循环氢中的氢分压。提高反应压力可促进加氢反应，增加加氢的深度，同时可以减少催化剂上的积炭，延长催化剂的寿命。但是，预加氢所用的氢气来源于重整部分，反应压力受重整压力限制而不能随意提高，在铂铼重整中预加氢的压力一般为 1.6MPa 左右，总压为 2.0~2.5MPa。

③ 空速。降低空速意味着增加原料油与催化剂的接触时间，可提高加氢深度，但过低的空速不仅会降低装置的处理能力，而且由于裂化反应增加而使液体收率下降，积炭增加，缩短催化剂的寿命。通常选用 4~10h^{-1}。

④ 氢油比。提高氢油比也就是提高了氢分压，有利于加氢反应，抑制催化剂上积炭，也有利于导出反应热。但在处理量不变的条件下，提高氢油比意味着缩短反应时间，对反应不利。因此，氢油比过高时，加氢深度不一定增加，产品质量也不一定变好。在工业装置上，预加氢用氢气来自重整部分。因此，氢油比受重整产氢量限制，一般直馏石脑油原料氢油体积比为 50～100。

4. 重整原料的脱水

从前分馏预处理流程中油气分离器出来的重整原料，或从后分馏中预处理流程中预分馏塔顶出来的拔头油中还溶解部分 H_2S、NH_3、H_2O 和 HCl。为了保护重整催化剂或拔头油后续加工的催化剂，必须将这部分溶解的杂质脱除。采用纯粹氢气汽提塔不能满足重整原料对杂质的要求，需要采用蒸馏汽提（脱水）塔。

蒸发脱水塔汽提段由多相共沸蒸馏过程所决定，塔板效率较低，实际塔板数一般为 20 块，不应少于 10 块；而且精馏段也需要一定的塔板数，以防止回流中水分对塔下段操作的影响。工业操作实践表明，当油中水含量达到重整原料油的要求时，原料油中的杂质，如硫、氮等含量也达到了规定的限制。

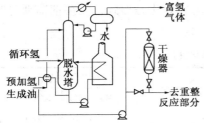

图 9 - 5　蒸馏脱水工艺流程

蒸馏脱水塔在约 1.0MPa 压力下操作，预加氢生成油经换热至 170℃（泡点温度）后进入脱水塔的上部，塔底有重沸炉将部分塔底油加热至全部汽化并稍过热后返回塔内，以提高塔底温度。塔顶产物是水和油的轻组分，经冷凝冷却后在回流罐中分成油和水两相，油相全部作塔顶回流，水相则排出，塔底得到几乎不含水的重整原料。蒸馏脱水流程见图 9 - 5。

5. 脱氯

直馏石脑油中氯主要以有机氯的形式存在，其含量与原油来源有关，一般在 30～40μg/g 左右。含有有机氯的原料油经过预加氢后，有机氯转化为氯化氢，会造成设备腐蚀。同时氯化氢与预加氢生成的氨结合生成氯化铵，造成管线堵塞。此外氯对重整催化剂也有毒害作用。

为了解决氯化氢造成的腐蚀设备、堵塞管线和对重整催化剂的危害，工业上在预加氢单元后增加脱氯罐，在与预加氢相同的条件下，使氯化氢与脱氯剂反应而脱除。可以使用的脱氯剂有：Fe_2O_3、Cu、Mn、Zn、Mg、Ni、NaOH、KOH、Na_2O、Na_2CO_3、CaO、$CaCO_3$等。

第五节　催化重整工艺

催化重整工艺生产过程包括原料预处理、重整、芳烃抽提和芳烃精馏四个主要部分。本节主要介绍重整反应工艺。目前工业应用的催化重整工艺主要是固定床重整工艺和移动床连续再生催化重整工艺，其中固定床工艺又分为固定床半再生式和固定床末反再生式或循环再生式重整工艺，移动床重整工艺又分轴向重叠式和水平并列式重整工艺。

一、重整反应系统的工艺流程

工业重整装置广泛采用的反应系统流程可分为两大类：固定床半再生式工艺流程和移动床连续再生式工艺流程。

1. 固定床半再生式重整工艺流程

固定床半再生式重整的特点是当催化剂运转一定时期后，活性下降而不能继续使用时，需就地停工再生(或换用异地再生好的或新鲜的催化剂)，再生后重新开工运转，因此称为半再生式重整过程。

(1) 典型的铂铼重整工艺流程

以生产芳烃为目的的铂铼双金属半再生式重整工艺原则流程如图9-6所示。

经预处理的原料油与循环氢混合，再经换热、加热后进入重整反应器。重整反应是强吸热反应，反应时温度下降，因此，为得到较高的重整平衡转化率和保持较快的反应速度，就必须维持合适的反应温度，这就需要在反应过程中不断地补充热量。为此，半再生式装置的

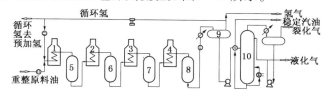

图9-6　铂铼重整反应原则流程
1、2、3、4—加热炉；5、6、7、8—重整反应器；
9—高压分离器；10—稳定塔

固定床重整反应器一般由三至四个绝热式反应器串联，反应器之间有加热炉加热到所需的反应温度。每半年至一年停止进油，全部催化剂就地再生一次。

反应器的入口温度一般为480～520℃，使用新鲜催化剂时，反应器入口温度较低，随着生产周期的延长，催化剂的活性逐渐下降，各反应器入口温度逐渐提高。铂铼重整反应的其他操作条件为：空速1.5～2h^{-1}，氢油比(体)约1200:1，压力1.5～2MPa。

自最后一个反应器出来的重整产物温度很高(490℃左右)，经换热和冷却后进入高压分离器，分出含氢85%～95%(体)的富氢气体送回反应系统作循环氢使用，分离出的重整生成油进入脱戊烷塔，塔顶蒸出≤C_4或C_5的组分，塔底作为芳烃抽提部分的进料油或高辛烷值汽油。

半再生重整过程的特点是：运转中的催化剂活性慢慢下降，逐渐提高反应温度，以保持产品辛烷值或芳烃产率。到了运转末期，反应温度相当高，加氢裂化等副反应增加，重整油收率下降，氢纯度降低，气体增加。

与其他重整过程相比，半再生重整过程反应系统简单，投资少，运转、操作与维护比较方便，因此该方法应用最多。半再生重整过程的缺点是：由于催化剂活性变化，要求不断提高反应温度，而且每年至少需要停工再生一次，影响全厂生产，装置开工率较低，由于催化剂活性和选择性在运转初期和末期不同，产品产率和质量不稳定，氢纯度也随活性下降而降低。近年来，双(多)金属的活性和选择性得到改进，使其能在苛刻条件下长期运转，发挥了它的优势。

(2) 麦格纳重整工艺流程

麦格纳重整属于固定床反应器半再生式过程，其反应系统工艺流程如图9-7所示。

麦格纳重整工艺的主要特点是将循环氢分为两路，一路从第一反应器进入，另一路则从第三反应器进入。在第一、二反应器采用高空速、较低反应温度(460～490℃)及较低氢油比(2.5～3)，这样可有利于环烷烃的脱氢反应，同时抑制加氢裂化反应；后面的1个或2个反应器则采用低空速、高反应温度(485～538℃)及高氢油比(5～10)，这样可有利于烷烃脱氢环化反应。这种工艺的主要优点是可以得到稍高的液体收率，装置能耗也有所降低。国

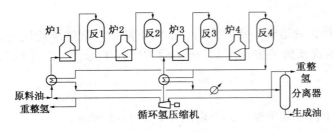

图 9-7　麦格纳重整反应系统工艺流程

内的固定床半再生式重整装置多采用此种工艺流程,这种流程也称作分段混氢流程。

(3) 固定床末反再生式重整工艺流程

根据催化重整装置最后一个反应器催化剂的积炭常常比前部反应器高数倍的特点,固定床末反再生式重整

过程为重整过程的最后一个反应器配备再生系统(图 9-8)。末反应器催化剂可以随时从工作系统切除,单独进行再生,而不必将全装置停工,解决了因再生停工的问题。

2. 连续再生式重整工艺流程

移动床反应器连续再生式重整(简称连续重整)的主要特征是设有专门的再生器,反应器和再生器都是采用移动床,催化剂在反应器和再生器之间不断地进行循环反应和再生,一般每 3～7d 全部催化剂再生一遍。

UOP 连续重整和 IFP 连续重整采用的反应条件基本相似,都用铂锡催化剂。从外观来看,UOP 连续重整的三个反应器是叠

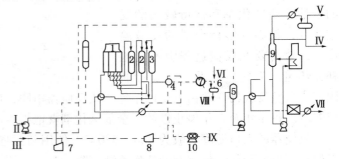

图 9-8　末反再生式重整流程
1—重整加热炉;2—重整反应器;3—再生反应器;4—再生气换热器;
5—重整分离器;6—再生分离器;7—氢压机;8—氮气压缩机;
9—稳定塔;10—空气压缩机
Ⅰ—原料油;Ⅱ—重整剩余氢;Ⅲ—氮气;Ⅳ—液化石油气;
Ⅴ—燃料气;Ⅵ—再生烟气;Ⅶ—稳定重整油;Ⅷ—脱出水;Ⅸ—空气

置的,称为轴向重叠式连续重整工艺。催化剂依靠重力自上而下依次流过各个反应器,从最后一个反应器出来的待生催化剂用氮气提升至再生器的顶部;IFP 连续重整的三个反应器则是并行排列,称为径向并列式连续重整工艺。催化剂在每两个反应器之间是用氢气提升至下一个反应器的顶部,从末段反应器出来的待生剂则用氮气提升到再生器的顶部。在具体的技术细节上,这两种技术也还有一些各自的特点。

连续重整技术是重整技术近年来的重要进展之一。它针对重整反应的特点提供了更为适宜的反应条件,因而取得了较高的芳烃产率、较高的液体收率和氢气产率,突出的优点是改善了烷烃芳构化反应的条件。

(1) 重叠式移动床连续重整工艺流程

UOP 重叠式移动床连续重整第一套装置于 1971 年 3 月在美国建成投产,采用常压再生工艺,反应压力 0.88MPa,再生压力为常压。1988 年 11 月第一套称为"加压再生工艺"的连续重整装置投产,反应压力降至 0.35MPa,再生压力增加到 0.25MPa,大大提高了连续重整的效率。1996 年 3 月最新的连续重整工艺开始问世,取名为"CycleMax",反应和再生压力与加压再生相同,但对再生工艺流程和控制作了很多改进。

UOP 连续重整反应部分采用三个重叠式径向反应器,催化剂在反应器内部靠重力自上而下流动,连续通过三个反应器。反应压力为 0.35MPa。反应物料从催化剂外侧环形分气空间(扇形管),横向穿过催化剂床层,进入中间收集管内。反应产物与氢气经过高压气液分离器分离后,分别去稳定塔或(脱 C_5 塔)和循环氢系统。

CycleMax 再生流程见图 9 -9。

待生催化剂从反应器底部出来，经过 L 阀用氢气提升到再生器顶部的分离料斗中。催化剂在分离料斗中用氢气吹出其中粉尘，含粉尘的氢气经过粉尘收集器和除尘风机返回分离料斗。

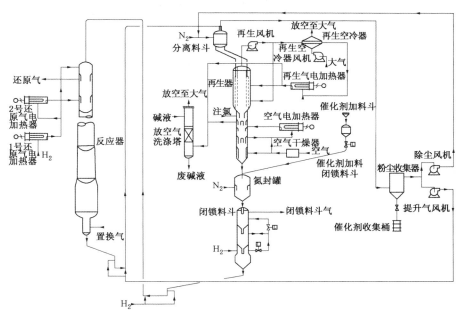

图 9 -9　CycleMax 工艺流程图

CycleMax 工艺的再生器分成烧焦、再加热、氯化、干燥、冷却五个区。催化剂进入再生器后，先在上部两层圆柱形筛网之间的环形空间进行烧焦，烧焦所用氧气由来自氯化区的气体供给，烧焦气氧含量 0.5% ~ 0.8%。再生器入口温度为 477℃，压力为 0.25MPa，烧焦后气体用再生风机抽出，经空冷器冷却（正常操作）或电加热器加热（开工期间）维持一定温度（477℃）后返回再生器。

烧焦后的催化剂向下进入再加热区，与来自再生风机的一部分热烧焦气接触，其目的是提高进入氯化区催化剂的温度，同时保证使催化剂上所有的焦炭都烧尽。

催化剂从烧焦和再加热区向下进入同心挡板结构的氯化区进行氯化和分散金属，同时通入氯化物，氯化物进入再生器的温度为 510℃。然后再进入干燥区用热干燥气体进行干燥。热干燥气体来自再生器最下部的冷却区气体和经过干燥的仪表风，进入干燥区前先用电加热器加热到 565℃。从干燥区出来的干燥空气，根据烧焦需要一部分进入氯化区，多余部分引出再生器。

催化剂从干燥区进入冷却区，用来自干燥器的空气进行冷却，其目的是降低下游输送设备的材质要求和有利于催化剂在接近等温条件下提升，同时可以预热一部分进入干燥区的空气。

干燥和冷却后的催化剂经过闭锁料斗提升到反应器上方的还原罐内进行还原。闭锁料斗分成分离、闭锁、缓冲三个区，按准备、加压、卸料、泄压、加料五个步骤自动进行操作，缓冲区进气温度 150℃。还原罐上下分别通入经过电加热器加热到不同温度的重整氢气，上部还原区 377℃，下部还原区 550℃。还原气体由还原罐中段引出，还原后的催化剂进入第一反应器，并回落到第三反应器，同时进行重整反应，从而构成一个催化剂循环回路。

采用 CycleMax 催化剂再生工艺连续重整装置的重整反应数据和催化剂再生条件见表 9-12和表 9-13。

表 9-12　CycleMax 工艺重整反应数据

原料性质	
密度(20℃)/(g/mL)	0.734
馏程/℃	初馏：77、10%：89、50%：110、90%：140、终馏：158
族组成/%	烷烃 52.63、环烷 37.93、芳烃 9.44
反应条件	
催化剂	GCR-100
反应温度/℃	WAIT 520，WABT 490
体积空速/h^{-1}	1.98
氢油摩尔比	2.5
产物分离罐压力/MPa	0.24
产品收率	
C_5^+ 收率/%	89.4
C_5^+ 产品 RONC	100.7
芳烃产率/%	66.65
纯氢产率/%	3.57

表 9-13　CycleMax 工艺催化剂再生条件

催化剂再生速率/(kg/h)	454
再生器压力/MPa	0.25
气体入口温度/℃	燃烧区 476，干燥区 538
	还原区 1 号加热器 385，还原区 2 号加热器 495
气体流量/(Nm³/h)	燃烧区入口 16159，干燥区入口 391
	还原区 1 号加热器 798.02，还原区 2 号加热器 1504.61
催化剂损耗/(kg/d)	0.98

（2）并列式移动床连续重整工艺流程

IFP 早期开发的连续重整技术的反应系统流程与半再生基本相同，只是催化剂可以移动。随后陆续开发了 Regen B、Regen C 和 Regen C2 工艺，这里重点介绍 Regen B 工艺流程。

IFP Regen B 连续再生重整工艺的主要特点是重整反应压力由 0.8MPa 降低到 0.35MPa，再生器压力稍高于第一反应器；催化剂的再生由分批改为连续，再生器自上而下分成一段烧焦、二段烧焦、氧化氯化和焙烧等区；用电加热器代替加热炉加热再生气；减少了催化剂输送的专用阀门；设置氮气提升气循环系统，待生及再生催化剂的提升气体均由氢气改为氮气。Regen B 工艺流程见图 9-10。

待生催化剂从最后一个反应器出来，用来自提升氮气压缩机的氮气提升到再生器上的上部缓冲料斗内，然后经过闭锁料斗进入再生器。催化剂在第一区即一段烧焦区内将大部分焦炭烧掉，然后进入二段烧焦区，在更高的温度下将剩余的焦炭烧净，然后再依次通过氧化氯

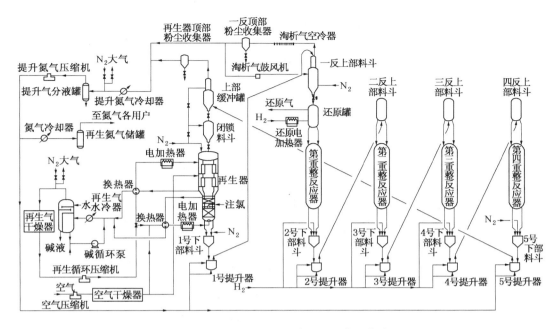

图 9-10　IFP Regen B 连续重整反应系统流程

化区和焙烧区。再生器压力 0.545MPa，一段烧焦区的气体入口温度为 420 ~ 440℃，二段烧焦、氧化氯化区和焙烧区的出口温度分别为 480 ~ 510℃、480 ~ 515℃ 和 500 ~ 520℃。一段烧焦区和焙烧区的气体入口含氧量分别为 0.5% ~ 0.7% 和 4% ~ 6%，二段烧焦区控制出口含氧量为 0.25% 左右。

　　再生气从再生气压缩机出来分成两部分：主要的一部分经换热器和电加热器加热后为两段烧焦用；另一部分与空气混合，经换热器、电加热器加热后作焙烧气体，然后进入氧化氯化区并注入氯化物。从再生器出来的上、下两股气体混合后进入洗涤塔，进行碱洗和水洗。再生气通过压缩机循环，再生系统压力用洗涤塔顶放空气控制。

　　焙烧后的催化剂从再生器出来，在氮气环境下用压缩机送来的氮气提升到第一反应器上面的上部料斗，催化剂淘析粉尘用鼓风机和粉尘收集器分离回收。淘析粉尘后的催化剂进入还原罐，在 0.495MPa 压力下用 480℃ 热氢气还原。还原后的再生催化剂依次通过四个反应器进行反应。催化剂由前一个反应器到后一个反应器用氢气提升。

　　IFP 在进一步完善连续再生技术 Regen B 的基础上，开发了 Regen C 催化剂连续再生工艺。将焙烧气由再生循环气改为空气，氧氯化气单独放空，并改变了再生器烧焦控制条件与方式。催化剂循环和再生都是自动操作，催化剂连续进入再生器后，按一定程序依次进行两段烧焦，氧化氯化和焙烧。

　　经过一个阶段的实践，IFP 对 Regen C 流程又作了改进，称为 Regen C_2，修改了再生部分的气体流程，氧化氯化气与焙烧气仍分开，但为了节省能耗，取消了单独的氧化氯化气放空罐，焙烧气体由空气改为空气与再生气的混合物，维持氧含量为 10% 左右，一段烧焦的氧气由再生气带入，用再生气氧分析仪和焙烧气氧分析仪串级控制。

　　（3）低压组合床工艺

　　组合床重整工艺前端采用固定床反应器，后部或最末一台反应器采用移动床反应器并设置一套催化剂连续再生系统。我国独立开发的一套称为低压组合床重整技术于 2001 年 3 月建成投产，重整一、二反应器采用半再生固定床重整工艺，使用高活性、高稳定性的铂铼重整催化剂，三、四反应器采用移动床连续重整工艺，使用新一代高选择性、高热稳定性的铂锡重整催化剂，并设有独特的催化剂连续再生系统，工艺流程见图9－11。

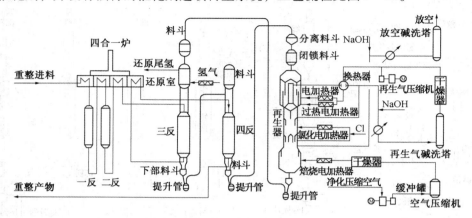

图9－11　低压组合床重整工艺流程

重整原料首先在一反和二反两个固定床反应器内反应，然后与三反顶部下来的再生催化剂混合在三反和四反两个移动床反应器继续反应，与催化剂分离后进入后续工艺。

从四反出来的催化剂提升到再生器上部的分离漏斗和闭锁漏斗，然后进入再生器进行烧焦和氯化。烧焦和氯化后的催化剂提升到三反顶部的闭锁漏斗中，然后进入还原室进行还原。还原后进入移动床反应器。经过干燥的压缩空气进入再生器焙烧区，Cl进入再生器氯化区。再生气体从再生器烧焦区抽出，经换热及进一步冷却、碱洗后，进入干燥器进行干燥，然后再经加热后循环回到再生器烧焦区。氯化区气体因含氯较高，将其从再生器氯化区抽出，与再生循环气混合后碱洗。闭锁料斗布置在再生器的上方，设计为无阀输送，靠气流（气流由下往上流动，催化剂由上往下流动）产生的压力差来控制催化剂的流动，当气流停止时，催化剂的流动恢复。为配合闭锁料斗的设置，在再生器上部设置了缓冲区，用来缓冲从闭锁料斗批量下来的催化剂，使催化剂能完全连续地进入烧焦区、氯化区及焙烧区。

低压组合床重整主要操作数据见表9－14。

表9－14　低压组合床重整主要操作数据

原料性质	
馏程/℃	36 ~ 165
组成(烷烃/环烷烃/芳烃)/%	60.76/27.71/11.53
操作条件	
催化剂	一、二反 CB－7/三、四反 GCR－100
反应器入口温度/℃	一、二反 490/三、四反 515
产物分离罐压力/MPa	0.75
氢烃摩尔比	4.7
质量空速/h^{-1}	1.78
催化剂装填比例	11/18/25/46
再生器压力/MPa	0.916
产品性质及收率	
C_5^+ 辛烷值(RON)	100.8
C_5^+ 收率/%	87.05
纯氢产率/%	3.12

二、重整反应影响因素

影响重整反应的主要操作因素除原料及催化剂的性能以外，主要是反应温度、压力、空速和氢油比。为了更好地指导生产，就要根据生产的目的和重整化学反应的规律，正确掌握各个因素的作用，确定合理的操作条件。

1. 反应温度

对催化重整反应，反应温度是最重要的影响因素。提高反应温度不仅能使化学反应速度加快，而且对强吸热的脱氢反应的化学平衡也很有利。提高反应温度可以提高芳烃产率和重整生成油的辛烷值。但是，反应温度过高会使加氢裂化反应加剧、液体产物收率下降，催化剂积炭加快以及受到设备材质的限制。因此，在选择反应温度时应综合考虑各方面的因素。工业重整反应器的加权平均入口温度多在 480 ~ 530℃ 范围。在操作过程中随着反应时间的推移，催化剂因积炭而活性下降，为了维持足够的反应速度，需用逐步提温办法来弥补催化剂活性的损失，故操作后期的反应温度要高于初期。

催化重整采用 3 ~ 4 个串联的绝热反应器，各个反应器内的反应情况是不一样的。例如，环烷脱氢反应主要是在前面的反应器内进行，而反应速度较低的加氢裂化反应和环化脱氢反应则延续到后面的反应器。因此，应当按各个反应器的反应情况分别采用不同的反应条件。近年来，多数重整装置趋向于采用前面反应器的温度较低、后面反应器的温度较高的方案。

图 9 – 12 为某重整反应器温度分布图，由图可以看出，各反应器的温降差异很大。温降最大的是第一反应器 ΔT_1，这是由于第一反应器中主要进行的是速度最快且强吸热的六元环烷烃脱氢反应；第二反应器里的化学反应，主要进行五元环烷烃异构脱氢，还伴随一些放热的裂化反应，因而第二反应器的温降 ΔT_2 比 ΔT_1 显著减少；到后部第三和第四反应器时，环烷脱氢几乎很少，所发生的吸热反应是以烷烃环化脱氢反应为主，伴随的副反应除裂化反应外，还有歧化、脱烷基等，多是放热反应，因此，后部反应器的温降

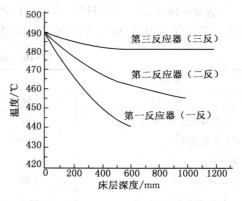

图 9 – 12 某重整反应器温度分布

（ΔT_3、ΔT_4）就更小了。总的趋势是：$\Delta T_1 > \Delta T_2 > \Delta T_3 \Delta T_4$。

由前部反应温降曲线可以看出，反应温降主要集中在反应器床层顶部，在床层下部很大区域中几乎没有温降。因此，为了有效地利用催化剂，各反应器催化剂装填比例是很重要的。把过多的催化剂装入前部反应器实际上是一种浪费。为了促进反应速度较慢的烷烃环化和异构化等反应，重整各反应器催化剂常采用前面少，后面多的装填方式。在使用四个反应器串联时，催化剂的装入比例一般为 10 : 15 : 30 : 45。表 9 – 15 是重整各反应器的催化剂装入比例及各反应器床层温降。

表 9 – 15　催化剂装入比例及床层温降

项　　目	第一反应器	第二反应器	第三反应器	第四反应器
催化剂装入比例/%	10	15	30	45
温降/℃	76	41	18	8

由于催化剂床层温度是变化的，所以常用加权平均温度来表示反应温度。所谓加权平均温度(或称权重平均温度)，就是考虑到处于不同温度下的催化剂数量而计算得到的平均温度。定义如下：

加权平均入口温度($WAIT$)为各反应器催化剂装量分数与反应器入口温度乘积之和，即：

$$WAIT = \sum_{i=1}^{3 \sim 4} x_i T_{i入}, (i_{max} = 3 \text{ 或 } 4)$$

加权平均床层温度为各反应器催化剂装置分数与反应温度入口和出口平均温度的乘积之和，即：

$$WABTD = \sum_{i=1}^{3 \sim 4} x_i \frac{T_{i入} + T_{i出}}{2} (i_{max} = 3 \text{ 或 } 4)$$

式中　x_i——各反应器内装入催化剂量占全部催化剂量的分率；

　　　$T_{i入}$——各反应器的入口温度；

　　　$T_{i出}$——各反应器的出口温度。

工业上常采用加权平均进口温度来表示反应器温度，一般控制在 480～530℃。在研究法辛烷值(RON)90～95 范围内，加权平均进口温度每提高 2～3℃，重整生成油的 RON 可以提高 1 个单位；在 RON95～100 范围内，加权平均进口温度每提高 3～4℃，重整生成油的辛烷值可以提高 1 个单位。

表 9－16 列出了采用相同原料和国产 PS－Ⅵ催化剂，在空速为 1.2h⁻¹、氢油摩尔比为 2.5、反应压力 0.35MPa 条件下，反应温度对重整反应的影响。

表 9－16　反应温度对重整反应的影响

$WAIT$/℃	521	526	531	536
$WABT$/℃	488	493	498	504
C_5^+ 产品研究法辛烷值	102	103	104	105
C_5^+ 产品液收/%	87.43	86.59	85.59	84.22
芳烃产率/%	69.48	70.38	71.18	71.90
纯氢产率/%	3.85	3.89	3.95	4.03
催化剂积炭速率/(kg/h)	38.0	45.2	54.9	68.7

由表 9－16 可知，随着反应温度升高，重整产品辛烷值升高，芳烃产率和纯氢产率增加，产品液收下降，催化剂积炭速率加快。

2. 反应压力

提高反应压力对生成芳烃的环烷脱氢、烷烃脱氢环化反应不利，但对加氢裂化反应有利降低反应压力对脱氢生成芳烃的反应有利。但是，在低压下积炭速度较快，操作周期缩短。如何选择最适宜的反应压力，还要考虑到原料的性质、催化剂的性能和工艺类型。例如，高烷烃原料比高环烷烃原料容易生焦，重馏分也容易生焦，对这类易生焦的原料通常要采用较高的反应压力。催化剂的容焦能力大、稳定性好，则可以采用较低的反应压力。例如，铂铼等双金属及多金属催化剂有较高的稳定性和容焦能力，可以采用较低的反应压力，既能提高芳烃转化率，又能维持较长的操作周期。半再生式铂铼重整一般采用 1.8MPa 左右的反应压力，新一代的连续再生式重整装置的压力已降低到 0.35MPa。

由于最后一个反应器的催化剂一般占催化剂量的 50%。所以，通常以最后一个反应器入口压力表示反应压力。

采用相同原料和国产 PS‑Ⅵ 催化剂，在空速为 1.2h⁻¹、氢油摩尔比为 2.5、反应温度 535℃ 条件下，反应压力对重整反应的影响见表 9‑17。

表 9‑17　反应压力对重整反应的影响

平均反应压力/MPa	0.30	0.35	0.40
C_5^+ 产品研究法辛烷值	105.2	105.1	105
C_5^+ 产品液收/%	85.08	84.22	83.35
芳烃产率/%	72.70	71.90	71.06
纯氢产率/%	4.08	4.03	3.87
催化剂积炭速率/(kg/h)	70.6	68.7	66.9

由表 9‑17 可见，随着反应压力降低，重整产品辛烷值提高，芳烃产率、纯氢产率和产品液收增加下降，催化剂积炭速率加快。

目前半再生重整工业装置的反应压力为 1.0～1.5 MPa，连续重整工业装置的反应压力最低为 0.35 MPa。

3. 空速

空速用单位时间内通过单位催化剂上的原料油数量来表示，分为体积空速($LHSV$)和质量空速($WHSV$)。

$$质量空速 = \frac{原料油流量(t/h)}{催化剂总装量(t)}$$

$$体积空速 = \frac{原料油流量(m^3/h)}{催化剂总装量(m^3)}$$

空速反映了原料与催化剂的接触时间的长短，降低空速可以使反应物与催化剂的接触时间延长。催化重整中各类反应的反应速度不同，空速的影响也不同。环烷烃脱氢反应的速度很快，在重整条件下很容易达到化学平衡，空速的大小对这类反应影响不大；但烷烃环化脱氢反应和加氢裂化反应速度慢，空速对这类反应有较大的影响。所以，在加氢裂化反应影响不大的情况下，采用较低的空速对提高芳烃产率和汽油辛烷值有利。

以生产芳烃为目的时，采用较高的空速；以生产高辛烷值汽油为目的时，采用较低的空速，以增加反应深度，使汽油辛烷值提高，但空速太低加速了加氢裂化反应，汽油收率降低，导致氢消耗和催化剂结焦加快。

选择空速时还应考虑到原料的性质。对环烷基原料，可以采用较高的空速；而对烷基原料则需采用较低的空速。

采用相同原料和国产 PS‑Ⅵ 催化剂，在反应压力 0.35 MPa、氢油摩尔比为 2.5 条件下，体积空速对重整反应的影响见表 9‑18。

表 9‑18　体积空速对重整反应的影响

$LHSV$/h⁻¹	1.64	1.97	$LHSV$/h⁻¹	1.64	1.97
处理量/(kg/h)	125000	150000	芳烃产率/%	72.29	72.41
$WAIT$/℃	523	522.9	纯氢产率/%	3.58	3.61
C_5^+ 产品研究法辛烷值	102	102	催化剂积炭速率/(kg/h)	26.40	30.98
C_5^+ 产品液收/%	90.47	90.71			

由表 9 - 18 可见，对于连续重整装置，反应器的尺寸和催化剂装量已定，提高空速就增加了处理量。空速从 1.64 提高到 1.97，处理量扩大了 1.2 倍。在产品辛烷值保持不变的情况下，反应温度提高了 5℃，积炭速率增加。但是，空速对产品液收、芳烃产率、纯氢产率影响不大。

目前重整工业装置采用的体积空速为 $1.0 \sim 2.0 \ h^{-1}$。

4. 氢油比

氢油比表示循环氢量与重整进料量的比值，常用两种表示方法，即氢油摩尔比和氢油体积比，即：

$$氢油摩尔比 = \frac{循环氢流量(kmol/h)}{原料油流量(kmol/h)}$$

$$氢油体积比 = \frac{循环氢流量(Nm^3/h)}{原料油流量(m^3/h，按 20℃液体计)}$$

在重整反应中，除反应生成的氢气外，还要在原料油进入反应器之前混合一部分氢，这部分氢并不参与重整反应，工业称之为循环氢。循环氢的作用是：抑制生焦反应，减少催化剂上积炭，保护催化剂的活性；起到热载体的作用，减小反应床层的温降；稀释原料，使原料更均匀地分布于催化剂床层。

在总压不变时，提高氢油比意味着提高氢分压，不利于脱氢和脱氢环化反应，增加了加氢裂化反应，但是有利于抑制催化剂上积炭。提高氢油比使循环氢量增大，压缩机消耗功率增加。在氢油比过大时，由于减少了反应时间，转化率降低。

采用 PS - VI 催化剂，氢油比对催化重整反应的影响见表 9 - 19。

表 9 - 19　氢油比对催化重整反应的影响

氢油摩尔比	2.0	2.5	3.0
$WAIT$/℃	539	536	533
$WABT$/℃	505	504	504
C_5^+ 产品研究法辛烷值	105	105	105
C_5^+ 产品液收/%	84.54	84.22	83.90
芳烃产率/%	72.18	71.90	71.65
纯氢产率/%	4.06	4.03	3.99
催化剂积炭速率/(kg/h)	80.8	68.7	59.7

由表 9 - 19 可见，在保证相同辛烷值时，随着氢油比增加，产品液收、芳烃产率、纯氢产率略有下降，但是变化不大，但是催化剂积炭大幅度减少。

由此可见，对于稳定性高的催化剂和生焦倾向小的原料，可以采用较小的氢油比，反之则需用较大的氢油比。使用铂铼催化剂时一般 <5，新的连续再生式重整则进一步降至 1~3。

第六节　重整反应器与再生器

一、重整反应器的结构

工业用重整反应器按内部器壁上有无隔热衬里分为冷壁和热壁反应器；按油气在反应器内的流动方向分为轴向反应器和径向反应器；按催化剂在反应器内是否流动分为固定床反应器和移动床反应器。

冷壁式反应器是应用较早的反应器，壳体由普通碳钢制成，壳体内衬隔热衬里，防止碳钢壳体受高温氢气的腐蚀，兼有保温和降低外壳壁温的作用。隔热衬里一旦损坏，就会造成反应器器壁超温，只有停车卸出催化剂进行修补。随着 Cr－Mo 低合金钢材和容器制造技术的发展，20 世纪 80 年代后，反应器基本上不采用冷壁式而采用热壁式。

轴向反应器为空筒式反应器，反应物料自上而下沿轴向通过。为了使原料气沿整个床截面分配均匀，在入口处设有分配器。反应器中部放置催化剂，上部和下部装填惰性瓷球，以免在操作变化时，催化剂床层波动而使催化剂破碎。轴向反应器结构简单，但是气体不易均匀，影响反应效率，同时床层压降比较大(见表 9－20)，不符合低压重整的需要，因此被径向反应器所取代。

表 9－20　两种反应器压降的比较　　　　　　　　　　　　kPa

反应器形式	第一反应器	第二反应器	第三反应器	第四反应器	合计
径向反应器	40.99	20.12	19.10	18.67	98.88
轴向反应器	35.74	56.47	140.52	187.77	420.50

注：计算条件处理量 $15 \times 10^4 t/a$，操作压力 1.5MPa(表)，反应温度，520℃，氢油比 1200:1(体)。催化剂装入量比例为 1:1.5:3.5:4。

所以，目前工业重整装置所采用的反应器如无特殊指明，应为热壁式径向固定床或移动床反应器。固定床反应器用于半再生重整装置，移动床反应器用于连续重整装置。

1. 固定床径向反应器

固定床径向反应器的结构如图 9－13 所示。

径向反应器是由壳体、进料分配器、中心管、活动罩帽和扇形筒等部件组成。催化剂装填在中心管和扇形筒之间的环形空间，床层上面装填瓷球或废催化剂，床层下面装填瓷球。原料由上部入口经过进料分配器后，受罩帽阻碍而进扇形筒。扇形筒开有长形小

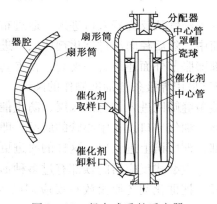

图 9－13　径向式重整反应器

孔，气流经长形小孔，以径向进入催化剂层，与催化剂接触发生反应，然后进入中心管，中心管由内、外两层套管组成。套管上开有形状不同的小孔，反应产物通过这两层中心管的小孔进入中心管，然后从下部出口流出。

径向反应器与轴向重整反应器的最大区别是在反应器中心设置了一根中心管，在器壁设置了若干扇形筒以及它们之间的连接件，实现油气的径向均匀流动和床层压降的下降。

2. 重叠式反应器

重叠式反应器通常由四台反应器构成，见图 9－14。

重叠式反应器的每一台反应器内件均由一根中心管、8~15 根催化剂输送管、布置在器壁的若干扇形筒和连接中心管与扇形筒的盖板组成，见图 9－15 所示。催化剂从还原段通过催化剂输送管进入一反的中心管和扇形筒之间的催化剂床层，靠势能缓慢地向下流动，直至反应器底部，然后经底座上的引导口，通过催化剂输送管进入二反。照此，直至催化剂进入末反下部的催化剂收集器，最后从催化剂出口流出。

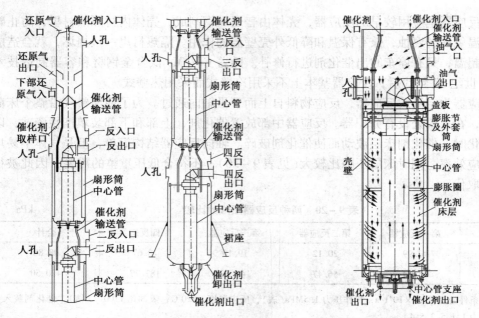

图 9 – 14　重叠式反应器　　　　　　图 9 – 15　重叠式反应器中部物流示意图

油气从反应器入口进入，通过布置在器壁的扇形筒顶部 D 字形升气管均匀地流入扇形筒中，然后径向流过催化剂床层，进入中心管，从反应器上部出口流出。此外，在中心管上部膨胀节外面还设有一夹套，在夹套上部周围方向开设若干通气孔，夹套下部（位于盖板之下）是用焊接条缝筛网制作的圆筒，一小部分油气进入夹套上的通气孔，再从盖板下部的焊接条缝筛网进入催化剂床层，防止催化剂向中心管聚集，形成死区。早期的重叠式重整反应器，油气出口设在中心管的底部，即所谓上进下出，近期的反应器油气出口设在中心管的上部，即所谓上进上出，这样的改进更有利于油气在床层中的均匀分配。

重叠式反应器的顶部有过多种形式。主要区别是设不设催化剂还原段和何种形式的还原段。把催化剂还原段放在反应器的顶部，便于反应再生系统的布置，但增加了反应器的总高，对制造、运输不利。

重叠式反应器的最末一级反应器，在底部设有催化剂收集器和引出口，在中心管底部支座上设置有用 8 个或 10 个隔板分成的环形催化剂出口，下面的锥形段也用导向叶片分割成同样数量的小区，相互对应，引导催化剂从下部流出。

3. 并列式反应器

并列式反应器内件由中心管、大直径外筛网、套筒、盖板、催化剂进出口及催化剂输送管组成（见图 9 – 16）。催化剂从顶部催化剂入口进入，经输送管进入中心管和外筛网之间的催化剂床层，向下流动，从底部催化剂出口流出。油气从原料入口进入，经进料分配器进入大直径外筛网与反应器器壁之间的环形空间，然后径向流过催化剂床层，进入中心管，从下部反应器出口流出。

二、重整反应器的工艺计算

1. 总物料平衡和芳烃转化率的计算

重整装置的产物通常包括以下 4 个部分：

① 脱戊烷油，即脱戊烷塔底产物；

② 戊烷油，或称液态烃，即脱戊烷塔塔顶液体产物；

③ 裂化气，即脱戊烷塔塔顶气体产物。有的装置在流程中在脱戊烷塔之前还有一个脱丁烷塔。此时，裂化气应包括脱丁烷塔顶气体和脱戊塔顶气体两项；

④ 重整氢，即出重整系统的富氢气体。

目的产物芳烃都含于脱戊烷油中。已知脱戊烷油的收率和脱戊烷油中的芳烃含量即可计算出芳烃的产率和转化率。

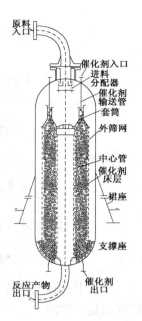

图 9 – 16　大型外筛网并列式反应器

【例 9 – 1】　某铂重整装置每小时进料 18.6t，进料油含 C_6 环烷 9.98%，C_7 环烷 18.3%、C_8 环烷 12.59%、苯 1.41%、甲苯 4.07%、乙苯 0.41%、间对二甲苯 2.49%、邻二甲苯 0.64%（均为质量百分数）。经重整后得脱戊烷油 16.63t、戊烷油 0.54t、脱戊烷塔顶气体 0.09t、脱丁烷塔顶气体 0.64t、重整氢 0.63t。脱戊烷油中含苯 6.96%、甲苯 20.02%、乙苯 2.33%、间对二甲苯 9.24%、邻二甲苯 3.29%、重芳烃 2.52%（均为质量百分数）。试作总物料平衡，计算芳烃产率和转化率。

解： 按 1h 进料为基准进行计算。

（1）总物料平衡

入　　方			出　　方		
项　　目	t/h	%	项目	t/h	%
进料	18.6	100.0	脱戊烷油	16.63	89.4
			戊烷油	0.54	2.9
			裂化气	0.73	3.9
			重整氢	0.63	3.4
			损失	0.07	0.4
合计	18.6	100.00	合计	18.6	100.00

（2）芳烃产率

苯产率 ＝ 脱戊烷油收率 × 脱戊烷油中苯的含量（%）
$$= 89.4\% \times 6.96\% = 6.23\%$$

甲苯产率 ＝ 89.4% × 20.02% = 17.9%

C_8 芳烃产率 ＝ 89.4% ×（2.33 + 9.24 + 3.29）%
$$= 13.3\%$$

总芳烃产率 ＝ 6.23% + 17.9% + 13.3%
$$= 37.43\%（不包括重芳烃）$$

（3）计算芳烃潜含量

$$苯潜含量 = 9.98 \times \frac{78}{84} + 1.41\% = 10.68\%$$

$$甲苯潜含量 = 18.38\% \times \frac{92}{98} + 4.07 = 21.32\%$$

$$C_8\ 芳烃潜含量 = 12.59\% \times \frac{106}{112} + 0.41\% + 2.49\% + 0.64\%$$

$$= 15.44\%$$

$$芳烃潜含量 = 10.68\% + 21.32\% + 15.44\% = 47.44\%$$

（4）计算芳烃转化率

$$苯转化率 = \frac{苯产率}{苯潜含量} = 58.4\%$$

同理：

$$甲苯转化率 = \frac{17.9\%}{21.32\%} = 84\%$$

$$C_8\ 芳烃转化率 = \frac{13.3\%}{15.44\%} = 86.3\%$$

$$总芳烃转化率 = \frac{37.43\%}{47.44\%} = 79\%$$

由以上计算结果可见：相对分子质量越大的环烷烃越容易转化成芳烃，这点与以前讨论的规律是一致的。

在生产中，为了了解反应器的效率，有时需要考察各个反应器的芳烃转化率。此时，除了需要知道进料的流量和组成外，还需要从各反应器的出口处采样，经冷凝冷却后测量其中的气体和液体量，以计算所采样中液体所占的百分含量，同时分析所采液体中各芳烃的含量。

【例9-2】 接上例，重整进料油 18.6t/h，循环氢 30000 标 m^3/h，循环氢密度 0.195kg/标 m^3。各反应器出口采样的气体和液体量如下：

反 应 器	气体量/kg	液体量/kg	液体/%
一反	0.1254	0.3330	72.6
二反	0.1500	0.3650	71.0
三反	0.2270	0.3849	63.0

各反应器采样的液体中的芳烃含量如下：

%

项 目	一反	二反	三反
苯	3.68	5.37	6.08
甲苯	11.65	18.45	22.25
乙苯	1.57	2.36	2.68
间，对二甲苯	5.97	9.04	10.83
邻二甲苯	1.94	3.14	3.83
重芳烃	1.22	2.21	2.93

试分析各反应器的芳烃转化情况。

解：

（1）先计算各反应器的液体收率（对一反进料）

进一反循环氢流量 = 30000 × 0.195 = 5.85 × 10^3kg/h

412

进一反原料油流量 $= 18.6 \times 1010^3 \mathrm{kg/h}$

进一反物料中液体的量：$= \dfrac{18.5 \times 10^3}{18.5 \times 10^3 + 5.85 \times 10^3}$

$$= 76.2\%$$

各反应器的液体收率（对一反进料，累计）$= \dfrac{\text{采样中液体}\%}{\text{一反进料中液体}\%}$

所以：

$$\text{一反液体收率} = \frac{72.6}{76.2} = 95.4\%$$

$$\text{二反液体收率} = \frac{71}{76.2} = 93.2\%$$

$$\text{三反液体收率} = \frac{63}{76.2} = 82.8\%$$

（2）计算各反应器累计芳烃产率

$$\text{各反应器累计芳烃产率} = \text{液体收率} \times \text{所采液体样中的芳烃含量}$$

例如：

$$\text{一反苯的产率} = 95.4\% \times 3.66\% = 3.49\%$$
$$\text{二反苯的产率} = 93.2\% \times 5.37\% = 5\%$$

依次类推。

（3）计算各反应器的累计芳烃转化率

$$\text{各反应器的累计芳烃转化率} = \frac{\text{该反应器的芳烃产率}}{\text{原料的芳烃潜含量}}$$

例如：

$$\text{一反累计苯转化率} = \frac{3.49}{10.68} = 32.7\%$$

$$\text{二反累计苯转化率} = \frac{5}{10.68} = 46.8\%$$

依次类推。

（4）计算各反应器中新生成的芳烃

各反应器中新生成的芳烃 = 该反应器的累计芳烃产率 - 前一反应器的累计芳烃产率

例如：$\quad$ 一反新生成苯 $= 3.49\% - 1.41\% = 2.08\%$（对原料油）

$\qquad\qquad$ 二反新生成苯 $= 5\% - 3.49\% = 1.51\%$（对原料油）

依次类推。

步骤（2）至步骤（4）的计算结果汇总如下表：

项　　目	累计芳烃产率/%			累计芳烃转化率/%			新生成芳烃/%		
	一反	二反	三反	一反	二反	三反	一反	二反	三反
苯	3.49	5	5.05	32.70	46.80	47.30	2.08	1.51	0.05
甲苯	11.10	17.2	18.45	52.10	80.70	86.50	7.03	6.1	1.25
C_8 芳烃	9.07	13.54	14.35	58.80	87.70	93.10	5.53	4.47	0.81
$C_8 \sim C_9$ 芳烃	23.66	35.74	37.85	50.00	75.50	79.80	14.64	12.08	2.11
重芳烃	1.16	2.06	2.43	—	—	—	1.16	0.89	0.37

以上按三反生成油计算的芳烃转化率与上例中按脱戊烷油计算的数值稍有出入。其中脱戊烷油中的苯比三反生成油中的苯有所增加，而 C_8 芳烃则稍有减少，至于甲苯则变化不大，

这可能是计量和分析引起的误差，但也可能是由于在后加氢反应器中，部分 C_8 芳烃发生了脱甲基反应造成的结果。一般情况下，反应器出口采样的方法比较容易引起一定的误差。

比较 3 个反应器中转化生成芳烃的情况，可以看到一反转化最多、二反次之、而三反则差得多。从各反应器的液体收率看，在三反中液体收率下降得较多，这说明在三反中进行较多的加氢裂解反应。

2. 氢平衡——加氢裂解耗氢量的计算

在重整过程中脱氢反应放出氢，而加氢裂解反应则消耗氢，实际得到的氢是二者之差，因此，可以利用实得氢量和脱氢反应放出的氢量来计算加氢裂解消耗的氢量。

【例 9 −3】 某铂重整装置每小时进料 13.1t，原料中含苯 0.4%、甲苯 1.4%、C_8 芳烃 0.4%、C_9 芳烃。脱戊烷油收率 84.6%，脱戊烷油中含苯 11.8%、甲苯 18.4%、C_8 芳烃 9.8%、C_9 芳烃 1.8%，重整氢含量 90%（体），计 2530 标 m^3/h，裂化气 397 标 m^3/h，其中含氢 21.6%（体）。

试计算加氢裂化耗氢量。

解：

（1）计算脱氢反应放出氢

对铂重整，可以认为全部放出的氢都是由环烷烃脱氢而得，但对铂铼或多金属重整则必须还考虑烷烃的环化脱氢反应，本例题是铂重整，因此只考虑环烷烃的脱氢反应。

$$脱戊烷油中的苯 = 13100 \times 84.6\% \times 11.8\%$$
$$= 1310 kg/h$$
$$原料油中的苯 = 13100 \times 0.4\% = 52.4 kg/h$$
$$生成的苯 = 1310 − 52.4 = 1257.6 kg/h$$

用同样方法计算得：

$$生成甲苯时放出氢 = 121 kg/h$$
$$生成 C_8 芳烃时放出氢 = 58.5 kg/h$$
$$生成 C_9 芳烃时放出氢 = 9.97 kg/h$$

所以：

$$环烷烃脱氢反应共放出氢 = 96.8 + 121 + 58.7 + 9.97$$
$$= 286.27 kg/h$$

（2）计算实得氢

$$重整氢中纯氢量 = 2530 \times 90\%$$
$$= 2280 Nm^3/h$$
$$或 = \frac{2280}{22.4} \times 2 = 204 kg/h$$
$$裂化气中纯氢量 = 397 \times 21.6\%$$
$$= 85.7 \ m^3/h$$
$$或 = \frac{85.7}{22.4} \times 2 = 7.65 kg/h$$

所以：

$$实得纯氢量 = 204 + 7.65$$
$$= 211.65 kg/h$$

加氢裂解反应耗氢量 = 286.27 - 211.65

$$= 74.62 kg/h$$

3. 重整反应器理论温降的计算

催化重整反应是吸热反应，所需要反应热量靠重整进料与循环氢混合物降低温度来供给，第一反应器的温降大于第二、第三反应器，重整反应需要的热量以及在绝热反应器中的温降对加热炉的设计是重要的基础数据。而且，反应器内的温降大小也是考察反应深度的一个简单而又直接的指标。

理论温降按下式计算。

$$\Delta t = \frac{Q_{反} + Q_{散}}{G_{混} \cdot C_{混}}$$

式中　Δt——重整反应器的理论温降，℃；

　　　$Q_{反}$——重整反应热，kJ/h；

　　　$Q_{散}$——重整反应器向大气散热，kJ/h；

　　　$G_{混}$——重整进料油和循环氢混合物的总量，kg/h；

　　　$C_{混}$——重整进料油和循环氢混合物在平均反应温度下的平均比热容，kJ/kg·℃。

严格地说，在计算反应吸收的热量时，应考虑到在重整过程中发生的全部反应，但是，在一般不需要十分精确的工艺计算时，可近似地按以下方法计算。

① 根据反应过程中新生成的的芳烃量计算芳构化反应消耗的热量。在用铂催化剂时不考虑环化脱氢反应，只计算环烷烃脱氢的反应热，而且都是按六员环烷脱氢反应计算。在用铂铼或多金属催化剂时，则需计算环化脱氢反应热，反应热可以取用以下列出的数据，这些数据是700K时的反应热，当温度变化不大时可近似地把反应热看作是常数。

项　　目	环烷脱氢反应热[①]/(kJ/kg 产物)	烷烃环化脱氢反应热[*]/(kJ/kg 产物)
苯	2822	3375
甲苯	2345	2742
二甲苯	2001	2282
三甲苯	1675	1926

① 均按正构烷烃反应计算。

② 加氢裂解反应热(放热)可取837kJ/kg 裂解产物，加氢裂解量可按下式计算：

加氢裂解量 = (重整原料量) - (脱戊烷油量) - (实得纯氢量)

③ 异构化反应热很小，可以忽略。

【例9-4】　某重整装置采用1226 催化剂、每小时重整进料18600kg、得脱戊烷油16630kg、裂化气及重整氢中的纯氢274kg，在反应中新生成苯895kg/h、甲苯2574kg/h、C_8 芳烃1808kg/h、重芳烃281kg/h，循环氢量为5850kg/h，其组成(体%)为：$H_2$90.11、$CH_4$6.16、$C_3H_8$1.27、$C_2H_6$1.6、C_4H_{10}0.34、nC_4H_{10}0.2、C_3H_{12}0.28，原料油在反应温度下的平均比热容为0.812kcal/(kg·℃)(1kcal = 4.18kJ)。

解：

1226 为铂催化剂，可不考虑烷烃环化脱氢的反应热。

（1）反应热

$$环烷脱氢反应热（吸热）= 895 \times 674 + 2574 \times 580 + 478 \times 180 + 400 \times 281$$

$$= 301.2 \times 10^4 \text{kcal/h}$$

$$加氢裂解量 = 18600 - 16630 - 274$$

$$= 1696 \text{ kg/h}$$

$$加氢裂化反应热 = 220 \times 1696$$

$$= 37.4 \times 10^4 \text{kcal/h（放热）}$$

所以
$$总净反应热 = 301.2 \times 10^4 - 37.4 \times 10^4$$

$$= 263.8 \times 10^4 \text{kcal/h} = 11 \times 10^6 \text{kJ/h}$$

（2）反应器热损失

3 个反应器表面积共 70m²，平均器壁表面温度 90℃，大气温度 20℃，取散热系数为 62.8kJ/（m² · ℃ · h）

$$所以散热损失 = 62.8 \times (90 - 20) \times 70 = 307.7 \text{MJ/h}$$

（3）理论温降计算

循环氢的平均比热容和平均相对分子质量的计算如下：

组　　分	组成 y_i/%（体）	相对分子质量 M	Cp_i/kJ/（kmol · ℃）	$M_i y_i$	$Cp_i y_i$
H_2	90.11	2	29	1.82	6.30
CH_4	6.16	16	59	0.98	0.84
C_2H_6	1.60	30	103	0.48	0.48
C_8H_6	1.27	44	149	0.55	0.58
$i-C_4H_8$	0.34	58	193	0.19	0.19
$n-C_4H_{10}$	0.24	58	193	0.14	0.14
C_5H_{12}	0.28	72	239	0.20	0.20
平均相对分子质量				4.36	
平均比热容					8.71

$$油气和循环氢混合物的平均比热容：= 0.812 \times \frac{18600}{18600 + 5850} + \frac{8.71}{4.36} + \frac{5850}{18600 + 5850}$$

$$= 1.08 \text{kcal/（kg · ℃）}$$

所以 理论总温降 $= \dfrac{263.8 \times 10^4 + 7.35 \times 10^4}{1.08 \times (18600 + 5850)} = 103℃$

4. 床层压降的计算和反应器高径比的确定

（1）反应器工艺尺寸的确定

① 反应器的容量。反应器的容量按下式计算：

$$V = \frac{G}{v_p \cdot \gamma_催}$$

式中 G——原料油进料量，t/h；

$\qquad V$——反应器容量（催化剂的装量），m³；

$\qquad v_p$——质量空速，h⁻¹；

$\qquad \gamma_催$——催化剂的堆积密度，kg/m³（或 t/m³）。

如果使用 N 个反应器，则每个反应器的催化剂装入量 V' 应为：

$$V' = \frac{G}{N \cdot v_p \cdot \gamma_催}$$

【例 9 – 5】 某铂重整装置年处理量 0.1Mt，采用低铀催化剂（其堆积密度为 0.7t/m³），空速为 3h⁻¹（质），试计算反应器的催化剂装入量。

解：

年开工按 8000 h 计

进料置 $G = \dfrac{100000}{8000} = 12.5 \text{t/h}$

则催化剂总装入量为：

$$V = \frac{12.5}{3 \times 0.7} = 6.0 \text{m}^3$$

若装置采用 3 个反应器串联，并且催化剂装入量按 1 : 2 : 2 的比例分配。

则：第一反应器 $V_1 = \dfrac{1}{5}V = \dfrac{1}{5} \times 6.0 = 1.2 \text{m}^3$

第二反应器 $V_2 = \dfrac{2}{5}V = \dfrac{2}{5} \times 6.0 = 2.41 \text{m}^3$

第三反应器 $V_3 = \dfrac{2}{5}V = \dfrac{2}{5} \times 6.0 = 2.4 \text{m}^3$

② 反应器的直径和高度，反应器容量确定后，可根据油气通过床层时压力降的大小来确定高径比。当处理量一定时，床层截面大，则压力降小；反之，床层截面小，则压力降大。对圆柱体形的催化剂，油气通过床层的压力降可按下式计算：

$$\Delta P_{\text{催}} = \frac{2.77 \times 10^4 \times \gamma^{0.85} \times \omega \times \eta^{0.15} \times H}{d_p^{1.15}}$$

式中 $\Delta P_{\text{催}}$——油气通过催化剂床层的压力降，kg/cm^2；

γ——油气混合物的密度，kg/m^3；

ω——油气的空塔线速度，m/s；

η——油气混合物的黏度，$\text{mPa} \cdot \text{s}$；

H——催化剂床层的高度，m；

d_p——催化剂的当量直径，m。

每米床层高度的压力降（$\Delta P_{\text{催}}/H$）经验值为 5.49 ~ 22.5kPa/m，采用 10.8 ~ 22.5kPa/m 则更好一些，$\Delta P_{\text{催}}/H$ 过小则油气分布不好，油气与催化剂接触不良；$\Delta P_{\text{催}}/H$ 过大则会引起催化剂的破碎，导致损失昂贵的催化剂，而且会因催化剂的粉碎，导致实际上的压力降将进一步增大，$\Delta P_{\text{催}}/H$ 大时，循环氢压缩机的能量消耗增大。但如果反应器床层压力降在整个循环氢系统的压力降中所占的比例很小，则这个影响是不大的。

由 $\Delta P_{\text{催}}/H$ 值的计算可以初步确定催化剂床层的截面积，于是床层的高度也就确定。

$$V' = F \times H$$

式中 F——反应器床层的截面积，m^3。

一般情况下，$H/D < 3$ 时，反应器壳体的造价随着 H/D 的降低而增加。

【例 9 – 6】 某铂重整装置处理为 15 万 t/a，原料为 60 ~ 130℃ 直馏馏分（平均相对分子质量 100），采用 1226 催化剂，催化剂颗粒为西 4 × 3ram，其堆积密度为 730kg/m。反应空速 3.5h⁻¹ 已经计算得各反应器的催化剂装入量，其中第二反应器的装入量为 2.928t，操作压力为 2.5MPa（绝），氢油摩尔比为 7，第二反应器的平均温度为 490℃，试计算第二反应器的床层压降并确定反应器的工艺尺寸。

解:

① 计算循环氢和油气的混合密度 ρ。

每年开工时间按 8000h 计算，则：

$$原料油流量 = \frac{150000 \times 10^3}{8000} = 18750 \text{kg/h}$$

或 187.5kmol/h

氢油摩尔比本应是纯氢与油之比，这里把纯氢的摩尔数近似地看作循环氢的摩尔数，设循环氢的相对分子质量为 3，则循环氢的质量流率为：

$$1313 \times 3 = 3939 \text{kg/h}$$

所以

$$总质量流率 = 18750 + 3939 = 22689 \text{kg/h}$$

$$总体积流率 = (187.5 + 1313) \times 224 \times \frac{1.033}{25} \times \frac{490 + 273}{273}$$

$$= 3760 \text{m}^3/\text{h}$$

所以

$$混合物密度 \ \rho = \frac{22689}{3760} = 6.04 \text{kg/m}^3$$

② 计算混合物的黏度。

查图得原料油蒸气的黏度为 0.0147mPa·s。循环氢黏度近似地按氢的黏度计算。其值为 0.0167mPa·s。混合气体黏度可按下式计算：

$$\eta = \frac{\eta_1 y_1 \sqrt{M_1} + \eta_2 y_2 \sqrt{M_2}}{y_1 \sqrt{M_1} + y_2 \sqrt{M_2}}$$

式中　η——混合气体黏度，mPa·s；

　η_1、η_2——原料油气与循环氢黏度，mPa·s；

　M_1、M_2——原料油与循环氢的相对分子质量；

　y_1、y_2——原料油与循环氢的摩尔分数。

则

$$\eta = \frac{0.0147 \times \frac{1}{8}\sqrt{100} + 0.0167 \times \frac{7}{8} \times \sqrt{3}}{\frac{1}{8} \times \sqrt{100} + \frac{7}{8} \times \sqrt{3}}$$

$$= 0.0158$$

③ 计算催化剂颗粒当量直径。

催化剂颗粒为 $\phi 4 \times 3$mm。

所以

$$颗粒表面积 = 2 \times \frac{4^2 \times \pi}{4} + 3 \times 4\pi = 20\pi \text{mm}^2$$

$$催化剂颗粒体积 = \frac{\pi \times 4^2}{4} \times 3 = 12\pi \text{mm}^3$$

$$球形颗粒表面积 = \pi d_p^2$$

$$球形颗粒体积 = \frac{\pi d_p^3}{6}$$

根据球形颗粒体积与表面积之比，相当于柱形催化剂颗粒体积与表面积之比，则得：

$$\frac{\pi d_p^3 / 6}{\pi d_p^2} = \frac{12\pi}{20\pi}$$

418

整理相当量直径 $d_p = 3.6 \text{mm} = 0.0036 \text{m}$

④ 计算床层压降及选取通过反应器的气体线速。

取 $\Delta P / H = 14.7 \text{kPa/m}$

代入式

$$\Delta P_{\text{体}} = \frac{2.77 \times 10^{-4} \times \gamma^{0.85} \times \omega \times \eta^{0.15} \times H}{d_p^{1.15}}$$

得：$w^{1.85} = 0.34$ $0.16 = 2.77 \times 10^{-4} \times \frac{604^{0.85} \times \omega^{2.86} \times 0.0153^{0.15}}{0.0036^{1.15}}$

所以 $\omega = 0.558 \text{m/s}$

已知原料油与循环氢体积总流率为 $3760 \text{m}^3/\text{h} = 1.043 \text{m}^3/\text{s}$

所以

$$\text{床层截面积} = \frac{1.043}{0.558} = 1.87 \text{m}^2$$

$$\text{床层高} = \frac{\text{催化剂装入量}}{\text{床截面积}}$$

$$= \frac{2.928}{1.87} = 1.57 \text{m}$$

所以

$$\text{床层压降} \Delta P = 14.7 \times 1.57 = 23.08 \text{kPa}$$

⑤ 反应器工艺尺寸的确定。

反应器直径：

$$\text{床层直径} D = \sqrt{\frac{4 \times 1.87}{\pi}} = 1.54 \text{m}$$

计算得到的反应器直径为 1.54m，考虑到耐热水泥层、合金钢衬里和间隙，取反应器壳体内径为 1.8m。

计算得到的床层高度为 1.57m，考虑到惰性瓷球层、分配头、集气管等内部构件，并留一定的时间，所以反应器直筒高度选用 3m。

反应器的尺寸最后还要根据机械设计要求和制造厂的系列规格作适当调整。

第十章　高辛烷值汽油组分的生产

随着汽车工业的快速发展和对节约能源以及环境保护的日益重视，对车用汽油的抗爆性和清洁性提出了更高的要求。辛烷值是代表车用汽油抗爆性能的重要指标。汽油的辛烷值越高，汽油的抗爆性能越好，配合适宜压缩比的汽车，可以达到更佳的节能效果。而汽车清洁性的好坏与汽油的组成密切相关，与催化裂化汽油和重整汽油相比，烷基化油、异构化汽油和醚类含氧化合物，不含有硫、烯烃和芳烃，并且具有更高的辛烷值，因而是清洁汽油理想的高辛烷值组分。本章主要介绍烷基化油、异构化汽油和醚类含氧化合物的生产过程。

第一节　烷基化

烷基化是在酸性催化剂的作用下，烷烃与烯烃的化学加成反应。在反应过程中烷烃分子的活泼氢原子的位置被烯烃所取代。由于异构烷烃中的叔碳原子上的氢原子比正构烷烃中的伯碳原子上的氢原子活泼得多，因此，参加烷基化反应的烷烃为异构烷烃。通常烷基化过程的异构烷烃为异丁烷，烯烃一般是 $C_3 \sim C_5$ 烯烃，主要是丁烯。本书所述的烷基化过程一般特指以催化裂化装置副产的异丁烷和丁烯馏分为原料，生产烷基化油的过程。

烷基化油与催化裂化汽油和重整汽油对比具有以下特点：辛烷值高，敏感度低，抗爆性能好，研究法辛烷值（RON）可达 93 ~ 95，马达法辛烷值（MON）可达 91 ~ 93；不含烯烃、芳烃，硫含量低，烷基化油调入车用汽油中，通过稀释作用可以降低汽油中的烯烃、芳烃和硫含量；蒸气压较低。正是由于烷基化油汽油的上述优点，使得烷基化工艺迅速发展，成为最重要的汽油生产工艺过程之一。

一、烷基化发展概况

1930 年，美国环球油品公司（UOP）的 H. Pinez 和 V. N. Ipatieff 发现在强酸（如浓硫酸、氢氟酸、BF_3/氢氟酸、$AlCl_3$/HCl 等）的存在下，异构烷烃与烯烃可以发生烷基化反应。这一发现引起了人们对烷基化反应的广泛研究并迅速取得进展。1938 年，世界上第一套以浓硫酸为催化剂的烷基化反应装置在亨伯石油炼制公司的贝敦炼油厂建成投产。1942 年，第一套以氢氟酸为催化剂的烷基化反应装置在菲利普斯石油公司的德克萨斯州博格炼油厂建成投产。至今世界上已有数百套烷基化反应装置在运行中，烷基化反应已成为石油加工的主要过程之一。1998 年，全世界范围硫酸法烷基化油的生产能力为 29.31Mt/a，氢氟酸法烷基化油的生产能力为 38.5Mt/a。

我国在 20 世纪 60 年代中期到 70 年代初期，在中国石油下属的兰州炼油厂、抚顺石油二厂和中国石化下属的胜利炼油厂、荆门炼油厂先后建设了 0.015 ~ 0.06 Mt/a 的硫酸法烷基化工业装置，对提高汽油辛烷值起到了重要作用。目前我国共有烷基化工业装置 20 套，其中硫酸法烷基化装置 8 套，氢氟酸法烷基化工业装置 12 套，实际加工能力为

1.3Mt/a。

烷基化采用的催化剂主要是硫酸和氢氟酸。硫酸法烷基化工艺酸渣排放量大，且难以处理，对环境污染严重；氢氟酸法烷基化工艺的催化剂氢氟酸是易挥发的剧毒化学品，一旦泄露，会对环境造成严重危害。因此国内外多年来一直致力于开发新一代烷基化催化剂及工艺。以美国 UOP 公司的 Alkylene 固体酸催化剂烷基化工艺为代表的一批固体酸烷基化工艺具备工业应用条件。

二、烷基化反应

烷基化反应的主要原料是异丁烷和丁烯。丁烯包括异丁烯、1 - 丁烯和 2 - 丁烯三种同分异构体。异丁烷与丁烯在硫酸或氢氟酸的作用下发生加成反应，生成 2，3 - 二甲基己烷、2，2，4 - 三甲基戊烷(即异辛烷，辛烷值为 100)、2，3，4 - 三甲基戊烷和 2，3，3 - 三甲基戊烷等 C_8 异构烷烃。

异丁烷 + 异丁烯 $\xrightarrow[HF]{H_2SO_4}$ 2，2，4 - 三甲基戊烷

异丁烷 + 1 - 丁烯 $\xrightarrow[HF]{H_2SO_4}$ 2，3 - 二甲基己烷

异丁烷 + 2 - 丁烯 $\xrightarrow[HF]{H_2SO_4}$ 2，2，4 - 三甲基戊烷 或 2，3，4 - 三甲基戊烷 或 2，3，3 - 三甲基戊烷

异丁烷与丁烯在酸性催化剂作用下的反应遵循碳正离子机理，烷基化所使用的烯烃原料和催化剂不同，烷基化的反应过程和所得产物也有所不同。在发生加成反应的同时还伴随着异构化反应，因此反应产物中有多种 C_8 异构烷烃生成。原料中含有的少量丙烯和戊烯，也可以与异丁烷反应。此外，在过于苛刻的反应条件下，原料和产品还可以发生裂化、歧化、叠合、氢转移等副反应，生成低沸点和高沸点的副产物以及酯类和酸油等。烷基化产物分布情况见表 10 - 1。

由表 10 - 1 可见：异丁烷与丁烯的烷基化反应不仅生成 C_8 异构烷烃，还生成 C_6、C_7 异构烷烃以及 C_9 以上重组分，因此异丁烷与丁烯的烷基化产物是由异辛烷与其他烃类组成的复杂混合物；异丁烯烷基化产物中高辛烷值的 C_8 异构烷烃含量较低而 C_9 以上重组分较多，说明异丁烯易于发生叠合反应；烷基化产物中 C_8 异构烷烃占多数，C_8 异构烷烃中又以 2，2，

4-三甲基戊烷所占比例最大，其次为2，3，4-三甲基戊烷和2，3，3-三甲基戊烷；硫酸烷基化产物的种类多于氢氟酸烷基化。氢氟酸烷基化产物中 C_8 异构烷烃含量多于硫酸烷基化产物，因此通常氢氟酸烷基化油的辛烷值高于硫酸烷基化油。固体酸催化剂烷基化产物的分布与液体酸硫酸法相似，但轻组分较多。

表 10-1   Alkylene 工艺与液体酸烷基化产品性能比较

项　　目	氢氟酸工艺	硫酸工艺	Alkylene 工艺
烷基化油组成/ %（体）			
C_5	2.5	4.8	8.5
C_6	1.9	4.9	4.0
二甲基戊烷	2.9	3.8	4.7
甲基己烷	0	0.1	0.5
2，2，4-三甲基戊烷	49.7	31.1	38.1
2，2，3-三甲基戊烷	1.6	2.3	8.6
2，3，4-三甲基戊烷	18.8	18.4	8.1
2，3，3-三甲基戊烷	10.8	19.8	13.0
二甲基己烷	9.2		8.6
甲基庚烷	0	0.1	0.4
C_{9+}	2.6	5.7	5.5
RON	97.3	97.6	96.5
MON	95.2	94.8	93.8

三、烷基化催化剂

烷基化过程所使用的催化剂有无水氯化铝、硫酸、氢氟酸、磷酸、氟化硼以及硅酸铝等。目前应用最广泛的烷基化催化剂是硫酸和氢氟酸，固体酸烷基化催化剂已成功完成工业试验。

1. 硫酸催化剂

由于烷基化反应是在液相催化剂中进行，所以希望原料能较好地溶解在硫酸中。但是烷烃在硫酸中的溶解度很小，而烯烃在硫酸中的溶解度比烷烃高很多，为了保证烷烃在酸中的溶解量，需要使用高浓度的硫酸。而为了抑制高浓度硫酸造成的烯烃氧化、叠合等副反应的发生，又不宜使硫酸浓度过高。工业用作烷基化催化剂的硫酸浓度一般为 86% ~99%。当循环酸的浓度低于 85% 时，就需要更换新酸。为了增加硫酸与原料的接触面，在反应器内需使催化剂与反应物处于良好的乳化状态，并适当提高酸与烃的比例以利于提高烷基化产物的收率和质量。反应系统中催化剂量为 40% ~60%（体）。

为了提高硫酸的催化活性。目前已开发了多种助剂，如俄罗斯的环丁砜与有机季铵盐组成的添加剂，中国石油公司（台湾）的 2-萘磺酸添加剂，Betz Dearborn ALKAT-XL 和 ALKAT-AR 两种添加剂，Davis Applied Technologies 的 XL-2100 添加剂。其中 ALKAT-XL 是一种以烃类为基础的独特的硫酸共催化剂，可使烷基化油的体积产率提高 2% ~5%，烷基化油的 90% 点温度降低 8.3 ~17.6℃，辛烷值提高 0.2 ~0.5 单位，酸耗降低 10% ~30%。

2. 氢氟酸催化剂

氢氟酸沸点低（19.4℃），对异丁烷的溶解度及溶解速度均比硫酸大，副反应少，因而目的产品的收率较高。氢氟酸在烷基化过程中生成的氟化物易于分解使氢氟酸回收，因此在生产过程中酸耗量明显较硫酸法低。

在正常反应时，一般保持氢氟酸浓度在 90% 左右、水含量在 2% 以下。在连续运转中，由于生成有机氟化物和水，因而会降低氢氟酸的浓度和催化活性，并使得烷基化油质量下降。为了防止上述情况发生，可进行再蒸馏除去氢氟酸中的杂质。

氢氟酸具有毒性，对人体有害。这种气体本身有一种特有的臭味，通常 $2 \sim 3 \mu g/g$ 就能感觉出来。因此，氟氢酸法烷基化技术的发展重点在于提高安全性，特别是降低氟氢酸的蒸气压。

UOP 和 Texaco 合作开发成功 Alkad 工艺和 Alkad™ 助剂技术，其核心是采用一种蒸气压抑制助剂（Alkad™），Alkad™ 可与氢氟酸分子进行强缔合的长链，生成蒸气压较低的液态聚氟化氢络合物，有利地减轻了氢氟酸分子生成气溶胶释放至大气的倾向，从而极大减小了装置可能泄漏时 HF 扩散的范围。采用该助剂，并结合水喷淋系统，氢氟酸雾化倾向可降低 95% ~97%，同时烷基化油的研究法辛烷值还可以提高 1.5 单位左右。

Phillips 和 Mobil 公司联合推出了降低氢氟酸挥发性的 ReVAP 助剂，可使空气中的氢氟酸浓度降低 60% ~90%，且具有较高的沸点，可完全溶解在 HF 酸中，但与其他烃类（包括酸溶油 ASO）的亲和力较低。因此，采用简单的分馏过程就可很容易地将其从烷基化油中回收。采用该工艺生产的烷基化油收率不受损失，且可使其 RON 提高约 0.5 ~0.8 个单位。此外，Revap 工艺可使 HF 烷基化装置的操作费用比 H_2SO_4 烷基化降低约 10%。

3. 固体酸催化剂

研究表明，一种理想的固体酸烷基化催化剂应该具有以下性质和特征：表面酸中心具有较高的酸强度，以中强酸为宜，且酸强度分布均匀；表面酸中心对 C_8 正碳离子与异丁烷分子之间有强的氢转移能力；有较大的比表面积和足够大的孔径，有利于烷基化产物三甲基戊烷的扩散。

目前开发的固体酸烷基化催化剂主要有四类：负载型金属卤化物、负载型杂多酸（盐）、固体超强酸和分子筛等。

大多数固体酸催化剂用于烷基化反应的缺点是失活较快，随反应时间增加不但活性迅速减少，目的产物的选择性也随之降低，这是固体酸烷基化催化剂共有的弊端，但是分子筛的优势在于容易再生，且不损失活性和稳定性，因此分子筛催化剂有望成为生产烷基化汽油的固体酸催化剂。

四、烷基化工艺流程和影响因素

1. 硫酸法烷基化工艺流程和影响因素

（1）工艺流程

硫酸法烷基化装置可分为时控釜式、反应流出物制冷式以及自冷式或阶梯式三种。时控釜式烷基化目前已不再采用。Stratco（斯特拉特科）公司的反应流出物制冷式硫酸烷基化工艺在世界上许多国家得到采用，包括我国的 8 套硫酸法烷基化装置，其工艺流程见图 10 - 1。下面就 Stratco 反应流出物制冷式硫酸烷基化工艺流程进行详细说明。

烷烯比适宜的原料经过原料泵升压，与来自脱异丁烷塔的循环异丁烷混合，进入冷却器与来自闪蒸罐（1）的反应器流出物换热，物料温度由约 38℃ 降至 10℃ 左右，然后进入原料脱水器，脱除原料中的游离水和部分溶解水，然后与循环冷剂混合，并与循环酸一起进入 Stratco 反应器的搅拌器吸入端。

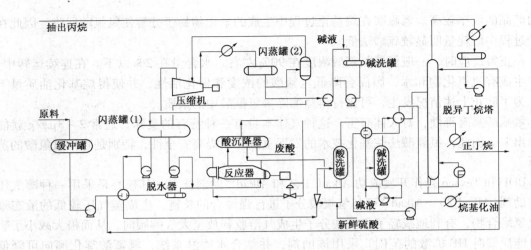

图 10 - 1 反应流出物制冷式工艺流程示意图

Stratco 卧式偏心高效反应器是该工艺的核心部分，其结构如图 10 - 2 所示。该反应器的外壳是一个卧式的压力容器，内部装有一个大功率的搅拌器、内循环套筒以及取热管束。靠搅拌叶轮的作用，原料迅速与酸形成乳化液，乳化液在反应器内高速循环并发生烷基化反应。反应后的乳化液经一上升管引入到酸沉降器，在此进行酸和烃的沉降分离。酸沉降器中有一块废酸堰板，以保证废酸在沉降器中有足够的沉降分离时间，废酸（浓度 90% 左右）自酸沉降器中排出，经加热器加热后排放至排酸罐。部分酸经过下降管返回到反应器的搅拌器吸入端。借助于上升管和下降管中物料的密度差，硫酸在反应器和酸沉降器之间形成自然循环。

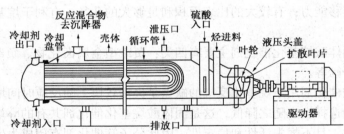

图 10 - 2 Stratco 卧式反应器

硫酸在反应器和酸沉降器间的循环有贫酸循环和富酸循环（或称乳液循环）两种模式。贫酸循环模式时，下降管里的物料中基本上不含烃类。富酸循环模式时，下降管里的物料中烃类占物料总体积的 1/3 左右。通过减少酸在酸沉降器里所占的体积或者说保持低酸液位，减少酸在沉降器里的停留时间，不使酸彻底沉降下来就返回到反应器中，可以实现富酸循环。富酸循环可以避免或减少在酸沉降器里所发生的副反应，从而提高烷基化油的质量，降低酸耗。

与酸分离后的反应流出物从酸沉降器顶部流出，经过压力控制阀减压后，流经反应器内的取热管束，并部分汽化以吸收反应放出的热量，保持反应器低温。从反应器取热管束管程出来的气液混合物进入闪蒸罐(1)进行气液分离。分出的气体经压缩、冷凝、冷却后，大部分冷凝液进入闪蒸罐(2)，在适当的压力下闪蒸出富丙烷物料，返回压缩机二级入口。闪蒸罐(2)的液体再进入闪蒸罐(1)降压闪蒸，得到的冷温致冷剂经冷剂循环泵与脱水后的原料

424

混合送往反应器。为了防止丙烷在系统中积累，从压缩机冷凝液抽出一小部分，经碱洗罐碱洗后送出装置。

来自闪蒸罐(1)底部的反应流出物与反应原料换热后，与循环酸和补充新酸在喷射混合器中进行混合，再进入酸洗罐。循环酸量为反应流出物4%～10%，补充的新酸为98%的浓硫酸，用量根据反应需要而定。反应器流出物中夹带的硫酸酯在脱异丁烷塔的高温条件下会分解放出 SO_2，遇到水分会造成塔顶系统的严重腐蚀和脱异丁烷塔再沸器结垢，必须予以脱除；为了弥补在烷基化反应过程中硫酸浓度的降低和硫酸的消耗也必须不断地向系统补充新酸。补充的新酸先进入酸洗罐，吸收反应流出物中的硫酸酯，再进入反应器，硫酸酯可以在反应器中参加反应。因此酸洗可以起到防止脱异丁烷塔系统腐蚀与结垢，增加烷基化油收率的双重作用。

经过酸洗后，含有约 $10\mu g/g$ 硫酸及少量硫酸酯反应流出物经换热进入碱洗罐中，用 $49～65℃$ 热碱水(含硫酸钠和亚硫酸盐)进行碱洗，使残留硫酸酯水解并中和携带的微量酸。

经过碱洗后的反应流出物流经换热器与从脱异丁烷塔塔底得到的产品烷基化油换热后，进入脱异丁烷塔。从塔顶分出异丁烷，冷凝冷却后返回反应器循环使用。侧线抽出的正丁烷经冷凝冷却后送出装置。从塔底的烷基化油与脱异丁烷塔的进料、碱洗罐的进料换热后作为目的产品送出装置。

(2) 影响硫酸烷基化反应的主要因素

烷基化反应是可逆的放热反应，影响硫酸烷基化反应的主要因素如下：

① 反应温度。降低硫酸烷基化反应温度，能够有效地抑制叠合和酯化等副反应，提高烷基化油的辛烷值与收率，降低酸耗。所以硫酸烷基化反应温度比较低，一般设计反应温度为 $10℃$。反应温度过低，硫酸的黏度增大，酸烃乳化变得困难，同时也会增大反应的搅拌功率消耗和冷耗，并使乳化液难以分离。工业上采用的反应温度一般为 $8～12℃$。

② 异丁烷浓度和烷烯比。随着反应器中异丁烷浓度的上升，烷基化油的辛烷值升高，干点下降；同时可以减少硫酸酯的生成量，从而降低酸耗。反应器流出物中，异丁烷的最低安全浓度为 $38\%～50\%$，一般控制在 $60\%～70\%$ 之间。异丁烷浓度低时，聚合等副反应增加；一定范围内异丁烷浓度每提高 10%，烷基化油的马达法辛烷值可提高 $0.5～0.7$ 个单位。

影响异丁烷浓度的主要因素有两个，即烃相中丙烷、正丁烷的浓度和烷烯比。

丙烷和正丁烷对烷基化反应是惰性的，但如果丙烷和正丁烷的浓度太高，则异丁烷的浓度就要下降。当系统不能及时排出丙烷和正丁烷而造成它们累积时，问题就会变得越来越严重。因此要尽量将正丁烷及多余的丙烷排出装置，同时尽量降低原料中丙烷和正丁烷的浓度。

烷烯比可以是指反应器内异丁烷对烯烃的比例(简称内比)，也可以是指进反应器物料的烷烯比(简称外比)，目前一般控制外比为 $8～12$。由于烷基化反应器是全混流反应器，反应流出物的状态与反应器中的物料状态是等同的，因此反应流出物中异丁烷的浓度也就是反应器中异丁烷的浓度。

③ 硫酸的质量。硫酸作为烷基化反应的催化剂，其浓度对烷基化油的辛烷值和收率都有显著影响。酸浓度与酸强度(H_0)有类似线性关系，酸浓度越大，酸强度 H_0 越小。烷基化反应要求催化剂的酸强度(H_0)有一个域值，当硫酸催化剂的酸强度 $H_0 > -8.2$ 时，反应以

烯烃聚合为主，酸耗增加，烷基化油的辛烷值降低；当硫酸催化剂的酸强度 $H_0 < -8.2$ 时，反应以烷基化为主，烷基化油的辛烷值增加。硫酸浓度过高，SO_3 能够和异丁烷发生反应，从而破坏烷基化反应的进行，因此不能使用 100% 的硫酸或发烟硫酸。

水的存在有利于硫酸的离解，有利于提供烷基化反应所需要的 H^+。但是水含量增加，会使硫酸的浓度下降，腐蚀能力增强。因此要控制硫酸中的水含量为 0.5% ~1%，硫酸浓度不低于90%。以混合 C_4 烯烃为原料，如果酸的浓度从89%提高到94%，烷基化油的辛烷值可提高 1.0 ~1.8 个单位。当乳化液中硫酸浓度为95% ~96%时，烷基化油的辛烷值最高。

④ 酸烃比。由于酸的导热系数比烃大得多，在相同的操作条件下，以硫酸为连续相进行烷基化反应时，反应热能有效地散去，所得烷基化油的质量比以烃为连续相时好，且酸耗也低。形成以硫酸为连续相的乳化液所需要的酸烃体积比为 1:1 左右。酸烃比过大，会减少烃类的进料量（因为反应器的体积及反应停留时间是一定的），从而降低装置的处理量。同时酸烃比增大，酸烃乳化液的黏度和密度增加，使烷基化反应的功率消耗增大。由于硫酸的类型（新酸，旧酸）、硫酸的浓度、原料烷烯比以及喷嘴、搅拌、反应器内部结构等因素的影响，形成以硫酸为连续相所需要的酸烃比有所差异。一般工业上采用酸烃比为 (1 ~ 1.5):1。

⑤ 反应时间。反应时间对反应产物的收率和质量的影响与酸烃的分散状况相比其作用要小得多。反应时间应至少大于酸烃达到完全乳化所需要的时间，否则反应尚未完成，对收率和质量都将产生不利的影响。但如果反应时间过长，不仅影响装置的处理能力，还会造成副反应和酸耗增加、产品质量下降。工业上通常控制烯烃的进料空速为 $0.3h^{-1}$。烯烃的进料空速即每小时烯烃进料体积与停留在反应区内硫酸体积之比。

⑥ 搅拌功率。决定硫酸烷基化反应速度的控制步骤是异丁烷向酸相的传质过程，因此酸烃乳化程度对烷基化反应过程影响很大。在反应器型式和酸烃比确定后，影响酸烃乳化程度的关键因素是搅拌功率。激烈的搅拌可将烯烃的点浓度降至最低，防止烯烃自身聚合和烯烃与酸的酯化反应的发生。此外，搅拌还有利于反应热的扩散与传递，使反应器内温度均匀，产品质量稳定。工业上采用的搅拌机动力输入（按烷基化油产量计）为 0.74 ~1.19kW/($d \cdot m^3$)。

2. 氢氟酸法烷基化工艺流程和影响因素

（1）工艺流程

氢氟酸法烷基化工艺可分为 Phillips 公司开发的氢氟酸法烷基工艺和 UOP 公司开发的氢氟酸法烷基化工艺。目前我国引进的 12 套氢氟酸烷基化装置全部采用 Phillips 公司开发的氢氟酸法烷基化工艺，因此这里主要针对 Phillips 氢氟酸烷基化工艺进行详细说明，如图10 -3所示。

新鲜原料先用升压泵送入装有干燥剂的干燥器中进行脱水处理，以保证进入反应系统的原料中水含量小于 $20\mu g/g$，流程中有 2 台干燥器切换操作，1 台干燥运行时，另 1 台再生。

干燥后的原料与来自主分流塔的循环异丁烷混合，经高效喷嘴充分雾化后进入反应管，烃类均匀地分散于氢氟酸中。原料中的烯烃和异丁烷在氢氟酸的作用下，在管式反应器中迅速发生烷基化反应，反应流出物沿反应管自下而上流动，边移动边反应，最后进入酸沉降罐。在酸沉降罐内，由于酸与反应流出物的相对密度不同而进行分离，反应流出物位于沉降罐上部，氢氟酸在沉降罐下部。氢氟酸依靠位差向下流入酸冷却器，取走反应热，然后又进入反应管循环使用。反应流出物从沉降罐上部抽出进入一台辅助反应器，即酸再接触器，反应流出物在酸再接触器中与纯度较高的氢氟酸充分接触，使其中的有机氟化物分解成烯烃和氢氟酸，并在氢氟酸的作用下，烯烃和异丁烷反应生成烷基化油。

来自酸再接触器的反应流出物经换热后进入主分馏塔。主分馏塔塔顶馏出物为带有少量氢氟酸的丙烷，经冷凝冷却后，进入回流罐。部分丙烷作为塔顶回流，剩余部分丙烷进入丙烷气提塔，酸与丙烷的共沸物自气提塔顶部抽出，经冷凝冷却后返回主分馏塔塔顶回流罐。气提塔底部丙烷经 KOH 处理脱除微量氢氟酸后送出装置。异丁烷和正丁烷分别从主分馏塔侧线抽出，异丁烷经冷却后返回反应系统，正丁烷经脱氟器处理后送出装置。烷基化油从塔底抽出，经换热后送出装置。

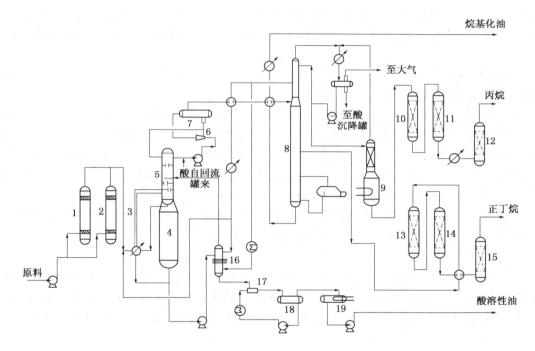

图 10 - 3 菲利浦斯氢氟酸法烷基化工艺流程图

1、2—进料干燥器；3—反应管；4—酸储罐；5—酸沉降罐；

6—酸喷射混合器；7—酸再接触器；8—主分馏塔；

9—丙烷气提塔；10、11—丙烷脱氟器；12—丙烷 KOH 处理器；

13、14—丁烷脱氟器；15—丁烷 KOH 处理器；16—酸再生塔；

17—酸溶性油混合器；18—酸溶性油碱洗罐；

19—酸溶性油储罐

为使循环酸的浓度保持一定水平，必须进行酸再生，以脱除在操作过程中累积的酸溶性油和水分。再生酸量为循环酸量的 0.12% ~ 0.13%。来自酸冷却器的待生氢氟酸加热汽化后进入酸再生塔，塔底通入过热异丁烷蒸气进行气提，塔顶用循环异丁烷打回流。气提出的氢氟酸和异丁烷进入酸沉降罐的烃相。酸再生塔底的酸性油和水经碱洗中和后定期送出装置。

（2）氢氟酸烷基化反应的主要影响因素

① 反应温度。随着反应温度的升高，反应速度加快，但 C_8 以上的聚合物和重组分增多，产品的干点提高，辛烷值下降，收率下降。反应温度降低，烷基化油辛烷值增高，干点降低。如果反应温度过低，易于生成有机氟化物，促使酸耗增加。氢氟酸烷基化的反应温度通常为装置所在地的循环冷却水的温度，一般为 $30 \sim 40\text{℃}$。

② 烷烯比。随着烷烯比的增加，烯烃本身相互碰撞的机会减少，烯烃与烷基化中间产物的碰撞机会也减少，因此发生聚合反应和过烷基化的机会减少，C_8 烷基化反应几乎成惟一的反应，副产物减少，烷基化油的辛烷值和收率提高，产物多数是三甲基戊烷，但异丁烷的消耗和能耗也相应地增加。工业上烷烯比一般控制在 $(12 \sim 16):1$。

③ 氢氟酸纯度。当氢氟酸纯度下降时，烷基化反应产物中有机氟化物的含量将明显上升，如果有机氟化物生成量太大，会有氟化物残留在烷基化油中，会造成质量事故或者塔底重沸器腐蚀。当氢氟酸被大量杂质和酸溶性油污染时，酸纯度下降，由污染物参与的反应增多，有利于酸溶性油的进一步增多和有机氟化物的生成，因此循环酸纯度一般控制在 90% 左右。

氢氟酸含水过低，则催化活性低，不利于反应的引发，但含水量过高会造成强烈腐蚀，一般控制氢氟酸中水含量为 1.5% ~ 2.0%。

④ 酸烃比。酸催化的烯烃与异丁烷的烷基化反应发生在酸烃界面上，因此提供足够的氢氟酸以及使烃在酸中充分分散从而保证产生足够的酸烃界面是十分重要的。一般酸作为连续相，烃作为分散相。为了使酸为连续相，要求酸烃比最低为 4:1，否则会造成酸烃接触不良，产品质量变差，副产物增多。酸烃比过高对产品质量改善不明显，反而增加设备尺寸和能耗。工业上常采用的酸烃比为 $(4 \sim 5):1$。

⑤ 反应时间。氢氟酸烷基化反应由于相间传质速率快，反应时间一般只有几十秒钟。工业装置中，反应物料在反应管中的停留时间一般为 20s。

3. 固体酸烷基化工艺流程

目前已开发的固体酸烷基化工艺有 UOP 的 Alkylene 工艺、ABB Lummus Global、Akzo Nobel 和 Fortum 公司的 AlkyClean 工艺、Rurgi 公司的 Eurofuel 工艺、Topsoe 公司的 FBA 工艺、Exelus 公司的 ExSact 工艺等。这里主要介绍美国 UOP 的 Alkylene 工艺流程，如图 10 - 4 所示。

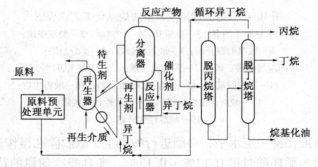

图 10 - 4　Alkylene 工艺流程示意图

Alkylene 工艺主要流程与液体酸烷基化工艺相似，只是反应系统不同。如图 10 - 4 所示，原料先经过预处理，除去杂质（如二烯烃和含氧化合物），然后与循环异丁烷一起送到

428

反应系统，异丁烷作为提升管反应器的提升介质。反应器中的反应物料与催化剂进行短时间接触，以尽量减少缩合反应。从反应器出来的反应产物进入分离器，分离出催化剂后送入下游的分馏单元，分出丙烷、丁烷和烷基化油产品。分离出的富含异丁烷馏分循环到反应系统中，以增加反应的烷烯比。

催化剂通过异丁烷洗涤和加氢方法再生，再生条件比较缓和，可以完全使催化剂的活性恢复到新鲜催化剂的水平。为避免反应原料中的烯烃饱和，采用特殊专利方法使反应物料与氢气隔离。

Alkylene 工艺所用催化剂反应系统采用液相流化床提升管反应器，再生系统采用移动床。采用的催化剂是一种型号 HAL－100TM 的 Pt－KCl－AlCl$_3$/Al$_2$O$_3$ 固体酸催化剂，该催化剂的颗粒分布和孔径分布有利于传质。操作条件比较缓和，反应压力约 2.41kPa，外部烷烯比约为(6∶1)～(15∶1)，反应温度为 10～38℃。该工艺产生的缩合物要比用液体酸时少得多，烷基化油收率较高。由表 10－2 可见，UOP 公司 Alkylene 工艺得到的烷基化油的研究法辛烷值和马达法辛烷值与液体酸催化剂制得的烷基化油相近。UOP 公司在阿塞拜疆的 Baku Heydar Aliyew 建设了一套 220kt/a 的 Alkylene 工业装置，2008 年投产。现有的氢氟酸烷基化装置只需对设备稍加改造，即可成为 Alkylene 装置。

Alkylene 工艺与氢氟酸和硫酸烷基化工艺的装置投资、生产成本及烷基化油质量比较见表 10－2。可见 Alkylene 工艺的投资费用和生产成本比硫酸工艺低，比氢氟酸工艺高。生产成本却高 2.14 美元/t。考虑到废酸处理问题等，Alkylene 工艺的总体效益高于液体酸烷基化工艺。

表 10 - 2　Alkylene 工艺与液体酸烷基化装置技术经济比较

项　　目	氢氟酸工艺	硫酸工艺	Alkylene 工艺
C$_5^+$ 烷基化油产量/(t/a)	241730	237350	242840
RON	94.1	94.1	93.4
MON	92.0	92.0	91.7
装置投资/百万美元	24.4	28.4	27.1
生产成本/(美元/t)			
可变成本	31.78	35.45	33.45
不变成本	5.55	5.88	5.12
折旧及投资利息	3.46	3.83	4.45
合计	40.79	45.16	43.02

五、烷基化原料的杂质要求

C$_3$～C$_5$ 烯烃均可以与异丁烷作为烷基化的原料，但不同烯烃的反应效果不同。丙烯和戊烯作为烷基化的原料，得到的烷基化油的辛烷值低于丁烯烷基化油；特别是对于硫酸烷基化，丙烯和戊烯原料的酸耗大于丁烯。因此，工业上烷基化采用异丁烷和丁烯为原料。对于硫酸法烷基化，较好的原料是 1－丁烯和 2－丁烯。而对于氢氟酸法烷基化，较好的原料是 2－丁烯。催化裂化装置副产的丁烯中还含有其他组分及杂质，主要包括丁二烯、硫化物和水，如果上游有 MTBE 装置，则原料中还含有甲醇和二甲醚。原料中含有乙烯对硫酸法烷基化装置操作影响比较大。上述杂质对烷基化的影响主要体现在对酸耗的影响上。

1. 乙烯

对于硫酸法烷基化，原料中混入乙烯时，乙烯不是与异丁烷发生烷基化反应，而是与硫酸反应生成硫酸氢乙酯溶解在酸中，对催化剂硫酸起稀释作用，严重时导致烷基化反应不能发生，而主要发生叠合反应。乙烯还能造成酸耗增加，每吨乙烯消耗 20.9t 硫酸。控制原料中乙烯的办法就是要控制原料中 C_3 的带入量。

2. 丁二烯

原料中通常含有 0.5% ~ 1% 的丁二烯，在烷基化条件下，与硫酸或氢氟酸反应生成酸溶性酯类或重质酸溶性油（ASO），ASO 是一种相对分子质量较高的黏稠重质油，造成烷基化油干点升高，辛烷值和汽油收率下降。分离 ASO 时还会造成酸损失。对于硫酸法烷基化，1t 丁二烯消耗 13.4t 硫酸；对于氢氟酸法烷基化，1t 丁二烯会产生 0.7 ~ 1t ASO，而 1t ASO 消耗 0.5 ~ 20t 氢氟酸。因此硫酸法烷基化要求丁二烯含量低于 0.5%，氢氟酸法烷基化要求丁二烯含量低于 0.2%。丁二烯在固体酸催化剂表面会聚合生成胶质，并逐步形成焦炭。

脱除丁二烯普遍采用选择性加氢的方法，选择性加氢通常在固定床反应器内进行。催化剂的加氢活性组分为贵金属 Pd，含量为 0.2% ~ 0.3%。为了提高催化剂的选择性，通常加入助活性组分，如 Au、Cr 和 Ag。应用最为广泛的载体为 Al_2O_3。用碱金属 K 修饰 Al_2O_3 载体，可以降低表面酸性，提高催化剂的稳定性。采用复合载体，如 TiO_2 – Al_2O_3，制备的催化剂具有更高的活性、选择性和抗硫、抗砷中毒能力。由于 H_2S 会造成 Pd 催化剂永久性中毒，因此要求原料中 H_2S 含量小于 $1\mu g/g$。

中国石化齐鲁石化研究院的烷基化原料选择性加氢技术，在温度 60 ~ 80℃、压力 1.5 ~ 2.0MPa、空速 ≤ $5h^{-1}$、H_2 与 C_4 摩尔比 2.0 ~ 4.0 的条件下，加氢 C_4 中二烯烃含量小于 $100\mu g/g$，单烯烃选择性大于 100%。采用选择性加氢技术后，硫酸烷基化汽油干点降低 5℃，酸耗从 88.11kg/t 下降到 54.5kg/t，研究法辛烷值由 96.5 提高到 97.6。辛烷值的提高是由于贵金属 Pd 催化剂除具有高加氢活性和选择性外，还具有较高的双键异构化活性，可以使原料中的 1 – 丁烯转化为 2 – 丁烯，对于氢氟酸法烷基化提高烷基化油辛烷值更加显著。

3. 硫化物

硫化物对酸的稀释作用非常显著，促使叠合反应的发生而抑制烷基化反应，造成 ASO 增加。同时每吨硫化物（按硫计）可消耗硫酸 15 ~ 60t。当原料中硫含量为 $20\mu g/g$ 时，每吨氢氟酸烷基化油的酸耗量为 0.608kg；硫含量超过 $50\mu g/g$，酸耗量急剧增加；当原料中硫含量为 $100\mu g/g$ 时，每吨氢氟酸烷基化油的酸耗量为 4.05kg。因此，硫酸法烷基化要求硫含量低于 $100\mu g/g$，氢氟酸法烷基化要求硫含量低于 $20\mu g/g$。采用现有的液化气脱硫醇和硫化氢工艺即可使硫含量满足要求。

4. 水

原料中通常含有 $500\mu g/g$ 左右的饱和水，特别是当原料中含有游离水时，将对烷基化产生较大影响。原料中带水会造成酸的稀释和设备腐蚀的加剧。采用聚结器可以将游离水脱掉。在烷基化装置的干燥工序，采用 3A、4A 分子筛或活性氧化铝为干燥剂，可使原料的水含量降至 10 ~ $20\mu g/g$。

5. 甲醇和二甲醚

来自 MTBE 装置的 C_4 馏分中通常含有 $500 \sim 2000 \mu g/g$ 的二甲醚和 $50 \sim 100 \mu g/g$ 的甲醇。甲醇在烷基化装置中产生二甲醚和水,二甲醚则生成轻质的酸溶性物质,不能从酸中分出,造成循环酸质量的下降,进而造成烷基化酸耗增加和烷基化油收率和辛烷值下降。一般要求原料中甲醇 $\leqslant 50 \mu g/g$,二甲醚 $\leqslant 100 \mu g/g$。采用蒸馏的办法可以使原料中的甲醇全部脱除,二甲醚含量小于 $35 \mu g/g$。采用脱二甲醚和甲醇措施后,1 吨烷基化油的酸耗可以降低 4.38kg。

第二节 烷烃异构化

烷烃异构化是指在一定的反应条件和有催化剂存在下,原料中的正构烷烃分子结构重新排到成同碳数异构烷烃的过程。轻质烷烃异构化多属于气、固相的多相催化反应,催化剂是固体,反应物是气体。工业异构化过程主要采用 C_5/C_6 烷烃为原料生产高辛烷值汽油组分,是炼油厂提高轻质馏分辛烷值的重要方法。异构化汽油不含硫、芳烃和烯烃,辛烷值高,是清洁汽油的理想组分。

C_5/C_6 烷烃存在于石脑油的轻馏分中,它们的辛烷值比较低。如果作为催化重整原料,相当大的部分被裂解为小分子烃类,少量转化为苯和异构烷烃,因此,C_5/C_6 烷烃作为重整进料将会影响重整产物的液收和氢纯度,为此重整反应要求尽可能减少重整原料油中 C_5/C_6 烷烃的含量。如果将这部分 C_5/C_6 烷烃转化为 C_5/C_6 异构烷烃,其辛烷值可从 $50 \sim 60$ 提高到 80 以上,这将大大改善这部分轻质油的调合性能。C_5/C_6 烷烃的辛烷值见表 10-3。

表 10-3 C_5/C_6 烷烃的沸点和辛烷值

烷烃	RON	MON	沸点/℃
异戊烷	93.5	89.5	27.9
正戊烷	61.7	61.3	36.1
环戊烷	101.3	85.0	49.3
2,2-二甲基丁烷	93.0	93.5	49.7
2,3-二甲基丁烷	104.0	94.3	58.0
2-甲基戊烷	73.4	72.9	60.3
3-甲基戊烷	74.5	74.0	63.3
正己烷	30.0	25.0	68.7
甲基环戊烷	95.0	80.0	71.8
环己烷	83.0	77.2	80.7

一、C_5/C_6 烷烃异构化的发展概况

C_5/C_6 异构化技术 1958 年首次工业化,轻质烷烃异构化工艺按操作温度可分为高温异构化(高于320℃)、中温异构化(200~320℃)和低温异构化过程(低于200℃)三种,其中高温异构化现已基本淘汰。轻质烷烃异构化工艺发展过程见表 10-4。

表 10 – 4　轻质烷烃异构化工艺发展过程

排列	开发公司	反应物料	反应相	$T/℃$	p/MPa	催化剂
第一代	Shell	C_4	气相	95 ~ 150	1.4	$AlCl_3$/铝矾土/HCl
	UOP	C_4	液相	95 ~ 100	1.8	$AlCl_3$/HCl
	Standard oil	C_5/C_6	液相	110 ~ 120	5 ~ 6	$AlCl_3$/HCl
	Shell	C_4/C_5	液相	80 ~ 100	2.1	$AlCl_3$/SbF_3/HCl
第二代	UOP	C_4	气相	375	—	Pt/载体
	Kellog	C_5/C_6	气相	400	2 ~ 4	Ⅷ族金属/载体
	Pur Oil	C_5/C_6	气相	420	5	非贵金属/载体
	Linde	C_5/C_6	气相	320	3	Pd/硅铝
	ARCO	C_5/C_6	气相	450	2 ~ 5	Pt/硅铝
	UOP	C_5/C_6	气相	400	2 ~ 7	Pt/载体
第三代	UOP	C_4/C_5/C_6	气相	110 ~ 180	2 ~ 7	Pt/Al_2O_3，$AlCl_3$
	BP	C_4/C_5/C_6	气相	110 ~ 180	1 ~ 2	Pt/Al_2O_3，CCl_4
	IFP	C_4/C_5/C_6	气相	110 ~ 180	2 ~ 5	Pt/Al_2O_3，AlR_xCl_Y
第四代	Shell	C_5/C_6	气相	230 ~ 300	3	Pt/HM
	Mobil	C_6	气相	315	2	HM(Pt、Pd)
	UOP	C_6	气相	150		$HM + P – Re/Al_2O_3$
	Sun – Oil	C_5/C_6	气相	325	3	PtHY
	Norton	C_5	气相	250		Pd/HM
	IFP	C_5/C_6	气相	240 ~ 260	1 ~ 3	Pt/HM

目前工业应用的异构化催化剂主要有两类。其一是低温双功能型催化剂，加氢脱氢组分是贵金属 Pt，酸性载体为负载三氯化铝或用有机氯化物处理的氧化铝，使用此类催化剂时，反应温度较低（120 ~ 150℃），氢/烃比小于 0.1，不需要氢气循环，但对原料需进行严格的预处理和干燥。其二是沸石类催化剂，使用此类催化剂时，反应温度较高（230 ~ 270℃），氢/烃比大于 1.0，因此需要氢气循环。

2002 年底全世界拥有 C_5/C_6 正构烷烃异构化装置能力约 64.97Mt/a。其中，美国异构化装置能力最大，其生产能力占世界总能力的 42.64%，美国车用汽油中异构化油的加入量已超过 7.0%，欧洲车用汽油中异构化油占 5%，我国 C_5/C_6 正构异构化正处于起步阶段，目前加工能力约为 0.15 Mt/a，约占汽油总量的 1.8%。

我国从 20 世纪 70 年开始异构化技术研究工作。1989 年在中国石化金陵分公司（简称金陵分公司）建设了国内第一套规模为 1 kt/a 的异构化中试装置。该装置所用催化剂为金陵分公司研究院与华东理工大学合作研究的 0.5% Pd/HM 中温型异构化催化剂CI – 50，吸附剂为该公司自行研制并生产的无黏结剂 5A 小球分子筛吸附剂。

我国第一套异构化工业试验装置于 2001 年在湛江东兴石油有限公司建成开工，规模为180kt/a，采用中国石化石油化工科学研究院开发的异构化技术，催化剂为载 0.30% ~ 0.33% Pt 的丝光沸石催化剂 F – 15。采用一次通过流程，研究法辛烷值从原料的 75.5 提高到异构化油的 81.2。

由中国石化下属的金陵分公司、中国石化工程建设公司及华东理工大学合作于 2002 年在金陵分公司建成了加工能力为100kt/a的我国第一套异构化工业装置，采用一次通过流程，异构化油的RON提高6～10个单位，达到了国外同类装置的先进水平。

二、异构化催化剂

烷烃异构化过程所使用的催化剂品种很多，目前使用的主要为双功能型催化剂，并广泛采用在氢气压力下进行烷烃异构化的临氢异构化方法。临氢异构化所用的催化剂和重整催化剂相似，是将铂、钯等有加氢活性的金属担载在氧化铝类或沸石等酸性载体上，组成双功能型催化剂。双功能型催化剂按照工艺操作温度的不同分为"中温型"（反应温度210～300℃）和"低温型"（反应温度100～180℃）两种。

1. 中温型双功能催化剂

中温型双功能催化剂随着载体酸性的提高异构化活性提高，反应温度可以降低，载体对催化剂使用温度的影响见表10-5。中温型催化剂对原料要求不很苛刻，操作温度为210～280℃，可以再生。目前研究和应用较多的中温双功能异构化催化剂是Pt/HM脱铝丝光沸石催化剂。

表10-5　载体对催化剂使用温度的影响

催化剂载体	催化剂具有较强活性所需的温度/℃
氧化铝	510
氧化硅-氧化铝，氧化铝-氧化硼	320～450
具有强酸性的泡沸石	316～330
具有更强酸性的丝光沸石（HM）	<280

中温型双功能催化剂用于C_5/C_6异构化过程副反应少，选择性好，对原料精制要求低，硫含量低于$10\mu g/g$、水含量低于$500\mu g/g$即可正常操作。但由于反应温度相对较高，导致异构烷烃平衡转化率较低，因此，单程反应产物辛烷值较低，需要与正构烷烃循环技术相结合，以提高其转化率和产物的辛烷值。

国外最具代表性的中温型催化剂是UOP公司Penex工艺系列催化剂和壳牌石油公司和联合碳化物公司的完全异构化法（TIP）的系列催化剂。国内有金陵分公司与华东理工大学共同研究的CI-50，以及中国石化石油化工科学研究院开发的FI-15。典型的中温型异构化催化剂的性能见表10-6。

表10-6　典型的中温型异构化催化剂的性能

催化剂	CI-50	FI-15	I-7	HS-10
	Pd/HM	0.32% Pt/HM	0.32% Pt/HM	0.3% Pt/HM
反应温度/℃	260	250	260	260～280
反应压力/MPa	2.0	1.47	1.8	2.0
空速/h^{-1}	1.0	1.0	1～2	1.0
氢油比/（mol/mol）	2.7	2.7	1～2	2～2.5
产品辛烷值（MON）	80.6	80.7	79.4	82.1
C_5异构化率/%	62.30	66.8	66.67	66.40
C_6异构化率/%	82.23	83.0	85.66	86.45

2. 低温双功能型催化剂

低温双功能型催化剂是通过用无水三氯化铝或有机氯化物（如四氯化碳、氯仿等）处理铂/氧化铝催化剂而制成，具有较好的活性和选择性，反应温度为 115～150℃。低温双功能催化剂具有非常强的路易士酸性中心，可以夺取正构烷烃的负氢离子而生成正碳离子，使异构化反应得以进行。而具有加氢活性的金属组分则将副反应过程中的中间体加氢除去，抑制生成聚合物的副反应，延长催化剂的寿命。与中温催化剂相比，低温型催化剂在一次通过的操作条件下，产品辛烷值可提高 5 个单位左右。因此，国外 C_5/C_6 异构化工艺发展大都围绕低温异构化催化剂进行。

国外比较典型的低温型异构化催化剂有 UOP 公司的 I-8 和 I-80、BP 公司的 IS-62Q、Engelhard 公司的 RD-291、AKZO Nobel 和 Total 公司的 AT-2G 和 AT-20 等。国内中国石化金陵分公司炼油厂与华东理工大学共同开发了 $Pt-Cl/Al_2O_3$ 低温催化剂研究。该催化剂以 Al_2O_3 为载体，金属 Pt 为活性组分，并添加竞争吸附剂，再通过 $AlCl_3/CCl_4$ 联合补氯制得 $Pt-Cl/Al_2O_3$ 催化剂，铂含量为 0.35%～0.60%，其性能接近 UOP 公司的 I-8 催化剂，详见表 10-7。

表 10-7　$Pt-Cl/Al_2O_3$ 和 UOP I-8 低温异构化催化剂性能比较

催 化 剂	UOP I-8	$Pt-Cl/Al_2O_3$
反应温度/℃	130～170	140
反应压力/MPa	1.7～1.8	2.0
空速/h^{-1}	0.8～1.0	1.0
氢油比/(mol/mol)	1～2	1～2
产品辛烷值/%	84.5	80.2
C_5 异构化率/%	76.98	>60
C_6 异构化率/%	88.83	>80

低温型催化剂的主要缺点是对原料中水和含硫化合物特别敏感，为了维持催化剂的活性又必须向原料中注入卤化物，这将造成设备腐蚀。另外由于环保要求日益严格，不希望使用卤化物，故今后发展方向将是开发对环境无害的高活性催化剂。

3. C_5/C_6 异构化新型催化剂研究进展

由于目前工业应用的低温型和中温型 C_5/C_6 异构化催化剂各自存在不同的缺点，因此开发新型低温高效催化剂一直是异构化催化剂研究的重点。主要研究采用新型酸性载体，例如，HMCM-22、Hβ、F/HM、SO_4^{2-}/M_xO_y（如 ZrO_2、TiO_2、SnO_2 等）。

中国石化石油化工科学研究院开发了 RCQS 载铂的氧化锆超强酸异构化催化剂。该催化剂主要组分为超细晶粒的氧化锆，同时还引入了两种特有的氧化物调变组分，使催化剂的异构化选择性和稳定性都得到了显著提高。在反应温度 150～200℃、反应压力 1.5～2.5 MPa、空速 1.0～4.0 h^{-1}、氢油摩尔比 2.0～3.0 的条件下，C_5 异构化率达 72%～78%，比中温型催化剂增加了近 10% 的转化率，C_6 异构化率达 84%～88%，其中 2,2-二甲基丁烷的选择性由中温催化剂的 18%～20% 提高到 30%，液体产品收率在 97% 以上，产品的辛烷值接近低温异构化催化剂的水平。

此外，过渡金属钼和钨的氧化物、碳化物、碳氧化物，以及酸性载体负载的钼和钨的碳化物，对正构烷烃的异构化表现出优异的催化活性和选择性，具有良好的研究前景。

三、C_5/C_6 异构化的原料要求

C_5/C_6 异构化的原料可以是直馏 C_5/C_6 馏分、重整拔头油或加氢裂化轻石脑油的 C_5/C_6 馏

分。不同原料中正构烷烃和异构烷烃的含量有较大的差别，因此异构化工艺流程需要根据原料的性质来确定。

C_5/C_6馏分中通常含有少量的硫化物、氮化物、氧化物、苯、水和重金属等，氢气中含有硫化物、水和CO等，这些杂质会不同程度地影响催化剂的活性。

原料油中硫含量超标会使贵金属催化剂中毒，重金属超标会使贵金属催化剂永久失活。低温型催化剂要求原料油中硫含量小于$1\mu g/g$，中温型催化剂要求原料油中许硫含量小于$35\mu g/g$，硫含量短暂超过$200\mu g/g$也不会对催化剂造成永久失活。低温型催化剂中含有大量小于卤素，遇水会造成卤素的流失，造成设备腐蚀，因此严格限制原料的水含量不大于$0.5\mu g/g$。中温型催化剂耐水性能较好，但是水含量过高将导致的裂解和积炭加重，从而影响催化剂的活性和寿命。中温型催化剂允许的原料水含量为$75\mu g/g$。

中温型异构化催化剂由于反应温度较高，原料中苯含量大于3%，催化剂的结焦速度将迅速提高，影响生产周期。

异构化原料的预处理主要办法是加氢精制，采用重整拔头油为原料，硫含量和重金属含量一般不会超标。工业上常采用的脱水方法是采用装有4A分子筛干燥塔进行吸附干燥。对于异戊烷含量较高的原料，在异构化反应前设置脱异戊烷塔，进行脱异戊烷预处理也可以解决原料含水超标的问题。

氢气中影响催化剂活性的杂质包括硫、水和CO。采用络合吸附剂可以脱除氢气中的微量CO，同时也脱除水分。

不同类型催化剂对杂质含量的要求见表10-8。

表10-8　不同类型催化剂对杂质含量的要求　　　　　　　μg/g

杂　质	低温型催化剂		中温型催化剂	
	原料油	氢　气	原料油	氢　气
硫	1.0	10	35	10
水	0.5	0.5	75	30
一氧化碳	—	10	—	—
含氧化物	0.5	—	—	—
氮	1.0	—	1.0	—
砷	5.0	—	2.0	—
铅	20.0	—	20.0	—
铜	20.0	—	20.0	—

四、烷烃异构化的工艺流程

烷烃异构化工艺流程有多种，可以分为单程一次通过异构化流程和带循环的异构化流程。

1. 单程一次通过工艺流程

如图10-5所示，一次通过的异构化流程最为简单，投资最省。反应段由两个串联的反应器组成，通过特殊的阀门控制，可改变两个反应器的在线顺序，即每个反应器都可被用作前反应器或后反应器，以使催化剂得以充分利用。当一个反应器进行催化剂更换或再生时，另一反应器可单独操作。氢气亦为一次通过，无需循环压缩机和分离器。简单一次通过流程没有正、异构烷烃的分子筛吸附分离部分，产品中含有较多未反应的正构烷烃，辛烷值的提高幅度相对较小。单程一次通过异构化流程采用低温型异构化催化剂或金属氧化物超强酸催化剂，正构烷径转化为高度分支的异构烷烃的平衡转化率较高，C_6异构烷烃更多地集中于理想的二甲基丁烷RON（93），而甲基戊烷RON（74）相对较少。

以辛烷值为70的原料为例，采用低温型氯化铝催化剂和简单一次通过流程，RON提高13个单位。相同情况下若采用中温型分子筛催化剂，RON只能提高10个单位。

在一次通过流程的基础上，异构化反应器前增加脱异戊烷塔，原料首先进入脱异戊烷塔，从塔顶将具有高辛烷值的异戊烷脱除，塔底的正戊烷和己烷馏分进入异构化反应系统，反应产物经稳定塔稳定后与异戊烷混合作为产品。我国湛江东兴石油企业有限公司采用中国石化石油化工科研究学院研究专利技术，建设的处理量为180kt/a的C_5/C_6烷烃异构化工业装置，采用有脱异戊烷塔的一次通过流程。在反应温度255℃、$WHSV0.7h^{-1}$、压力为1.8MPa、氢烃摩尔比为3.6的条件下，产品的RON达82.4，与原料油不脱异戊烷的一次通过流程相比，RON多提高1.1单位。

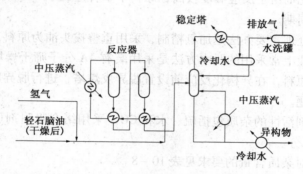

图10-5　IFP Axens单程一次通过异构化流程

2. 全循环异构化工艺流程

一次通过的异构化工艺不能将原料中的正构烷烃完全转化为异构烷烃，这就需要将异构烷烃和正构烷烃分离，并将正构烷烃返回反应器中，再次进行异构化转化。典型的全循环异构化工艺有UOP的TIP全异构化工艺和IFP的Ipsorb工艺，我国金陵分公司和华东理工大学合作开发出类似的C_5/C_6全异构化工艺。

图10-6是一种称为"完全异构化"的工艺流程。该工艺将未转化的正构烷烃在吸附器中用分子筛选择性吸附分离出来，然后用氢气通过吸附器使被吸附的正构烷烃脱附，与循环氢一起返回异构化反应器（两个吸附器切换吸附、脱附）。不被吸附的混合异构烃进稳定塔。这样正构烷烃大部分都能异构化，从而使稳定塔底得到的异构化油辛烷值可达90~91。完全异构化过程可使汽油前段馏分辛烷值（RON）提高约20个单位，比一次通过式高7个单位。

表10-9列出了异构化工艺的原料及产物的典型组成和辛烷值数据。

表10-9　C_5~C_6烷烃完全异构化工艺的原料和产物组成

项　目	原　料		产　物
	C_5~C_6	单程反应	正构烷烃循环
组成/%			
丁烷	0.7	1.8	2.8
异戊烷	29.3	49.6	72.0
正戊烷	44.6	25.1	2.0
2,2-二甲基丁烷	0.6	5.0	5.5

项 目	原 料		产 物
	$C_5 \sim C_6$	单程反应	正构烷烃循环
2，3 - 二甲基丁烷	1.8	2.2	2.5
甲基戊烷	13.9	11.3	13.4
正己烷	6.7	2.9	<0.1
$C_5 \sim C_6$ 环烷烃	2.4	2.1	1.8
研究法辛烷值	73.2	82.1	90.7

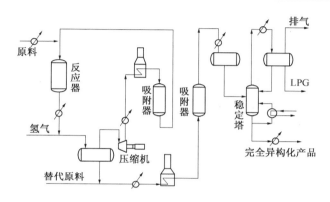

图 10 - 6　C_5/C_6烷烃完全异构化工艺流程

第三节　醚　化

　　为了减少汽车尾气中有害物质的排放，车用汽油质量向低烯烃、低芳烃、低蒸气压、高含氧量和高辛烷值方向发展。能够给汽油提供氧的化合物主要有醚类和醇类。醚类由于自身的特点，成为广泛采用的高辛烷值汽油调合组分。目前工业应用的高辛烷值醚类主要包括由$C_4 \sim C_6$叔碳烯烃与甲醇反应得到的甲基叔丁基醚(MTBE)、甲基叔戊基醚(TAME)和甲基叔己基醚(TH_xME)，以及由异丁烯与乙醇反应得到的乙基叔丁基醚(ETBE)。

　　醚类含氧化合物在提高汽油辛烷值和清洁汽油生产中发挥了重要作用。醚类含氧化合物具有较高的辛烷值，除TH_xME外，其余醚类的研究法辛烷值均在 110 以上，马达法辛烷值均在 98 以上，因此向汽油中添加醚类含氧化合物可以提高汽油的抗爆性；醚类含氧化合物含氧量高达 12.5% ~ 18.2%，加入汽油中可以提高汽油的含氧量，改善燃烧效果，减少尾气中 CO 和未燃烧烃类(如苯、丁二烯)的排放量，显著减少环境污染；此外，醚类含氧化合物具有较适宜的蒸气压，水溶性低，与汽油的互溶性好，热性质与汽油接近，并且醚类含氧化合物相对分子质量越高与汽油的性质越接近。上述特点决定了醚类含氧化合物是清洁汽油的重要组分。存在于催化裂化汽油中 $C_5 \sim C_6$叔碳烯烃转化为相应的醚类，不但可以提高汽油的辛烷值和含氧量，还可以降低烯烃含量和蒸气压，因此，催化裂化轻汽油醚化工艺将在清洁汽油生产中发挥更大的作用。本节重点介绍 MTBE 工艺。

　　一、醚化反应

　　醚化是叔碳烯烃与醇进行加成反应的过程。可以发生醚化反应的叔碳烯烃主要有：异丁烯、叔戊烯和叔己烯。其中叔戊烯有 2 种异构体，叔己烯有 7 个异构体。可用的醇是甲醇和乙醇，工业上主要采用甲醇为原料。这里主要介绍异丁烯与甲醇的反应。

异丁烯和甲醇为原料合成 MTBE 的反应式为：

$$CH_3-\underset{\underset{\displaystyle CH_3}{\vert}}{C}=CH_2 + CH_3OH \rightleftharpoons CH_3-\underset{\underset{\displaystyle CH_3}{\vert}}{\overset{\overset{\displaystyle CH_3}{\vert}}{C}}-O-CH_3$$

在醚化过程中，还同时发生少量的下列副反应：

$$2CH_3-\underset{\underset{\displaystyle CH_3}{\vert}}{C}=CH_2 \longrightarrow CH_3-\underset{\underset{\displaystyle CH_3}{\vert}}{\overset{\overset{\displaystyle CH_3}{\vert}}{C}}-CH_2-\underset{\underset{\displaystyle CH_3}{\vert}}{C}=CH_2$$

$$CH_3-\underset{\underset{\displaystyle CH_3}{\vert}}{C}=CH_2 + H_2O \longrightarrow CH_3-\underset{\underset{\displaystyle CH_3}{\vert}}{\overset{\overset{\displaystyle CH_3}{\vert}}{C}}-OH$$

$$2CH_3OH \longrightarrow CH_3-O-CH_3 + H_2O$$

$$n(CH_3-CH_2=CH=CH=CH_2) \longrightarrow 胶质$$

上述反应生成的二聚物、叔丁醇、二甲基醚等副产品的辛烷值都不低，对产品质量没有不利影响，可留在 MTBE 中不必进行产物分离。而原料中的二烯烃聚合生成胶质，会造成催化剂失活。

二、醚化催化剂

阳离子交换树脂：工业上使用的催化剂一般为磺化聚苯乙烯系大孔强酸性阳离子交换树脂。常用的阳离子交换树脂催化剂有国外的 A - 15、A - 35、M - 31 和国内的 D72、S54、D005、D006 和QRE - 01 等。

强酸性阳离子交换树脂的优点是酸性强，交换容量可高达 5.20mmol/g，溶胀性好，孔径大，安全性好，无毒无腐蚀性，因此在醚化反应中得到了广泛的应用。但阳离子交换树脂也有其弱点，首先是热稳定性差，温度超过 90℃磺酸基即开始脱落，造成催化剂活性下降和设备腐蚀，因此工业上严格控制反应温度不超过 85℃。其次原料中含有的金属离子会置换催化剂中的质子，碱性物质（如胺类、腈类、吡啶类等）也会中和催化剂的磺酸根，从而使催化剂失活。另外，原料中的二烯烃聚合生成的胶质会黏附在阳离子交换树脂表面，堵塞催化剂孔道，造成催化剂失活。因此，需要对原料进行预处理，以脱除金属离子和碱性物质，必要时需要对原料进行选择性加氢，使二烯烃转化为单烯烃。选择性加氢催化剂可以采用负载金属 Pd 或 Ni 的氧化铝，也可以采用阳离子交换树脂负载金属 Pd 构成的三功能催化剂，在进行醚化反应的同时将二烯烃加氢。阳离子交换树脂催化剂的最大缺点是失活后不可再生。

三、醚化原料

合成 MTBE 的原料异丁烯存在于催化裂化和蒸气裂解 C_4 馏分中，催化裂化 C_4 馏分中异丁烯含量一般为 20% ~30%，蒸气裂解 C_4 馏分中异丁烯含量一般为 40% ~50%。典型的催化裂化 C_4 馏分组成见表 10 -10。

表 10 – 10　催化裂化 C$_4$馏分组成

烃类	丙烯	丙烷	异丁烷	异丁烯	1 – 丁烯	正丁烷	反 – 2 – 丁烯	顺 – 2 – 丁烯	丁二烯	水分
组成/%	0.04	0.06	25.20	27.66	18.71	9.21	15.96	3.06	0.10	0.02

原料中的杂质对催化剂活性与寿命具有重要影响。碱性氮化物和金属离子会中和催化剂的酸性，使催化活性降低，通常采用水洗法脱除。

C$_4$中的二烯烃非常活泼，极易在醚化催化剂上聚合形成胶质，黏附在催化剂表面堵塞孔道，降低催化剂的活性和使用寿命，同时还会使产品的胶质含量增加。采用选择性加氢工艺或临氢醚化工艺，可以使二烯烃含量降低至0.03%以下，从而满足醚化催化剂对二烯烃含量的要求。

甲醇中通常也含有金属离子和水，含水量过大会造成甲醇与C$_4$分层，影响醚化转化率。金属离子含量高影响催化剂活性与寿命。一般要求甲醇含量不低于99.5%，水含量不大于0.05%，金属离子含量不大于0.5μg/g。

四、醚化工艺流程

1. 醚化反应器

工业醚化装置流程通常由原料净化、反应、产品分离与甲醇回收四部分组成。其中最重要的是醚化反应部分，醚化工艺的核心是醚化反应器，各类醚化工艺的主要区别是所采用的醚化反应器的形式。国内外常见的醚化反应器有列管式反应器、固定床反应器、膨胀床反应器、混相床反应器和催化蒸馏塔。

在上述五种类型的反应器中，催化蒸馏塔具有独特的技术优势：①利用蒸馏分离产物，破坏化学反应平衡，提高醚化转化率，并减少一个反应器，简化了流程；②反应热使部分液相物料汽化，不会造成明显热点，反应温度容易控制，不易造成超温使催化剂失活，同时减少了中间换热器，降低了能耗；③蒸馏作用可以使形成焦体的前身物及时离开催化剂床层，从而延长催化剂的使用寿命。由于这些优点，催化蒸馏技术在醚化反应领域得到了最为广泛的应用。目前拥有催化蒸馏醚类合成技术的国外公司主要有美国的 CDTHCH、UOP、法国的 IFP、芬兰的 Neste，国内是齐鲁石化公司研究院。国内目前有 20 余套 MTBE 工业装置采用齐鲁石化公司研究院的催化蒸馏醚化技术。

2. MTBE 工艺流程

以筒式外循环固定床反应器与催化蒸馏塔组成的 MTBE 合成工艺为例，介绍 MTBE 工艺流程，如图 10 – 7 所示。

混合 C$_4$和甲醇混合后进入绝热的固定床反应器中进行醚化反应。混合 C$_4$和甲醇在进入反应器前经过净化处理或在反应器中预先多加一些树脂催化剂作为净化剂使用，同时也催化醚化反应。反应后产物一部分冷却后返回到反应器入口，以控制催化剂床层温度在 65 ~ 75℃之间，异丁烯转化率达到 90% 以上。另一部分反应产物进入催化蒸馏塔中继续进行反应，从催化蒸馏塔底得到纯度大于 98% 的 MTBE 产品，异丁烯总转化率大于 99%。未反应的 C$_4$及其与甲醇的共沸物从催化蒸馏塔顶流出，进入水萃取塔底部，C$_4$为分散相，水从萃取塔上部进入萃取塔，水为连续相，萃余相 C$_4$从萃取塔顶部出装置，其中甲醇含量 20 ~ 40μg/g。萃取相(水与甲醇的混合物)从萃取塔底部流出，经换热后进入甲醇精馏塔中回收甲醇，甲醇从精馏塔顶流出，纯度大于 99%，返回甲醇原料罐重复使用。水从精馏塔底返回到萃取塔上部。主要操作条件列于表 10 – 11。

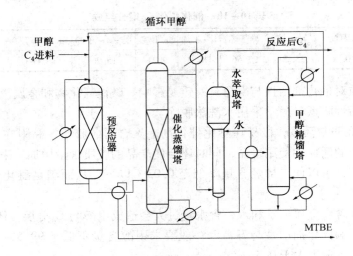

图 10 – 7　采用筒式反应器与催化蒸馏的 MTBE 合成工艺流程

表 10 – 11　MTBE 合成过程的主要操作条件

项　目	固定床反应器	催化蒸馏塔	萃 取 塔	甲醇精馏塔
温度/℃	50 ~ 75	50 ~ 140	40	60 ~ 100
压力/MPa	0.6 ~ 1.5	0.6 ~ 0.8	0.6	常压
醇烯摩尔比	0.9 ~ 1.2	0.9 ~ 3.0	1 ~ 10(烃水比)	—
回流比	—	0.8 ~ 1.4	—	8 ~ 20

第十一章　润滑油基础油的生产

第一节　溶剂精制

润滑油除要求具有一定的黏度外，还需要有较好的黏温特性、抗氧化安定性、颜色的稳定性和较低的残炭值等。从原油蒸馏装置得到的润滑油原料及丙烷脱沥青装置得到残渣润滑油原料中，含有一些对润滑油使用性能有害的非理想物质，如短侧链芳烃和含硫、氮、氧非烃化合物以及胶质、沥青质等杂质。从润滑油原料中脱除非理想组分，以提高润滑油的质量，使润滑油的抗氧化安定性、黏温特性、残炭值、颜色等符合产品规格标准的过程称为润滑油精制。

常用的精制方法有酸碱精制、溶剂精制、吸附精制、加氢精制。其中酸碱精制处理量小、操作不连续、损失大、处理效果较差，并且生成大量的酸碱渣无法处理，酸碱消耗量大，碱洗过程易发生乳化。目前，由于环保法规的限制已很少采用。吸附精制通常作为溶剂精制的补充精制。加氢精制是采用加氢的办法脱除上述润滑油的非理想组分的过程，目前正在成为润滑油精制的主要手段。溶剂精制是目前我国最广泛采用的精制方法。

润滑油溶剂精制是利用溶剂的选择性溶解能力，脱除润滑油中的非理性组分及有害物质，改善润滑油基础油黏温性能和抗氧化安定性的过程，是润滑油生产的重要一环。润滑油溶剂精制一般包括萃取和溶剂回收两部分。溶剂精制在石油炼制过程中是石油产品精制常用的方法之一。早期主要用于除去煤油中的芳烃，以改善煤油的燃烧性能。20 世纪 30 年代以后，大规模用于润滑油馏分的精制，以除去其中的杂质和非理想组分。1955 年糠醛精制装置首次在我国投产，目前绝大多数的润滑油都是通过溶剂精制生产的。润滑油精制常用的溶剂有糠醛、苯酚和 N – 甲基吡咯烷酮等。为提高溶剂精制的技术水平，降低其能耗，各国正在进一步寻找选择性更好的溶剂，发展高效的萃取设备，改进溶剂回收的流程和操作条件等。此外，对性质很差的润滑油原料，采取加氢精制，代替溶剂精制。

一、溶剂精制原理

某些有机溶剂对润滑油馏分中所含的各种烃类和非烃化合物具有不同溶解度，非理想组分在溶剂中有较大的溶解度，而理想组分在溶剂中的溶解度比较小，溶剂精制的原理就是利用溶剂的这一特性，在一定条件下，可将润滑油原料中的理想组分与非理想组分分开。这种分离过程称为液 – 液抽提(或萃取) 过程。

溶剂精制过程中，一般是将非理想组分抽出，而理想组分留在提余液中，然后分别蒸出溶剂，即可得到精制油与抽出油。此过程为物理过程，溶剂在此过程中可以循环使用，溶剂损耗量极少，过程中除耗能外，基本上不需要其他药剂，而且抽出油还可利用。由于过程为物理过程，不能使非理想组分进行化学转化，故只能处理那些含有足够多的理想组分的油料，否则，制造不出合格的产品。因此，溶剂精制必须选择合适的原料。

1. 溶剂的选择性和溶解能力

（1）溶剂的选择性

当某一溶剂对润滑油的理想组分与非理想组分有溶解度的差别时，才具有分离作用，这种溶解度的差别称为溶剂的选择性。润滑油原料中理想组分与非理想组分在某种溶剂中溶解度相差越大，这种溶剂的选择性就越好。在抽提过程中常用 β（非理想组分与理想组分在提取液中摩尔分率之比与在提余液中摩尔分率之比的比值）表示选择性系数。

$$\beta = \frac{X_{BC}/X_{AC}}{X_{BA}/X_{AA}}$$

式中　β——溶剂的选择性系数，

X_{BC}——非理想组分在溶剂相（提取液）中的摩尔分率；

X_{AC}——理想组分在溶剂相（提取液）中的摩尔分率；

X_{BA}——非理想组分在油相（提余相）中的摩尔分率；

X_{AA}——理想组分在油相（提余相）中的摩尔分率。

如 β 数值等于1，则 $X_{BC}/X_{AC} = X_{BA}/X_{AA}$，这就是表示理想组分与非理想组分在提余液与提取液中浓度比相等，假如将提取液中溶剂除去，剩余的理想组分与非理想组分所构成的溶液组成与原料相同，这就没有分离作用，δ 数值愈大，溶剂的选择性愈好，分离就愈容易。

对于润滑油，非理想组分主要是芳烃较强的物质和分子极性较强的物质，而理想组分则是较为饱和的烃类，如单环长链的芳烃的黏度指数比多环短侧链的环烷烃为好，但是溶剂只对芳烃和饱和烃之间有较好的选择性，对不同结构的饱和烃没有明显的选择性，所以在溶剂精制过程中，不能去掉多环环烷烃。

溶剂的选择性强对精制润滑油有好处，因为在达到同样品质的产品时，选择性强的溶剂溶解的理想组分较少，产品收率高；或者，在同样收率时，油品质量更高。

（2）溶剂的溶解能力

在精制过程中，还要求溶剂具有适当的溶解能力，如果溶剂的选择性好，而溶解能力很差，虽然理想组分几乎不溶于溶剂，但在单位溶剂中能溶解的非理想组分的量也不大，为了把原料中大都分非理想组分分出，就不得不使用大量溶剂，这样会使装置的操作能耗加大。

烃类在溶剂中的溶解度与其结构有关，烃类在极性溶剂中溶解的次序大致为：烷烃＜环烷烃＜少环芳烃＜多环芳烃＜胶质。随着芳烃上侧链数目的增多以及烃类碳原子数目的增加，在溶剂中的溶解度减少。

溶剂本身的结构对其溶解能力也有影响，几种常用溶剂的溶解能力顺序为：N – 甲基吡咯烷酮＞苯酚＞糠醛，选择性顺序则相反。

油品在溶剂中溶解度是温度的函数，在低于临界溶解温度 15 ~ 20℃以下温度时，它符合下式的关系：

$$\frac{\partial \ln N}{\partial \left(\frac{1}{T}\right)} = 常数$$

即 $\ln N$ 和 $1/T$ 为直线关系，$\ln N$ 随着 $1/T$ 的降低而增大。随着温度的升高，溶解度增加，这是有利的一面，因为单位溶剂可以溶解更多的油，一般说来，可以增加精制深度，但温度升高，选择性降低。

2. 使油与溶剂形成两相的条件

用溶剂将润滑油中的理想组分与非理想组分分开的首要条件就是必须使抽提系统保持两相。下面举例分析抽提系统保持两相的条件。

以糠醛与某润滑油为例：如在 60℃温度下，将少量糠醛加到油中，会完全互溶成一相，

442

增加糠醛加入量占系统总量的 5% 左右时，糠醛在油中即达到饱和，再继续增加糠醛加入量，则系统出现两相，如图 11－1 所示，上层为饱和糠醛的油溶液，含糠醛 5%，下层为饱和油的糠醛溶液，含油 2%。若还继续增加糠醛的加入量，糠醛相将不断增多，而油相则逐渐减少，因油不断被糠醛溶解进入糠醛相。当糠醛量增加到占系统总量的 98% 左右时，油全部溶于糠醛中，又变成为一相，是为饱和油的糠醛溶液，再继续增加糠醛也仍成一相不变。如图 11－2 中 60℃时的 A、B 两点所示。

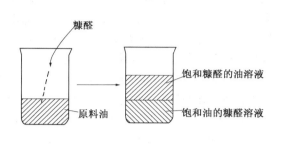

图 11－1　溶剂精制原理示意图

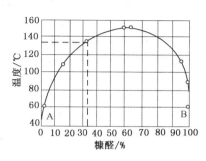

图 11－2　润滑油－糠醛系统临界
溶解温度曲线

若将系统温度升高，糠醛与油之间的相互溶解度都会增加，因此由一相转为两相的转变点（即互溶量）将会向中间移动。随温度的不断升高，上述左右两点最终重合在一起，形成一个封闭曲线，见图 11－2。曲线内为两相区，曲线外为一相区。当系统组成 n 一定时（即糠醛与油的比例一定时），与此组成 n 在曲线上相应点的温度 t_c 称为临界溶解温度（critical solution temperature）用 C. S. T. 表示，图 11－2 为某润滑油－糠醛系统的临界溶解温度曲线。曲线最高点所代表的温度为系统的最高临界溶解温度，当系统温度达到最高临界溶解温度时，则不论溶剂与油的比例为何值，也不能生成两相。油糠醛系统的最高临界溶解温度约为 145℃。可见在溶剂精制过程中根据高产、优质、低消耗的原则将溶剂比确定后，使系统保持两相的关键是温度，即必须使精制过程在相应的临界溶解温度以下进行，一般认为应较 C. S. T. 低 10℃ 左右为宜。

临界溶解温度与油和溶剂的相互溶解度有关，因此，不同烃类在同一溶剂中的临界溶解温度不同，反过来，不同溶剂对同一油品的临界溶解温度也不一样。油在溶剂中的临界溶解温度随溶剂的溶解能力升高而降低，可见在使用不同溶剂和处理不同油料时，应选择不同的溶剂比和适宜的温度条件。表 11－1 所列为某润滑油在不同溶剂中的临界溶解温度。

表 11－1　某润滑油在不同溶剂中的临界溶解温度（C. S. T）

溶剂名称	C. S. T/℃（溶剂比为 1:1）	溶剂名称	C. S. T/℃（溶剂比为 1:1）
硝基苯	25	酚	75
苯胺	40	糠醛	100

确切地说润滑油是一个非常复杂的混合物，溶解于溶剂的那些物质和润滑油中的物质大部分是不同的，而不完全是同一物质在两相中的分配。并且其在两相中的组成随着溶解数量的改变而不断变化。所以对润滑油和溶剂体系至少应该粗略地当作理想组分、非理想组分和溶剂三元物系处理。它的相平衡关系可以用三角相图来表示。

图 11－3 是糠醛－润滑油系统三角相图的举例，S 表示溶剂（糠醛）、芳香组分表示非

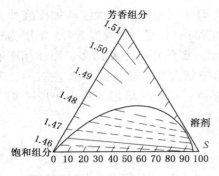

图 11-3　糠醛-润滑油
系统相平衡关系图

理想组分，饱和组分表示理想组分，用这样的平衡相图可以进行抽提过程的计算。计算方法与催化重整的芳烃抽提类似。

3. 使两相迅速分层的条件

在抽提过程中，非理想组分是通过两相之间的界面由油相扩散到溶剂相的。当非理想组分在溶剂中达到饱和时（即达相平衡），往往需要相当长的时间才能完成，这是工业生产上所不允许的。因此，必须设法提高抽提速度。抽提速度（即单位时间被溶剂抽出的非理想组分的量）与两相间的接触面积和非理想组分在两相间的浓度差成正比，与两相界面间的阻力成反比。因此，欲提高抽提速度，主要是增加两相间的接触面和非理想组分在两相间的浓度差，降低两相间的界面阻力。要达到这一目的就需要在抽提过程中使溶剂与原料油充分混合，这样不仅可以增大两相的接触面，而且由于加强液体流动也可降低扩散阻力，因此必须选择结构合理的抽提塔来保证一相在另一相中充分分散增加接触面。适当增加溶剂用量可提高浓度差。但是要使抽提过程顺利进行，还必须使已形成的两相能比较迅速地分层，这就需要使溶剂与油（提余液）有较大的相对密度差。

4. 选择溶剂的主要依据

选择合适的溶剂是润滑油溶剂精制过程的关键因素之一。理想的溶剂应具备以下各项性质：

① 有较强的选择性，能很好地溶解油中的某一些组分，而不溶解或很少溶解另一些组分。比较理想的溶剂，应该是溶解油中非理想的应除去的组分的能力强，而对理想的应保留的组分的能力弱。这是因为在通常情况下，润滑油料中需要除去的非理想组分比要保留的组分少，因而用溶剂量少。糠醛、苯酚和 N-甲基吡咯烷酮等都属于这一类溶剂。

② 有一定的溶解能力，以保证精制油品的质量。溶解能力大，可以用小的溶剂比，溶剂回收系统的负荷小。

③ 有较高的化学安定性、热安定性和抗氧化安定性，不易变质，受热不易分解也不易于氧化或缩合等。

④ 与润滑油料有适宜的沸点差，以利于从提余液和提取液中回收溶剂，降低回收成本，还要避免溶剂沸点过低，造成的回收需要在高压下进行，使回收成本提高。

⑤ 在工作条件下黏度小，密度大，保证与润滑油料的密度差足够大，在抽提过程中易于传质和分离。

⑥ 毒性小，对设备腐蚀性小，无爆炸危险，来源容易，价廉。

实际上，不可能要求溶剂所有的性质都很理想，在选择溶剂时，应以主要性质为依据，兼顾其他方面的要求，最主要的性质就是选择性和溶解能力。

溶剂精制工艺已有 80 多年历史，在工业上也曾用过一些溶剂，如硝基苯，它的溶解度很强，但选择性太差，所以已被淘汰。液体 SO_2 是选择性最强的溶剂，但其溶解能力太小，为了提高其溶解能力常掺入苯，但加入苯后回收时需用水蒸气汽提，装置中有水存在造成对设备腐蚀严重，所以已不再使用。目前较常用的溶剂采用糠醛、酚或 N-甲基砒咯烷酮（NMP），我国糠醛精制占绝对主导地位，NMP 精制仅在中国石油兰州分公司得到应用。在国外，新建装置大都采用 NMP 溶剂，据美国和加拿大统计，进入 20 世纪 90 年代，糠醛精制份额由 40% 降到 30%，酚精制由 28% 降到 10%，NMP 精制上升到 56%，取代了糠醛和酚精制，位居首位。近 10 年来，溶剂精制工艺虽没有重大突破，但国内外为了适应原油质量变差以及市场对产品质量的要求，同时为了节能，提高收率，对工艺和设备不断进行改进，工艺技术指标不断提高。很多装置由酚精制改为 NMP 精制，这说明用 NMP 代替酚精制润滑油的趋势正在发展。表 11 – 2 列出了上述三种溶剂的性质。

表 11 – 2　几种常用溶剂的主要理化性质

项　目		N – 甲基吡咯烷酮	苯　酚	糠　醛
分子式		C_5H_9NO	C_6H_5OH	$C_5H_4O_2$
相对分子质量		99.13	94.11	96.09
密度(25℃)/(g/cm^3)		1.029	1.04(66℃)	1.159
熔点/℃		−24	+41	−39
沸点/℃		202	181.2	161.7
汽化热/(kJ/kg)		439	481.2	450
比热容(60℃)/(kJ/kg)		1.758(30℃)	2.156	1.7165
黏度(50℃)/mPa·s		1.01	3.42	1.15
折光率(n_D^{20})		1.4703	1.5425(n_D^{41})	1.5261
与水共沸点/℃		无共沸物	99.6	97.5
$1×10^5$Pa 时共沸物含水/%		—	90.8	65
和水互溶度(40℃)/%	水在溶剂中	完全互溶	33.2	6.4
	溶剂在水中	完全互溶	9.6	6.8

表 11 – 3、表 11 – 4 所列分别为溶剂精制过程及其能耗的比较。

表 11 – 3　糠醛、酚、N – 甲基吡咯烷酮精制过程比较

溶　剂　项　目	糠　醛	酚	N – 甲基吡咯烷酮
适应性	优	好	良
乳化性	低	高	中
剂油比	中	低	极低
抽提温度	中	在两者之间	低
精制油产率	优	好	良
产品颜色	良	好	优
腐蚀性	在两者之间	中	低
能量费用	中	在两者之间	低
基建投资	在两者之间	中	低
维修费	低	中	低
操作费	在两者之间	中	低

注：优 > 良 > 好。

表 11 – 4　N – 甲基吡咯烷酮精制与用酚或糠醛的能耗比较　　　　MJ/t 原料

类型　溶剂　项目	惰性气体汽提		蒸汽汽提	
	N – 甲基吡咯烷酮	酚	N – 甲基吡咯烷酮	糠　醛
蒸汽	572.75	586.15	9.21	308.98
电	131.88	181.88	118	63.63
燃料	1235.9	1636.2	949.98	1644.9
能耗	7950	1178.1	1058.8	2017.6

N – 甲基吡烷酮虽具有无毒性、腐蚀性小、溶解能力较高和选择性较好的优点，用于石蜡基油和环烷基油，能耗小，收率高，但其价格昂贵，来源困难，因而妨碍了广泛采用，我国已建有这种溶剂精制装置。

二、影响溶剂精制过程的因素

影响溶剂精制过程的因素主要有：抽提温度、抽提方式、溶剂比、提取物循环、界面位置、原料中沥青含量以及抽提塔内的液体流速等。

1. 抽提温度与温度梯度

如前所述，抽提系统保持两相的关键是抽提温度。即必须使抽提过程在临界溶解温度与润滑油及溶剂的凝点之间进行。在实际操作中，一般抽提温度应比临界温度低 20~30℃，在此温度范围内，溶剂的溶解能力随温度的升高而增强，而选择性则随温度的升高而降低，因此，温度变化必然会影响精制油的质量与收率。

下面以溶剂比为 3∶1 时，糠醛处理某润滑油馏分为例，来分析温度对精制油质量与收率的影响，如图 11–4 所示。

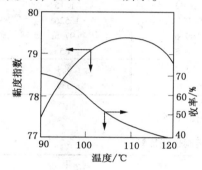

图 11–4 温度对精制油黏度指数与收率的影响

由图 11–4 可以看出，精制油收率随抽提温度的升高而迅速下降，黏度指数在开始升温阶段随温度升高而升高，但当达到某一最高值以后，黏度指数随温度提高而下降。该最高点说明溶剂在此温度下具有最适宜的溶解能力，可以保证最大限度地溶解非理想组分，同时又具有恰当的选择性，使理想组分不致因溶解能力提高而过多的进入提取相。低于这一温度则由于溶剂溶解能力低，使相当数量的非理想组分不能进入提取相。而高于这一温度，则会由于溶剂溶解能力过高，选择性过低，使理想组分被抽走。

在逆流抽提过程中，原料油自塔下部进入，其中所含非理想组分随着向上运动，不断被自上而下的溶剂抽提而逐渐减少，因此它在溶剂中的临界溶解温度就会逐步提高，故而应该使抽提温度也逐步提高。所以抽提塔顶部应维持较高的温度，但这样难免有一定数量的理想组分和中间组分被溶解，为了减少理想组分的损失，提高精制油的收率，塔底则维持较低的温度。溶剂自塔上部进入后，随着它向下流动，温度逐渐降低，选择性提高，使开始被溶解的理想组分又将不断释放出来，这样自塔底排出的提取液中，就不致有理想组分，从而保证了精制油收率。表 11–5 所示为某 10 号汽油机油在不同塔顶温度下的精制油质量。

表 11–5 某 10 号汽油机油在不同塔顶温度下的精制油质量

项 目	抽提塔顶温度/℃		
	65	80	95
塔底温度/℃	40	40	40
溶剂比(体)[①]	0.8∶1	0.8∶1	0.8∶1
精制油质量			
相对密度 ρ_4^{20}	0.898	0.8930	0.8917
比色	0	4	5
残炭/%	0.17	0.13	0.12
黏度指数	77	84	87

① 溶剂为糠醛。

抽提塔顶部与底部的温度差,称为温度梯度。糠醛精制时的温度梯度约为 20~25℃。在塔内形成温度梯度后,塔顶溶剂中因高温而溶入的部分理想组分,当溶剂沿塔高下降时,将随温度降低而逐步析出,析出物又返回油相,形成内回流,由温度梯度形成的内回流,参与两相间的传质过程,因此,抽提塔内回流与分馏塔的回流一样,会提高抽提的分离效果。

另外增大内回流,也增大了塔的实际负荷,增大了塔内流体的湍动。当塔未达到极限负荷以前,增大塔内湍动也有利于提高传质效率。改变温度梯度会改变内回流量,因而调整温度梯度,也是调节操作的一个重要手段。温度梯度调节得当,可以用较小的溶剂比,在保证精制油质量水平的情况下,获得较高的精制油收率。但对用酚作为溶剂的精制过程,由于酚对烃类的溶解能力较强,同时其熔点又较高(40.97℃),因此,用降低塔底温度的方法来减少提取液中理想组分的含量,受到很大限制,工业上通常多用在抽提塔下部注入酚水的办法来提高酚的选择性。不过在处理残渣油时,由于残油在酚中的溶解度比馏分油低,所以注入的酚水量应比处理馏分油时要少。

烃类在溶剂中的溶解度随相对分子质量的增高而降低,所以处理不同的原料时,采用的精制温度也不一样,馏分重的、黏度大的、含蜡量多的,采用的温度应高些。

原料的馏分范围很宽时,不易选择适宜的精制温度,因此精制原料的沸点范围越窄越好。表 11-6 列出了各种润滑油原料适宜的糠醛精制抽提温度。

表 11-6　不同润滑油原料适宜的糠醛精制抽提温度

产品名称	25 号变压器油	20 号机械油	10 号汽油机油	15 号汽油机油	22 号汽轮机油	真空泵油
塔顶温度/℃	55~65	67~85	75~85	110~120	70~80	90~100

2. 抽提方式

抽提方式有三种:一段抽提、多段抽提与逆流抽提。

一段抽提是全部溶剂一次和原料油相混,分离后得到提取油与提余油。一段抽提示意图如图 11-5 所示。

一段抽提所得的精制油质量不高,同时,在非理想组分溶解的过程中,一部分理想组分也溶解在溶剂里,因而精制油的收率也不高。

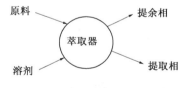

图 11-5　一段抽提示意图

多段抽提的示意流程如图 11-6 所示。溶剂被分成的份数越多,抽提的效果就越好。多段抽提比一段抽提分离要完全些,达到同样分离程度时,溶剂耗量要小,但操作复杂,设备增多,在两相分离时,造成精制油的损失过多,因而降低收率。

逆流抽提是在塔中进行的,是一个连续过程。溶剂从上部进入,原料油从下部进入,由于油的相对密度比溶剂小,油从下向上升,溶剂从上向下沉降,两者在逆向流动中接触,非理想组分就溶于溶剂。为了增大接触面积,改善抽提效果,常采用填料塔或转盘塔,逆流抽提的过程如图 11-7 所示。

不同抽提方法与溶剂消耗的关系以及不同抽提方法,对精制油收率的影响如图 11-8 和图 11-9 所示。获得同样质量的精制油,采用逆流抽提可以使用最低溶剂比和得到最高的精制油收率。

在生产中，溶解有非理想组分的溶剂称为提取液(或称为抽出液)，溶解有溶剂的油(即理想组分)称为提余液(或精制液)。在抽提塔内，提余液和提取液分成两相，中间有一分界面。界面上为提余液，界面下为提取液。当界面位于溶剂与原料进口之间时在界面以下，溶剂(即提取液)为连续相，油以液滴状态穿过，称为分散相。界面以上则油(即提余液)为连续相，溶剂为分散相。

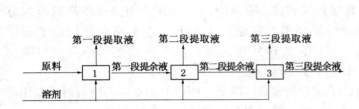

图 11-6 多段抽提示意流程图
1—第一抽提器；2—第二抽提器；3—第三抽提器

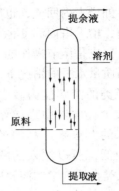

图 11-7 逆流抽提的示意图

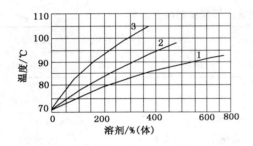

图 11-8 不同抽提方法与溶剂消耗关系
1—一段抽提；2—多段抽提；3—逆流抽提

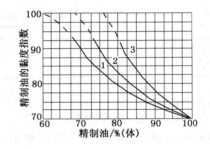

图 11-9 不同抽提方法对精制油收率的影响
1—一段抽提；2—多段抽提；3—逆流抽提

抽提塔所需要的理论段数与溶剂的选择性、采用的溶剂比及要求的产品质量、收率等都有关系。图 11-10 给出了以糠醛为溶剂，不同原料油、不同溶剂比生产黏度指数为 95 的产品时，抽提塔的理论段数与精制油收率的关系。从图中可以看出，在一定溶剂比下，不同产品所需理论段数不全相同，但是对各种原料油都是理论段数越多，精制油收率越高，但当段数达到 6 段以后，收率的增加即不显著。因此，通常设计的抽提塔采用 6~7 个理论段，以适应不同原料及产品的要求。

3. 溶剂比

加入的溶剂量和原料油量之比称为溶剂比。溶剂比可以是体积比，也可以是质量比。非理想组分在油中与溶剂中的浓度差是抽提过程的推动力，增大溶剂比即增加了浓度差，也就增加了抽提过程的推动力。

当溶剂比增加时，溶剂量增加，非理想组分的溶解量增加；同时，对理想组分的溶解量也会增加，因此，精制油的黏度指数提高，但精制油的收率降低。在实际操作过程中，溶剂比的大小取决于溶剂的性质、原料油性质以及产品要求与抽提的方法。

448

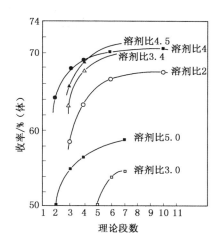

图 11 - 10 理论段数对收率的影响
▽、▼—中质机械油；○、●—重质机械油；
□、■—脱沥青油；

糠醛溶剂比对精制油质量的影响见表 11 - 7。

表 11 - 7 糠醛溶剂比对精制油质量的影响

溶 剂 比	精简油产率/%	黏 度 指 数	残 炭/%
0	100	65	2.8
3	75.2	84.7	1.1
6	62.6	88.6	9.8
12	47.1	93.2	0.7

从表 11 - 7 看出，增加溶剂量对精制油质量的影响，并没有出现像改变精制温度时那样黏度指数曲线有一个最高点。这是由于增加溶剂比只改变提取相内提取液中油的总量，而不改变溶剂性能的缘故。

一般精制重质润滑油原料时，采用大的溶剂比，精制轻质润滑油原料时，采用较小的溶剂比。使用糠醛溶剂时，轻质油用 1.3 ~ 2.5，中质油用 2.5 ~ 3.5，重质油用 3.5 ~ 6.0。溶剂比过大，处理量会降低，同时，回收系统的负荷增加，操作费用也就增加。适宜的溶剂比应根据溶剂、原料性质和产品质量的要求，通过实验来确定。

提高溶剂比和提高温度都能提高精制深度，对于某一油品要求达到一定深度时，在一定的范围内可用较低温度、较大溶剂比；也可以用较高温度、较小溶剂比。一般采用前者精制油收率高，这是因为低温下溶剂的选择性较好的缘故。

4. 提取物循环比

采用提取液返回塔下部循环的方法，可以提高提取液中非理想组分的浓度，将提取液中的理想组分与中间组分置换出，提高了分离精确度，在质量一定的情况下，可增加精制油的收率，但循环量过大，会影响精制油的质量和抽提塔的处理量。

提取物循环比对糠醛精制馏分油与残渣油的影响见表 11 - 8。

表 11 - 8　提取物循环对糠醛精制馏分油与残渣油质量与收率的影响

项　目	馏　分　油		残　渣　油	
溶剂比/%（体）	300	305	200	199
抽提塔顶温度/℃	121	124	138	137
抽提塔底温度/℃	77	79	86	88
提取物循环比（对原料）	0.0	0.40	0.0	0.35
提余油产率/%（体）	80.4	80.4	86.5	90.0
提余油脱蜡后黏度指数	110.0	110.5	103.5	103.5

5. 界面

原料与溶剂接触后分成两相，两相分界面称为界面，界面位置很重要，界面过高，不但有可能使提取液进入精制液系统而影响产品质量，而且由于溶剂在浓缩段没有足够的时间凝聚、沉降，塔顶精制液就会带出较多的溶剂，而使以后的精制液汽提塔负荷增加。界面过低，说明溶剂太少，必然会缩短油品的精制时间，不能较完全地将非理想组分抽提出来影响油品的质量。

界面的位置因采用不同的溶剂和塔型而有所不同。酚精制时，适宜的界面应控制在塔的上、中部；糠醛精制采用转盘塔时，以糠醛为连续相，原料油为分散相，界面在上部；采用填料塔时，界面位置在下部，糠醛为分散相，与转盘塔相反。

6. 原料油中沥青质含量

原料油分馏不好，其中夹带一些沥青质，它几乎不溶于溶剂中，而且它的相对密度介于溶剂与原料油之间，因此，在抽提塔中容易集聚在界面处，增加了油与溶剂通过界面时的阻力，同时，油与溶剂细小颗粒表面被沥青质所污染，因而不易集聚成大的颗粒。这样，沉降缓慢，抽提塔处理能力大幅度降低。如果原料油中含沥青质量过多，抽提塔便无法维持正常操作。为了保证抽提过程的顺利进行，对原料油中沥青质的含量应严格控制。

7. 转盘转速与塔内液体的流速

采用转盘抽提塔时，液体被转盘带动旋转；由于离心力的作用，液体流向塔壁，碰上固定环又转向轴心。同时，轻相向上移动，重相向下移动，使塔内液体流动十分复杂。

由于转盘的旋转，液体在离心力的作用下被分成细微的小液滴，使两相接触面积增大，接触面不断更新，从而提高了抽提效率。液体的分散程度可用转盘的转速来调节，转速越大，液体被分散得越细，但超过一定限度，反而对抽提不利，往往造成抽提塔液泛，原因是每个液滴在塔内部受到重力的作用，同时还受到一个方向相反的摩擦阻力的作用，当重力大于摩擦阻力时，重相液滴会均匀地向下沉降，这样就能使轻相与重相得到分离。然而，相间的摩擦阻力是随着接触面积的增大、液体流速的加快而增大的，液滴越小，接触面积越大，摩擦阻力越大；当摩擦阻力大于重力时，往往会使溶剂液滴不易沉降下来，造成"液泛"。因此转速必须适当。转速大小可根据实际经验来确定，一般黏度大的油品，转速可选大一些；黏度小的油品，转速可选小一些。

此外，处理量超过负荷，也会使相间摩擦阻力增大，使溶剂不能很好沉降，同样，也可以产生"泛溢"。

不同原料油在转盘式抽提塔内进行糠醛抽提精制时的工艺操作数据见表 11 - 9。

表 11 - 9   不同原料油在转盘式塔内进行糠醛精制的工艺条件

原料油 项目	变压器油	20 号 机械油	10 号 汽油机油	15 号 汽油机油	20 号 汽轮机油	真空泵油
糠醛比（体）	1.25:1	0.75:1	1:1	1.2～(1.6:1)	2:1	3:1
抽提塔顶温度/℃	55～65	70～80	80～90	100～110	70～80	85～95
抽提塔底温度/℃	25～40	25～40	30～45	55～70	30～45	30～45
转盘转速/(r/min)	25～50	25～50	25～50	25～50	25～50	25～50
精制油收率/%	88	94	93	87	82	75

三、抽提溶剂的回收

溶剂精制包括抽提与溶剂回收两大系统，溶剂回收又包括从提余液与提取液中回收溶剂以及从溶剂－水溶液中回收溶剂。溶剂回收主要采用蒸发的方法，而蒸发大量的溶剂需要消耗较多的热量。在溶剂精制的装置中，燃料的消耗对其技术经济指标有很重要的影响。溶剂回收能耗约占溶剂精制能耗的 75%～85%。因此，国内外均非常重视溶剂回收工艺的改进。

1. 提取液和提余液中溶剂的回收

从抽提塔出来的提取液和提余液均含有溶剂，加入抽提塔的溶剂绝大部分进入提取液中，提余液中含溶剂量较少，而提取液中的溶剂含量很高，常达 90% 以上。

（1）提取液溶剂回收

目前，提取液溶剂回收工艺多采用双效蒸发和三效蒸发工艺来回收溶剂，可以节省燃料的消耗。

① 双效蒸发。双效蒸发是采用几个不同压力的塔分段蒸出溶剂。高压段（第二段）的溶剂蒸气温度高，冷凝后放出的冷凝热作为低压段（第一段）的热源。双效蒸发工艺的原理流程如图 11 - 11 所示。

提取液经与第二段（第二蒸发塔）蒸出的溶剂蒸气换热后进入第一段（第一蒸发

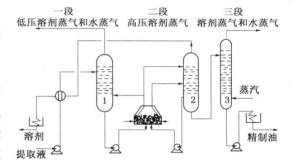

图 11 - 11   双效蒸发工艺的原理流程图
1—第一蒸发塔；2—第二蒸发塔；3—汽提塔

塔），蒸出全部水和部分溶剂（以共沸物形式蒸出）。不含水的提取液经加热炉加热后，进入第二段（第二蒸发塔），蒸出绝大部分的溶剂，为了使溶剂蒸发更充分，在第二段中采用提取液热循环的办法，即将部分蒸发后的残余液抽出，经加热炉加热，再打入塔内。提取液经第二段蒸发后，其中还含有少量溶剂。这部分溶剂在汽提塔内用水蒸气汽提除去。从第一蒸发塔和汽提塔蒸出的水和溶剂的混合物，进入水溶液回收系统。据计算，采用双效蒸发时，回收溶剂的加热炉负荷仅为单效蒸发时的 61% 左右。

② 三效蒸发。从图 11 - 12 可以看出，提取液三效蒸发溶剂回收工艺是由低压蒸发、中压蒸发、高压蒸发和精制油闪蒸及汽提五部分组成。

从低压、中压和高压蒸发塔顶蒸出的溶剂蒸气，均根据温度的不同分别与蒸发塔进料进行换热，将溶剂蒸气冷凝时所放出的热量充分回收利用。提取液换热后先进入低压蒸发塔蒸出部分溶剂，低压蒸发塔底的提取液经与高压蒸发塔顶蒸气换热后进入中压蒸发塔，蒸出另一部分溶剂。中压蒸发塔底提取液再经加热炉进一步加热后，进入高压蒸发塔。最后在蒸发

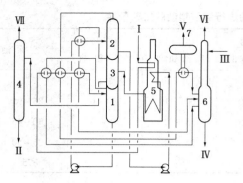

图 11 – 12 糠醛抽出液溶剂回收三
效蒸发及溶剂脱水工艺流程

Ⅰ—提取液；Ⅱ—精制油；Ⅲ—湿糠醛；Ⅳ—干糠醛；
Ⅴ—0.3MPa蒸汽；Ⅵ—糠醛 – 水共沸物；
Ⅶ—含糠醛蒸汽；1—低压蒸发塔；
2—中压蒸发塔；3—高压蒸发塔；4—汽提塔；
5—加热炉；6—干燥塔；7—蒸汽发生器

汽提塔中脱除残余溶剂。脱除溶剂后的精制油经冷却送出装置。据报道，提取液的溶剂回收采用三效蒸发，可使传统的糠醛精制工艺的燃料耗量降低 30% ～ 35%。据计算，采用三效蒸发时的加热炉负荷可进一步降低到单效蒸发的 41%。

（2）提余液溶剂回收

提余液和提取液在组成上差别很大，因此，从提余液（精制液）回收溶剂与从提取液中回收溶剂的流程不同。提余液主要由润滑油组成，溶剂含量较少，一般只有 15% 左右。因此，从提余液中回收溶剂就比较简单，一般只有一段至二段蒸发，如图 11 – 13 所示。

2. 水溶液中溶剂的回收

以从糠醛水溶液中回收糠醛为例，介绍水溶液中溶剂的回收过程通常糠醛 – 水的分离用双塔回收法。它的原理可以从糠醛 – 水的溶解度关系图和气、液平衡关系图看出。图 11 – 14(a)是糠醛 – 水的气液平衡和溶解度图。从气液平衡关系图中可以看出，有含糠醛为 35% 的共沸物存在。含糠醛小于 35% 的混合物进行蒸馏时可以分成水和共沸物，而大于 35% 时可以分成共沸物与糠醛。用简单的蒸馏方法是不能把共沸物分开的，但是与溶解度图联系起来就可以找到分离共沸物的方法，因为从溶解度图中可以看出含糠醛 35% 的共沸物冷凝后冷却到接近常温时就会分成两相。例如，冷到 40℃ 就分成一相为含糠醛 6.8% 的水溶液，另一相为含糠醛 93.6% 的糠醛液。这两相可以又送回精馏塔精馏，分出水和糠醛。图 11 – 14(a)中的虚线和箭头表示这个分离过程。具体到工业上的双塔流程如图 11 – 14(b)所示。糠醛 – 水混合物先冷凝进入分层罐，上层水多叫水液，送入脱糠醛塔，糠醛以共沸物从塔顶分出，冷凝后回到分层罐又分成两层。水从塔底排出。分离罐的下层中主要是糠醛，送入糠醛脱水塔，水以共沸物组成从塔顶蒸出，冷凝后进入分层罐。塔底得到含水小于 0.5% 的干糠醛。

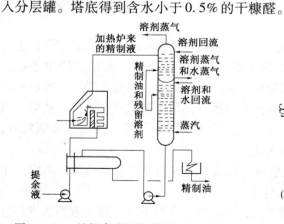

图 11 – 13 从提余液回收溶剂工艺示意图

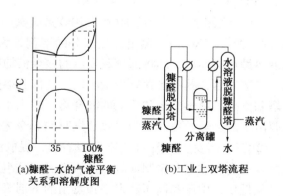

(a)糠醛–水的气液平衡
关系图和溶解度图　(b)工业上双塔流程

图 11 – 14 双塔回收的原理和流程

四、国内常用的抽提塔

溶剂精制常用的抽提塔有两种塔型：转盘塔和填料塔。

1. 转盘塔

转盘塔是立式圆筒设备，内有转轴，轴由电动机带动或水力驱动，转轴装有圆盘，并随轴一起转动。每一圆盘位于两块水平的固定环之间，转盘和固定环之间有一定的环形空隙。转盘和固定环表面和边缘要求光滑，否则会影响抽提效果。

糠醛精制抽提塔的结构示意如图 11 – 15 所示。

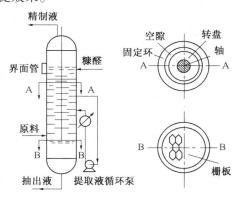

图 11 – 15　糠醛精制抽提塔结构示意图

转盘塔的上部为精制液浓缩段，下部为提取液沉降段，中间为精制段。糠醛与原料均以切线方向进入，与转盘旋转方向一致，以防影响塔中流体的流向。

精制段上部为糠醛进口，下部为原料进口。浓缩段与精制段之间和精制段与沉降段之间均用固定的栅板分开。上部栅板的作用是使油滴悬浮稳定并起凝聚作用，减少糠醛随理想组分悬浮而被带出，下部栅板是防止提取液提带原料油。

转盘的作用是使原料以液滴的形式向糠醛相扩散，使油和糠醛均匀接触，增大接触面积，并在固定环的作用下增加塔内的行程，以达到所要求的精制深度。

抽提塔的大小和高度是由进入的原料油和糠醛的总体积来决定。而糠醛与原料油的比例（即溶剂比），又要根据原料的性质和要求的精制深度来决定，其变动范围较大，所以，实际生产能力在很大程度上取决于原料油。

抽提塔的处理量受到塔比负荷的限制，超过允许的比负荷，抽提塔效率变差，严重时会产生"泛溢"。但比负荷太小，抽提效率低。比负荷 $(V_D + V_C)$ 可用以下公式计算：

$$(V_D + V_C) = (\frac{G_t}{\rho_f^{t_1}} + \frac{G_o}{\rho_f^{t_2}})/F$$

式中　G_t——入抽提塔的糠醛量，kg/h；

　　　$\rho_f^{t_1}$——在入塔温度 t_1 下糠醛密度，kg/m³；

　　　G_o——入抽提塔的原料油量，kg/h；

　　　$\rho_f^{t_2}$——在入塔温度 t_2 下原料油密度，kg/m³；

　　　F——抽提塔的截面积。

此负荷一般认为在 8.2 ~ 328m³/(m² · h) 较合适。据报道，国内可达到 40m³/(m² · h)。国外报道，低黏度润滑油料为 29 ~ 31m³/(m² · h)，中等黏度润滑油料为 42 ~ 47m³/(m² · h)，高黏度润滑油料为 41m³/(m² · h)（溶剂比小）。

2. 填料塔

早期糠醛精制都采用填料抽提塔，以瓷质拉西环作填料，传质效果不理想，以后逐步被转盘抽提塔所取代。转盘抽提塔的缺点是轴向返混严重，转盘塔大部分塔高用来补偿轴向返混。

由于新型填料的发展，填料塔的处理能力和传质效率大幅度提高，糠醛精制填料抽提塔又得到了迅速发展。20 世纪 90 年代以来我国一些炼油厂对糠醛精制转盘搭进行了技术改造，采用 QH – 1 和 QH – 2 高效填料及较先进的蜂窝状填料支撑结构，并优化塔内空间布局以提高填料的利用率。改造结果表明，抽提塔的抽提效率提高了一个多理论段，在产品质量

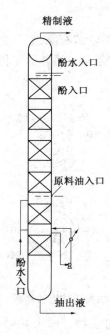

精制液

酚水入口

酚入口

原料油入口

酚水入口

抽出液

图 11 - 16　填料抽
提塔

相同的条件下，取得了降低溶剂用量，提高精制油收率的效果。

填料塔结构示意如图 11 - 16 所示。在填料塔内，溶剂和润滑油原料逆向流动，通过填料层逆流接触，塔顶流出的是精制液，提取液由塔底抽出。

塔顶有精制液沉降段，塔底有提取液沉降段，两段之间为精制段。塔内有多层拉西环填料均放置在栅板上。为了避免沟流现象的发生，使酚和润滑油原料接触更加充分，塔内设有两层泡帽式分配塔盘，此外，沿塔开有数个界面放样口。

五、溶剂精制的工艺流程

1. 糠醛精制的工艺流程

（1）糠醛的一般性质

糠醛是无色液体，有刺激性的臭味。糠醛不稳定，放置在空气中很快变色，先是淡黄、黄色、棕色，直到变成黑色。糠醛有微毒，呼吸糠醛气过多时有头晕、走路不稳、恶心等症状。糠醛在常压下的沸点为 161.7℃，20℃ 时密度为 1169.4kg/m³。糠醛作为精制润滑油的选择性溶剂有较好的选择性，但溶解能力稍低，在精制残渣润滑油时要用较苛刻的条件。糠醛中含水对其溶解能力影响较大，见表 11 - 10。当其含水量大于 1% 时，对精制效果就有显著影响，通常控制在小于 0.5%。

表 11 - 10　糠醛含水量对溶剂精致油质量的影响

糠醛含水量/%	残炭/%	黏度指数	糠醛含水量/%	残炭/%	黏度指数
0	0.55	40	6	0.73	28
1	0.63	40	原料油馏分	1.07	16
3	0.73	34			

糠醛对热和氧都不稳定，通常在使用中限制温度不超过 230℃。糠醛氧化以后产生酸，酸性物质对糠醛的氧化又起催化作用，所以有的装置经常在提取液回收塔中注入 Ca(OH)₂ 溶液以中和酸性物质，为防止糠醛氧化，装置上需采取密封措施与原料油脱氧措施。

（2）糠醛精制的工艺流程

糠醛精制的工艺流程可分为三部分：抽提系统、提余液和提取液的溶剂回收系统、糠醛水溶液的溶剂回收系统。糠醛精制工艺的原理流程如图 11 - 17 所示。

① 抽提系统。原料油从油罐区用原料油泵抽出，经原料油冷却器 11 冷却后，进入抽提塔 1 的下部，抽提塔底温度由原料油温度控制。

糠醛从糠醛干燥塔 4 的底部抽出，经糠醛冷却器 13 冷却后，打入抽提塔 1 的上部，在抽提塔内，糠醛和原料油逆向接触，以糠醛温度来控制抽提塔顶温度。

抽提塔的提取液可以从塔中部抽出经冷却后，循环到抽提塔内，以维持抽提塔所需的温度梯度，并提高精制油的收率。

② 从提余液、提取液中回收溶剂系统。提余液从抽提塔顶流出，靠塔内的压力自动流入提余液加热炉 6，加热到 220℃ 左右，进入提余液汽提塔 7 中，进行减压汽提，塔底精制油经精制油冷却器 17 冷却后送出装置，提余液汽提塔顶蒸出的糠醛水共沸物经糠醛 - 水蒸气冷却器 19 冷却后进入真空罐 10，再进入糠醛水分离罐 9。

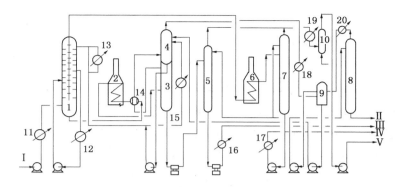

图 11 - 17　糠醛精制工艺的原理流程图

1—抽提塔；2—提取液加热炉；3—糠醛蒸发塔；4—糠醛干燥塔；5—提取液汽提塔；6—精液加热炉；
7—精制液汽提塔；8—含糠醛水蒸发塔；9—糠醛水分离罐；10—真空罐；11—原料油冷却器；
12—提取液循环冷却器；13—抽提糠醛冷却器；14—提取液换热器；15—回流糠醛冷却器；
16—抽出油冷却器；17—精制油冷却器；18—共沸物冷却器；19—糠醛 - 水蒸气冷却器；20—共沸物冷却器；
I—原料油；II—污水；III—提取物；IV—精制油；V—污水

提取液从抽提塔 1 底部流出，靠塔内压力压至提取液换热器 14，与糠醛蒸发塔 3（高压塔）出来的糠醛蒸气换热，然后，进入提取液加热炉 2 加热，加热到 220℃左右后，进入糠醛蒸发塔 3 进行蒸发。蒸出的糠醛蒸气与提取液换热后，进入糠醛干燥塔 4 中，与中段回流糠醛进行精馏，冷凝后的糠醛汇集在塔底部的糠醛箱中。蒸出大部分糠醛的提取液打入提取液汽提塔 5 中，进行减压汽提后，用泵抽出，经抽出油冷却器 16 冷却后送出装置。

③ 从糠醛水溶液中回收溶剂系统。提余液汽提塔，提取液汽提塔顶部汽提出的糠醛水共沸物经糠醛 - 水蒸气冷却器 19 冷凝冷却后进入真空罐 10，不凝气体用真空泵从真空罐顶抽走，以维持真空，液体靠位差压入糠醛水分离罐 9。

在糠醛水分离罐内，糠醛与水分成两层。上层为含糠醛的水溶液，用泵抽出，一路打入提取液汽提塔和提余液汽提塔作回流，控制这两个塔的塔顶温度；另一路则打入糠醛水蒸发塔 8 中进行糠醛回收。下层是含水的湿糠醛，用泵抽出后打入糠醛干燥塔 4 进行脱水。由塔 4 顶蒸出的糠醛、水共沸物蒸气经冷凝器 18 冷凝冷却后又回糠醛水分离罐，此即所谓的双塔回收。

④ 原料油脱气系统。一般原料油中可溶解 7% ~10%（体）的空气，原料油中含氧量高，糠醛氧化反应加剧，糠醛氧化反应是游离基的连锁反应，反应生成糠酸呈黑色，有腐蚀性，糠酸进一步缩合则会生焦，给加工带来严重的不良后果。设置脱气塔后，原料油先经脱气塔脱气，再入抽提塔抽提，取得明显效果，开工周期可从 3 个月延长到 1 年，脱气效果见表11 - 11。

若在进料温度 120℃，顶部真空度为 0.053MPa，塔底吹气量为 1% 时，每吨原料可脱除空气 0.1383kg，脱气后，原料油中含空气量只有 1.7μg/g。

表 11 -11　脱气试验数据（塔底不吹水蒸气）

脱气温度/℃	脱气真空度/MPa	脱气后油中含氧量/（μL/L）	脱出空气量/（kg 气/t 原料油）
80	0	140	0
120	0.0267	120	0.02
120	0.04	100	0.04
120	0.053	80	0.06

脱气温度/℃	脱气真空度/MPa	脱气后油中含氧量/(μL/L)	脱出空气量/(kg气/t原料油)
120	0.06	67	0.073
120	0.067	57	0.083

（3）糠醛精制原料油、精制油的性质及典型工艺条件

以大庆原油减压馏分及脱沥青油糠醛精制为例的原料油的性质见表 11 - 12，各种精制油的性质及收率见表 11 - 13，抽提塔及溶剂回收系统的工艺条件见表 11 - 14 及表 11 - 15。

表 11 - 12　原料油主要性质

项　目	密度(20℃)/(g/cm³)	黏度(100℃)/(mm²/s)	比色(ASTM - 1500)	闪点/℃	残炭/%
150HVI	0.8528	4.61	2 ~ 2.5	203	
500HVI	0.8750	8.01	3.5 ~ 4.0	257	0.08
150BS	0.8849	26.8	8	330	0.9

表 11 - 13　精制油的主要性质及收率

项　目	密度(20℃)/(g/cm³)	黏度(100℃)/(mm²/s)	比色(ASTM - 1500)	闪点/℃	残炭/%	收率/%
150HVI	0.8427	4.13	0.5	217	—	86.8
500HVI	0.8579	7.23	1.0 ~ 1.5	259	0.025	86.7
150BS	0.8788	21.2	6.0	319	0.35	83.1

表 11 - 14　抽提塔工艺条件

项　目		150HVI	500HVI	150BS
溶剂比(质量比)		2.0:1	2.4:1	4.8:1
抽提塔温度/℃	塔顶	105	110	138
	塔底	65	70	103

表 11 - 15　溶剂回收系统工艺条件

项　目	压力/MPa	温度/℃		
		顶部	底部	进料
精制液蒸发汽提塔	0.03(绝)	130	200	207
一级蒸发塔	0.02	168	169	170
二级蒸发塔	0.09	185	186	188
三级蒸发塔	0.20	215	218	220
抽出液汽提塔	0.018(绝)	100	170	190
干燥塔	0.01	98	150	160
水溶液汽提塔	0.01	102	108	40

2. N - 甲基吡咯烷酮精制的工艺流程

（1）N - 甲基吡咯烷酮的一般性质

N - 甲基吡咯烷酮是无色液体，熔点 - 24.4℃，沸点201.7℃，与水、乙醇、乙醚等混溶。可用作乙炔和树脂等的溶剂，也可以用于有机合成。它是由 α - 吡咯烷酮甲基化而制成。用作润滑油精制的溶剂，具有较高的溶解能力和较好的选择性，无毒，安定性好，是良好的选择性溶剂，但价格昂贵。

由于 N-甲基吡咯烷酮不与水形成共沸物,只需从精制液和抽出液中回收溶剂,溶剂回收流程简单,损失小。N-甲基吡咯烷酮在惰性气体保护下,即使在 315℃ 以上,N 安定性仍然很好,因此,回收温度较高,一般控制在 280℃ 左右。由于 NMP 精制回收温度较高,因此回收效果好,溶剂损失小。另外,NMP 溶剂回收温度高,使 NMP 冷凝热在较高温位下加以利用成为可能,可考虑用发生蒸汽来有效利用高温位热源降低装置能耗。NMP 精制工艺具有溶剂比小、剂耗低、抽提温度低、流程简单、溶剂损失小、高温位热利用率高等特点,这不仅使装置的处理能力可增大 15% ~ 30%,而且使能耗降低 20% ~ 25% 左右,从而使该工艺具有较好的经济效益。

（2）N-甲基吡咯烷酮精制的工艺流程

图 11-18 为 N-甲基吡咯烷酮装置的工艺流程图。该装置抽出液溶剂回收采用三级蒸发、双效换热、溶剂后干燥流程。

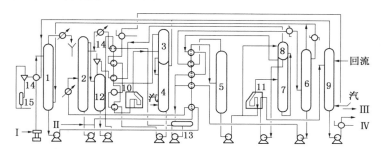

图 11-18 N-甲基吡咯烷酮精制工艺流程
Ⅰ—原料油;Ⅱ—湿溶剂;Ⅲ—精制油;Ⅳ—抽出油
1—吸收塔;2—抽提塔;3—精制液蒸发塔;4—精制油汽提塔;5—抽出液一级蒸发塔;
6—溶剂干燥塔;7—抽出液二级蒸发塔;8—抽出液减压蒸发塔;9—抽出油汽提塔;
10—精制液加热炉;11—抽出液加热炉;12—精制液罐;13—循环溶剂罐;14—真空泵;15—分液罐

① 溶剂抽提部分。抽提塔为填料塔,使用金属阶梯环填料。溶剂从塔顶进入,原料油由塔的中下部进入,二者在塔内进行逆向接触抽提。溶剂入口温度高于原料油入口温度,并通过部分塔底液冷却循环,在塔内形成上高下低的温度梯度,以改善抽提传质效果,抽提塔下部可以打入少量湿溶剂降低溶剂溶解能力以保证精制油收率,精制液从塔顶引出进入精制液中间罐,塔底的抽出液用泵直接运到抽出溶剂回收系统。

② 溶剂回收部分。精制液自中间罐用泵抽出,先与精制油及精制液蒸发塔顶回收的溶剂换热,并在加热炉中加热后进入精制液蒸发塔,精制液蒸发塔在减压下操作,从中先蒸出大部分溶剂,再在汽提塔中脱除残余溶剂。精制液蒸发塔上部有若干塔板,塔顶打入回流以控制塔顶温度,防止塔顶携带轻油,脱除溶剂的精制油经换热及冷却后送出装置。抽出液中溶剂含量在 90% 以上,从抽出液中回收溶剂的能耗占总能耗的大部分,抽出液溶剂回收采用三级蒸发的流程。抽出液先与吸收塔底原料油及干燥塔底溶剂换热,再与一级蒸发塔顶和二级蒸发塔顶回收溶剂换热后进入一级蒸发塔,蒸出部分溶剂。一级蒸发塔底液再经加热炉加热后,在二级蒸发塔中蒸出大部分溶剂。二级蒸发塔保持较高的操作压力以利于二级蒸发塔顶溶剂热量的回收利用。由于二级蒸发塔操作压力较高,塔底仍残存较多溶剂的塔底液再自行压到减压蒸发塔中,闪蒸出部分溶剂,最后再在汽提塔中脱除残余溶剂。

精制油及抽出油汽提塔出来的湿溶剂,除少量打入抽提塔下部以调节抽提操作外,其余打入抽出液中，一起进入溶剂回收系统。

③ 溶剂干燥部分。系统中水分主要集中在抽出液中，由于水对 N - 甲基吡咯烷酮的相对挥发度很大，在抽出液溶剂回收中，水又绝大部分集中到了一级蒸发塔顶蒸出的溶剂中。一级蒸发塔顶回收溶剂经适当换热后，以气液两相进入干燥塔的中下部，塔顶以其馏出物的冷凝液作回流控制温度。塔顶馏出物为含有 5% ~ 10% 溶剂的水蒸气，不经冷凝直接进入吸收塔的底部，在吸收塔中与由塔顶打入的热原料油接触，溶剂被原料油吸收，残余的水蒸气从塔顶排出，经冷凝冷却后排入下水道。干燥塔底溶剂可以直接进入循环溶剂罐循环使用。

(3) 典型操作条件

某厂 N - 甲基吡咯烷酮精制装置的主要操作条件见表 11 - 16。

表 11 - 16　NMP 精制装置主要操作条件

原　料	溶剂比	抽提塔顶温/℃	抽提塔中温/℃	抽提塔底温/℃	下部循环温度/℃
减二线	1.3	83	78	67	55
减三线	1.3	87	80	68	57
减四线	1.6	96	91	75	62
残渣油	1.8	98	92	78	64
装置剂耗/(t/kg)	0.2 ~ 0.25				
收率/%	85.96				

第二节　溶剂脱蜡

润滑油的低温流动性是润滑油的重要使用性能。低温流动性差则影响润滑油在低温下的使用。润滑油失去流动性的原因有两种：一是随着温度降低，润滑油黏度增大而失去流动性，称为黏稠凝固；另一种是在温度降低时，润滑油中析出蜡结晶，随着结晶浓度增大，质点间的联结增强而丧失流动性，称为结构凝固。

润滑油的黏稠凝固决定于润滑油的黏温特性，黏温特性用黏度指数来表示。黏温特性好，即黏度指数高，达到黏稠的温度低，不易发生黏稠凝固。改善润滑油的黏温特性需要除去油品中的多环烃类，特别是多环短侧链芳烃、沥青质、胶质等。这是润滑油溶剂精制或加氢精制的任务。

润滑油的结构凝固在很大程度上决定于润滑油的蜡含量的高低。润滑油中在低温下易结晶的烃类包括烷烃、带烷基侧链的环烷烃和带烷基侧链的芳烃(通称为石蜡)以及在高沸点馏分中的异构烷烃及长侧链的环烷烃(通称为地蜡)。防止由于蜡结晶引起油品凝固的方法是加入降凝剂和脱蜡。加入降凝剂可以在一定程度上防止晶粒析出和聚结使凝点降低，但只适于含蜡量较低的情况。采取脱蜡的方法除去结晶组分可以得到低凝点的润滑油基础油，同时还可以得到蜡。脱蜡是润滑油的主要加工工艺过程之一。脱蜡的作用是降低润滑油基础油的凝点或倾点，即改善润滑油的低温流动性。

由于在润滑油馏分中，蜡和油的馏程是相同的，因此不能用蒸馏的方法分离。由于含蜡原料油的轻重不同，以及对润滑油凝点的要求不同，脱蜡的方法也不同。工业上应用的物理脱蜡方法有冷榨脱蜡、尿素脱蜡、溶剂脱蜡，催化脱蜡等。

冷榨脱蜡只适应于轻质润滑油料(如变压器油料、10 号机械油料)，对大多数较重的润滑油是不适用的，尿素脱蜡只适用于低黏度的轻质润滑油。溶剂脱蜡是利用溶剂在低温下与油互溶性较好而对蜡溶解度较低的特性，在含蜡原料油中加入稀释溶剂，在特定的冷却、结晶设备中，以一定的冷却速度降低温度，使蜡浓缩析出结晶，然后用过滤方法将油和蜡分离的过程。溶剂脱蜡适用性很广，能处理各种馏分润滑油和残渣润滑油。催化脱蜡是在较高的温度和氢压下，通过催化作用，使润滑油中凝点较高的正构烷烃发生加氢异构化和选择性加氢裂化反应，转化为凝点较低的异构烷烃与低分子烷烃，并保持其他烃类基本上不发生变化，以达到降低凝点的目的。目前工业上主要采用的是溶剂脱蜡和催化脱蜡，本节主要介绍溶剂脱蜡。

1927 年印第安炼油公司建成了世界上第一套溶剂脱蜡工艺装置，20 世纪 70 年代到 80 年代初是溶剂脱蜡技术发展较快时期。目前，主要成熟的溶剂脱蜡工艺可以归纳为减压蜡油分步结晶脱蜡、甲乙酮 - 甲苯(酮苯)脱蜡和流化床溶剂脱蜡三种。我国在 20 世纪 50 年代中期开始采用溶剂脱蜡工艺生产润滑油，70 年代溶剂脱蜡由单一脱蜡工艺发展为脱蜡脱油联合工艺，同时生产脱蜡油和石蜡。在脱蜡溶剂上，由丙酮 - 苯 - 甲苯混合溶剂，逐渐全部改为甲乙酮 - 甲苯混合溶剂，并陆续采用了结晶过程多点稀释、滤液循环以及溶剂多效蒸发回收等工艺技术。

一、脱蜡溶剂

1. 溶剂的作用

（1）稀释作用

润滑油料中油与蜡是相互溶解的。温度降低，蜡在油中的溶解度下降。润滑油料冷至一定温度时，溶液达到过饱和状态，蜡就开始结晶析出，随着温度的不断下降，结晶不断析出，并生长成较大的蜡结晶。由于降低温度使油的黏度升高，不利于蜡结晶的扩散而生成大的结晶体，因此中质、重质润滑油脱蜡时，常在油中加入溶剂，使蜡所处的介质黏度下降，有利于生成大颗粒和有规则的蜡结晶。

（2）选择性溶解

溶剂对油与蜡的溶解度不同，即在脱蜡温度下油几乎全部溶解于溶剂，而蜡在溶剂中则很少溶解，这种现象叫做溶剂的选择性，由于溶剂具有选择性，才能使油与蜡在脱蜡温度下能较好地分离。

此外，由于蜡在油中结晶时，往往形成网状结构，而且在网状结构中包含大量的油，用溶剂可以将这部分油溶解出来，提高脱蜡油的收率。

2. 对脱蜡溶剂的要求

在脱蜡的过程中，加入溶剂是为了降低油品黏度，以利于结晶颗粒的成长及油分的渗出，改善油品的过滤性能，以及方便油品的输送。因此对溶剂有以下要求：

① 具有足够低的黏度，使蜡的结晶容易用机械方法(过滤)从溶液中分离出来。

② 具有较强的选择性溶解能力，低温下对蜡的溶解度小，使脱蜡温差小(为了得到一定凝点的油品，不得不把溶剂 - 润滑料冷到比凝点更低的温度。这个温度差称为脱蜡温差。即脱蜡温差 = 去蜡油凝点 - 脱蜡温度)，对油的溶解度大，使所需的溶剂比小。

③ 能使蜡结晶有良好的性状，以便得到较高的过滤速度。

④ 有较低的沸点、较小的比热容及蒸发潜热，以便于采用闪蒸的方法从蜡和油溶液中回收；沸点也不能过低，以避免必须在高压下操作。

⑤ 化学安定性和热稳定性好，不容易分解。

⑥ 能适应多种来源和各种馏分范围的原料。

⑦ 冰点低，在脱蜡温度下溶剂不会析出结晶。

⑧ 毒性小、不腐蚀设备、廉价易得。

3. 常用的脱蜡溶剂

选择性和溶解性是脱蜡溶剂最重要的性能。由于很难找到一种二者兼备的良好溶剂，因此，多采用2~3种溶剂的混合物，在工业上采用的混合溶剂有：丙酮－苯－甲苯、丙酮－甲苯、甲基乙基酮(MEK，简称甲乙酮)－甲苯、甲基异丁基酮－甲苯、二氯乙烷－二氯甲烷、丙烷以及丙烯－丙酮等，后三者由于有某些缺点，已少用。几种脱蜡溶剂性质见表11－17。

表11－17　几种脱蜡溶剂的物理性质

项　目	丙　酮	甲基乙基酮	甲基异丁基酮	苯	甲　苯
分子式	C_3H_6O	C_4H_6O	$C_6H_{12}O$	C_6H_8	C_7H_8
相对分子质量	58.080	72.107	100.162	78.115	92.141
沸点/℃	56.1	79.6	115.1	80.100	110.63
凝点/℃	－95.8	－88.4	－80.3	5.533	－94.991
闪点/℃	－16	－7	27.2(开口)	－12	6.5
液体密度(20℃)/(kg/m³)	790.5	804.8	800.7	877.4	867
液体黏度(20℃)/(mm²/s)	0.410	0.65(0℃)	0.59mPa·s	0.735	0.68
液体热容(20℃)/(kJ/kg·℃)	2.345	2.22	2.07	0.72	1.67
液体表面张力(20℃)/(N/m)	2.37×10^{-2}	25.05×10^{-3}	23.90×10^{-3}	28.9×10^{-3}	28.4×10^{-3}
蒸发潜热/(kJ/kg)	521.2	443.59	364.25	394.1	363.4
临界温度/℃	235.0	262.5	298	289.5	320.6
临界压力/MPa	4.6	4.02	3.17	4.77	4.07
常压下与水共沸点/℃	—	73.45	87.9	69.25	84.1
共沸物中溶剂组成/%	—	89.0	75.7	91.17	80.4
溶剂在水中溶解度/%	∞	2.0(20℃)	22.6(20℃)	0.175(10℃)	0.037(10℃)
水在溶剂中溶解度/%	∞	99(20℃)	1.8(20℃)	0.041(10℃)	0.034(10℃)
爆炸界限/%(体)	2.15~12.4	1.97~10.1	—	1.4~9.5	1.3~6.75

丙酮、甲乙酮和甲基异丁基酮是极性溶剂，在低温下对蜡的溶解度小，而苯和甲苯是非极性溶剂，在低温下对油有较大的溶解度，是油的稀释剂。

甲乙酮－甲苯混合溶剂既具有必要的选择性，又具有充分的溶解能力，且能满足其他各种性能要求，因而在工业上获得广泛使用。甲乙酮为极性溶剂，具有很好的选择性，在脱蜡低温下，对蜡不溶解，对油有一定的溶解能力，是蜡的沉淀剂。甲苯为非极性溶剂，对油与蜡都有很好的溶解能力，是油的稀释剂，但选择性差。它们在混合溶剂中的比例不同而表现出不同的性质：①溶剂中的甲苯含量高，溶剂的溶解能力大，脱蜡油收率高；但溶剂的选择性差，脱蜡温差大，过滤速度慢。② 溶剂中的甲乙酮含量高，在一定范围内，溶剂的选择性好，蜡的结晶好，脱蜡温差小，过滤速度快。但溶剂中酮含量增高会使溶解能力降低，达到某一限度时，在低温下会出现油与溶剂分层现象，反而导致过滤困难、蜡饼大量带油和脱蜡油收率大幅度下降。

根据润滑油原料性质及对脱蜡深度的要求，正确选择溶剂中甲乙酮、甲苯的配比，使脱蜡油收率、脱蜡温差、过滤速度等之间达到综合最佳值，是溶剂脱蜡过程的关键。在通常情况下，对黏度大、难以溶解的重质馏分油，采用含酮量较少、溶解能力较大的混合溶剂；对黏度小、较易于溶解的轻质馏分油，采用含酮量较大、溶解能力不太大的混合溶剂。对两种不同原油的相同馏分，含蜡量高的应用含酮较高的溶剂。大庆原油不同馏分油脱蜡时所采用的溶剂组成见表 11 – 18。

表 11 – 18 大庆原油不同馏分油脱蜡时所采用的溶剂组成

原 料 油	溶 剂 组 成/%	
	甲 乙 基 酮	甲 苯
150HVI	60 ~ 65	35 ~ 40
350HVI	58 ~ 62	38 ~ 42
650HVI	50 ~ 55	45 ~ 50
150BS	35 ~ 40	60 ~ 65

使用甲乙酮 – 甲苯溶剂，在一般使用的组成范围内，常温下饱和水含量如果按 2% ~ 3%，其冰点就远高出一般要求的脱蜡温度，在蜡结晶过程中会析出冰。因此，使用甲乙酮作脱蜡溶剂时需要考虑脱水。

甲基异丁基酮用于较重的原料油时效果比较明显，该溶剂低温下油溶性好，可采用单一溶剂，没有调配组成的问题，简化了流程；脱蜡温差小，比用丙酮时小了 6 ~ 7℃，比用甲乙酮时小了 4 ~ 5℃。对某些馏分油，脱蜡可以得到负温差，节省冷冻负荷；水溶性差，容易脱水，不需要分干、湿溶剂系统；沸点高，同样温度下，蒸气压较丙酮和甲乙酮低，在高熔点石蜡或地蜡脱油时，过滤温度高达 20 ~ 30℃仍可保持所要求的真空度；蒸发潜热比较低；热稳定性好，无腐蚀，毒性小。

甲基异丁基酮作为脱蜡脱油溶剂的主要缺点是沸点高，溶剂回收需要的温度较高；低温黏度大，使过滤速度降低，不宜用于 – 35℃以下的深度脱蜡；价格高。

二、影响酮苯脱蜡过程的主要因素

酮苯脱蜡过程的影响因素很多。在生产中应使工艺条件满足下列两个要求：①使含蜡原料油中应除去的蜡完全析出，使脱蜡油达到要求的凝点。②使蜡形成良好的结晶状态，易于过滤分离，以提高脱蜡油收率，并提高处理量。

1. 原料性质

（1）馏分轻重对脱蜡的影响

脱蜡原料油中所含的固体烃，大致分成石蜡和地蜡两种。石蜡主要存在于沸点较低的馏分中，而地蜡主要存在于重馏分及残渣油料中。石蜡相对分子质量较小，它的结晶是大的薄片状，易于过滤分离；地蜡的相对分子质量较大，但结晶为细小的针状，易于堵塞滤布，不易于过滤。

脱蜡原料油中，随着馏分沸点的增高，固体烃的相对分子质量逐渐加大，晶体颗粒变得越来越小，生成蜡饼的间隙较小，渗透性差，难以过滤分离。因此，馏分重的油比馏分轻的油难以过滤，残渣油比馏分油更难过滤。

（2）原料油馏分范围对脱蜡的影响

由表 11 – 19 可知，原料油馏分范围越窄，蜡的性质越相近，蜡结晶越好，否则大小分子不同的蜡混在一起，可能生成共熔物，生成细小的晶体，影响蜡晶体的成长，而使蜡结晶难以过滤，不易寻找到合适的操作条件。如溶剂比对原料中轻组分要求要小，若溶剂比大，轻组分中蜡易于溶在溶液中，使脱蜡温差大；若溶剂比小，对原料中重组分的油不能完全溶解，使蜡中带油，脱蜡油收率降低，因此，溶剂脱蜡不希望处理宽馏分油。在相同条件下，要达到相同凝点的脱蜡油，脱蜡油收率相近，宽馏分油的过滤速度要比窄馏分油小得多。

表 11 – 19　原料油馏分范围对脱蜡过程的影响

原料黏度 (50℃)/(mm²/s)	沸点范围/℃	馏分宽窄/℃	溶剂组成丙酮/%	滤机进料温度/℃	脱蜡油凝点/℃	过滤速度/[kg/(m²·h)]	油收率/%
18.12	362 ~ 453	91	35	—	– 20	151	85
18.7	352 ~ 410	68	31 ~ 35	– 15	– 20	314	80.6

（3）原料油中胶质与沥青质含量对脱蜡的影响

原料油中胶质、沥青质较多时，影响蜡结晶，固体烃析出时不易连接成大颗粒晶体，而是生成微粒晶体，易堵塞滤布，降低过滤速度，同时易黏连，蜡含油量大。但原料油中含有少量胶质，可以促使蜡结晶连接成大颗粒，提高过滤速度。

（4）原料油组成对脱蜡的影响

当原料油中同时含有石蜡与地蜡时，其结晶状态相互有影响。试验证明，当有 1% 的地蜡存在时，并不能改变石蜡的结晶，蜡仍为片状；当含有 5% 的地蜡时，片状结晶的形成已非常不好；当含有 10% ~ 20% 地蜡时，已完全成为针状结晶，使过滤速度大大降低。

原料油产地不同其组成常常不同，蜡的结晶大小和形状也就不同。如两个馏分油的馏程、黏度、含蜡量基本相同，所用的脱蜡工艺条件也基本一致，但含石蜡多时，生成共熔物较少，过滤速度快；而含环烷烃多时，容易与其中的正构烷烃形成共熔物，过滤速度较慢。

（5）原料油含水对脱蜡的影响

由于甲苯对水的溶解度很小，通常是小于 1% 的，甲基乙基酮对水的溶解度也很小，因此酮苯溶剂对水的溶解度就更小。当原料油经酮苯溶剂稀释降温时，如果原料油含水较多，在低温下就会有一部分水得不到溶解而析出结晶，生成细小的冰粒，散布在蜡结晶的表面，妨碍蜡结晶更好地生长，过滤时，冰粒晶体为正六角柱体，棱角多，易堵塞滤布的孔隙，使过滤困难。因此，生产中希望原料油中含水越少越好。

2. 溶剂组成

混合溶剂中甲乙酮和甲苯的比例应根据原料油黏度大小、含蜡量多少及脱蜡深度而定，这里讨论的主要是酮含量的变化对结晶的影响。溶剂中的甲乙酮是蜡的沉淀剂，对油有一定的溶解能力。具有一定组成的溶剂，随着温度降低，溶剂对油的溶解度下降。冷到某一温度时，溶剂与油不互溶，析出的油附在滤饼上，使油收率降低。油和溶剂完全互溶的最低温度称为互溶温度。对于不同组成的溶剂，互溶温度越低，说明溶剂的溶解能力越大。

从对大庆原油的减压馏分油进行互溶点试验结果表明：对于某一种原料油，在固定脱蜡温度和溶剂比的条件下，改变溶剂中的酮含量时，随着酮含量的增加，脱蜡油收率下降不多，但过滤速度提高，脱蜡温差减小，继续增大酮含量，一旦达到溶剂与油不完全互溶时，收率大大降低。与此同时，过滤速度猛增，脱蜡温差减小，详见图 11 – 19。这一突变点就是该溶剂组成的互溶点。

可以看出，对于过滤速度和脱蜡温差来说，酮含量越高越好，但如果不完全互溶，收率损失太大。而采用接近互溶点的最大酮含量的组成，能得到比较高的收率和比较合适的过滤速度以及脱蜡温差。

对大庆馏分油所作的互溶温度与甲基乙基酮含量关系的试验结果见图 11 − 20。从图 11 − 20可以看出，馏分变重，溶剂对油的溶解度降低，互溶温度升高，换句话说，可使溶剂的极限酮含量减小。对于残渣油也可以作出类似的曲线，只不过溶剂对残渣油的溶解度更小，互溶温度比同一原油的馏分油更高，亦即可使用溶剂的极限酮含量更低一些。对馏分油和残渣油用丙酮及甲乙酮作溶剂的试验结果见表 11 − 20。可见，对于不同原油的不同馏分油脱蜡，应通过试验找出最佳溶剂组成。

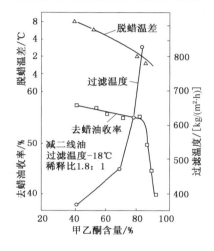

图 11 − 19　溶剂中的甲乙酮含量与脱蜡油收率、
过滤速度和脱蜡温差的关系

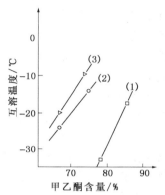

图 11 − 20　互溶温度与
甲基乙基酮含量的关系
（1）—减二线油过滤温度 − 18℃；
（2）—减三线油过滤温度 − 14℃；
（3）—减四线油过滤温度 − 10℃

表 11 − 20　酮苯脱蜡的极限酮含量　　　　　　　　　　　　　　　　%

项　目	丙　酮	甲乙酮
馏分油	约50	10 ~ 80
残渣	约40	60

在脱蜡脱油联合装置中，含油蜡液升温脱油的小型试验结果表明：为使蜡中含油较完全地溶解到溶剂中，溶剂的酮含量应较脱蜡时低。在工业装置上做到脱蜡段用高酮溶剂，脱油段用低酮溶剂，就需要安排好溶剂的分配，或者要采取溶剂组成的分离及调配措施，因而增加溶剂平衡的复杂性，目前国内的脱蜡、脱油联合装置中，两段溶剂组成没有大的差别。

3. 稀释比

溶剂脱蜡过程中加入的溶剂包括稀释溶剂和冷洗溶剂，溶剂比为脱蜡溶剂量与脱蜡原料油量的比，所以溶剂比包括稀释比和冷洗比（见下式）。

$$溶剂比 = \frac{脱蜡溶剂量}{脱蜡原料油} = \frac{稀释溶剂 + 冷洗溶剂}{脱蜡原料油} = 稀释比 + 冷洗比$$

溶剂加入的总量应该满足以下要求：在过滤温度下，能够溶解全部润滑油，使溶液的黏度减小到易于过滤的程度。在润滑油脱蜡中，溶剂加入量（即稀释比）主要决定于在套管冷却及过滤中溶液的黏度即溶液输送和过滤的难易。因此原料油黏度大，凝点高（含蜡多），脱蜡深度大，温度低，需要的稀释比大。适当地增大溶剂加入量，对结晶生长有利，使蜡膏中含油量降低，脱蜡油收率提高。但是，增大溶剂加入量后，增加了溶解能力，将使脱蜡油中含蜡量增多，会造成脱蜡油凝点提高，脱蜡温差加大。溶剂量增大后，还会加大冷却、过滤、回收几个系统的负荷，增加操作费用、能耗和建设投资。因而，溶剂加入量应在满足以上要求的基础上，以加入量少即小稀释比为宜。

同一种原油的各个馏分，由于黏度和溶解度不同，溶剂稀释比也不相同。轻质润滑油料黏度小，溶解度较大，溶剂用量可以少些，一般采用的溶剂稀释比（不包括冷洗溶剂）为$(1 \sim 1.5):1$；重质润滑油料黏度大、溶解度较小，溶剂用量应该多些，一般采用$(2.5 \sim 3):1$。含蜡量较多的原料油在低温脱蜡时，由于蜡的结晶使黏度增大，不易输送（套管结晶器压力降大），溶剂用量要多些。

随着脱蜡温度的降低，溶剂对油的溶解能力减小，而油液的黏度相应增大，为了使油能全部溶解于溶剂中，并保证过滤速度，溶剂加入量也应适当地增加。溶剂稀释比和过滤速度不总是成正比的关系。加入溶剂可以降低油料的黏度，提高过滤速度。但是，加入溶剂后，降低了脱蜡油在滤液中的浓度。因此，加大稀释比对脱蜡油而言的过滤速度，比对整个滤液而言的过滤速度增加得少。当已达到充分稀释时，油液的黏度实质上不再因多加入溶剂而进一步下降，而由于大大降低了脱蜡油在滤液中的浓度，反而会使油的实际过滤速度降低。

4. 稀释溶剂加入温度

根据经验每次稀释溶剂加入温度应与加入点处原料油温度相同或低$1 \sim 2℃$。若溶剂温度比原料油温度高，会使已形成的结晶熔化，加大套管结晶器的负荷。若溶剂温度比原料低得太多，会产生"急冷"现象，生成细小的蜡结晶。

一次稀释溶剂加入温度在稀释点后移法中称为冷点温度。根据操作经验，冷点原料油温度约低于含蜡原料油凝点$15 \sim 29℃$。冷点溶剂温度与冷点原料油温度相同或略低。

蜡脱油稀释溶剂加入温度可以比加入点处含油蜡液的温度高，约高$15 \sim 20℃$而不会对脱油效果起坏的影响。

5. 溶剂加入的方式

溶剂加入方式对脱蜡效果影响很大。溶剂的加入方式有两种：一种是蜡冷冻结晶以前，将全部溶剂一次加入，此称一次稀释法；另一种是在冷冻前和冷冻过程中，逐次将溶剂加入到脱蜡原料油中，称多次稀释法。使用多次稀释法，可以改善蜡结晶，并可在一定程度上减小脱蜡温差，工艺大多采用多点稀释法。

工业上一般都采用多次稀释法，也称多点稀释。采用多次稀释方法可以改善蜡的结晶，增加过滤速度，减小脱蜡温差，提高脱蜡油收率。原料油在冷却以前加入部分溶剂进行预稀释，可降低原料油的黏度，有利于蜡晶的生长。一般在轻质原料油脱蜡时，不采用预稀释，而在重质原料油脱蜡时采用预稀释。但是预稀释溶剂量不宜过大，过大时蜡在溶液中的浓度小，也会影响大粒蜡晶的形成。

当原料油冷却到蜡结晶形成相当数量的温度（通常称为"冷点"）时，加入一次稀释溶剂，以后在溶液继续冷却过程中和套管结晶器出口处，再分别加入二次稀释、三次稀释或四次稀释溶剂。在采用多次稀释中，各次稀释溶剂用量，特别是一次稀释溶剂用量即一次稀释比，对脱蜡过程的影响很大。在总稀释比不变的条件下，一次稀释比的大小对脱蜡油收率和过滤速度的影响见表11-21。从表中数据看出，黏度低的原料油，一次稀释比可以小些，黏度高的原料油，需要较大的一次稀释比。同时，一次稀释比小，过滤速度及脱蜡油收率均较高。一次稀释比过小，溶液的黏度大，也不利于蜡晶的生长，并会使蜡中带油量增大。

表 11-21　一次稀释比对脱蜡油收率和过滤速度的影响

原料油	一次稀释比溶剂∶油	二次稀释比溶剂∶油	过滤速度/[kg/(h·m²)]	脱蜡油收率/%	脱蜡油凝点/℃
减压三线油	0.8	1.7	104	57.8	-3
	1.0	1.5	93	55.1	-1
	1.3	1.3	89	54.6	-2
减压四线油	1.3	2.2	71	67.5	0
	1.6	1.9	59	63.1	+3

实践证明，在结晶过程中，应采用高、低酮溶剂稀释方式，即一次稀释溶剂应用酮含量较高的溶剂，有利于形成良好的蜡结晶。与此同时，加在套管结晶器出口的溶剂(三次或四次稀释溶剂)及过滤机的冷洗溶剂应用酮含量较低的溶剂，有利于油的溶解而降低蜡的含油量，提高脱蜡油收率。而在低温下，溶剂对蜡的溶解度很小，对脱蜡油的凝点无多大影响。

6. 冷却速率

冷却速率是指含蜡原料油在冷换设备中单位时间里所降低的温度数，单位用℃/h 或℃/min 表示。

$$冷却速率(℃/h) = \frac{温降数}{停留时间}$$

$$停留时间(h) = \frac{套管容积}{体积流量}$$

在蜡结晶开始形成时的冷却速率影响最大，对于馏分油来说就是冷点前的冷却速率，对于残渣油来说就是在水冷器和换冷套管结晶器的冷却速率。

蜡开始结晶时，若冷却速率高，会形成大量的结晶中心，以后将生成细小的蜡结晶，影响过滤速率和收率。在蜡的结晶中心形成以后，继续析出的蜡会扩散到已有的结晶上，使晶粒长大，不会重新生成太多的结晶中心，这时适当提高冷却速率不会影响过滤性能。冷却速率对过滤速率和脱蜡油收率的影响见表 11-22。

表 11-22　冷却速率对过滤速率和脱蜡油收率的影响

冷却速率/(℃/min)	过滤速率(比较数据)	脱蜡油收率(比较数据)
420~480℃馏分油		
0.5	100	100
5.0	80	97
500℃以上脱沥青油		
0.5	100	100
5.0	54	87

形成良好蜡结晶的适宜冷却速率与原料性质、选用的溶剂性质等有关。对于不同的原料适宜的冷却速率应通过试验考查，据文献介绍，结晶初期冷却速率最好控制在 1~1.3℃/min，而后期可以增加到 2~5℃/min。

套管结晶器是蜡结晶所在的设备，若冷却速率低，在结晶器内停留时间就要加长，所需设备尺寸就要加大,所以提高冷却速率就可以提高处理量。

7. 热处理

对残渣油脱蜡时,还采用"热处理"工艺。热处理是指原料和溶剂混合后在加热器中加热,温度超过熔点20℃左右,一般加热温度为70~80℃。热处理的目的在于把原料中已有的晶核全部熔化,然后使其在良好的条件下重新生成最少量的晶核,以便蜡结晶好一些,有利于过滤。

8. 溶剂含水量

溶剂回收汽提塔不断地将水带入溶剂,原料油也会带入一些水。溶剂含水高不仅增加制冷及回收系统的负荷,能耗增大;更重要的是水会在冷却面上结冰影响传热,增加套管结晶器的阻力;冰会堵塞过滤机滤布,在生产运行中需要定期地进行熔化即所谓的"热洗",中断生产操作;此外,溶剂含水还会降低溶剂对油的溶解能力,从而降低脱蜡油收率。生产中为了维持一定的脱蜡油收率,往往只有采用调整溶剂组成、增加甲苯含量来降低甲乙基酮含量的措施,其结果使脱蜡温差增大,能耗增加。

溶剂含水对套管结晶器和过滤机的使用寿命也有很大的影响。因此,需要设置溶剂干燥系统,使溶剂中的水分含量不超过0.2%~0.3%。

9. 助滤剂

为了增大蜡的晶体颗粒,提高处理量和收率,还采用加入助滤剂来提高过滤速度。目前应用的助滤剂有:巴拉弗洛(由萘与氯化石蜡缩合而成)、甲基丙烯酸酯、醋酸乙烯酸共聚物、烯烃共聚物、氯化聚合物、烷基水杨酸酯、反丁烯二酸酯共聚物等。它们可以与蜡共同结晶或者吸附在蜡晶体的边缘,阻止它发展成为很薄很大的片状晶体,而使它形成紧密厚实的晶体颗粒。由于助滤剂在含蜡油冷却结晶过程中所起的成核、吸附和共晶作用,蜡晶体在各方向上生长的速度相近,这使得蜡能够成长为大小均匀、离散性好的晶体,从而有利于过滤,达到提高过滤速度、增大处理量的目的。加入助滤剂除了可使蜡成长为大小均匀、离散性好的晶体外,还可降低蜡含油量,提高脱蜡油收率。表11-23所示为原料油中加入巴拉弗洛后,对过滤速度和收率的影响。

表11-23 原料油中加入巴拉弗洛对过滤速度和收率的影响

原料性质			工艺条件				结 果	
黏度(50℃)/ (mm²/s)	凝点/℃	含蜡量/%	加入巴拉 弗洛/%	丙酮比/%	过滤 温度/℃	剂/油	过滤温度/ [kg/(m²·h)]	收率/%
14.68~18.8	36.4	45.91	—	36.5~40	-25	(2.94~3.32):1	225	57.5
14.68	33	48.73	0.11	36.5	-25	2.79:1	276	64.1

三、酮苯脱蜡系统工艺流程及设备

溶剂脱蜡由四个系统组成:结晶系统、制冷系统、过滤系统(包括真空密闭系统)、溶剂回收系统(包括溶剂干燥)。

1. 结晶系统

图11-21为包括结晶、过滤、真空密闭和制冷部分的工艺流程。图中显示的使用套管结晶器的馏分油酮苯脱蜡结晶流程是一个两段溶剂脱蜡流程。原料油与预稀释溶剂(重质原料时用,轻质原料时不用)混合后,经水冷却后进入换冷套管与冷滤液换冷,使混合溶液冷却到冷点,在此点加入经预冷过的一次稀释溶剂,进入氨冷套管进行氨冷。在一次氨冷套管

出口处加入过滤机底部真空滤液或二段过滤的滤液作为二次稀释，再经过二次氨冷套管进行氨冷，使温度达到工艺指标。在二次氨冷套管出口处再加入经过氨冷却的三次稀释溶剂，进入过滤机进料罐。

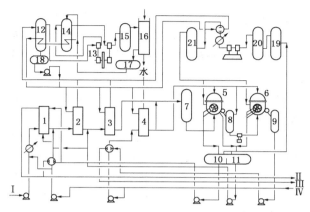

图 11-21　溶剂脱蜡的典型工艺流程——结晶、过滤、真空密闭、制冷部分

Ⅰ—原料油；Ⅱ—滤液；Ⅲ—蜡液；Ⅳ—溶剂

1—换冷套管结晶器；2、3—氨冷套管结晶器；4—溶剂氨冷套管结晶器；5——段真空过滤机；
6—二段真空过滤机；7—滤机进料罐；8——段蜡液罐；9—二段蜡液罐；10——段滤液罐；
11—二段滤液罐；12—低压氨分离罐；13—氨压缩机；14—中间冷却器；15—高压氨分液罐；
16—氨冷凝冷却器；17—液氨储罐；18—低压氨储罐；19—真空罐；20—分液罐；21—安全气罐

溶液在套管结晶器中的冷却速度，对于冷滤液换冷套管一般为 1~1.3℃/min，对于氨冷套管为 2~5℃/min。

套管结晶器是结晶系统中的主要设备，它的任务是冷却含蜡原料油和溶剂的混合物，保证蜡有一定的时间在其中析出并不断送出。因此套管结晶器的结构一般由给冷部分、换热部分和刮蜡部分三大部分组成。给冷部分由氨罐、进入套管液氨线和从套管出来的气氨线组成。换热部分由 10~16 根套管组成，每根套管与普通的换热套管相同，由内管和外管组成。由于原料油析出的蜡易于结在内管的管壁上，影响传热以及影响蜡、油、溶剂混合物的输送。因此，套管结晶器必须有转动的刮蜡设备，如图 11-22 所示。刮蜡部分由刮刀、弹簧、空心轴、套管小轴、链轮等部分组成。

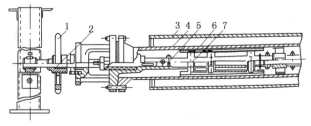

图 11-22　套管结晶器中套管的结构图

1—链轮；2—安全销；3—外管；4—内管；5—转动轴；6—刮刀；7—弹簧

（1）稀冷脱蜡工艺与稀冷结晶塔

稀释冷冻脱蜡（简称稀冷脱蜡）是 20 世纪 70 年代美国埃克森公司发展的一种技术，被

认为是脱蜡工艺的突破。该技术的核心是用一座 6～50 段的稀冷塔代替部分或全部套管结晶器，其特点是低温的溶剂和温度较高的原料油在稀冷塔中高度机械搅拌的情况下互相接触，在很短的时间内(1s 钟)两者充分混合，使全塔的温度从上到下分段均匀缓慢下降，这样，就促使原料油中的高熔点蜡优先结晶出来。在塔中自上而下随着温度的逐渐降低(1～3℃/min)熔点较低的蜡一层层地包在高熔点蜡晶体上，形成一种球形洋葱式的晶团结构，高熔点蜡在球的中心部分，低熔点蜡在最外层。这种球形蜡结构紧密、坚实、含油少、透气性好。因此，过滤速度快，脱蜡效率高，这对蜡脱油联合操作特别有利，因为蜡膏中的低熔点蜡在外层，脱油时只需要用一定温度的溶剂，就可以洗去外层低熔点蜡，得到低含油的高熔点蜡，所以，不需要将蜡重新熔化和结晶。

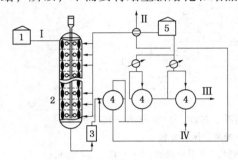

图 11-23　稀冷脱蜡脱油示意流程图
1—原料油罐；2—稀释冷却塔；
3—刮刀表面冷却器；4—滤机；5—溶剂罐
Ⅰ—含蜡油；Ⅱ—脱蜡油；Ⅲ—脱油蜡；Ⅳ—脚油

稀冷脱蜡脱油流程如图 11-23 所示。稀冷结晶塔的原料适应性强，适合于宽馏分范围内的馏分油的脱蜡-蜡脱油，特别适合于需要溶剂比大的残渣油脱蜡。可以采用任何低黏度的溶剂，较好的溶剂是甲乙酮、甲基异丁基酮与甲苯。溶剂的温度与用量决定于所需的冷却油量、希望稀释的程度、结晶器出口温度等，一般稀释比为1.5～5.0(体)。

（2）流化床脱蜡工艺

液固流化床换热器是 20 世纪 70 年代开发的换热设备，换热管内有数以百万计的切碎金属丝，液体流化固体，由于其激烈的湍流而对管壁产生了冲刷作用，这不仅可以有效地穿透和破坏管壁的边界层，而且可以清除管壁上的沉积物，从而使传热系数提高。流化床溶剂脱蜡工艺就是基于流化床换热器发展起来的。1989 年美国 Scheffer 公司首先将流化床换热器用于溶剂脱蜡。

用流化床结晶器代替套管结晶器进行溶剂脱蜡。大量的固体颗粒在流化床结晶器中湍动，使附着在流化床结晶器管壁上的蜡迅速地被刮掉，清洁了管壁，使总传热系数提高，同时析出的蜡结晶颗粒均匀、包油少，便于油和蜡的分离。因此该工艺在传热、油收率、蜡中油含量等方面有明显的优越性。工艺流程见图 11-24，原料与一次稀释溶剂按一定比例混合后，经冷却进缓冲罐。流化床进料泵抽缓冲罐混合液，经流量控制器，分几路从内管下部进入换冷流化床与冷滤液逆流换冷，混合液达到一定温度后，再经氨冷流化床与液氨逆流换冷。混合液达到脱蜡温度后，从氨冷流化床最后一级流出进入过滤中间罐，经真空过滤机过滤分离，并加入冷洗溶剂。过滤系统分离出的一段冷滤液作为流化床换冷段的冷剂；分离出的一段蜡液加入三次溶剂后再次过滤，分离出的二段滤液循环使用，液氨经多点进入氨冷流化床的壳体。

与现有冷点工艺相比，用流化床溶剂脱蜡工艺，在脱蜡油产品质量合格的条件下，油收率可提高 5 个百分点以上；蜡的结晶颗粒大小均匀，蜡包油很少，脱出蜡的油含量可降低 4～5 个百分点；换冷和氨冷总传热系数可提高到 450～1000W/(m·K)，是套管结晶器的 6～11 倍，因而可大幅度减少换热面积，降低投资费用；流化床工艺对原料有较好的适应性，其溶剂组成对原料变化的适应性强，切换原料时不需频繁调整溶剂组成；流化床结晶器采用固体颗粒刮蜡，维修费用很低，由于采用立式结构，占地面积小。

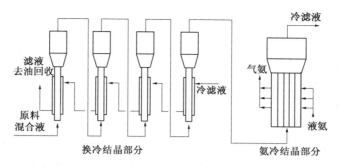

图 11-24　流化床溶剂脱蜡工艺原则流程

2. 过滤系统

过滤系统是完成油、蜡分离的部分。在酮苯脱蜡、脱油中，一般都采用转鼓式真空过滤机，其工艺原理流程如图 11-25 所示。

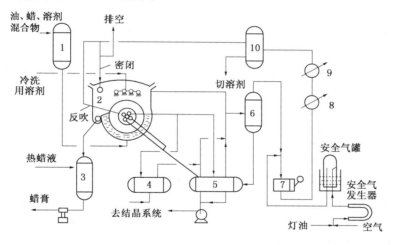

图 11-25　过滤流程图

1—进料罐；2—过滤机；3—蜡膏中间罐；4、5—滤液、冷洗液中间罐；
6—真空泡沫罐；7—真空泵；8—水冷却器；9—氨冷却器；10—分溶剂罐

(1) 过滤系统流程

滤机进料罐 1 架在高于过滤机的位置上，结晶冷却后的蜡、油、溶剂混合物自滤机进料罐自流入并联的各台过滤机 2 的底部。进料量根据滤机的滤面控制，过滤后蜡膏进入中间罐 3，滤液、冷洗液分别进入中间罐 4 和 5，然后再用泵抽出去结晶系统换热。由螺旋输送器将蜡膏送到中间罐 3 中，为使它能顺利被泵送去回收，有热液循环流动。有的装置为了利用蜡的冷量，停止热蜡循环，用搅拌器搅拌，降低蜡的结构黏度，使之易于输送。

由于溶剂容易挥发，并和空气形成易爆炸的混合物，为安全起见，用真空泵送安全气到过滤机壳体内起密封作用。反吹也用安全气(反吹用来吹脱滤鼓上的蜡饼)，进入滤机外壳的安全气，一部分在滤鼓表面冷洗与吸干部分由鼓外通过蜡饼被吹入鼓内，到滤液、冷洗液中间罐 5，又在真空泡沫罐 6 分出携带的雾状液滴，再进入真空泵 7，排出后经水冷却器 8 和氨冷却器 9 后到分溶剂罐 10 切除溶剂，安全气再送入滤机作密封与反吹用。为了便于控制滤机外壳密闭压力和滤鼓的反吹压力，从滤机外壳还有一条线直接与真空泡沫罐相连。

转鼓式真空过滤机的构造如图11-26所示，技术规格见表11-24。

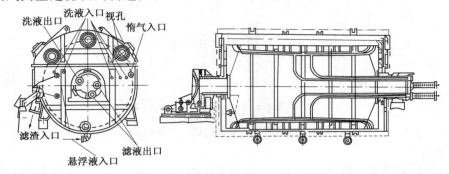

图11-26 转鼓式真空过滤机的构造

表11-24 转鼓式真空过滤机的技术规格

项 目	技 术 规 格		项 目	技 术 规 格	
过滤面积/m²	50	100	转鼓转速/(r/min)	0.255~1.525	0.255~1.525
转鼓尺寸/mm	φ3000×5400	φ3000×10000	滤鼓浸没角度	180	180
浸没温度/℃	-35~+15	-35~+15	过滤区角度	165	165
真空度/kPa	88	88	吸干及淋洗区角度	164	164
反吹压力/MPa	0.04	0.04	吹脱区角度	12	12
密闭压力/MPa	0.001	0.001			

（2）影响过滤的主要因素

判断过滤效果的指标有过滤速率（单位时间内在单位过滤面积上通过的滤液量，它直接影响到处理量的大小）和蜡饼的质量（蜡饼中含油量少，脱蜡油收率高，油中带蜡少，脱蜡温差小，冷冻的负荷就可以减少）。影响过滤效果的主要因素是原料性质、压差、滤鼓在溶液中的浸没程度和滤鼓转速、滤机的温洗质量。

①原料性质。原料不同、馏分不同、结晶条件不同，蜡饼性质就不同，因此过滤速率也就不同。残渣油中含地蜡多，结晶呈针状，容易堵塞滤布，使过滤速率下降。含蜡少、黏度小的油料易过滤、结晶的条件合适，蜡结晶坚实而粒大，过滤速度也快。

②压差。在处理同一原料，密闭压力不变时，过滤时压差（推动力）小，过滤速度就慢。尤其在蜡饼脱离液面以后和经过冷洗后不易吸干，这样就会增加蜡饼中含油量，收率降低。如果压差过大，蜡饼会很快压紧，并使滤布小孔被堵塞，同时对吸干、洗涤、抽净都不利，反吹也很困难，这样会使蜡饼中含油量增大，脱蜡油收率降低。因此要根据不同原料与结晶情况，分别保持高部、中部、低部真空部位适当的真空度。一般在20~80kPa，低部真空度略高于中部与高部的真空度，在蜡饼容易产生裂缝的情况下，适当加大冷洗量可以盖住裂缝，防止裂缝漏气造成真空度下降。

正常操作中，反吹压力必须严格控制，一般在30~50kPa（表），蜡饼吸干，紧紧附在滤布表面，必须凭借一定压力差（即反吹压力与机壳内密闭压力之差）才能将蜡饼吹松。加之刮刀与滤布有一定间隙，故蜡饼不易被吹松脱掉，就会影响到过滤效果。反吹压力过大也不好，容易使滤布损坏，绕线受力过大而折断。密闭压力一定要大于外界大气压，否则空气会漏入，造成氧含量过大。因此，在真空度、密闭压力、反吹压力产生矛盾时，首先应当保证反吹压力，以保证过滤系统的平稳操作。一般情况下，所有过滤机真空度及反吹管线都是联在一起的，若有一台过滤机真空度维持不住，各台真空度都会掉下来，所以在操作中要处理好整体与个体的关系。

③ 滤鼓在溶液中的浸没程度。过滤机内的液面低、滤鼓表面在糊状物中浸没时间短、通过表面滤液总量就要减少，蜡饼也薄，冷洗容易洗透，脱蜡油收率可以提高，但对处理量提高不利。若液面太低时，低真空度区一部分表面暴露在安全气中，抽不上液体，而抽的是滤机壳内气体，使真空度下降。为了达到较理想的状态，滤机液面应保持在 1/2 ~ 1/3 的液面，以保持一定的真空度和滤机的浸没度，这样才容易维持真空过滤系统的平稳操作。

④ 滤鼓转速。滤鼓的转速有慢速(0.21r/min)、中速(0.36r/min)和快速(0.5r/min)三种，一般采用中速。提高转速，在一定时间内可提高通过滤鼓的滤液总量，但抽干和冷洗的时间相对缩短，使蜡饼中含油量增大，同时到反吹区时滤鼓内真空小管中的滤液没被抽净，而又被反吹气体吹出来，收率会下降。在蜡结晶比较好的情况下，可以用调节滤鼓转速来增大处理量。

⑤ 温洗。当过滤机操作一段时间后，滤布就会被细小的蜡结晶或冰粒堵死，需要停止进料，待滤机中原料与溶剂混合物滤空后，用 40 ~ 60℃左右的热溶剂冲洗滤布，称为温洗，温洗可以改善过滤速率，又可减少蜡中带油，但较多的温洗对生产不利。

温洗溶剂的温度、温洗时间与温洗周期是温洗中应注意的问题。温洗溶剂的温度低，则不能将滤布孔隙中的蜡、冰熔化，因而达不到温洗质量要求，但温度太高，会增加丙酮汽化量，使温洗溶剂量减少，同时，密闭压力也会增大，增加丙酮损失。温洗时间与温洗周期应根据原料性质来决定，缩短温洗周期或延长每台温洗时间，相应减少了滤机开工时数，对设备及生产能力都有一定影响。若结晶条件较合适，真空过滤操作较稳定，则可减少温洗次数。

采用冷反洗可以大大减少温洗次数，提高过滤机处理能力，减少过滤过程中溶剂、蜡的循环量，可以节省冷冻负荷。

对于大庆原油脱蜡原料，一般选用以下过滤速率，见表 11 - 25。

表 11 - 25　不同大庆原油脱蜡原料选用的过滤速率

原　料	过滤速率/[kg/(m²·h)]	原　料	过滤速率/[kg/(m²·h)]
常三线	180 ~ 200	减四线	120 ~ 150
减二线	150 ~ 180	残渣油	90 ~ 120
减三线	150 ~ 180		

3. 溶剂回收系统

从过滤系统分离出来的蜡膏和滤液都含有大量的溶剂，在蜡膏中一般含有 65% ~ 75% 的溶剂，在滤液中含有 80% ~ 85% 的溶剂，这些溶剂需要回收循环使用。溶剂回收系统的热源分为用加热炉加热或用蒸汽加热，大型装置多采用加热炉加热。溶剂回收的好坏关系着溶剂的周转和消耗及脱蜡油成本的高低，对整个脱蜡装置操作都有很大影响。

回收系统应满足下列要求：溶剂应回收完全，损失少；回收溶剂的质量好，不带油、蜡和水；消耗的动力(水、电、汽)要小。

溶剂回收系统包括滤液和含油蜡膏的溶液回收及酮水回收三部分。酮水回收部分的作用是将溶剂与水分开，在脱蜡与脱油的联合装置中，回收系统还多一个蜡下油的溶剂回收部分。溶剂脱蜡的溶剂回收的原理与溶剂精制的溶剂回收原理相同，亦采用双效蒸发或多效蒸发。双效蒸发比单效蒸发可节约能量 50% 左右，溶剂在两个蒸发塔中各回收 45% 左右，余下的 10% 溶剂由汽提塔回收，三效蒸发比双效蒸发可节能 80% 左右，溶剂在三个蒸发塔各回收 30% 左右，余下的 10% 溶剂由汽提塔回收。

（1）双效蒸发工艺流程

滤液和蜡液中的溶剂通过蒸发回收，循环使用。滤液和蜡液溶剂回收系统均采用双效或三效蒸发。酮苯脱蜡溶剂回收系统流程如图 11 – 27 所示。

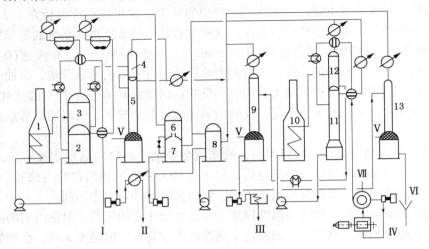

图 11 – 27　酮苯脱蜡溶剂回收系统的典型工艺流程图

1—加热炉；2—油溶剂第一蒸发塔；3—油溶剂第二蒸发塔；4—油溶剂第三蒸发塔；
5—汽提塔；6—干溶剂罐；7—湿溶剂罐；8—水溶剂罐；9—蜡汽提塔；10—加热炉；
11—蜡溶剂一级蒸发塔；12—蜡溶剂二级蒸发塔；13—丙酮塔
Ⅰ—滤液；Ⅱ—脱蜡油；Ⅲ—含油蜡；Ⅳ—蜡膏；Ⅴ—水蒸气；Ⅵ—水；Ⅶ—干溶剂

在双效蒸发中，第一蒸发塔为低压操作，热量由与第二蒸发塔塔顶溶剂蒸气换热提供；第二蒸发塔为高压操作，热量由加热炉供给；第三蒸发塔为降压闪蒸塔，最后在汽提塔内用蒸汽吹出残留的溶剂，得到含溶剂量和闪点合格的脱蜡油和含油蜡。三效蒸发的流程与双效蒸发基本相同，只是在低压蒸发塔与高压蒸发塔之间，增加了一个中压蒸发塔，使热量得到充分利用。各蒸发塔顶回收的溶剂经换热、冷凝、冷却后进入干或湿溶剂罐。汽提塔顶含溶剂蒸气经冷凝、冷却后进入湿溶剂分水罐。

溶剂干燥系统是从含水湿溶剂中脱除水分，使溶剂干燥，从含溶剂水中回收溶剂，脱除装置系统的水。湿溶剂罐内分为两层，上层为含饱和水的溶剂，下层为含少量溶剂（主要是酮）的水层。含水溶剂经换热后，送入干燥塔，塔底用重沸器加热，酮与水形成低沸点共沸物，由塔顶蒸出，干燥溶剂从塔底排出，冷却后进入干溶剂罐。湿溶剂罐下层含溶剂的水经换热后，进入脱酮塔，用直接蒸汽吹脱溶剂，塔顶的含溶剂蒸气经过冷凝冷却后，回到湿溶剂分水罐。水由塔底排出，含酮量控制在 0.1% 以下。

（2）膜分离技术在润滑油脱蜡溶剂回收中的应用

长期以来，溶剂脱蜡法在润滑油基础油的生产中一直占主要地位。脱蜡后的溶剂（即甲乙酮和甲苯）要通过蒸馏过程从润滑油和溶剂的混合液中分离出来以循环利用，由于溶剂频繁重复着冷冻 – 加热 – 汽化 – 冷凝 – 冷冻等循环过程，既限制了装置的生产能力，又造成能量的大量消耗，成为润滑油和石蜡生产扩能的瓶颈。

膜分离技术在石化行业中的应用为液 – 液有机物系的分离开辟了一条高效、低能耗的新

472

途径。膜分离技术不涉及相变,将其应用于脱蜡工艺,可在低温下直接从脱蜡油的滤液中分离出部分冷溶剂回系统循环使用,减少了高温蒸馏和冷却过程的能量损耗,同时降低了溶剂回收和冷冻系统的负荷。另外,纯冷溶剂代替滤液作稀释溶剂,还可以提高润滑油收率。国外自 20 世纪 80 年代中期开始相继进行了渗透膜溶剂回收分离装置的研究,其中,Mobil 公司联合 W. R. Grace 公司已开发成功了 Max – Dewax 膜技术,应用此技术在 Mobil 公司的 Beaumont 炼油厂投产了一套 360kt/a 的大型工业装置,将脱蜡油产量提高了 3% ~5%,单位体积产品的能耗降低了约 20%。

纳滤是近年来兴起的一项新型膜分离技术,它和反渗透、超滤一样是属于压力驱动的膜过程,但与传统的反渗透过程相比,纳滤膜的通量大,操作压力低,对相对分子质量在 200 ~1000 范围的中、小分子有机物具有较高的截留率。常用的纳滤材料有纤维素类、聚砜类、聚酰胺类、聚乙烯类和甲壳素类等。聚酰亚胺对润滑油的截留率高于 96%,且具有良好的热稳定性、化学稳定性,抗污染能力较强,具有实际工业应用的巨大潜力。在膜分离领域备受关注。

① 聚酰亚胺纳滤膜的制备原理:均苯四甲酸二酐与 4,4 – 二氨基二苯醚在 N, N' – 二甲基乙酰胺中反应得到聚酰胺酸,将所合成的聚酰胺酸的 N, N' – 二甲基乙酰胺溶液刮刀涂覆在光洁的玻璃板上,在室温下使膜中溶剂挥发一定时间,再浸入乙醇水凝胶浴中,即得到聚酰胺酸不对称膜。然后再与过量乙酐进行胺化反应生成聚酰亚胺膜。

② 聚酰亚胺纳滤膜分离酮苯 – 润滑油性能:聚酰亚胺纳滤膜的主要性能可以用渗透通量和对润滑油的截留率来表示,其中渗透通量用下式计算:

$$J = \frac{V}{A \cdot t}$$

式中　　J——膜通量,L/($m^2 \cdot h$);

　　　　V——渗透液体积,L;

　　　　A——膜有效面积,m^2;

　　　　t——时间,h。

聚酰亚胺纳滤膜对润滑油的截留率按下式计算:

$$R = \left(1 - \frac{C_1}{C_0}\right) \times 100\%$$

式中　　R——截留率,%;

　　　　C_1——渗透液浓度,%;

　　　　C_0——原料液浓度,%。

原料液及渗透液中润滑油浓度按《中华人民共和国石油化工行业标准》(SH/T 0556—93)测定。

③ 操作条件对膜分离性能的影响:影响膜分离性能的主要因素有操作压力、料液温度、料液流量、料液润滑油浓度和料液酮苯比。

a. 操作压力。操作压力是纳滤膜装置重要的运行参数之一,由图 11 –28 可知,操作压力对膜通量的影响较大,而对截留率的影响较小。

操作压力较低时,膜通量随压力增加迅速增加。在操作压力超过一个临界值后,膜通量随压力增加变化不大。随着压力的增大,膜对润滑油的截留率增大,但当压力较高时,膜截留率增幅下降,截留率逐渐稳定。

b. 料液温度。使用膜分离装置进行脱蜡溶剂回收,是为了减少溶剂在高温蒸馏和冷却过程中的能量损耗,因此膜分离设备一般在低温下操作。温度对截留率的影响较小,不同温度下的截留率相差不大。

c. 料液流量。由图11-29可知,随料液流量增大,膜通量也相应增加,但增加幅度有逐渐减小的趋势。随料液流量增大,截留率也有微弱增加,但变化幅度不大,基本稳定在95%~98%的范围内。

d. 料液润滑油浓度。在酮苯脱蜡实际生产中,由于蜡含量不同,加入的溶剂量也相差较大,一般需分离的酮苯-润滑油混合液中润滑油的浓度在6%~33%之间。由图11-30可知,随料液中润滑油浓度增加,膜通量减小,但减小的速度逐渐放慢。料液中润滑油浓度的增加对截留率的影响不大,润滑油浓度增加后,截留率基本不变,保持在96%以上。

e. 料液酮苯比。膜分离过程中甲乙酮和甲苯在膜中的透过速率存在一定差异,当料液中酮苯比发生变化时,膜的分离性能也会发生一定变化。由图11-31可以看出,随着原料液中甲乙酮含量的增加,膜通量呈线性增长,截留率也有所上升,但变化幅度不大。

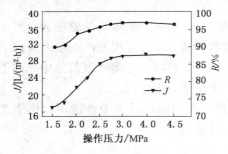

图11-28 操作压力对膜通量和截留率的影响　　图11-29 料液流量对膜通量和截留率的影响

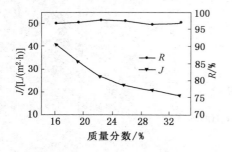
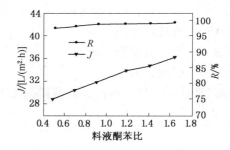

图11-30 润滑油浓度对膜通量和截留率的影响　　图11-31 料液酮苯比对膜通量与截留率的影响

第三节　润滑油加氢

随着汽车制造业及机械工业的飞速发展以及环保要求日益严格,我国润滑油工业面临着经济效益及环保法规的双重挑战,同时还将面临着与国外公司在高档润滑油市场的激烈竞争,因此润滑油的升级换代已势在必行,迫切需要生产出具有高黏度指数、抗氧化安定性好、低挥发性的高档润滑油基础油。国外API Ⅱ类、Ⅲ类润滑油基础油的生产工艺有加氢裂化(加氢改质)、异构脱蜡(催化脱蜡)、加氢补充精制等全加氢工艺,也有与润滑油老三套相结合的组合工艺。我国润滑油生产主要以老三套(包括溶剂脱沥青、糠醛精制和酮苯脱蜡装置)生产工艺为主,润滑油加氢研究工作虽在20世纪60年代就已开始,但直到80~90年代才大规模开展起来。

随着原油性质的日益变差以及对润滑油基础油质量要求的日益提高，在现在的润滑油基础油生产工艺中，采用加氢工艺技术已成为发展的必然趋势。我国自 1970 年建成第一套润滑油加氢装置以来，先后在各润滑油生产厂建设了各种润滑油加氢装置，对提高我国润滑油基础油质量及生产技术水平发挥了积极作用。

一、润滑油加氢补充精制

润滑油加氢补充精制主要用来代替白土精制，以除去其中残留的胶质、环烷酸、酸渣、微量溶剂等有害物质，改善油品的颜色与安定性，得到合格的润滑油。加氢补充精制是在缓和条件下进行的加氢过程，温度低、压力低、空速大。操作条件大约是：温度为 $250 \sim 300℃$、压力为 $3.0 \sim 4.0MPa$、空速为 $1.0 \sim 2.0h^{-1}$，而且可用炼油厂的副产氢气。过程的条件缓和，加氢深度浅，耗氢量少。此过程基本上不改变烃类的结构，只能除去微量杂质、溶剂和改善颜色。与白土精制比较，加氢补充精制具有过程简单、油收率高、产品颜色浅、无污染等一系列的优点。润滑油加氢补充精制已成为润滑油补充精制的主要手段。

1. 润滑油加氢补充精制原理

（1）加氢脱氧

含氧化合物在加氢时生成水和烃。

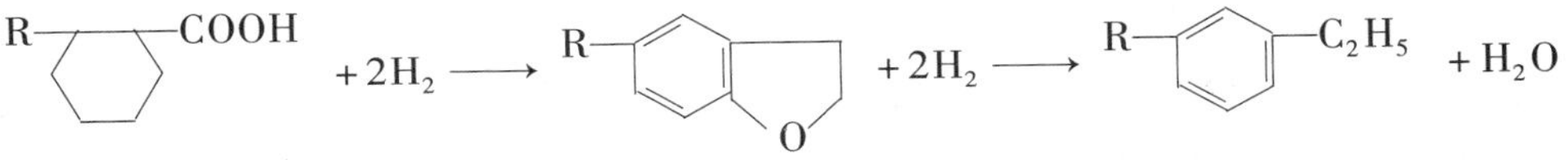

（2）加氢脱硫

润滑油基础油中的硫化物主要为硫醚类和噻吩类，硫醚硫主要是五元环和六元环的单环硫醚和二环或多环环硫醚，它们都带有复杂的长侧链。噻吩硫主要是烷基噻吩、苯并噻吩和二苯并噻吩及其同系物，其中烷基噻吩和苯并噻吩都带有复杂的长侧链，而二苯并噻吩带有简单的短侧链。硫醚类很容易加氢生成烃类和硫化氢，噻吩类杂环硫化物加氢脱硫反应要经过加氢开环等几个步骤，以二苯并噻吩为例，可写成下式：

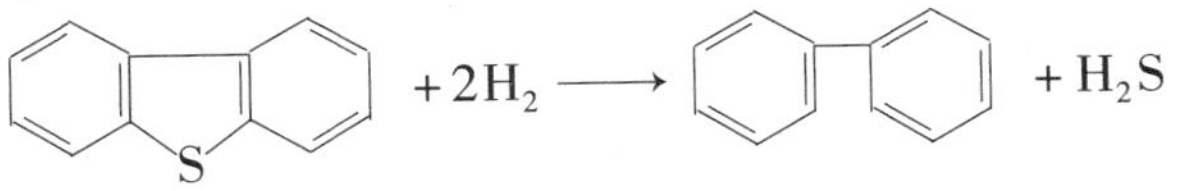

（3）加氢脱氮

含氮化合物反应如下：

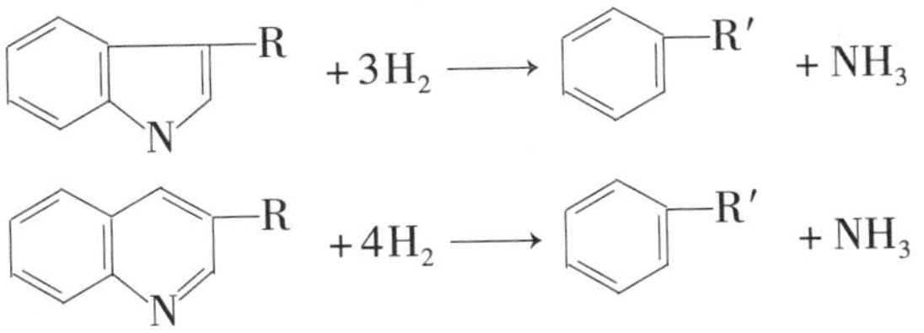

上述反应中脱氧、脱硫在缓和的条件下即可完成，而脱氮要在较苛刻的条件下进行。基础油中含氮化合物中主要是吡啶类和吡咯类的杂环化合物。非杂环化合物如胺、腈等加氢脱氮活性比环氮化物高，含量少，容易脱除，因此加氢精制的关键是脱除杂环氮化物。一般认为，杂环氮化物的加氢脱氮主要经历三个步骤：①杂环和芳烃的加氢饱和；②饱和杂环中 C—N 键的氢解；③氮最终以氨的形式脱除。各种反应进行的相对程度与催化剂的种类和操作条件有很大关系，因此寻找合适的催化剂是非常重要的。

2. 润滑油加氢补充精制催化剂

在润滑油加氢补充精制过程中，我国使用的催化剂有镍－钼、钨－钼等类型，这类催化剂有的是专为润滑油加氢精制开发的，有的是由燃料加氢精制催化剂转用过来的，其理化性质见表 11 – 26。

表 11 – 26 国内润滑油加氢补充精制催化剂

商品名称	活性组分	载 体	形 状	堆密度/(g/mL)
RN – 1	$WO_3 - NiO - F$	Al_2O_3	$\phi1.2mm \sim \phi1.8mm$ 三叶草形	~ 0.95
3665	$MoO_3 - NiO$	$SiO_2 - Al_2O_3$	$\phi2mm$ 挤条	0.86 ~ 0.89
CH – 4	$MoO_3 - NiO - P$	Al_2O_3	$\phi2mm$ 三叶草形	~ 0.78

3. 加氢补充精制的操作参数

润滑油加氢补充精制加氢条件非常缓和，加氢压力为 2 ~ 6MPa，温度为 210 ~ 320℃，空速 1 ~ 3h^{-1}，氢油比 50 ~ 300。该过程基本不改变润滑油料的烃类结构及组成。

二、润滑油馏分加氢脱酸

润滑油馏分加氢脱酸是一种润滑油馏分缓和加氢预处理方法，国内三个由含酸原油生产环烷基润滑油基础油的炼油厂，都已采用此工艺技术。

1. 润滑油馏分加氢脱酸的原理及催化剂

从含酸原油生产环烷基润滑油基础油时，由于其润滑油馏分中含有较多的环烷酸以及其他的杂环化合物，按照传统的溶剂抽提－白土处理工艺加工这类馏分油，困难较大，精制时溶剂及白土用量大，通常糠醛精制溶剂比需 (3 ~ 4) : 1，有时甚至高达 6 : 1，白土用量为 5% ~ 10% 或更高，因此精制油收率低；同时由于环烷酸的催化作用，在糠醛抽提过程中易造成糠醛在装置中结焦并腐蚀设备。

为了合理加工此类原油，提高炼油厂经济效益，故开发了润滑油馏分加氢脱酸工艺。采用此工艺加工酸值高的环烷基原油润滑油馏分的流程为：

润滑油馏分───→加氢脱酸───→糠醛抽提───→白土处理───→基础油

含酸原油润滑油馏分在糠醛抽提前先经加氢脱酸，可以除去油料中的环烷酸，同时除去某些含硫、含氮的杂环化合物，使某些多环芳烃转变为润滑油有用组分，从而使糠醛抽提容易进行，精制收率也可以提高。加氢脱酸所用的催化剂与润滑油加氢补充精制催化剂类似。

由于含酸原油润滑油馏分中含有较多的环烷酸铁，所以在脱酸催化剂上面需装填一层保护剂，其作用是使环烷酸铁转变为 FeS 并被保护剂吸附。加氢脱酸的反应温度较低为 260 ~ 340℃，因而能够在较低的氢压下操作，氢压一般为 2.5 ~ 4.0MPa。

2. 加氢脱酸的工艺流程

加氢脱酸的工艺流程与润滑油加氢补充精制相同，事实上最早的加氢脱酸就是利用已有的加氢补充精制装置。但是，由于含酸原油润滑油馏分中常含有较多的铁垢及其他的机械杂质，为防止这些杂质在反应器床层顶部迅速沉积使反应器压降升高，故在原加氢补充精制装置前，增设了一套原料过滤系统，其流程见图 11 – 32。

三、润滑油加氢处理

润滑油加氢处理是化学转化过程，在催化剂及氢的作用下，通过选择性加氢裂化反应，将非理想组分转化为理想组分来提高基础油的黏度指数。加氢处理能使润滑油料中的多环芳

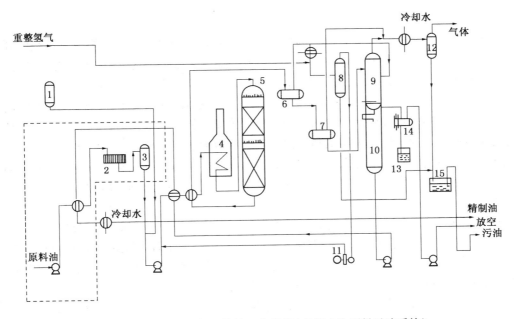

图 11-32　加氢脱酸装置简单工艺流程(虚线内为原料过滤系统)

1—二氧化碳罐；2—滤机；3—缓冲罐；4—加热炉；5—反应器；6—热高分；7—热低分；8—冷高分；
9—常压汽提塔；10—残压干燥塔；11—氢压机；12—气体分液罐；13—水箱；14—冷却器；15—污油罐

烃及多环环烷烃裂解开环，生成带有若干烷基侧链的高黏度指数的单环芳烃或单环环烷烃。而不是像溶剂精制那样将低黏度指数的多环芳烃抽提掉，因此应用加氢处理技术可以从各种原油生产高黏度指数的润滑油基础油。

1. 润滑油加氢处理的原理

润滑油加氢处理是将润滑油料中的非理想组分，通过加氢转化为润滑油的理想组分的过程，其化学反应除脱硫、脱氮、脱氧外，尚有以下的几种重要反应：

（1）稠环芳烃加氢生成稠环环烷烃

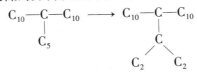

黏度指数约 -60　　　　　　　　　　　黏度指数约 20

（2）稠环环烷烃的加氢开环

黏度指数约 20　　　　　　　　黏度指数为 110~140

（3）正构烷烃或分支程度低的异构烷烃的临氢异构

$$C_{10}-C-C_{10} \longrightarrow C_{10}-C-C_{10}$$
$$\phantom{C_{10}-}C_5 \phantom{-C_{10} \longrightarrow C_{10}-}C$$
$$\phantom{C_{10}-C-C_{10} \longrightarrow C_{10}-}C_2\quad C_2$$

黏度指数约 125　　　　黏度指数约 119
倾点 19℃　　　　　　倾点 -40℃

2. 润滑油加氢处理催化剂

润滑油加氢处理催化剂需要较强的加氢性能，特别是对稠环芳烃更要兼具适当的开环及异构化性能。因此，用于润滑油加氢处理的催化剂需要有适中的裂化功能以提高黏度指数。目前常用的 Ni - Mo、Ni - W 和 Co - Mo 的催化体系中，Ni - W 体系有最强的芳烃加氢活性，Ni - Mo 其次。因此加氢处理催化剂通常采用 Ni - W 或 Ni - Mo 作活性组分。由于要使多环芳烃加氢开环，加氢处理生产润滑油所用催化剂为双功能催化剂，但它与加氢裂化生产汽油的催化剂不一样。为了避免脱烷基和不使加氢后润滑油黏度下降太大，催化剂载体的酸性不能太强，而且酸性中心也不能太多。加氢处理生产润滑油的反应温度很高，所以催化剂应具有很强的加氢活性。作为加氢组分的金属含量高达 25% ~ 40%；此外催化剂也需要大的孔径，以便大的润滑油分子能够进入催化剂内部。

我国从法国 IFP 引进的润滑油加氢处理装置所用的催化剂 HR 360 为 Mo - Ni 型。

RIPP 开发的溶剂精制 - 加氢处理组合工艺 RLT 设有两个加氢反应器，第一个反应器装填的是具有高脱硫、脱氮以及加氢开环性能的 W/Ni 催化剂 RL - 1，第二反应器装填的是具有高芳烃加氢饱和性能，没有酸性的 RJW - 2 催化剂。

XOM 公司 Baytown 炼油厂采用三个反应器串联的加氢处理 RHC 工艺，第一个反应器选择较苛刻的加氢条件，目的为提高产品的黏度指数；第二个反应器是为了克服热力学平衡对芳烃加氢的限制，选择比第一个反应器低的操作温度，以利于芳烃加氢。前两个反应器装填的是没有酸性的 KF - 840Ni/Mo 催化剂。第三个反应器装填的是加氢活性强的催化剂，目的是降低油品中的致癌物质并提高产品的光安定性。RL - 1 催化剂的性质见表 11 - 27。

表 11 - 27　RL - 1 催化剂的性质

项　　目		质量指标	项　　目		质量指标
化学组成/%			物理性质		
WO₃	≥	27.0	比表面积/(m²/g)	≥	90
Ni	≥	2.7	孔体积/(mL/g)	≥	0.24
助剂	≥	4.5	径向强度/(N/mm)	≥	16

3. 润滑油加氢处理的操作条件及工艺流程

加氢处理生产润滑油由于要使多环芳烃加氢并裂化，所以加氢温度及压力都很高，总压一般大于 15MPa，温度为 360 ~ 420℃。加氢压力低不利于芳烃加氢饱和，同时会使催化剂的失活速度加快。液时空速为 0.3 ~ 1.0h⁻¹，空速高则反应温度就必须升高，因而使润滑油收率降低，氢分压也需提高到不经济的程度。氢油体积比一般为(1000 ~ 1800):1。高的氢油比有利于提高反应的氢分压，可加强原料油的雾化，改善反应器的温度分布；但氢油比过大则会增加过程的动力消耗，并使反应器的压降增加。

润滑油加氢处理的原则流程见图 11 - 33，原料油和氢气在炉前混合，经加热炉加热后，

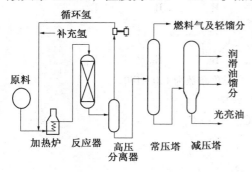

图 11 - 33　润滑油加氢处理原则流程图

再由上到下通过多个催化剂床层，然后经高、低压分离及常减压蒸馏，得到各种黏度的加氢润滑油。由于加氢处理是一个强放热反应，必须在催化剂床层间通入冷氢冷却以控制反应温度。从高压分离器出来的气体，即循环氢，经循环压缩机加压后，一部分作为冷氢，另一部分则与新氢混合循环使用。循环氢有时还需要经过洗涤或吸收处理，除去其中的 H_2S 和轻烃，以免对催化剂带来不利影响。

按照上述流程得到的加氢润滑油，光安定性往往不很理想，在氧存在下经日光照射，油品颜色容易变深，并产生沉淀。加氢处理润滑油光安定性不好的原因有以下几方面：

① 加氢处理润滑油经深度加氢，油品中硫、氮含量极低，芳烃含量也不高，即天然抗氧剂几乎全部被除去。

② 加氢处理润滑油的组成中，大部分为饱和烃，所以对氧化产物的溶解能力很低，氧化产物容易沉淀析出。

③ 加氢处理润滑油中含有部分饱和的多环芳烃，这类物质非常不稳定。

这些原因中，加氢处理过程生成的部分饱和芳烃，是影响加氢处理润滑油光安定性不好的最重要原因。

为改进加氢处理润滑油的光安定性，常将上述加氢处理的润滑油在高压、低温下进一步加氢以除去油品中部分饱和的多环芳烃。这就是两段润滑油加氢处理工艺。

我国从法国 IFP 引进的润滑油加氢处理就是两段加氢处理工艺，其流程见图 11 - 34，加氢工艺条件见表 11 - 28。

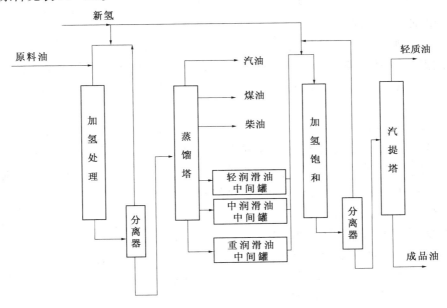

图 11 - 34　润滑油两段加氢处理流程

表 11 - 28　润滑油两段加氢处理工艺操作条件

	加　氢　处　理　段		
原料油	轻减压馏分	重减压馏分	脱沥青油
反应压力/MPa	17.2	17.2	17.2
平均反应温度/℃	395	384	378
氢油体积比	1496	1220	1600

	加 氢 处 理 段		
液体空速/h^{-1}	0.4	0.4	0.36
催化剂	HR 360	HR 360	HR 360
	加 氢 饱 和 段		
原料油	H125N	H500N	H150BS
反应压力/MPa	16.25	16.25	16.25
平均反应温度/℃	314	313	313
氢油体积比	464	1031	837
液体空速/h^{-1}	0.54	0.53	0.70
催化剂	HR 348	HR 348	HR 348

为了解决加氢处理油光安定性的问题，另一种作法是对加氢处理装置进料先进行溶剂抽提，以降低进料中的氮化物及稠环芳烃含量。由于改善了加氢处理进料的质量，因而加氢处理可在较缓和的中等压力下进行，这样不但产品收率高，而且光安定性也比较好。另外，由于充分利用了炼油厂现有的溶剂精制装置，因而建设费用也低，我国某些炼油厂已采用此工艺由中间基原油生产 HVI 基础油和由环烷基原油生产低芳烃工艺用油。

四、润滑油催化脱蜡

润滑油溶剂脱蜡时，为了得到一定凝点的油品，需把溶剂和润滑油料冷却到比油品凝点更低的温度，因此需要昂贵的冷冻设备，同时也较难得到凝点很低的润滑油产品。因此自 20 世纪 60 年代以来，我国开展了催化脱蜡的研究，并于 80 年代开始应用于工业生产。

1. 润滑油催化脱蜡的原理

润滑油催化脱蜡的基本原理是利用分子筛独特的孔道结构和适当的酸性中心，使原料油中凝点较高的正构烷烃和带有短侧链的异构烷烃，在分子筛孔道内发生选择性加氢裂化，生成低分子烃从润滑油中分离出去，从而使油品的凝点降低。

2. 润滑油催化脱蜡催化剂

催化脱蜡工艺的关键是催化剂，要求催化剂具有较高的选择性，同时应具有足够的裂解活性和稳定性。我国目前工业上应用的催化脱蜡催化剂 RDW – 1 是用具有较高选择性的 ZRP 分子筛作载体，只有直链烷烃及少数少侧链异构烷烃能进入其孔道内部，所以催化剂稳定性好，可在低压下操作。催化剂的性质见表 11 – 29。

表 11 – 29　RDW – 1 催化剂的性质

商 品 名 称	活 性 组 分	载 体	形 状	堆密度/(g/mL)
RDW – 1	NiO	ZRR – Al$_2$O$_3$	ϕ1.6mm 三叶形	0.65

3. 催化脱蜡的工艺流程

润滑油馏分催化脱蜡的流程与润滑油加氢补充精制的流程类似，其原则流程见图 11 – 35。操作条件、原料及产品性质见表 11 – 30。

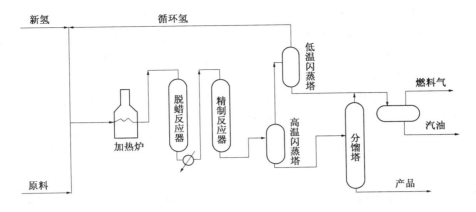

图 11-35　含蜡环烷基原油润滑油馏分催化脱蜡流程

表 11-30　含蜡环烷酸基润滑油馏分催化脱蜡的结果

原　料　油	LVI60	LVI300	原　料　油	LVI60	LVI300
操作条件			凝点/℃	-38	-23
催化剂	RDW-1	RDW-1	总氮/(μg/g)	119	256
脱蜡反应器入口压力/MPa	2.8	3.1	颜色/号	5	5
脱蜡反应器平均温度/℃	269	268	产品性质		
精制反应器平均温度/℃	245	243	收率/%	>97	>97
氢油体积比	455	417	密度(20℃)/(g/cm³)	0.8835	0.9027
空速/h⁻¹	0.9	1.0	黏度(40℃)/(mm²/s)	11.22	63.94
原料性质			凝点/℃	-70	-38
密度(20℃)/(g/cm³)	0.8739	0.8955	总氮/(μg/g)	90	244
黏度(40℃)/(mm²/s)	9.85	58.23	颜色/号	1	2

五、润滑油异构脱蜡

　　低温流动性是润滑油的重要指标之一，一般采用油品的倾点、凝点或冷凝点进行表征。倾点高主要是油品中石蜡烃含量过高所致，而在相对分子质量较高的重质馏分油中，带有长正构烃侧链的环烷烃及芳烃，倾点也相当高，因此，要大幅度改善油品的低温流动性，主要技术措施就是脱除或转化油品中的高倾点组分。为此，几十年来相继开发和工业化多种工艺技术，并不断加以更新和发展。20世纪70年代以后，以择形裂化为基础的催化脱蜡技术相继在工业上应用。这些工艺技术都基于将高凝点的正构烷烃从油品中脱除的方法。但都存在两大不足之处，其一是大量正构烃的脱除将显著减少主要目的产品的收率，其二是造成润滑油馏分的黏温性质下降。最理想的技术是把低温流动性差、倾点高的石蜡烃组分异构化，使其尽可能多地留在主要目的产品之中，既实现深度降凝，又能使目的产品收率增加，与此同时还能使油品的质量进一步提高。自20世纪80年代开始，国内外相继开展了重质馏分油的异构脱蜡技术，这种新工艺技术通过对高分子长链烷烃的异构化来降低馏分油的倾点，并于20世纪90年代中期先后得到了工业应用。Chevron公司和Mobil公司都开发了异构化降凝工艺。它们的商业名称分别为 Isodewaxing 和 MSDW，所用的催化剂都是以贵金属作为加氢-脱氢组分的双功能催化剂。因此，此种工艺对原料中的硫、氮等杂质非常敏感，原料必须经深度加氢精制。由于异构降凝催化剂能使石蜡异构成为润滑油理想组分异构烷烃，所以其脱蜡油收率及黏度指数都比溶剂脱蜡的高。我国第一套200kt/a异构降凝装置已于1999年建成投产。

1. 润滑油异构脱蜡的原理

异构脱蜡是采用具有特殊孔结构的双功能催化剂，使蜡组分中的长链正构烷烃异构化为单侧链的异构烷烃和将多环环烷烃加氢开环为带长侧链的单环环烷烃，进而降低了润滑油的倾点，改善润滑油的低温流动性。

正构烷烃在双功能催化剂上连续进行异构化及加氢裂化反应，其历程为：正构烷烃首先在催化剂的加氢－脱氢中心上生成相应的烯烃，此种烯烃迅速转移到酸性中心上得到一个质子生成正碳离子。该正碳离子极其活泼，只能瞬时存在，一旦形成就迅速进行下列两种反应。

（1）异构化反应

正碳离子通过氢原子或甲基转移进行重排，相继生成单支链、双支链、三支链的正碳离子。这些正碳离子将 H^+ 还给催化剂的酸性中心后变成异构烯烃，然后在加氢－脱氢中心加氢，即得到与原料分子碳数相同的各种异构烷烃。

（2）裂化反应

大的正碳离子，特别是支链多的正碳离子不稳定，容易在其邻近的 β 位处发生 C—C 键断裂，生成一个较小的烯烃和一个新的正碳离子，所生成的烯烃是 n 烯烃，在氢存在下迅速加氢生成低分子烷烃，新生成的正碳离子则进一步进行裂解或异构化反应。

2. 催化剂

目前，国外润滑油加氢异构脱蜡催化剂开发最成功的有 Chevron 公司和 Mobil 公司，国内有中国石化石油化工科学研究院（RIPP）开发成功 RIDW 异构脱蜡催化剂和中国石化抚顺石油化工研究院（FRIPP）开发成功 FIDW 异构脱蜡催化剂。

（1）Chevron 的 ICR 系列催化剂

Chevron 公司自 1985 年首先发明润滑油异构脱蜡催化剂。第一代异构脱蜡催化剂 ICR－404 首先在该公司的 Richmond 润滑油厂工业应用，第二代催化剂 ICR－408 也已工业应用，第三代催化剂 ICR－410 已于 2006 年工业应用。其催化剂主要成分是 SAPO－11、SM－3、SSZ－32、ZSM－23、ZSM－22、ZSM－35 和 ZSM－48 中的一种或者几种混合物。其活性金属采用 Pt 和 Pd 以及含有 Mo、Ni、V、Co、Zn 等金属助剂。金属负载量约占分子筛质量分数的 0.2% ～1%。负载金属的目的是为了降低催化剂的酸性中心数，以降低催化剂的裂化/异构比。异构脱蜡的反应条件据反应的原料和期望得到的倾点、VI 和收率而定。通常来说，反应温度控制在 200～475℃，反应压力控制在 690～10.3MPa，空速控制在 0.1～1.0h^{-1}。低温和低空速条件下产物的异构程度提高、裂化程度降低，产物收率增加。氢气用量控制在（1000～10000）SCF/bbl（178～1780m^3/m^3），尾氢净化后循环使用。加氢异构产物通过蒸馏的方法切割成轻质润滑油和重质润滑油组分部分重质产物的最高 VI 可达 150。

（2）Mobil 的 MSDW 系列催化剂

Mobil 公司的润滑油临氢异构脱蜡技术最先开发出了 MI DW 工艺和催化脱蜡催化剂。其异构脱蜡技术于 1997 年在新加坡裕廊炼油厂工业应用，其所用异构脱蜡催化剂为 MSDW－1 贵金属分子筛催化剂，可生产 Ⅱ 类轻中性油和重中性油。其后开发了 MSDW－2 异构脱蜡催化剂，与 MSDW－1 催化剂相比，异构化油质量收率提高了 2%。同时也开发出 MWI－1 和 MWI－2 以高含蜡原料生产低倾点、很高黏度指数的基础油的催化剂。从其技术发展过程来看，Mobil 公司开发的催化剂主要以中孔 ZSM 系列为主，如 ZSM－5、ZSM－11、ZSM－22 和 ZSM－23、ZSM－35、ZSM－48、ZSM－57 和 MCM－22 等。

（3）FRIPP 开发的 FIDW 系列催化剂

FRIPP 开发的 FIDW-1 润滑油异构脱蜡催化剂是一种贵金属/分子筛催化剂（Pd/SAPO-11）。该催化剂对蜡组分具有较高的异构选择性，有较强的芳烃加氢饱和能力。但存在着裂化功能较强而异构功能不足的缺点，使目标润滑油产物收率不理想，黏度指数下降较多，因而未工业化。在此基础上，FRIPP 开发了一种新型号的硅磷铝分子筛，它具有和文献报道的用于润滑油异构脱蜡反应的 SAPO-11 或 ZSM-5 相似的 AEL 构型，被称为 PAS-1。以它为载体的贵金属为活性组分的异构脱蜡催化剂具有活性高、稳定性好、基础油收率高的特点，但存在着目标润滑油产物黏度指数下降的缺点。因此，FRIPP 的科研人员通过进一步的改进研究，开发了一种更适应于润滑油加氢异构脱蜡的分子筛，即一种属于 IZA 编码为 TON 的 LKZ 分子筛。以 LKZ 分子筛/贵金属组成的 FIW-1 催化剂具有良好的异构脱蜡性能，目标润滑油产物的收率较高，倾点低、黏度指数高，可生产 API II、API III 类润滑油基础油。该催化剂已于 2005 年 1 月在中国石化金陵分公司加氢装置上工业应用，生产出合格产品。

3. 润滑油异构降凝的工艺流程

由于异构脱蜡所用的催化剂都是以贵金属作为加氢-脱氢组分的双功能催化剂，因此此种工艺对原料中的硫、氮等杂质非常敏感，原料必须经深度加氢精制。进入异构化反应器的原料，其硫含量应低于 $10\mu g/g$，氮含量应低于 $2\ \mu g/g$，故在异构脱蜡装置之前，常建有原料油加氢处理装置。润滑油异构降凝的原则流程见图 11-36。

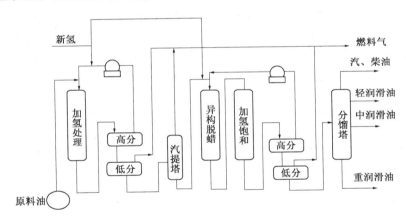

图 11-36　润滑油异构降凝的原则流程图

第四节　润滑油的白土精制

润滑油原料经过溶剂精制、溶剂脱蜡和溶剂脱沥青后，其质量已基本达到润滑油的要求，但是其中还含有少量残余的溶剂以及因在溶剂回收过程被加热而产生的大分子聚合物和胶质等。这些杂质的存在影响油品的安定性、颜色和残炭值等指标。因此必须对经过溶剂精制、溶剂脱蜡和溶剂脱沥青后的润滑油进行补充精制。润滑油的补充精制分为白土补充精制和加氢补充精制。随着加氢补充精制技术的发展，国外润滑油的加工已大部分采用加氢精制。但对于特殊润滑油如军用航空润滑油等，加氢后仍存在个别理化指标（如光安定性）不合格及凝点回升等问题，因此国内有些炼油厂仍采用白土精制，甚至有加氢补充精制的炼油厂仍保留白土精制。

一、白土精制原理

1. 白土的组成及性质

白土是具有较大比表面积的多孔物质，是优良的吸附剂。白土有天然白土和活性白土。由于活性白土的脱色能力强，因而在工业上得到广泛应用。

活性白土的成分主要为 SiO_2 和 Al_2O_3，其余为 Fe_2O_3、MgO、CaO 等。它是将天然白土经预热、粉碎、硫酸活化、水洗、干燥、磨细而制得的呈白色或米色粉末状物，其主要性能指标为颗粒度、比表面积、水分和活性度。

颗粒度表示白土的破碎程度，颗粒度越大，比表面积越小，吸附能力越小；反之白土颗粒度愈小，比表面积愈大，扩散半径愈小，吸附能力愈强。但是，颗粒度过小的白土与油混合时呈糊状，会造成过滤困难，使废白土的含油量增加，降低润滑油精制收率。

白土含水分的多少影响白土的吸附性能，含水量越大，吸附能力越小。但过度干燥的白土，由于结晶水的散失，吸附能力很小，甚至会完全丧失活性。含水 6%～8% 的白土吸附能力较好，因为在高温接触精制过程中，所含水分蒸发，白土孔隙中不再含水，这时的白土具有很强的吸附性能，很容易吸附极性物质。此外，从白土中逸出的水蒸气使油品和白土的搅拌加强，增加接触机会，使油品与白土混合得好。但白土含水量过多，则会由于水分汽化而引起炉管压力上升和出炉后在蒸发塔内形成大量泡沫，以致造成冲塔事故。

活性度是表示白土对极性物质吸附能力的一项重要指标。白土活性度用 20～25℃ 下、100g 白土吸收浓度为 0.1mol/L 的 NaOH 溶液的毫升数表示。活性度越大，吸附能力越强。白土具有吸附能力，是因为白土颗粒由很多极小的孔（直径只有几毫微米）和沟所组成，这些孔和沟形成了很大的内表面或孔隙，所以白土能将极性物质首先吸附在小孔表面上而达到精制的目的，活性度与白土的化学组成、颗粒度、水分及表面孔隙是否清洁有关。

天然白土与活性白土的化学组成见表 11-31，活性白土规格见表 11-32。

表 11-31　天然白土与活性白土的化学组成

组　分	天 然 白 土	活 性 白 土	组　分	天 然 白 土	活 性 白 土
水分/%	24～30	6～8	Fe_2O_3/%	1.0～1.5	0.7～1.0
SiO_2/%	54～68	62～63	CaO/%	1.0～1.5	0.5～1.0
Al_2O_3/%	19～25	16～20	MgO/%	1.0～2.0	0.5～1.0

表 11-32　活性白土规格

名　　称	质量指标	名　　称	质量指标
脱色率/%	≥90	粒度（通过 120 目筛）/%	≥90
游离酸/%	<0.2		
活性度（20～25℃，0.1mol/L NaOH）/（mL/100g）	≥220	水分/%	≤8

2. 白土精制原理

白土对不同物质的吸附能力各不相同，白土吸附各组分的能力为：胶质、沥青质 > 芳烃 > 环烷烃 > 烷烃。芳烃的环数越多，越容易被吸附。脱蜡后的润滑油料中，残留的少量物质为胶质、沥青质、环烷酸、氧化物、硫化物及溶剂、水分、机械杂质等。这些物质大部分为极性物质，白土对它们有较强的吸附能力，而对润滑油理想组分的吸附能力则极其微弱，借此使润滑油料得到精制。

二、白土精制的工艺流程

白土精制的工艺流程如图 11 - 37 所示。白土精制包括原料油与白土混合、加热吸附、过滤分离三个主要过程。原料油经缓冲罐 2 送入混合罐 5，白土经给料器 4 加入混合罐 5，经搅拌混合，再与蒸发塔底油换热后进入加热炉 7，加热到所需温度后进蒸发塔 8。

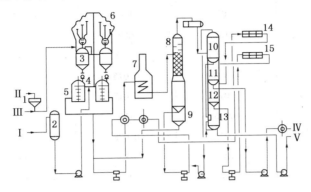

图 11 - 37 白土精制典型流程

I—原料油；II—白土；III—压缩风；IV—精制油；V—馏出油

1—白土地下储罐；2—原料缓冲罐；3—白土料斗；4—叶轮给料器；

5—白土混合罐；6—旋风分离器；7—加热炉；8—蒸发塔；

9—扫线罐；10—真空罐；11—精制油罐；12—板框进料罐；

13—馏出油分水罐；14—自动板框过滤机；15—板框过滤机

蒸发塔采用减压操作。塔顶油气、水分经冷凝冷却后流入真空罐 10，再流入馏出油分水罐 13（罐内设有隔板）。水从罐底排出，馏出油送出装置。蒸发塔底油与原料油换热，冷却到 130℃ 左右，进入过滤机 14 和 15，进行粗滤和细滤，分离出废白土渣，将得到的精制油冷却到 40～50℃ 后送出装置。

以大庆原油脱蜡润滑油料白土精制工艺条件见表 11 - 33，原料油性质见表 11 - 34，产品性质见表 11 - 35。

表 11 - 33 白土补充精制工艺条件及精制油收率

油　　品	150HVI	500HVI	650HVI	150BS
白土加入量/%	2.5	3.0	3.0	10
白土与油混合温度/℃	70	80	80	80
加热炉出口温度/℃	210	230	240	265
蒸发塔真空度/kPa	73.3	73.5	73.2	73.3
蒸发塔内停留时间/min	～30	～30	～30	～30
一次过滤温度/℃	160	160	160	160
二次过滤温度/℃	110	130	130	140
精制油收率/%	97～98	96～97	96～97	89～92
废白土渣含油/%	20～25	25～30	25～30	25～30

表 11-34　原料油性质

油　品	150HVI	500HVI	650HVI	150BS
比色/号	1.5	2.5	3.5	7.0
黏度/(mm²/s)				
50℃	19.63	60.02	77.7	277.9
100℃	5.03	11.01	13.24	35.0
闪点(开口)/℃	213	269	273	323
凝点/℃	-12	-12	-14	-12
康氏残炭/%	0.008	0.076	0.13	0.71
酸值/(mg KOH/g)	0.014	0.017	0.014	0.008
苯胺点/℃	100.5	110	113.5	129
硫含量/%	0.036	0.078	0.097	0.06
氮含量/(μg/g)	102	383	458	
黏度指数	98	91	97	103
碘值/(gI/100g)	9.1	12.8	9.8	12.4

表 11-35　精制油性质

油　品	150HVI	500HVI	650HVI	150BS
比色/号	1.0	2.5	3.5	5.5
黏度/(mm²/s)				
50℃	19.77	60.04	77.86	261.9
100℃	6.09	10.91	13.36	33.56
闪点(开口)/℃	213	269	275	317
凝点/℃	-12	-12	-14	-12
康氏残炭/%	0.008	0.065	0.13	0.57
酸值/(mg KOH/g)	0.006	0.011	0.009	0.022
苯胺点/℃	100.0	109.5	114	129
硫含量/%	0.014	0.10	0.062	0.08
氮含量/(μg/g)	23	303	403	
黏度指数	101	96	97	104
碘值/(gI/100g)	9.7	11.4	10.1	12.2

三、白土补充精制的影响因素

白土补充精制的主要工艺条件有白土用量、精制温度、接触时间等。原料油质量和白土性质对精制油的质量也是很重要的影响因素。如果原料在前几个加工过程中处理不当、精制深度不够、含溶剂太多等，这些都会增加白土精制的困难。一般说，原料越重，黏度越大及产品质量要求越高，操作条件就越苛刻，而当白土活性高以及颗粒度和含水量适当时，在同样操作条件下，产品质量会更好。这里主要讨论工艺条件的影响。

1. 白土用量

原料和白土性质确定后，一般白土用量越大，产品质量就越好，但油品质量的提高和白土用量并非成正比，即当白土用量提高到一定程度后，产品质量的提高就不显著了。在保证精制深度的前提下，白土用量要尽量少。因为白土用量过多即浪费白土，会因精制过度而将天然的抗氧化组分完全除掉，使油品安定性降低，同时也降低了润滑油的收率。另外，白土过多会增加循环泵的磨损，白土还会在加热炉管内沉降，堵塞管线，降低过滤机过滤速率，严重的还会使润滑油因加热炉管局部过热裂化结焦。一般适宜的白土用量为机械油 3% ~ 4% 、中性油 2% ~3% 、汽轮机油 5% ~8% 、压缩机油基础油 5% ~7% 。

2. 精制温度

为了使非理想组分能很快地全部吸附在白土活性表面上，要求这些分子能快速运动，以增加与白土活性表面的接触机会，这就要提高精制温度。白土吸附润滑油中非理想组分的速率取决于所精制润滑油的黏度，润滑油黏度越大，则吸附速率就小。而润滑油与白土混合后加热温度越高，润滑油黏度就越低，白土吸附非理想组分速率就越快，在实际操作过程中，以保持润滑油的黏度尽量低为原则，混合物加热到稍高于润滑油的闪点时，白土的吸附能力达到最高，但也接近了分解温度，这就限制了温度的进一步提高。精制温度一般宜选在 180~320℃之间，处理重的油品精制温度应偏于上限，超过 320℃ 时，由于白土的催化作用，油品易分解变质。

3. 接触时间

接触时间指在高温下白土与润滑油的接触时间，即润滑油在蒸发塔内的停留时间。为了使润滑油与白土能充分接触，必须保证有一定的吸附和扩散时间，所以，在蒸发塔内的停留时间一般为 20~40min。

第十二章 石油蜡与沥青的生产

第一节 石油蜡的生产

一、概述

石油蜡是主要的石油产品之一，其主要成分为石蜡，它存在于原油、馏分油和渣油中，是原油经过常减压蒸馏、渣油脱沥青、常压馏分脱油、减压馏分脱油、脱沥青馏分脱油、石油蜡精制、蜡产品成型等较为复杂的工艺而生产出来的石油产品。

石油蜡包括液体石蜡（主要成分为正构烷烃，烃类分子的碳原子数为 9～16）、石蜡（主要成分为正构烷烃，也有少量带个别支链的烷烃和带长侧链的环烷烃，烃类分子的碳原子数约为 18～30）和微晶蜡（成分比较复杂，除正构烷烃外，还含有不同数量的多支链异构烷烃及环状化合物，烃类分子的碳原子数约为 40～55），具有广泛的用途。

根据石油蜡的精制程度，可把石油蜡分为粗石蜡、半精炼蜡、全精炼蜡和食品蜡。精制程度越深，其颜色越浅，产品质量越好，生产成本也越高。

石油蜡不但具有不同程度的光泽、光滑性、可塑性和易溶于油的综合物性，且不同的蜡产品，其化学成分和物理性质又各不相同，因此，被广泛地应用于食品、医药、日用化学、皮革、纺织、农业等领域。由于工业技术的发展，石油蜡在机械、电子和国防工业中的需求也日益增加。

我国原油含蜡量较高，蜡资源较为丰富。我国石油蜡生产已经有较长的历史，早在 20 世纪 40 年代就有少量石油蜡的生产，20 世纪 60 年代大庆油田开发以后，随着大庆原油产量的增加，石油蜡的产量及品种、生产工艺获得了迅速发展。中国的石蜡基石油来源于三大石油基地：大庆、沈北、南阳。这些地方的石油以含蜡量高而著名，大庆和南阳石油的含蜡量达到了 25%～28%，而沈北石油的含蜡量达到了 39%～40%。目前，中国石蜡产量已经超过 1.5Mt/a（其中中国石油和中国石化 1.35Mt/a），液体石蜡产量也在 0.1Mt/a 以上；微晶蜡的产量受资源与用途的限制，其产量在 0.02Mt/a 以下。中国石油抚顺石化公司是全球最大的石蜡生产基地，石蜡生产能力在 0.6Mt/a。

截止到 2005 年底，全球石蜡总生产能力约为 5.5Mt/a，主要公司及其总生产能力见表 12－1。石油蜡的主要生产过程包括含蜡油的脱蜡脱油、精制、成型和包装等工艺过程。自从 1867 年石油蜡开始商业化生产以来，石油蜡的生产工艺取得了显著的技术进步。石油蜡的生产已经从最初的低温沉积脱蜡发展到溶剂脱蜡脱油联合工艺，精制工艺从化学酸碱精制和吸附精制过渡到加氢处理工艺。

评定石蜡物理性质的主要指标是熔点、油含量、颜色、针入度、运动黏度等，评定石蜡化学性质的指标是光安定性。一般要求反应中性或无水溶性酸碱，其次是要求无臭味和味道，不含水和机械杂质。

表 12 - 1　全球石蜡生产供应商排名

公司名称	国家和地区	产量/(万 t/a)
中国石油和中国石化	中国	134.5
埃克森莫比尔公司 Exxon Mobil Corp.	美国、加拿大、欧洲	87.75
壳版石油公司 Shell Oil	欧洲、新加坡、马来西亚	48.50
沙索蜡公司 Sasol Wax	欧洲、南非	45.00
鲁克石油公司(Lukoil)	俄罗斯联邦	28.50
委内瑞拉国家石油公司	委内瑞拉	17.50
IGI 公司	美国、加拿大	15.50
巴西石油公司(Perobras)	巴西	13.25
H&R 化学品公司	德国	12.00
飞介/大西方石油公司	美国	11.25
凯罗(cahumet)润滑油公司	美国	10.50
纳福托蜡公司	波兰	10.50
法国道达尔公司	法国	10.25
意大利阿吉普石油公司	意大利	10.25
色特固润滑蜡公司	美国 Citgo Lubes& Waxes	9.75
加拿大石油润滑剂公司	加拿大	9.25
马拉松石油公司	美国	8.75
日本精蜡(Nippon Siero Co.)	日本	7.00
英国石油(BP，CORP.)公司	英国	6.75
土耳其石油公司	土耳其	6.25
索恩本(sonnebom)产品公司	美国	5.70
尔刚(ergon)炼油公司	美国	5.70
塞卜萨(Cepsa)石油公司	西班牙	5.50
瑞普索(Repsol)公司	西班牙	5.50
共计		520.00

二、石油蜡的生产工艺流程

本节主要介绍蜡脱油和蜡精制工艺。

1. 石油蜡的脱油工艺

减压馏分油溶剂脱蜡得到的蜡膏，一般需要经过脱油与精制两个加工步骤才能得到高质量的石油蜡。蜡膏脱油的工艺有发汗法、溶剂脱油法和喷雾脱油法。

（1）溶剂脱蜡脱油联合工艺

石油蜡溶剂脱油原理及生产装置与油脱蜡过程基本上相同，即利用溶剂对脱蜡后蜡膏中油和低熔点蜡的溶解度随温度升高而增大的特性，将脱蜡得到的蜡液和加稀释溶剂后升温结晶，再采用过滤使蜡、油进一步分离。脱蜡、脱油过滤得到的滤液、蜡液和蜡下油分别送滤液回收、蜡回收和蜡下油回收系统，回收的溶剂循环使用。

适用于油脱蜡过程的溶剂均适用于蜡脱油过程，蜡脱油过程与油脱蜡过程一般都使用相同的溶剂。常用的溶剂有甲乙酮 - 甲苯和甲基异丁基酮。

甲乙酮 - 甲苯脱蜡脱油联合工艺是我国润滑油型炼油厂生产石油蜡的主要方法。本工艺特点是脱蜡所得蜡膏直接加入溶剂再稀释并在一定工艺条件下过滤脱油得到脱油蜡。与其他石油蜡生产工艺比较，甲乙酮 - 甲苯脱蜡脱油联合工艺技术比较先进，原料适应范围广，适用于生产低含油蜡。我国甲乙酮 - 甲苯多段滤液逆流脱蜡脱油联合工艺原则流程如图 12 - 1。

减二线或减三线含蜡原料油用一段脱油滤液稀释并在套管结晶器结晶，再用溶剂稀释后进入脱蜡滤机，脱蜡滤液经回收溶剂即为脱蜡油，蜡膏经二段脱油滤液稀释送到一段脱油滤

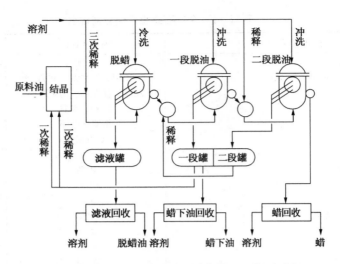

图 12 - 1　甲乙酮 - 甲苯脱蜡脱油联合装置工艺原则流程

机，一段脱油滤液大部分返回作为脱蜡稀释液，小部分经回收溶剂得蜡下油。蜡下油一般作为催化裂化原料。一段脱油得到的软蜡，尚含较高油分，熔点也低，须进一步用溶剂稀释浆化，控制在一定温度送到二段脱油滤机，将油分脱到符合商品蜡含油量水平。二段脱油滤液全部作为一段脱油过程稀释液。甲乙酮 - 甲苯脱蜡脱油联合装置处理大庆油料的典型工艺条件见表 12 - 2。

表 12 - 2　甲乙酮 - 甲苯脱蜡脱油联合装置操作条件

脱蜡油	150SN	350SN
甲乙酮含量/%	70 ~ 75	70 ~ 75
脱蜡		
一次稀释比	1.0 ~ 1.4	1.1 ~ 1.3
二次稀释比	0.3 ~ 0.5	0.3 ~ 0.5
三次释释比	1.2 ~ 1.4	1.3 ~ 1.4
冷洗比	0.8 ~ 1.0	0.8 ~ 1.0
原料冷点温度/℃	24 ~ 28	28 ~ 32
二次溶剂温度/℃	8 ~ 10	12 ~ 15
三次溶剂温度/℃	− 21 ~ − 22	− 19 ~ − 20
冷洗温度/℃	− 21 ~ − 22	− 19 ~ − 20
滤机进料温度/℃	− 21 ~ − 22	− 17 ~ − 19
脱蜡真空度/kPa	20 ~ 40	27 ~ 40
平均滤速/[kg/(m² · h)]	180	175
一段脱油		
稀释比(滤液)	2.6 ~ 3.0	2.8 ~ 3.2
冷洗比	0.8 ~ 1.0	0.8 ~ 1.0
进料温度/℃	5 ~ 8	10 ~ 15
平均滤速/[kg/(m² · h)]	145	140
二段脱油		
稀释比	4.5 ~ 5.0	4.5 ~ 5.0
冷洗比	0.7 ~ 0.8	0.7 ~ 0.8
进料温度/℃	12 ~ 15	14 ~ 18
平均滤速[kg/(m² · h)]	130	125
脱蜡油凝点/℃ ≯	− 15	− 11
脱油蜡含油/% ≯	0.4	0.4
脱油蜡熔点/℃	54 ~ 55	62 ~ 64

（2）发汗脱油工艺

发汗脱油的基本原理为缓慢冷却液态蜡膏凝固到其熔点以下 10~20℃，蜡膏中的蜡呈粗纤维状结晶析出。当以均匀缓慢的速度加热蜡膏时，蜡膏中的油分和低熔点蜡渐渐地从蜡膏中分离出来，最后得到含油较少的粗石油蜡。发汗脱油适合于从含油量不高于25%~35%的蜡膏制备熔点 48~58℃ 的石油蜡。

发汗工艺可采用两种设备，分皿式（盘式）发汗和立式罐发汗，基本原理相同。立式罐发汗工艺的主要设备为直立式发汗罐，其结构类似管式换热器。整个发汗过程是间歇操作，先将加热熔化的含油蜡送到发汗罐的壳程内，借管程通入冷却水的冷却作用使蜡结晶，然后再向管程内通入热水，慢慢加热升温，这时油和一些熔点比较低的蜡渐渐熔化成为液体，顺着蜡晶体间的缝隙流出，这个过程类似出汗一样，所以称这一工艺过程为发汗。发汗工艺根据含油蜡的质量和发汗时温度的高低可以得到不同熔点的蜡。立式罐发汗原理流程如图12-2所示。

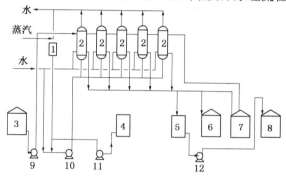

图 12-2 立式罐发汗原理流程图

1—温水器；2—立式发汗罐；3—原料罐；4—缓蚀剂罐；

5—精蜡中间罐；6——蜡罐；7—二蜡罐；8—精蜡罐；

9—原料泵；10—温水泵；11—缓蚀剂泵；12—精蜡泵

通常一套发汗装置由十几台发汗罐组成以便轮换操作。立式发汗罐的缺点是不能得到高熔点的微晶蜡，且蜡收率低，不能连续操作，但设备简单易于建设。

发汗操作的主要工艺操作条件见表12-3。

表 12-3 发汗脱油工艺操作条件

项　　　目	数　　据
冷却水初温/℃	比原料熔点低15
蜡层冷却终温/℃	比原料熔点低14
平均冷却速率/(℃/h)	比原料熔点低4~5
加热水初温/℃	比原料熔点低6
升温速率/(℃/h)	比原料熔点低1

（3）喷雾法蜡脱油工艺

喷雾法蜡脱油是一种新型蜡脱油方法，虽然它的设备复杂，但蜡收率高，产品质量好，总产值高，对原料适应性强。

喷雾脱油的原理将熔融的蜡料制成直径足够小的小液滴，在一个温度足够低的环境中快速地降温冷却，高熔点的蜡首先从小液滴中结晶析出，并且由于液、固相变化的原因向小液滴中心收缩形成结晶聚集体，较低熔点的蜡析出后，在结晶聚集体上得以生长，形成蜡结晶核。小液滴中低熔点的油则在高熔点的蜡结晶收缩的过程中被向外挤压。最终凝固于蜡结晶核的外层，形成一个有一定强度的固体小颗粒。使用选择性溶剂、溶解油，然后进行过滤完成油蜡分离。

喷雾蜡脱油装置的喷雾与抽提系统的原理流程如图12－3所示。

将原料(粗蜡)加热熔化，在0.6～0.7MPa压力下通过喷头使之雾化。喷成一定筛分的颗粒(0.2～0.6mm)经与向上流动的冷异丁烷气体逆流接触，凝固成蜡粒，落入喷雾塔下部，然后沉降到抽提塔。在塔中，用溶剂与蜡粒进行逆向抽提，将蜡粒中的油和低熔点蜡溶解掉，以达到脱油的目的。抽提后的含油溶剂上升至抽提塔膨胀段，并溢流至蜡下油罐。再用泵送去回收溶剂，回收的溶剂循环使用。含溶剂的石蜡也送去回收溶剂，脱除溶剂后，即为成品蜡。经脱油后的蜡中含油量可降至0.5%以下。

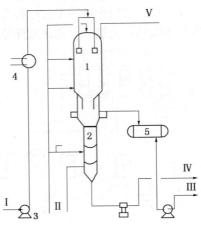

图12－3　喷雾蜡脱油装置的喷雾与抽提系统原理流程图

1—喷雾塔；2—抽提塔；3—原料泵；4—加热器；5—蜡下油罐
I —原料；II —冷溶剂；III —蜡下油与溶剂；IV —蜡(含有溶剂)；V —异丁烷

喷雾蜡脱油工艺过程包括喷雾成型、溶剂抽提及溶剂回收三部分，有关喷雾成型和溶剂抽提的工艺操作主要影响因素如下：

① 雾蜡粒的直径。蜡粒直径的大小对脱油效果的影响十分明显，随着粒径减小，脱油效果显著提高，工业生产上控制蜡粒平均直径为0.4mm左右。

② 雾塔内的热交换。原料喷入塔内雾化后，必须在落入溶剂前的短时间内冷到熔点以下并固化成型，否则未固化蜡粒相互碰撞黏结成团，影响脱油效果。原料固化成型及冷却放出的热量由溶剂异丁烷蒸发带出，每kg原料需0.4～0.6kg溶剂蒸发以实现这种热交换，影响热交换的主要因素为喷雾塔压力、温度、溶剂温度等。工业装置塔压力一般为0.1～0.12MPa，喷雾塔上部温度约为25℃，中部约为20℃。进塔溶剂温度－3℃左右。

③ 剂比。异丁烷是喷雾脱油溶剂，又是致冷剂。溶剂比增加，蜡的含油量和收率下降，熔点上升。工业装置上根据原料性质不同控制溶剂比为5～7。

④ 提温度。异丁烷溶剂在低温时选择性较好，高温时选择性差。如高温操作，产品收率下降，含油量也上升，但低温操作要求制冷量增大。工业装置上一般采用－1～1℃。

2. 石油蜡精制工艺

石油蜡主要由正构烷烃、异构烷烃、环烷烃、少量烯烃、芳烃以及微量非烃化合物构成，微晶蜡主要由带有正构或异构烷基侧链的环烷烃和芳烃组成。纯净的烷烃本身在紫外光下很安定，只有长期在日光下放置或承受高温时才会变色。但是，如果蜡中含有非烃类物质则安定性

492

变差。日光中波长为 290~350nm 的紫外光的能量为 343~460kJ/mol，而非烃类物质中的硫、氮和氧的化学键能一般都小于 314kJ/mol。因此，日光中的紫外光就足以破坏非烃类杂质中的硫、氮、氧的化学键。断键和热氧化是伴生的，在光和氧的作用下，蜡中的极性物质及键能小的烃类分子发生断键、氧化生成羧基和羟基等降解产物，再经继续断键、氧化生成着色基团，引起蜡变色、变质，严重影响蜡的使用性能。此外，蜡中含有的以 3，4-苯并芘为代表的稠环芳烃是强致癌物，对人体有害。因此，必须对蜡进行精制，脱除这些非理想组分。

石油蜡的主要精制方法有酸碱精制、吸附精制和加氢处理。目前工业上石油蜡和微晶蜡的精制主要采用加氢处理。同时为了保证蜡产品的稳定性，在蜡中可加添加剂，如蜡光稳定添加剂、蜡抗氧剂等。

（1）石油蜡加氢处理原理

蜡加氢处理过程的主要反应是加氢脱硫、加氢脱氮和烯烃与芳烃的加氢饱和。为了不改变原料蜡的基本构成和主要理化性质，要求其加氢处理的深度应尽可能加氢脱除其中的硫、氮和氧，将烯烃、芳烃特别是稠环芳烃加氢饱和，尽量减少发生 C—C 键断裂生成小分子的裂解反应，避免加氢蜡含油量的增加。

（2）石油蜡加氢处理工艺流程

石油蜡加氢处理一般采用固定床反应器，属于典型的滴流床液相反应过程，反应热小。加氢蜡的光、热安定性随氢分压的增大及空速的降低而变好。随温度的升高，产品色度、安定性相应提高。但是，如果温度过高，则发生裂解，含油量增加。例如，温度超过 340℃ 时，蜡中含油量迅速增加，质量变差。国外蜡加氢处理装置的设计压力比普通馏分油加氢处理要高，根据蜡资源和加氢装置的具体情况，我国设计压力等级一般为不大于 8MPa，反应温度 220℃ 以上，但是也有装置石蜡加氢处理化学氢耗量很小，理论上氢蜡比可以很低，但生产装置上氢蜡比过低会影响到反应器床层气液分配。综合考虑上述因素，石蜡加氢处理的操作条件的选择见表 12-4。

从表 12-4 可见，国内外蜡加氢工艺过程条件基本相同。在上述工艺条件下，使用国产催化剂，加氢处理熔点不高于 64℃、含油量低于 0.5%、赛波特比色小于 9 号、光安定性不大于 8 号的洁净蜡料，产品质量一般均能达到食品石蜡标准，产品收率大于 99.5%。在国内 14 套蜡加氢工业装置中，共有 12 套采用上述中压加氢技术，2 套采用高压加氢工艺。

表 12-4 石蜡加氢精制工艺条件

操作条件	国　内	国　外	操作条件	国　内	国　外
总压/MPa	5~8	4~10	空速/h^{-1}	0.6~2.0	0.5~2.0
温度/℃	230~310	250~300	氢蜡体积比	100~300	100~300

与馏分油加氢处理过程相似，蜡加氢处理工艺流程一般包括原料预处理、加氢反应及生成油后处理三大部分。原料蜡一般经过滤、脱气等过程预处理，脱除原料中携带的杂质、微量水、溶剂及溶解的空气氧等，再与氢气混合、加热进入反应器，进行加氢处理反应。反应产物分别在高压和低压分离器内进行气液分离，再经汽提、干燥和过滤得到目的产品。在蜡加氢处理中，脱除硫、氮等非烃化合物的反应通常要求较高的反应温度，而芳烃饱和由于受化学反应平衡的限制，通常在较低温度下更有利。在单段单反应器流程中既要达到非烃脱除又要满足芳烃饱和要求，操作参数较难寻优，所以开发了二段加氢处理工艺。

单段蜡加氢处理工艺流程可分为单段单反应器或单段串联双反应器流程两种。单反应器流程通过装填同一催化剂或不同催化剂、优化操作参数，单段串联双反应器工艺流程可分别将脱色与芳烃饱和反应在操作条件不同的两个反应器中完成，达到精制目的。原料蜡与氢气混合后经加热进入第一反应器（一反），在较高的温度下加氢脱除硫、氮等非烃化合物。一反产物经换热降温后进入第二反应器（二反），在较低的温度下进行烯烃、芳烃饱和，以改善安定性，并使残存的稠环芳烃进一步转化，达到食品级标准。二反产物先后在高压分离器和低压分离器内进行气液分离，再经汽提、干燥得到目的产物。简化的单段蜡加氢处理工艺流程见图 12 - 4 和图 12 - 5。

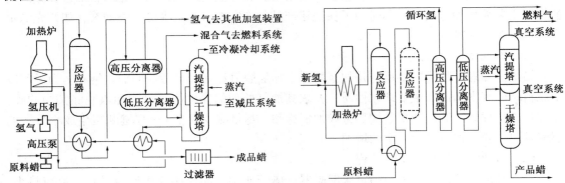

图 12 - 4　中压蜡单段单
反应器加氢处理工艺流程图

图 12 - 5　中压蜡单段双反应器
加氢处理工艺流程

　　其工艺流程特点是操作压力相应较低，耗氢低，流程中氢气不循环使用；采用滴流床反应器，炉前混氢；用于蜡加氢处理的催化剂主要为 W - Ni、Mo - Ni 及 Mo - Co 催化剂；加氢生成蜡后处理一般采用常压汽提和减压干燥复合塔，改善石蜡的挥发性和颜色。

　　两段蜡加氢处理工艺流程大部分采用两个单段加氢处理装置串联（如图 12 - 6 所示）。一段出料作为二段进料。一段脱除石蜡中的硫、氮杂质，加氢饱和绝大部分芳烃，采用双金属催化剂；二段加氢饱和剩余的微量芳烃，选用镍及贵金属催化剂，该工艺流程适用于劣质原料蜡生产食品级或医药级蜡。采用上述工艺流程，在同一套装置上既可加氢处理普通石蜡，也可加氢处理微晶蜡、润滑油、白油及其他特种油品。但是，加工这些油品时，操作条件一般更为苛刻。

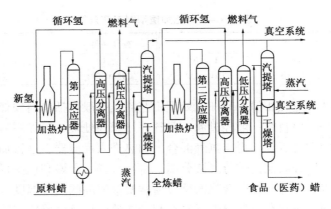

图 12 - 6　两段蜡加氢处理装置流程示意图

第二节 沥青的生产

一、概述

沥青是以减压渣油为主要原料制成的一类呈黑色固态或半固态黏稠状石油产品。近年来，沥青的用途越来越广，包括公路、屋顶、防护涂料、水利工程、防水纸、黏附剂、油漆及橡胶的组分和铁路路基的涂料等，其中以道路沥青的用量最大。沥青品种发展很快，有许多新品种，如重交沥青、乳化沥青、装饰沥青等。沥青应具有一定的硬度和韧性，生产中主要用软化点、延伸度、针入度作为质量控制指标。

沥青是由沥青质、胶质、饱和烃、芳烃四部分组成。沥青的物理性质与沥青中饱和烃（蜡）含量有密切关系。一般在沥青的组成中应尽量少含或不含蜡，因为蜡在沥青中会使针入度增加，软化点和延度下降、黏附性变坏，在低温下容易开裂。环烷基原油的减渣油含蜡少，沥青质和胶质含量高，含硫量高，是制取沥青的理想原料。中间基原油的减压渣油往往含有一定数量的蜡，制成的沥青质量较差。由石蜡基原油的减压渣油制取的沥青质量更差。

判断某种原油是否适合于生产沥青及其生产难易程度的可靠方法，是通过实验室对原油进行评价试验。此外，也发展了一些预测方法，如通过对原油中沥青质（AR）、胶质（R）及石蜡（W）的质量百分含量分析，将原油分为三类：

① $AR + R - 2.5W > 8$ 为高胶质低蜡原油，最有利于生产道路沥青；

② $AR + R - 2.5W = 0 \sim 8$ 为高胶质高蜡，含胶质含蜡或少胶质含蜡原油，可通过深拔蒸馏、溶剂抽提、氧化、调合等办法生产道路沥青或其他沥青。

③ $AR + R - 2.5W < 0$ 为含胶质高蜡或少胶质含蜡原油，不适宜生产沥青。

按照以上的分类，我国大部分原油（90%以上）都属于最后一类，但在我国胜利、辽河、新疆等大油区中存在一些小区块，这些原油的 $AR + R - 2.5W$ 值见表 12-5 所示。

表 12-5 我国某些原油的 $Ar + R - 2.5W$ 值

油 区	小 区	原 油 属 性	AR	R	W	$AR + R - 2.5W$
胜利	孤岛	含蜡环烷基	2.9	24.8	4.9	15.45
	单家寺	环烷基	1.8	22.8	1.8	20.1
辽河	高升	含蜡中间基	0	32.3	5.8	17.8
	锦十六块	环烷基	0	14.8	3.1	7.05
大港	羊三木	含蜡环烷基	0	22.2	5.6	8.2
新疆	2号原油	中间基	0	10.2	3.8	0.7
	3号原油	中间基	0	9.9	2.9	2.65
	乌尔禾（重1井）	中间基	0	24.7	4.7	12.95

从表 12-5 中可看出，新疆 2 号、新疆 3 号原油基本属②类原油。而其它原油则全属①类原油，但它们普遍存在沥青质含量很低，胶质高并含一定量的石蜡，这些对于蒸馏法直接生产优质道路沥青是不利的。

我国虽有一些生产优质沥青的原油资源，但数量不大，而且分散在各油区内，除个别地区之外，这些原油大多数混入大宗原油之中，因而迄今我国石油沥青的生产，除个别地区采用环烷基原油为原料，利用直接蒸馏法获得符合标准的沥青外，大多数均采用溶剂抽提、氧化与调合相结合的工艺，从各种原油制取沥青，包括高含蜡的石蜡基大庆原油。

二、沥青的生产工艺

沥青的生产工艺主要有四种，即常减压蒸馏法、氧化法、溶剂法、调合法。用常减压蒸馏法生产重交通道路石油沥青对原油有严格的要求。用溶剂脱沥青法生产重交通道路石油沥青的难度较大，通常与沥青调合法配合生产，但对原油属性要求较小。氧化法有利于提高沥青的软化点，但会使沥青延度和针入度有较大幅度的下降，在道路沥青中应用较少，在建筑沥青生产中常用该法。用构成沥青的四个组分按质量要求所需的比例重新调合，所得的沥青叫合成沥青或重构沥青，可以用同一原油的四组分作调合原料，也可用同一原油或其他原油的组分作调合原料。调合工艺可不受原油资源限制，可充分利用其他重油资源，生产出高品质的重交通道路石油沥青。

1. 氧化沥青的工艺

（1）氧化沥青工艺原理

氧化沥青工艺是将减压渣油或溶剂脱沥青油或它们的调合物在一定温度和通入空气的条件下进行氧化，改变沥青的组成，使软化点升高、针入度及温度敏感度减小，以达到优质沥青规格指标和使用性能要求。如果减压渣油的软化点较高，有时无需氧化即可作为商品沥青，但大多数的减压渣油均需经过氧化后，才能达到合格的沥青标准。

渣油氧化过程是在温度和空气中氧的作用下，渣油中的芳烃、胶质和沥青质部分氧化脱氢生成水，而余下的重油组分的活性基团互相聚合或缩合生成更高相对分子质量物质的过程，其转化过程简单表示如下：

芳烃→胶质→沥青质→碳青质→焦炭

除上述氧化脱氢缩合主要反应外，氧与烃类物质还产生副反应生成羧酸、酚类、酮类和酯类等物质。其中以酯类为主，酯也可以互相结合而向高分子转化，最后生成沥青质。酯转化反应在低氧化温度下进行，而在较高的氧化温度下，则以脱氢缩合反应为主。

渣油中的饱和烃在空气氧化过程中基本不被氧化。氧化产品中饱和烃含量的减少。主要是烃类发生部分裂解反应的结果。

渣油氧化后组成发生变化，饱和烃、芳烃和胶质减少，沥青质相应增多；胶体分散体系的结构发生变化，由于沥青质的增加，分散相对增多，芳烃和胶质减少，分散介质的溶解能力不足，或由于分子聚集形成网络结构，使沥青由溶胶型逐步向溶胶—凝胶型和凝胶型转化。反映在理化性质上是其软化点升高，针入度降低，流动性减小。

（2）氧化沥青的工艺流程

早期的氧化设备是单独釜，以后改成连续釜氧化，现在已发展成为塔式氧化装置。塔式氧化沥青原理流程见图 12 - 7 所示。

原料油经加热炉加热后，在氧化塔的中部进入，与从塔下部吹入的压缩空气逆流接触氧化。氧化气体和水蒸气从塔顶升气管进入混合冷凝器，与低温循环油接触冷凝冷却。冷凝液送入循环油罐，未凝气从混合冷凝器顶进入气液分离罐，在气液分离罐中打入工业水来洗涤未凝气，分离出的水用注水泵打入氧化塔的顶部，以控制氧化塔顶温度，防止着火爆炸，减少塔顶升气管结焦，延长开工周期。从气液分离罐分出的气体作为加热炉的燃料，氧化塔底成品用泵抽出进行包装。

（3）沥青氧化的影响因素

① 氧化温度。一般来说，反应温度越高，到达相同软化点沥青所需的时间越短。氧化温度过高，会促使大分子缩合物——苯不溶物和焦炭的过多产生，从而影响成品沥青的质量。一般根据成品沥青的针入度来选择适当的氧化温度，见表 12 - 6。

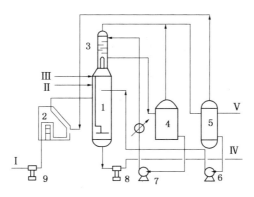

图 12-7 塔式氧化沥青原理流程图

1—氧化沥青塔；2—加热炉；3—混合冷凝器；4—循环油罐；

5—气液分离罐；6—注水泵；7—循环油泵；8—成品泵；9—原料泵

I—原料油；II—水蒸气；III—空气；IV—成品沥青；V—水

表 12-6 氧化温度对针入度的影响

成品沥青针入度(25℃)/(1/10mm)	90~120	40~70	10~30
氧化温度/℃	250~255	260~280	280~300

② 氧化风量。增加风量由于扩散作用加强可以提高沥青反应速度，缩短氧化时间。但风量达到一定极限值时，再增加对反应速度基本无影响。图 12-8 为在氧化温度 270℃下，同一原料渣油进行氧化，其产出沥青的软化点为 72~75℃ 时，不同通风量与氧化所需时间的关系。从图可以看出，通风量以 80L/(h·kg) 为宜，再增加风量已不能缩短氧化时间。

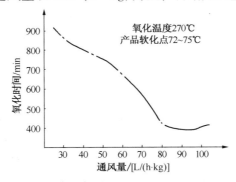

图 12-8 通风量与氧化所需时间的关系

③氧化时间。对连续氧化来讲，在一定处理量下，氧化塔内液面高低直接决定了氧化时间的长短。氧化时间短，反应深度不够，胶质、沥青质生成量少，产品软化点低，针入度大，氧化时间过长，反应深度太大，产品中胶质大量转化成沥青质、碳青质，甚至变成焦炭，所得沥青软化点升高，性质变脆。只有控制适宜的反应时间及适当的反应深度才能得到合格的产品。图 12-9 是孤岛、胜利混合减压渣油工业装置实验结果。从图可以看出，在氧化温度及通风速度不变的情况下，随氧化时间增长，产品软化点增高，针入度降低，下降趋势开始很快，到后期降低速度越来越小。延度变化趋势是在氧化初期开始上升，当升到一高峰后开始急剧下降，到后期变得较缓慢。

塔式氧化沥青的工艺条件见表 12-7。塔式氧化沥青生产效率高，节省压缩空气，连续生产自动化程度较高，减少对环境的污染，燃料消耗降低。

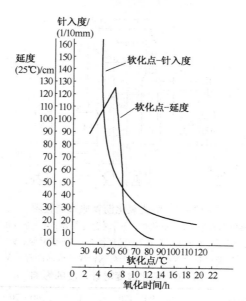

图 12 – 9　氧化时间、软化点与产品针入度和延度的关系

原料：孤岛渣油/胜利渣油 = 6/1，软化点：42℃、针入度：194(1/10mm)

反应温度：265～270℃

通风速率：125m³/(t·h)

表 12 – 7　塔式氧化沥青的工艺条件

原　料　油 工艺条件及产品质量	混合原料 1①	混合原料 2②	新疆减压渣油
操作条件			
氧化塔液相温度/℃	180～300	273～310	292～305
氧化塔气相温度/℃	110～180	100～180	138～180
炉出口温度/℃	230～260	240～285	247～280
风量/(m³/m³ 原料油)	100～106	92～100	100～110
产品质量			
软化点/℃	74～84	91～120	100
针入度(25℃，100 克)(1/10mm)	30～37	9～15	11
延度(25℃)/cm	3.0～3.7	3.0～4.0	3.0
产品品种	30 号	10 号	主胶③

① 混合料 1——大庆及玉门原油混合进料的减压渣油。

② 混合料 2——混合料 1 加新疆压渣没。

③ 主胶——电机绝缘胶的一种，适用于一般电机定子缘圈的浸渍。

2. 沥青调合工艺

（1）沥青调合工艺原理

随着经济的快速发展，技术的进步，对沥青的质量要求越来越高，单一原油通过常减压蒸馏生产高品质的沥青会越来越少，而用沥青调合法用不同油源的调合组分经过调合，生产高品质沥青，因而使生产沥青的油源范围大大扩大，使炼油装置生产沥青的灵活性大大增强。

沥青调合的主要理论依据是按照沥青四个不同的组分(饱和分、芳香分、胶质和沥青质)对沥青性质的贡献，通过沥青调合工艺，使原来四组分匹配不好的沥青转化为四组分匹配更合理的胶体结构系统，沥青的品质大幅提高。

（2）沥青调合工艺流程

沥青调合工艺分为罐内调合工艺和在线调合工艺。罐内调合工艺是最古老的一种沥青调合工艺，工艺相对简单，但调合周期时间长，处理量低，对沥青质量有较大的影响。因为在沥青调合罐的上部，沥青与空气接触，当沥青长时间在高温下与空气接触，且不断搅拌时，会使沥青与空气界面不断更新，从而加速了沥青的氧化及其轻组分挥发，使沥青质量损失增大，沥青针入度衰减较严重。

在线调合工艺就是利用静态混合器、软硬组分流量计，按照一定比例在管线内进行调合。该工艺先进，调合时间短，处理量大，对在线控制要求高。因调合组分与空气隔绝，即使在高温下调合，沥青也不会在高温下氧化，且混合效果好。

由于沥青黏度大，在线控制难度大，在线生产沥青过程有波动，或沥青进罐后进行短时间的搅拌匀质。所以把在线调合和罐内调合结合起来，以在线调合为主，罐内调合为辅是目前连续生产的最佳工艺，代表沥青调合工艺的发展趋势。其工艺原则流程图如图 12 - 10 所示。

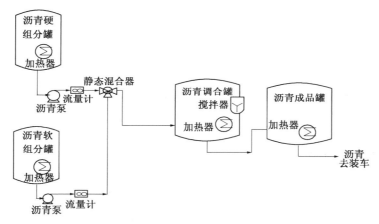

图 12 - 10　沥青在线和罐内调合组合工艺

（3）沥青调合工艺的影响因素

① 沥青调合组分的影响。沥青调合组分分为硬组分和软组分，调合沥青的硬组分主要包括溶剂脱沥青工艺生产的脱油硬沥青、减压渣油深拔得到的沥青、减压渣油经氧化或半氧化后得到的沥青，或质量不合格的针入度较小的石油沥青。调合沥青的软组分主要包括减压渣油或针入度较高的沥青、石化产品加工过程中得到的富含芳烃组分。如催化裂化油浆、润滑油精制抽出油、乙烯裂解尾油以及废机油等。其中应用较多的软组分是减压渣油、催化油浆和润滑油精制抽出油。

进行沥青调合时首先要考虑软硬组分要有互补性，当要控制沥青蜡含量时可用蜡含量低的组分调合，当要提高沥青的针入度比时可用针入度高的组分进行调合，当要提高沥青延度时可用延度好的组分调合。总之，调某指标就调入改善该指标的组分。其次，要选择适当的软硬组分的针入度，使调合后的沥青满足沥青三大指标要求，之后再进行优化，使沥青质量指标完全满足要求。最后，软硬组分的选取应以试验作为基础，不能仅仅靠理论选取。因为一些调合沥青的四组分数据相近，但物理性质却差异很大，这是因为油源不同，每一组分在分子结构和相对分子质量上也有很大的差别，调合沥青的性质与各组分比例之间并非简单的线性加和关系，而与形成的胶体结构有关。

② 调合时间和调合温度的影响。调合时间和调合温度是沥青调合重要的工艺参数，在调合温度相同时，调合时间延长，延度增加。在调合过程中，调合时间越长，在达到相同调合沥青时，调合温度就越低。反之，调合时间越短，在达到相同调合沥青时，调合温度就要越高。在调合沥青的组分间已充分混合，构成了稳定的胶体体系后，延长时间和适当提高调合温度对沥青质量的影响大大降低。工业生产中，调合温度为140~150℃，调合时间约24h左右较为适宜。

3. 沥青改性工艺

沥青作为路面材料的主要缺点是对温度敏感性强，高温变软发黏，低温变脆易裂，且在高温和紫外线照射下会产生老化现象。对其改性的主要目的是改善沥青混合料在高温下的路用性能，提高其抗车辙、抗疲劳、抗老化及抗低温开裂等性能。通常在沥青或沥青混合料中加入天然或合成的有机或无机材料，熔融或分散在沥青中，与沥青发生反应或裹覆在集料表面，从而改善或提高沥青路面性能。

（1）沥青改性剂

① 无机改性剂。通过无机物对沥青改性可提高其性能，常用的无机改性剂有白炭黑、纳米碳酸钙和硅藻土等。其中硅藻土与基质沥青通过物理共混可形成稳定整体，具有良好的相容性，与基质沥青相比，硅藻土改性沥青的温度稳定性明显提高，且硅藻土的加入对改善沥青的低温性能有利。

② 聚合物沥青改性剂。用于沥青改性的聚合物种类较多，一般可将其分为橡胶、橡胶塑料和树脂类三类。

橡胶类沥青改性剂包括如天然橡胶（NR）、丁苯橡胶（SBR）、氯丁橡胶（CR）、丁二烯橡胶（BR）、乙丙橡胶（EPDM）等。这类改性剂具有优良的抗低温开裂性能，可增大沥青与石料的黏附力。

橡胶塑料类沥青改性剂包括苯乙烯－丁二烯－苯乙烯嵌段共聚物（SBS）、苯乙烯－异戊二烯－苯乙烯嵌段共聚物（SIS）、苯乙烯－乙烯－丁二烯－苯乙烯共聚物（SEBS）等热塑性弹性体。这类改性剂具有增加柔性、抗永久变形能力和好的耐久性。

树脂类沥青改性剂包括热塑性树脂和热固性树脂。热塑性树脂包括聚乙烯（PE）、乙烯－醋酸乙烯共聚物（EVA）、无规聚丙烯（APP）、聚氯乙烯（PVC）、聚酰胺等；热固性树脂包括环氧树脂（EP）、酚醛树脂、聚氨酯树脂等。这类改性剂对高温稳定性有明显提高，使黏结力、抗冲击、震动能力提高。

③ 纳米复合材料沥青改性剂。利用无机纳米或亚微米粒子与聚合物复合，加到沥青中，即使不进行反应共混也可大大提高改性剂聚合物与沥青的相容性，在提高其韧性的同时，可以保持其刚性和强度。若在此基础上进行反应共混，沥青性能有望进一步提高。

已经被采用的纳米复合材料沥青改性剂有弹性体/层状硅酸盐纳米复合材料、白炭黑/SBS复合材料、环氧树脂/蒙脱土纳米复合材料等。

沥青改性剂应具有以下特点，与沥青具有良好的相容性；在沥青混合料混合温度下，改性剂不发生降解；通过传统的拌合和摊铺设备能够被加工；当与沥青混合在储存、摊铺和使用服务期间，能保持其主要性能；最后要成本低。

（2）沥青的改性工艺

沥青改性工艺可分为物理法和化学法。目前大多数改性沥青属于物理方法改性，也有少量采用物理或化学手段进行稳定性处理。例如，SBS改性沥青通过搅拌、剪切等物理方法将

SBS 均匀分散于沥青中，SBS 与沥青之间并未发生明显的化学反应，仅仅是物理意义上的混溶。由于 SBS 与沥青之间的密度、极性、相对分子质量以及溶解度等参数的性质差异较大，绝大部分 SBS 与沥青热力学不相容，即使将 SBS 细化并均匀地分散于沥青中也不能形成稳定的均相体系，即 SBS 沥青共混体系的相分离是自发进行的，一旦停止搅拌就会发生 SBS 凝聚和离析，形成聚合物富集相和沥青富集相，不能很好地发挥聚合物改性作用，储存稳定性差，影响其路用性能。

（3）反应性共混改性沥青

反应性共混改性沥青技术是指通过加入增容剂、交联剂等添加剂或通过在聚合物分子中引入可以与沥青反应的活性官能团等方法，使沥青与聚合物在共混过程中发生交联、接枝等化学反应，并在沥青与聚合物之间引入化学键，从而形成网络结构，不仅从根本上解决了聚合物改性沥青的热储存稳定性问题，而且可以大幅度提高改性沥青性能。

反应性共混改性技术可分为两类：一是对聚合物进行改性，使其具有能与沥青反应的官能团；二是在聚合物与沥青共混过程中加入促进沥青与聚合物反应的添加剂。国外在反应性改性沥青方面技术比较成熟，许多产品已实现工业化。例如，埃尔夫公司 STYRELF 系列改性沥青采用多硫化物作为偶联剂，加工过程中沥青与聚合物之间产生不可逆化学反应，以提高沥青的内聚力和柔性，改善沥青高温下抗车辙和低温抗开裂能力。

参考文献

1 侯祥麟. 中国炼油技术. 北京：中国石化出版社，1991
2 李淑培. 石油加工工艺学(上、中、下). 北京：中国石化出版社，1991
3 侯祥麟. 中国炼油技术新进展. 北京：中国石化出版社，1999
4 林世雄. 石油炼制工程(第三版). 北京：石油工业出版社，2000
5 侯芙生. 中国炼油工业技术发展途径展望. 当代石油石化，2005，13(3)：7 ~ 17
6 钱伯章. 中国炼油技术的新进展. 天然气与石油，2006，24(6)：50 ~ 51
7 程丽华. 石油炼制工艺学. 北京：中国石化出版社，2005
8 姚国欣. 国外炼油技术新进展及其启示. 当代石油石化，2005，13(3)：18 ~ 25
9 王基铭. 新世纪石油炼制和石化技术的发晨趋势. 中国石化，2004，(11)：4 ~ 7
10 胡盛忠. 石油工业新技术与标准规范手册——油气分析测试化验新技术及标准规范. 哈尔滨：哈尔滨地图出版社，2005
11 北京石油设计院，石油化工工艺计算图表. 北京：烃加工出版社，1985
12 崔国华，罗全君. 常减压蒸馏装置的节能分析. 石油化工应用，2007，26(6)：65 ~ 68
13 宋景平，柴宗明. 常减压蒸馏装置用能分析与探讨. 中外能源，2007，12(6)：96 ~ 99
14 张晓静，崔毅. 典型原油深拔蜡油及渣油性质研究——辽河原油深拔蜡油及渣油性质研究. 天然气与石油，2007，25(1)：31 ~ 36
15 武俊平. 电脱盐装置操作优化及设备改造. 齐鲁石油化工，2007，35(2)：145 ~ 148
16 于会泳. 高速电脱盐技术及其应用. 石化技术，2007，14(3)：53 ~ 56
17 刘海燕，于建宁，鲍晓军. 世界石油炼制技术现状及未来发展趋势. 过程工程学报，2007，7(1)：176 ~ 185
18 白颐. 我国石油和化学工业现状及发展态势. 化工技术经济，2004，22(1)：4 ~ 10
19 贺丰果，马喜平，李涛. 原油破乳剂现状及其选择评价方法. 上海化工，2006，31(1)：32 ~ 34
20 赵法军，刘一臣，李春敏. 原油深度脱盐脱水工艺研究. 化学工程师，2004，(8)：32 ~ 34
21 胡同亮，杨柯，马良军等. 原油脱盐脱水研究进展. 抚顺石油学院学报，2003，23(3)：1 ~ 5
22 曲红杰，孙新民，毕红梅，高金玲. 原油破乳剂的研究应用及发展方向. 内蒙古科技与经济，2007，(6)：97 ~ 98
23 安晓熙，田原宇，冯娜. 重油热加工技术的研究进展. 化工文摘，2008，(3)：55 ~ 57
24 翟国华. 21 世纪中国炼油工业的重要发展方向——重质(超重质)原油加工. 中外能源，2007，12(3)：58
25 侯英生. 发挥延迟焦化在深度加工中的重要作用. 当代石油化工，2006，14(2)：3 ~ 12
26 翟国华，黄大智，梁文杰. 延迟焦化在我国石油加工中的地位和前景. 石油学报(石油加工)，2005，6(3)：49 ~ 51
27 张刘军，高金森，徐春明. 我国重油转化工艺技术. 河南化工，2004，18(5)：62 ~ 64
28 张德义. 含硫原油加工技术. 北京：中国石化出版社，2003
29 徐富贵，宋昭峥，罗方敏等. 我国含硫渣油加工方法的探讨. 现代化工，2006，26(10)：8 ~ 9
30 康建新，申海平. 流态化焦化的发展概况. 炭素技术，2006，25(3)：28 ~ 33
31 张建忠. 重油加工技术的新进展及发展趋势. 炼油化工，2005，12(12)：45 ~ 46
32 梁文杰. 重质油化学. 东营：石油大学出版社，2000，421 ~ 423
33 程之光. 重油加工技术. 北京：中国石化出版社，1994
34 张立新. 中国延迟焦化装置的技术进展. 炼油技术与工程，2005，35(6)：1 ~ 7
35 胡德铭. 延迟焦化工艺进展. 当代石油石化，2003，11(5)：211 ~ 25
36 赵江. 减粘裂化装置的现状及发展. 石油化工动态. 1999　7(6)：391 ~ 44

37　陈俊武主编. 催化裂化工艺与工程(第二版)(上、中、下册). 北京：中国石化出版社，2005

38　陆红军. 催化裂化催化剂的配方设计及研究进展. 炼油技术与工程，2006，36(11)：30

39　田辉平. 催化裂化催化剂及助剂的现状和发展. 炼油技术与工程，2006，36(11)：6

40　苗兴东. 催化裂化技术的现状及发展趋势. 河北化工，2007，30(1)：6

41　潘元青. 国内外催化裂化催化剂技术新进展. 润滑油与燃料，2007，17(2)：25

42　谢朝钢. 国内外催化裂化技术的新进展. 炼油技术与工程，2006，36(11)：1

43　石油部第二炼油设计研究院. 催化裂化工艺设计. 北京：石油工业出版社，1984

44　方向晨. 加氢精制. 北京：中国石化出版社，2006

45　李大东. 加氢处理工艺与工程. 北京：中国石化出版社，2004

46　胡永康，关明华. 国内外馏分油加氢裂化催化剂的发展. 抚顺烃加工技术，2000，(1)：1

47　黄新露，曾榕辉. 加氢裂化工艺技术新进展. 当代石油石化，2005，13(12)：38

48　赵琰. 我国加氢裂化催化剂发展的回顾与展望. 工业催化，2001，9(1)：9

49　韩崇仁. 加氢裂化工艺与工程. 北京：中国石化出版社，2001

50　方向晨. 加氢裂化. 北京：中国石化出版社，2008

51　徐承恩. 催化重整工艺与工程. 北京：中国石化出版社，2006

52　寿德清，山红红. 石油加工概论. 北京：石油大学出版社，1996

53　沈本贤，刘纪昌. 基于分子管理的石脑油资源优化利用. 中国工程院化工、冶金与材料工程学部第五届
　　学术年会论文集，2005 年 11 月，博鳌

54　孙兆林. 催化重整. 北京：中国石化出版社，2006

55　李成栋. 催化重整装置技术问答. 北京：中国石化出版社，2006

56　邵文. 中国石油催化重整装置的现状分析. 炼油技术与工程，2006，36(7)：1～4

57　王树德. 中国石化催化重整装置面临的形势与任务. 炼油技术与工程，2006，36(7)：1～4

58　李亚军等. 发展催化重整装置改善我国油品质量. 现代化工，2005，25(2)：5～8

59　胡德铭. 我国催化重整装置发展空间的探讨. 炼油技术与工程，2004，34(10)：5～9

60　胡德铭. 催化重整工艺进展. 当代石油石化，2002，10(9)：16～19

61　徐又春，韩宇才. 低压组合床重整装置的技术经济性探讨. 炼油设计，2002，32(12)：38～41

62　徐又春，阎观亮. 低压组合床催化重整装置的设计及考核. 炼油设计，2002，32(1)：8～13

63　袁忠勋. 催化重整——中国 21 世纪的炼油工艺. 催化重整通讯，2001，(4)：1～7

64　冯敏，杨森年. 催化重整催化剂的开发和应用. 催化重整通讯，2001，(1)：1～8

65　胡德铭. 近期国外催化重整和芳烃生产技术的主要进展. 石油化工动态，2000，8(6)：28～33

66　王少飞. UOP 连续重整第三代再生技术的应用. 石油炼制与化工，2000，31(6)：9～12

67　罗加弼. 我国催化重整面临的机遇与挑战. 催化重整通讯，1999，(4)：8～18

68　梁文杰. 石油化学. 山东：石油大学出版社，1995

69　侯祥麟. Advances of Refining Technology in China. Beijing：China Prtro chemical Press. 1997

70　鲍杰，严国祥，邬晓风. 合成 MTBE 非均相催化精馏过程数学模拟. 化学工程，1994，5：6～7

71　赵延飞，晏乃强，吴旦等，石油的非加氢脱硫技术研究进展. 石油与天然汽化工，2004，33
　　(3)：174～178

72　寿德清，山红红. 石油加工概论. 北京：石油大学出版社，1996

73　陈绍洲，常可怡. 石油加工工艺学. 上海：华东理工大学出版社，1997

74　高步良. 高辛烷值汽油组分生产技术. 北京：中国石化出版社，2006

75　马伯文. 清洁燃料生产技术. 北京：中国石化出版社，2001

76　耿英杰. 烷基化生产与工艺技术. 北京：中国石化出版社，1993

77　孙闻东，施维，赵振波等. 在 $M_xO_y/H\beta$ 分子筛固体强酸催化剂上的异丁烷－丁烯烷基化反应. 东北师大
　　学报，2003，35(3)：37～42

78 付强. 用于异丁烷/1-丁烯烷基化反应的 SO_4^{2-}/ZrO_2 分子筛复合催化材料的合成. 石油炼制与化工, 2006, 37(12): 26~29

79 何奕工, 满征. 异丁烷与丁烯烷基化反应的热力学分析. 燃料化学学报, 2006, 34(5): 591~594

80 毕建国. 烷基化油生产技术的进展. 化工进展, 2007, 26(7): 934~939

81 王文兰, 刘百军, 徐玉棠. 异丁烷/丁烯烷基化固体酸催化剂的研究进展. 石油与天然汽化工, 2008, 37(2): 110~114

82 狄秀艳. 固体酸烷基化工艺的进展. 石油化工, 34: 393~395

83 黄国雄, 李承烈. 烃类异构化. 北京: 中国石化出版社, 1992

84 孙怀宇, 陈集, 贾增江. C_5/C_6 烷烃异构化机理与催化剂研究进展. 化工时刊, 2005, 15(1): 48~50

85 郑冬梅. C_5/C_6 烷烃异构化生产工艺及进展. 石油化工设计, 2004, 21(3): 1~5

86 易玉峰, 丁福臣, 李术元. 轻质烷烃异构化进展述评. 北京石油化工学院学报, 2003, 11(1): 41~49

87 航道耐, 赵福龙. 甲基叔丁基醚生产和应用. 北京: 中国石化出版社, 1993

88 赵尹, 王海彦, 马骏. 水热处理条件对 Hβ 沸石醚化活性的影响. 化工学报, 2004, 55(9): 1455~1458

89 王天普, 王迎春, 王伟等. 轻汽油醚化技术在 FCC 汽油改质中的作用. 石油炼制与化工, 2001, 32(8): 641~66

90 王玉章, 杨文中, 龙军. 从润滑油基础油标准看我国基础油生产现状炼油技术与工程, 2006, 36(6): 1~6

91 张志娥. 国内外润滑油基础油生产技术及发展趋势. 当代石油石化, 2005, 13(4): 25~30

92 陈德宏, 冯洁泳, 李洁. 乙丙共聚物黏度指数改进剂产品行业标准的新发展. 润滑油, 2007, 22(3): 56~61

93 崔维怡, 崔华, 王秀芝. 润滑油黏度指数改进剂的使用性能与发展. 弹性体, 2006, 16(3): 69~72

94 水天德. 现代润滑油生产工艺. 北京: 中国石化出版社, 1997

95 张东杰. 丙烷脱沥青工艺节能技术应用. 节能, 2004, 263: 49

96 安军信, 王凤娥. 世界润滑油基础油的供需状况和发展趋势. 精细与专用石油化学品. 2007, 15(10): 26~31

97 周干堂, 李万英. 中国润滑油基础油发展思路探讨. 当代石油石化. 2007, 15(10): 25~30

98 凌昊, 沈本贤, 周敏建. 润滑油基础油加氢异构脱蜡研究进展. 化工科技. 2007, 15(1): 59~63

99 杨军, 刘丽芝, 刘平等. 加氢裂化尾油异构脱蜡催化剂及工艺研究. 工业催化, 1999, 7(2): 17~21

100 韩鸿, 祖德光. 石亚华等. 国内外润滑油异构脱蜡技术. 润滑油, 2003, 18(3): 1~5

101 安军信. 国外 II/III 类润滑油基础油生产工艺路线概述. 润滑油与燃料, 2004, 14(1-2): 14~18

102 刘全杰, 方向晨, 廖士纲. 异构降凝催化剂反应性能的研究. 炼油技术与工程, 2005, 35(1): 22~25

103 刘龙, 康丁. 润滑油基础油脱蜡技术进展. 精细石油化工进展, 2007, 8(9): 11~15

104 史德青, 于宏伟, 杨金荣. 润滑油酮苯脱蜡溶剂回收用聚酰亚胺纳滤膜分离性能的研究. 2005, 25(3): 50~53

105 陈孙艺, 梁小龙, 曹恒. 润滑油脱蜡工艺及其设备发展. 2007, 22(3): 21~25

106 刘平, 杨军. 润滑油加氢异构脱蜡技术. 炼油设计, 2002, 32(5): 11~13.

107 钱伯章, 朱建芳. 润滑油异构脱蜡技术的新进展. 天然气与石油, 2007, 25(1)29~30, 38

108 张龙华, 王晓波, 续景. 国内润滑脂工业发展现状. 润滑油与燃料. 2008, 18(1-2): 1~5

109 中华人民共和国石油化工行业标准 SH 0522—92. 道路石油沥青

110 路忠胜, 孙康健, 闫峰等. 国家质量标准之外石油焦理化性能的测定方法. 轻金属, 2001, (4): 49~53

111 苏文生. 催化裂化汽油降烯烃技术及其工业应用. 石化技术, 2009, 16(1): 57~60

112 张亮, 王义, 杨邵军等. 国内催化裂化应用降低汽油烯烃技术进展. 当代石油化, 2009, 17(6): 31~35

113 谢清峰, 郭庆明, 詹书田. 第二代催化裂化汽油选择性加氢技术 CRSDS-II 的工业应用. 石化技术与应用, 2010, 28(1): 53~60